现代光学薄膜技术

唐晋发　顾培夫
刘　旭　李海峰　著

ZHEJIANG UNIVERSITY PRESS
浙江大学出版社
·杭州·

图书在版编目（CIP）数据

现代光学薄膜技术 / 唐晋发等著 —杭州：浙江大学
出版社，2006.10（2025.1 重印）
ISBN 978-7-308-04977-1

Ⅰ.现... Ⅱ.唐... Ⅲ.光学薄膜 Ⅳ.TB43

中国版本图书馆 CIP 数据核字（2006）第 120110 号

现代光学薄膜技术

唐晋发　顾培夫　刘　旭　李海峰　著

责任编辑	陈静毅	
封面设计	刘依群	
出版发行	浙江大学出版社	
	（杭州市天目山路 148 号　邮政编码 310007）	
	（网址：http://www.zjupress.com）	
排　　版	浙江大千时代文化传媒有限公司	
印　　刷	广东虎彩云印刷有限公司绍兴分公司	
开　　本	787mm×1092mm　1/16	
印　　张	31.5	
字　　数	807 千	
版 印 次	2006 年 11 月第 1 版　2025 年 1 月第 13 次印刷	
书　　号	ISBN 978-7-308-04977-1	
定　　价	79.00 元	

前　　言

　　光学薄膜是一门综合性非常强的工程技术科学。它的理论基础是电磁场理论和麦克斯韦方程,涉及光在传播过程中,通过分层介质时的反射、透射和偏振特性等。本书第一篇主要介绍光学薄膜特性的理论计算、光学多层膜的设计理论和技术,由唐晋发教授编写。第二篇主要介绍光学薄膜的制造技术,包括以物理气相淀积技术为代表的成膜技术,涵盖真空设备、薄膜材料、制备参数控制技术、薄膜厚度监控技术、膜厚均匀性以及制备参数对薄膜微观结构的影响等,由顾培夫教授编写。第三篇主要介绍薄膜光学特性与光学常数的检测技术、薄膜机械性能的评价技术等,由刘旭教授编写。由于光学薄膜技术又是一门交叉性很强的学科,涉及光电技术、计算机、真空技术、材料科学、自动控制技术等领域,为了满足部分来自不同领域的光学薄膜工作者学习本书的需要,增加了一个附录,主要介绍几个数学物理基础理论,由李海峰教授编写。

　　薄膜光学的来源一直可追溯到18世纪的“牛顿环”现象,人类首次发现并进而解释了光的干涉过程。1873年麦克斯韦(Maxwell)的巨著《论电与磁》的问世,进一步奠定了薄膜光学的理论基础。至此,作为薄膜光学的两大基础理论:电磁场理论和光的干涉理论全部确立。虽然夫琅和费(Fraunhofer)早于1817年就用酸蚀法制成了第一批减反射膜,但是直到1930年出现扩散泵以后,用物理气相淀积方法制备光学薄膜这一技术得到真正发展,才使各种光学薄膜在各个领域得到了广泛的应用。至今,可以毫不夸张地说,几乎所有的光学系统、光电系统或光电仪器都离不开光学薄膜的应用,而且也没有发现另有别的技术可以取代光学薄膜。

　　王大珩院士曾经说过:“光学老又新,前程端似锦。”光学薄膜的发展过程就是一个很有力的印证。作为特殊材料形态的光学与光电子薄膜,今天已广泛地渗透到各个新兴的科技领域。特别是近年来发展迅速、引人注目的薄膜光子晶体、量子点薄膜、纳米或亚波长尺度的多维结构、高电光系数的铁电非线性薄膜、光折变薄膜、光子探测薄膜、传感功能薄膜、高密度体记录薄膜和有机发光显示薄膜等等,其种种特异性能的开发与应用无一不与光学薄膜的特性相关。这就是因为光学薄膜具有良好的空间周期结构,容易依据光学薄膜理论对薄膜的结构、组分和性能进行复杂的人工剪裁和设计,从而实现其他技术所无法达

— 1 —

到的优异性能。如果说20世纪60年代初以来的激光技术和20世纪末兴起的光通信波分复用技术对光学薄膜发展是一个极大推动力的话，那么今天各种新型微结构功能薄膜的相继出现将给光学与光电子薄膜技术注入新的生命力。目前，薄膜技术的研究方兴未艾，包括薄膜制备的热力学和动力学研究、薄膜的组分和微结构研究、影响薄膜性能的物理机制研究、薄膜性能的表征和控制研究，以及各种应用开发研究等，特别是光学与光电子薄膜的结合，光学薄膜与MEMS、MOMES器件的集成，一维光学薄膜向多维薄膜光子晶体的扩展等，都有值得我们重视的薄膜技术新概念、新材料、新设计、新方法、新应用的探索领域。从基础研究的源头到各种先进功能的开发，光学薄膜技术正向纵深发展。这就是本书取名为《现代光学薄膜技术》的基本理由之一。

更可喜的是，近年来我国的光学与光电子薄膜产业也得到了前所未有的发展，无论是设备的提升还是产业化队伍的建设，应该说都取得了长足的进步。在膜系设计、制备技术、工艺控制、特性测试和应用开发等方面都已进行了卓有成效的工作，取得了广泛的研究成果，同时形成了一定的产业规模。凭借我国当前的雄厚科研实力和产业化基础，国际上光学薄膜器件的生产重心正逐渐向中国转移，促进中国在该领域迅速走向国际化、市场化。这是我国光学薄膜和光电子薄膜行业面临的重要发展机遇。

本书可作为高校教材使用，以习近平新时代中国特色社会主义思想和党的二十大精神为指导，牢记"教育是国之大计、党之大计"。我国年轻一代的光学薄膜工作者义不容辞地肩负着发展我国光学与光电子薄膜产业和研究工作的重任。光学与光电子薄膜是一个知识密集、技术密集、资金密集的高新科技产业，不仅需要大量的人力、物力、财力投入，更需要不断进行智力投资和知识更新。希望本书为年轻的光学薄膜工作者学习提高尽点绵薄之力，为"实施科教兴国战略，强化现代化建设人才支撑"做出贡献。

本书在写作上尽量注意原理和技术相结合，理论和实践相结合，并适当插入一些前沿研究。通过这些内容的介绍，使读者熟悉现代光学薄膜技术的基本内容和关键所在，了解光学薄膜技术领域中一些存在问题和需要研究的前沿课题。在编写过程中，参考了诸多的文献，在此一并表示感谢！同时，书中错误和不当之处在所难免，敬请读者批评指正。

唐晋发　顾培夫　刘　旭　李海峰

2024年1月于浙江大学

目　　录

第一篇　光学多层膜设计

第二篇 薄膜制备技术和微结构特性

附　录

第一篇

光学多层膜设计

基于光的干涉效应，光学薄膜可用来得到各种各样的光学特性。它可以减少表面的反射以增加光学系统的透射率和对比度；或者增加表面反射以减少光的损失；或者在一个波段内给出高的反射、低的透射，而在相邻波段则有低的反射、高的透射，以实现分色、合色的目的；也可以使不同偏振状态的光束具有不同的传播特性，以达到偏振分束、偏振转换的功能。如此种种不胜枚举。因而光学薄膜广泛地应用于一切光学和光电装置中。至今可以毫不夸张地说，没有光学薄膜，大部分近代的光学系统和光电装置就不能正常地工作，更不用说要实现优越的性能。

在一个多层薄膜系统中，光束将在每一个界面上多次反射，因此涉及大量光束的干涉，如果薄膜内存在有吸收，则情况更为复杂。即使是一个只有为数不多的几层膜组合，直接基于多光束干涉的特性计算将变得异常繁琐。因而这种类型的多光束计算很少用来确定多层膜系的特性。好在已经发展了一种基于麦克斯韦方程解的特征导纳矩阵法，可方便地用于任意多层膜特性的精确计算。对于一个给定参数，即各层薄膜的厚度和折射率确定的多层膜，利用计算机计算特性是轻而易举的，但相反的问题，即设计具有给定特性的多层膜结构和参数却要困难得多。这大大地促进了设计技术的早期发展，基于一些特殊的膜系结构单元，如对称膜系、周期性结构以及 1/4 波堆等，发展了一些非常有效的解析设计技术。[1-8]

常规的带通滤光片、截止滤光片、多层减反射膜、偏振分束镜等就是利用这些方法设计多层膜系的例子。但是欲得到任意要求的特性，这显然是超出了解析设计的当前发展水平。在这种场合，最好的途径是利用解析设计技术得到一个初始结构，并基于光学薄膜理论构造合适的性能评价函数，然后用数值优化技术校正多层膜结构，使评价函数逐渐趋近于最小值，以达到所要求的特性。近年来更发展了一些能有效地摆脱局部极值，寻求全局最优值的多层膜合成技术。今天，光学多层膜的设计随着光学薄膜设计理论和数值计算技术的发展已日趋成熟。只要是合理的光学特性要求，多层膜系的设计都是可以实现的。这种解析设计、数值优化和合成技术的结合是光学薄膜设计的方向。那种认为不需要薄膜光学知识，只需使用数值优化、合成技术的观点是片面和有害的。本篇包含光学薄膜特性的理论计算、光学薄膜的设计理论和光学薄膜系统的设计三章。关于光学薄膜的评价函数构成和数值优化、合成技术，有兴趣的读者可参阅有关的文献。[5,9-20]

必须说明的是，本书所讨论的光学薄膜都是假定为各向同性的(isotropic)、均匀的(homogeneous)平行平面固体薄膜，而实际薄膜却是或多或少地偏离于这种理想的模型。薄膜横断面的电子显微照片已经无可怀疑地揭示了几乎所有热蒸发淀积的薄膜都具有显著的柱状结构。薄膜就好像是由许多直径约几十纳米的小柱体紧密地聚集在一起而形成的。这种柱状结构被认为是由蒸发原子或分子在基片上具有有限的迁移率所引起的。基于有限迁移率的模型进行的薄膜生长过程的计算机模拟也证实了这种构造。聚集在一起的小柱体之间留下了很多类似毛细孔的空隙，和比薄膜外表面面积大得多的内表面。薄膜暴露在大气中，潮气会吸附在薄膜内的柱体表面上，更由于毛细凝聚作用，空隙内会注满液体水。所以所谓固体薄膜实际上并不全是固体，还包含了若干气相和液相的水。这种潮气的吸附和渗透是造成光学薄膜不稳定和光学、机械的特性变坏的主要原因。提高光学薄膜的紧密程度、改善薄膜的微结构是当前光学薄膜领域的主要研究课题之一。

表示柱体聚集在一起的紧密程度的量是所谓聚集密度。它被定义为实心柱体的体积和包括柱体和空隙的薄膜体积的比值。薄膜的折射率是聚集密度的函数，最简单的线性近似是

$$N = PN_s + (1-P)N_v$$

这里 P 是聚集密度，N_s 是实心柱体的折射率，N_v 是空隙内介质的折射率。由于在薄膜生长方向上的柱体形状和大小都会发生变化，薄膜折射率在厚度方向上具有不均匀性（inhomogeneous）。尽管实际上薄膜多少偏离理想薄膜的模型，但为了易于处理一般的光学薄膜问题，本书仍然以理想薄膜为基础来分析和讨论光学薄膜的特性。

第1章 光学薄膜特性的理论计算

1.1 单色平面电磁波

1.1.1 麦克斯韦方程

按照麦克斯韦电磁场理论,可以这样来理解变化的电磁场在空间的传播:设在空间某一区域中的电场发生变化,在它邻近的区域就会产生变化的磁场,这个变化的磁场又要在较远的区域产生变化的电场,接着在更远的区域产生变化的磁场。如此继续下去,变化的电场和变化的磁场不断地相互转化,并由近及远地传播出去。这种变化的电磁场在空间以一定的速度传播的过程叫作电磁波。这个理论还说明,光波也包括在电磁波之中,从而把光现象和电磁现象联系起来。

研究薄膜系统的光学特性,从理论观点来说,就是研究平面电磁波通过分层介质的传播。因此,处理薄膜问题的最有效的方法是解麦克斯韦方程。我们在未正式讨论主题之前,首先简单地回顾一下麦克斯韦方程。

对于各向同性的介质,麦克斯韦方程为

$$\nabla \cdot \boldsymbol{D} = \rho \tag{1-1}$$

$$\nabla \times \boldsymbol{E} = -\frac{\partial \boldsymbol{B}}{\partial t} \tag{1-2}$$

$$\nabla \times \boldsymbol{H} = \boldsymbol{j} + \boldsymbol{j}_D \tag{1-3}$$

$$\nabla \cdot \boldsymbol{B} = 0 \tag{1-4}$$

式中,$\boldsymbol{D}$ 是电位移矢量,$\boldsymbol{E}$ 是电场强度矢量,$\boldsymbol{H}$ 是磁场强度矢量,$\boldsymbol{B}$ 是磁感应强度矢量,$\boldsymbol{j}$ 和 $\boldsymbol{j}_D$ 分别是传导电流密度矢量和位移电流密度矢量$\left(\boldsymbol{j}_D = \dfrac{\partial \boldsymbol{D}}{\partial t}\right)$,而 ρ 是电荷体密度。

电磁场是运动电荷所激发的,此外,还需要考虑到介质对电磁场的影响。在麦克斯韦理论中,无需考虑物质的微观结构,而只是应用表征介质特性的量,即介电常数 ε、磁导率 μ 和电导率 σ 来描述介质对电磁场的影响。因此在场方程组中,还需加上联系电磁场基本矢量的物质方程,即

$$\boldsymbol{D} = \varepsilon \boldsymbol{E} \tag{1-5}$$

$$\boldsymbol{B} = \mu \boldsymbol{H} \tag{1-6}$$

$$\boldsymbol{j} = \sigma \boldsymbol{E} \tag{1-7}$$

1.1.2 波动方程的解

将位移电流密度矢量 $j_D = \dfrac{\partial \boldsymbol{D}}{\partial t}$ 代入式(1-3),得

$$\nabla \times \boldsymbol{H} = \boldsymbol{j} + \frac{\partial \boldsymbol{D}}{\partial t} \tag{1-8}$$

以 $\boldsymbol{B} = \mu \boldsymbol{H}$,$\boldsymbol{D} = \varepsilon \boldsymbol{E}$ 及 $\boldsymbol{j} = \sigma \boldsymbol{E}$,代入式(1-2)和式(1-8),得

$$\nabla \times \boldsymbol{E} = -\mu \frac{\partial \boldsymbol{H}}{\partial t} \tag{1-9}$$

$$\nabla \times \boldsymbol{H} = \varepsilon \frac{\partial \boldsymbol{E}}{\partial t} + \sigma \boldsymbol{E} \tag{1-10}$$

对式(1-9)取旋度,并把式(1-10)代入,得

$$\nabla \times (\nabla \times \boldsymbol{E}) = -\mu \frac{\partial (\nabla \times \boldsymbol{H})}{\partial t} = -\mu \frac{\partial}{\partial t} \left(\sigma \boldsymbol{E} + \varepsilon \frac{\partial \boldsymbol{E}}{\partial t} \right) \tag{1-11}$$

应用矢量恒等式,式(1-11)的左边可以表示为

$$\nabla \times (\nabla \times \boldsymbol{E}) = \nabla (\nabla \cdot \boldsymbol{E}) - \nabla^2 \boldsymbol{E} \tag{1-12}$$

式(1-12)与式(1-11)相等,并设空间里没有电荷,即 $\nabla \cdot \boldsymbol{E} = 0$,得

$$\nabla^2 \boldsymbol{E} = \mu \varepsilon \frac{\partial^2 \boldsymbol{E}}{\partial t^2} + \mu \sigma \frac{\partial \boldsymbol{E}}{\partial t} \tag{1-13}$$

这是表示电磁扰动在介质中传播的波动方程。

对于不导电的均匀介质,$\sigma = 0$,式(1-13)变为

$$\nabla^2 \boldsymbol{E} = \mu \varepsilon \frac{\partial^2 \boldsymbol{E}}{\partial t^2} \tag{1-14}$$

经过同样的计算,得

$$\nabla^2 \boldsymbol{H} = \mu \varepsilon \frac{\partial^2 \boldsymbol{H}}{\partial t^2} \tag{1-15}$$

现引入一个量 v,使得

$$v^2 = \frac{1}{\mu \varepsilon}$$

则式(1-14)与式(1-15)可以写成

$$\nabla^2 \boldsymbol{E} = \frac{1}{v^2} \frac{\partial^2 \boldsymbol{E}}{\partial t^2} \tag{1-16}$$

$$\nabla^2 \boldsymbol{H} = \frac{1}{v^2} \frac{\partial^2 \boldsymbol{H}}{\partial t^2} \tag{1-17}$$

这就是在不导电的均匀介质中电磁场所满足的波动方程。可见电磁矢量是以速度 $v = 1/\sqrt{\mu \varepsilon}$ 按波动形式在介质中传播的,所以变化的电磁场称为电磁波。在真空中电磁波的传播速度即是光速

$$c = \frac{1}{\sqrt{\mu_0 \varepsilon_0}} = 2.998 \times 10^8 \,(\mathrm{m/s})$$

式中,μ_0 和 ε_0 分别为真空中的磁导率和介电常数。根据电磁实验测定的电磁波在真空中的传播速度与光在真空中的速度是一致的。应该指出,这并不是一种巧合,而是表明光与电磁

波之间存在着本质的联系——光就是电磁波。

电磁波在真空中的速度 c 与在不导电的均匀介质中的速度 v 之比,称为介质的折射率 n。由此我们得到著名的结果

$$n = \frac{c}{v} = \frac{\sqrt{\varepsilon\mu}}{\sqrt{\varepsilon_0\mu_0}} = \sqrt{\varepsilon_r\mu_r}$$

在光频率下,一般光学材料的 μ_r 值通常与 1 相差很小,所以

$$n = \sqrt{\varepsilon_r} \tag{1-18}$$

可知,介质的折射率完全是由介质的相对介电常数 ε_r(和相对磁导率 μ_r)所决定。

对一个在正 x 方向进行的平面波来说,式(1-16)的一个解为

$$\boldsymbol{E} = \boldsymbol{E}_0 \exp\left[\mathrm{i}\omega\left(t - \frac{x}{v}\right)\right] \tag{1-19}$$

式中,ω 是平面波的角频率,v 是在介质中的传播速度。$\boldsymbol{E}$ 实际上既可以代表电场振幅,也可以代表磁场振幅,但是因为在光频范围,仅电场矢量对介质有重要作用,光波的振幅通常只考虑电场振幅。式(1-19)是在 $\sigma=0$ 时式(1-13)的一个特解。对于导电介质,$\sigma\neq0$,将式(1-19)代入式(1-13),得到

$$\frac{1}{v^2} = \varepsilon\mu - \mathrm{i}\,\frac{\sigma\mu}{\omega} \tag{1-20}$$

令 $c/v = N$,有

$$N^2 = \left(\varepsilon\mu - \mathrm{i}\,\frac{\sigma\mu}{\omega}\right)\Big/\varepsilon_0\mu_0 \tag{1-21}$$

由上式可知 N 必须是一个复数,称为复折射率。令

$$N = \frac{c}{v} = n - \mathrm{i}k \tag{1-22}$$

式中,n 为介质的折射率,k 是消光系数。把式(1-22)平方,并与式(1-21)比较,得

$$n^2 - k^2 = \varepsilon\mu/\varepsilon_0\mu_0 = \varepsilon_r\mu_r$$

$$2nk = \sigma\mu/(\omega\varepsilon_0\mu_0) = \sigma\mu_r/(\omega\varepsilon_0)$$

通常,μ_r 与 1 很相近,那么

$$n^2 - k^2 = \varepsilon_r \tag{1-23}$$

$$2nk = \sigma/(\omega e_0) \tag{1-24}$$

又 $\omega=2\pi\nu$,$v=c/N$ 和 $c=\lambda\nu$,于是式(1-19)可写成

$$\boldsymbol{E} = \boldsymbol{E}_0 \exp\left[\mathrm{i}\left(\omega t - \frac{2\pi N x}{\lambda}\right)\right] \tag{1-25}$$

上式表示波长为 λ 的单色平面波沿正 x 方向传播。若一平面波沿给定的方向余弦(α, β, γ)传播,则式(1-25)成为

$$\boldsymbol{E} = \boldsymbol{E}_0 \exp\left\{\mathrm{i}\left[\omega t - \frac{2\pi N}{\lambda}(\alpha x + \beta y + \gamma z)\right]\right\} \tag{1-26}$$

把式(1-22)代入式(1-25),得到

$$\boldsymbol{E} = \boldsymbol{E}_0 \exp\left(-\frac{2\pi k x}{\lambda}\right)\exp\left[\mathrm{i}\left(\omega t - \frac{2\pi n x}{\lambda}\right)\right] \tag{1-27}$$

上式说明电磁波在导电介质($\sigma\neq0$,因而 $k\neq0$)中是一个衰减波,消光系数 k 是介质吸收电

磁能量的度量。当传播距离为 $x=\lambda/(2\pi k)$ 时,波的振幅减小到原来的 $1/e$。振幅的减少是因为介质内产生的电流将波的能量转换为热能所致。式(1-27)中的 nx 称为光程。在薄膜光学中,膜厚常以光程表示。

1.1.3 光学导纳

麦克斯韦方程还显示了 E 和 H 的几个重要关系。考虑式(1-26)表示的平面波沿单位矢量 s_0 传播。由式(1-27)得

$$\frac{\partial E}{\partial t} = i\omega E$$

同时,从式(1-8)及关系式 $D=\varepsilon E$,$j=\sigma E$ 得到

$$\nabla \times H = \sigma E + \varepsilon \frac{\partial E}{\partial t} = (\sigma + i\omega\varepsilon)E$$

根据式(1-21)有

$$\nabla \times H = i\frac{\omega N^2}{\mu c^2}E \tag{1-28}$$

式(1-26)可写作

$$E = E_0 \exp\left[i\left(\omega t - \frac{2\pi N}{\lambda}S_0 \cdot r\right)\right] \tag{1-29}$$

式中,r 为坐标矢径。由于 E 和 H 的解是对称的,所以

$$H = H_0 \exp\left[i\left(\omega t - \frac{2\pi N}{\lambda}S_0 \cdot r\right)\right] \tag{1-30}$$

由于

$$\nabla \times H = \left(i\frac{\partial}{\partial x} + j\frac{\partial}{\partial y} + k\frac{\partial}{\partial z}\right) \times H$$

从而

$$(\nabla \times H)_x = \frac{\partial H_z}{\partial y} - \frac{\partial H_y}{\partial z}$$

$$= -i\frac{2\pi N}{\lambda}s_{0y}H_z + i\frac{2\pi N}{\lambda}s_{0z}H_y$$

$$= -i\frac{2\pi N}{\lambda}(S_0 \times H)_x$$

$$(\nabla \times H)_y = -i\frac{2\pi N}{\lambda}(S_0 \times H)_y$$

$$(\nabla \times H)_z = -i\frac{2\pi N}{\lambda}(S_0 \times H)_z$$

因而

$$\nabla \times H = -i\frac{2\pi N}{\lambda}(S_0 \times H) \tag{1-31}$$

将式(1-28)代入上式,得

$$S_0 \times H = -\frac{N}{\mu c}E = -\frac{N\sqrt{\varepsilon_0/\mu_0}}{\mu_r}E \tag{1-32}$$

同样从式(1-9)和式(1-29)得

$$\frac{N \sqrt{\varepsilon_0 / \mu_0}}{\mu_r}(\boldsymbol{S}_0 \times \boldsymbol{E}) = \boldsymbol{H} \tag{1-33}$$

由式(1-32)与式(1-33)可知,电场 $\boldsymbol{E}$ 与磁场 $\boldsymbol{H}$ 相互垂直,各自都与波的传播方向 $\boldsymbol{s}_0$ 垂直,并符合右旋法则(图1-1)。这进一步表明电磁波是横波。由式(1-33)还可知道,对于介质中任一点,$\boldsymbol{E}$ 和 $\boldsymbol{H}$ 不但相互垂直,而且数值间也有一定比值:

$$Y = \frac{|\boldsymbol{H}|}{|\boldsymbol{S}_0 \times \boldsymbol{E}|} = \frac{N \sqrt{\varepsilon_0 \mu_0}}{\mu_r} \tag{1-34}$$

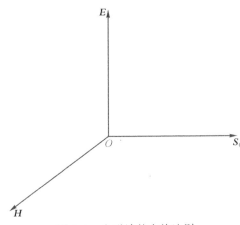

图 1-1　电磁波的右旋法则

Y 称为介质的光学导纳,它是磁场强度与电场强度的比值,在光波段,即 μ_r 足够接近于 1 的情况下,介质的光学导纳为

$$Y = N \cdot \mathscr{y}_0$$

式中,自由空间导纳 $\mathscr{y}_0 = \sqrt{\varepsilon_0 / \mu_0}$,在国际单位制中其值为1/377西门子。若以自由空间导纳为单位,则光学导纳也可以表示为

$$Y = N$$

因此,今后在数值上我们将用介质的复折射率表示它的光学导纳,而不作任何说明。显然,在微波区我们不能假定磁导率 μ_r 接近于1,因而此时介质的光学导纳和折射率没有简单的关系。

1.1.4　$\boldsymbol{E}$ 和 $\boldsymbol{H}$ 的边界条件

我们考虑两种不同介质1和2交界处 $\boldsymbol{E}$ 和 $\boldsymbol{H}$ 的情况。作一个小长方形的封闭曲线,如图1-2所示。图中有上下线段,长度各为 l,分别在不同介质内并且平行于分界面。穿过界面的两根线段长度各为 d(d 的值很小)。根据法拉第电磁感应定律

$$\oint \boldsymbol{E} \mathrm{d}l = -\int_s \frac{\partial \boldsymbol{B}}{\partial t} \mathrm{d}\boldsymbol{S}$$

结合我们的具体问题,上式可表示为

$$(\boldsymbol{E}_{t_1} - \boldsymbol{E}_{t_2})l = \frac{\partial \boldsymbol{B}}{\partial t}ld$$

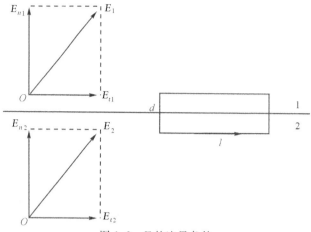

图 1-2 E 的边界条件

E_{t_1} 和 E_{t_2} 各为两种介质中 E 的切向分量。消去两边的 l，再令 d 趋于零，我们得

$$E_{t_1} = E_{t_2}$$

即在通过不同介质时，电矢量 E 的切向分量是连续的。

我们把式(1-8)改写成积分形式

$$\oint \boldsymbol{H} \mathrm{d}\boldsymbol{l} = \int_{\boldsymbol{s}} \left(\frac{\partial \boldsymbol{D}}{\partial t} + \boldsymbol{j} \right) \mathrm{d}\boldsymbol{S}$$

用同样方法可证明，在界面上不存在传导电流（即 $\boldsymbol{j} = 0$）时

$$H_{t_1} = H_{t_2} \tag{1-35}$$

即磁矢量 H 的切向分量 H_{t_1} 与 H_{t_2} 在分界面的两侧也是连续的。若沿着边界表面有传导电流密度 $\boldsymbol{j}$ 时，H 的切向分量之差等于传导电流密度。

1.1.5 坡印亭矢量

电磁波的辐射就是变化电磁场的传播。电磁场具有能量，所以随着电磁波的传播，能量也在传播。能量传播的速度就是电磁波的传播速度，传播方向就是电磁波的传播方向。

电磁波传播时，在单位时间内通过垂直于传播方向的单位面积的能矢量 S，称为坡印亭矢量，或称为能流密度，表示式为

$$\boldsymbol{S} = \boldsymbol{E} \times \boldsymbol{H} \tag{1-36}$$

E 和 H 的复数表示式各为

$$\boldsymbol{E} = \boldsymbol{E}_0 \exp\left[\mathrm{i}\left(\omega t - \frac{\omega x}{v} \right) \right] = \boldsymbol{E}_0 \exp[\mathrm{i}(\omega t + \alpha)]$$

$$\boldsymbol{H} = \boldsymbol{H}_0 \exp[\mathrm{i}(\omega t + \beta)]$$

式中，α 和 β 各自可看作是电振动 E 和磁振动 H 的初相，取其实数部分得

$$\boldsymbol{E} = \boldsymbol{E}_0 \cos(\omega t + \alpha)$$

$$\boldsymbol{H} = \boldsymbol{H}_0 \cos(\omega t + \beta)$$

介质中某点坡印亭矢量的瞬时值是忽大忽小的，但在一个周期内，其平均值还是一个定值。我们定义坡印亭矢量的平均值为光强度 I

$$I = \frac{1}{T} \int_0^T E_0 H_0 \cos(\omega t + \alpha) \cos(\omega t + \beta) \mathrm{d}t$$

$$= \frac{1}{2}E_0 H_0 \cos(\alpha - \beta)$$

因为(EH^*)的实数部分($*$号表示共轭复数)为

$$\mathrm{Re}(EH^*) = \mathrm{Re}\{E_0 \exp[\mathrm{i}(\omega t + \alpha)] \cdot H_0 \exp[-\mathrm{i}(\omega t + \beta)]\}$$
$$= E_0 H_0 \cos(\alpha - \beta)$$

所以有

$$I = \frac{1}{2}\mathrm{Re}(EH^*) \tag{1-37}$$

由式(1-34)和 $Y = N$,可知 $H = NE$,所以可以得到坡印亭矢量的另一种表示形式

$$I = \frac{1}{2}\mathrm{Re}(N) \mid E \mid^2 \tag{1-38}$$

这表明电磁波所传递的能流密度(坡印亭矢量)与其振幅的平方以及所在介质的光学导纳的实部成正比。

在本书中讨论的反射率 R 和透射率 T 分别定义为反射光强度与入射光强度之比和透射光强度与入射光强度之比。

但是在光束倾斜入射的情况下,上述定义会导致错误。因为坡印亭矢量是在单位时间内通过垂直于传播方向的单位面积的能矢量,在倾斜入射的情况下,入射光束和透射光束的截面积是不相同的,因此须乘上入射角和折射角的余弦因子。即:

$$R = \frac{反射光强度 \cdot \cos\theta_r}{入射光强度 \cdot \cos\theta_i} = \frac{反射光强度的垂直分量}{入射光强度的垂直分量}$$

$$T = \frac{透射光强度 \cdot \cos\theta_t}{入射光强度 \cdot \cos\theta_i} = \frac{透射光强度的垂直分量}{入射光强度的垂直分量}$$

今后一般情况下,我们处理的场是场的切向分量(因为只有切向分量通过不同介质时是连续的),而强度则是它的垂直分量。

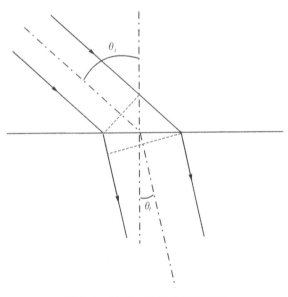

图 1-3　倾斜入射时光束的截面

1.2 平面电磁波在单一界面上的反射和折射

通常光学多层膜涉及很多界面,我们首先讨论最简单的单一界面的情况,然后将之扩展到多层薄膜、很多界面的复杂情况。

1.2.1 反射定律和折射定律

下面讨论光在两种不同介质的分界面上所发生的反射和折射现象。为方便起见,假定两种介质都是各向同性的均匀介质。位于图 1-4 所示的 x-z 平面(入射平面)内的一束单色线偏振的平行光以 θ_0 角度入射在分界面上。N_0 和 N_1 各为两个介质的光学导纳。入射波在界面上分解为一个反射波和一个折射或透射波。设 $(\alpha_i, \beta_i, \gamma_i)$、$(\alpha_r, \beta_r, \gamma_r)$ 和 $(\alpha_t, \beta_t, \gamma_t)$ 分别为入射波、反射波和透射波单位矢量的方向余弦,则入射波的位相因子为

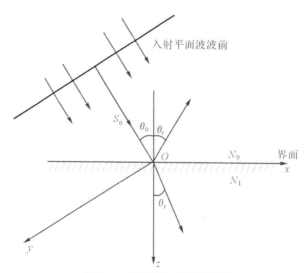

图 1-4 平面波的反射和折射

$$\exp\left\{\mathrm{i}\left[\omega_i t - \frac{2\pi N_0}{\lambda}(x\sin\theta_0 + z\cos\theta_0)\right]\right\}$$

反射波的位相因子为

$$\exp\left\{\mathrm{i}\left[\omega_r t - \frac{2\pi N_0}{\lambda}(x\alpha_r + y\beta_r + z\gamma_r)\right]\right\}$$

透射波的位相因子为

$$\exp\left\{\mathrm{i}\left[\omega_t t - \frac{2\pi N_1}{\lambda}(x\alpha_t + y\beta_t + z\gamma_t)\right]\right\}$$

根据边界条件,在 $z=0$ 处 E 和 H 的切向分量是连续的

$$E_t^i + E_t^r = E_t^t$$

$$H_t^i + H_t^r = H_t^t$$

若在任何时刻 t,对于边界上的任意一点,上式始终成立,则 $\omega_i = \omega_r = \omega_t$。它表示从一种介质到另一种介质,波的频率是不变的。同时若满足边界条件还必须使上述三个位相因子表达式中对应的 x,y 的系数相等,即

$$N_0\alpha_i = N_0\alpha_r = N_1\alpha_t \tag{1-39}$$

$$N_0\beta_i = N_0\beta_r = N_1\beta_t \tag{1-40}$$

从图 1-4 可见

$$\alpha_i = \sin\theta_0, \quad \alpha_r = \sin\theta_r, \quad \alpha_t = \sin\theta_t$$

则由式(1-40)可得

$$\beta_i = \beta_r = \beta_t = 0$$

$$N_0\beta_i = N_0\beta_r = N_1\beta_t = 0$$

这表示在反射、折射时,光束固定在入射平面(xz 平面)内。

由式(1-39)得 $N_0\alpha_i = N_0\alpha_r$,因而

$$\theta_0 = \theta_r \tag{1-41}$$

式(1-41)表示光从两个介质的分界面上反射时,入射角等于反射角,此即反射定律。

从式(1-39)又有 $N_0\alpha_i = N_1\alpha_t$ 即

$$N_0\sin\theta_0 = N_1\sin\theta_t$$

若用 θ_1 代替 θ_t,则上式更加对称

$$N_0\sin\theta_0 = N_1\sin\theta_1 \tag{1-42}$$

式(1-42)称为斯涅耳折射定律,它对透明的或吸收的介质都同样适用。

1.2.2 菲涅尔公式

我们可以进一步讨论反射波和透射波振幅的大小以及反射相位的变化。为了避免混淆,我们必须首先规定电场矢量的正方向。最容易处理的是垂直入射的情况。在垂直入射时,我们选择如图 1-5 所示的符号规则。通常取 z 轴垂直于界面,正方向沿着入射波方向。x 和 y 轴位于界面内。规定入射波、反射波和透射波的电矢量的正方向相同(例如都从纸面向外)。对于电场我们选择最简单的约定,但是由于这些矢量形成右手系,所以也就包含了对磁场矢量的隐含约定。

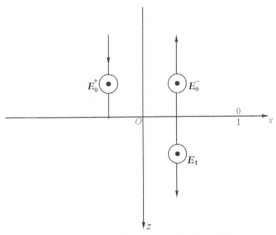

图 1-5　垂直入射时所取的电矢量的正方向

因为波是垂直入射的,所以 $\boldsymbol{E}$ 和 $\boldsymbol{H}$ 两者平行于界面,并且在界面两边它们都是连续的。由于在第二介质中显然没有反射波,故

$$H_1 = H_t, \quad E_1 = E_t$$

由式(1-33)得

$$\boldsymbol{H}_1 = N_1(\boldsymbol{S}_0 \times \boldsymbol{E}_1) \tag{1-43}$$

在入射介质中,有正方向行进和负方向行进的两种波。用符号 $\boldsymbol{E}_0^+, \boldsymbol{E}_0^-, \boldsymbol{H}_0^+, \boldsymbol{H}_0^-$ 分别表示 $\boldsymbol{E}$ 和 $\boldsymbol{H}$ 在第一介质中的各个分量,它们之间有下列关系:

$$\left.\begin{array}{l} \boldsymbol{H}_0^+ = N_0(\boldsymbol{S}_0 \times \boldsymbol{E}_0^+) \\ \boldsymbol{H}_0^- = N_0(-\boldsymbol{S}_0 \times \boldsymbol{E}_0^-) \end{array}\right\} \tag{1-44}$$

应用边界条件

$$\left.\begin{array}{l} E_1 = E_1^+ = E_0^+ + E_0^- \quad (\text{在 } z = 0) \\ H_1 = H_1^+ = H_0^+ + H_0^- \quad (\text{在 } z = 0) \end{array}\right\} \tag{1-45}$$

将式(1-45)的第二式和式(1-44)代入式(1-43),得

$$N_1(\boldsymbol{S}_0 \times \boldsymbol{E}_1) = N_0(\boldsymbol{S}_0 \times \boldsymbol{E}_0^+ - \boldsymbol{S}_0 \times \boldsymbol{E}_0^-)$$

即

$$N_1 E_1 = N_0(E_0^+ - E_0^-)$$

故有

$$E_0^- = \frac{N_0 - N_1}{N_0 + N_1} E_0^+$$

$$\left.\begin{array}{l} r = \dfrac{E_0^-}{E_0^+} = \dfrac{N_0 - N_1}{N_0 + N_1} \\[3mm] t = \dfrac{E_1}{E_0^+} = \dfrac{2N_0}{(N_0 + N_1)} \end{array}\right\} \tag{1-46}$$

r, t 称为振幅反射系数和透射系数,或称菲涅尔反射系数和透射系数。从坡印亭矢量平均值的表示式中可知,强度反射率 R 为

$$R = rr^* = \left(\frac{N_0 - N_1}{N_0 + N_1}\right)\left(\frac{N_0 - N_1}{N_0 + N_1}\right)^* \tag{1-47}$$

上面讨论的是垂直入射时的情况,但其结果不难推广到倾斜入射的情况。这时我们需分别对 p-偏振和 s-偏振规定电矢量的正方向,符号如图 1-6 所示,这和垂直入射时所取的约定规则是一致的。

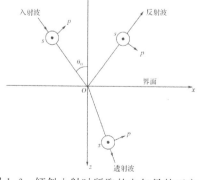

图 1-6　倾斜入射时所取的电矢量的正方向

只要引进有效导纳 η,用 η_0 和 η_1 代替式(1-46)和(1-47)中的 N_0 和 N_1,便可求得倾斜入射时的反射率。类似于式(1-33),η 可定义为磁场强度的切向分量与电场强度的切向分量之比

$$\eta = H_t^+/(S_0 \times E_t^+)$$
$$\eta = -H_t^-/(S_0 \times E_t^-)$$

η 不仅与入射角有关,而且依赖于 E 和 H 相对于入射平面的方位。可以证明,任何特定方位都可以归纳为两个标准方位的组合:

(1) E 在入射面内,这个波称为 TM 波(横磁波)或称 p-偏振波;

(2) E 垂直于入射面,这个波称为 TE 波(横电波)或称 s-偏振波。

下面分别讨论 TM 波和 TE 波的反射系数和透射系数。

TM 波(p-偏振):H 垂直于入射面,故 H 与界面平行,因此

$$H = H_t$$

而 E 与界面成 θ 倾角,故

$$E_t = E\cos\theta$$

因为

$$H = H_t = N(S_0 \times E) = N(r_0 \times E_t/\cos\theta) = \frac{N}{\cos\theta}(r_0 \times E_t)$$

r_0 为垂直于界面的单位波矢量。由 η 的定义,有

$$\eta_p = N/\cos\theta$$

TE 波(s-偏振):E 与界面平行,而 H 成一 θ 倾角。用与上面相似的证明得到

$$\eta_s = N\cos\theta$$

现在菲涅尔反射系数可以写成

$$r_p = \left(\frac{E_0^-}{E_0^+}\right)_p = \frac{E_{0t}^-/\cos\theta_0}{E_{0t}^+/\cos\theta_0} = \frac{E_{0t}^-}{E_{0t}^+} = \frac{\eta_{0p}-\eta_{1p}}{\eta_{0p}+\eta_{1p}} = \frac{N_0\cos\theta_1 - N_1\cos\theta_0}{N_0\cos\theta_1 + N\cos\theta_0} \tag{1-48}$$

$$r_s = \left(\frac{E_0^-}{E_0^+}\right)_s = \frac{E_{0t}^-}{E_{0t}^+} = \frac{\eta_{0s}-\eta_{1s}}{\eta_{0s}+\eta_{1s}} = \frac{N_0\cos\theta_0 - N_1\cos\theta_1}{N_0\cos\theta_0 + N_1\cos\theta_1} \tag{1-49}$$

同样,透射系数可以写成

$$t_p = \left(\frac{E_1}{E_0^+}\right)_p = \frac{E_{1t}/\cos\theta_1}{E_{0t}^+/\cos\theta_0} = \frac{2\eta_{0P}}{\eta_{0p}+\eta_{1p}} \cdot \frac{\cos\theta_0}{\cos\theta_t} = \frac{2N_0\cos\theta_0}{N_0\cos\theta_1 + N_1\cos\theta_0} \tag{1-50}$$

$$t_s = \left(\frac{E_1}{E_0^+}\right)_s = \frac{E_{1t}}{E_{0t}^+} = \frac{2\eta_{0s}}{\eta_{0s}+\eta_{1s}} = \frac{2N_0\cos\theta_0}{N_0\cos\theta_0 + N_1\cos\theta_1} \tag{1-51}$$

强度反射率是

$$R = \left(\frac{\eta_0-\eta_1}{\eta_0+\eta_1}\right)^2 = \begin{cases} \left(\dfrac{N_0\cos\theta_1 - N_1\cos\theta_0}{N_0\cos\theta_1 + N_1\cos\theta_0}\right)^2 & (p\text{-偏振}) \\[3mm] \left(\dfrac{N_0\cos\theta_0 - N_1\cos\theta_1}{N_0\cos\theta_0 + N_1\cos\theta_1}\right)^2 & (s\text{-偏振}) \end{cases} \tag{1-52}$$

正如前面所述,由于透射光束和入射光束的截面积不同,所以透射率定义为透射光强度的垂直分量与入射光强度的垂直分量之比。故透射率为

$$T = \frac{N_1\cos\theta_1}{N_0\cos\theta_0}|t|^2 = \begin{cases} \dfrac{4N_0N_1\cos\theta_0\cos\theta_1}{(N_0\cos\theta_1 + N_1\cos\theta_0)^2} & (p\text{-偏振}) \\[3mm] \dfrac{4N_0N_1\cos\theta_0\cos\theta_1}{(N_0\cos\theta_0 + N_1\cos\theta_1)^2} & (s\text{-偏振}) \end{cases} \tag{1-53}$$

式(1-48)至(1-51)就是菲涅尔公式,是薄膜光学中最基本的公式之一。因为光在薄膜中的行为,实际上是光波在分层介质的诸界面上的菲涅尔系数相互叠加的结果,所以可借助这些系数分析多层膜的特性。

1.2.3 第二介质是吸收介质的情况

上面讨论了两种介质都是非吸收介质的情况,但即使第二介质是吸收介质,菲涅尔公式也是有效的。与上述情况不同的只是这种介质的折射率 N_1 为复数,$N_1 = n_1 - ik_i$。由折射定律

$$n_0 \sin\theta_0 = (n_1 - ik_1)\sin\theta_1$$

得

$$\sin\theta_1 = \frac{n_0 \sin\theta_0}{(n_1 - ik_1)} \tag{1-54}$$

可见 θ_1 为复数,并且除了 $\theta_0 = \theta_1 = 0$,即垂直入射的特殊情况外,θ_1 不再代表折射角。在 $\theta_0 = \theta_1 = 0$ 这种特殊情况下,菲涅尔反射系数的表达式有如下简单的形式:

$$r_p = r_s = \frac{n_0 - n_1 + ik_1}{n_0 + n_1 - ik_1} \tag{1-55}$$

反射率则为

$$R_p = R_s = \frac{(n_0 - n_1)^2 + k_1^2}{(n_0 + n_1)^2 + k_1^2} \tag{1-56}$$

当光束倾斜入射时,情况要复杂得多。这时菲涅尔反射系数为

$$r_s = |r_s| e^{i\varphi_s} = \frac{n_0 \cos\theta_0 - N_1 \cos\theta_1}{n_0 \cos\theta_0 + N_1 \cos\theta_1}$$

$$r_p = |r_p| e^{i\varphi_p} = \frac{n_0 \cos\theta_1 - N_1 \cos\theta_0}{n_0 \cos\theta_1 + N_1 \cos\theta_0}$$

我们必须记住 $N_1 \cos\theta_1$ 值是一个复数值

$$N_1 \cos\theta_1 = (n_1^2 - k_1^2 - n_0^2 \sin^2\theta_0 - 2in_1 k_1)^{1/2}$$

它必须在第四象限。如令

$$N_1 \cos\theta_1 \equiv u_1 + iv_1$$

则必须有 $u_1 > 0, v_1 < 0$。这可以容易地得到证明。在吸收介质中传播的波可以写成如下形式:

$$\boldsymbol{E}_1 = \boldsymbol{E}_{01}\exp\left\{i\left[\omega t - \frac{2\pi N_1}{\lambda}(x\sin\theta_1 + z\cos\theta_1)\right]\right\}$$

$$= \boldsymbol{E}_{01}\exp\left(\frac{2\pi}{\lambda}zv_1\right)\exp\left\{i\left[\omega t - \frac{2\pi}{\lambda}(xN_1\sin\theta_1 + zu_1)\right]\right\}$$

只有当 $v_1 < 0$,才表示电场强度沿着 z 方向按指数衰减。同时由于 $n_1 > 0, k_1 > 0$,而且通常 $k_1 > n_1$,所以 $(n_1^2 - k_1^2 - n_0^2\sin^2\theta_0 - 2in_1 k_1)$ 必须在第三象限,而它的平方根则在第二或第四象限。因为 $v_1 < 0$,所以 u_1 必须大于零。

于是菲涅尔反射系数可改写成如下形式

$$r_s = \frac{n_0 \cos\theta_0 - (u_1 + iv_1)}{n_0 \cos\theta_0 + (u_1 + iv_1)} \tag{1-57}$$

$$r_p = \frac{n_0(u_1 + iv_1) - [(u_1 + iv_1)^2 + n_0^2 \sin^2\theta_0]\cos\theta_0}{n_0(u_1 + iv_1) + [(u_1 + iv_1)^2 + n_0^2 \sin^2\theta_0]\cos\theta_0} \qquad (1\text{-}58)$$

对在吸收介质中传播的波,菲涅尔透射系数没有实际意义,因为波的衰减取决于它在介质中的行进路程。复数 $r_p = |r_p|e^{i\varphi_p}$ 和 $r_s = |r_s|e^{i\varphi_s}$ 的幅角是反射波的位相变化,反射率由模的平方确定。

图 1-7 表示两种不同金属的 R_s 和 R_p 随入射角的变化情况。这两种金属在 $\lambda = 546.0$nm 处的光学常数取:Ag($n=0.055, k=3.32$);Cu($n=0.76, k=2.46$)。可以看到,R_s 是 θ_0 的递增函数,R_p 随 θ_0 角的增加先是下降,然后增加。但没有一个入射角能使 R_p 为零,仅存在一个特定的入射角,使得反射光中 p-分量最小,这个角叫做准布儒斯特角。一般来说,这个角度比较大,在可见光区和红外光区至少 $\theta_0 \geqslant 65°$。而 R_p 的极小值大多是 k/n 的函数,且随着 k/n 的增加而增加。

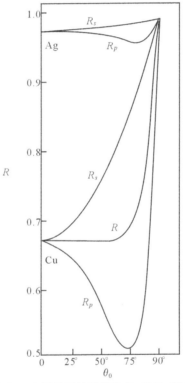

图 1-7　在空气—金属界面处反射率 R_p 和 R_s 随 θ_0 角的变化

图 1-8 表示反射相移随入射角的变化情况。显然,不管入射角如何,反射光的位相变化不再是 0 或 π,而是它们中间的某一角度。同时 s-分量和 p-分量之间有一个不为 0 的相对位相差。因而当入射光为线偏振光,在吸收介质上反射后通常成为椭圆偏振光。正是基于这种认识,利用反射光的椭圆偏振测量,就可确定吸收介质的光学常数。从图上还可看到,当 R_p 接近于最小值时,$\Delta = \varphi_s - \varphi_p \approx 90°$。

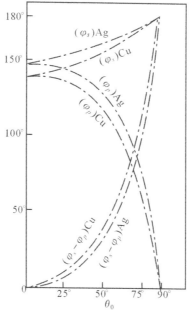

图 1-8　反射相移 φ_p 和 φ_s 以及位相差 $\Delta=\varphi_s-\varphi_p$ 随 θ_0 变化

此外我们知道,光由透明介质进入吸收介质时,折射角变成一个复向量,这标志着折射光的等相面与等幅面不再重合,也意味着折射光对入射光有一个位相变化。在吸收介质的消光系数很大而且光的波长又不是很短时,等相面与等幅面二者近乎重合,光将沿着接近于垂直界面的方向运行。但当消光系数不是很大或波长比较短时,光将偏离垂直方向,偏离的大小与入射角有关。这时吸收介质的有效光学常数也随着入射角的变化而变化。

1.2.4　全反射

全反射是值得专门叙述一下的。在这里,虽然第二介质是透明介质,我们仍然要利用复数折射角的概念。全反射发生在光从光密媒质传播到光疏媒质,即 $n_0>n_1$ 的时候,而且要入射角 θ_0 超过下式所给定的临界角 $\bar{\theta}_0$(全反射角)

$$\sin\bar{\theta}_0=n_1/n_0$$

由斯涅尔定律得

$$\sin\theta_1=\frac{n_0}{n_1}\sin\theta_0$$

当 $\theta_0=\bar{\theta}_0$ 时,$\sin\theta_1=1$,即 $\theta_1=90°$,因而光沿着和界面相切的方向射出。现在我们要讨论的是当入射角超过临界角时反射位相的变化。在 $\theta_0>\bar{\theta}_0$ 的情况下

$$n_1\cos\theta_1=\pm n_1(1-\sin^2\theta_1)^{1/2}=\pm in_1(n_0^2\sin^2\theta_0/n_1^2-1)^{1/2}$$

令 $n_1\cos\theta_1\equiv iv_1$,只有 $v_1<0$ 才符合物理模型。

写出光波在第二介质中的相位因子

$$\exp\left\{i\left[\omega t-\frac{2\pi}{\lambda}(iv_1z+x\sin\theta_1n_1)\right]\right\}=\exp\left(\frac{2\pi z}{\lambda}v_1\right)\exp\left[i\left(\omega t-\frac{2\pi n_1}{\lambda}x\sin\theta_1\right)\right]$$

可见 v_1 取负值才表示电场在第二介质中是一按指数衰减的衰减场。同时上式也说明全反射条件下,在第二介质中电场的等幅面和等位相面是不一致的。等幅面垂直于 z 轴,而等位相面垂直于 x 轴。

为了把菲涅尔公式(1-57)和(1-58)应用到全反射情况,只需作如下修改,即使 $u_1 = 0$,$iv_1 = n_1 \cos\theta_1$,于是有

$$r_s = \frac{n_0 \cos\theta_0 - iv_1}{n_0 \cos\theta_0 + iv_1} \equiv |r_s| e^{i\varphi_s} \tag{1-59}$$

$$r_p = \frac{in_0 v_1 - n_1^2 \cos\theta_0}{in_0 v_1 + n_1^2 \cos\theta_0} = \frac{n_0 v_1 + in_1^2 \cos\theta_0}{n_0 v_1 - in_1^2 \cos\theta_0} \equiv |r_p| e^{i\varphi_p} \tag{1-60}$$

在全反射情况下,反射光将发生位相变化。式(1-59)和(1-60)中,$|r_s| = |r_p| = 1$。两式都具有 $\tilde{z}(\tilde{z}^*)^{-1}$ 这种形式,因此如果 α 是 $\tilde{z}$ 的幅角(即 $\tilde{z} = ae^{i\alpha}$,其中 a 和 α 都是实数),则

$$e^{i\varphi} = \tilde{z}(\tilde{z}^*)^{-1} = e^{2i\alpha}$$

即

$$\tan\frac{\varphi}{2} = \tan\alpha$$

因此

$$\tan\frac{1}{2}\varphi_s = \frac{-v_1}{n_0 \cos\theta_0} = \frac{(\sin^2\theta_0 - n_1^2/n_0^2)^{1/2}}{\cos\theta_0} \tag{1-61}$$

$$\tan\frac{1}{2}\varphi_p = \frac{n_1^2 \cos\theta_0}{n_0 v_1} = -\frac{n_1^2/n_0^2 \cdot \cos\theta_0}{(\sin^2\theta_0 - n_1^2/n_0^2)^{1/2}} \tag{1-62}$$

由此可见,两个分量受到不同的位相跃变,因此线偏振光经全反射后通常也变成椭圆偏振光。

对相对位相差 $\Delta = \varphi_s - \varphi_p$,有

$$\tan\frac{\Delta}{2} = \frac{\tan\varphi_s/2 - \tan\varphi_p/2}{1 + \tan\varphi_s/2 \cdot \tan\varphi_p/2} = \frac{\sin^2\theta_0}{\cos\theta_0 (\sin^2\theta_0 - n_1^2/n_0^2)^{1/2}} \tag{1-63}$$

图 1-9 表示 $n_0 = 1.5$ 和 2.0,$n_1 = 1.0$ 时,φ_p,φ_s 及 $\Delta = \varphi_s - \varphi_p$ 随入射角 θ_0 的变化情况。

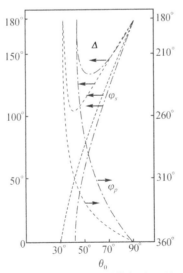

图 1-9　位相变化 φ_s、φ_p 和相对位相差 Δ 随 θ_0 的变化
　　　　—·—·—:$n_0 = 1.5, n_1 = 1.0$
　　　　------:$n_0 = 2.0, n_1 = 1.0$

1.3　光学薄膜特性的理论计算

1.3.1　单层介质薄膜的反射率

在上一节中我们曾讨论了平面电磁波在单一界面上的反射和折射。在界面上应用边界条件可以写出

$$\eta_1 E_1 = \eta_0 E_0^+ - \eta_0 E_0^- = H_0 \qquad (1\text{-}64)$$

$$E_1 = E_0^+ + E_0^- = E_0 \qquad (1\text{-}65)$$

因为应用边界条件写出的 p-分量和 s-分量的等式形式是相同的,所以不再分别 p-分量和 s-分量的情形。同时除了另作说明外,E 和 H 都是指电场或磁场的切向分量,不再指明下标 t。

在光学上,处于两个均匀媒质之间的均匀介质膜的性质特别重要,因此我们将比较详细地来研究这一情况。我们假定,所有媒质都是非磁性的($\mu_r = 1$)。

如图 1-10 所示,单层薄膜的两个界面在数学上可以用一个等效的界面来表示。膜层和基底组合的导纳是 Y,由式(1-64)和(1-65),可以知道

$$Y = H_0/E_0$$

式中,$H_0 = H_0^+ + H_0^-$,$E_0 = E_0^+ + E_0^-$。

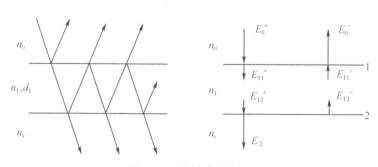

图 1-10　单层薄膜的等效界面

于是如同单一界面的情形,单层膜的反射系数可表示为

$$r = (\eta_0 - Y)/(\eta_0 + Y)$$

只要确定了组合导纳 Y,就可以方便地计算单层膜的反射和透射特性。因此问题就归结为求取入射界面上 H_0 和 E_0 的比值。下面我们推导组合导纳 Y 的表达式。

图 1-11　单层膜的电场

如图 1-11 所示,薄膜上下界面上都有无数次反射,为便于处理,我们归并所有同方向的波,正方向取十号,负方向取一号。E_{11}^+ 和 E_{12}^+ 是指在界面 1 和 2 上的 E_1^+,符号 E_{11}^-,E_{12}^-,H_{11}^+ 和 H_{12}^+ 等具有同样的意义。

现在在界面 1,应用 E 和 H 的切向分量在界面两侧连续的边界条件写出:

$$E_0 = E_0^+ + E_0^- = E_{11}^+ + E_{11}^-$$

$$H_0 = H_0^+ + H_0^- = \eta_1 E_{11}^+ - \eta_1 E_{11}^-$$

对于另一界面 2 上具有相同坐标的点,只要改变波的位相因子,就可确定它们在同一瞬时的状况。正向行进的波的位相因子应乘以 $e^{-i\delta_1}$,而负向行进的波的位相因子应乘以 $e^{i\delta_1}$。其中

$$\delta_1 = \frac{2\pi}{\lambda} n_1 d_1 \cos\theta_1$$

即

$$E_{12}^+ = E_{11}^+ e^{-i\delta_1}, \ E_{12}^- = E_{11}^- e^{i\delta_1}$$

所以

$$E_0 = E_{12}^+ e^{i\delta_1} + E_{12}^- e^{-i\delta_1}$$

$$H_0 = \eta_1 e^{i\delta_1} E_{12}^+ - \eta_1 e^{-i\delta_1} E_{12}^-$$

这可用矩阵的形式写成

$$\begin{bmatrix} E_0 \\ H_0 \end{bmatrix} = \begin{bmatrix} e^{i\delta_1} & e^{-i\delta_1} \\ \eta_1 e^{i\delta_1} & -\eta_1 e^{-i\delta_1} \end{bmatrix} \begin{bmatrix} E_{12}^+ \\ E_{12}^- \end{bmatrix} \tag{1-66}$$

在基片中没有负向行进的波,于是在界面 2 应用边界条件可以写为

$$E_2 = E_{12}^+ + E_{12}^-$$

$$H_2 = \eta_1 E_{12}^+ - \eta_1 E_{12}^-$$

因此

$$E_{12}^+ = \frac{1}{2} E_2 + \frac{1}{2\eta_1} H_2$$

$$E_{12}^- = \frac{1}{2} E_2 - \frac{1}{2\eta_1} H_2$$

写成矩阵形式为

$$\begin{bmatrix} E_{12}^+ \\ E_{12}^- \end{bmatrix} = \begin{bmatrix} \dfrac{1}{2} & \dfrac{1}{2\eta_1} \\ \dfrac{1}{2} & -\dfrac{1}{2\eta_1} \end{bmatrix} \begin{bmatrix} E_2 \\ H_2 \end{bmatrix}$$

将此式代入式(1-66),得

$$\begin{bmatrix} E_0 \\ H_0 \end{bmatrix} = \begin{bmatrix} e^{i\delta_1} & e^{-i\delta_1} \\ \eta_1 e^{i\delta_1} & -\eta_1 e^{-i\delta_1} \end{bmatrix} \begin{bmatrix} \dfrac{1}{2} & \dfrac{1}{2\eta_1} \\ \dfrac{1}{2} & -\dfrac{1}{2\eta_1} \end{bmatrix} \begin{bmatrix} E_2 \\ H_2 \end{bmatrix}$$

$$= \begin{bmatrix} \cos\delta_1 & \dfrac{i}{\eta_1}\sin\delta_1 \\ i\eta_1\sin\delta_1 & \cos\delta_1 \end{bmatrix} \begin{bmatrix} E_2 \\ H_2 \end{bmatrix} \tag{1-67}$$

因为 E 和 H 的切向分量在界面两侧是连续的,而且由于在基片中仅有一正向行进的

波,所以式(1-67)就把入射界面的 E 和 H 的切向分量与透过最后界面的 E 和 H 的切向分量联系起来。又因为

$$H_0 = YE_0$$
$$H_2 = \eta_2 E_2$$

于是式(1-67)可以写成

$$E_0 \begin{bmatrix} 1 \\ Y \end{bmatrix} = \begin{bmatrix} \cos\delta_1 & \dfrac{i}{\eta_1}\sin\delta_1 \\ i\eta_1\sin\delta_1 & \cos\delta_1 \end{bmatrix} \begin{bmatrix} 1 \\ \eta_2 \end{bmatrix} E_2$$

令

$$\begin{bmatrix} B \\ C \end{bmatrix} = \begin{bmatrix} \cos\delta_1 & \dfrac{i}{\eta_1}\sin\delta_1 \\ i\eta_1\sin\delta_1 & \cos\delta_1 \end{bmatrix} \begin{bmatrix} 1 \\ \eta_2 \end{bmatrix} \tag{1-68}$$

矩阵

$$\begin{bmatrix} \cos\delta_1 & \dfrac{i}{\eta_1}\sin\delta_1 \\ i\eta_1\sin\delta_1 & \cos\delta_1 \end{bmatrix}$$

称为薄膜的特征矩阵。它包含了薄膜的全部有用的参数。其中 $\delta_1 = \dfrac{2\pi}{\lambda}n_1 d_1\cos\theta_1$;对 p-分量, $\eta_1 = n_1/\cos\theta_1$,而对 s-分量, $\eta_1 = n_1\cos\theta_1$。后面我们将会看到,在分析薄膜特性时,这一矩阵是非常有用的。

矩阵 $\begin{bmatrix} B \\ C \end{bmatrix}$ 定义为基片和薄膜组合的特征矩阵。显然,由

$$Y = C/B \tag{1-69}$$

得

$$Y = \frac{\eta_2\cos\delta_1 + i\eta_1\cos\delta_1}{\cos\delta_1 + i(\eta_2/\eta_1)\sin\delta_1} \tag{1-70}$$

故振幅反射系数为

$$r = \frac{\eta_0 - Y}{\eta_0 + Y} = \frac{(\eta_0 - \eta_2)\cos\delta_1 + i(\eta_0\eta_2/\eta_1 - \eta_1)\sin\delta_1}{(\eta_0 + \eta_2)\cos\delta_1 + i(\eta_0\eta_2/\eta_1 + \eta_1)\sin\delta_1}$$

能量反射率为

$$R = rr^* = \frac{(\eta_0 - \eta_2)^2\cos^2\delta_1 + (\eta_0\eta_2/\eta_1 - \eta_1)^2\sin^2\delta_1}{(\eta_0 + \eta_2)^2\cos^2\delta_1 + (\eta_0\eta_2/\eta_1 + \eta_1)^2\sin^2\delta_1} \tag{1-71}$$

由 $\begin{bmatrix} B \\ C \end{bmatrix}$ 矩阵的表达式可以知道,当薄膜的有效光学厚度为 1/4 波长的整数倍时,即

$$nd\cos\theta = m\frac{\lambda_0}{4}$$

或其相位厚度为 $\dfrac{\pi}{2}$ 的整数倍,即

$$\delta = \frac{2\pi}{\lambda_0} \cdot nd\cos\theta = m\frac{\pi}{2} \qquad (m = 1,2,3,\cdots)$$

在参考波长处会出现一系列的极值。

对于厚度为 $\lambda_0/4$ 奇数倍,即 $m=1,3,5,\cdots$ 的情形,有

$$\begin{bmatrix} B \\ C \end{bmatrix} = \begin{bmatrix} 0 & \pm i/\eta_1 \\ \pm i\eta_1 & 0 \end{bmatrix} \begin{bmatrix} 1 \\ \eta_s \end{bmatrix}$$

$Y = C/B = \eta_1^2/\eta_s$,这通常称为四分之一波长法则。

$$R_{\text{ext}} = \left[(\eta_0 - \eta_1^2/\eta_s)/(\eta_0 + \eta_1^2/\eta_s) \right]^2$$

而对于厚度为 $\lambda_0/4$ 偶数倍,即 $m=2,4,6,\cdots$ 的情形,

$$\begin{bmatrix} B \\ C \end{bmatrix} = \begin{bmatrix} \pm 1 & 0 \\ 0 & \pm 1 \end{bmatrix} \begin{bmatrix} 1 \\ \eta_s \end{bmatrix}$$

$$Y = C/B = \eta_s$$
$$R_{\text{ext}} = \left[(\eta_0 - \eta_s)/(\eta_0 + \eta_s) \right]^2$$

在参考波长 λ_0 处,它对于膜系的反射或透射特性没有任何影响,因此被称为"虚设层"。当然在其他波长上,薄膜的特征矩阵不再是单位矩阵,对膜系的特性是具有影响的。因而半波长厚度的虚设层通常用于平滑膜系的分光特性。当厚度为 1/4 波长的奇数倍时,反射率是极大还是极小,视薄膜的折射率是大于还是小于基片的折射率而定。当膜的光学厚度取 $\lambda_0/2$ 的整数倍时,反射率也是极值,且视它们的折射率而定,只是情况恰巧相反。这些结果表示在图 1-12 上。

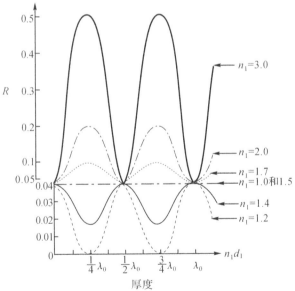

图 1-12　单层介质膜的反射率随其光学厚度的变化关系,
膜的折射率为 n_1,$n_0=1.0$,$n_2=1.5$,入射角 $\theta_0=0$

由于 1/4 波长厚度的薄膜在多层膜设计中用得非常广泛,因而有一些简便的速写符号。

例如用 H 表示高折射率的 1/4 波长膜层；L 表示低折射率的 1/4 波长膜层；而通常用 M 表示中间折射率的 1/4 波长的膜层。这样用速写符号表示规整的多层膜结构十分方便。例如用"空气|HLH|基片"表示一个高低折射率交替的三层膜结构。

$$
\begin{array}{llll}
n_0 & \underline{\quad空气\quad} & \underline{\quad空气\quad} & \underline{\quad空气\quad} & \underline{\quad空气\quad} \\
n_H & \underline{\quad H\quad} & \underline{\quad H\quad} & \underline{\quad H\quad} & n_H^4/(n_L^2 n_s) \\
n_L & \underline{\quad L\quad} & \underline{\quad L\quad} & n_L^2 n_s/n_H^2 \\
n_H & \underline{\quad H\quad} & n_H^2/n_s \\
n_s & 基片 \\
\end{array}
$$

根据上述 1/4 波长法则等效界面的导纳为 $Y = n_H^4/(n_L^2 n_s)$。
同样地对于

$$
\begin{array}{ll}
空气|LHLH|基片 & Y = n_L^4 \cdot n_s/n_H^4 \\
空气|HLHLH|基片 & Y = n_H^6/(n_L^4 \cdot n_s) \\
空气|L2HM|基片 & Y = n_L^2 \cdot n_s/n_m^2 \\
\end{array}
$$

1.3.2 多层薄膜的特性计算

上面对单层薄膜的讨论可以毫无困难地扩展到多层膜的情况。任意光学多层膜，无论是介质薄膜或是金属薄膜组合，都可以用一虚拟的等效界面代替，而且等效界面的导纳 $Y = H_0/E_0$，如图 1-13 所示。

图 1-13　多层薄膜的等效界面

正如在上一节讨论的，在界面 1 和 2 应用边界条件可以得到

$$
\begin{bmatrix} E_0 \\ H_0 \end{bmatrix} = \begin{bmatrix} \cos\delta_1 & \dfrac{i}{\eta_1}\sin\delta_1 \\ i\eta_1\sin\delta_1 & \cos\delta_1 \end{bmatrix} \begin{bmatrix} E_{22} \\ H_{22} \end{bmatrix}
$$

在界面 2 和界面 3(见图 1-14)，同样可以得到

$$
\begin{bmatrix} E_{12} \\ H_{12} \end{bmatrix} = \begin{bmatrix} \cos\delta_2 & \dfrac{i}{\eta_2}\sin\delta_2 \\ i\eta_2\sin\delta_2 & \cos\delta_2 \end{bmatrix} \begin{bmatrix} E_{33} \\ H_{33} \end{bmatrix}
$$

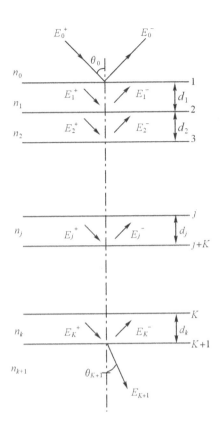

图 1-14　求解多层膜的矩阵法

重复这个过程,直到在界面 K 和 $K+1$ 应用边界条件得到

$$\begin{bmatrix} E_{K-1,K} \\ H_{K-1,K} \end{bmatrix} = \begin{bmatrix} \cos\delta_K & \dfrac{\mathrm{i}}{\eta_K}\sin\delta_K \\ \mathrm{i}\eta_k\sin\delta_K & \cos\delta_K \end{bmatrix} \begin{bmatrix} E_{K+1} \\ H_{K+1} \end{bmatrix}$$

因为各界面的切向分量连续,故有

$$\begin{bmatrix} E_{12} \\ H_{12} \end{bmatrix} = \begin{bmatrix} E_{22} \\ H_{22} \end{bmatrix}, \quad \begin{bmatrix} E_{23} \\ H_{23} \end{bmatrix} = \begin{bmatrix} E_{33} \\ H_{33} \end{bmatrix} \quad ,\cdots, \quad \begin{bmatrix} E_{K-1,K} \\ H_{K-1,K} \end{bmatrix} = \begin{bmatrix} E_{K,K} \\ H_{K,K} \end{bmatrix}$$

所以经过连续的线性变换,最后可得矩阵方程式

$$\begin{bmatrix} E_0 \\ H_0 \end{bmatrix} = \left\{ \prod_{j=1}^{K} \begin{bmatrix} \cos\delta_j & \dfrac{\mathrm{i}}{\eta_j}\sin\delta_j \\ \mathrm{i}\eta_j\sin\delta_j & \cos\delta_j \end{bmatrix} \right\} \begin{bmatrix} E_{K+1} \\ H_{K+1} \end{bmatrix}$$

由于 $Y = H_0/E_0$,而且在基底中只有正向波,没有反向波,$H_{K+1}/E_{K+1} = \eta_{K+1}$。因而

$$E_0 \begin{bmatrix} 1 \\ Y \end{bmatrix} = \left\{ \prod_{j=1}^{K} \begin{bmatrix} \cos\delta_j & \dfrac{\mathrm{i}}{\eta_j}\sin\delta_j \\ \mathrm{i}\eta_j\sin\delta_j & \cos\delta_j \end{bmatrix} \right\} \begin{bmatrix} 1 \\ \eta_{K+1} \end{bmatrix} E_{K+1}$$

这样,膜系的特征矩阵为

$$\begin{bmatrix} B \\ C \end{bmatrix} = \left\{ \prod_{j=1}^{K} \begin{bmatrix} \cos\delta_j & \dfrac{\mathrm{i}}{\eta_j}\sin\delta_j \\ \mathrm{i}\eta_j\sin\delta_j & \cos\delta_j \end{bmatrix} \right\} \begin{bmatrix} 1 \\ \eta_{K+1} \end{bmatrix} \tag{1-72}$$

对 p-偏振波和 s-偏振波,膜层的位相厚度都是

$$\delta_j = \frac{2\pi}{\lambda} n_j d_j \cos\theta_j$$

折射角 θ_j 由折射定理所确定。导纳 η_j 由下式给出

$$\eta_j = \begin{cases} n_j/\cos\theta_j & p\text{-偏振波} \\ n_j\cos\delta_j & s\text{-偏振波} \end{cases}$$

矩阵

$$\begin{bmatrix} \cos\delta_j & \dfrac{\mathrm{i}}{\eta_j}\sin\delta_j \\ \mathrm{i}\eta_j\sin\delta_j & \cos\delta_j \end{bmatrix}$$

称为第 j 层膜的特征矩阵。无吸收的介质薄膜的特征矩阵的一般形式可写成

$$M = \begin{bmatrix} m_{11} & m_{12} \\ m_{21} & m_{22} \end{bmatrix}$$

式中 m_{11} 和 m_{22} 为实数,而且 $m_{11} = m_{22}$,而 m_{21} 和 m_{12} 为纯虚数,此外其行列式值等于 1,称为单位模矩阵,即

$$m_{11}m_{22} - m_{12}m_{21} = 1$$

而且任意多个这样的矩阵乘积的行列式值也等于 1。

对于一个 $1/4$ 波长层,即有效光学厚度为某一参考波长的 $1/4$ 的薄膜,在该参考波长处特征矩阵有

$$M = \begin{bmatrix} 0 & \dfrac{\mathrm{i}}{\eta} \\ \mathrm{i}\eta & 0 \end{bmatrix}$$

而半波长层则有

$$M = \begin{bmatrix} -1 & 0 \\ 0 & -1 \end{bmatrix}$$

可见半波长层在该参考波长处对于薄膜系统的特性没有任何影响,故称为"虚设层"。

显然,多层膜和基片的组合导纳为 $Y = C/B$。

$$R = \left(\frac{\eta_0 B - C}{\eta_0 B + C} \right) \left(\frac{\eta_0 B - C}{\eta_0 B + C} \right)^* \tag{1-73}$$

$$T = \frac{4\eta_0\eta_{K+1}}{(\eta_0 B + C)(\eta_0 B + C)^*} \tag{1-74}$$

反射相位变化是

$$\phi = \arctan\left(\frac{\mathrm{i}\eta_0(CB^* - BC^*)}{(\eta_0^2 BB^* - CC^*)} \right) \tag{1-75}$$

式中 η_0 是入射介质的导纳。

式 $(1\text{-}72)$ 在薄膜光学中具有特别重要的意义,因为它构成几乎全部计算的基础。

利用上述表达式不难证明薄膜系统的所谓不变性,即当薄膜系统的所有折射率(包括入射介质、所有膜层和基片)都乘以一个相同的常数,此反射率、透射率和反射相位没有任何变化。而当薄膜系统的所有折射率用它们的倒数代替时,反射率和透射率没有改变,仅是反射位相有一 π 值的变化。

具有相同厚度的下列薄膜系统有着相同的反射率和透射率,仅对于系统 Ⅲ 有一 π 的反射位相变化。

系统 Ⅰ	系统 Ⅱ	系统 Ⅲ
$n_0 = 1.0$	$n_0 = 2.0$	$n_0 = 1.0$
$n_1 = 2.30$	$n_1 = 4.60$	$n_1 = 0.43$
$n_2 = 1.38$	$n_2 = 2.76$	$n_2 = 0.7$
$n_g = 1.52$	$n_g = 3.04$	$n_g = 0.66$

实际上,我们用折射率代替导纳时,已经对薄膜系统所有的导纳都乘以一个相同的因子($= 1/\mathcal{Y}_0$),系统的全部特性没有任何的变化。

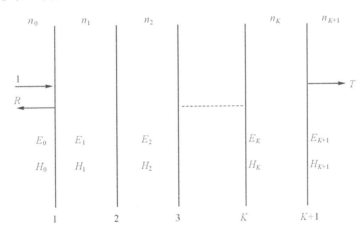

图 1-15 薄膜系统的势透射率 $\psi = \dfrac{T}{1 - R}$

前面我们已经讨论了介质薄膜的特性计算方法。现在我们将简要地分析包含吸收薄膜的膜系的反射和透射特性。原则上只要将折射率代之以复折射率 $n - ik$,上述方法是同样适用的。

首先我们引入势透射率的概念。所谓势透射率是从薄膜系统出射的能量与进入薄膜系统的能量之比值(图 1-15),即

$$\psi = \frac{T}{1 - R} \tag{1-76}$$

根据坡印亭矢量的表达式(1 − 37),又有

$$\psi = \frac{\mathrm{Re}(N_g) \mid E_{K+1} \mid^2}{\mathrm{Re}(Y) \mid E_0 \mid^2}$$

这里 Y 是多层膜和基片组合的导纳。

因为

$$E_0 \begin{bmatrix} 1 \\ Y \end{bmatrix} = \begin{bmatrix} B \\ C \end{bmatrix} E_{K+1}$$

有

$$|E_{K+1}|^2 / |E_0|^2 = Y^* / BC^*$$

所以,势透射率

$$\psi = \frac{\mathrm{Re}(N_g)}{\mathrm{Re}(BC^*)} \tag{1-77}$$

根据式(1-76),透射率

$$T = (1-R)\psi = (1-R)\frac{\mathrm{Re}(N_g)}{\mathrm{Re}(BC^*)}$$

对于介质薄膜(即无吸收)系统,势透射率 $\psi = 1$,因而 $T = (1-R)$。而任何一个吸收薄膜系统,其势透射率总是小于1,因而透过率和反射率之和不再等于1,其差值就是薄膜系统的吸收率。

现在我们可以利用特征矩阵式(1-72)计算吸收膜系的特性。由于吸收薄膜有一复折射率,因而它的位相厚度和折射角也是复数。这样,吸收薄膜的特征矩阵的元素不再是实数或纯虚数,每一个元素都是包括实数和虚数两部分的复数。

首先我们将基片和所有膜层的折射率均用复数形式表示(对于介质材料 $k=0$)。位相厚度为

$$\delta = \frac{2\pi}{\lambda}(n-\mathrm{i}k)d\cos\theta = \frac{2\pi}{\lambda}(u+\mathrm{i}v)d$$

正如在前面一节中介绍的

$$(n-\mathrm{i}k)\cos\theta = u+\mathrm{i}v = (n^2 - k^2 - n_0^2\sin^2\theta_0 - 2\mathrm{i}nk)^{1/2} \tag{1-78}$$

它的解必须在第四象限。如令

$$\delta_1 = \frac{2\pi}{\lambda}ud$$

$$\delta_2 = \frac{2\pi}{\lambda}vd$$

δ_1 和 δ_2 都是正实数,所以

$$\delta = \delta_1 - \mathrm{i}\delta_2$$

于是

$$\cos\delta = \cos\delta_1 \mathrm{ch}\delta_2 + \mathrm{i}\sin\delta_1 \mathrm{sh}\delta_2 \tag{1-79}$$

$$\sin\delta = \sin\delta_1 \mathrm{ch}\delta_2 - \mathrm{i}\cos\delta_1 \mathrm{sh}\delta_2 \tag{1-80}$$

令

$$c_1 \equiv \cos\delta_1 \mathrm{ch}\delta_2, \quad c_2 \equiv \sin\delta_1 \mathrm{sh}\delta_2$$

$$s_1 \equiv \sin\delta_1 \mathrm{ch}\delta_2, \quad s_2 \equiv -\cos\delta_1 \mathrm{sh}\delta_2$$

则

$$\cos\delta = c_1 + \mathrm{i}c_2, \quad \sin\delta = s_1 + \mathrm{i}s_2$$

然后须对不同的偏振分量分别计算导纳。对于 s-偏振有

$$\eta_s = (n-\mathrm{i}k)\cos\theta = u_s + \mathrm{i}v_s = (n^2 - k^2 - n_0^2\sin^2\theta_0 - 2\mathrm{i}nk)^{1/2}$$

令

$$\alpha \equiv n^2 - k^2 - n_0^2\sin^2\theta_0, \quad \beta \equiv 2nk$$

则

$$u_s = \sqrt{\frac{\sqrt{\alpha^2 + \beta^2} + \alpha}{2}}$$

$$(1\text{-}81)$$

$$v_s = -\sqrt{\frac{\sqrt{\alpha^2 + \beta^2} - \alpha}{2}}$$

而对于 p-偏振分量,有

$$\eta_p = \frac{n - \mathrm{i}k}{\cos\theta} = \frac{(n - \mathrm{i}k)^2}{\eta_s}$$

令

$$\eta_p \equiv u_p + \mathrm{i}v_p$$

则

$$u_p = \frac{(n^2 - k^2)u_s - 2nkv_s}{u_s^2 + v_s^2}$$

$$(1\text{-}82)$$

$$v_p = -\frac{(n^2 - k^2)v_s + 2nku_s}{u_s^2 + v_s^2}$$

因而吸收膜的特征矩阵有如下形式:

$$\begin{bmatrix} c_1 + \mathrm{i}c_2 & \dfrac{s_1 v - s_2 u}{u^2 + v^2} + \mathrm{i}\dfrac{s_1 u + s_2 v}{u^2 + v^2} \\ -(s_1 v + s_2 u) + \mathrm{i}(s_1 u - s_2 v) & c_1 + \mathrm{i}c_2 \end{bmatrix}$$

根据特征矩阵式(1-72)

$$\begin{bmatrix} B \\ C \end{bmatrix} = \left\{ \prod_{j=1}^{K} \begin{bmatrix} \cos\delta_j & \dfrac{\mathrm{i}}{\eta_j}\sin\delta_j \\ \mathrm{i}\eta_j \sin\delta_j & \cos\delta_j \end{bmatrix} \right\} \begin{bmatrix} 1 \\ \eta_{K+1} \end{bmatrix}$$

得到

$$R = \left(\frac{\eta_0 B - C}{\eta_0 B + C}\right)\left(\frac{\eta_0 B - C}{\eta_0 B + C}\right)^*$$

$$(1\text{-}83)$$

$$T = (1 - R)\frac{\eta_{K+1}}{\mathrm{Re}(BC^*)} = \frac{4\eta_0 \eta_{K+1}}{(\eta_0 B + C)(\eta_0 B + C)^*}$$

$$(1\text{-}84)$$

$$\psi = \arctan\left(\frac{\mathrm{i}\eta_0(B^* C - BC^*)}{\eta_0^2 BB^* - CC^*}\right)$$

$$(1\text{-}85)$$

可以看到,这些表达式和式(1-73),(1-74)及(1-75)在形式上是完全一样的。

1.3.3 光学多层膜特性计算的方框图

算法:

$$\begin{bmatrix} B \\ C \end{bmatrix} = \left\{ \prod_{j=1}^{K} \begin{bmatrix} \cos\delta_j & \mathrm{i}\sin\delta_j/\eta_j \\ \mathrm{i}\eta_j \sin\delta_j & \cos\delta_j \end{bmatrix} \right\} \begin{bmatrix} 1 \\ \eta_s \end{bmatrix}$$

$Y = C/B = y_1 + \mathrm{i}y_2$,

$r = (\eta_0 - Y)/(\eta_0 + Y) = r_1 + \mathrm{i}r_2$, $\quad \phi = \arctan(r_2/r_1)$

$R = [(\eta_0 B - C)/(\eta_0 B + C)][(\eta_0 B - C)/(\eta_0 B + C)]^*$

无吸收薄膜:$T = 1 - R$, 有吸收薄膜:$T = (1 - R)\psi$

$\psi = \mathrm{Re}(\eta_s)Y^*/\mathrm{Re}(Y)BC^* = \mathrm{Re}(\eta_s)/\mathrm{Re}(BC^*)$

程序框图如图 1-16 所示。

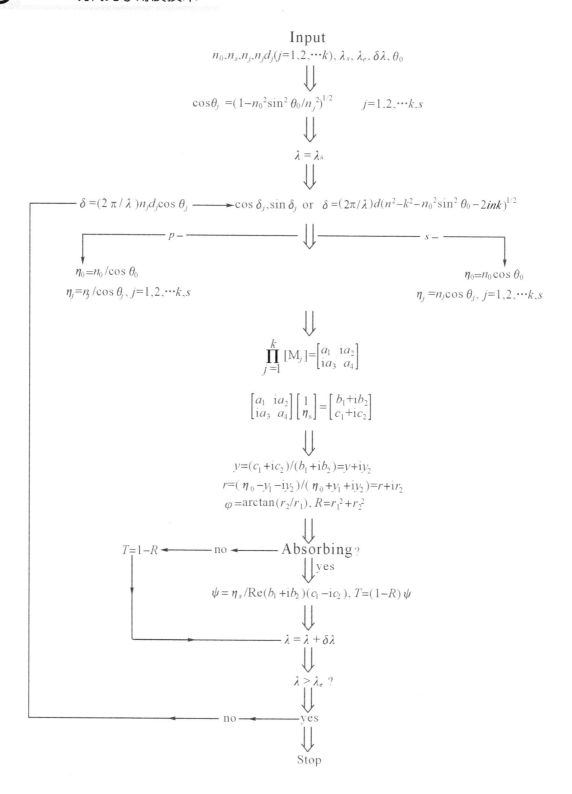

图 1-16   光学多层膜特性计算框图

显然,上述特性计算在计算机上实现是轻而易举的。

我们还可证明,膜系的透射率与光的传播方向无关。不管膜层有无吸收,这个结论都是正确的。

假设膜系中各层膜的特征矩阵用 $M_1, M_2, \cdots, M_K$ 表示,并且对应于两种可能的传播方向的两种乘积用 M 和 M' 表示,那么

$$M = M_1 M_2 M_3 \cdots M_K$$
$$M' = M_K M_{K-1} M_{K-2} \cdots M_1$$

因为矩阵的对角项是相等的,所以可证明,如果

$$M = [a_{ij}], \quad M' = [a_{ij}']$$

则有

$$a_{12} = a_{12}', \quad a_{21} = a_{21}'$$
$$a_{11} = a_{22}', \quad a_{22} = a_{11}'$$

在第一种传播方向时,

$$\begin{bmatrix} B \\ C \end{bmatrix} = M \begin{bmatrix} 1 \\ \eta_{K+1} \end{bmatrix} = \begin{bmatrix} a_{11} & a_{12} \\ a_{21} & a_{22} \end{bmatrix} \begin{bmatrix} 1 \\ \eta_{K+1} \end{bmatrix}$$

$$B = a_{11} + a_{12}\eta_{K+1}$$
$$C = a_{21} + a_{22}\eta_{K+1}$$

在第二种传播方向时,

$$\begin{bmatrix} B \\ C \end{bmatrix} = M' \begin{bmatrix} 1 \\ \eta_0 \end{bmatrix} = \begin{bmatrix} a_{11}' & a_{12}' \\ a_{21}' & a_{22}' \end{bmatrix} \begin{bmatrix} 1 \\ \eta_0 \end{bmatrix}$$

$$B = a_{11}' + a_{12}'\eta_0 = a_{22} + a_{12}\eta_0$$
$$C = a_{21}' + a_{22}'\eta_0 = a_{21} + a_{11}\eta_0$$

于是两种传播方向的膜系透射率为

$$T = \frac{4\eta_0\eta_{K+1}}{|\eta_0(a_{11} + a_{12}\eta_{K+1}) + a_{21} + a_{22}\eta_{K+1}|^2}$$

$$T' = \frac{4\eta_0\eta_{K+1}}{|\eta_{K+1}(a_{22} + a_{12}\eta_0) + a_{21} + a_{11}\eta_0|^2}$$

两者是完全一样的。

显而易见,就膜系的反射率而言,并不具有上面的特性。只有当每一层膜都没有吸收时,两种传播方向的膜系反射率才会相等。而对于包含吸收薄膜的吸收膜系,两种传播方向的反射率是不同的,但透射率正如上面所述是一样的,所以两种传播方向的膜系吸收率是不同的。这也说明,正确地选择在吸收薄膜器件中光线的传播方向是十分重要的。安置不当,有时可使膜系的吸收率成倍地增加。

这里需要指出的是,上面讨论的膜系特性计算方法都是对连续、均匀、各向同性的平行平面薄膜而言的。然而实际上,我们利用这样一个简单的模型不能解释所有的实验事实。在一些情况下,我们必须假定接近于膜层表面,存在有薄的过渡区域,在那里折射率是急速变化的。在另外一些情况下,沿着表面的法线方向,折射率也可以有一小的梯度变化。两种类型的非均匀性,使理论和实验研究不一致。薄膜折射率在厚度方向有显著变化的非均匀膜有许

多有趣的特性,一旦实用的制备方法解决以后,许多重要的技术可以得到应用。对于非均匀膜的特性计算,严格的处理比较困难,有实用价值的是那些表达式简洁明了的近似方法。在这种方法中,我们可以忽略膜层内部的反射,仅计算不连续界面上的反射,膜层内折射率的变化只影响光学厚度的数值。如图 1-17 所示,垂直入射的两个界面上的振幅反射系数 r_1, r_2 分别为

$$r_1 = \frac{N_0 - N_1}{N_0 + N_1}$$

$$r_2 = \frac{N'_1 - N_2}{N'_1 + N_2}$$

位相厚度 δ_1 为

$$\delta_1 = \frac{2\pi}{\lambda} \int_0^{d_1} N_1(z) \mathrm{d}z$$

利用多光束干涉原理,可以得到合成振幅反射系数

$$r = \frac{r_1 + r_2 \mathrm{e}^{-2i\delta_1}}{1 + r_1 r_2 \mathrm{e}^{-2i\delta_1}}$$

这个表达式以后还将进一步讨论

在非均匀性程度比较小的情况下,垂直入射的反射率也可以表示为

$$R = \frac{\left(N_0\sqrt{\frac{N'_1}{N_1}} - N_2\sqrt{\frac{N_1}{N'_1}}\right)^2 + (N_0 N_2/\sqrt{N_1 N'_1} - \sqrt{N_1 N'_1})^2 \tan^2\delta_1}{\left(N_0\sqrt{\frac{N'_1}{N_1}} + N_2\sqrt{\frac{N_1}{N'_1}}\right)^2 + (N_0 N_2/\sqrt{N_1 N'_1} + \sqrt{N_1 N'_1})^2 \tan^2\delta_1} \tag{1-86}$$

当 δ_1 是 $\pi/2$ 的奇数倍时

$$R = \left(\frac{N_0 N_2 - N_1 N'_1}{N_0 N_2 + N_1 N'_1}\right)^2 \tag{1-87}$$

而当 δ_1 是 $\pi/2$ 的偶数倍时

$$R = \left(\frac{N_0 N'_1 - N_1 N_2}{N_0 N'_1 + N_1 N_2}\right)^2 \tag{1-88}$$

另一种易于处理的近似方法是用一个均匀膜堆代替一层非均匀膜(图 1-17),然后按多层均匀膜的严格的计算方法来近似地确定非均匀膜的光学特性。做了若干次模拟计算后,就可以容易地选取分层数。这时如继续增加分层数,计算的特性将没有实质性的变化。

薄膜非均匀性的正确测量是一项困难的工作,但探测薄膜的非均匀性是可能的。若不存在吸收,则反射率和透过率是完全互补的。因而,非均匀性效应的探测采用透射测量或反射测量是等同的。然而,由于反射率对吸收不敏感,因此,相对于透射测量而言,反射测量是探测非均匀薄膜的一种更好的手段。

图 1-18,给出了膜层从基板到外表面折射率逐渐增加的非均匀性影响。这种影响使得反射率的极值偏离了未镀膜基板的反射率值,这是非均匀性唯一的标志。因为透射曲线显示在半波长处的透射率值减小,这也可能是吸收造成的。对于一个折射率从基板侧逐渐减小的膜层,反射率极值有类似的偏离,但现在是相反方向的偏离。在后一种情况中,半波长厚度的透射率是增加的,不能用吸收来解释。

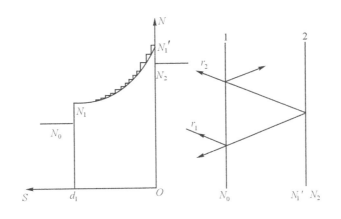

图 1-17   折射率连续变化的非均匀膜

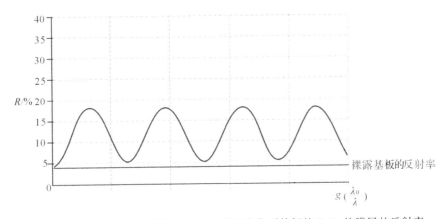

图 1-18   折射率值从基板侧的 1.905 线性变化到外侧的 2.00 的膜层的反射率

1.4   光学多层膜内的电场强度分布

在光频范围内,光(电磁波)与物质的相互作用主要是电子的作用,磁场几乎完全没有影响。电场强度愈大,光与材料的相互作用也愈强,因此了解多层膜内的电场强度分布在一些情况下是必要的。借此可以估计薄膜内的损耗以及耐受强光照射的能力。

实际上利用特征矩阵的方法计算膜系的光学特性时已经包含了电场的信息,如图 1-19 所示。

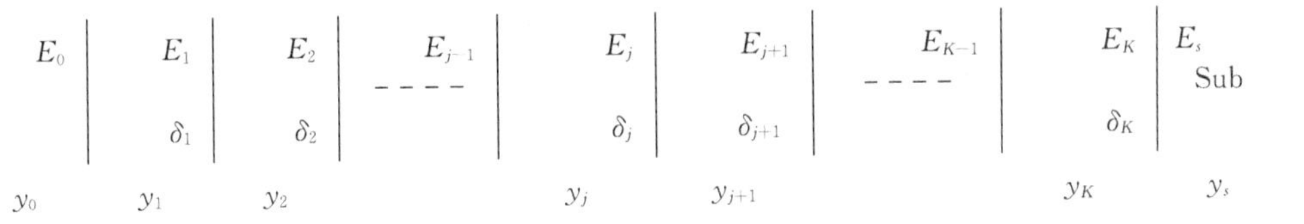

E_0	E_1	E_2	E_{j-1}	E_j	E_{j+1}	E_{K-1}	E_K	E_s Sub
	δ_1	δ_2	$- - - -$	δ_j	δ_{j+1}	$- - - -$	δ_K	
y_0	y_1	y_2		y_j	y_{j+1}		y_K	y_s

图 1-19   多层膜内的电场

$$\begin{bmatrix} E_{K-1} \\ H_{K-1} \end{bmatrix} = \begin{bmatrix} \cos\delta_K & \dfrac{i}{y_K}\sin\delta_K \\ iy_K\sin\delta_K & \cos\delta_K \end{bmatrix} \begin{bmatrix} E_s \\ H_s \end{bmatrix}$$

$$\begin{bmatrix} E_{j-1} \\ H_{j-1} \end{bmatrix} = \prod_{j=1}^{K} \begin{bmatrix} \cos\delta_j & \dfrac{i}{y_j}\sin\delta_j \\ iy_j\sin\delta_j & \cos\delta_j \end{bmatrix} \begin{bmatrix} E_s \\ H_s \end{bmatrix}$$

$$= \prod_{j=1}^{K} \begin{bmatrix} \cos\delta_j & \dfrac{i}{y_j}\sin\delta_j \\ iy_j\sin\delta_j & \cos\delta_j \end{bmatrix} \begin{bmatrix} 1 \\ y_s \end{bmatrix} E_s$$

$$= \begin{bmatrix} B_j \\ C_j \end{bmatrix} E_s$$

因此

$$E_{j-1} = B_j E_s, \quad j = 1,2,\cdots,K \tag{1-89}$$

如果假定基底内的电场强度 E_s 为 1 个单位，则 B_j 表示了任意界面上相对的电场强度。但为了计算绝对的电场强度分布，我们必须作归一化处理。令 $E_s = F$，使入射光强度为 1 个国际单位（即 1 瓦/平方米），则 F 称为归化因子。下面我们来推导归化因子 F 的表达式。

因为

$$\begin{bmatrix} E_0 \\ H_0 \end{bmatrix} = \prod_{j=1}^{K} \begin{bmatrix} \cos\delta_j & \dfrac{i}{y_j}\sin\delta_j \\ iy_j\sin\delta_j & \cos\delta_j \end{bmatrix} \begin{bmatrix} F \\ Fy_s \end{bmatrix}$$

$$= \begin{bmatrix} B \\ C \end{bmatrix} F$$

所以 $\qquad\qquad E_0 = FB, \quad H_0 = FC$

进入膜系的垂直于界面的光强度为 $I_0(1-R)\cos\theta_0$，这里 I_0 为入射光强度，R 为膜系的反射率，θ_0 为入射角。根据概率矢量（以及光强度）的定义，有

$$I_0(1-R)\cos\theta_0 = \frac{1}{2}\mathrm{Re}(E_0 H_0^*) = \frac{F^2}{2}\mathrm{Re}(BC^*)$$

这里的符号 Re 代表实数部分，即 $(E_0 H_0^*)$ 和 (BC^*) 的实数部分。

令 $\quad I_0 = 1(\mathrm{W/m^2})$，则有

$$F^2 = 2(1-R)\cos\theta_0 / \mathrm{Re}(BC^*) \tag{1-90}$$

由于

$$1-R = 1 - \left(\frac{y_0 B - C}{y_0 B + C}\right)\left(\frac{y_0 B - C}{y_0 B + C}\right)^*$$

$$= \frac{4y_0\mathrm{Re}(BC^*)}{(y_0 B + C)(y_0 B + C)^*}$$

代入 (1-89) 式得

$$F^2 = \frac{8y_0\cos\theta_0}{(y_0 B + C)(y_0 B + C)^*} \tag{1-91}$$

根据 (1-89) 式有

$$E_{j-1} = B_j F, \quad H_{j-1} = C_j F, \quad j = 1,2,3,\cdots,K \tag{1-92}$$

上式给出了平行于界面的电场强度分布。采用国际单位制场强的单位是 V/m。在倾斜

34

入射的情况下,对于 s-偏振分量,由于电场平行于界面,因此上式给出的是 s-偏振光的总的场强分布。而对于 p-偏振光,我们还须计算电场的垂直分量。

通常将电磁波分为正向波和反向波。对于正向波,其电场为

$$\widetilde{E}^+ = -\tilde{r} \times \widetilde{H}^+ / y$$

由图 1-20 可以看到,只有平行于 Y 轴的 $H_\parallel$ 是唯一不为零的 H 分量

$$\tilde{r} \times \widetilde{H}^+ = \begin{vmatrix} \tilde{\mathbf{i}} & \tilde{\mathbf{j}} & \tilde{\mathbf{k}} \\ \alpha & 0 & \gamma \\ 0 & H_\parallel^+ & 0 \end{vmatrix} = -\gamma H_\parallel^+ \tilde{\mathbf{i}} + \alpha H_\parallel^+ \tilde{\mathbf{k}}$$

$$\widetilde{E}^+ = (\gamma H_\parallel^+ \tilde{\mathbf{i}} - \alpha H_\parallel^+ \tilde{\mathbf{k}})/y = E_x^+ \tilde{\mathbf{i}} + E_z^+ \tilde{\mathbf{k}}$$

所以
$$E_z^+ = -\alpha H_\parallel^+ / y$$

同样地对于反向波的电场可以写成

$$\widetilde{E}^- = (-1/y) \begin{vmatrix} \tilde{\mathbf{i}} & \tilde{\mathbf{j}} & \tilde{\mathbf{k}} \\ \alpha & 0 & \gamma \\ 0 & -H_\parallel^- & 0 \end{vmatrix} = (\gamma H_\parallel^- \tilde{\mathbf{i}} + \alpha H_\parallel^- \tilde{\mathbf{k}})/y$$

也即
$$E_x^- = \gamma H_\parallel^- / y, \quad E_z^- = \alpha H_\parallel^- / y$$

垂直于界面的场强之和为

$$E_z = E_z^+ + E_z^- = \alpha H_\parallel^- / y - \alpha H_\parallel^+ / y = (-\alpha/y) H_y \tag{1-93}$$

这里 $\alpha = \sin\theta$,由正弦定律确定,所以 $(-\alpha/y) = -\sin\theta/y$。

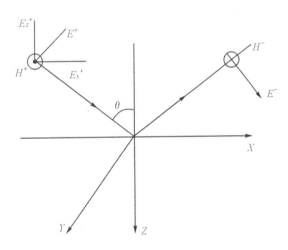

图 1-20　p-偏振光的正向波和反向波

H_y 则由 (1-92) 式计算得到。

由 (1-92) 式和 (1-93) 式分别计算电场的切向分量 E_x 和垂直分量 E_z。它们的矢量和给出合成的场强,该合矢量的轨迹通常是一椭圆,其长轴由下式给出

$$\sqrt{\frac{|E_x|^2 + |E_z|^2}{4} - \frac{|E_x||E_z|\sin\beta}{2}} + \sqrt{\frac{|E_x|^2 + |E_z|^2}{4} + \frac{|E_x||E_z|\sin\beta}{2}}$$

这里 β 是 E_x 和 E_z 之间的相位角。

把入射介质看作额外的薄膜层,即可计算入射介质中的场强分布。而在基底中的场强或者沿着 z 轴衰减,或者保持不变,视基底有无吸收而定。

习　　题

1-1　除了单层金属薄膜以外,几乎所有光学薄膜的特性都是基于薄膜内的干涉效应。为什么在处理薄膜的特性计算问题时,很少采用直接基于多光束干涉的方法,通常宁可采用涉及矩阵连乘积的麦克斯韦方程的另一种解?

1-2　为什么只有在光波段介质材料的光学导纳才在数值上等于它的折射率?

1-3　试证明所谓薄膜系统的不变性,即当薄膜系统的所有折射率都乘以一个相同的常数,或用它们的倒数代替时,膜系的反射率和透射率没有任何变化。

1-4　试说明等效界面和等效层概念的异同点。

1-5　已知入射介质的折射率 $n_0 = 1.0$,第二介质的折射率分别为 $N_1 = 0.06 - i4.2$ 和 $1.30 - i7.11$,试对 p-偏振和 s-偏振分量计算平行光束在各种入射角(θ_0)下的反射率 R 和反射位相变化 ϕ,并作出 $R(\theta_0)$ 和 $\phi(\theta_0)$ 曲线。

1-6　入射介质和第二介质的折射率分别为 $n_0 = 1.52$ 和 $n_1 = 1.0$,试做与 1-5 题同样的计算和分析,并指出布儒斯特角和全反射角入射时的反射特性。

1-7　对下列两组单层膜结构:
$$n_0 = 1.0, \quad N_1 = 0.06 - i4.2, \quad d_1 = 100\text{nm} \quad n_g = 1.52;$$
$$n_0 = 1.0 \quad N_1 = 1.30 - i7.11 \quad d_1 = 100\text{nm} \quad n_g = 1.52$$
试在波长 $\lambda = 600\text{nm}$ 处计算作为入射角的函数的反射特性 $R(\theta_0)$ 和 $\phi(\theta_0)$,并与第 1-5 题作比较分析。

1-8　在一棱镜的底面上敷有一金属薄膜,He - Ne 激光束($\lambda = 632.8\text{nm}$)在棱镜内入射,其结构参数为 $n_0 = 1.52, N_1 = 0.06 - i4.2, d_1 = 52\text{nm}, n_g = 1.0$。试计算作为入射角的函数的反射特性(注意 p-偏振分量的衰减全反射)。

1-9　试计算下述 1/4 波堆在相对波数 $g = 0.1 \sim 2.0$ 范围的反射率,并作出光谱反射率曲线:
$$\text{A} \mid (\text{HL})^3 \text{H} \mid \text{G}, \quad \text{A} \mid (\text{HL})^5 \text{H} \mid \text{G}, \quad \text{A} \mid (\text{HL})^7 \text{H} \mid \text{G}$$
$$n_0 = 1.0 \quad n_H = 2.35 \quad n_L = 1.38 \quad n_g = 1.52 \quad \theta_0 = 0$$

1-10　分别用矢量作图法和光学导纳的特征矩阵方法,计算下述减反射膜在波长 400nm,500nm,600nm 和 700nm 处的反射率:
$$1.0 \mid 1.38, \quad 2.05, \quad 1.62, \quad 1.46 \mid 1.52$$
$$\lambda_0/4, \quad \lambda_0/2, \quad \lambda_0/4, \quad \lambda_0/4$$

$\lambda_0 = 520\text{nm}$。

第2章 光学薄膜的设计理论

目前对于任意的光学多层膜光学特性的精确计算,大都是采用特征矩阵方法在电脑上实现的,即使是上百层薄膜在一宽的波长范围内反射和透射特性的计算都是在一瞬间完成的.对于相反的问题,即设计一具有特定的光学特性的多层膜组合却要麻烦得多.有经验的薄膜工作者可以借助于薄膜光学知识,经过次数不多的试探以获得满意的解,但更多的情况须借助于解析设计的方法和手段,适当组合光学薄膜的结构单元,以满足对光学特性的要求.当然对于更苛刻的或者更特殊的技术要求,还经常需要在解析设计的基础上经过最优的数值设计,进一步优化膜系的光学特性,以更好地满足设计要求.

在这一章中,我们将首先介绍用于多层减反射膜设计的矢量作图法,在此基础上考虑每一界面上多次反射的有效界面法.对称组合的等效层概念和导纳轨迹图解技术,对于直观地理解多层膜的特性是很有帮助的,因此是十分重要的设计手段,我们将作较为详细的讨论.

2.1 矢量作图法

对于层数较少的减反射膜,可以用矢量法作近似计算和设计.这种方法有两个前提,第一,膜层没有吸收;第二,在确定多层膜的特性时,只考虑入射波在每个界面上的单次反射,即忽略了界面上的多次反射.

虽然是近似计算,但对于大多数类型的减反射膜,误差是足够小的.矢量法计算简便,而且直观,所以在减反射膜的计算和设计中有很大的实用意义.我们在后面讨论减反射膜的设计时,将广泛使用矢量法.

现在我们研究图2-1所示的膜系.如果忽略膜层内的多次反射,则合成的振幅反射系数由每一层界面的反射系数的矢量和确定.每个界面的反射系数都连带着一个特定的相位滞后,它对应于光波从入射表面进至该界面又回到入射表面的过程

$$r = r_1 + r_2 e^{-2i\delta_1} + r_3 e^{-2i(\delta_1 + \delta_2)} + r_4 e^{-2i(\delta_1 + \delta_2 + \delta_3)}$$

如果膜层没有吸收,那么各个界面的振幅反射系数均为实数

$$r_1 = \frac{n_0 - n_1}{n_0 + n_1}, \quad r_2 = \frac{n_1 - n_2}{n_1 + n_2}$$

$$r_2 = \frac{n_2 - n_3}{n_2 + n_3}, \quad r_4 = \frac{n_3 - n_4}{n_3 + n_4}$$

振幅反射系数可正可负,根据相邻两介质的有效折射率的相对大小而定.

各层薄膜的位相厚度为

$$\delta_1 = \frac{2\pi}{\lambda} n_1 d_1$$

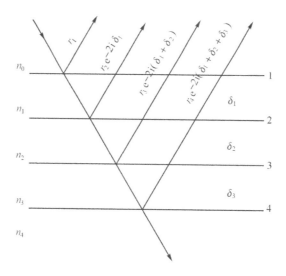

图 2-1　多层膜界面上的反射振幅矢量

$$\delta_2 = \frac{2\pi}{\lambda} n_2 d_2$$

$$\delta_3 = \frac{2\pi}{\lambda} n_3 d_3$$

因而合成振幅反射系数可以用解析法求和,但更经常地是用矢量图解法求和而得到。因为两个相继矢量之间的夹角为 $2\delta_1, 2\delta_2, 2\delta_3$,因此图解法更为方便。

矢量法的计算步骤是,首先计算各个界面的振幅反射系数和各层膜的位相厚度,把各个矢量按比例地画在同一张极坐标图上,然后按三角形法则求合矢量。求得的合矢量的模即为膜系的振幅反射系数,幅角就是反射光的位相变化,而能量反射率是振幅反射系数的平方。

若在所考虑的整个波段内,忽略膜的色散,则对于所有波长,振幅反射系数 r_1, r_2, r_3 和 r_4 均相同。

为了避免在作矢量图时方向混乱,我们可以规定:

(1) 矢量的模 $r_1, r_2, r_3, \cdots$,正值为指向坐标原点,负值为离开原点。

(2) 矢量之间的夹角仅决定于膜层的光学厚度和所考察的波长(即决定于膜层的位相厚度),按逆时针方向旋转。界面上的位相跃变已经包含在振幅反射系数的符号中,不必另作考虑。

现在我们举一例来说明矢量法的计算方法。在图 2-1 所示的膜系中,令 $n_0 = 1.0, n_1 = 1.38, n_2 = 1.90, n_3 = 1.65, n_4 = 1.52$;入射角 $\theta_0 = 0$,各层的光学厚度为 $n_1 d_1 = \lambda_0/4, n_2 d_2 = \lambda_0/2, n_3 d_3 = \lambda_0/4, \lambda_0 = 520\mathrm{nm}$。下面我们用矢量法计算波长 400nm,520nm 和 650nm 处的反射率。

因为忽略膜的色散,所以对于上述波长,振幅反射系数均相同

$$r_1 = \frac{n_0 - n_1}{n_0 + n_1} = -0.16$$

$$r_2 = \frac{n_1 - n_2}{n_1 + n_2} = -0.16$$

$$r_3 = \frac{n_2 - n_3}{n_2 + n_3} = 0.07$$

$$r_4 = \frac{n_3 - n_4}{n_3 + n_4} = 0.04$$

相继矢量之间的夹角列于表 2-1。

表 2-1

夹 角 ＼ 波 长	400nm	520nm	650nm
$\delta_{12} = 2\delta_1$	1.3π	π	0.8π
$\delta_{23} = 2\delta_2$	2.6π	2π	1.6π
$\delta_{34} = 2\delta_3$	1.3π	π	0.8π

然后,如图 2-2 所示,首先在极坐标图上画出各个矢量,接着将其变换成一个矢量多边形。用图解法求得上述波长的反射率分别是 0.8%,0.09% 和 0.49%。

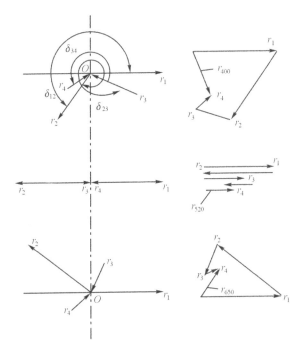

图 2-2 矢量图

在倾斜入射的情况下,需分别作出 p -分量和 s -分量的矢量图,单独求得 p -分量和 s -分量的合矢量,然后由 $(R_p + R_s)/2$ 求得自然光合成的反射率。作图步骤同上,唯对于 p -分量和 s -分量,振幅反射系数应取相应的值,即

$$r_{ip} = \frac{n_{i-1}/\cos\theta_{i-1} - n_i/\cos\theta_i}{n_{i-1}/\cos\theta_{i-1} + n_i/\cos\theta_i}$$

$$r_{is} = \frac{n_{i-1}\cos\theta_{i-1} - n_i\cos\theta_i}{n_{i-1}\cos\theta_{i-1} + n_i\cos\theta_i} \qquad (i = 1, 2)$$

同时膜层的位相厚度分别为

$$\delta_1 = \frac{2\pi}{\lambda} n_1 d_1 \cos\theta_1$$

$$\delta_2 = \frac{2\pi}{\lambda} n_2 d_2 \cos\theta_2$$

$$\delta_3 = \frac{2\pi}{\lambda} n_3 d_3 \cos\theta_3$$

2.2　有效界面法

　　矢量法对于层数较少的减反射膜获得了成功的应用,但由于忽略了膜层内的多次反射,对于其他类型的膜系,往往误差太大而不能应用。这就促使人们考虑,能否计入每个界面二次以上的多次反射,以便使结果更加精确。

　　下面研究一单层介质薄膜,有关的参数由图 2-3 所定义。

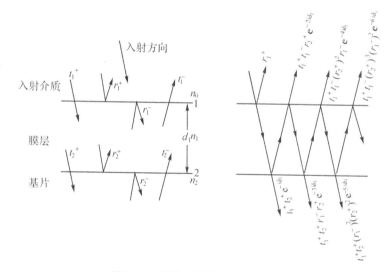

图 2-3　单层介质薄膜的多次反射

　　入射波首先在界面1反射,波的剩余部分将进入膜层内,然后在界面1和2相继反射。每次反射都有一部分波透过相应的界面,对各部分求和就得到反射波和透射波的合振幅。

　　合成振幅反射系数为

$$r = r_1^+ + t_1^+ r_2^+ t_1^- e^{-2i\delta_1} + t_1^+ r_2^+ r_1^- r_2^+ t_1^- e^{-4i\delta_1} + \cdots$$

上式第二项开始是一公比为 $r_1^- r_2^+ e^{-2i\delta_1}$ 的无穷递减级数,因而

$$r = r_1^+ + \frac{r_2^+ t_1^+ t_1^- e^{-2i\delta_1}}{1 - r_2^+ r_1^- e^{-2i\delta_1}}$$

但是 $r_1^+ = -r_1^-, r_2^+ = -r_2^-$,令

$$r_1 \equiv r_1^+, \quad r_2 \equiv r_2^+$$

又

$$t_1^+ t_1^- = \frac{4n_0 n_1}{(n_0 + n_1)^2} = 1 - r_1^2$$

所以

$$r = \frac{r_1 + r_2 e^{-2i\delta_1}}{1 + r_1 r_2 e^{-2i\delta_1}} \tag{2-1}$$

当 $r_1 r_2 \ll 1$ 时, $r \approx r_1 + r_2 e^{-2i\delta_1}$, 这就是矢量法的根据。

同样地, 合成振幅透射系数为

$$t = t_1^+ t_2^+ e^{-i\delta_1} + t_1^+ r_2^+ r_1^- t_2^+ e^{-3i\delta_1} + t_1^+ (r_2^+ r_1^-)^2 t_2^+ e^{-5i\delta_1} + \cdots$$

$$= \frac{t_1 t_2 e^{-i\delta_1}}{1 + r_1 r_2 e^{-2i\delta_1}} \tag{2-2}$$

这就是说, 单层膜的两个界面可以用一个等效界面来表示。它的振幅反射系数和振幅透射系数由式(2-1)和(2-2)给出。因此, 与利用特征导纳的递推法和矩阵法相类似, 也可以用递推法和矩阵法把对单层膜反射系数的推导推广到任意层膜的场合, 这就是所谓的利用菲涅尔系数的递推法和矩阵法。由于它们不像光学导纳矩阵法那样用得广泛, 本书不作详细的介绍。

从式(2-2)可以得出一种有用的设计方法, 即所谓有效界面法或史密斯(Smith)方法。这个方法的思想是使选定的膜层从膜系中分离出来, 整个膜系组合可以用两个有效界面表示(图 2-4)。只要考虑一膜层中的多次反射, 则对多层膜的特性就可以进行分析, 全部要求在于求出选定膜层两侧子膜系的反射系数和透射系数 t_1, t_2, r_1 和 r_z。由式(2-2)可知

$$t = \frac{t_1^+ t_2^+ e^{-i\delta}}{1 - r_1^- r_2^+ e^{-2i\delta}}$$

式中, $\delta = \dfrac{2\pi}{\lambda} n d \cos\theta$ 是选定层的有效位相厚度。

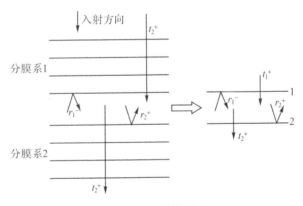

图 2-4　有效界面法

假设膜系两侧的媒质的导纳相同, 则透射率 T 为

$$T = |t|^2 = \frac{|t_1^+ t_2^+|^2}{|1 - r_1^- r_2^+ e^{-2i\delta}|^2}$$

设

$$r_1^- \equiv |r_1^-| e^{i\varphi_1}, \quad r_2^+ \equiv |r_2^+| e^{i\varphi_2}$$

则

$$T = \frac{\mid t_1^+ t_2^+ \mid^2}{\mid 1 - \mid r_1^- \mid \mid r_2^+ \mid \mathrm{e}^{\mathrm{i}(\varphi_1+\varphi_2-2\delta)} \mid^2}$$

$$= \frac{\mid t_1^+ \mid^2 \mid t_2^+ \mid^2}{1 + \mid r_1^- \mid^2 \mid r_2^+ \mid^2 - 2 \mid r_1^- \mid \mid r_2^+ \mid \cos(\varphi_1+\varphi_2-2\delta)}$$

用 $1 - 2\sin^2 \frac{1}{2}(\varphi_1+\varphi_2-2\delta)$ 代替 $\cos(\varphi_1+\varphi_2-2\delta)$,稍加整理后即得

$$T = \frac{\mid t_1^+ \mid^2 \mid t_2^+ \mid^2}{(1 - \mid r_1^- \mid \mid r_2^+ \mid^2)} \cdot \frac{1}{1 + \frac{4 \mid r_1^- \mid \mid r_2^+ \mid}{(1 - \mid r_1^- \mid \mid r_2^+ \mid)^2} \cdot \sin^2 \frac{1}{2}(\varphi_1+\varphi_2-2\delta)} \quad (2\text{-}3)$$

若已知 $\mid t_1^+ \mid$,$\mid t_2^+ \mid$,$\mid r_1^- \mid$,$\mid r_2^+ \mid$ 以及 $\varphi_1,\varphi_2,\delta$,就可完全确定多层膜的透射率。

有时把透射率的表达式写成如下形式更为方便

$$T = \frac{T_1 T_2}{(1 - \sqrt{R_1 R_2})^2} \cdot \frac{1}{1 + \frac{4 \sqrt{R_1 R_2}}{(1 - \sqrt{R_1 R_2})^2} \cdot \sin^2 \frac{1}{2}(\varphi_1+\varphi_2-2\delta)} \quad (2\text{-}4)$$

显然,即使膜系两侧的媒质有不同的导纳,上式也是成立的。

若令

$$\bar{R} \equiv \sqrt{R_1 R_2}, \quad T_0 \equiv \frac{T_1 T_2}{(1-\bar{R})^2}$$

$$F \equiv \frac{4\bar{R}}{(1-\bar{R})^2}, \quad \theta \equiv \frac{1}{2}(\varphi_1+\varphi_2-2\delta)$$

则

$$T = \frac{T_0}{1 + F\sin^2\theta} \quad (2\text{-}5)$$

此式的重要特点在于相位关系和振幅关系可分别研究。$T_0(\lambda)$ 和 $F(\lambda)$ 只取决于两分膜系的反射率,而因子 $\sin^2\theta$ 仅取决于两分膜系的反射相移以及中间层的膜层厚度。只有在 $T_0 \approx 1 (R_1 \approx R_2)$ 和 $\sin^2\theta \approx 0 \left(\frac{1}{2}(\varphi_1+\varphi_2-2\delta) \approx m\pi, m = 0,1,2,\cdots\right)$ 时,整个膜系在该波长处的透射率接近于 1。

这种方法主要用来分析特定类型的滤光片的特性,在设计中是很有价值的。

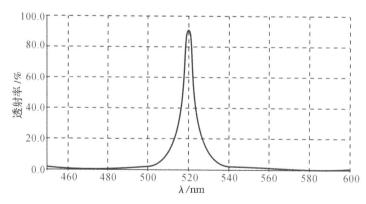

图 2-5　带通滤光片的特性曲线

例如在图 2-5 所示的带通滤光片的设计中,在中心波长 λ_0 处,使 $\sin^2\theta = 0$ 和 $R_1 = R_2$ 的

条件得以满足,于是中心波长处的透射率达到1。而透射率的极小值的条件是 $\sin^2\theta = 1$,这时极小值为 $T_{\min} = 1/(1+F)$。为了得到深的背景抑制和陡峭的通带,显然需要有高的 F 数,也即高的反射率 R_1 和 R_2。

而在设计如图2-6所示的宽带减反射膜时,则 F 数,也即反射率 R_1 和 R_2 是愈小愈好。

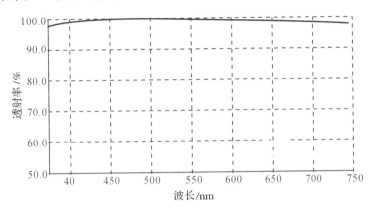

图2-6　宽带减反射膜的特性曲线

从式(2-4)还可引出一个很重要的"缓冲层"(Buffer Layers)概念。当选定层的任一侧的反射率为零

$$R_1 = 0 \quad \text{或} \quad R_2 = 0 \quad \text{或} \quad R_1 = R_2 = 0$$

则根据式(2-4),有

$$T = T_2 \quad \text{或} \quad T = T_1 \quad \text{或} \quad T = 1$$

而与选定层的厚度无关,也就是说选定层厚度的变化不影响整个多层膜的反射率(或透射率)。这时该选定层称为缓冲层,它与前面提到的"虚设层"是相对应的。后者的有效光学厚度等于半波长或其整数倍,在参考波长处它对薄膜系统的特性没有影响,也即只要保持光学厚度不变,折射率的任何变化不改变整个多层膜在参考波长处的光学特性。而前者在保持 $R_1 = 0$ 或 $R_2 = 0$ 条件下,其厚度是可以任意改变的。这两者都提供了一个额外的设计变量(折射率或厚度)以满足其他波长或倾斜入射时另一个偏振分量的光学特性的要求。由 Mouchart[①] 提出的缓冲层的概念在倾斜入射的多层膜的设计或者减反射膜的设计中有着重要的应用。

2.3　对称膜系的等效层

1952年埃普斯坦(L. I. Epstein)首先从数学上对周期性对称膜系进行了分析,并提出了比较完善的等效折射率的概念。

前面我们已经讨论过单层膜的特征矩阵为

---

① Jacques Mouchart. Thin Film Optical Coatings. 5：Buffer layer theory. Appol. Opt.，17,1,72,(1978).

$$M = \begin{bmatrix} \cos\delta & \dfrac{i}{\eta}\sin\delta \\ i\eta\sin\delta & \cos\delta \end{bmatrix} = \begin{bmatrix} m_{11} & m_{12} \\ m_{21} & m_{22} \end{bmatrix}$$

对于无吸收介质，m_{11} 和 m_{22} 为实数，m_{12} 和 m_{21} 为纯虚数，而且 $m_{11} = m_{22}$。矩阵的行列式值等于 1，即

$$m_{11}m_{22} - m_{12}m_{21} = 1$$

而一个多层膜的特征矩阵是各个单层膜特征矩阵的连乘积

$$M = M_1 M_2 \cdots M_K = \begin{bmatrix} M_{11} & M_{12} \\ M_{21} & M_{22} \end{bmatrix}$$

虽然对于无吸收的介质膜系，其矩阵元 M_{11} 和 M_{22} 为实数，M_{12} 和 M_{21} 为纯虚数，而且行列式值也为 1，但一般来说，M_{11} 不等于 M_{22}，因此不能和一个单层膜等效。

例如两层膜组合，特征矩阵的乘积可表示为

$$PQ = M$$

$$\begin{bmatrix} p_{11} & p_{12} \\ p_{21} & p_{22} \end{bmatrix}\begin{bmatrix} q_{11} & q_{12} \\ q_{21} & q_{22} \end{bmatrix} = \begin{bmatrix} m_{11} & m_{12} \\ m_{21} & m_{22} \end{bmatrix}$$

其乘积矩阵的各个元素有

$$m_{11} = p_{11}q_{11} + p_{12}q_{21}$$
$$m_{12} = p_{11}q_{12} + p_{12}q_{22}$$
$$m_{21} = p_{21}q_{11} + p_{22}q_{21}$$
$$m_{22} = p_{21}q_{12} + p_{22}q_{22}$$

虽然 m_{11} 和 m_{22} 是实数，m_{12} 和 m_{21} 为纯虚数，而且其行列式值为 1，但是由于 m_{11} 和 m_{22} 不相等，因此不能用一单层膜替代。[①]

但对于以中间一层为中心，两边对称安置的多层膜，却具有单层膜特征矩阵的所有特点，在数学上存在着一个等效层，这为等效折射率理论奠定了基础。

下面我们就以最简单的对称膜系（pqp）为例，说明对称膜系在数学上存在一个等效层的概念。这个对称膜系的特征矩阵为

$$M_{pqp} = \begin{bmatrix} M_{11} & M_{12} \\ M_{21} & M_{22} \end{bmatrix} = \begin{bmatrix} \cos\delta_p & \dfrac{i}{\eta_p}\sin\delta_p \\ i\eta_p\sin\delta_p & \cos\delta_p \end{bmatrix}\begin{bmatrix} \cos\delta_q & \dfrac{i}{\eta_q}\sin\delta_q \\ i\eta_q\sin\delta_q & \cos\delta_q \end{bmatrix}\begin{bmatrix} \cos\delta_p & \dfrac{i}{\eta_p}\sin\delta_p \\ i\eta_p\sin\delta_p & \cos\delta_p \end{bmatrix}$$

作矩阵的乘法运算，我们求得

---

① 当 PQ 这两层薄膜很薄时，$p_{12}q_{21}$ 和 $p_{21}q_{12}$ 均趋于 0，这时 $m_{11} \approx m_{22}$，可用一单层膜近似取代 PQ 两层膜。

$$M_{11} = \cos2\delta_p\cos\delta_q - \frac{1}{2}\left(\frac{\eta_p}{\eta_q} + \frac{\eta_q}{\eta_p}\right)\sin2\delta_p\sin\delta_q$$

$$M_{12} = \frac{i}{\eta_p}\left[\sin2\delta_p\cos\delta_q + \frac{1}{2}\left(\frac{\eta_p}{\eta_q} + \frac{\eta_q}{\eta_p}\right)\cos2\delta_p\sin\delta_q + \frac{1}{2}\left(\frac{\eta_p}{\eta_q} - \frac{\eta_q}{\eta_p}\right)\sin\delta_q\right]$$

$$M_{21} = i\eta_p\left[\sin2\delta_p\cos\delta_q + \frac{1}{2}\left(\frac{\eta_p}{\eta_q} + \frac{\eta_q}{\eta_p}\right)\cos2\delta_p\sin\delta_q - \frac{1}{2}\left(\frac{\eta_p}{\eta_q} - \frac{\eta_q}{\eta_p}\right)\sin\delta_q\right]$$

$$M_{22} = M_{11}$$

$$(2-6)$$

正是由于最后一个关系式成立,才有可能引入等效层的概念。由于对称膜系的特征矩阵和单层膜的特征矩阵具有相同的性质,可以假定以相似的形式来表示

$$M = \begin{bmatrix} M_{11} & M_{12} \\ M_{21} & M_{22} \end{bmatrix} = \begin{bmatrix} \cos\Gamma & \frac{i}{E}\sin\Gamma \\ iE\sin\Gamma & \cos\Gamma \end{bmatrix} \qquad (2-7)$$

因此,它可以用一层特殊的等效单层膜来描述[①],这层等效膜的折射率 E(等效折射率或等效导纳)和位相厚度 Γ(等效位相厚度)可由下面关系式决定。

$$M_{11} = M_{22} = \cos\Gamma$$

因为
$$M_{12} = \frac{1}{E}\sin\Gamma, \quad M_{21} = iE\sin\Gamma$$

所以
$$\Gamma = \cos^{-1}M_{11}$$

$$E = \sqrt{M_{21}/M_{12}}$$

又根据式 2-6,有

$$E_{p|p} = \eta_p\left[\frac{\sin2\delta_p\cos\delta_q + \frac{1}{2}\left(\frac{\eta_p}{\eta_q} + \frac{\eta_q}{\eta_p}\right)\cos2\delta_p\sin\delta_q - \frac{1}{2}\left(\frac{\eta_p}{\eta_q} - \frac{\eta_q}{\eta_p}\right)\sin\delta_q}{\sin2\delta_p\cos\delta_q + \frac{1}{2}\left(\frac{\eta_p}{\eta_q} + \frac{\eta_q}{\eta_p}\right)\cos2\delta_p\sin\delta_q + \frac{1}{2}\left(\frac{\eta_p}{\eta_q} - \frac{\eta_q}{\eta_p}\right)\sin\delta_q}\right]^{1/2} \qquad (2-8)$$

$$\Gamma_{p|p} = \arccos\left[\cos2\delta_p\cos\delta_q - \frac{1}{2}\left(\frac{\eta_p}{\eta_q} + \frac{\eta_q}{\eta_p}\right)\sin2\delta_p\sin\delta_q\right] \qquad (2-9)$$

显然,上式中位相厚度 Γ 的解不是唯一的,通常取最接近对称膜系实际位相厚度的解。图 2-7 表示氧化钛与氧化硅组合的等效折射率和等效位相厚度。

很容易证明,这个结果能够推广到由任意多层膜组成的对称膜系。首先划定多层膜的中心三层,它们独自形成一个对称组合,这样便可用一个单层膜来代换。然后这个等效层连同两侧的两层膜,又被取作第二个对称三层组合,依然用一个单层膜来代换。重复这个过程,直到所有膜层被替换,于是最终又形成一个等效单层膜。

从 M_{11} 和 M_{22} 的表达式(2-6)中可以看到,在某些波长范围内,必然会出现 $|M_{11}| = |M_{22}| > 1$ 的情况,即这些波段内等效位相厚度 Γ 是虚数

$$|\cos\Gamma| > 1$$

$$\sin\Gamma = \sqrt{1 - \cos^2\Gamma} = i\sqrt{\cos^2\Gamma - 1}$$

---

① 必须注意,等效单层膜实质上不能在每个方面都严格代替对称膜系,它只不过是多个矩阵乘积的数学表示而已。例如入射角变化的影响,就不能用变多层膜为单层膜这种方法来估计。

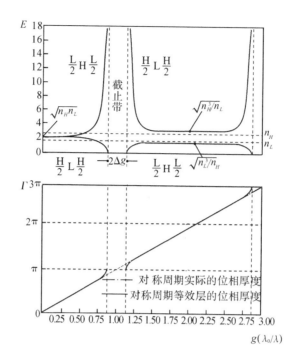

图 2-7　$TiO_2(n_H = 2.35)$ 和 $SiO_2(n_L = 1.46)$ 的三层对称周期,
在垂直入射时的等效折射率(E)和等效位相厚度(Γ)

又由式

$$M_{11}M_{22} - M_{12}M_{22} = 1$$

可知,这时 M_{12} 和 M_{21} 的值符号相反。因而在这些波段内,等效折射率

$$E = \sqrt{M_{21}/M_{12}}$$

也是虚数。这就是说,在这些波段内等效折射率的通常意义已不复存在。这些波段相应于对称膜系的截止带(抑制带),在截止带中的光学特性的计算,只能直接借助于它的特征矩阵的连乘积。E 和 Γ 为实数 $|\cos\Gamma| < 1$ 的波段,相应于对称膜系的透射带。在透射带中,只要求出 E 和 Γ 就可得到它的全部光学特性。而相应于 $|M_{11}| = |M_{22}| = 1$,也就是 $|\cos\Gamma| = 1$,Γ 为 π 或其偶数倍的那些波长,也就是对称膜系的透射带开始向截止带过渡的波长,或称为截止波长。在这些波长处,等效折射率 E 趋向于零或无限大。应该指出,虽然 E 是趋向于零或无限大,但由于 Γ 趋向于 π 或其偶数倍,所以反射率值仍然是不确定的(不是趋向于1),它随着周期数的增加而增加。

任何对称膜系在数学上存在着等效折射率和等效位相厚度,即可以用一个等效的单层膜来代换。这一发现的重要性既在于它的光学特性容易得到解释(单层膜的特性比多层膜直观得多),又在于容易将单个周期的结果推广到多个周期组成的多层膜。

若令一个周期性对称膜系的基本周期的特征矩阵为

$$M = \begin{bmatrix} \cos\Gamma & \dfrac{i}{E}\sin\Gamma \\ iE\sin\Gamma & \cos\Gamma \end{bmatrix}$$

那么,周期性对称膜系的特征矩阵应为各基本周期特征矩阵的乘积,即

$$M^s = \begin{bmatrix} \cos\Gamma & \dfrac{i}{E}\sin\Gamma \\ iE\sin\Gamma & \cos\Gamma \end{bmatrix}^s$$

可以证明

$$M^s = \begin{bmatrix} \cos S\Gamma & \dfrac{i}{E}\sin S\Gamma \\ iE\sin S\Gamma & \cos S\Gamma \end{bmatrix} \tag{2-10}$$

上式表示一个周期性对称膜系，在它的透射带中仍然存在一个等效折射率，它和基本周期（对称组合）的等效折射率 E 完全相同，并且它的等效位相厚度等于基本周期的等效位相厚度 Γ 的 S 倍。

这说明在考虑周期性对称膜系透射带中透射率问题时，只要考虑它的基本周期的性质就够了。特别是当基本周期的等效折射率 E 和基片以及入射介质的折射率匹配良好的情况下，即使周期数变化很大，位相厚度的变化只能引起透射率的微小波动而无关大局。这样，就大大地简化了周期性对称膜系透射带设计工作。由于周期性对称膜系的这一重要特点，所以被广泛地用于滤光片的设计中[1]，这也是等效层的概念能获得成功应用的另一个重要原因。

在截止带或过渡区中，随着周期数的变动，光学特性将有显著的变化，而这种计算只能通过特征矩阵来进行。一般来说，计算是复杂的，必须用电子计算机完成。只有在一些特殊例子中，才有一定的简化公式。定性地看，截止带中的透射率总是随周期数的增加而变小，同时过渡特性也随之变陡。在下面研究滤光片时，我们将具体地应用等效层的概念进行分析和讨论。

最后我们要简略地讨论三层对称介质膜系的一种特殊应用，即根据对称周期的等效层概念，利用实际存在的薄膜材料合成多层膜设计中所需的特定的膜层。Ohmer[2] 利用给定折射率 n_p 和 n_q 的三层组合 pqp 合成具有要求的折射率 N（N 可以是 n_p 和 n_q 之间的任何值）和位相厚度 γ 的膜层，并导出了位相厚度 δ_p 和 δ_q 的解析表达式。

pqp 等效层的特征矩阵为

$$M = M_p M_q M_p = \begin{bmatrix} M_{11} & M_{12} \\ M_{21} & M_{22} \end{bmatrix}$$

由式（2-6）有

$$M_{11} = \cos\gamma = \cos2\delta_p\cos\delta_q - \frac{1}{2}\left(\frac{n_p}{n_q} + \frac{n_q}{n_p}\right)\sin2\delta_p\sin\delta_q \tag{2-11}$$

$$M_{12} = \frac{i}{N}\sin\gamma = \frac{i}{n_p}\left[\sin2\delta_p\cos\delta_q + \frac{1}{2}\left(\frac{n_p}{n_q} + \frac{n_q}{n_p}\right)\cos2\delta_p\sin\delta_q + \frac{1}{2}\left(\frac{n_p}{n_q} - \frac{n_q}{n_p}\right)\sin\delta_q\right] \tag{2-12}$$

$$M_{21} = iN\sin\gamma = in_p\left[\sin2\delta_p\cos\delta_q + \frac{1}{2}\left(\frac{n_p}{n_q} + \frac{n_q}{n_p}\right)\cos2\delta_p\sin\delta_q - \frac{1}{2}\left(\frac{n_p}{n_q} - \frac{n_q}{n_p}\right)\sin\delta_q\right] \tag{2-13}$$

---

[1] A. Thelen. Equivalent Layers in Multilayer Filters. J. Opt. Soc. Amer.，56，11，1533，(1966).

[2] Melvin C. Ohmer. Design of Three-layer Equivalent Films. J. Opt. Soc. Amer.，68，1，137，(1978).

令

$$C \equiv \cos2\delta_p, \quad S = \sin2\delta_p$$

$$B \equiv \frac{1}{2}\left(\frac{n_p}{n_q} - \frac{n_q}{n_p}\right), \quad A \equiv \frac{1}{2}\left(\frac{n_p}{n_q} + \frac{n_q}{n_p}\right)$$

则由 M_{11} 和 M_{21}, M_{12} 的表达式得

$$\cos\gamma = -A\sin\delta_q S + \cos\delta_q C \tag{2-14}$$

$$Nn_p^{-1}\sin\gamma + B\sin\delta_q = \cos\delta_q S + A\sin\delta_q C \tag{2-15}$$

$$N^{-1}n_p\sin\gamma - B\sin\delta_q = \cos\delta_q S + A\sin\delta_q C \tag{2-16}$$

由式(2-15)和（2-16）得到 δ_q 的表达式

$$\sin\delta_q = \frac{n_p/N - N/n_p}{n_p/n_q - n_q/n_p}\sin\gamma \tag{2-17}$$

如果 δ_q 是正值,取 δ_q 和 $180° - \delta_q$;反之取 $360° - |\delta_q|$ 和 $180° + |\delta_q|$。

然后通过式(2-14)和(2-15),得到 $2\delta_p$ 的正弦和余弦表达式[1]。

$$\sin2\delta_p = \left(\frac{N}{n_p}\sin\gamma + B\sin\delta_q - A\cos\gamma\frac{\sin\delta_q}{\cos\delta_q}\right)\Bigg/\left(\cos\delta_q + A^2\frac{\sin^2\delta_q}{\cos\delta_q}\right) \tag{2-18}$$

$$\cos2\delta_p = \left(\frac{N}{n_p}\sin\gamma + B\sin\delta_q + \cos\gamma\frac{\cos\delta_q}{C\sin\delta_q}\right)\Bigg/\left(\frac{\cos^2\delta_q}{C\sin\delta_q} + A\sin\delta_q\right) \tag{2-19}$$

由式(2-17)得到 δ_q 的两个解分别代入式(2-18)和(2-19),也得到 δ_p 的两个解。如果对称组合的总厚度($2\delta_p + \delta_q$)超过 $360°$,则排除这组解。但也往往有这种情况,对于给定的 N,γ 和 n_p,n_q,存在着两组解可供选择。在可见光区域,有时一组解的一层膜厚度太薄,以至于不能实际应用。而在红外区域,特别是波长大于 $10\mu m$ 的区域,往往选取厚度较薄的一组解以减少吸收的影响。

从图 2-7 可以看到,通常等效折射率有显著的色散。因此用 pqp 对称组合替换一多层膜结构中特定的膜层以后,膜系的特性会变坏,这时膜系中各层薄膜的厚度的进一步优化往往是必要的。对于宽波段应用的多层膜系,为了减少色散的影响,可以限制 pqp 对称组合的等效位相厚度 γ,然后重复多次以得到所需要的厚度值。

2.4　导纳图解技术

正如前面所说的,任意一个光学薄膜系统都可用一等效界面来表示,其反射、透射和位相特性由入射介质的导纳和等效界面的组合导纳所确定。基本上任意一层薄膜的作用都可看作是改变等效界面的导纳,从而改变了薄膜系统的光学特性,因而如能形象地表示出等效界面的导纳变化轨迹,将有助于直观地分析薄膜系统的特性及其变化,这就是所谓导纳轨迹图解技术。虽然这种技术的原型曾被用来研究薄膜厚度的监控和误差的自动补偿,但作为一种直观地分析光学薄膜的特性、设计光学多层膜的初始结构的方法,则是麦克劳德

① 郑燕飞.光学薄膜计算机辅助设计[硕士论文].杭州:浙江大学,1986.

(H. A. Macleod)[1] 近年才发展起来并趋于完善的。

如果从基片开始,通过每一层膜直到多层膜的前表面,把平行于基片的任意平面处的光学导纳画在一复平面上,则描述了整个过程中多层膜导纳的变化轨迹。对于每一层介质膜,导纳轨迹是圆心位于实轴上的圆或圆弧。现在假定,在导纳为 $\alpha + i\beta$ 的基片上有一导纳为 n 的单层膜,则有

$$
\begin{bmatrix} B \\ C \end{bmatrix} = \begin{bmatrix} \cos\delta & \dfrac{i}{n}\sin\delta \\ in\sin\delta & \cos\delta \end{bmatrix} \begin{bmatrix} 1 \\ \alpha + i\beta \end{bmatrix}
$$

组合导纳 $Y = C/B$ 一般情况下是一复数。如取 $x + iy$ 的形式,则可以写成

$$
Y = x + iy = \frac{\alpha\cos\delta + i(n\sin\delta + \beta\cos\delta)}{\left(\cos\delta - \dfrac{\beta}{n}\sin\delta\right) + i\dfrac{\alpha\sin\delta}{n}} \tag{2-20}
$$

分别取实部和虚部并经整理后得

$$
\left(\frac{x\beta}{n} + \frac{y\alpha}{n}\right)\sin\delta + (\alpha - x)\cos\delta = 0
$$

$$
\left(n - \frac{x\alpha}{n} + \frac{y\beta}{n}\right)\sin\delta + (\beta - y)\cos\delta = 0
$$

消去 δ 后给出导纳的轨迹方程

$$
x^2 + y^2 - \frac{\alpha^2 + \beta^2 + n^2}{\alpha}x = -n^2 \tag{2-21}
$$

这就是圆心坐标为 $\left(\dfrac{\alpha^2 + \beta^2 + n^2}{2\alpha}, 0\right)$ 并通过点 (α, β) 的圆方程(见图 2-8)。一个多层膜的导纳轨迹由一系列头尾相接的圆或圆弧构成,每一圆弧相应于一不同的膜层。如果一介质层的导纳圆相交于实轴 α,则另一交点为 n^2/α,这里 n 就是该介质的导纳。两交点之间的位相厚度为 $\pi/2$。不难证明,这些导纳圆都是沿顺时针方向追迹而成的。

在这种导纳图上,我们也可以画出位相厚度的等值线。在式(2-20)中假定 $\beta = 0$,并消去 α,得等值线方程为

$$
x^2 + y^2 - n(\cot\delta - \tan\delta)y = n^2 \tag{2-22}
$$

也即圆心位于虚轴上,坐标为 $\left(0, \dfrac{n}{2}(\cot\delta - \tan\delta)\right)$,并通过点 $(n, 0)$ 的圆方程(见图 2-8)。

类似地在同一张图上也可以画出反射率等值线。由于

$$
R = \left|\frac{n_0 - Y}{n_0 + Y}\right|^2 = \frac{(n_0 - x)^2 + y^2}{(n_0 + x)^2 + y^2}
$$

整理后,得

$$
x^2 + y^2 - 2\frac{n_0(1 + R)}{1 - R}x = -n_0^2 \tag{2-23}
$$

这些等值圆的圆心也位于实轴上,圆心坐标为

$$
\left(\frac{n_0(1 + R)}{1 - R}, 0\right)
$$

---

[1] H. A. Macleod. Thin-film Optical Filters (Second edition). Adam Hilger Ltd, Bristol, (1986).

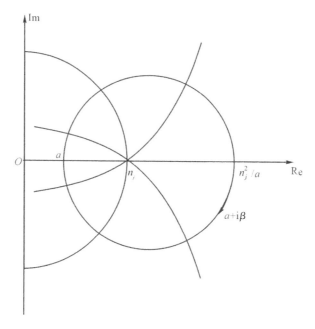

图 2-8　一介质层的导纳轨迹。位相厚度等值圆以 1/16 波长为间隔。整个导纳圆相应于半波长厚度

圆半径为

$$2n_0 \sqrt{R}/(1-R)$$

这里 n_0 为入射介质的导纳。可见反射率等值线是一系列圆心位于实轴上的圆,零反射率圆收缩至实轴上的一点 n_0(见图 2-9)。

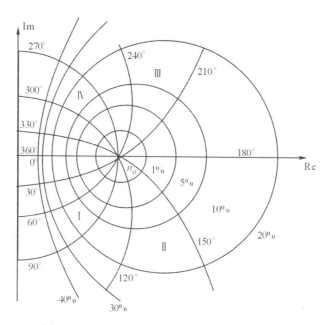

图 2-9　导纳图上的反射率等值线和位相等值线

位相,也即反射位相等值线同样地可以加在导纳图上。振幅反射系数可以取 $\rho e^{i\varphi}$ 的形

式,因而

$$\rho e^{i\varphi} = \frac{n_0 - (x + iy)}{n_0 + (x + iy)}$$

不难得到

$$\tan\varphi = \frac{-2n_0 y}{n_0^2 - x^2 - y^2}$$

进而有

$$x^2 + y^2 - \frac{2n_0}{\tan\varphi}y = n_0^2 \tag{2-24}$$

最重要的反射位相等值线是对应于 $\varphi = 0, \pi$ 的实轴和对应于 $\pi/2, 3\pi/2$ 的以坐标原点为圆心并通过点 $(n_0, 0)$ 的半圆,它们把反射位相划分成四个象限(见图 2-9)。

在多层膜全部由介质层组成的情况下,这种导纳图技术除了可以直观地分析膜系的特性以外,另一个突出的优点是在导纳图上可容易地表示出膜系内的电场分布。这对于减少多层膜的吸收损耗和分析薄膜抗激光损伤的能力往往很有帮助。从坡印亭矢量的表示式 (1-36),有

$$I = \frac{1}{2}\mathrm{Re}(E \cdot H^*)$$

进入薄膜系统的净能量是

$$\frac{1}{2}\mathrm{Re}(E_0 H_0^*) = \frac{1}{2}y_0\mathrm{Re}(Y)\mid E_0\mid^2$$

从薄膜系统出射的能量为

$$\frac{1}{2}\mathrm{Re}(E_g H_g^*) = \frac{1}{2}y_0 n_g\mid E_g\mid^2$$

这里 y_0 是自由空间的导纳,为 1/377 西门子。由于我们这里处理的是全介质薄膜系统,进入薄膜系统的净能量等于从薄膜系统出射的能量,也相等于通过薄膜系统内任一个参考平面的能量。如果我们假定入射光的强度为单位强度(W/m²),则薄膜系统内任一个参考平面上的电场强度为

$$E_j = \left[\frac{T}{\frac{1}{2}y_0\mathrm{Re}(Y_j)}\right]^{1/2} = \frac{27.46 T^{1/2}}{\mathrm{Re}(Y_j)^{1/2}} \tag{2-25}$$

这里电场强度的单位为 V/m。从上式可知,对于一给定的多层膜,膜系内任意位置上的电场强度和该处导纳的实数部分的平方根成反比,如图 2-10 所示,电场强度的等值线是平行于虚轴的直线。

描述金属膜以及其他吸收薄膜的导纳轨迹比较复杂,通常要借助于计算机的帮助才行。对于无损耗的理想金属,导纳为纯虚数 $-ik$,导纳轨迹也是一系列圆弧。因为理想金属膜的位相厚度为

$$\delta = \frac{2\pi}{\lambda}(-ik)d = -i\frac{2\pi}{\lambda}kd$$

令

$$\beta \equiv \frac{2\pi}{\lambda}kd$$

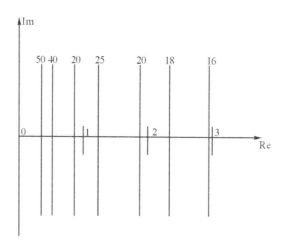

图 2-10　以 $T^{1/2}$ 为单位的电场强度等值线

从而

$$\cos\delta = \mathrm{ch}\beta, \quad \sin\delta = -\mathrm{ish}\beta$$

所以金属膜与基片组合导纳的特征矩阵可以写成

$$\begin{bmatrix} B \\ C \end{bmatrix} = \begin{bmatrix} \mathrm{ch}\beta & \dfrac{\mathrm{i}}{k}\mathrm{sh}\beta \\ -\mathrm{i}k\mathrm{sh}\beta & \mathrm{ch}\beta \end{bmatrix} \begin{bmatrix} 1 \\ n_g \end{bmatrix}$$

组合导纳

$$Y = x + \mathrm{i}y = \frac{n_g\mathrm{ch}\beta - \mathrm{i}k\mathrm{sh}\beta}{\mathrm{ch}\beta + \mathrm{i}\dfrac{n_g}{k}\mathrm{sh}\beta} \tag{2-26}$$

分别取实部和虚部,并消去 β 得导纳轨迹方程为

$$x^2 + y^2 + \frac{k^2 - n_g^2}{n_g}x = k^2 \tag{2-27}$$

显然,这是圆心位于实轴上、坐标为 $\left(\dfrac{n_g^2 - k^2}{2n_g}, 0\right)$ 并通过虚轴上的 $\mathrm{i}k$ 和 $-\mathrm{i}k$ 两点的圆方程。导纳圆也是沿着顺时针方向追迹而成的,它起始于 $\mathrm{i}k$,终止于 $-\mathrm{i}k$。如果导纳圆与实轴相交于入射介质的导纳 n_0,并终止在这一点,则将得到零反射率。金属膜的位相厚度等值线与介质膜的情形不同,如图 2-11 所示,它们是两簇圆,分别位于实轴的上面和下面。

　　实际金属膜同理想的金属膜多少有些不同,但只要金属是高性能的,即有大的 k/n 比值,则导纳轨迹类似于上述情形,就好像整个图形绕着坐标原点稍稍转过一个角度。现在所有的导纳圆都分别相交于 $(-n, k)$ 和 $(n, -k)$。当然实际的导纳值总是限制于第一和第四象限,不可能达到 $(-n, k)$ 点。图 2-12 表示导纳为 $0.075 - \mathrm{i}3.41$ 的银膜的导纳轨迹,这表示了高性能金属膜的特性。k/d 的值愈小,轨迹离开理想的情形愈远。对于介于金属和介质之间的材料,导纳轨迹是一系列的螺旋线,它们仍然终止在点 (n, k) 上。

　　上面讨论的都是垂直入射的情况。倾斜入射时情况又将怎样呢?我们首先讨论介质薄膜,这时 s-偏振和 p-偏振的导纳分别由下式给出:

$$\eta_{js} = n_j\cos\theta_j$$

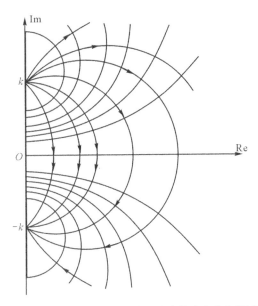

图 2-11　导纳为 $-\mathrm{i}k$ 的理想金属膜的导纳轨迹和位相厚度等值线

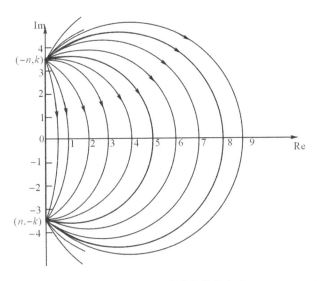

图 2-12　银膜在可见区的导纳轨迹,银的光学常数假定为 $n-\mathrm{i}k=0.075-\mathrm{i}3.41$

$$\eta_{jp}=n_j/\cos\theta_j$$

位相因子有

$$\exp\left[-\mathrm{i}\left(\frac{2\pi}{\lambda}n_j\cos\theta_j\cdot z\right)\right]$$

因此包括入射介质在内,所有介质的导纳都随着偏振面的不同而不同,也随着入射角的变化而变化,这给导纳图处理技术带来很大的困难。为此麦克劳德对介质导纳作进一步的修正,即包括入射介质和基底在内,将所有介质的 s-偏振导纳都除以 $\cos\theta_0$;而将所有介质的 p-偏振导纳都乘以 $\cos\theta_0$,从而有

$$n_{js}=n_j\cos\theta_j/\cos\theta_0 \tag{2-28}$$

$$n_{jp} = n_j \cos\theta_0 / \cos\theta_j \qquad\qquad (2\text{-}29)$$

如图 2-13 所示，一个薄膜系统的所有导纳，包括入射介质，所有薄膜和基底，均乘以或除以一共同的常数，这样的修正对膜系的所有特性没有任何影响。当我们用折射率替代光学导纳，实际上已作了一次修正，已将所有的导纳均除以自由空间的导纳。经过这样的修正，使入射介质的 p-偏振和 s-偏振的修正导纳都等于垂直入射时的导纳，而且不随入射角的变化而变化。因而就像垂直入射的情形那样，在导纳图上可以直观地分析薄膜系统的反射率、反射相位以及偏振特性。

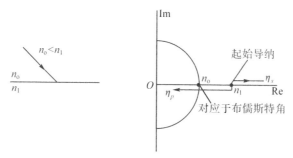

图 2-13　薄膜系统导纳的修正

现在我们来看单一界面的特性随着入射角的变化而变化的情形。如图 2-14 所示，第二介质的导纳大于入射介质（如空气），因而 s-偏振光的修正导纳 $\eta_{1s} = n_1 \cos\theta_1 / \cos\theta_2$，随着入射角的增加而增加，直至入射角 90° 时趋于 ∞。而 p-偏振光的修正导纳 $\eta_{1p} = (n_1/\cos\theta_1)\cos\theta_0$，却随着入射角的增加而减小，直至入射角 90° 时趋近于 0。s-偏振的反射位相始终为 π，而 p-偏振的反射位相在布儒斯特角以前为 π，然后跃变为 0。s-偏振的反射率随着入射角的增加而单调地增加至 1。p-偏振的反射率先是下降，至布儒斯特角为 0，然后逐渐增加到 1。

对于第二介质的导纳小于入射介质的情形，例如玻璃棱镜作为入射介质、而空气看作为基片的情形，s-偏振光的修正导纳，随着入射角的增加逐渐减小，直至全反射角时为 0，接着沿着负虚轴趋于 $-\infty$。p-偏振光的修正导纳单调增加，直至临界角时趋于实轴的 ∞，然后沿着正虚轴从 ∞ 趋于 0。如图 2-15 所示，当入射角大于临界角时，p-偏振的修正导纳在正虚轴上，而 s-偏振的导纳在负虚轴上。从导纳图上，倾斜入射时反射率和反射位相的变化也是一目了然的。

现在我们在棱镜的底面上加上一层薄膜，并且入射角始终保持大于临界角。由于现在将玻璃棱镜看作入射介质，而相邻的空气作为基底。于是这层薄膜的起始 p-偏振导纳（即基底的修正导纳）始终在正虚轴上，而 s-偏振的修正导纳则始终在负虚轴上。只要这层薄膜是无

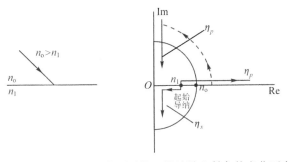

图 2-15　在 $n_0 > n_1$ 的情形下修正导纳随入射角的变化而变化

吸收的,薄膜与基底的组合导纳就不可能偏离虚轴,每经 1/2 波长的薄膜光学厚度,组合导纳就回到起始导纳处。只有当这层薄膜是吸收薄膜,例如金属薄膜时,随着厚度的增加,组合导纳就离开虚轴,趋向金属薄膜的光学常数 $(n-ik)$,p-偏振的导纳轨迹将与实轴相交。如果是高性能金属薄膜,k 远大于 n,其 p-偏振的导纳轨迹即是由 $(-n+ik)$,$(n+ik)$ 和虚轴上的起始导纳三点所决定的圆或圆的一部分。对于不同的入射角,有不同的圆轨迹与实轴交于不同的位置。图 2-16(a) 表示的是棱镜底面上一层银膜的 p-偏振导纳轨迹。只要 p-偏振光以一合适的入射角入射,并且银膜有合适的厚度,则 p-偏振的修正导纳刚好与实轴相交,并且相交于入射介质的导纳,这时银膜的反射率骤然降落至接近于 0,如图 2-16(b) 所示。这是由于几乎全部 p-偏振入射光耦合至金属膜并激发表面等离子体激元波。表面等离子体激元波在金属膜中被吸收,从而使反射率降至几乎为 0。

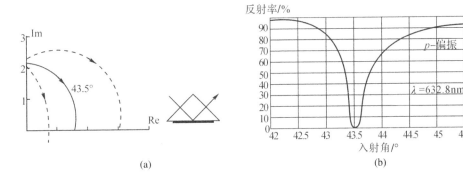

(a)　　　　　　　　　　　　　　　(b)

图 2-16

(a) 银膜在入射角大于临界角情况下 p-的偏振导纳轨迹

(b) 厚度为 60nm 的银膜 $(0.075-i3.41)$ 在入射角为 43.5° 左右反射率接近于 0

图 2-17 表示各种薄膜材料的修正导纳,其中折射率为 1 的空气作为入射介质。可以看到对于任何一对给定的薄膜组合,s-偏振的导纳比值随着入射角的增加而增加,而且始终比 p-偏振的比值高。且 p-偏振的比值随入射角的增加而减小。

　　在后面的章节中,我们将知道,由高低折射率层交替,而且每一层的有效光学厚度为 1/4 波长的所谓四分之一波堆,其反射带的宽度决定于高低折射率的比值。比值愈大,反射带愈宽。因此 s-偏振的反射带宽度比 p-偏振宽,也就是在 p-偏振反射带两侧存在着波长间隔,它们透过 p-偏振光,而反射 s-偏振光。在这种 1/4 波堆的基础上,经过适当优化,就可构成性能优良的平板薄膜偏振分束镜,如图 2-18 所示。

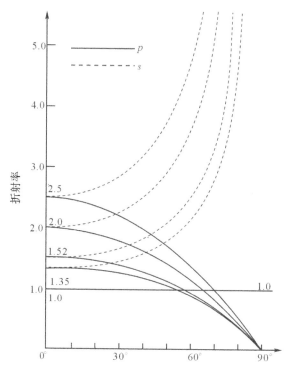

图 2-17　折射率为 1.0,1.35,1.52,2.0 和 2.5 的介质的 p-偏振和 s-偏振修正导纳。

入射介质的折射率为 1.0

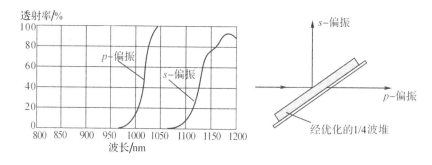

图 2-18　平板薄膜偏振分束镜

图 2-19 表示入射介质为折射率 1.52 玻璃时的各种材料的修正导纳。同样可以看到 p-偏振和 s-偏振导纳的分离,而且这种分离同样随着入射角的增加而增加。对于折射率大于入射介质的材料,p-偏振导纳随着入射角的增加而减小,而折射率低于入射介质的材料却随之而增加,都在布儒斯特角与入射介质导纳处相截。

选取一对高低折射率材料,构成 1/4 波堆,在以布儒斯特角入射时,即

$$\tan\theta_H = n_L/n_H$$

它们有相同的 p-偏振导纳。如果其导纳值又与入射介质的导纳相接近,则可以预见,这 1/4 波堆有高的 p-偏振透射率。而对于 s-偏振光,高低折射率的比值比垂直入射时的比值更大,因而有高的反射率。基于这个原理可以构成如图 2-20 所示的棱镜偏振分束镜。

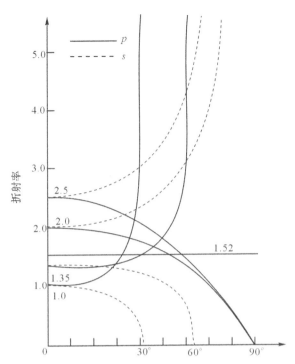

图 2-19 折射率为 1.0,1.35,1.52,2.0 和 2.5 的介质的 p-偏振和 s-偏振修正导纳。

入射介质的折射率为 1.52

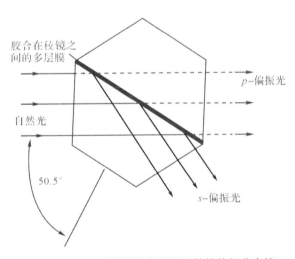

图 2-20 基于布儒斯特角原理的棱镜偏振分束镜

最后我们讨论金属膜在倾斜入射时的导纳轨迹。这时修正导纳为

$$\eta_{js} = (n_j^2 - k_j^2 - n_0^2 \sin^2\theta_0 - 2in_j k_j)^{1/2}/\cos\theta_0$$

$$\eta_{jp} = [(n_j - ik_j)^2/\eta_{js}]\cos\theta_0$$

$$= (n_j - ik_j)^2 \cos\theta_0/(n_j^2 - k_j^2 - n_0^2 \sin^2\theta_0 - 2in_j k_j)^{1/2}$$

位相厚度为

$$\frac{2\pi}{\lambda}(n_j^2 - k_j^2 - n_0^2 \sin^2\theta_0 - 2in_j k_j)^{1/2} \cdot d$$

对于高性能的金属，$n_0^2\sin^2\theta_0$ 比 k_j 要小得多，因此它对位相厚度的影响很小，仅稍稍减小其实数部分，而增加其虚数部分。例如从垂直入射增加到空气中的入射角 $80°$ 时，银膜的位相因子从

$$\frac{2\pi}{\lambda}(0.075 - i3.41)d$$

变化到

$$\frac{2\pi}{\lambda}(0.072 - i3.55)d$$

因而修正导纳的改变主要由 $\cos\theta_0$ 这一项所决定。实部和虚部的比值几乎保持不变

$$\eta_s \approx (n - ik)/\cos\theta_0 \tag{2-30}$$

$$\eta_p \approx (n - ik)\cos\theta_0 \tag{2-31}$$

如图 2-21 所示连接 $(n-ik)$ 和复平面的坐标原点，随着入射角的增加，p-偏振的修正导纳沿着这条连线趋近于 0，反射率在准布儒斯特角时达到最小值。而后渐趋 1。而 s-偏振光的修正导纳则沿着这条连线趋于无穷远。因此反射率是单调地增加至 1。

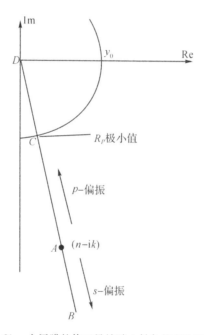

图 2-21　金属膜的修正导纳随入射角的变化而变化

图 2-22 表示了银膜在倾斜入射时 s-偏振和 p-偏振反射率曲线。

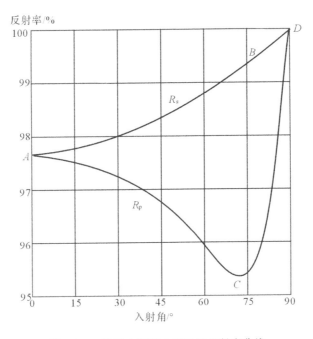

图 2-22　银膜在倾斜入射时的反射率曲线

　　从上面的简略介绍可以看到,导纳图技术作为解析设计方法的补充,为直观地分析和理解多层薄膜的反射、偏振和位相特性提供了非常有用的工具。

习　　题

2-1　试编制一个矩阵连乘的计算机程序,计算并画出三层对称膜系 $\frac{H}{2} L \frac{H}{2}, \frac{L}{2} H \frac{L}{2}$ 和 HLH,LHL 的等效导纳和等效位相厚度的曲线($n_H = 2.35, n_L = 1.35$)。

2-2　试用三层对称膜系 LHL 或 HLH($n_H = 2.30, n_L = 1.63$)合成折射率分别为1.90 和 1.96 的 1/4 波长光学厚度的膜层。

2-3　试画出右列多层膜在参考波长上的导纳轨迹 A | HLHLH | G;A | LHLHLH | G。并说明:

(1) 在参考波长上的反射位相和膜系内的场强分布;

(2) 波长稍稍增加时反射位相的变化;

(3) 波长稍稍减小时反射位相的变化。

2-4　借助于导纳图解技术说明足够厚的单层金属膜的反射率和反射位相随入射角的变化。

2-5　试利用导纳图解技术说明第 1 章思考题与习题第 8 题中膜系的反射率随入射角的变化和 p-偏振分量的衰减全反射现象。

2-6　为什么说当入射角大于临界角时,只要薄膜是无吸收的,其折射率为实数,则薄膜与基底的组合导纳不能偏离复平面图上的虚轴?

2-7 一光学常数为 $n-ik$ 的基底上镀有导纳为 y 的 1/4 波长厚度的膜层。

(1) 试证明镀膜表面的反射率等于未镀膜基底的反射率的条件是 $y = (n^2 + k^2)^{1/2}$。

(2) 如果这 1/4 波长层逐渐蒸镀在基底表面,在什么厚度时出现反射率的极小值?

2-8 L,M 和 H 分别表示导纳为 1.38,1.70 和 2.20 的 1/4 波长膜层,入射介质空气的导纳为 1.00,玻璃基板的导纳是 1.52。试计算下列膜系在参考波长 λ_0 处的反射率。

(1) A | HLHLH | G。

(2) A | HMLLMHHMLLMH | G。

(3) A | (HML)³ | G。

(4) A | HML HHMLLHHHMLLL | G。

第3章   光学薄膜系统的设计

3.1   减反射膜

20世纪30年代发现的减反射膜促进了薄膜光学的早期发展.对于推动技术光学发展来说,在所有的光学薄膜中,减反射膜起着最重要的作用.直至今天,就其生产的总量来说,它仍然超过所有其他类型的薄膜.因此,研究减反射膜的设计和制备技术,对于生产实践有着重要的意义.

我们都知道,当光线从折射率为 n_0 的介质射入折射率为 n_1 的另一介质时,在两介质的分界面上就会产生光的反射.如果介质没有吸收,分界面是一光学表面,光线又是垂直入射,则反射率 R 为

$$R = \left(\frac{n_0 - n_1}{n_0 + n_1}\right)^2$$

透射率为 $T = 1 - R$.

例如,折射率为1.52的冕牌玻璃,每个表面的反射约为 4.2%.折射率较高的火石玻璃,则表面反射更为显著.这种表面反射造成了两个严重的后果:光能量损失,使像的亮度降低;表面反射光经过多次反射或漫射,有一部分成为杂散光,最后也到达像平面,使像的衬度降低,从而影响系统的成像质量.特别是电视、电影摄影镜头等复杂系统,都包含了很多个与空气相邻的表面,如镜头上没有减反射膜则不能应用.

目前已有许多不同类型的减反射膜可供利用,以满足光学技术领域的大部分需要.可是复杂的光学系统和激光光学,对减反射性能往往有特殊的要求.例如,大功率激光系统要求某些元件有极低的表面反射,以避免敏感元件受到不需要的反射而破坏.此外,宽带减反射膜提高了像质量、像平衡和作用距离,从而使系统的全部性能增强.因此,生产实际的需要促使了减反射膜的不断发展.

3.1.1   单层减反射膜

为了减少表面反射光,最简单的途径是在玻璃表面上镀一层低折射率的薄膜.

如图 3-1 所示,在界面 1 和 2 上的振幅反射系数 r_1 和 r_2 为

$$r_1 = \frac{n_0 - n_1}{n_0 + n_1}, \quad r_2 = \frac{n_1 - n_2}{n_1 + n_2}$$

从矢量图上可以看到,合振幅矢量随着 r_1 和 r_2 之间的夹角 $2\delta_1$ 而变化,合矢量端点的轨迹为一圆周.当膜层的光学厚度为某一波长的 1/4 时,则两个矢量的方向完全相反,合矢量成为最小

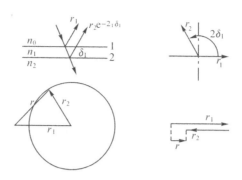

图 3-1　单层减反射膜的矢量图

$$r = |r_1 - r_2|, \quad R = r^2$$

这时如果矢量的模相等,即 $|r_1| = |r_2|$,则对该波长而言,两个矢量将完全抵消,出现零反射率。

欲使 $|r_1| = |r_2|$,必须使

$$\frac{n_1 - n_1}{n_0 + n_1} = \frac{n_1 - n_2}{n_1 + n_2}$$

即 $n_1 = \sqrt{n_0 n_2}$,如 $n_0 = 1$,则 $n_1 = \sqrt{n_2}$。

因此,理想的单层减反射膜的条件是,膜层的光学厚度为 1/4 波长,其折射率为入射介质和基片折射率的乘积的平方根。

在可见区,使用得最普遍的是折射率为 1.52 左右的冕牌玻璃。理想的减反射膜的折射率为 1.23,但是至今能利用的薄膜的最低折射率为 1.38(氟化镁)。这虽然不很理想,但也使透射特性得到了相当的改进。非理想情形的最低反射率,也可以用特征矩阵的方法简单地算出

$$\begin{bmatrix} B \\ C \end{bmatrix} = \begin{bmatrix} \cos\delta_1 & \dfrac{i}{n_1}\sin\delta_1 \\ in_1\sin\delta_1 & \cos\delta_1 \end{bmatrix} \begin{bmatrix} 1 \\ n_2 \end{bmatrix}$$

对于中心波长有

$$\delta_1 = \frac{2\pi}{\lambda} n_1 d_1 = \frac{\pi}{2}$$

因而

$$Y = \frac{C}{B} = n_1^2 / n_2$$

$$R = \left(\frac{n_0 - Y}{n_0 + Y} \right)^2 = \left(\frac{n_0 - n_1^2/n_2}{n_0 + n_1^2/n_2} \right)^2$$

当 $n_2 = 1.52, n_1 = 1.38, n_0 = 1.0$ 时,由上式可得最低反射率为 1.3%,即对于折射率为 1.52 的玻璃,镀单层氟化镁后,中心波长的反射率由 4.2% 降至 1.3% 左右。整个可见光区平均反射率约为 1.5%。同样可计算出,对于折射率为 1.65 的基片,中心波长的表面反射率从 6% 降至 0.5% 左右,可见光区的平均反射率约为 0.96%。显然,愈是接近于或满足 $n_1 = \sqrt{n_2}$ 折射率条件的玻璃,中心波长的增透效果愈显著。图 3-2 表示了对于不同基片材料的单层氟化镁减反射膜的光谱反射率曲线。

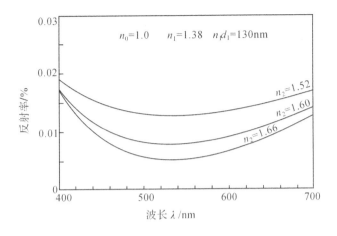

图 3-2 单层减反射膜的反射率曲线

以上仅仅考虑了垂直入射的情况。在倾斜入射时,情况与上述的相类似,只是膜层的有效厚度减小为

$$\delta_1 = \frac{2\pi}{\lambda} n_1 d_1 \cos\theta_1$$

式中,θ_1 为光线在膜层中的折射角,因而最低反射的波长更短些。由于 p-分量和 s-分量的导纳不同,所以偏振效应是一目了然的。对于不大于 $50°$ 的入射角,反射率随入射角的增加是可以忽略的。

单层减反射膜的出现,在历史上是一个重大的进展。直至今天仍广泛地用来满足一些简单的用途。但是它存在两个主要的缺陷,首先,对大多数应用来说,剩余反射还显得太高;此外,从未镀膜表面反射的光线,在色彩上仍保持中性,而从镀膜表面反射的光线(见图3-2)破坏了色的平衡。作为变焦距镜头、超广角镜头和大相对孔径等复杂的透镜系统中的减反射镀层,是不能符合要求的。

基本上有两个途径可以提高单层膜的性能,即或者采用变折射率的所谓非均匀膜,它的折射率随着厚度的增加呈连续的变化,或者采用几种折射率不同的均匀膜构成减反射膜,即所谓多层减反射膜。

在玻璃表面上,可用化学蚀刻方法制备折射率连续变化的耐久的减反射膜[①]。在波长从 $0.35\mu m$ 到 $2.5\mu m$ 范围内,能有效地消除玻璃表面的反射,使反射率从 8% 左右(两个表面)减少到小于 0.5%。这种方法是利用了碱性硼硅酸盐中的相分离现象,采用合理的热处理条件,碱性硼硅酸盐相应地分离成两个玻璃相。在一个相中,二氧化硅浓度高达 96% 左右,即不溶解的浓二氧化硅相;在另一个相中,氧化硼浓度较高,即可溶解的低二氧化硅相。这个可溶解的相,用许多材料(包括大多数无机酸)能够很容易地溶解,留下二氧化硅含量高的相作为多孔骨架的表面薄膜。由于这种薄膜的多孔性和毛细孔尺寸小(半径小于 $4.0nm$),所以其有效折射率比凝聚的二氧化硅薄膜的折射率低得多。这种多孔薄膜的折射率梯度,在利用

---

① M. J. Minot. Single-layer Gradient Refractive Index Anti-reflection Films Effective from $0.35\mu m$ to $2.5\mu m$ (production). J. Opt. Soc. Am., , 66, 6, 515, (1976).

相分离方法和化学蚀刻方法时是容易控制的。利用这种独特的技术制备的微孔性薄膜,不仅在宽光谱范围内有低的反射率,而且具有惊人的耐久力。这种薄膜在太阳能的应用中是有价值的,在高能量应用(如激光)中也颇有潜力。

3.1.2 双层减反射膜

目前广泛采用的是几层折射率不同的均匀薄膜,所以在这里我们着重讨论多层减反射膜。

对于单层氟化镁膜来说,冕牌玻璃的折射率是太低了。为此,我们可以在玻璃基片上先镀一层 $\lambda_0/4$ 厚的、折射率为 n_2 的薄膜,这时对于波长 λ_0 来说,薄膜和基片组合的系统可以用一折射率为 $Y = n_2^2/n_g$ 的假想基片来等价。显然,当 $n_2 > n_g$ 时,有 $Y > n_g$。也就是说,在玻璃基片上先镀一层高折射率的 $\lambda_0/4$ 厚的膜层后,基片的折射率好像从 n_g 提高到 n_2^2/n_g,然后再镀上 $\lambda_0/4$ 厚的氟化镁膜层就能起到更好的增透效果。例如,对于折射率为 1.52 的基片,先淀积一层折射率为 1.70、厚度为 $\lambda_0/4$ 的一氧化硅镀层。这时 $Y = n_2^2/n_g = 1.90$,相当于基片的折射率从 1.52 提高到 1.90。因此氟化镁膜刚好满足理想减反射的条件,使波长 λ_0 的反射光减至接近于零。但对于偏离 λ_0 的波长,不能用 $Y = n_2^2/n_g$ 等价,也不能满足干涉相消的条件,所以表面反射显著增加(见图 3-7),光谱反射率曲线呈 V 字形,所以也把这种 $\lambda_0/4 - \lambda_0/4$ 双层减反射膜称为 V 形膜。这种 V 形减反射膜的导纳图如图 3-3 所示。

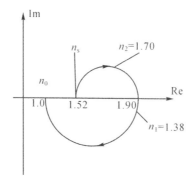

图 3-3　$\dfrac{\lambda_0}{4} - \dfrac{\lambda_0}{4}$ 双层减反射膜的导纳图

从上面的讨论可以知道,在限定两层膜的厚度都是 $\lambda_0/4$ 的前提下,欲使波长 λ_0 的反射光减至零,它们的折射率应满足如下关系

$$n_1 = \sqrt{Y n_0} = \sqrt{(n_2^2/n_g) n_0}$$

或

$$n_2 = n_1 \sqrt{n_g/n_0} \tag{3-1}$$

如果外层膜确定用折射率为 1.38 的氟化镁,则内层膜的折射率取决于基片材料。当 $n_g = 1.52$ 时,有 $n_2 = 1.70$;当 $n_g = 1.60$ 时,有 $n_2 = 1.75$;当 $n_g = 1.70$ 时,有 $n_2 = 1.80$。由于能作镀层用的材料是很有限的,因而选择折射率的余地也不大。这时我们也可以先确定能够实现的两层薄膜的折射率,然后通过调整膜层厚度实现零反射。确定膜层厚度的一个方便可行的方法是矢量法。

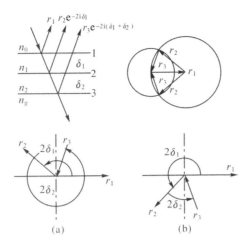

图 3-4 矢量法确定 V 形膜厚度的图解

如图 3-4 所示，n_0 和 n_g 分别为入射介质和基片的折射率。n_1 和 n_2 为折射率已确定的低折射率和高折射率材料的膜层，δ_1 和 δ_2 便是待定的膜层位相厚度，以使波长 λ_0 的反射光能减至零。已知各界面上的振幅反射系数分别为

$$r_1 = \frac{n_0 - n_1}{n_0 + n_1} \quad （通常 \ r_1 < 0）$$

$$r_2 = \frac{n_1 - n_2}{n_1 + n_2} \quad （r_2 < 0）$$

$$r_3 = \frac{n_2 - n_g}{n_2 + n_g} \quad （r_3 > 0）$$

只有当矢量模 r_1, r_2 和 r_3 以及其幅角组成封闭三角形，才能使合矢量为零。因此只需以 r_1 的始点和终点为圆心，分别以 r_3 和 r_2 为半径作两个圆，两个圆的交点就是满足合矢量为零这一条件的 r_2 和 r_3 头尾相接的点，然后从矢量图上即可量得 $2\delta_1$ 和 $2\delta_2$ 的值。显然，图示的两种方式都能使三角形封闭。图(b)的解的膜层总厚度比图(a)的小，它对波长的敏感性也较小，所以通常我们取图(b)的解。但这并不是一成不变的，有时我们还必须根据所用的薄膜材料，对这两种解作权衡比较。

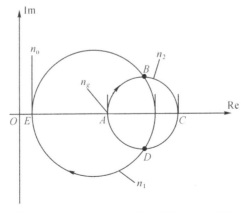

图 3-5 非 1/4 波长双层减反射膜的导纳图

图 3-5 的导纳图也从另一角度表示了非 1/4 波长双层减反射膜的两个可能的解。给定折射率 n_1 和 n_2，对应的导纳图的两个交点 B 和 D 给出了这两个解。其一由小于 1/4 波长厚度的高折射率层（AB）和大于 1/4 波长厚度的低折射率层（BDE）构成，另一个解则由高折射率层（$ABCD$）和低折射率层（DE）所组成。准确的厚度 δ_1 和 δ_2 可以由下列特征矩阵的解析解求得

$$\begin{bmatrix} B \\ C \end{bmatrix} = \begin{bmatrix} \cos\delta_1 & \dfrac{i}{n_1}\sin\delta_1 \\ in_1\sin\delta_1 & \cos\delta_1 \end{bmatrix} \begin{bmatrix} \cos\delta_2 & \dfrac{i}{n_2}\sin\delta_2 \\ in_2\sin\delta_2 & \cos\delta_2 \end{bmatrix} \begin{bmatrix} 1 \\ n_g \end{bmatrix}$$

$$Y = \frac{C}{B}$$

令 $Y = n_0$，即可求得两组解

$$\delta_1 = \arctan\left\{\pm\left[\frac{(n_g - n_0)(n_2^2 - n_0 n_g)n_1^2}{(n_1^2 n_g - n_0 n_2^2)(n_0 n_g - n_1^2)}\right]^{1/2}\right\} \tag{3-2}$$

$$\delta_2 = \arctan\left\{\pm\left[\frac{(n_g - n_0)(n_0 n_g - n_1^2)n_2^2}{(n_1^2 n_g - n_0 n_2^2)(n_2^2 - n_0 n_g)}\right]^{1/2}\right\} \tag{3-3}$$

由式（3-2）和（3-3）得到的膜层厚度必须正确配对，如果高折射率层的厚度小于 1/4 波长，则相应配对的低折射率层的厚度应大于 1/4 波长，反之也一样。

图 3-6 即为其中一组解的导纳图，图 3-7 给出了这些 V 形减反射膜的计算曲线。

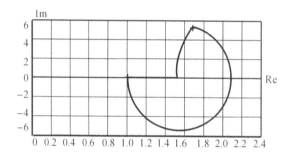

图 3-6　一组双层 V 形减反射膜的导纳图

上面讨论的 V 形膜，只能在较窄的光谱范围内有效地减反射，因此仅适宜于在工作波段较窄的系统中应用。

厚度为 $\lambda_0/4 - \lambda_0/2$ 型的双层减反射膜，在中心波长 λ_0 的两侧可望有两个反射率极小值，光谱反射率曲线呈 W 形，所以也有把这种双层减反射膜称作为 W 形膜。对于中心波长 λ_0，厚度为 $\lambda_0/2$ 的膜层是虚设层，对反射率毫无影响，但是影响着其他波长的反射率。适当地选择虚设层的折射率，可以减小中心波长两侧的反射率。因而在这里安排的 $\lambda_0/2$ 厚度的虚设层起着平滑膜系反射（及透射）特性的作用。

可见，$\lambda_0/4 - \lambda_0/2$ 双层减反射膜在中心波长的反射率和单层减反射膜的反射率极小值相重合。而在中心波长的两侧，反射率逐渐下降到极小值，如图 3-8 所示。反射率曲线示于图 3-9 和图 3-10。

对于倾斜入射情况的讨论，和单层减反射膜相类似。但当入射角超过 25° 时，反射特性开始变坏。

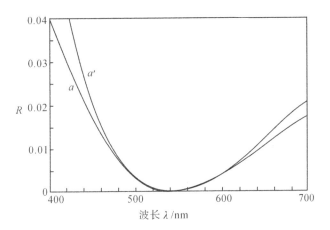

图 3-7　双层 V 形膜的反射率曲线

曲线 a：$n_0 = 1.0, n_1 = 1.38, n_2 = 1.70, n_g = 1.52, n_1 d_1 = n_2 d_2 = \dfrac{1}{4} \times 540\text{nm}$

曲线 a'：$n_0 = 1.0, n_1 = 1.38, n_2 = 2.30, n_g = 1.52, n_1 d_1 = 174.6\text{nm}, n_2 d_2 = 28.3\text{nm}$

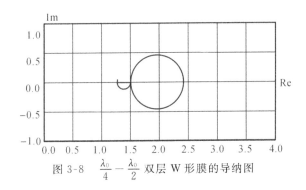

图 3-8　$\dfrac{\lambda_0}{4} - \dfrac{\lambda_0}{2}$ 双层 W 形膜的导纳图

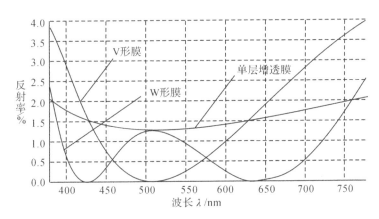

图 3-9　单层减反射膜和 V 形膜、W 形膜的特性比较

　　双层减反射膜的减反射性能比单层减反射膜要优越得多。但它并没有克服单层减反射膜的上述两个主要缺陷，尤其是对于冕牌玻璃更是如此。

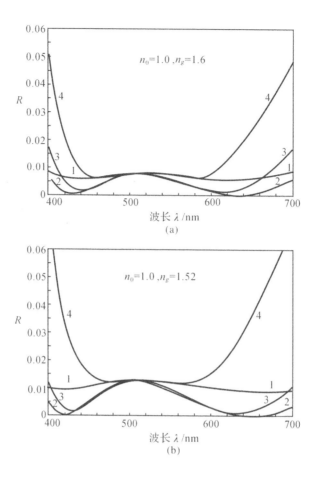

图 3-10　双层 W 形膜的反射率曲线

(a) 曲线 $1: n_1 = 1.38, n_2 = 1.70, n_1 d_1 = \frac{1}{2} n_2 d_2 = \frac{1}{4}(510) \mathrm{nm}$

曲线 $2: n_1 = 1.38, n_2 = 1.90, n_1 d_1 = \frac{1}{2} n_2 d_2 = \frac{1}{4}(510) \mathrm{nm}$

曲线 $3: n_1 = 1.38, n_2 = 2.10, n_1 d_1 = \frac{1}{2} n_2 d_2 = \frac{1}{4}(510) \mathrm{nm}$

曲线 $4: n_1 = 1.38, n_2 = 2.40, n_1 d_1 = \frac{1}{2} n_2 d_2 = \frac{1}{4}(510) \mathrm{nm}$

(b) 曲线 $1: n_1 = 1.38, n_2 = 1.60, n_1 d_1 = \frac{1}{2} n_2 d_2 = \frac{1}{4}(510) \mathrm{nm}$

曲线 $2: n_1 = 1.38, n_2 = 1.85, n_1 d_1 = \frac{1}{2} n_2 d_2 = \frac{1}{4}(510) \mathrm{nm}$

曲线 $3: n_1 = 1.38, n_2 = 2.00, n_1 d_1 = \frac{1}{2} n_2 d_2 = \frac{1}{4}(510) \mathrm{nm}$

曲线 $4: n_1 = 1.38, n_2 = 2.50, n_1 d_1 = \frac{1}{2} n_2 d_2 = \frac{1}{4}(510) \mathrm{nm}$

3.1.3　多层减反射膜

正如上面所说的,双层减反射膜的特性比单层膜要优越得多。但是,在许多应用例子里,即使是一个理想的双层膜,还是会形成过大的反射率或不适宜的光谱带宽度。因此在这些例子中都要用三层或者更多层的减反射膜。许多多层减反射膜是由 1/4 波长层或半波长层构成的,可以看作是 $\lambda_0/4 - \lambda_0/2$ W 形膜和 $\lambda_0/4 - \lambda_0/4$ V 形膜的改进形式。

$\lambda_0/4 - \lambda_0/2$ W 型膜在低反射区的中央有一个反射率的凸峰,它相应于单层减反射膜的反射率极小值。为了降低这个反射率的凸峰,又要保持半波长层的光滑光谱特性的作用,可以将半波长层分成折射率稍稍不同的两个 1/4 波长层。例如对于图 3-8 中的一个结构

$$1.0 \ \left| \ \begin{array}{c} 1.38 \\ \dfrac{\lambda_0}{4} \end{array} \ \right| \ \begin{array}{c} 1.90 \\ \dfrac{\lambda_0}{2} \end{array} \ \right| \ 1.52$$

可以改变成

$$1.0 \ \left| \ \begin{array}{c} 1.38 \\ \dfrac{\lambda_0}{4} \end{array} \ \right| \ \begin{array}{c} 2.0 \\ \dfrac{\lambda_0}{4} \end{array} \ \right| \ \begin{array}{c} 1.90 \\ \dfrac{\lambda_0}{4} \end{array} \ \right| \ 1.52$$

于是在参考波长 λ_0 处的反射率由 1.26% 减少至 0.38%。进一步增加中间层的折射率至 2.13,即

$$1.0 \ \left| \ \begin{array}{c} 1.38 \\ \dfrac{\lambda_0}{4} \end{array} \ \right| \ \begin{array}{c} 2.13 \\ \dfrac{\lambda_0}{4} \end{array} \ \right| \ \begin{array}{c} 1.90 \\ \dfrac{\lambda_0}{4} \end{array} \ \right| \ 1.52$$

波长 λ_0 处的反射率几乎为零,当然,低反射区的宽度也显著地减小了。它们的光谱反射率曲线表示在图 3-11 上。

为了增加低反射区的宽度,可以在基底上附加一层低折射率的半波长层[1]。由试探法得到图 3-12 所示的结构。其导纳图表示在图 3-13 上,半波长层导纳图的后半部分与下一层膜的导纳图在实轴的同一侧(上方或下方),则半波长层将起着平滑反射特性的作用。

也可以在双层 V 形膜的基础上构造多层减反射膜,例如在 $\dfrac{\lambda_0}{4} - \dfrac{\lambda_0}{4}$ V 形膜的中间插入半波长的光滑层,可以得到典型的 $\dfrac{\lambda_0}{4} - \dfrac{\lambda_0}{2} - \dfrac{\lambda_0}{4}$ 三层减反射膜结构。对于图 3-7 中的结构 a,有

$$1.0 \ \left| \ \begin{array}{c} 1.38 \\ \dfrac{\lambda_0}{4} \end{array} \ \right| \ \begin{array}{c} 1.70 \\ \dfrac{\lambda_0}{4} \end{array} \ \right| \ 1.52$$

插入半波长层后成为

$$1.0 \ \left| \ \begin{array}{c} 1.38 \\ \dfrac{\lambda_0}{4} \end{array} \ \right| \ \begin{array}{c} 2.15 \\ \dfrac{\lambda_0}{2} \end{array} \ \right| \ \begin{array}{c} 1.70 \\ \dfrac{\lambda_0}{4} \end{array} \ \right| \ 1.52$$

它的导纳轨迹表示在图 3-14 上。可以看到中间的半波长层将使反射曲线平滑并展宽低反射

---

[1] H. A. Macleod. Thin-film Optical Filters (Second edition). Adam Hilger Ltd, Bristol, (1986).

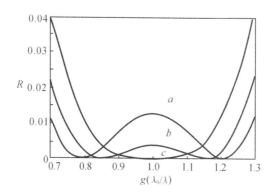

图 3-11　$\dfrac{\lambda_0}{4} - \dfrac{\lambda_0}{4} - \dfrac{\lambda_0}{4}$ 三层减反射膜改进前后的光谱反射率曲线

曲线 a：双层 W 形膜

1.0	1.38	1.9	1.52
	$\dfrac{\lambda_0}{4}$	$\dfrac{\lambda_0}{2}$	

曲线 b：三层减反射膜

1.0	1.38	2.0	1.9	1.52
	$\dfrac{\lambda_0}{4}$	$\dfrac{\lambda_0}{4}$	$\dfrac{\lambda_0}{4}$	

曲线 c：中间层的折射率进一步增加至 2.13，即

1.0	1.38	2.13	1.9	1.52
	$\dfrac{\lambda_0}{4}$	$\dfrac{\lambda_0}{4}$	$\dfrac{\lambda_0}{4}$	

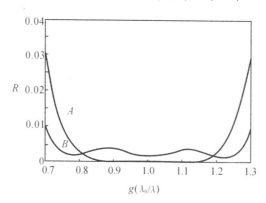

图 3-12　图 3-11 中的结构 b 和 c 增加一层折射率为 1.38 的半波
　　　　 长层以后的光谱反射率曲线

曲线 A：

1.0	1.38	1.905	1.76	1.38	1.52
	$\dfrac{\lambda_0}{4}$	$\dfrac{\lambda_0}{4}$	$\dfrac{\lambda_0}{4}$	$\dfrac{\lambda_0}{2}$	

曲线 B：

1.0	1.38	2.13	1.9	1.38	1.52
	$\dfrac{\lambda_0}{4}$	$\dfrac{\lambda_0}{4}$	$\dfrac{\lambda_0}{4}$	$\dfrac{\lambda_0}{2}$	

带的宽度。图 3-15 表示计算所得的反射率曲线。

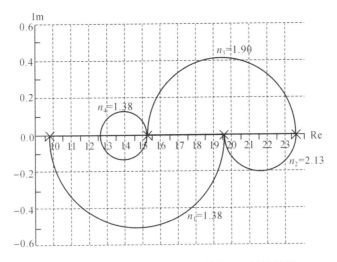

图 3-13　图 3-12 表示的四层膜结构 (B) 的导纳图

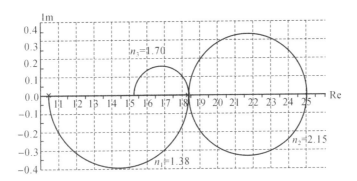

图 3-14　典型的 $\frac{\lambda_0}{4} - \frac{\lambda_0}{2} - \frac{\lambda_0}{4}$ 三层减反射膜的导纳轨迹

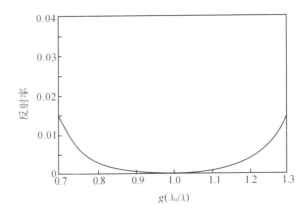

图 3-15　$\frac{\lambda_0}{4} - \frac{\lambda_0}{2} - \frac{\lambda_0}{4}$ 三层减反射膜的光谱反射率曲线

用两个1/4波长层替换中间折射率的内层膜后，$\frac{\lambda_0}{4}-\frac{\lambda_0}{2}-\frac{\lambda_0}{4}$三层减反射膜的性能，特别是低反射区的宽度可以得到进一步的改善。一种典型的结构是

$$
\begin{array}{c|c|c|c|c|c}
1.0 & 1.38 & 2.25 & 1.62 & 1.46 & 1.52 \\
& \dfrac{\lambda_0}{4} & \dfrac{\lambda_0}{2} & \dfrac{\lambda_0}{4} & \dfrac{\lambda_0}{4} &
\end{array}
$$

它的导纳轨迹和光谱反射率曲线分别表示在图 3-16 和图 3-17 上。

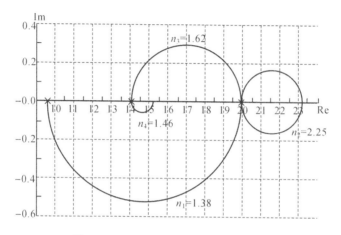

图 3-16　图 3-15 表示的膜系的导纳图

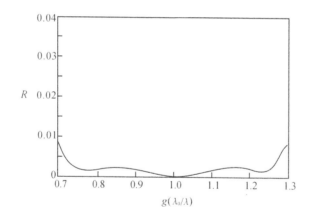

图 3-17　$\frac{\lambda_0}{4}-\frac{\lambda_0}{2}-\frac{\lambda_0}{4}-\frac{\lambda_0}{4}$ 四层减反射膜的光谱反射率曲线

当然我们也可以在非1/4波长层V形膜的基础上，插入半波长光谱层，以构造多层减反射膜。

对于图 3-6 所示的结构：

$$
\begin{array}{c|c|c|c}
1.0 & 1.38 & 2.30 & 1.52 \\
& 0.3234\lambda_0 & 0.0522\lambda_0 &
\end{array}
$$

将厚度大于1/4波长的低折射率层拆分成两层，即

| 1.0 | 1.38 | 1.38 | 2.30 | 1.52 |
| | $0.25\lambda_0$ | $0.0734\lambda_0$ | $0.0522\lambda_0$ | |

然后在两低折射率层之间插入半波长厚的光滑层：

| 1.0 | 1.38 | 2.30 | 1.38 | 2.30 | 1.52 |
| | $0.25\lambda_0$ | $0.5\lambda_0$ | $0.0734\lambda_0$ | $0.0522\lambda_0$ | |

它的导纳轨迹示于图 3-18 上。

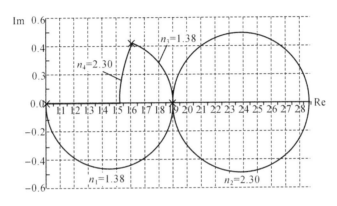

图 3-18　在低折射率层中间插入半波长层的导纳图

多层宽带减反射膜的总体分析是相当错综复杂的，这里我们分析厚度等于 1/4 波长整数倍的三层和四层减反射膜的特殊情况。

我们先讨论 $\dfrac{\lambda_0}{4} - \dfrac{\lambda_0}{2} - \dfrac{\lambda_0}{4}$ 三层减反射膜的透射率。这样一种多层组合，在原理上与后面将要讨论的法布里—珀罗型带通滤光片相似，它的外面两层的厚度各为 1/4 波长，相当于半反射镜，中间层则是 1/2 波长的间隔层。对于这种三层减反射膜，应用有效界面的概念进行分析是非常方便的[①]。可以把中间层作为选定层，外层膜和入射介质以及内层膜和基片组成两个有效界面（图 3-19）。它们的振幅反射系数和反射率分别为 r_1, r_2 和 R_1, R_2。

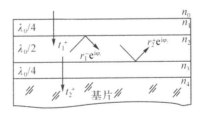

图 3-19　三层减反射膜应用有效界面法的图解

根据式（2-5）有

$$T = \frac{T_0}{1 + F\sin^2\theta}$$

① K. Rabinovitch, et al. . Multilayer Antireflection coatings Theoretical Model and Design parameters. Appl. Opt. ,14,6,1326,(1975).

这里

$$T_0 = \frac{(1-R_1)(1-R_2)}{(1-\sqrt{R_1 R_2})^2}$$

$$F = \frac{4\sqrt{R_1 R_2}}{(1-\sqrt{R_1 R_2})^2}$$

$$\theta = \frac{\varphi_1 + \varphi_2}{2} - \frac{2\pi}{\lambda} n_2 d_2 = \frac{\varphi_1 + \varphi_2}{2} - \frac{\pi}{2} \frac{\lambda_0}{\lambda} a$$

式中,λ_0 为中心波长,λ 则是计算波长,而 a 为以 $\lambda_0/4$ 为单位的间隔层的光学厚度,例如对于 $\lambda_0/2$ 厚度,$a=2$。

可以看到,当 $\theta = k\pi (k = 0, \pm 1, \pm 2, \cdots)$,即 $\sin^2\theta = 0$ 时,透射率 T 的最大值等于 T_0,而当 $R_1 = R_2$ 时,$T_0 = 1$。在 $F \ll 1$ 和 $T_0 = 1$ 的情况下,透射率 T 在 1 和 $(1-F)$ 之间变化,也即剩余反射率介于 0 和 F 之间。在 T_0 不为 1 时,剩余反射率的极小值和极大值分别为

$$R_{\min} = 1 - T_0$$

$$R_{\max} \approx 1 - T_0 + T_0 F = R_{\min} + T_0 F$$

因此,理想的 $\frac{\lambda_0}{4} - \frac{\lambda_0}{2} - \frac{\lambda_0}{4}$ 三层减反射膜,是一种在宽光谱范围内 F 尽可能地小的和 $R_1 = R_2$ 的组合。可是实际上,R_1 只在确定光谱范围内的极少数几个分离的波长上才与 R_2 重合。所以在反射率值和工作光谱范围的宽度之间要作一些折中。

下面我们举几个实例来说明上述的理论模型。

例 3.1 三层减反射膜的结构参数为:$n_0 = 1.0, n_1 = 1.38, n_2 = 2.05, n_3 = 1.71, n_g = 1.52$;厚度分别为 $\lambda_0/4, \lambda_0/2, \lambda_0/4$。

R_1 在相对波数 $g = \frac{\lambda_0}{\lambda} = 1$(即波长为 λ_0)位置上出现极小值,其值为

$$R_1 = \left(\frac{2.05 - 1.38^2/1.0}{2.05 + 1.38^2/1.0}\right)^2 = 0.00136$$

R_2 也在 $g = 1$ 的位置上出现极小值

$$R_2 = \left(\frac{2.05 - 1.71^2/1.52}{2.05 + 1.71^2/1.52}\right)^2 = 0.0010$$

它们的反射率曲线表示在图 3-20 上。整个光谱内,R_1 与 R_2 不相交,只在 $g = 1$ 处才近似相等。而且在 $g = 1$ 处,$\theta = \pi$,因此多层组合只有一个单一的极小值,$R_{\min} = 1 - T_0 = 2.55 \times 10^{-3}$%。

这种仅在一个波长 λ_0 上近似地有 $R_1 = R_2$ 的多层减反射膜,类似于单半波的法布里—珀罗滤光片。由于 F 值很小,这样一种滤光片的光谱宽度是较大的。

例 3.2 n_3 由 1.71 变为 1.62,其余结构参数与例 1 同。

这时,在 $g = 1$ 处,R_1 的极小值仍为

$$R_1 = 0.00136$$

而 R_2 在 $g = 1$ 处的极小值为

$$R_2 = \left(\frac{2.05 - 1.62^2/1.52}{2.05 + 1.62^2/1.52}\right)^2 = 0.00733$$

即 R_2 曲线向上垂直移动,与 R_1 的曲线相交于 $g_1 = 0.855$ 和 $g_2 = 1.145$ 两点。这两点是对

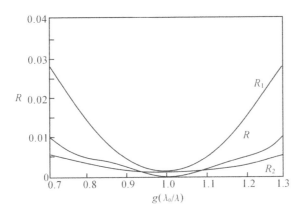

图 3-20　R_1，R_2 和 R 的光谱曲线

称地分布在 $g = 1$ 的两侧。所以整个膜系的反射率极小值就出现在这两点附近(见图3-21)。极小值之所以不刚好出现于 g_1 和 g_2 两点上，是由于这两点上 θ 不等于 π 之故。图3-22给出了这个多层组合的 T_0 和 $|\pi - \theta|$。

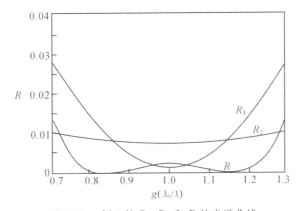

图 3-21　例 2 的 R_1，R_2 和 R 的光谱曲线

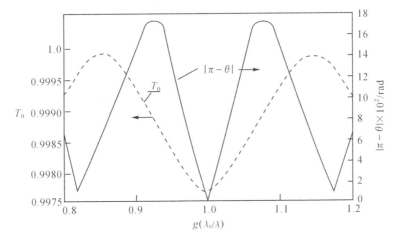

图 3-22　例 2 的 T_0 和 $|\pi - \theta|$ 曲线

在 g_1 和 g_2 两点上,由于 $R_1 = R_2$,T_0 上升至 100% 的极大值。但在这两点上,$\sin^2\theta$ 并非零值而影响到 R;在 g_1 和 g_2 的一侧,$|\theta - \pi|$ 减小,$\sin^2\theta$ 对 R 的影响也将减小,可是 T_0 也随之下降,使 R 值增加。因此反射率的两个极小值将出现在 T_0 的极大值和 $|\pi - \theta|$ 的极小值之间的区域上。在本例中,这产生在 $0.82 \leqslant g \leqslant 0.855$ 和 $1.15 \leqslant g \leqslant 1.18$ 这两个区域内。在 $g = 1$ 处,$\theta = \pi$,因而中心波长的反射率为

$$1 - T_0 = 1 - \frac{(1 - 0.00136)(1 - 0.00733)}{(1 - \sqrt{0.00136 \times 0.00733})^2} = 0.0024$$

总的说来,多层组合的各个参数对反射特性的影响可归纳为:调节间隔层的厚度,即变化 $|\pi - \theta|$ 曲线的位置和形状,可以使反射率极小值移到不同的波数位置上。改变第一层或第二层的厚度,可以使 R_1 曲线相对于 R_2 作水平移动,其结果就是改变低反射光谱的宽度以及反射率 R;利用不同的折射率值 n_1 和 n_3,可以使 R_1 和 R_2 曲线作相对的垂直移动,就像上面的实例所说明的那样。

显然,对于不同折射率的基片,要用不同折射率的薄膜材料,通常是通过改变内层膜的折射率来实现匹配的。作为例子,图 3-23 列出了各种不同折射率基片的三层减反射膜的反射率曲线。其中外层膜和中间层的折射率分别取为 1.38 和 2.0。内层膜的折射率由基片的折射率所确定。由于至今可用的薄膜材料和种类是很有限的,设计者并没有太多的余地选择薄膜折射率,尤其在折射率 $1.65 \sim 1.75$ 的范围内更是如此。

当然,可以采用高、低折射率两种薄膜材料的混合物,或两种薄膜材料以一定的速率比同时蒸发,以得到中间折射率的薄膜。但更可行的用两层膜来替代一层膜(这两层膜称为代换对)。这就是调节代换对的厚度,使膜系具有需要的减反射特性。

如图 3-24 所示,这里用了一个代换对代替内层膜。预先确定其折射率 n_3 和 n_4,通常取和外层膜及中间层相同的材料,以简化制备过程。然后调节代换对的厚度,使在给定波长范围内 r_1 近似地等于 r_2,θ 近似地等于 π,满足宽带减反射的要求。这里我们以 $\lambda_0/4$ 的单位表示各层的厚度,$nd = a \cdot \dfrac{\lambda_0}{4}$。$a = 1$ 为 $1/4$ 波长厚度,$a = 2$ 为 $1/2$ 波长厚度,其余类推。薄膜组合可以表示为:

$$n_0 \mid a_1 n_1, a_2 n_2, (a_3 n_3, a_4 n_4) \mid n_g$$

下面我们结合实例说明利用代换对设计减反射膜的步骤。

(1) 设计上反射镜和选定中间层材料。例如用 $\text{MgF}_2(n_1 = 1.38)$ 的 $\lambda_0/4$ 单层膜作为上反射镜,中间层材料用 $\text{ZrO}_2(n_2 = 2.05)$,基片材料为 $n_g = 1.52$ 的玻璃。

(2) 计算上反射镜反射率 R_1(和 r_1)的光谱曲线。对上反射镜而言,入射介质为中间层,而基片为空气($n_0 = 1$)。本例的 R_1 示于图 3-26(a)。

(3) 先在 $\lambda = \lambda_0(g = 1)$ 处令 $R_1 = R_2$,或规定其差值 $\Delta R = R_1 - R_2$。本例中在波长 λ_0 处的 r_1 为

$$r_1 = \frac{2.05 - 1.38^2/1.0}{2.05 + 1.38^2/1.0} = 0.037$$

(4) 选择代换对的两种介质材料,例如选用和(1)相同的材料,即也为 MgF_2 和 ZrO_2。

(5) 用矢量法确定代换对的厚度 a_3, a_4。本例中 $r_1 = 0.037$,$\varphi_1 = 0$,而 r_2 由 r_{20}, r_{21} 和 r_{22} 所合成。其数值分别为

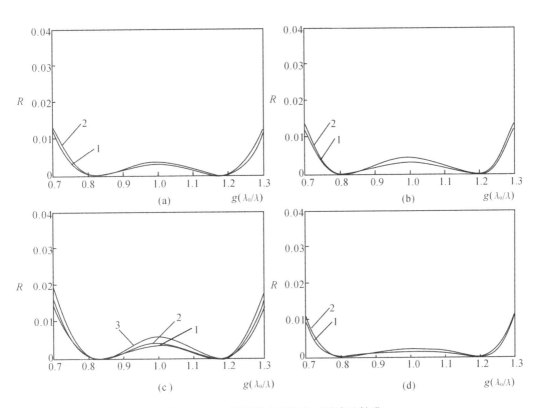

图 3-23 各种折射率基片的三层减反射膜

$(a)1-1.0\begin{vmatrix} 1.38, & 2.0, & 1.60 \\ \lambda_0/4 & \lambda_0/2 & \lambda_0/4 \end{vmatrix}1.52,\quad 2-1.0\begin{vmatrix} 1.38, & 2.0, & 1.63 \\ \lambda_0/4 & \lambda_0/2 & \lambda_0/4 \end{vmatrix}1.57$

$(b)1-1.0\begin{vmatrix} 1.38, & 2.0, & 1.64 \\ \lambda_0/4 & \lambda_0/2 & \lambda_0/4 \end{vmatrix}1.60,\quad 2-1.0\begin{vmatrix} 1.38, & 2.0, & 1.65 \\ \lambda_0/4 & \lambda_0/2 & \lambda_0/4 \end{vmatrix}1.63,$

$(c)1-1.0\begin{vmatrix} 1.38, & 2.0, & 1.61 \\ \lambda_0/4 & \lambda_0/2 & \lambda_0/2 \end{vmatrix}1.66,\quad 2-1.0\begin{vmatrix} 1.38, & 2.0, & 1.62 \\ \lambda_0/4 & \lambda_0/2 & \lambda_0/2 \end{vmatrix}1.69,\quad 3-1.0\begin{vmatrix} 1.38, & 2.0, & 1.65 \\ \lambda_0/4 & \lambda_0/2 & \lambda_0/2 \end{vmatrix}1.63$

$(d)1-1.0\begin{vmatrix} 1.38, & 2.0, & 1.64 \\ \lambda_0/4 & \lambda_0/2 & \lambda_0/2 \end{vmatrix}1.72,\quad 2-1.0\begin{vmatrix} 1.38, & 2.0, & 1.65 \\ \lambda_0/4 & \lambda_0/2 & \lambda_0/2 \end{vmatrix}1.75$

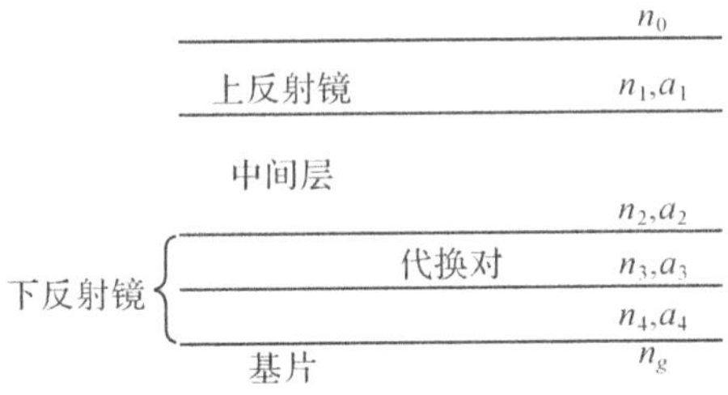

图 3-24 内层膜由两层薄膜替换

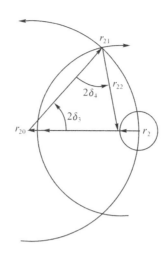

图 3-25 由矢量法确定代换对的厚度

$$r_{20} = \frac{2.05 - 1.38}{2.05 + 1.38} = 0.195$$

$$r_{21} = \frac{1.38 - 2.05}{1.38 + 2.05} = -0.195$$

$$r_{22} = \frac{2.05 - 1.52}{2.05 + 1.52} = 0.148$$

欲使波长 λ_0 处的反射率 R 为零，必须使 $r_1 = r_2$，$\varphi_2 = 0$，因而由矢量图 3-25 量得 $a_3 = 0.261$，$a_4 = 0.29$。

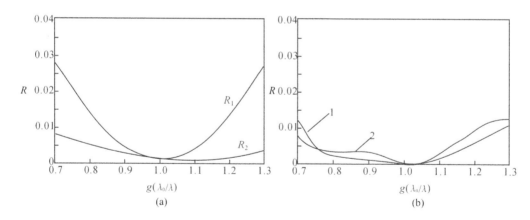

图 3-26

(a) 上、下反射镜的反射率曲线

(b) 结构 1：$n_0 \mid n_1, 2n_2, 0.261n_1, 0.29n_2 \mid n_g$ 的反射率曲线。

结构 2：$n_0 \mid n_1, 2.15n_2, 0.261n_1, 0.29n_2 \mid n_g$ 的反射率曲线

(6) 计算下反射镜的光谱反射率曲线 R_2（图 3-26(a)）。

(7) 确定中间层的厚度。例如可以选择 $a_2 = 2$，该设计因而为

$$n_0 \mid n_1, 2n_2, 0.261n_1, 0.29n_2 \mid n_g$$

其中，n_1，n_2 和 n_g 分别是 1.38，2.05 和 1.52。

（8）修改设计，调整代换对的厚度 a_3，a_4，可使反射率曲线 R_1，R_2 作相对水平移动和垂直移动。由于 φ_2 同时发生变化，故须接着调整中间层的厚度。

本例中的低反射范围为 400nm 至 605nm。如适当地选择中间层的厚度 a_2，可扩展低反射的范围。如 $a_2 = 2.15$，即可扩展到 644nm。修改后的设计为

$$n_0 \mid n_1, 2.15n_2, 0.261n_1, 0.29n_2 \mid n_g$$

（9）计算整个膜系的反射率曲线。选择合适的中心波长 λ_0，并计算代换对的厚度。若厚度太薄，因核化的微晶无法连接成一均匀的膜层，则必须再回到步骤（3）。

上例仅在一个波长上 $R_1 = R_2$，更有效的设计可由 R_1 相对于 R_2 垂直移动来实现，这时曲线 R_1 和 R_2 在两个波长上相交。我们再举一个实例来说明。

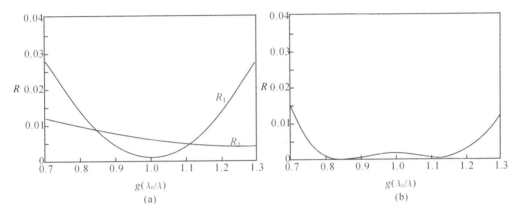

图 3-27

(a) 上、下反射镜的反射率曲线　(b) 结构 $n_0 \mid n_1, 2n_2, 0.268n_1, 0.198n_2 \mid n_g$ 的反射率曲线

为便于与上例作比较，仍用相同的基片和膜层材料。此外，上反射镜也与上例相同，R_1 的曲线示于图 3-27(a)。这里在波长 λ_0 处 $\Delta R = 0.5\%$，据此下反射镜的反射系数 r_2 为

$$r_2^2 = r_1^2 + \Delta R$$
$$r_2 = \sqrt{0.037^2 + 0.005} = 0.08$$

令 $\varphi_2 = 0$，则从矢量图 3-28 上可确定代换对的厚度，从而下反射镜的结构为

$$n_2 \mid 0.268n_1, 0.198n_2 \mid n_g$$

其反射率曲线也表示在图 3-27(a) 上。在不优化的情况下，中间层厚度 $a_2 = 2$，整个减反射膜的反射率如图 3-27(b) 所示。这个设计可用

$$n_0 \mid n_1, 2n_2, 0.268n_1, 0.198n_2 \mid n_g$$

来表示。低反射范围为 400nm 至 654nm，在 R_1 和 R_2 的两交点附近，反射率有两个极小值。虽然这个设计还不理想的，但可以看到它优于上例的设计。

如果将曲线 R_2 相对于 R_1 向左边作水平移动，例如将 R_2 的 $g = 1.22$ 的一点移到 $g = 1$ 处，只需用 1.22 乘以 a_3 和 a_4 就可实现。

这时下反射镜的结构为

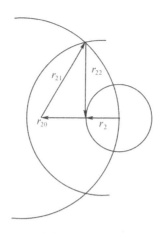

图 3-28　由矢量图确定代换对的厚度

$$n_2 \mid 0.327n_1, 0.242n_2 \mid n_g$$

其反射率曲线示于图 3-29(a)。若中间层的厚度仍然是 $a = 2$，反射率 R 如图 3-29(b) 所示。低反射范围从 400nm 扩展至 687nm，这是以增加大部分区域内的反射率为代价而取得的。在这个基础上，将中间层的厚度取为 $a_2 = 2.15$，可使性能有重大改进。这个改进的结构表示在图 3-29(b) 上。低反射范围依然不变，然而整个性能有进一步提高，除了两端外，在可见区波段内反射率均低于 0.15%。

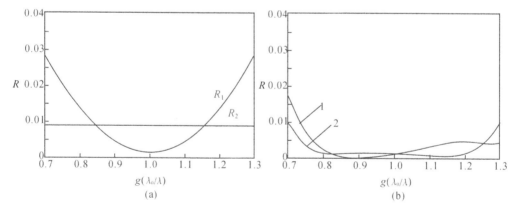

图 3-29

(a) 上、下反射镜的反射率曲线

(b) 结构1：$n_0 \mid n_1, 2n_2, 0.327n_1, 0.242n_2 \mid n_g$ 的反射率曲线。

　　　结构2：$n_0 \mid n_1, 2.15n_2, 0.327n_1, 0.242n_2 \mid n_g$ 的反射率曲线

这个改进的设计用

$$n_0 \mid n_1, 2.15n_2. 0.327n_1, 0.242n_2 \mid n_g$$

表示，其中 n_1, n_2 和 n_g 依然分别是 $1.38, 2.05$ 和 1.52。

　　为了克服薄膜折射率的限制，更经常的是采用高、低折射率两种薄膜材料构成的三层对称组合代替设计中的中间折射率膜层。对于给定的高、低折射率，利用式(2-17)，(2-18) 和 (2-19)

可方便地确定三层对称组合中各层的厚度。

3.1.4 超宽带减反射膜

超宽带减反射膜的设计没有简单可行的方法，只能依靠数值优化技术对初始设计不断优化，甚至利用全自动合成技术，才能生成满足设计要求的膜系结构。通常固定薄膜材料，即薄膜的折射率值，仅把薄膜的厚度作为设计参数，因而最后得到的膜系结构，各层的厚度是不规整的，好在对任意厚度的监控技术目前已经成熟，制造这类不规则厚度的多层膜系不存在太多的困难。图 3-30 给出了玻璃基片上的 8 层膜结构。低反射区域覆盖了自 400nm 至 1000nm 的波长范围，反射率曲线示于图 3-31。

玻璃	TiO$_2$	SiO$_2$	TiO$_2$	SiO$_2$	TiO$_2$	SiO$_2$	TiO$_2$	MgF$_2$	空气
光学厚度($\lambda_0/4$):	0.0490	0.1150	0.1179	0.0453	0.5341	0.0633	0.0962	0.2906	

图 3-30 超宽带的 8 层减反射膜结构

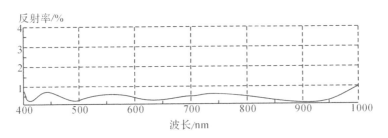

图 3-31 超宽带 8 层减反射膜的反射率曲线

理论上可实现的剩余反射率的平均值，决定于宽带、最外层的折射率、减反射膜的层数和总的厚度，以及除最外层以外的膜层高低折射率的差值。Willey 根据大量的设计实践，总结和归纳了一系列已发表的设计结果，提出了一个非常有用的经验公式[1]，用以估计最低的反射率平均值。

$$R_{AVE}(B,L,T,D) = (4.378/D)(1/T)^{0.31}[\exp(B-1.4)-1](L-1)^{3.5} \tag{3-4}$$

这里 B 是低反射的带宽，定义为 $\lambda_{max}/\lambda_{min}$。例如低反射带的波长从 400nm 到 600nm，带宽 B 为 1.5，波长从 400nm 到 1200nm，则 B 为 3。D 是除最外层以外的高低折射率的差值，定义为 $D = n_H - n_L$。例如高低折射率分别取为 2.35 和 1.46，则 $D = 0.89$。T 是减反射膜总的光学厚度，以低反射带中值波长为单位。T 即表示总的光学厚度为 T 个平均值波长。L 则是最外层薄膜的折射率。

式(3-4)给出了剩余反射率平均值 R_{AVE} 与 B,T,D 和 L 的函数关系。显然，低反射带宽度对可实现的反射率平均值有较大影响。如图 3-32 和图 3-33 所示，带宽 $B(\lambda_{max}/\lambda_{min})$ 愈大，反射率平均值也愈高。

最外层膜的折射率对平均反射率有重要的影响(图 3-34)。因此尽可能采用有最低折射率的 MgF$_2$ 作为最外层膜的材料，正如图 3-30 的减反射膜结构表示的那样。

① Ronald R. Willey. Predicting Achievable Design Performance of Broadband Antireflection Coatings. Applied Optics，32，28，5447-5451，(1993).

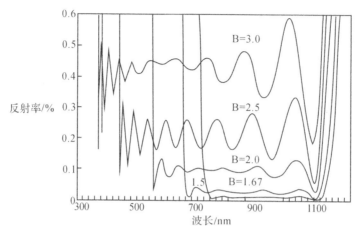

图 3-32　反射率随波长宽度的变化(固定 $T = 3.0, L = 1.38$ 和 $D = 0.89$)

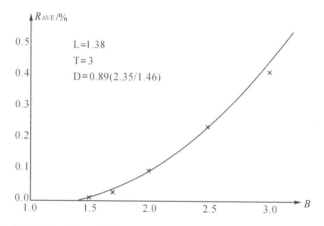

图 3-33　上图所示的平均反射率与宽度的关系,曲线由式(3-4)计算所得,×是实验
数据。下面的图表中也是这样的情况,不再另作说明。

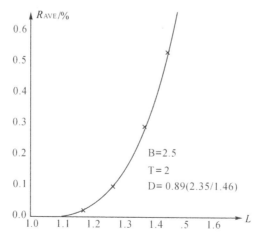

图 3-34　平均反射率与最外层膜折射率的关系

正如图 3-35 所表示的,除最外层膜以外,所采用的薄膜高低折射率的差值对平均反射率也有较大的影响。差值愈大,反射率愈低。图 3-30 的多层膜结构中,除最外层以外,均应用 SiO_2,而不是 MgF_2 作为低折射率材料,这样能获得尽可能低的应力和好的机械强度。

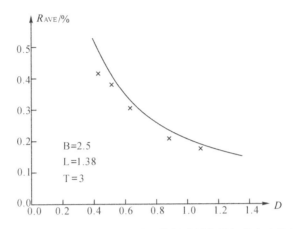

图 3-35　平均反射率与除最外层膜以外的膜层高低折射率之差值的关系

减反射膜总的厚度以及分成的膜层数对平均反射率的影响也是显而易见的。如图 3-36 所示,采用较多的层数和增加总的厚度,在相同的条件下,可设计得到较低的反射率。

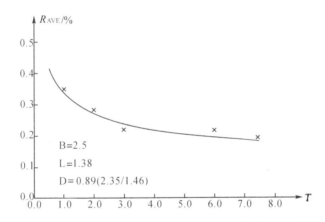

图 3-36　平均反射率与以均值波长为单位的总的膜系厚度的关系

基片的折射率对于可达到的最低反射率没有明显的影响。在高低折射率之间使用中间折射率材料也没有任何意义。

3.1.5　高折射率基片的减反射膜

在可见光区应用的大多数光学玻璃,通常在波长大于 $3\,\mu m$ 以后就不再透明。因此,在红外区应采用某些特种玻璃和晶体材料,特别是半导体材料。半导体有高的折射率,例如硅的折射率约为 3.5,而锗的大约是 4。这些半导体基片若不镀减反射膜,就不可能得到广泛使用。这个问题不同于可见区。在可见区,其目的是将大约 4% 的反射损失减少到千分之几;而在红外区,则是将 30% 左右的反射损失减小为百分之几。一般来说,在红外区域,百分之几的损失是允许的,因而低折射率基片通常很少镀减反射膜。

前面关于单层减反射膜的考虑,也同样适用于高折射率基片。锗、硅、砷化镓、砷化铟以及锑化铟基片,都可用单层硫化锌、二氧化铈或一氧化硅有效地增透。同样地,V形双层减反射膜的设计理论,也可用于高折射率基片。通常我们取折射率为 4.0 的锗作为外层膜,而选择折射率为 1.38 的氟化镁或折射率为 1.59 的氟化铈或其他材料作为内层膜,然后由类似于图 3-4 所示的矢量图确定它们的厚度(取总厚度较小的解)。这样安排膜层的优点是,牢固性较差的低折射率膜层被牢固性非常好的锗膜保护起来,以增加膜的耐久性。

可惜这种类型的双层膜比单层膜的有效增透区更窄,在某些场合不能满足使用要求。为了展宽低反射区,可以用其他类型的两层膜甚至多层膜来实现。通常选取各层膜的厚度等于 $\lambda/4$ 的整数倍,然后确定要得到预期特性的各层膜的折射率。

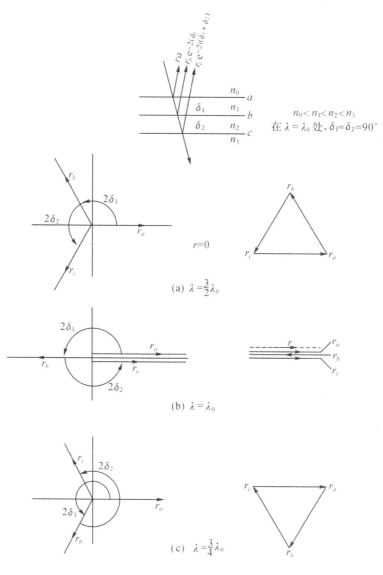

图 3-37 高折射率基片上的 $\frac{\lambda_0}{4} - \frac{\lambda_0}{4}$ 双层减反射膜

图 3-37 表示一个 $\frac{\lambda_0}{4}-\frac{\lambda_0}{4}$ 的双层减反射膜,图(a)、(b) 和(c)是三个不同波长的矢量图。它与前面讨论的 V 形膜不同,不是在中心波长 λ_0 处组成封闭三角形,从而达到零反射的目的,而是在波长 $\lambda=3\lambda_0/4$ 和 $3\lambda_0/2$ 处,三角形的三个矢量互成 $60°$ 的夹角。当矢量的模全等时,三角形是闭合的,因此在这些波长处的反射率为零。

为使矢量模相等,即各界面上的振幅反射系数相等,各折射率必须满足如下关系:

$$\frac{n_1}{n_0}=\frac{n_2}{n_1}=\frac{n_g}{n_2} \tag{3-4}$$

即

$$n_1^3=n_0^2 n_g \tag{3-5}$$

$$n_2^3=n_0 n_g^2 \tag{3-6}$$

在这种情况下,中心波长 λ_0 的反射率由下式确定:

$$R=\left[\frac{n_0-(n_1^2/n_2^2)n_g}{n_0+(n_1^2/n_2^2)n_g}\right]^2=\left[\frac{1-\sqrt[3]{(n_g/n_0)}}{1+\sqrt[3]{(n_g/n_0)}}\right]^2 \tag{3-7}$$

对于折射率为 4.0 的锗,在空气中垂直入射时,所要求的各折射率为

$$n_1=1.59$$

$$n_2=2.50$$

波长 λ_0 处的反射率是 5.6%。这种膜系的理论特性表示在图 3-38 上。

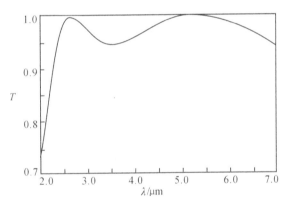

图 3-38 $\frac{\lambda}{4}-\frac{\lambda}{4}$ 减反射膜的理论透射率

由厚度为 $\lambda_0/4$ 或其整数倍的膜层构成的膜系,它的反射特性在波数($g=\lambda_0/\lambda$)坐标上是关于 $g=1$ 对称的。上述 $\frac{\lambda_0}{4}-\frac{\lambda_0}{4}$ 双层减反射膜在 $g=\frac{2}{3}$ 和 $g=\frac{4}{3}$ 处有零反射率,在倍频减反射膜中也得到了重要的应用。需要在 λ 和 2λ 波长上减反的一种普通的材料是铌酸锂,它的折射率是 2.25 左右。由式(3-5)和(3-6)确定的薄膜材料是 1.310 和 1.717。若用氟化镁($n=1.38$)作为低折射率材料,组合

1.0	1.38	1.72	2.25
	$\lambda_0/4$	$\lambda_0/4$	

在波长 $\lambda=\frac{3}{2}\lambda_0$ 和 $\lambda=\frac{3}{4}\lambda_0$ 处有 0.2% 左右的剩余反射率。这在许多情况下均能满足要求。

如果需要继续减小剩余反射率,那最好增加一层额外的膜层。从图 3-37 的矢量图上可以看到,为了得到零反射率,在波长 $\lambda = 3\lambda_0/4$ 和 $3\lambda_0/2$ 处,必须构成封闭的等边三角形。而对于氟化镁外层膜来说,它的折射率太高,以至于在第一个界面上的振幅反射系数太大,不能构成封闭的三角形。增加一个 1/4 波长的膜层(折射率 n_3)使之与基片相邻。r_d 与 r_a 在同一直线上,只要 $n_3 > n_g$,r_d 的方向与 r_a 相反。这时选取适当的折射率值,可以使它们的差值与其他两个界面上的振幅反射系数相等,从而构成封闭的多边形。

下面的三层膜结构,在 $3\lambda_0/4$ 和 $3\lambda_0/2$ 波长处有零反射率:

$$
\begin{array}{c|c|c|c|c}
1.0 & 1.38 & 1.808 & 2.368 & 2.25 \\
 & \lambda_0/4 & \lambda_0/4 & \lambda_0/4 &
\end{array}
$$

图 3-39 给出了它的反射率曲线[①]。

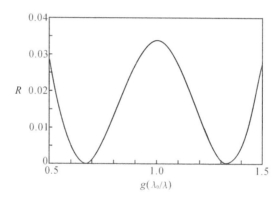

图 3-39 在铌酸锂基片上的倍频减反射膜的反射率曲线

图 3-40 是锗基片上的三层减反射膜的矢量图。每层膜的厚度均是 $\lambda_0/4$。如果 $n_4 > n_3 > n_2 > n_1 > n_0$,则如图所示,在波长为 $2\lambda_0/3$,λ_0 和 $2\lambda_0$ 处,这些矢量的方向两两彼此相反。当矢量的长度全相等时,则它们彼此完全抵消,于是在这些波长处出现零反射率。可见它的低反射区要比双层膜宽得多。

为使矢量的长度相等,折射率必须满足如下条件:

$$\frac{n_1}{n_0} = \frac{n_2}{n_1} = \frac{n_3}{n_2} = \frac{n_g}{n_3}$$

即

$$n_1^4 = n_0^3 n_g, \quad n_2^4 = n_0^2 n_g^2, \quad n_3^4 = n_0 n_g^3 \tag{3-8}$$

对于锗基片,在空气中垂直入射时,各层膜所要求的折射率是

$$n_1 = 1.41, \quad n_2 = 2.00, \quad n_3 = 2.83$$

类似地可以将矢量法推广到对更多层数的减反射膜的研究上。例如,$\lambda_0/4$ 厚度的四层膜,只要折射率匹配得当,将在波长 $5\lambda_0/8$,$5\lambda_0/6$,$5\lambda_0/4$ 和 $5\lambda_0/2$ 处出现零反射率。理论上,K 层膜就可以在 K 个波长位置上实现零反射。但就大多数应用而言,两层减反射膜完全可以满足要求。

---

① H. A. Macleod. Thin-film Optical Filters (Second edition). Adam Hilger Ltd, Bristol,(1986).

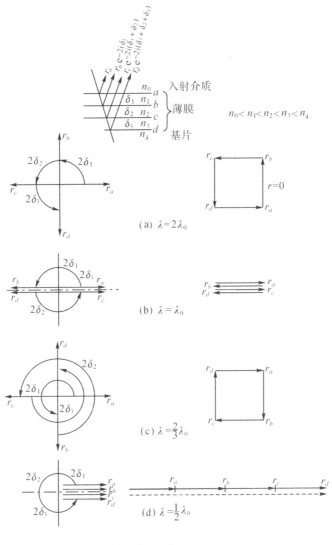

图 3-40　$\dfrac{\lambda_0}{4} - \dfrac{\lambda_0}{4} - \dfrac{\lambda_0}{4}$ 减反射膜的矢量图

Young[1] 把微波理论,特别是 1/4 波变换器的合成方法用于多层减反射膜的设计上。他发表了一系列的表格,使各层的光学厚度相等,从而折射率递减的多层减反射膜的设计大为简化。表 3-1 和表 3-2 根据允许的剩余反射率和低反射带的宽度给出各层的折射率(最多可用至四层减反射膜)。

① Leo Young. Synthesis of Multiple Antireflection Films over a Prescribed Frequency Band. J. Opt. Soc. Am. , 51, 9, 967, (1961).

表 3-1　最大振幅反射系数

	带　　宽　　W					
	0.20	0.40	0.60	0.80	1.00	1.20
n	双　　层　　介　　质　　膜$(K=2)$					
1.25	0.00	0.00	0.01	0.02	0.04	0.05
1.50	0.00	0.01	0.02	0.04	0.07	0.10
1.75	0.00	0.01	0.03	0.06	0.09	0.14
2.00	0.01	0.02	0.04	0.08	0.12	0.17
2.50	0.01	0.02	0.06	0.10	0.16	0.22
3.00	0.01	0.03	0.07	0.12	0.19	0.27
4.00	0.01	0.04	0.09	0.16	0.24	0.34
5.00	0.01	0.05	0.10	0.18	0.29	0.40
6.00	0.01	0.05	0.12	0.21	0.32	0.44
	三　　层　　介　　质　　膜$(K=3)$					
1.25	0.00	0.00	0.00	0.01	0.01	0.03
1.50	0.00	0.00	0.01	0.01	0.03	0.05
1.75	0.00	0.00	0.01	0.02	0.04	0.07
2.00	0.00	0.00	0.01	0.02	0.05	0.09
2.50	0.00	0.00	0.01	0.03	0.07	0.12
3.00	0.00	0.00	0.02	0.04	0.09	0.15
4.00	0.00	0.01	0.02	0.05	0.11	0.19
5.00	0.00	0.01	0.02	0.06	0.13	0.23
6.00	0.00	0.01	0.03	0.07	0.14	0.26
	四　　层　　介　　质　　膜$(K=4)$					
1.25	0.00	0.00	0.00	0.00	0.00	0.01
1.50	0.00	0.00	0.00	0.00	0.01	0.03
1.75	0.00	0.00	0.00	0.01	0.01	0.04
2.00	0.00	0.00	0.00	0.01	0.02	0.05
2.50	0.00	0.00	0.00	0.01	0.03	0.07
3.00	0.00	0.00	0.00	0.01	0.03	0.08
4.00	0.00	0.00	0.00	0.02	0.04	0.10
5.00	0.00	0.00	0.00	0.02	0.05	0.12
6.00	0.00	0.00	0.01	0.02	0.06	0.13

表 3-2　折射率的最佳值

	等波纹响应　　带宽 $W=0.20$			
	$K=2$	$K=3$	$K=4$	
n	n_1	n_1	n_1	n_2
1.00	1.00000	1.00000	1.00000	1.00000
1.25	1.05810	1.02830	1.01440	1.07260
1.50	1.10808	1.05303	1.02635	1.13584
1.75	1.15218	1.07396	1.03659	1.19224
2.00	1.19181	1.09247	1.04558	1.24340
2.50	1.26113	1.12422	1.06088	1.33396
3.00	1.32079	1.15096	1.07364	1.41296

(续表 3-2)

4.00	1.42080	1.19474	1.09435	1.54760
5.00	1.50366	1.23013	1.11093	1.66118
6.00	1.57501	1.26003	1.12486	1.76043

等波纹响应　　带宽 $W = 0.40$

	$K = 2$	$K = 3$	$K = 4$	
n	n_1	n_1	n_1	n_2
1.00	1.00000	1.00000	1.00000	1.00000
1.25	1.06034	1.03051	1.01553	1.07371
1.50	1.11236	1.05616	1.02842	1.13799
1.75	1.15837	1.07839	1.03949	1.19537
2.00	1.19979	1.09808	1.04921	1.24745
2.50	1.27247	1.13192	1.06577	1.33974
3.00	1.33526	1.16050	1.07963	1.42036
4.00	1.44105	1.20746	1.10216	1.55795
5.00	1.52925	1.24557	1.12026	1.67423
6.00	1.60563	1.27790	1.13549	1.77600

$W = 0.60$

	$K = 2$	$K = 3$	$K = 4$	
n	n_1	n_1	n_1	n_2
1.00	1.00000	1.00000	1.00000	1.00000
1.25	1.06418	1.03356	1.01761	1.07559
1.50	1.11973	1.06186	1.03227	1.14162
1.75	1.16904	1.08646	1.04488	1.20065
2.00	1.21360	1.10830	1.05598	1.25431
2.50	1.29215	1.14600	1.07494	1.34954
3.00	1.36042	1.17799	1.09086	1.43290
4.00	1.47640	1.23087	1.11685	1.57553
5.00	1.57405	1.27412	1.13784	1.69642
6.00	1.65937	1.31105	1.15559	1.80248

$W = 0.80$

	$K = 2$	$K = 3$	$K = 4$	
n	n_1	n_1	n_1	n_2
1.00	1.00000	1.00000	1.00000	1.00000
1.25	1.06979	1.03839	1.02106	1.07830
1.50	1.13051	1.07092	1.03866	1.14685
1.75	1.18469	1.09933	1.05385	1.20827
2.00	1.23388	1.12466	1.06726	1.26420
2.50	1.32117	1.16862	1.09026	1.36370
3.00	1.39764	1.20621	1.10967	1.45105
4.00	1.52892	1.26891	1.14159	1.60102
5.00	1.64084	1.32078	1.16759	1.72864
6.00	1.73970	1.36551	1.18974	1.84098

$W = 1.00$				
	$K = 2$	$K = 3$	$K = 4$	
n	n_1	n_1	n_1	n_2
1.00	1.00000	1.00000	1.00000	1.00000
1.25	1.07725	1.04567	1.02662	1.08195
1.50	1.14495	1.08465	1.04898	1.15394
1.75	1.20572	1.11892	1.06838	1.21861
2.00	1.26122	1.14966	1.08559	1.27764
2.50	1.36043	1.20344	1.11531	1.38300
3.00	1.44816	1.24988	1.14059	1.47583
4.00	1.60049	1.32837	1.18259	1.63596
5.00	1.73205	1.39428	1.21721	1.77292
6.00	1.84951	1.45187	1.24702	1.89401
$W = 1.20$				
	$K = 2$	$K = 3$	$K = 4$	
n	n_1	n_1	n_1	n_2
1.00	1.00000	1.00000	1.00000	1.00000
1.25	1.08650	1.05636	1.03560	1.08683
1.50	1.16292	1.10495	1.06576	1.16342
1.75	1.23199	1.14805	1.09214	1.23248
2.00	1.29545	1.18702	1.11571	1.29572
2.50	1.40979	1.25594	1.15681	1.40907
3.00	1.51179	1.31621	1.19218	1.50943
4.00	1.69074	1.41972	1.25182	1.68360
5.00	1.84701	1.50824	1.30184	1.83358
6.00	1.98768	1.58666	1.34555	1.96694

Young 给出的宽度的定义是

$$W = 2[(\lambda_2 - \lambda_1)/(\lambda_2 + \lambda_1)] \tag{3-9}$$

或者

$$\lambda_2/\lambda_1 = (1 + W/2)/(1 - W/2) \tag{3-10}$$

这里 λ_1 和 λ_2 是具有等波纹响应的两个边缘波长（见图 3-41）。

表 3-1,3-2 中 n 是基片和入射介质的折射率的比值。对于给定的比值 n，最大剩余反射率随着带宽的增加而增加，但随着层数的增加而减小。例如在 $n = 4$ 的情况下，欲要求带宽 $W = 1.2$，最大反射率不大于 3.6%，从表 3-1 可以看到，应当利用三层减反射膜。然后根据要求的带宽 W 和比值 n，从表 3-2 得到第一层薄膜（与入射介质相等）的折射率 n_1。如果是四层减反射膜，则表 3-2 给出前两层的折射率 n_1 和 n_2。其余的膜层折射率则由下式计算得到：

双层减反射膜 $(K = 2)$ $\qquad n_2 = n/n_1 \tag{3-11}$

三层减反射膜 $(K = 3)$ $\qquad n_2 = \sqrt{n}, \quad n_3 = n/n_1 \tag{3-12}$

四层减反射膜 $(K = 4)$ $\qquad n_3 = n/n_2, \quad n_4 = n/n_1 \tag{3-13}$

各层的厚度为相应于中心波数的波长 $\left(\lambda_0 = \dfrac{2\lambda_1\lambda_2}{\lambda_1 + \lambda_2}\right)$ 的 $1/4$，即

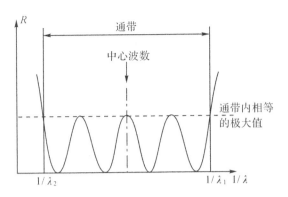

图 3-41 变换器或多层减反射膜的等波纹响应

$$nd = \lambda_1\lambda_2 / 2(\lambda_1 + \lambda_2) \tag{3-14}$$

例 3.3 设计一多层减反射膜，要求在 408nm 和 767.2nm 范围内的所有波长上反射系数小于 0.025，已知入射介质为空气，基片的折射率为 2.27。

由式(3-9)得 $W = 0.611$。从表 3-1 可以看到，如果利用双层膜，则最大反射系数约为 0.05，不能满足设计要求，然而三层膜给出的最大反射系数仅为 0.01，优于设计指标。然后 $n = 2.27$ 在 2.00 和 2.50 之间插值；$W = 0.611$ 在 0.60 和 0.80 之间插值。由表 3-2 得 $n_1 = 1.13$，从式(3-12)计算得到 $n_2 = \sqrt{2.27} = 1.51$ 和 $n_3 = 2.27/1.13 = 2.01$。各层的光学厚度均为

$$nd = \frac{\lambda_1\lambda_2}{2(\lambda_1 + \lambda_2)} = 133.2\text{nm}$$

最后得三层膜的参数如下：

1.0	1.13	1.51	2.01	2.27
	133.2nm	133.2nm	133.2nm	

当然，折射率为 1.13 的材料是不现实的。但在红外区，对于高折射率的基片，上述方法得到的设计是可以实现的。例如在折射率为 4.0 的锗基片上设计一减反射膜，要求带宽 $W = 1.2$（即 $\lambda_2/\lambda_1 = 4$）以及最大的能量反射率 $R = 3.6\%$，则由表 3-1 和表 3-2 直接可得到如下的设计：

1.0	1.41972	2.0	2.81746	4.0
	$\lambda_0/4$	$\lambda_0/4$	$\lambda_0/4$	

式中，$\lambda_0 = \dfrac{2\lambda_1\lambda_2}{\lambda_1 + \lambda_2}$。它的理论反射率曲线表示在图 3-42 上。

由于实际可用的薄膜材料是非常有限的，因而由 Young 的方法得到的折射率值往往不能实现的，这时可用对称膜系的等效层技术合成实际不存在的膜层。

3.1.6 可见光区和近红外双波段减反射膜

在诸如激光测距、激光手术治疗仪等一些应用场合，需要同时对用于瞄准的可见光区和近红外的激光工作波长减反射。例如可见光区 $400 \sim 700$nm，激光工作波长是 1.06μm。这种

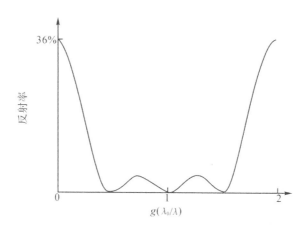

图 4-2　多层减反射膜　1.0 | 1.41972 | 2.0 | 2.81746 | 4.0
的理论反射率曲线

（引自 A. Thelen 于 1984 年 6 月在成都讲学的资料）

分离的双波段减反射膜的设计，通常可以包含如下步骤：

（1）利用解析的方法得到一起始设计。

（2）优化起始设计，必要时也可修改膜层的折射率，以获得满足设计要求的理论设计。

（3）用实际薄膜材料的对称组合取代设计中不能实现的折射率。

（4）考虑到实际薄膜，尤其是对称组合的色散，再次优化膜系结构，直至得到最终的解。

前面我们已经讨论过，下列典型的 $\lambda_0/4 - \lambda_0/2 - \lambda_0/4$ 三层减反射膜在可见区有较低的剩余反射率：

$Y = 1.0$	1.38	2.15	1.70	1.52
空气	L	HH	M	玻璃
nd	$0.25\lambda_0$	$0.5\lambda_0$	$0.25\lambda_0$	

但在近红外区，例如波长 $1.06\mu m$ 处反射率较高。为了保持参考波长 $\lambda_0 = 510nm$ 的特性不变，同时降低波长 $1.06\mu m$ 处的反射率，我们需要额外的设计参数，从导纳图（图 3-14）可以看到，导纳轨迹与实轴相交于 1.90 和 2.45 两点。在这两个位置上插入导纳 1.90 和 2.45 的膜层，不论厚度是多少，在导纳图上的轨迹只是一个没有大小的点，不改变整个膜系的导纳轨迹，因而在参考波长 λ_0 处的特性没有任何改变。于是它的厚度可以作为额外的设计参数，用于减少波长 $1.06\mu m$ 处的反射率，这就是所谓"缓冲层"（buffer layer）的概念。与半波长厚的虚设层相类似，只是虚设层有确定的厚度（$\lambda_0/2$ 或其整数倍），可改变折射率参数，以平滑或尖锐膜系的光谱特性，它的导纳轨迹是一整圆。如果导纳图的后半部分与下一层膜的导纳轨迹在复平面图实轴的同一侧（上方或下方），则半波长层将起着平滑膜系光谱特性的作用，反之则使光谱特性更加尖锐。现在我们试图利用缓冲层来改变近红外波长的特性。由于在可见光区不易得到导纳值为 2.45 的薄膜材料，这里我们插入两层导纳为 1.90 的缓冲层，得到如下的结构：

$Y=1.0$	1.38	1.90	2.15	1.90	1.70	1.52
空气	L	B'	HH	B''	M	玻璃
nd	$0.25\lambda_0$	$0.342\lambda_0$	$0.5\lambda_0$	$0.084\lambda_0$	$0.25\lambda_0$	

通过不断地试探，取导纳 1.90 的两层缓冲层 B' 和 B'' 的厚度为 $0.342\lambda_0$ 和 $0.084\lambda_0$，上述结构经数值优化后，最后的膜系结构是：

1.0	1.38	1.90	2.15	1.90	1.70	1.52
空气	L	B'	HH	B''	M	玻璃
	$0.2667\lambda_0$	$0.3085\lambda_0$	$0.5395\lambda_0$	$0.1316\lambda_0$	$0.1796\lambda_0$	

优化前后的计算反射率表示在图 3-43 上。

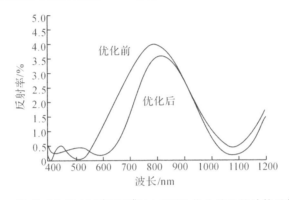

图 3-43　膜系："空气│LB'HHB''M│玻璃"优化前后的计算反射率曲线

上述五层膜结构，利用了实际上并不存在的薄膜折射率。用对称组合取代后，膜系变得复杂一些，给实际制造带来一定困难。为方便起见，我们限于使用两种薄膜材料，四层膜插入缓冲层后的结构如下：

1.0	1.38	2.40	1.38	2.40	1.52
nd	$0.25\lambda_0$	$0.088\lambda_0$	$0.0647+0.0647$	$0.088\lambda_0$	

$$\Downarrow$$

1.0	1.38	2.40	1.38	2.40	1.38	2.40	1.52
nd	$0.25\lambda_0$	$0.088\lambda_0$	$0.0647\lambda_0$	缓冲层	$0.0647\lambda_0$	$0.088\lambda_0$	

其导纳轨迹示于图 3-44。

上述六层膜起始设计经优化后得最后的膜系结构如下：

1.0	1.38	2.40	1.38	2.40	1.38	2.40	1.52
	$0.305\lambda_0$	$0.127\lambda_0$	$0.061\lambda_0$	$0.712\lambda_0$	$0.067\lambda_0$	$0.092\lambda_0$	

$$\lambda_0 = 510nm$$

它的计算反射率曲线表示在图 3-45 上。

我们也可以利用自动合成的方法[①]，得到性能优越也便于制造的多层膜结构。例如：

---

① A. V. Tikhonravov，M. K.，Trubetskov，and G. W. DeBell. Application of the Needle Optimization Technique to the Design of Optical Coatings. Applied Optics，35，5493-5508，(1996).

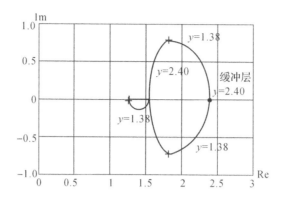

图 3-44　含有缓冲层的六层膜起始设计的导纳轨迹

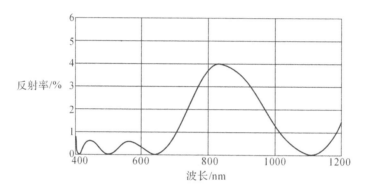

图 3-45　优化后的六层膜结构的反射率曲线

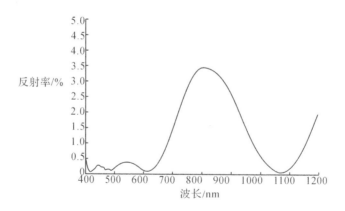

图 3-46　自动合成的六层膜结构的反射率曲线

1.0	1.38	2.25	1.38	2.25	1.38	2.25	1.52
	$0.300\lambda_0$	$0.128\lambda_0$	$0.066\lambda_0$	$0.679\lambda_0$	$0.072\lambda_0$	$0.084\lambda_0$	

它的反射特性示于图 3-46。

3.1.7　塑料基底上的减反射膜

聚甲基丙烯酸甲酯(PMMC)和聚碳酸酯(PC)等透明塑料已广泛地用于制作光学元件(透

镜、眼镜片、窗口等）。塑料元件表面必须经增强处理并敷有耐摩擦的多层减反射膜。通常在光学塑料镜片上先用物理方法或化学方法淀积一层基于硅（烷）醇的硬膜，以增强塑料表面的硬度，然后在其上敷有四层或六层减反射膜[1]。由于光学塑料尤其是 PMMA 的软化温度较低，PMMA 的转变温度是 $107^{\circ}C$，虽然蒸发时基底无须加热，但是电子枪和离子源的辐射热仍会使基板的温度升高，尤其是高折射率材料（Ta_2O_5）的蒸发温度比低折射率材料（SiO_2）的要高得多，显然尽可能缩短高折射率材料的蒸发时间是必要的。因此 Schulz 等人开发了一系列新的多层膜设计[2]。其主要特点是采用薄的高折射率膜层，厚度大约仅是 5nm 到 25nm，并且几乎是均匀地分布在厚的低折射率膜层之间。例如有下面的九层膜结构：

$Y = 1.49$	1.46	2.15	1.46	2.15	1.46	2.15	1.46	2.15	1.46	1.0
PMMA	L	H	L	H	L	H	L	H	L	空气
nd（nm）	215	5	252	9	247	13	235	22	116	

由于高折射率膜层很薄，四层膜的厚度加在一起才 49nm，所以在整个蒸发过程中，仍保持基片有较低的温度。据介绍，采用了电子束蒸发结合等离子体辅助手段，基片温度最高才 $50^{\circ}C$ 左右。与之相对照，通常四层膜结构，由于包含了厚的高折射率膜层，同样的蒸发条件下，塑料基片的温度提高到 $90^{\circ}C$ 左右，产生较大的热应力，导致膜层常有开裂的现象发生。上述九层膜结构中低折射率膜层的厚度超过 $1\mu m$，大大改善了减反射膜的耐摩擦性能。它的折射率轮廓和反射率曲线表示在图 3-47 上。

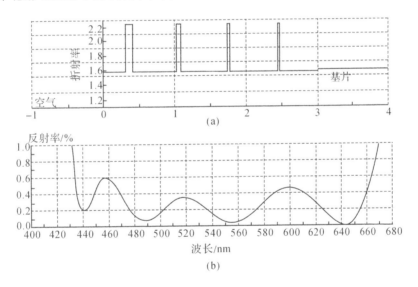

图 3-47　九层膜结构的折射率轮廓和计算反射率曲线

当然这种新结构的减反射膜也可以设计成包含更多或更少的膜层。图 3-48 给出了从七层到二十七层减反射膜（记为 AR-hard-7 到 AR-hard-27）的折射率轮廓和它们的光学特性。

① F. Samson. Ophtalmic lens coatings. Surf. Coat. Technol. 81，79-86，(1996).

② Ulrike Schulz，Uwe B. Schallenberg，and Norbert Kaiser. Antireflection Coating Design for Plastic Optics. Applied Optics，41，16，3107-3110，(2002).

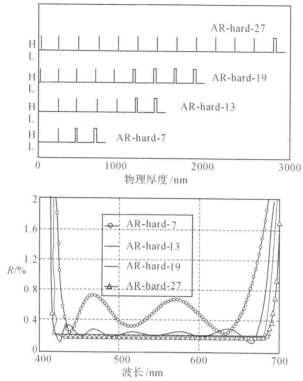

图 3-48　包含 7 层到 27 层膜的这种新结构减反射膜的折射率轮廓和光学特性

3.2　分　束　镜

　　分束镜通常总是倾斜着使用,它能方便地把入射光分离成反射光和透射光两部分。如果反射光和透射光有不同的光谱成分,或者说有不同的颜色,这种分束镜通常称作为二向色镜,将放在 3.4 节截止滤光片中讨论。本节着重介绍的是中性分束镜,它把一束光分成光谱成分相同的两束光,也即它在一定的波长区域内,如可见光区内,对各波长具有相同的透射率和反射率比,因而反射光和透射光呈中性。透射和反射比为 50/50 的中性分束镜最为常用。

　　常用的中性分束镜有两种结构,一种是把膜层镀在透明的平板上,如图 3-49(a) 所示;另一种是把膜层镀在 45° 的直角棱镜斜面上,再胶合一个同样形状的棱镜,构成胶合立方体,如图 3-49(b) 所示。平板分束镜,由于不可避免的象散,通常应用在中、低级光学装置上。对于性能要求较高的光学系统,可以采用棱镜分束镜。胶合立方体分束镜的优点是,在仪器中装调方便,而且由于膜层不是暴露在空气中,不易损坏和腐蚀,因而对膜层材料的机械、化学稳定性要求较低。但是胶合立方体分束镜的偏振效应较大也是显而易见的。

　　在一定的波长区域内的反射率几乎不变的薄膜或薄膜组合,都可以起中性分束的作用。常用的有金属分束镜和介质分束镜两类。

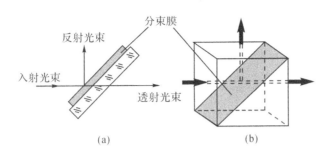

图 3-49   两种分束镜的结构

3.2.1   金属分束镜

在一般场合下要求分束膜的吸收小,因而在用金属作为分束膜时,应选择 k/n 值大一些的材料。在可见光区,银是吸收最小的一种金属膜,但中性稍差,在光谱的蓝色端反射率下降,而且银的机械强度和化学稳定性都不好,除了在胶合立方体中得以应用外,现在很少用银作为分束膜。

铝作为金属分束膜也获得了应用,但应用得更广泛的是铬。铬膜的机械强度和化学稳定性都非常好,它的中性程度也比较理想,分光曲线比较平坦,在可见光区域,一般长波端的反射率比短波端高 10% 左右。

此外,铑、铂等金属膜都有比较平坦的分光特性,尤其是称为克露美 A 的镍铬合金 (80Ni-20Cr) 膜,在 $0.24\mu m$ 至 $5\mu m$ 的宽阔的波长范围内,显示出非常平坦的分光特性。制备这种合金膜,工艺上也并不十分困难,可以用市场出售的克露美 A 合金电阻丝直接通电流蒸发,也可以将重量比为 $4:1$ 的镍、铬粉混合后盛放在锥形的钨篮中,以 $1600℃$ 的温度蒸发,即可制得这种合金膜。若蒸发温度过低,则膜的成分中铬含量增加。当蒸发温度为 $1450℃$ 时,实际制得的成分是 65Ni-35Cr。为了提高膜的性能,蒸发时要求基板温度大于 $250℃$。蒸发后,在空气中以 $200℃$ 的温度经过 $1\sim2$ 小时的老化处理。这样,膜层的机械强度和稳定性都是十分良好。

金属膜分束镜的一个共同缺点是吸收损失较大,分光效率较低。对于金属膜分束镜来说,由于膜层中存在吸收,分束镜的反射率和入射光的方向有关。从空气侧入射测得的反射率要比从玻璃侧入射测得的要高,而透射率与光的传播方向无关,不管膜层有无吸收,这个结论都是正确的,因而分束镜的吸收与入射光的方向有关。从空气侧入射时的吸收比从玻璃侧入射时的吸收要小得多。不言而喻,金属膜分束镜的正确安置是必须注意的(图 3-50)。

因为分束镜的吸收损失和分束膜周围的介质有关,因此也可以通过改变周围的介质使吸收损失减小。例如,在玻璃板上选镀一层 $\lambda/4$ 的硫化锌膜,然后镀上铬膜,就可使分束镜的吸收显著减小。在 T 和 R 近似相等的条件下,只镀一层铬膜时的 $T+R$ 约为 60%,而增加一层 $\lambda/4$ 膜后,$T+R$ 可提高至 82% 左右。

3.2.2   介质分束镜

介质膜分束镜与金属膜分束镜相比较,因为介质膜的吸收小到可以忽略的程度,所以分束效率高,这是介质分束镜的优点。但是介质膜的另一特性是对波长较敏感,给中性分束带

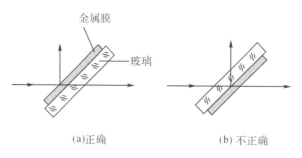

图 3-50　金属分束镜的正确用法

来困难;同时,一般介质膜分束镜的偏振效应较大,这也是它的不足之处。

我们知道,在透明基片(n_g)上有一层厚度为 $\lambda_0/4$ 的高折射率的介质薄膜(n_1),就能增加反射率,减小透射率。在中心波长 λ_0 附近一个相当宽的波长范围内,这种膜的反射率随波长改变得非常缓慢。中心波长 λ_0 处的反射率为一极大值,其值可由下式计算

$$R_{\max} = \left(\frac{\eta_0 - \eta_1^2/\eta_g}{\eta_0 + \eta_1^2/\eta_g} \right)^2 \tag{3-15}$$

对 p-分量有

$$\eta_0 = n_0/\cos\theta_0, \quad \eta_1 = n_1/\cos\theta_1, \quad \eta_g = n_g/\cos\theta_g$$

对 s-分量有

$$\eta_0 = n_0\cos\theta_0, \quad \eta_1 = n_1\cos\theta_1, \quad \eta_g = n_g\cos\theta_g$$

这里 θ_0 为入射角,θ_1 和 θ_g 分别是膜系中和基片中的折射角。

在 $n_0 = 1.0, n_g = 1.52, \theta_0 = 45°$ 的条件下,各种折射率值的 $\lambda_0/4$ 单层膜的极值反射率如图 3-51 所示。例如,硫化锌是作单层分束镜常用的材料,$n_1 = 2.35$。由式(3-15)计算得到 $R_s = 0.460, R_p = 0.185$,对于自然光的极值反射率 $R = (R_p + R_s)/2 = 0.323$。

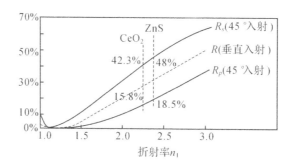

图 3-51　玻璃($n_g = 1.52$)上镀以折射率为 n_1 的 $\lambda/4$ 膜,空气中
垂直入射和 45° 入射时的极值反射率

在高真空中蒸发纯钛(Ti),然后在空气中加热到 420℃,使纯钛氧化成二氧化钛 (TiO_2),可以制得 $R = 0.45$ 和 $T = 0.55$ 的中性分束镜。

由于在可见光区域应用的介质膜的折射率通常都小于 2.5,因此,对自然光要达到 50/50 分光要求,单层膜是困难的,它仅适用于反射率要求较低的场合,或入射光为 s-偏振光的场合。

要想得到透射和反射比为 50/50、可见光谱中性的介质分束膜，必须要用更多的膜层。对于平板分束镜，通常可采用 G｜HLHL｜A 或 G｜2LHLHL｜A，其中 A 表示空气，G 表示折射率 $n_g = 1.52$ 的玻璃基片，H 和 L 是有效厚度（$nd\cos\theta$）为 $\lambda_0/4$、折射率分别为 2.35 和 1.38 的高、低折射率薄膜。

上述膜系的计算反射率示于图 3-52 上。

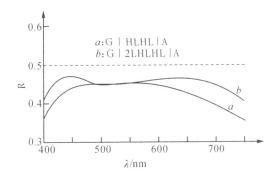

图 3-52　平板分束镜的光谱反射率曲线

在某些光学系统中，由于平板分束镜的背面反射造成双象和引进象差，因而必须采用胶合立方体分束镜。这时单层 $\lambda_0/4$ 的高折射率薄膜的反射率比平板分束镜的更低，因而须采用多层介质薄膜。对于结构如 G｜HLH｜G 这样的三层膜系统，$n_H = 2.3$，$n_L = 1.38$ 时，它的中心波长的反射率为 53%。但是膜层的特性具有强烈的选择性，反射光和透射光带有明显的色彩，其光谱反射率曲线表示在图 3-53 上。

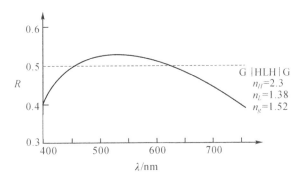

图 3-53　三层分束膜的反射率曲线

为了得到中性程度好的、R/T 接近于 1 的介质膜立方体分束镜，可以增加薄膜层数，并且通过逐步修改膜系，设计出特性良好的分束镜。

设计的第一步是基于 $\lambda_0/4$ 膜系，使其在中心波长处的反射率约为 50%。如果胶合棱镜的折射率为 $n_g = 1.52$，高折射率材料为 $n_H = 2.3$ 的硫化锌，低折射率材料为 $n_L = 1.38$ 的氟化镁，则可采用 G｜HLHL｜G 和 G｜LHLHL｜G 等结构。它们的光谱反射率曲线如图 3-54 所示。可见，此时的反射光随波长变化还比较灵敏。这种分束镜的反射光为绿色，而透射光呈红色。

设计的第二步是改进上述设计，提高光谱两端的反射率，从而达到改善中性的目的。为

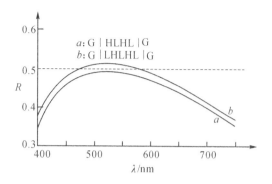

图 3-54　初始设计的光谱反射率曲线

了实现这一点,最简单的办法是在上述初始设计中增加半波长层。因为 $\lambda_0/2$ 厚度的膜层对中心波长 λ_0 来说,相当于是虚设层,所以它不影响中心波长的反射率。但只要插入的位置和半波长层的折射率选择适当,可以使除中心波长以外,其余波长的反射率都有不同程度的提高。这里的半波长层,同多层减反射膜中的 $\lambda_0/2$ 层一样起了平滑光谱特性的作用。在光学导纳复平面图上,半波长层的导纳轨迹是一整圆,四分之一波长层是一半圆。只要半波长层的导纳圆的后半个圆与紧接着的膜层的导纳轨迹在复平面图上的同一个象限内,就能起平滑光谱特性的作用;反之如它们在不同的象限内,则半波长层将使特性变得更为尖锐。图 3-55 以简单的单层分束镜为例说明了半波长层的作用。对于上述的初始结构,可以插入 2L 层,得到 G|2LHLHL|G 和 G|2LHLHL2L|G 等结构。它们的计算结果表示在图 3-56 上。可见,光谱两端的反射率有所提高,但并不十分显著。所以这里 2L 层适宜于做微小的调整。若拟作较大程度的调整,则需增加 2H 层。例如在 G|HLHL2H|G,G|LHLHL2H|G 和 G|2LHLHL2H|G 等。图 3-57 是它们的计算特性。由图可知,光谱反射率曲线的中性已比较理想,对于膜系 G|HLHL2H|G,波长从 420nm 至 680nm,反射率差值小于 3.3%;对于膜系 G|LHLHL2H|G,在 420～690nm 波长范围内,反射率差值小于 2.8%,而对于膜系 G|2LHLHL2H|G,从 410nm 至 700nm 的整个波长范围内反射率差值小于 3.6%,而且比值 R/T 也接近于 1。对于许多实际应用,这些结果已经能够满足要求。

　　为了使分束镜的反射和透射比基本上符合 50/50 的要求,还可进一步修改设计。如图 3-58 所示,修改后的分束镜仍保持了良好的中性。

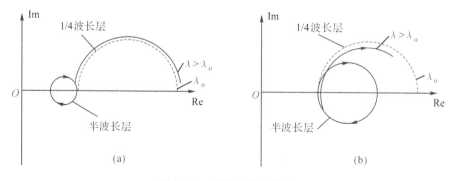

图 3-55　半波长层的作用

(a)半波长层起着平滑光谱特性的作用　(b)半波长层使光谱特性变得更为尖锐

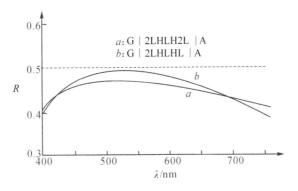

图 3-56 增加 2L 膜层后的反射率曲线

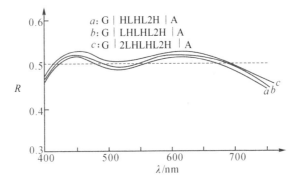

图 3-57 增加 2H 层后的反射率曲线

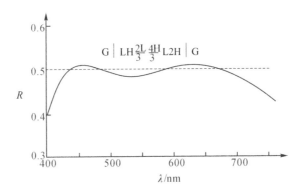

图 3-58 进一步修改设计后的光谱反射率曲线

另外,还有一种偏振分束镜,利用光的偏振实现 50/50 中性分光。它的原理是对于折射率不同的两种介质的分界面 n_1/n_2,当入射角满足布儒斯特角条件时,即 $\tan\theta_1 = n_2/n_1$,p-偏振光的反射率为零,而 s-偏振光则部分反射、部分透射。为了增加 s-偏振光的反射率,保持 p-偏振光透射率接近于 1,可以将两种材料交替淀积制成多层膜。膜层在特定入射角条件下的有效光学厚度,应等于中心波长的 1/4。当层数足够多时,s-偏振光的反射率接近于 1,p-偏振光的透射率接近于 1。因而对于自然光而言,在一定的波长范围内,这种分束镜可以得到 50/50 的透反射率比,是良好的中性分束镜。但较多的场合是用来作为偏振度较高的偏振分束镜。

显然,在偏振分束镜的各个界面上,入射角都必须满足布儒斯特角条件,因而如果以空气作为入射介质,对于常用的介质材料,要使光线在膜层内的入射角满足布儒斯特角条件,则在空气中的入射角必将大于 90°,因此这组多层膜系必须封入胶合棱镜内(图 3-59)。

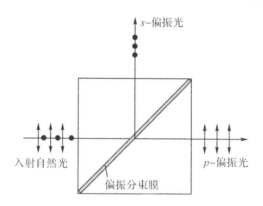

图 3-59 偏振分束镜把自然光分成 p-偏振和 s-偏振两束光

偏振分束镜的设计是简便的,根据布儒斯特角条件和折射定律,有

$$\tan\theta_H = \frac{n_L}{n_H} \tag{3-16}$$

$$n_H\sin\theta_H = n_L\sin\theta_L = n_g\sin\theta_g \tag{3-17}$$

因此,如果给定膜层的折射率 n_H 和 n_L,也即确定了膜层内的折射角 θ_H 和 θ_L。可以有两种途径实现全偏振条件:或者选定棱镜的折射率 n_g,根据式(3-17)计算棱镜应有的角度 θ_g;或者选定棱镜的角度($\theta_g = 45°$ 是方便的),然后计算玻璃应有的折射率。例如当薄膜的折射率为 2.35 和 1.35,棱镜角为 45°,这时玻璃的折射率选为 1.66。相反,若棱镜的折射率选为 1.52,膜层的折射率仍为 2.35 和 1.35,则满足布儒斯特角条件的棱镜内入射角是 50.5°。

中心波长的反射率由下式确定

$$R = \left[\frac{\eta_g - (\eta_H^2/\eta_g)(\eta_H/\eta_L)^{m-1}}{\eta_g + (\eta_H^2/\eta_g)(\eta_H/\eta_L)^{m-1}}\right]^2 \tag{3-18}$$

式中,m 为层数,并假定为奇数。

s-偏振光高反射区的半宽度为

$$\Delta g_s = \frac{2}{\pi}\sin^{-1}\left[\frac{(\eta_H/\eta_L)_s - 1}{(\eta_H/\eta_L)_s + 1}\right] \tag{3-19}$$

这里 g 为相对波数 λ_0/λ。

在 3.6 节中将对偏振分束镜作进一步讨论。

对于介质膜分束镜来说,p-偏振分量的反射率通常总是低于 s-偏振分量的反射率,在立方体分束镜中,这种偏振效应更是显著,以致这种分束镜在对偏振效应较严的场合不能使用,而必须应用金属膜分束镜。

3.3 高反射膜

在光学薄膜中,高反射膜和减反射膜几乎同样重要。对于光学仪器中的反射镜来说,由于单纯金属膜的特性已能满足常用要求,因而我们首先讨论金属反射膜。在某些应用中,若要求的反射率高于金属膜所能达到的数值,则可在金属膜上加镀额外的介质层,以提高它们的反射率。本节最后还介绍全介质多层反射膜,由于这种反射膜具有最大的反射率和最小的吸收率,因而在法布里 — 珀罗干涉仪和激光器中得到了广泛的应用。

3.3.1 金属反射膜

镀制金属反射膜常用的材料有铝(Al)、银(Ag)、金(Au)等,它们的光谱反射率曲线表示在图 3-60 上。铝是从紫外区到红外区都具有很高反射率的唯一材料,同时铝膜表面在大气中能生成一层薄的氧化铝(Al_2O_3),所以膜层比较牢固、稳定。由于上述原因,铝膜的应用非常广泛。银膜在可见光区和红外区都有很高的反射率,而且在倾斜使用时引入的偏振效应也最小。但是蒸发的银膜用作前表面镜镀层时却因下列两个原因受到严重限制:它与玻璃基片的黏附性很差;同时易受到硫化物的影响而失去光泽。曾试图使用蒸发的一氧化硅或氟化镁作为保护膜,但由于它们与银的黏附性很差,没有获得成功。所以通常仅用于短期作用的场合或作为后表面镜的镀层。金膜在红外区的反射率很高,它的强度和稳定性比银膜好,所以常用它作为红外反射镜。金膜与玻璃基片的附着性较差,为此常用铬膜作为衬底层。如果在金膜的淀积过程中,辅之以离子束轰击,则可显著提高金膜与基片的附着力。

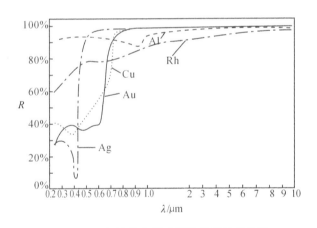

图 3-60 新镀的金属反射膜的反射率曲线

由于多数金属膜都比较软,容易损坏,所以常常在金属膜外面再加一层保护膜。这样既能改进强度,又能保护金属膜不受大气侵蚀。镀了保护膜后,反射镜的反射率或多或少有所下降,保护膜的折射率愈高,反射率的下降愈多。最常用的铝保护膜是一氧化硅,此外,氧化铝(Al_2O_3)也常作为铝保护膜。Al_2O_3可用电子束真空蒸发,或对铝膜进行阳极氧化来制备。经阳极氧化保护的铝镜,机械强度非常好。

作为紫外反射镜的铝膜不能用一氧化硅或氧化铝作保护膜,因为它在紫外区有显著的吸收。镀制紫外高反射镜比镀制可见光区和红外区的高反射镜要困难得多。为了得到最好的结果,铝应以很高的速率——40nm/s 或更高的速率蒸镀在冷基片上。基片的温度不应当超过 100℃,同时真空室的压强要维持在 $1.333×10^{-4}$ Pa 或更低,并应尽量减少铝的氧化作用。铝的纯度对紫外反射率的影响是很大的。实验得出,如果用纯度 99.99% 的铝,那么铝膜的紫外反射率比用纯度 99.5% 的铝膜大约高出 10%。另外,未经保护的铝膜暴露于大气中,由于铝膜的氧化,将不可避免地出现反射率随时间迅速下降的情况。当氧化层的厚度足以阻止进一步氧化时,膜的反射率才稳定下来,但是这时短波区的反射率已经大大降低。

用氧化镁(镀层很牢固)或氟化锂(镀层强度较差)作为防止铝氧化的保护膜,在紫外区得到了成功的应用。MgF_2 和 LiF 的有效光学厚度应正确地控制到紫外区工作波长的 1/2,例如 MgF_2 控制到 $\lambda = 121.6$nm 的一半的有效光学厚度,这相应于 25.0nm 的几何厚度。MgF_2 的蒸发速率对于厚度为 25.0nm MgF_2 覆盖的铝膜在 $\lambda = 121.6$nm 的反射率的影响示于图 3-61。蒸发时基片温度是 40℃。从图中可以看到 MgF_2 的蒸发速率由 0.2nm/s 增加到 4.5nm/s,波长 121.6nm 处的反射率从 72% 提高到 85.7% 的最大值。这可归结于介质膜在较高的蒸发速率下可以得到比较高的纯度和较为致密的结构。MgF_2 的蒸发速率高于 4.5nm/s 时,反射率稍稍降低,达到速率 7.5nm/s 时,反射率降至 84.1%。这可能是由于过高的蒸发源温度使 MgF_2 开始分解之故。速率在 4.5nm/s 以前,反射率随着蒸发速率的增加而增加,并不局限于 121.6nm 波长。图 3-62 表示在温度 40℃ 的基片上,MgF_2 的蒸发速率为 0.8nm/s 和 4.5nm/s 时,Al + MgF_2 膜在 100 ~ 200nm 波长区域内的反射率。在 115 ~ 200nm 的所有波长上,以 4.5nm/s 蒸发速率得到的反射率比以 0.8nm/s 的蒸发速率得到的反射率有显著的提高。

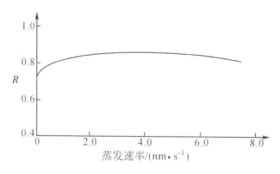

图 3-61　覆盖有 25.0nm MgF_2 的铝膜,其 MgF_2 的蒸发速率对于 121.6nm 的反射率的影响

当基片温度从 40℃ 增加到 100℃,有氟化镁保护的铝镜在真空紫外区的反射率没有显著的变化。但当基片温度进一步增加至 150℃ 时,若氟化镁的蒸发速率为 4.5nm/s,则铝镜在 121.6nm 波长的反射率比同时蒸发在 40℃ 基片上的铝镜的反射率降低约 8%。这是由于在 150℃ 基片上的氟化镁晶粒变大,并且铝膜表面变得粗糙所造成的。

不管氟化镁的蒸发条件如何,镀膜后的铝镜不论存放在干燥器还是大气中,5 个月之内,它的紫外反射率没有任何显著的降低。这说明用氟化镁保护的铝镜非常牢固,并且暴露于大气中,甚至用紫外线或电子束照射一般也不受影响。

由于对反射率非常高的低偏振的反射镜提出了新的要求,促使人们对银膜产生了新的

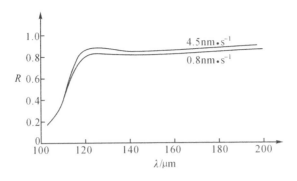

图 3-62　覆盖有 25.0nm MgF_2 的铝膜在 MgF_2 的蒸发速率为 0.8nm/s 和 4.5nm/s 时的反射率

兴趣，进一步研究改善银膜与基片的附着力和保护银膜表面的新途径[①]。底层 Al_2O_3 用作银膜和基片之间的黏接层，增强了银膜和基片（玻璃、塑料或金属）之间的附着力。银膜表面的薄的 Al_2O_3 膜与银黏附得很好，但是对于潮气侵蚀却没能提供足够的保护；而氧化硅虽有抗潮气侵蚀的能力，却与银膜黏附得不好。使用一种组合的氧化铝及氧化硅镀层以保护前表面银镜的优点已得到证实。实验发现，最佳膜厚对 Al_2O_3 膜约为 30.0nm，对 SiO_x 膜在 100 ～ 200nm。此时可获得很好的附着力并保护银表面不受潮气侵蚀，而且由于红外吸收所造成的反射率损失为最小。从 450nm 到远红外，即使暴露在苛刻的硫化物和潮湿环境中，用这种方法镀制的银镜也能使垂直入射的反射率保护在 95% 以上。图 3-63 表示在 $0.36 ～ 20\mu m$ 波长范围内所镀的银镜和用厚度为 30nm 的 Al_2O_3 和 150nm 的 SiO_x 覆盖的银镜两者的正入射反

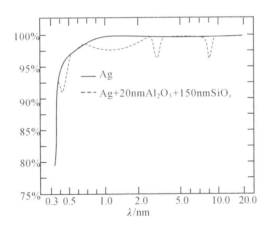

图 3-63　新镀的银膜和 $Ag + Al_2O_3$(30nm) $+ SiO_x$(150nm) 组合的实测反射率

射率。从图上可以看到，有保护层的银膜表面，其反射率在 $0.45 ～ 20\mu m$ 范围内仍然在 95% 以上。在 $3\mu m$ 处的吸收带是由整个 SiO_x 薄膜中水的吸收所引起的，而在 $9.6\mu m$ 处的吸收带却是由于 150nm 的 SiO_x 层的本征吸收所引起的。

铑（Rh）和铂（Pt）的反射率远低于上述其他金属，只有在那些对腐蚀有特殊要求的情况

① G. Hass. Reflectance and Durability of Ag Mirrors Coated with Thin Layers of Al_2O_3 Plus Reactively Deposited Silicon Oxide. Appl. Opt., 14, 11, 2639, (1975).

下才使用它们,这两种金属膜都能牢固地黏附在玻璃上。

在串置着许多反射零件的复杂光学仪器中,系统的总透射率将由各个零件反射率的乘积给出。图 3-64 表示串置多个零件的任一系统的总透射率。这里假定这些零件具有相同的反射率。由图可知,即使用最好的金属膜,比如说有十个反射面,仪器的总透射率还是低的。如果仪器必须在较宽的波长范围内使用,如工作在近紫外直到红外区的分光光度计,那就很难减少这种情况的影响。在波长范围要求较窄的情况下,如工作在可见光区或单一波长,则可在纯金属膜上镀上一对或几对高、低折射率交替的介质膜,这不仅保护了金属膜不受大气侵蚀,更重要的是减少金属膜的吸收,增加它的反射率。

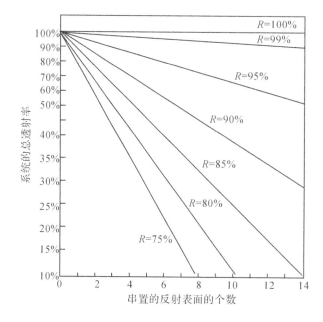

图 3-64　若干个反射面串置的光学系统总的透射率

金属的复折射率可写为 $n-\mathrm{i}k$。光在空气中垂直入射时,其反射率为

$$R = \left| \frac{1-(n-\mathrm{i}k)}{1+(n-\mathrm{i}k)} \right|^2 = \frac{(1-n)^2+k^2}{(1+n)^2+k^2}$$

如果在金属膜上镀以折射率为 n_1 和 n_2 的两层 $\lambda_0/4$ 厚度的介质膜,并且 n_2 紧贴金属,那么在垂直入射时,波长 λ_0 的导纳为

$$Y = \left(\frac{n_1}{n_2} \right)^2 (n-\mathrm{i}k) \tag{3-20}$$

其反射率为

$$R = \left| \frac{1-\left(\dfrac{n_1}{n_2}\right)^2(n-\mathrm{i}k)}{1+\left(\dfrac{n_1}{n_2}\right)^2(n-\mathrm{i}k)} \right|^2 = \frac{[1-(n_1/n_2)^2 n]^2 + (n_1/n_2)^4 k^2}{[1+(n_1/n_2)^2 n]^2 + (n_1/n_2)^4 k^2} \tag{3-21}$$

在 $(n_1/n_2)^2 > 1$ 时,式(3-21)给出的反射率大于纯金属膜的反射率。比值 n_1/n_2 愈高,则反射率的增加愈多。例如对金属铝,在波长为 550nm 时,其 $n-\mathrm{i}k = 0.82 - \mathrm{i}5.99$,反射率约为 91.6%。如果在铝膜上镀两个 $\lambda/4$ 层,紧贴着铝的是氟化镁($n_2 = 1.38$),接着是硫化锌(n_1

$=2.35$），则$(n_1/n_2)^2=2.9$。由式(3-21)可得反射率为96.9%，也即吸收损失由8.4%降至3.1%。

若继续蒸镀第二对这样的介质膜，其至可使反射率进一步增加到接近 99%（见图 3-65）。不足之处是，反射率得到增加的区域是有限的。在这个区域之外，反射率比纯金属膜还低。图中表示加镀介质层后的铝膜的反射率，它增进了几乎整个可见光区的特性。

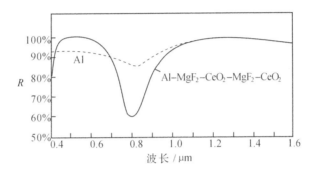

图 3-65　改进后铝镜的反射率曲线

3.3.2　多层介质高反射膜

上一节所述的金属膜反射镜具有较大的吸收损失，而对于高性能的多光束干涉仪中的反射膜，以及激光器谐振腔的反射镜（尤其是增益较小的氦－氖气体激光器的反射镜），要求更高的反射率和尽可能小的吸收损失。

我们知道，在折射率为 n_g 的基片上镀以光学厚度为 $\lambda_0/4$ 的高折射率(n_1)膜层后，由于空气/膜层和膜层/基片界面的反射光同位相，使反射率大大增加。对于中心波长λ_0，单层膜和基片组合的导纳为 n_1^2/n_g，垂直入射的反射率为

$$R=\left(\frac{n_0-n_1^2/n_g}{n_0+n_1^2/n_g}\right)^2$$

用高、低折射率交替的，每层 $\lambda_0/4$ 厚的介质多层膜能够得到更高的反射率。这是因为从膜系所有界面上反射的光束，当它们回到前表面时具有相同位相，从而产生相长干涉。对这样一组介质膜系，在理论上可望得到接近 100% 的反射率。

鉴于这一特殊膜系的重要性，对这种膜系的理论性质已作了全面的研究，这对于说明任何典型膜系的性质是非常重要的。

如果 n_H 和 n_L 是高、低折射率层的折射率，并使介质膜系两边的最外层为高折射率层，其每层的厚度均为 $\lambda_0/4$，则对于中心波长 λ_0 有

$$Y=\left(\frac{n_H}{n_L}\right)^{2s}\frac{n_H^2}{n_g}$$

式中，n_g 是基片的折射率，$2s+1$ 是多层膜的层数。因而，在空气中垂直入射时，中心波长λ_0的反射率，也即极大值反射率为

$$R=\left[\frac{1-(n_H/n_L)^{2s}(n_H^2/n_g)}{1+(n_H/n_L)^{2s}(n_H^2/n_g)}\right]^2 \tag{3-22}$$

n_H/n_L 的值愈大，或层数愈多，则反射率愈高。如果

$$(n_H/n_L)^{2s}(n_H^2/n_g) \gg 1$$

则

$$R \approx 1 - 4(n_L/n_H)^{2s}(n_g/n_H^2) \tag{3-23}$$

$$T \approx 4(n_L/n_H)^{2s}(n_g/n_H^2) \tag{3-24}$$

这说明当膜系的反射率很高时,额外加镀两层将使膜系的透射率缩小$(n_L/n_H)^2$倍,理论上只要增加膜系的层数,反射率可无限地接近于100%。实际上由于膜层中的吸收、散射损失,当膜系达到一定层数时,继续加镀并不能提高其反射率,相反由于吸收、散射损失的增加而使反射率下降。因此,膜系中的吸收和散射损耗限制了介质膜系的最大层数。

散射损耗主要由薄膜的体内缺陷(如微粒尘埃、细微裂痕等)和表面的粗糙度引起的。在很多情况下,表面粗糙度引起的散射损耗,称为表面散射损耗(SSL),占有主导地位。如果表面的均方根粗糙度为σ,基于基尔霍夫衍射积分,可以导出正入射时单个粗糙界面的反射率为

$$R_s = R_0 \exp\left[-\left(\frac{4\pi}{\lambda}\sigma n_0\right)^2\right]$$

于是界面上的反射散射损耗为

$$(SSL)_r = R_0 - R_s = R_0\left\{1 - \exp\left[-\left(\frac{4\pi}{\lambda}\sigma n_0\right)^2\right]\right\}$$

同样,透射散射损耗为

$$(SSL)_i = T_0\left\{1 - \exp\left[-\left(\frac{2\pi}{\lambda}\sigma(n_1 - n_0)\right)^2\right]\right\}$$

式中,R_0和T_0是理想表面的反射率和透射率,n_0和n_1为界面两侧的折射率。

对于层数足够多的高、低折射率交替的1/4波堆,并且假定所有界面上的均方根粗糙度σ都相等,反射镜总的表面散射损耗为

$$(SSL) = 32\pi^2 n_0 n_H\left(\frac{n_H - n_L}{n_H + n_L}\right)\left(\frac{\sigma}{\lambda_0}\right)^2$$

假如$n_H = 2.35, n_L = 1.35, n_0 = 1.0, \lambda_0 = 550nm$,当$\sigma = 1nm$时,$(SSL) = 0.08\%$;$\sigma = 2nm$时,$(SSL) = 0.32\%$;而当$\sigma = 5nm$时,总的表面散射损耗高达2%。

薄膜的吸收损耗是薄膜材料的一种属性,它可以是材料的本征吸收,也可能是由于杂质或化学组分、结构的缺陷造成的。吸收损耗反映在复折射率的虚部,即消光系数上。高折射率材料的消光系数用k_H表示,低折射率材料的消光系数用k_L表示。对于层数足够多的高、低折射率交替的1/4波堆,如果最外层是高折射率膜层,其吸收损耗为

$$A = \frac{2\pi n_0(k_H + k_L)}{n_H^2 - n_L^2}$$

如果最后一层是低折射率膜层,则吸收损耗为

$$A = \frac{2\pi}{n_0}\frac{(n_H^2 k_L + n_L^2 k_H)}{n_H^2 - n_L^2}$$

可以看到,最后一层低折射率膜层降低了1/4波堆的反射率,而增加了膜系的吸收损耗。例如,当$n_H = 2.35, n_L = 1.35, n_0 = 1.0, k_H = k_L = 0.0001$时,吸收损耗分别为

$$A = 0.03\%（最外层是高折射率膜层）$$

$$A = 0.12\%（最外层为低折射率膜层）$$

显然,为了得到最高的反射率和低的损耗,通常最外层的薄膜总是高折射率膜层。

利用这种损耗小的介质高反射膜,可作为多光束干涉仪中的反射镜。由于它比金属反射膜有高得多的反射率和低得多的损耗,使干涉条纹的锐度和衬度有显著的提高,从而使多光束干涉仪获得最佳性能。但是,$\lambda/4$ 多层膜作为多光束干涉仪的反射镜具有两个特点,第一,反射位相随波长而变化,这比某种不完善性更为复杂;第二,更严重的是,只在一个有限的波长区域内可得到高反射率。

通常,如果多层膜由奇数层组成,其最外层是高折射率层,而且厚度都是 $\lambda_0/4$,从导纳轨迹图上可以清楚地看到,在中心波长 λ_0 处的反射位相是 π。在中心波长的两侧位相是变化的,短波侧逐渐减小,长波侧依次增加,如图 3-66 所示。如果来自反射膜的反射位相为零,在下式给出的波长位置上,将得到透射率峰值

$$\delta = \frac{2\pi}{\lambda}nd = m\pi \quad (m = 0, \pm 1, \pm 2, \cdots)$$

式中,δ 是间隔层的位相厚度。反射位相 ψ_1 和 ψ_2 不为零,透射率峰值的位置将由下式给出

$$\frac{\psi_1 + \psi_2 - 2\delta}{2} = m\pi \quad (m = 0, \pm 1, \pm 2, \cdots)$$

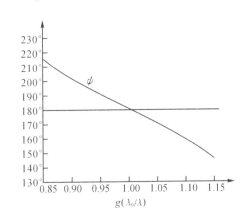

图 3-66 $\lambda_0/4$ 介质高反射膜的反射位相

位相 ψ_1 和 ψ_2 的作用是移动峰值波长的位置。如果干涉级次足够高,即间隔层的厚度足够厚(我们看到的大多数干涉仪都是使用高级次条纹),那么波长的移动是十分小的。

图 3-67 表示一个典型的 $\lambda/4$ 介质膜系的特性。可以看出,存在着一个随着层数的增加,反射率稳定地增加的高反射带宽度 $2\Delta g$。这个宽度是有限的,它决定于薄膜高、低折射率的比值。在高反射带的两侧,反射率陡然降落为小的振荡着的数值。继续增加层数,并不影响高反射带的宽度,只是增大了反射带内的反射率以及带外的振荡数目。

高反射带的宽度可用下述方法计算。如果多层膜由 s 个重复的基本周期构成,而基本周期由两层、三层或任意所需层数的膜组成,那么多层膜的特征矩阵便为

$$\mu = M^s$$

式中,M 是基本周期的矩阵,并可将它写成

$$M = \begin{bmatrix} m_{11} & m_{12} \\ m_{21} & m_{22} \end{bmatrix}$$

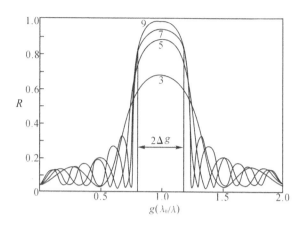

图 3-67   在光线垂直入射时,透明基片$(n_g = 1.52)$上由 $\lambda_0/4$ 厚的高、低折射率
层交替组成的介质膜系的反射率与相对波数 g 的关系

然后由 $\frac{1}{2}(m_{11} + m_{22})$ 的值确定膜系的透射带和反射带。满足条件

$$\left| \frac{1}{2}(m_{11} + m_{22}) \right| > 1$$

的波长,位于膜系的反射带内,反射率将随周期数目的增加而稳定地增大。而满足条件

$$\left| \frac{1}{2}(m_{11} + m_{22}) \right| < 1$$

的波长,位于膜系的透射带内,其反射率随着膜层数的增加而起伏。显然,反射带的边界由 $\left| \frac{1}{2}(m_{11} + m_{22}) \right| = 1$ 确定。

至此,我们所考虑的 $\lambda/4$ 多层介质膜,是由许多个两层膜周期加一层高折射率的外层膜构成的。每个周期的特征矩阵为

$$M = \begin{bmatrix} \cos\delta & \dfrac{\mathrm{i}}{n_L}\sin\delta \\ \mathrm{i}n_L\sin\delta & \cos\delta \end{bmatrix} \begin{bmatrix} \cos\delta & \dfrac{\mathrm{i}}{n_H}\sin\delta \\ \mathrm{i}n_H\sin\delta & \cos\delta \end{bmatrix}$$

由于两层膜的厚度相等,所以位相厚度不加任何脚标

$$\frac{1}{2}(m_{11} + m_{22}) = \cos^2\delta - \frac{1}{2}\left(\frac{n_H}{n_L} + \frac{n_L}{n_H} \right)\sin^2\delta \tag{3-25}$$

等式的右边不能大于 1,所以为求出高反射带的边界值,必须令

$$\cos^2\delta_e - \frac{1}{2}\left(\frac{n_H}{n_L} + \frac{n_L}{n_H} \right)\sin^2\delta_e = -1 \tag{3-26}$$

稍加整理,即得

$$\left(\frac{n_H - n_L}{n_H + n_L} \right)^2 = \cos^2\delta_e$$

因为

$$\delta = \frac{2\pi}{\lambda}\frac{\lambda_0}{4} = \frac{\pi}{2}\frac{\lambda_0}{\lambda}$$

可写成

$$\delta = \frac{\pi}{2} g$$

令高反射带的边界值为

$$\delta_e = \frac{\pi}{2} g_e = \frac{\pi}{2}(1 \pm \Delta g)$$

因此

$$\cos^2 \delta_e = \sin^2\left(\pm \frac{\pi}{2} \Delta g\right)$$

$$\Delta g = \frac{2}{\pi} \sin^{-1}\left(\frac{n_H - n_L}{n_H + n_L}\right) \tag{3-27}$$

这表明高反射带的宽度,仅仅同构成多层膜的两种膜料的折射率有关。折射率的比值愈大,高反射带愈宽。Δg 与折射率之比值(n_H/n_L)的关系如图 3-68 所示。

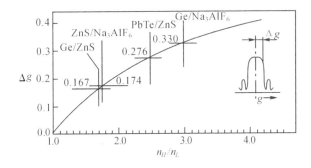

图 3-68 $\lambda/4$ 多层膜的高反射带宽度同膜料折射率比值(n_H/n_L)的关系

这样,用相对波数 g 表示的高反射区域为

$$1 + \Delta g \quad 至 \quad 1 - \Delta g$$

相应的波长范围为

$$\lambda_1 = \lambda_0/(1 + \Delta g), \quad \lambda_2 = \lambda_0/(1 - \Delta g)$$

高反射带的波长宽度为

$$\Delta \lambda = \lambda_0/(1 - \Delta g) - \lambda_0/(1 + \Delta g) \approx 2\Delta g \lambda_0$$

至此我们仅仅考虑了主反射带,即各层膜的厚度为反射带的中心波长的 1/4。很显然,若各层膜的厚度为 1/4 波长的奇数倍,则在这一波长上也存在着高反射带。如果主反射带的中心波长是 λ_0,那么以 $\lambda_0/3, \lambda_0/5, \lambda_0/7$ 等为中心,同样存在着高反射带。

对于各层膜的厚度为其 1/4 波长的偶数倍的那些波长(这同光学厚度为 1/2 波长的整数倍是一样的)来说,所有膜层如同虚设,因而反射率就是无膜光洁基片的反射率。

确定主反射带宽度 $2\Delta g$ 的分析,也适用于更高级次的反射带,所以它们的边界值为

$$1 \pm \Delta g, \quad 3 \pm \Delta g, \quad 5 \pm \Delta g, \quad \cdots$$

高级次反射带示于图 3-69。

可以看出,各高反射区的波数宽度都是一样的,即 $2\Delta g$,但各高反射区的波长宽度是不同的,级次愈高,波长宽度愈窄。三级次的波长宽度为

$$(\Delta \lambda)_3 = \lambda_0/(3 - \Delta g) - \lambda_0/(3 + \Delta g) \approx \frac{2}{9} \Delta g \lambda_0$$

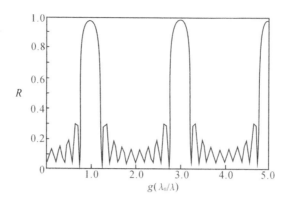

图 3-69　玻璃上 $(n_g = 1.52)$ 镀 9 层硫化锌和冰晶石的反射率曲线

即约为主反射带波长宽度的 $1/9$。同样 5 级次的波长宽度为

$$(\Delta\lambda)_5 = \lambda_0/(5 - \Delta g) - \lambda_0/(5 + \Delta g) \approx \frac{2}{25}\Delta g\lambda_0$$

即约为主反射带波长宽度的 $1/25$。

　　此外,对某一波长 λ_0,厚度均为 $\lambda_0/4$ 的高反射膜和厚度均为 $3\lambda_0/4$ 的高反射膜,在膜层的折射率比值相同的情况下,在波长 λ_0 处,后者的高反射区的波长宽度约为前者的 $1/3$。这可以从下面的解析式中得到证明。

$$(\Delta\lambda)' = \lambda_0/(1 - \Delta g) - \lambda_0/(1 + \Delta g) \approx 2\Delta g\lambda_0$$

$$(\Delta\lambda)'' = 3\lambda_0/(3 - \Delta g) - 3\lambda_0/(3 + \Delta g) \approx \frac{2}{3}\Delta g\lambda_0$$

则
$$(\Delta\lambda)''/(\Delta\lambda)' \approx 1/3$$

　　综上所述,厚度均为 $\lambda_0/4$ 的介质高反射膜,其高反射带度仅决定于膜层的高、低折射率之比值,而与层数无关。除了在中心波长 λ_0 处出现主反射带外,在 $\lambda_0/3, \lambda_0/5, \cdots$ 等波长处也存在着高级次的反射带。各反射带的相对波数宽度是一样的,而相应的波长宽度却近似地按 $1/9, 1/25, \cdots$ 的比例减小。因而若要制备窄带高反射膜,除了选择折射率比值小的两种膜料以外,还可以使用较高级次的反射带,选取 $3\lambda_0, 5\lambda_0$ 等作为控制波长。这里我们都没有考虑薄膜材料折射率的色散。所谓色散,是指膜层的折射率随波长而改变的情况。例如硫化锌的折射率,在波长 632.8nm 附近约为 2.35,而波长 $2\mu m$ 附近约为 2.2,在波长 $10.6\mu m$ 附近就只有 2 左右。各种材料的色散是不一样的,因此,尽管薄膜的几何厚度 d 是一个确定的数值,不随波长而改变,但是由于折射率的色散,它的光学厚度 nd 却略有不同。所以在处理波长相差较大的问题时,应根据具体材料的色散情况稍作修正。

3.3.3　非等厚周期膜系

　　任意周期性膜系都存在着反射带和透射带。出现反射带的必要条件是

$$\sum n_i d_i = q\frac{\lambda}{2} \tag{3-28}$$

即基本周期的各层薄膜的光学厚度之和是中心波长的 $1/2$ 的整数倍。式中,$n_i d_i$ 是基本周期中第 i 层膜的光学厚度,q 是正整数,λ 是可能出现的反射带的中心波长。但上述条件并不是充分的,对于那些波长,尽管基本周期的膜层厚度之和是它们的 $1/2$,然而只要各层薄膜厚

度是它们的 1/2 的整数倍,那么各层膜都是虚设层,基本周期和整个膜系都形同虚设,于是这些波长对应的是透射带而不是反射带。因此,根据式(3-28)并除去使各层薄膜成为虚设层的波长,即可确定各反射带的中心波长,下面我们举例说明之。

例 3.4 1/4 波堆 $G\,|\,(HL)^m\,|\,A$,也称为 1:1 膜堆。

基本周期的膜层厚度之和为

$$\sum nd = \frac{\lambda_0}{4} + \frac{\lambda_0}{4} = \lambda_0/2$$

可能出现的反射带的中心波长满足条件

$$\lambda_0/\lambda = q, \quad q = 1,2,3\cdots \tag{3-29}$$

但是对于 $q = 2,4,6,\cdots$,也即在 $\lambda = \lambda_0/2, \lambda_0/4, \lambda_0/6, \cdots$ 等波长处,每一层薄膜都是虚设层,整个膜堆的透射率就是光洁基片的透射率。所以除去 $q = 2,4,6,\cdots$ 所对应的波长,式(3-29)确定了实际反射带的中心波长,即 $\lambda_0/3, \lambda_0/5, \lambda_0/7\cdots$。如用相对波数 $g = \lambda_0/\lambda$ 表示的话,则 $g = 1,3,5,\cdots$ 对应的是反射带,$g = 2,4,6,\cdots$ 对应的是透射带。

例 3.5 2:1 膜堆,即 $G\,\left|\,\left(\frac{4}{3}H\,\frac{2}{3}L\right)^m\,\right|\,A$ 或 $G\,\left|\,\left(\frac{4}{3}L\,\frac{2}{3}H\right)^m\,\right|\,A$

基本周期的膜层厚度之和为

$$\sum nd = \frac{4}{3}\frac{\lambda_0}{4} + \frac{2}{3}\frac{\lambda_0}{4} = \frac{\lambda_0}{2}$$

可能出现的反射带的中心波长满足条件

$$\lambda_0/\lambda = q, \quad q = 1,2,3,\cdots$$

对于 $q = 3,6,9,\cdots$,即在 $\lambda_0/3, \lambda_0/6, \lambda_0/9$ 等波长处,每一层膜都是虚设层。显然

$$g = 1,2,4,5,7,8,\cdots \quad 反射带$$
$$g = 3,6,9,\cdots \quad\quad\quad 透射带$$

例 3.6 3:1 膜堆,即 $G\,\left|\,\left(\frac{3}{2}H\,\frac{1}{2}L\right)^m\,\right|\,A$ 或 $G\,\left|\,\left(\frac{3}{2}L\,\frac{1}{2}H\right)^m\,\right|\,A$

基本周期的膜层厚度之和为

$$\sum nd = \frac{3}{2}\frac{\lambda_0}{4} + \frac{1}{2}\frac{\lambda_0}{4} = \lambda_0/2$$

可能出现的反射带的中心波长也必须满足条件

$$\lambda_0/\lambda = q, \quad q = 1,2,3,\cdots$$

根据虚设层的概念,$q = 4,8,\cdots$ 所对应的波长,即 $\lambda_0/4, \lambda_0/8,\cdots$ 等位于透射带内。因此在 $g = 1,2,3,5,6,7,\cdots$ 等波数位置上将出现反射带。

对于等厚和非等厚周期膜系的特性比较可作如下综述:

(1)1/4 波堆的高反射带对于 $g = 1,3,\cdots$ 等是对称的,而非等厚的周期膜系不一定具有这种对称性。

(2) 对于相同的折射率材料,1/4 波堆的反射带宽度比任何非等厚的周期膜系的宽度大。对于 1/4 波堆的反射带宽度,有一简单的解析表达式,而对于非等厚的周期膜系,很难给出一般的解析表达式。

(3) 对于给定的膜层数和折射率值以及给定的干涉级次,1/4 波堆有最高的反射率。

关于非等厚周期膜系的深入分析和讨论,有兴趣的读者可参阅有关文献[①]

3.3.4 展宽高反射带的多层介质膜

$\lambda/4$ 膜堆所能得到的高反射带宽度仅决定于膜料折射率之比值。目前在可见光区能找到的有实用价值的材料中,折射率最大的不超过 2.6,而最小者不小于 1.3。在红外区域中,最大折射率也不超过 6.0。因此单个 $\lambda/4$ 膜堆的高反射区是有限的。在很多应用中,高反射区域不够宽广,不能满足使用要求。因而已发展出一些方法以展宽高反射带的宽度。

一种方法是使膜系相继各层的厚度参差不齐,形成规则递增。其目的在于确保对十分宽的区域内的任何波长 λ,膜系中都有足够多的膜层,其光学厚度十分接近 $\lambda/4$,以给出高的反射率。例如可以按算术级数递增,或者按几何级数递增。假定高折射率材料是 ZnS,低折射率材料是 MgF_2,基片折射率是 1.53,按公差 -0.02 和公比 0.97 计算得到的结果列于表3-3。

表 3-3 厚度规则递增的宽带反射膜

	层 数	高反射区 /nm	第一层厚度为其 1/4 的波长 /nm
算术递增反射镜	15	$419 \sim 625$	600
	25	$418 \sim 725$	700
	35	$390 \sim 840$	800
几何递增反射镜	15	$394 \sim 625$	600
	25	$342 \sim 730$	700
	35	$300 \sim 826$	800

膜层厚度按算术级数递增时,监控波长(每层光学厚度为其 1/4)为

$$t, \quad t(1+K), \quad \cdots, \quad t[1+(q-2)K], \quad t[1+(q-1)K]$$

而按几何级数递增时,监控波长为

$$t, \quad Kt, \quad \cdots, \quad K(q-2)t, \quad K(q-1)t$$

此处 q 是膜层的层数,K 分别是公差或公比。图 3-70 表示一个 35 层的几何递增反射膜的特性曲线。

固定各层的折射率,而对各层的厚度用计算机进行自动优化设计,将能更方便地得到厚度参差不齐的宽带反射膜系。

展宽反射带的另一个方法是在一个 $\lambda/4$ 多层膜上,叠加另一个中心波长不同的多层膜。必须注意的是,如果每个多层膜都是由奇数层构成,并且最外层的折射率相同,那么在叠加之后,将在展宽了的高反射带的中心出现透射率峰值。这个峰值的出现,是因为两个多层膜的作用很像法布里-珀罗干涉仪中的反射板。如前所述,如果间隔层两边反射板的反射率和透射率的值相等,那么对于满足下式的波长:

$$(\varphi_1 + \varphi_2 - 2\delta)/2 = K\pi \qquad (K = 0, \pm 1, \pm 2, \cdots)$$

整个装置的透射率将为 1。

这种情况示意地表示在图 3-71 上,两个多层膜的组合在它们的交界处被分开,由其间存留的自由空间构成间隔层。图中也表示出反射位相 φ_a 和 φ_b,在两个多层膜的中心波长的

① 何兆麟.对两种薄膜材料构成的典型周期膜系之特性的全面探讨.光学学报,vol.6,No.10,(1986).

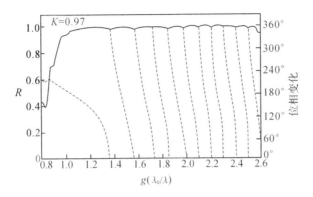

图 3-70　玻璃上 35 层几何递增膜系的反射率(实线)和反射位相(虚线)

平均值处,有

$$\varphi_a + \varphi_b = 2\pi$$

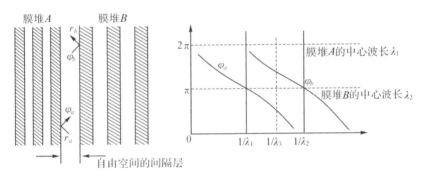

图 3-71　在波长 λ_3 处,$(\varphi_a + \varphi_b)/2 = \pi, \lambda_3 = \dfrac{\lambda_1 + \lambda_2}{2}$

　　同时由于对称关系,在这个波长处两个多层膜的反射率相等。因此,如果 $2\delta = 0$,也即只要压缩自由空间间隔层使它完全消失,那么透射率为 1 的条件将完全被满足。所以,如果两个多层膜叠加在一起,使它们的特性曲线在两个监控波长的平均值处相交,那么始终将存在一个透射率峰值。图 3-72 就表示这种情况。曲线 A 和曲线 B 是计算的两个 $\lambda/4$ 多层高反射膜的反射率,每个膜具有相同的奇数层,并且都起止于高折射率层。曲线 C 表示由这两个多层膜叠加合成的膜系的反射率。可以清楚地看到,反射率曲线中有一透射峰。

　　若使关系式

$$(\varphi_a + \varphi_b - 2\delta)/2 = q\pi, \quad q = 0, \pm 1, \pm 2, \cdots$$

不再成立,则可消去透射峰。在两个多层膜之间,加进一层厚度为 1/4 平均波长的低折射率层,便十分简单地得到了这种结果。这个插入层使 δ 的值为 $\pi/2$,从而使 $(\varphi_a + \varphi_b - 2\delta)/2$ 的值也为 $\pi/2$,正好相应于最小透射率或最大反射率。如图中的曲线 D 所示,透射峰已完全消失,得到宽阔平顶的反射率曲线。

　　用中心波长不同的两个对称周期膜堆

$$\left(\frac{H}{2} L \frac{H}{2}\right)^m \text{ 或 } \left(\frac{L}{2} H \frac{L}{2}\right)^m$$

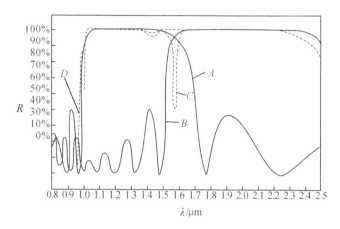

图 3-72　两个高反射带略微重叠的 $\lambda/4$ 多层膜的反射率

叠加成单一的膜系,同样能扩展高反射区,而不会在两个中心波长的平均值处产生透射次峰。这种对称周期膜堆的最外两层的厚度为 $\lambda/8$,其余均是 $\lambda/4$ 厚度。因此由膜堆的两个 $\lambda/8$ 层合成的中心层,其厚度正是两个中心波长平均值的 $1/4$。正如上面指出的,这有效地抑制了反射率极小值。关于这种对称周期膜系,在下一节将作详细的讨论。图 3-73 表示两个镀在氟化钡上的相同的膜系 $\left(\dfrac{L}{2}H\dfrac{L}{2}\right)^{4}$ 的实测反射率。这样的两个多层膜叠加在同一基片上,使它们的高反射带刚好相接,图 3-74 表示这种情况的实测反射率。[①]

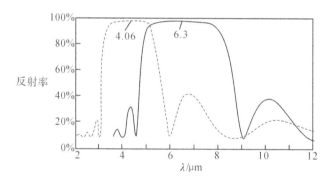

图 3-73　两个多层膜 $G\left|\left(\dfrac{L}{2}H\dfrac{L}{2}\right)^{4}\right|A$ 的实测反射率

基片(G)—BaF_2　　高折射率材料(H)—Sb_2S_3　　低折射率材料(L)—$Na_5Al_3F_{14}$

$\lambda_0 = 4.06\mu m$(虚线),$6.3\mu m$(实线)

　　此外,将其他形式的周期膜堆组合起来也可以扩展高反射区。考虑一个 2∶1 膜堆,也即在基本周期的两层中,一层的光学厚度是另一层的两倍,如

　　①　A. F. Turner, and P. W. Baumeister. Multilayer Mirrors with High Reflectance over an Extended Spectral Region. Appl. Opt., 5,1,69,(1966).

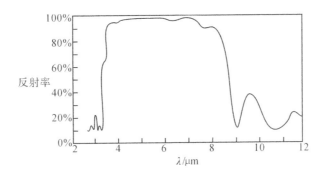

图 3-74　图 3-73 表示的两个多层膜叠加成一个膜系的实测反射率

$$G \mid (LLH)^m \mid A \text{ 或 } G \mid (2LH)^m \mid A$$

对于 $m = 6$，$n_H = 2.30$，$n_L = 1.38$，$n_G = 1.52$ 和 $n_A = 1.0$ 所计算的反射率如图 3-75 所示。第一级和第二级次高反射带分别出现在 $g = 2/3$ 和 $g = 4/3$ 的区域。为了比较起见，用虚线表示 1/4 波长膜堆的反射率。

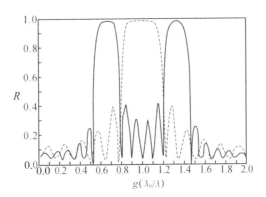

图3-75　一个 $2 : 1$ 膜堆 $G \mid (2LH)^6 \mid A$ 和 $\lambda_0/4$ 膜堆 $G \mid (LH)^6 \mid A$ 的计算反射率曲线
$$n_G = 1.52, \quad n_A = 1.0, \quad n_H = 2.3, \quad n_L = 1.38$$

如果将这个 $2 : 1$ 膜堆和这个 1/4 波长膜堆淀积在同一基片上，那么合成的反射率曲线如图 3-76 所示。由于薄膜折射率比 n_H/n_L 没有大到足以使三个高反射带邻接，所以在 $g = 0.8$ 和 $g = 1.2$ 处出现深度反射极小，即在它们之间存在缝隙。

可以找出一个膜层的折射率之比，使得这个 1/4 波长膜堆的高反射带刚好填补在 $2 : 1$ 膜堆的两个高反射带之间。注意到前者的高反射带边缘由下式给出：

$$\cos^2\delta - \frac{1}{2}\left(\frac{n_H}{n_L} + \frac{n_L}{n_H}\right)\sin^2\delta = -1 \tag{3-30}$$

因而

$$\cos^2\delta = \frac{\dfrac{1}{2}\left(\dfrac{n_H}{n_L} + \dfrac{n_L}{n_H}\right) - 1}{\dfrac{1}{2}\left(\dfrac{n_H}{n_L} + \dfrac{n_L}{n_H}\right) + 1}$$

令

117

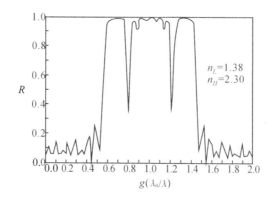

图 3-76 两个膜堆的叠加 G｜(LH)⁶(2LH)⁶｜A 的反射率曲线

$$P = \frac{1}{2}\left(\frac{n_H}{n_L} + \frac{n_L}{n_H}\right)$$

则

$$\cos^2\delta = \frac{P-1}{P+1} \tag{3-31}$$

式中，n_H 和 n_L 是构成 1/4 波长膜堆基本周期的两种薄膜材料的折射率。

2：1 膜堆的高反射带的边界由 $\cos\delta$ 的三次方程的解给出

$$\cos\delta\cos2\delta - P\sin\delta\sin2\delta = -1 \tag{3-32}$$

从方程(3-31) 和(3-32)中消去 δ，可得 $P = 5/4$，因此 $n_H/n_L = 2.0$。也就是说，用折射率之比为 2.0 的膜层，1/4 波长膜堆的第一级次高反射带刚好填补在 2：1 膜堆的第一级和第二级次高反射带之间。

折射率之比为 2.0 这个条件在可见区是难以实现的，但在近红外区以外可以使用辉锑矿($n_H = 2.7$)和锥冰晶石($n_L = 1.35$)的膜层来达到这个要求。

3.4 干涉截止滤光片

3.4.1 概 述

要求某一波长范围的光束高透射，而偏离这一波长区域的光束骤然变化为高反射(或称抑制)的干涉截止滤光片有着广泛的应用。通常我们把抑制短波区、透射长波区的滤光片称为长波通滤光片。相反，抑制长波区、透射短波区的截止滤光片称为短波通滤光片。

图 3-77 和 3-78 表示长波通和短波通滤光片的典型特性。滤光片的特性通常由下列参数确定：

(1) 透射曲线开始上升(或下降)时的波长，以及此曲线上升(或下降)的许可斜率。

(2) 高透射带的光谱宽度、平均透射率以及在此透射带内许可的最小透射率。

(3) 反射带(或称抑制带)的光谱宽度以及在此范围内所许可的最大透射率。

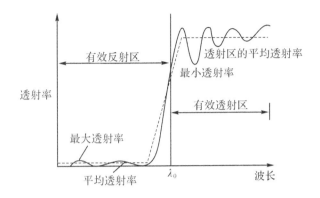

图 3-77   长波通滤光片的典型特性

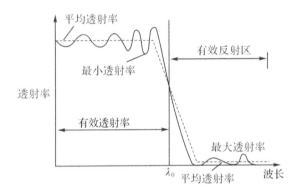

图 3-78   短波通滤光片的典型特性

干涉截止滤光片的基本类型就是上一节讨论的 $\lambda/4$ 多层膜。如前所述,这类膜系的透射率曲线的主要特征是一连串的高反射带间隔的高透射带。

图 3-79 表示 $\lambda/4$ 多层膜的透射率曲线的形状。它既可以用作截止长波的短波通滤光片,也可以用作截止短波的长波通滤光片,视工作波段的选择而定。

有时在特殊的情况下,例如只需截止波长范围特别窄的光线,或者对于波长超过滤光片截止限的光线,检测器本身已不灵敏,那么此时滤光片的截止带宽度是够用的。但是在很多情况下,希望截止短于某一特定波长,或者长于某一波长的所有光线,因此应当设法展宽图 3-78 所示的截止带。这可以使用干涉截止滤光片同吸收滤光片的组合,在没有适用的吸收滤光片的情况下,只能采用上一节中所讨论的展宽反射带的技术。

现在我们必须把注意力转到更困难的问题 —— 关于通带内透射率曲线的波纹幅度。如图 3-79 所示,波纹是很尖很深的,而且随着层数的增加,波纹变得更为密集。如果能设法压缩波纹的幅度,那么滤光片的特性将会有显著的改善。对称膜系等效层理论是设计和分析干涉截止滤光片的有效工具。下面我们将应用等效层的概念分析滤光片的特性,讨论通常波纹的压缩、通带的展宽以及设计截止滤光片的步骤。最后将简单讨论滤光片倾斜使用时的偏振效应。

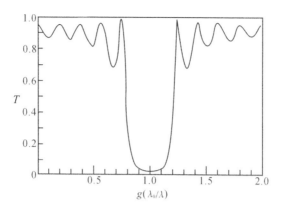

图 3-79　折射率为 1.52 的基片上镀以 9 层 $\lambda/4$ 的 ZnS($n = 2.30$)

和 MgF$_2$($n = 1.38$) 的理论透射率曲线

3.4.2　$\lambda/4$ 多层膜的通带透射率

可以看到,如果对 $\lambda/4$ 多层膜作简单修改,那么就可直接应用等效折射率的概念进行分析。这只需在 $\lambda/4$ 多层膜的每一侧加一个 $\lambda/8$ 膜层即可。如果原膜系起止于高折射率层,则要求加一对低折射率层,否则刚好相反。两种可能的结构是

$$\frac{H}{2}LHLHL\cdots HL\frac{H}{2}$$

$$\frac{L}{2}HLHLH\cdots LH\frac{L}{2}$$

我们可以把这样的排列立即代换成如下形式

$$\frac{H}{2}L\frac{H}{2}\frac{H}{2}L\frac{H}{2}\frac{H}{2}L\cdots\frac{H}{2}L\frac{H}{2}$$

$$\frac{L}{2}H\frac{L}{2}\frac{L}{2}H\frac{L}{2}\frac{L}{2}H\cdots\frac{L}{2}H\frac{L}{2}$$

然后分别写成

$$\left(\frac{H}{2}L\frac{H}{2}\right)^s \quad 和 \quad \left(\frac{L}{2}H\frac{L}{2}\right)^s$$

于是应用式(2-8)和式(2-9),将上面两个多层膜用等效单层膜来替代,从而得出通带的特性。同时截止带的范围也是容易计算的,我们首先确定截止带的宽度。正如在上一节中讨论的,截止带的边界由 $M_{11} = -1$ 确定。由式(2-6)得

$$\cos^2\delta_e - \frac{1}{2}\left(\frac{\eta_p}{\eta_q} + \frac{\eta_q}{\eta_p}\right)\sin^2\delta_e = -1 \tag{3-33}$$

这正好是上一节所得到的未曾修改的 $\lambda/4$ 多层膜的截止带宽度的表示式(3-26)。在那里 δ 被换成 $\frac{\pi}{2}g$,其中 $g = \lambda_0/\lambda$。截止带边界为

$$\delta_e = \frac{\pi}{2}(1 \pm \Delta g)$$

因此截止带宽度是

$$2\Delta g = 2\Delta(\lambda_0/\lambda)$$

如果 $\eta_p < \eta_q$，则

$$\Delta g = \frac{2}{\pi}\arcsin\left(\frac{\eta_q - \eta_p}{\eta_q + \eta_p}\right) \tag{3-34}$$

或者 $\eta_q < \eta_p$，则

$$\Delta g = \frac{2}{\pi}\arcsin\left(\frac{\eta_p - \eta_q}{\eta_p + \eta_q}\right) \tag{3-35}$$

因此，不论基本周期是 $\frac{H}{2}L\frac{H}{2}$ 或者是 $\frac{L}{2}H\frac{L}{2}$，截止带宽度是完全相同的。自然，可能有其他形式的三层组合，其中心层厚度并不等于外层厚度的两倍。但是仅就截止带的宽度而言，已经证明，当三层对称周期的中心厚度是 $\lambda/4$，每个外层是 $\lambda/8$ 时，将得到最大的截止带宽度。

下面我们来确定通带。首先考虑等效折射率，然后讨论等效厚度。通带等效折射率的表达式是十分复杂的，从式（2-8）有

$$E = \eta_p\left\{\frac{\sin2\delta_p\cos\delta_q + \frac{1}{2}\left(\frac{\eta_p}{\eta_q}+\frac{\eta_q}{\eta_p}\right)\cos2\delta_p\sin\delta_q - \frac{1}{2}\left(\frac{\eta_p}{\eta_q}-\frac{\eta_q}{\eta_p}\right)\sin\delta_q}{\sin2\delta_p\cos\delta_q + \frac{1}{2}\left(\frac{\eta_p}{\eta_q}+\frac{\eta_q}{\eta_p}\right)\cos2\delta_p\sin\delta_q + \frac{1}{2}\left(\frac{\eta_p}{\eta_q}-\frac{\eta_q}{\eta_p}\right)\sin\delta_q}\right\}^{1/2}$$

由于 $2\delta_p = \delta_q$，因而上式可以简化为

$$E = \eta_p\left[\frac{\cos\delta_q(\eta_p+\eta_q)^2 - (\eta_p^2-\eta_q^2)}{\cos\delta_q(\eta_p+\eta_q)^2 + (\eta_p^2-\eta_q^2)}\right]^{1/2} \tag{3-36}$$

当 $\delta_q = 0$（即 $\lambda \to \infty$）时，由上式得 $E = \sqrt{\eta_p\eta_q}$；而当 $\delta_q = \pi$ 时，$E = \sqrt{\eta_p^3/\eta_q}$。

等效位相厚度由式（2-9）给出

$$\Gamma = \arccos M_{11}$$
$$= \arccos\left[\cos2\delta_p\cos\delta_q - \frac{1}{2}\left(\frac{\eta_p}{\eta_q}+\frac{\eta_q}{\eta_p}\right)\sin2\delta_p\sin\delta_q\right]$$
$$= \arccos\left[\cos^2\delta_q - \frac{1}{2}\left(\frac{\eta_p}{\eta_q}+\frac{\eta_q}{\eta_p}\right)\sin^2\delta_q\right] \tag{3-37}$$

Γ 的这个表达式是多值的，通常选取最接近 $(2\delta_p + \delta_q)$ 的值，即取各层膜实际位相厚度之和的 Γ 值是容易说明的。只有在高反射带的边缘，等效位相厚度才显著地偏离真实厚度。在通带的其他任何位置，等效位相厚度几乎严格地等于基本周期的实际相位厚度。

综上所述，在通带内多层膜好像一个光学厚度和折射率都略微变化的单层膜。

在无吸收的基片上镀以实际的单质介质膜时，其反射率在两个极值之间振荡。这两个极值相应于膜厚等于 $\lambda/4$ 的整数倍，当膜厚等于 $\lambda/4$ 偶数倍，即 $\lambda/2$ 的整数倍时，膜是一个虚设层，因此反射率就是光洁基片的反射率；当膜厚等于 $\lambda/4$ 的奇数倍时，取决于薄膜的折射率是高于或是低于基片的折射率，反射率将出现极大值或者极小值。因此，如果 η_f 是薄膜的有效折射率，η_g 和 η_0 分别是基片和入射介质的有效折射率，那么相应膜厚为 $\lambda/4$ 的偶数倍的反射率将是

$$(\eta_0 - \eta_g)^2/(\eta_0 + \eta_g)^2$$

而相应于膜厚为 $\lambda/4$ 的奇数倍的反射率为

$$(\eta_0 - \eta_f^2/\eta_g)^2/(\eta_0 + \eta_f^2/\eta_g)^2$$

撇开膜的实际厚度,我们绘出两条直线

$$R_{1f} = (\eta_0 - \eta_g)^2/(\eta_0 + \eta_g)^2 \tag{3-38}$$

$$R_{2f} = (\eta_0 - \eta_f^2/\eta_g)^2/(\eta_0 + \eta_f^2/\eta_g)^2 \tag{3-39}$$

它们是极大值和极小值的轨迹,也就是单层膜反射率曲线的包络。如果膜的有效光学厚度是 $nd\cos\theta$,那么满足式(3-38)的那些极值的波长位置将由下式决定

$$nd\cos\theta = m\lambda/2, \qquad m = 1,2,3,\cdots$$

即

$$\lambda = 2nd\cos\theta/m$$

而满足式(3-39)的那些极值的波长位置满足

$$nd\cos\theta = (2m+1)\frac{\lambda}{4}, \qquad m = 0,1,2,\cdots$$

即

$$\lambda = 4nd\cos\theta/(2m+1)$$

现在再来研究多层膜系,由于对称多层膜在透射带内能够代换成一个单层膜,所以膜系的反射率将在两个数值之间振荡,即在光洁基片的反射率

$$R_1 = (\eta_0 - \eta_g)^2/(\eta_0 + \eta_g)^2 \tag{3-40}$$

和下式给定的反射率

$$R_2 = (\eta_0 - E^2/\eta_g)^2/(\eta_0 + E^2/\eta_g)^2 \tag{3-41}$$

之间振荡。式中我们已将 η_f 代换成对称周期的等效折射率 E。由于 E 是波长的函数,所以式(3-41)表示的是一条曲线,如图3-80所示。为了要找到极大值和极小值的位置,我们寻求使多层膜的总厚度等于 $\lambda/4$ 的整数倍的 g 值。此时多层膜的等效总位相厚度应当是 $\pi/2$ 的整数倍——奇数倍相应于式(3-41),而偶数倍相应于式(3-40)。如果多层膜有 s 个周期,那么等效总位相厚度将是 $s\Gamma$。当单个周期的等效位相厚度 Γ 是 $\pi/2s$ 的整数倍时,也就是

$$\Gamma = \frac{m\pi}{2s}, m = 1,3,5,\cdots \quad 相应于式(3-41)$$

$$m = 2,4,6,\cdots \quad 相应于式(3-40)$$

图3-80说明了这种情况。图中取 4 个周期的对称膜作为例子,但是反射曲线的包络并不随周期数而改变,只是反射率次峰的个数随层数的增加而增加。

至此,我们已初步了解通带内出现振荡着的波纹的原因,这为我们压缩通带内的波纹指明了途径。

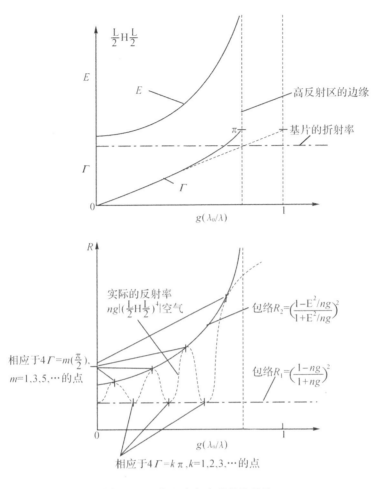

图 3-80 截止滤光片通带的波纹

3.4.3 通带波纹的压缩

压缩通带波纹有许多不同的途径,最简单的是选取一个对称组合,使其通带内的等效折射率与基片折射率相接近,也即使 R_1 接近于 R_2。如果基片表面的反射损失不太大,那么这种方法必将产生足够好的效果。组合 $\left(\dfrac{H}{2} L \dfrac{H}{2}\right)$,其中 $n_H = 2.35, n_L = 1.45$,将成为一个良好的长波通滤光片;而组合 $\left(\dfrac{L}{2} H \dfrac{L}{2}\right)$ 具有较好的短波通滤光片特性。这种滤光片的特性表示在图 3-81 上。但是对于不同的基片材料,实用的薄膜材料并不一定具有适合的等效折射率,因此必须选取压缩波纹的其他方案。

一种压缩波纹的简单的方法是改变基本周期内的膜层厚度,使其等效折射率变更到更接近预期值。要使这种方法有成效,则要求光洁基片保持低的反射率,即基片应有低的折射率。在可见光区,玻璃是十分满意的基片材料,但是这种方法却不能不加修改就用于红外区,例如用于硅板和锗板。因为红外区常用的基片材料有高的折射率,对称膜系的等效折射率若与基片相匹配,则和入射介质(空气)必然不能匹配,因而造成大的反射损失。

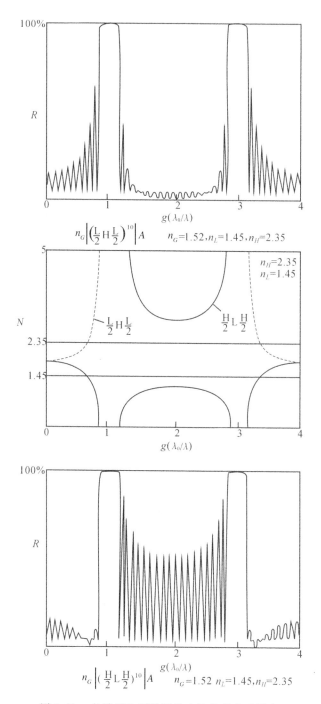

图 3-81　长波通和短波通滤光片的理论反射率

更常用的方法是在对称膜系的每一侧加镀匹配层,使它同基片以及入射介质匹配。如果在对称膜系与基片之间插入一个有效折射率为 η_3 的 $\lambda/4$ 层,而在对称膜系与入射介质之间插入一个折射率为 η_1 的 $\lambda/4$ 层,则只要

$$\eta_3 = \sqrt{\eta_g E} \quad \text{和} \quad \eta_1 = \sqrt{\eta_0 E} \tag{3-42}$$

得到满足,可把插入层单纯地当作多层膜边界的减反射膜。只要计算多层膜系在某些特定波长的特性,便可迅速地检验膜系是否具有要求的性能。在这些特定波长处,多层膜的等效厚度或者为 $\lambda/4$ 的奇数倍,或者为 $\lambda/4$ 的偶数倍。对称膜系的表现如同一个 $\lambda/4$ 层的那些波长处,膜系的组合导纳恰好是

$$Y = \eta_1^2 \eta_3^2 / E^2 \eta_g$$

因此反射率是

$$R = [\eta_0 - \eta_1^2 \eta_3^2 / (E^2 \eta_g)]^2 / [\eta_0 + \eta_1^2 \eta_3^2 / (E^2 \eta_g)]^2 \tag{3-43}$$

当

$$\eta_1^2 \eta_3^2 = E^2 \eta_g \eta_0 \tag{3-44}$$

反射率 R 将为零。

当对称膜系的表现如同一个 $\lambda/2$ 层时,它是虚设的,其反射率是

$$R = (\eta_0 - \eta_1^2 \eta_g / \eta_3^2) / (\eta_0 + \eta_1^2 \eta_g / \eta_3^2)^2 \tag{3-45}$$

如果

$$\eta_1^2 / \eta_3^2 = \eta_0 / \eta_g \tag{3-46}$$

那么反射率 R 也将为零。解式(3-44)和(3-46),便得到匹配层预期的导纳值式(3-42)。

图 3-82 表示一个短波通滤光片在加镀匹配层前后的特性。

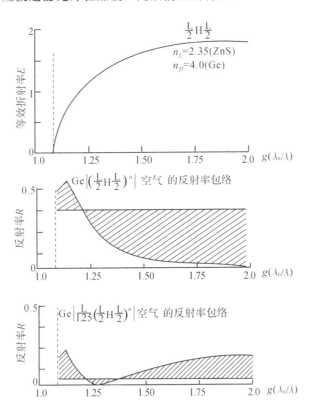

图 3-82　加镀匹配层前后的短波通滤光片的特性

由于对称周期的等效折射率随着波长而变化,对一个波长的任何最佳化只有在窄的波段内才是严格正确的,因而采取多层减反射膜可以改善匹配的效能。

　　用非均匀层消除波纹也得到了极好的效果。困难在于事实上不能制作折射率渐变至 1.35 以下的非均匀膜层,但是已经解决了用非均匀层使多层长波通滤光片与锗板相匹配的问题。滤光片的结构是 $\left(\dfrac{H}{2}L\dfrac{H}{2}\right)^6$,由锗($n_H = 4.0$)和一氧化硅($n_L = 1.8$)构成。图 3-83 上的曲线是镀在玻璃基片($n_G = 1.52$)上的多层膜的特性。在通带内当波长接近边缘时,由于等效折射率从 $\sqrt{1.8 \times 4.0} = 2.7$ 逐渐降至零,这与基片的折射率值相差不太大,因此正如我们所预期的,透射率是很高的。当同一个多层膜镀在锗板上($n_G = 4.0$),如曲线 2 所示,严重的失配引起很大的波纹出现。在锗板与多层膜之间插入一个非均匀层,其折射率从靠近锗板一侧的 4.0 变到靠近多层膜一侧的 1.52,所得的特性曲线 3 正好近似于最初的玻璃基片上的多层膜的特性。

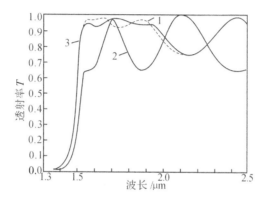

图 3-83　长波通滤光片 $G\left|\left(\dfrac{H}{2}L\dfrac{H}{2}\right)^6\right|$ 空气的透射率曲线

曲线 1:基片折射率 $n_G = 1.52$。

曲线 2:基片折射率 $n_G = 4.0$。

曲线 3:基片折射率 $n_G = 4.0$,但在基片与多层膜之间插入非均匀层。

　　综上所述,通常使等效折射率曲线的水平部分与基片和入射介质匹配是没有多大困难的。在等效层的折射率与基片和入射介质的折射率差别颇大时,其间必须加镀减反射层。但等效折射率在滤光片截止限附近急剧变化时,要实现等效折射率曲线陡变处的匹配而不大破坏水平部分的匹配要困难得多。因为在截止波长处等效折射率或是趋于 ∞,或是趋于 0,在截止限附近等效折射率有异常的色散。而当对称膜系的周期数较大时,在截止限附近有较深较密集的反射峰,用实际的单层膜不可能与之匹配,必须利用有相似色散的对称膜系作为匹配膜系。

　　现在研究一下由两个基本周期相同但中心波长略有差异的等效层构成的滤光片。两膜系等效折射率曲线的水平部分保持一致,至于曲线陡变处,则使下式成立

$$E_1 = \sqrt{E_2 \eta_g}$$

式中 E_1 是等效层 E_2 和基片 η_g 之间的对称周期的等效折射率。适当选择 E_1 的周期数,使该多层膜在陡变处的厚度等于 $\lambda/4$ 的奇数倍,从而满足完全减反射的条件。图 3-84 和图 3-85 分别给出了这种设计的长波通滤光片和短波通滤光片的特性曲线。

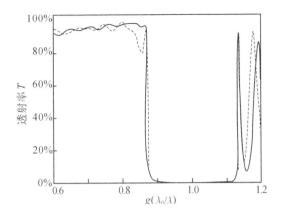

图 3-84　两种长波通滤光片的理论透射率

$$\cdots 1.52\left|\left(\frac{H}{2}L\frac{H}{2}\right)^{15}\right|1.0$$

$$-\!\!\!-\!\!\!-\ 1.52\left|\left[1.05\left(\frac{H}{2}L\frac{H}{2}\right)^{3}\right]\left(\frac{H}{2}L\frac{H}{2}\right)^{12}\right|1.0$$

$$n_H = 2.3, n_L = 1.56$$

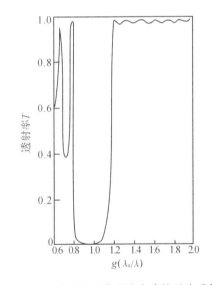

图 3-85　改进后的短波通滤光片的理论透射率

$$1.52\left|\left[1.125\left(\frac{L}{2}H\frac{L}{2}\right)\right]\left(\frac{L}{2}H\frac{L}{2}\right)^{5}\left[1.1\left(\frac{L}{2}H\frac{L}{2}\right)\right]\right|1.0$$

$$n_H = 2.30, \quad n_L = 1.38$$

3.4.4　通带的展宽和压缩

$\lambda/4$ 膜堆这种形式的长波通滤光片,其长波通常可以一直延伸至膜料和基片的吸收限,宽度是足够的。但短波通滤光片因为有更高级次的截止区,所以它的通带宽度是有限的。在有些情况下,例如某些类型的热反光镜,就要求宽得多的短波通带。下面就讨论短波通滤光片通带的展宽问题。

假设多层膜由 s 个周期构成，每个周期的形式是

$$M = \begin{bmatrix} M_{11} & M_{12} \\ M_{21} & M_{22} \end{bmatrix}$$

如果把单个周期看成浸没在一种导纳为 η 的介质中，那么这个周期的透射系数为

$$t = \frac{2\eta}{\eta\{(M_{11} + M_{22}) + [\eta M_{12} + (M_{21}/\eta)]\}}$$

令 $t = |t|\exp(\mathrm{i}\tau)$（$\tau$ 即为透射光的位相变化），则有

$$\frac{1}{2}\{(M_{11} + M_{22}) + [\eta M_{12} + (M_{21}/\eta)]\} = \frac{\cos\tau - \mathrm{i}\sin\tau}{|t|}$$

对于无吸收介质，M_{11}，M_{22} 是实数，M_{21}，M_{12} 为纯虚数。令实部相等，即给出

$$\frac{1}{2}(M_{11} + M_{22}) = \frac{\cos\tau}{|t|}$$

如果略去周期内反射两次以上的光束，那么

$$\tau \approx \sum \delta$$

也就是基本周期的总位相厚度。

当 $\sum\delta = m\pi$，有 $\cos\tau = \pm 1$，并且如果 $|t| < 1$，那么

$$\left|\frac{1}{2}(M_{11} + M_{22})\right| > 1$$

结果出现高反射带。然而如果 $|t| = 1$，则

$$\left|\frac{1}{2}(M_{11} + M_{22})\right| = 1$$

高反射带将被抑制。

对于结果简单的对称膜系

$$\left(\frac{L}{2} H \frac{L}{2}\right)^s \quad \text{或} \quad \left(\frac{H}{2} L \frac{H}{2}\right)^s$$

当 $\tau \approx \sum\delta = j\pi(j = 2, 4, 6, \cdots)$ 时，$|t| = 1$，因此偶数级次的高反射带将被抑制。而当 $\tau = m\pi(m = 1, 3, 5, \cdots)$ 时，$|t| < 1$，所以奇数级次的高反射带是存在的。这和前面利用虚设层的概念所得到的结果是一致的。

上述结果归纳起来就是，只要多层膜各个周期的总光学厚度等于 $\lambda/2$ 的整数倍，高反射带就可能存在，只有当 $|t| = 1$，高反射带才被抑制。根据上面的分析，可以抑制任何两个或三个相继的高反射带。

假定一个包含三种膜料的五层膜结构 $ABCBA$ 作为对称膜系的基本周期。如果设想周期被浸没在介质 M 中，为了在给定波长处满足 $|t| = 1$ 的条件以抑制高反射带，组合 AB 必须是 C 在 M 中的减反射膜。在构造最终的多层膜系时，首先可以认为介质 M 存在于相继周期之间，然后使其厚度递减直至正好消失。厚度递减过程并不改变预定的高反射带的抑制，因此在后面提出的设计程序中，M 的选取是十分任意的。

膜层的各个参数用带有下标 A, B, C 和 M 的符号表示。减反射膜系的特征矩阵是

$$\begin{bmatrix} B \\ C \end{bmatrix} = \begin{bmatrix} \cos\delta_A & \dfrac{\mathrm{i}}{\eta_A}\sin\delta_A \\ \mathrm{i}\eta_A\sin\delta_A & \cos\delta_A \end{bmatrix} \begin{bmatrix} \cos\delta_B & \dfrac{\mathrm{i}}{\eta_B}\sin\delta_B \\ \mathrm{i}\eta_B\sin\delta_B & \cos\delta_B \end{bmatrix} \begin{bmatrix} 1 \\ \eta_C \end{bmatrix}$$

$$= \begin{bmatrix} \cos\delta_A & \dfrac{i}{\eta_A}\sin\delta_A \\ i\eta_A\sin\delta_A & \cos\delta_A \end{bmatrix} \begin{bmatrix} \cos\delta_B + i\dfrac{\eta_C}{\eta_B}\sin\delta_B \\ \eta_C\cos\delta_B + i\eta_B\sin\delta_B \end{bmatrix}$$

$$= \begin{bmatrix} \cos\delta_A\left(\cos\delta_B + i\dfrac{\eta_C}{\eta_B}\sin\delta_B\right) + \dfrac{i}{\eta_A}\sin\delta_A(\eta_C\cos\delta_B + i\eta_B\sin\delta_B) \\ i\eta_A\sin\delta_A\left(\cos\delta_B + i\dfrac{\eta_C}{\eta_B}\sin\delta_B\right) + \cos\delta_A(\eta_C\cos\delta_B + i\eta_B\sin\delta_B) \end{bmatrix}$$

组合导纳为

$$Y = \frac{\eta_C\cos\delta_A\cos\delta_B - \dfrac{\eta_C\eta_A}{\eta_B}\sin\delta_A\sin\delta_B + i(\eta_A\sin\delta_A\cos\delta_B + \eta_B\sin\delta_B\cos\delta_A)}{\cos\delta_A\cos\delta_B - \dfrac{\eta_B}{\eta_A}\sin\delta_A\sin\delta_B + i\left(\dfrac{\eta_C}{\eta_B}\cos\delta_A\sin\delta_B + \dfrac{\eta_C}{\eta_A}\sin\delta_A\cos\delta_B\right)}$$

若要使反射率为零,即 $|t|=1$,则导纳 Y 应等于 η_M,即

$$\eta_C\cos\delta_A\cos\delta_B - \frac{\eta_C\eta_A}{\eta_B}\sin\delta_A\sin\delta_B + i(\eta_A\sin\delta_A\cos\delta_B + \eta_B\sin\delta_B\cos\delta_A)$$

$$= \eta_M\left[\cos\delta_A\cos\delta_B - \frac{\eta_B}{\eta_A}\sin\delta_A\sin\delta_B + i\left(\frac{\eta_C}{\eta_B}\cos\delta_A\sin\delta_B + \frac{\eta_C}{\eta_A}\sin\delta_A\cos\delta_B\right)\right]$$

等式两边的实部和虚部分别相等,得到

$$\eta_C\cos\delta_A\cos\delta_B - \frac{\eta_C\eta_A}{\eta_B}\sin\delta_A\sin\delta_B = \eta_M\cos\delta_A\cos\delta_B - \frac{\eta_M\eta_B}{\eta_A}\sin\delta_A\sin\delta_B$$

$$\eta_A\sin\delta_A\cos\delta_B + \eta_B\sin\delta_B\cos\delta_A = \frac{\eta_M\eta_C}{\eta_B}\cos\delta_A\sin\delta_B + \frac{\eta_M\eta_C}{\eta_A}\sin\delta_A\cos\delta_B$$

由这两个方程可求得

$$\tan\delta_A\tan\delta_B = (\eta_C - \eta_M)/(\eta_A\eta_C/\eta_B - \eta_M\eta_B/\eta_A)$$
$$= \eta_A\eta_B(\eta_C - \eta_M)/(\eta_A^2\eta_C - \eta_M\eta_B^2) \tag{3-47}$$

$$\tan\delta_B/\tan\delta_A = (\eta_M\eta_C/\eta_A - \eta_A)/(\eta_B - \eta_M\eta_C/\eta_B)$$
$$= [\eta_B(\eta_M\eta_C - \eta_A^2)]/[\eta_A(\eta_B^2 - \eta_M\eta_C)] \tag{3-48}$$

令 A 和 B 的有效位相厚度相等,即

$$\delta_A = \delta_B$$

由式(3-48)得

$$\eta_A\eta_B = \eta_C\eta_M \tag{3-49}$$

于是式(3-47)变为

$$\tan^2\delta_A = (\eta_A\eta_B - \eta_C^2)/(\eta_B^2 - \eta_A\eta_C^2/\eta_B) \tag{3-50}$$

式(3-50)两个解 δ_A 和 $(\pi-\delta_A)$ 都是存在的。我们指定 δ_A 相应于 λ_1,而 $(\pi-\delta_A)$ 相应于 λ_2,这里 λ_1 和 λ_2 是被抑制的高反射区的两个波长。

$$\delta_A = \frac{2\pi}{\lambda_1}(nd\cos\theta)_A \tag{3-51}$$

$$\pi - \delta_A = \frac{2\pi}{\lambda_2}(nd\cos\theta)_A \tag{3-52}$$

由式(3-51)和(3-52)得

$$\delta_A = \frac{\pi}{1 + \lambda_1/\lambda_2} \tag{3-53}$$

代入式(3-50),有

$$\tan^2\left(\frac{\pi}{1+\lambda_1/\lambda_2}\right) = \frac{\eta_A\eta_B - \eta_C^2}{\eta_B^2 - \eta_A\eta_C^2/\eta_B} \tag{3-54}$$

这就确定了膜系的全部设计。膜层 A 和 B 的有效光学厚度可以从式(3-53)求得,即为

$$\frac{\lambda_1\lambda_2}{2(\lambda_1+\lambda_2)} \tag{3-55}$$

此外还需要求出膜层 C 的光学厚度。我们首先注意到,基本周期的总光学厚度是 $\lambda_0/2$,这里 λ_0 是第一级次高反射带的中心波长,膜层 A 和 B 的光学厚度已经规定相等,所以膜层 C 的有效光学厚度为

$$\frac{\lambda_0}{2} - \frac{2\lambda_1\lambda_2}{(\lambda_1+\lambda_2)} \tag{3-56}$$

为了有助于分析而人为地引入的介质 M,在最终结果中完全消失,因而没有任何影响。三种膜料的折射率可以随意选定其中两种,然后由式(3-54)求出第三个折射率的值。

根据上述设计思想,已经给出了大量的多层膜系的实例。这些膜系具有不同的抑制区,而最主要的是第二级次和第三级次高反射带受到抑制的,其膜系透射率曲线如图 3-86 所示。

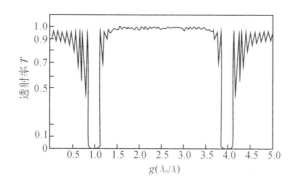

图 3-86　滤光片 G｜A(ABCBA)^{10}｜M 的理论透射率曲线
$n_G = 1.5, n_A = 1.38, n_B = 1.90, n_C = 2.30, n_M = 1.0$

同样可以设计一个第二级次、第三级次和第四级次高反射带全被抑制的多层膜,它成立的条件是厚度分别为

A：$\lambda_0/12$

B：$\lambda_0/12$

C：$\lambda_0/6$

而折射率有如下关系:

$$\eta_B = (\eta_A\eta_C)^{1/2}$$

现在我们转而讨论通带的压缩。单纯的 $\lambda/4$ 多层膜不存在偶数级次的高反射带,有时为了压缩通带,需要让这些反射带出现。应用前一节所讲的方法,可以比较简单地使偶数级次反射带的反射率得以提高。

为了使分析简单起见,我们假定基本周期的形式是 AB 而不是 $(A/2)B(A/2)$。基本结构一经确定,如果需要的话,可以很容易地变换为 $(A/2)B(A/2)$ 的形式。在通常的 $\lambda/4$ 多层膜

中,偶数级次的高反射带被抑制的原因是每层膜的厚度是 $\lambda/2$ 的整数倍,因而基本周期有 $|t|=1$。所以,要求高反射带出现,就必须破坏这个条件。为此应当增加一层膜的厚度,相应地减少另一层膜的厚度,以使总的光学厚度保持不变。偏离半波长条件愈远,反射率峰值就愈明显。

下面讨论这种情况,要求反射带出现在 λ_0,$\lambda_0/2$ 和 $\lambda_0/3$ 处,而不能出现在波长 $\lambda_0/4$ 处。这只需使

$$n_A d_A = \frac{1}{3} n_B d_B = \lambda_0/8$$

因此基本的多层膜系的形式就为

$$\frac{H}{2} \quad \frac{3L}{2} \quad \frac{H}{2} \quad \frac{3L}{2} \cdots \frac{H}{2} \quad \frac{3L}{2}$$

或者

$$\frac{L}{2} \quad \frac{3H}{2} \quad \frac{L}{2} \quad \frac{3H}{2} \cdots \frac{L}{2} \quad \frac{3H}{2}$$

在波长 $\lambda = \lambda_0/4$ 的反射率峰值受到了抑制,因为对于这个波长,各层膜的厚度是 $\lambda/2$ 的整数倍。

这种方法可以用来产生任意多个高反射带,不过应当注意,膜层厚度偏离理想的 $\lambda_0/4$ 愈远,多层膜的第一级次高反射带就愈窄。

3.4.5 截止波长和截止带中心的透射率

高反射带或截止带的透射率是截止滤光片的一个重要参数。由于在截止带中不存在实数的等效折射率,所以截止带的透射率通常由特征矩阵计算。在截止波长处,虽说等效折射率趋近于零或无穷大,但等效厚度趋近于 π 的整数倍,其透射率也不是1,因此只能由特征矩阵分析和计算。

1. 截止波长的透射率

设多层膜由 s 个对称周期组成,因此膜系的特征矩阵是

$$M^s = \begin{bmatrix} \cos\Gamma & \dfrac{i}{E}\sin\Gamma \\ iE\sin\Gamma & \cos\Gamma \end{bmatrix}^s = \begin{bmatrix} \cos S\Gamma & \dfrac{i}{E}\sin S\Gamma \\ iE\sin S\Gamma & \cos S\Gamma \end{bmatrix}$$

我们知道,在截止带的边缘(即截止波长 λ_c),$\cos S\Gamma \to 1$,$\sin S\Gamma \to 0$,并且 $E \to 0$ 或 ∞(依膜系的具体组合而定),当

$$\sin\Gamma \to 0$$

则

$$\frac{\sin S\Gamma}{\sin\Gamma} \to s$$

因此在截止波长矩阵趋近于

$$\begin{bmatrix} 1 & \dfrac{i}{E}s\sin\Gamma \\ iEs\sin\Gamma & 1 \end{bmatrix} = \begin{bmatrix} 1 & sM_{12} \\ sM_{21} & 1 \end{bmatrix}$$

因为 $M_{11}M_{22} - M_{12}M_{21} = 1$,所以 M_{12} 或 M_{21} 趋近于零。则矩阵或者是

$$\begin{bmatrix} 1 & sM_{12} \\ 0 & 1 \end{bmatrix}$$

或者是

$$\begin{bmatrix} 1 & 0 \\ sM_{21} & 1 \end{bmatrix}$$

因为 η_0 是入射介质的导纳，η_g 是基片的导纳，所以多层膜在截止波长的透射率由下式给出

$$T = \frac{4\eta_0\eta_g}{(\eta_0 B + C)(\eta_0 B + C)^*}$$

如果 $M_{21} = 0$，则

$$\begin{bmatrix} B \\ C \end{bmatrix} = \begin{bmatrix} 1 & sM_{12} \\ 0 & 1 \end{bmatrix} \begin{bmatrix} 1 \\ \eta_g \end{bmatrix}$$

或者 $M_{12} = 0$，则

$$\begin{bmatrix} B \\ C \end{bmatrix} = \begin{bmatrix} 1 & 0 \\ sM_{12} & 1 \end{bmatrix} \begin{bmatrix} 1 \\ \eta_g \end{bmatrix}$$

即

$$\begin{bmatrix} B \\ C \end{bmatrix} = \begin{bmatrix} 1 + s\eta_g M_{12} \\ \eta_g \end{bmatrix}$$

或

$$\begin{bmatrix} B \\ C \end{bmatrix} = \begin{bmatrix} 1 \\ \eta_g + sM_{21} \end{bmatrix}$$

所以，如果没有吸收，则当 $M_{21} = 0$，有

$$T = \frac{4\eta_0\eta_g}{(\eta_0 + \eta_g)^2 + (s\eta_0\eta_g \mid M_{12} \mid)^2} \tag{3-57}$$

或者当 $M_{12} = 0$，有

$$T = \frac{4\eta_0\eta_g}{(\eta_0 + \eta_g)^2 + (s \mid M_{21} \mid)^2} \tag{3-58}$$

至于 $\mid M_{12} \mid$ 或 $\mid M_{21} \mid$ 可通过如下步骤计算得到。由式(2-6)可以知道，M_{12} 或 M_{21} 为零时，有

$$\sin 2\delta_p \cos\delta_q + \frac{1}{2}\left(\frac{\eta_p}{\eta_q} + \frac{\eta_q}{\eta_p}\right)\cos 2\delta_p \sin\delta_q = \mp \frac{1}{2}\left(\frac{\eta_p}{\eta_q} - \frac{\eta_q}{\eta_p}\right)\sin\delta_q$$

如果 $M_{12} = 0$，我们能导出

$$\mid M_{21} \mid = \left| \eta_p \left(\frac{\eta_p}{\eta_q} - \frac{\eta_q}{\eta_p}\right)\sin\delta_q \right| \tag{3-59}$$

或者当 $M_{21} = 0$ 时，有

$$\mid M_{12} \mid = \left| \frac{1}{\eta_p}\left(\frac{\eta_p}{\eta_q} - \frac{\eta_q}{\eta_p}\right)\sin\delta_p \right| \tag{3-60}$$

我们已经知道，在截止波长处有

$$\cos^2\delta = \left(\frac{\eta_p - \eta_q}{\eta_p + \eta_q}\right)^2$$

也即

$$\sin^2\delta = 1 - \cos^2\delta = \frac{4\eta_p\eta_q}{(\eta_p + \eta_q)^2}$$

代入式(3-59)和(3-60)，得到

对于 $M_{12} = 0$

$$|M_{21}| = 2(\eta_p - \eta_q)\sqrt{\eta_p/\eta_q} \qquad (3-61)$$

对于 $M_{21} = 0$

$$|M_{12}| = 2(\eta_p - \eta_q)\sqrt{1/(\eta_p^3 + \eta_q)} \qquad (3-62)$$

可见，随着折射率差 $(\eta_p - \eta_q)$ 的增加和周期数 s 的增加，截止波长的透射率减小，过渡特性也随之变陡。

2. 截止带中心的透射率

对于单纯的 $\lambda/4$ 多层膜，上一节已给出它在高反射带中心的透射率表示式。现在讨论的多层膜，其透射率量值具有相同的数量级，但是膜系最外边的 $\lambda/8$ 层使表达式稍稍复杂化了。这种多层膜可以表示为

$$\frac{p}{2}qpqp\cdots pq\frac{p}{2} = \left(\frac{p}{2}q\frac{p}{2}\right)^s$$

如果有 s 个周期，那么在多层膜中膜层 q 将出现 s 次。在截止带的中心，矩阵乘积成为

$$
\begin{bmatrix} 1/\sqrt{2} & i/\sqrt{2}\,\eta_p \\ i\eta_p/\sqrt{2} & 1/\sqrt{2} \end{bmatrix}
\begin{bmatrix} 0 & i/\eta_q \\ i\eta_q & 0 \end{bmatrix}
\begin{bmatrix} 0 & i/\eta_p \\ i\eta_p & 0 \end{bmatrix}
\cdots
\begin{bmatrix} 0 & i/\eta_q \\ i\eta_q & 0 \end{bmatrix}
\begin{bmatrix} 1/\sqrt{2} & i/\sqrt{2}\,\eta_p \\ i\eta_p/\sqrt{2} & 1/\sqrt{2} \end{bmatrix}
$$

$$
= \begin{bmatrix} 1/\sqrt{2} & i/\sqrt{2}\,\eta_p \\ i\eta_p/\sqrt{2} & 1/\sqrt{2} \end{bmatrix}
\begin{bmatrix} 0 & i/\eta_q \\ i\eta_q & 0 \end{bmatrix}
\begin{bmatrix} -\eta_q/\eta_p & 0 \\ 0 & -\eta_p/\eta_q \end{bmatrix}^{s-1}
\begin{bmatrix} 1/\sqrt{2} & i/\sqrt{2}\,\eta_p \\ i\eta_p/\sqrt{2} & 1/\sqrt{2} \end{bmatrix}
$$

$$
= \frac{1}{2}\begin{bmatrix} (-\eta_q/\eta_p)^s + (-\eta_p/\eta_q)^s & (i/\eta_p)[(-\eta_q/\eta_q)^s - (-\eta_p/\eta_q)^s] \\ i\eta_p[(-\eta_p/\eta_q)^s - (-\eta_q/\eta_p)^s] & (-\eta_q/\eta_p)^s + (-\eta_p/\eta_q)^s \end{bmatrix} \qquad (3-63)
$$

因为 η_g 表示基片的导纳，故有

$$
\binom{B}{C} = \frac{1}{2}\begin{bmatrix} (-\eta_p/\eta_q)^s + (-\eta_q/\eta_p)^s + \dfrac{i\eta_g}{\eta_p}[(-\eta_q/\eta_p)^s - (-\eta_p/\eta_q)^s] \\ \eta_g[(-\eta_p/\eta_q)^s + (-\eta_q/\eta_p)^s] + i\eta_p[(-\eta_p/\eta_q)^s - (-\eta_q/\eta_p)^s] \end{bmatrix} \qquad (3-64)
$$

于是

$$T = \frac{4\eta_0\eta_g}{(\eta_0 B + C)(\eta_0 B + C)^*}$$

$$= \frac{16\eta_0\eta_g}{\{(\eta_0 + \eta_g)[(-\eta_q/\eta_p)^s + (-\eta_p/\eta_q)^s]\}^2 + \{(\eta_0\eta_g/\eta_p - \eta_p)[(-\eta_q/\eta_p)^s - (-\eta_p/\eta_q)^s]\}^2} \qquad (3-65)$$

如果 s 足够大（通常正是这种情况），以致

$$(\eta_H/\eta_L)^s \gg (\eta_L/\eta_H)^s$$

那么透射率表达式可简化为

$$T = \frac{16\eta_0\eta_g}{(\eta_H/\eta_L)^{2s}\{(\eta_0 + \eta_g)^2 + [(\eta_0\eta_g/\eta_p) - \eta_p]^2\}} \qquad (3-66)$$

现在我们可以归纳一下截止滤光片的简单设计步骤。设计滤光片就是要决定选择怎样的膜系结构，以满足所要求的光学特性。具体地说就是指选择合适的膜层材料，构造一定的多层膜系，然后计算这个薄膜组合的截止波长 λ、通带或截止带的宽度、通带中的透射率以及截止和过渡特性，校验这些参数能否满足要求，并且可进一步修改设计或作出适当的

结论。

从前面的讨论中可以看到,各种类型的对称膜系都存在有等效导纳 E 和等效位相厚度 Γ 为虚数的波段,这些波段具有构成一个截止带的基本条件。而对于那些和它相邻的 E 和 Γ 都为实数的波段,又都具有构成透射带的基本条件。因此原则上任意一种对称膜系都可以用来构成一个具有一定性能的截止滤光片。

最简单也是最常用的构成截止滤光片的周期性对称膜系是结构为 $\left(\dfrac{L}{2} H \dfrac{L}{2}\right)^s$ 或者 $\left(\dfrac{H}{2} L \dfrac{H}{2}\right)^s$ 的多层膜。我们首先选取折射率不同的两种膜料,一般是选取两种折射率之比值尽可能高的膜料,以便用给定的周期数得到最宽的截止带和最深的截止度。截止带的宽度由式(3-34)或(3-35)确定,截止带边缘的截止度由式(3-57)或(3-58)给出,而截止带中心的透射率则由式(3-66)确定。其次计算膜系的等效折射率,然后用式(3-40)和(3-41)绘制反射率曲线的包络,从而即可得到通带内波纹的大致概念。必要时可计算等效位相厚度 Γ,从而找到波纹的"峰"和"谷"的位置。如果波纹足够小,设计即告完成。如果波纹不满足要求,那么在对称膜系与基片之间以及对称膜系与入射介质之间应当插入匹配层。匹配层对于最重要的波长应是 $\lambda/4$ 膜,其折射率必须尽可能接近下式给定的值

$$\eta_1 = \sqrt{\eta_0 E}, \qquad \eta_3 = \sqrt{\eta_g E}$$

式中,η_1 系对称膜系与入射介质之间的匹配导纳,η_3 是对称膜系与基片之间的匹配导纳。

一般来说,导纳值刚好满足需要的膜料实际上往往是没有的,因而必须作一个近似选择。为了检验这种近似选择的有效性,可以计算新的反射率曲线的包络。如果情况是满足的,那么下一步需用计算机计算膜系的特性,根据算得的曲线,便可推算各膜的监控波长和厚度,使膜系的特性曲线位于正确的波长位置。

在实际制造基于 1/4 波堆的截止滤光片时,往往会碰到所谓半波孔的问题。在透射带中,大约截止带中心波长的一半处出现孔隙,即透射率的凹峰。这在理论计算中是不存在的,因为在中心波长一半的波长处,1/4 波堆的各层薄膜是半波长层,即虚设层。出现半波孔的原因可能是材料的色散,对于中心波长 λ_0 的 1/4 波长层,并不是 $\lambda_0/2$ 波长处的半波长层。在这种情况下最好选择 $\lambda_0/2$ 作为监控波长,即采用二级监控,以保证各层薄膜对于 $\lambda_0/2$ 波长是半波长层。这时对于中心波长 λ_0 不再严格是 1/4 波堆,但这对截止带特性的影响是不显著的。

3.4.6 截止滤光片倾斜使用时的偏振效应

干涉截止滤光片在很多情况下是倾斜使用的。这时薄膜的有效厚度变为 $n_j d_j \cos\theta_j$,θ_j 是第 j 层膜中的折射角,因此膜系的中心波长将向短波方向移动。为了使各层薄膜的有效厚度为 $\lambda_0/4$,则薄膜的实际厚度 $n_j d_j$ 应是 $\lambda_0/4\cos\theta_j$。

光束斜入射时,不仅薄膜的有效厚度发生了变化,而且它们的有效折射率也发生了变化。我们知道,当光束垂直入射时,电矢量垂直于入射面的振动分量(s-分量)和平行于入射面的振动分量(p-分量)对于薄膜界面来说是完全相同的。而当光束倾斜入射时,这两种振动分量对于薄膜界面的情况就不相同了,因此它们的有效折射率也不相同。对于 s-分量的有效折射率为 $\eta_s = n\cos\theta$,对于 p-分量有效折射率为 $\eta_p = n/\cos\theta$。前面已经说明,多层膜

$\left(\dfrac{\mathrm{H}}{2}\mathrm{L}\,\dfrac{\mathrm{H}}{2}\right)^s$ 的截止带半宽度为

$$\Delta g = \frac{2}{\pi}\arcsin\left(\frac{\eta_H - \eta_L}{\eta_H + \eta_L}\right) = \frac{2}{\pi}\arcsin\left(\frac{\eta_H/\eta_L - 1}{\eta_H/\eta_L + 1}\right)$$

  由于通常 s-分量的有效折射率比值 η_H/η_L 比 p-分量的值大,所以前者的反射带宽度比后者的宽,这就不可避免地产生偏振分离,同时使截止带边缘的陡度降低。偏振效应对一般的长波通、短波通滤光片没有重大影响,但对用于波长复用多通道光纤通信系统中的截止滤光片和用于彩色工作的分色滤光片等影响较大,往往要求消除或减少薄膜系统中的偏振效应。

  我们考虑结构为 $n_0\,|\,(\alpha\mathrm{H}\beta\mathrm{L})^s\,|\,n_g$ 或 $n_0\,|\,(\beta\mathrm{L}\alpha\mathrm{H})^s\,|\,n_g$ 的滤光片的偏振效应。这里 α,β 是以 $\lambda_0/4$ 为单位的有效光学厚度。基本周期的特征矩阵是

$$M = \begin{bmatrix} \cos\left(\dfrac{\pi}{2}g\alpha\right) & \dfrac{\mathrm{i}}{\eta_H}\sin\left(\dfrac{\pi}{2}g\alpha\right) \\ \mathrm{i}\eta_H\sin\left(\dfrac{\pi}{2}g\alpha\right) & \cos\left(\dfrac{\pi}{2}g\alpha\right) \end{bmatrix} \begin{bmatrix} \cos\left(\dfrac{\pi}{2}g\beta\right) & \dfrac{\mathrm{i}}{\eta_L}\sin\left(\dfrac{\pi}{2}g\beta\right) \\ \mathrm{i}\eta_L\sin\left(\dfrac{\pi}{2}g\beta\right) & \cos\left(\dfrac{\pi}{2}g\beta\right) \end{bmatrix}$$

$$= \begin{bmatrix} M_{11} & M_{12} \\ M_{21} & M_{22} \end{bmatrix}$$

  令

$$\zeta = \frac{1}{2}(M_{11} + M_{22}) = \cos\left(\frac{\pi}{2}g\alpha\right)\cos\left(\frac{\pi}{2}g\beta\right) - \frac{1}{2}\left(\frac{\eta_H}{\eta_L} + \frac{\eta_L}{\eta_H}\right)\sin\left(\frac{\pi}{2}g\alpha\right)\sin\left(\frac{\pi}{2}g\beta\right) \quad (3\text{-}67)$$

正如上一节所介绍的,截止带边缘由 $|\zeta| = 1$ 所决定。我们用 ρ 表示 η_H/η_L,并令 $\zeta = -1$,代入式(3-67)得

$$\frac{\rho + \dfrac{1}{\rho} - 2}{\rho + \dfrac{1}{\rho} + 2} = \frac{\cos^2\left[\dfrac{\pi}{2}g\left(\dfrac{\alpha+\beta}{2}\right)\right]}{\cos^2\left[\dfrac{\pi}{2}g\left(\dfrac{\alpha-\beta}{2}\right)\right]} \quad (3\text{-}68)$$

  对于给定的设计和入射角,根据式(3-67)可以计算得到 s-偏振和 p-偏振的截止波长位置 g_s 和 g_p。它们的差值 $g_s - g_p = \delta_g$,用以衡量偏振效应。因为

$$\rho_p = \left(\frac{\eta_H}{\eta_L}\right)_p = \frac{n_H\cos\theta_L}{n_L\cos\theta_H}$$

$$\rho_s = \left(\frac{\eta_H}{\eta_L}\right)_s = \frac{n_H\cos\theta_H}{n_L\cos\theta_L}$$

这表明只有当 $n_H = n_L$ 时,$\rho_p = \rho_s$,δ_g 才能为零。因此以两层膜为周期的多层膜,其偏振效应不可能完全消除,只能适当减少。

  当 $\alpha = \beta = 1$ 时,由式(3-68)得

$$\cos^2\left(\frac{\pi}{2}g\right) = \cos^2\left[\frac{\pi}{2}(1 + \Delta g)\right] = \frac{\rho + 1/\rho - 2}{\rho + 1/\rho + 2}$$

$$\sin^2\frac{\pi}{2}\Delta g = \left(\frac{\eta_H - \eta_L}{\eta_H + \eta_L}\right)^2$$

$$\Delta g = \frac{2}{\pi}\arcsin\left(\frac{\eta_H - \eta_L}{\eta_H + \eta_L}\right)$$

  当 $\alpha \neq \beta$ 时,例如 $\beta = 1$,$\alpha = 2j + 1(j = 0,1,2,\cdots)$,式(3-68)成为

$$\frac{\rho+1/\rho-2}{\rho+1/\rho+2}=\frac{\cos^2\left[\dfrac{\pi}{2}g(j+1)\right]}{\cos^2\dfrac{\pi}{2}gj}$$

对于给定的基本周期和入射角，可以计算 g_s 和 g_p 以及 δ_g。图 3-87 表示 δ_g 与 j 的关系曲线。图中 $n_0=1,n_H=2.3,n_L=1.35$，入射角分别是 $13°,30°$ 和 $45°$。从图上可以看到，随着 j 的增加，偏振效应 δ_g 相应地减少。但是 H 层的厚度变厚，截止带的宽度随之变窄。然而第一级次高反射带中心移至 $g=1/(1+j)$ 左右，这适当地补偿了截止带宽度的变窄和 H 层厚度的变厚，因而提高 j 值仍然是实际可行的。

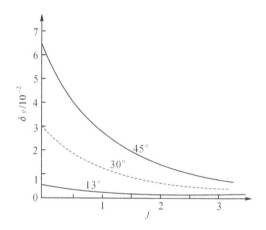

图 3-87　组合 $n_0 \mid \alpha H(\beta L)^s \mid n_g$ 的偏振效应和 j 的关系

$n_0=1.0,\ n_g=1.52,\ n_H=2.3,\ n_L=1.35,\ \beta=1,\ \alpha=2j+1$

图 3-88 是膜系 $n_0 \mid (3HL)^5 \mid n_g$ 的透射率曲线。这时 $j=1,2j+1=3$，第一级次高反射带中心移至 $g=0.485$，近似于 $1/(1+j)$。因而如果 $\lambda_0=291\text{nm}$，第一级次中心将是 600nm。此时对于 $j=1$ 和 $j=0$（即 1/4 波堆）两种情况，H 层厚度的比例为 $3\lambda_0/600=1.455$；而 L 层厚度的比例为 $\lambda_0/600=0.485$。总的光学厚度，前者略小于后者。而对于 $T=50\%$ 处的偏振效应 δ_g，两者相应为 0.25 和 0.75。如果用波长单位度量的话，两者的偏振宽度分别为 23nm 和 30nm，因此偏振效应确实是减少了。从图上还可看到，$n_0 \mid (3HL)^5 \mid n_g$ 这种结构，短波通带的波纹较小，适宜于作为短波通滤光片。而 $n_0 \mid (H3L)^5 \mid n_g$ 或者 $n_0 \mid (3LH)^5 \mid n_g$ 这种结构适合于作为长波通滤光片。

当 $\alpha+\beta=2$ 时，由式(3-68)得

$$\frac{\rho+1/\rho-2}{\rho+1/\rho+2}=\frac{\cos^2\left(\dfrac{\pi}{2}g\right)}{\cos^2\left[\dfrac{\pi}{2}g(\alpha-1)\right]}$$

这时第一级次高反射带中心位于 $g=1$ 处，而且截止带度随着 $(\alpha-1)$ 的增加而减少。偏振效应和 α 的关系如图 3-89 所示。为了减少偏振效应，α 的值要大于 1，从而截止带的宽度也较小，因此必须在两者之间权衡利弊，作一适当的选择。

除了上述考虑以外，在设计光学系统时，应合理选择平板二向色镜或棱镜二向色镜形式，尽可能减少入射角，这是减少偏振效应的有效措施。

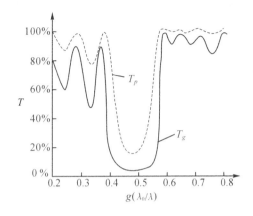

图 3-88 组合 $n_0 \mid (3HL)^5 \mid n_g$ 的透射率曲线

$n_0 = 1.0, n_g = 1.52, n_H = 2.3, n_L = 1.35, \theta_0 = 45°$

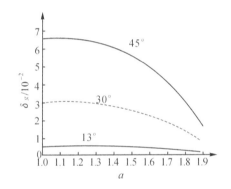

图 3-89 组合 $n_0 \mid \alpha H(\beta L)^s \mid n_g$ 的偏振效应与 α 的关系曲线

$n_0 = 1.0, n_g = 1.52, n_H = 2.3, n_L = 1.35, \alpha + \beta = 2$

在彩色技术中使用的二向色镜是反射和透射光谱均被利用的长波通或短波通滤光片。所谓二向色镜是指反射光和透射光具有不同的光谱成分或颜色的多层膜滤光片,一般都是倾斜使用的,这就不可避免地会带来偏振影响,造成彩色还原的失真。图 3-90 说明了平板型二向色镜在 0° 和 45° 角入射时两种偏振分量的特性。图 3-91 表示相同多层膜胶合在棱镜内的偏振特性。由于棱镜的折射率大于空气的折射率,相应膜层中的折射角增加,因此偏振效应更加显著。

现在大多数摄影机、摄像机采用 Philips 分色系统(图 3-92),以达到低的偏振效应和角偏移,它们的性能确实非常好,在一些不太高级的彩色系统中也有采用平板分色系统的(图3-93),得到同样的分色效果。

图 3-94 是液晶投影仪的光引擎的结构框图。可以看到在照明系统中应用平板二向色镜 1 和 2 实现 R,G,B 分色,而在成象投影系统中采用二向色立方棱镜(X-cube)实现三色的合

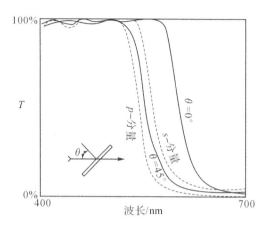

图 3-90　平板二向色镜的偏振效应

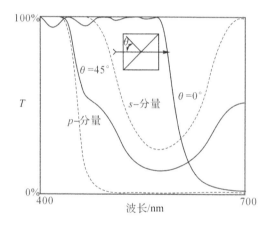

图 3-91　胶合立方体二向色镜的偏振效应

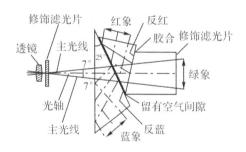

图 3-92　Philips 分色系统

色。R,G,B 三通道的实测分光特性曲线示于图 3-95 上[①]。

---

①　上述结构框图(图 3-94)和分光特性曲线(图 3-95)均引自杭州科汀光学技术有限公司 2005 年的技术报告。

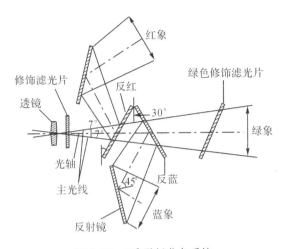

图 3-93 30°平板分色系统

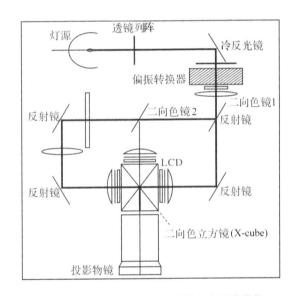

图 3-94 LCD 投影仪的光引擎和多层膜器件

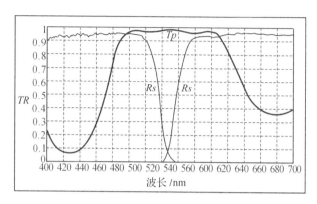

图 3-95　二向色立方棱镜的实测分光特性曲线

3.5　带通滤光片

从光学薄膜角度来看,最有意义的进展是 1899 年出现的法布里－珀罗干涉仪,它已成为干涉带通滤光片的一种基本的结构形式。自从 1940 年出现第一批金属－介质干涉滤光片以来,它已在光学、光谱学、激光、天文物理学等各个领域得到广泛的应用。

法布里－珀罗滤光片是一种最简单也是最常使用的窄带干涉滤光片,它是在法布里－珀罗干涉仪的基础上经过改进后得到的。法布里－珀罗滤光片具有近乎三角形的通带。现已发现串置组合简单滤光片,就像调谐电路那样,可以改变滤光片通带的形状。按组合结构中简单滤光片的数目,这些组合滤光片称作双半波滤光片、三半波滤光片等。利用势透射率概念设计的金属和介质组合的诱导透射滤光片,具有高的峰值透射率和特宽的长波截止区等优良特性,它特别适合在要求宽带截止的场合中应用。

3.5.1　法布里－珀罗滤光片

最简单的薄膜窄带滤光片是根据法布里－珀罗多光束干涉仪制成的干涉膜系。按最初的形式,法布里－珀罗干涉仪是由两块相同的、间距为 d 的平行反射板组成(图 3-96)。

对于平行光线,除了一系列按相等波数间隔分开的很窄的透射带以外,其余所有波长的透射率都很低。这个标准具可以代换成一个完全的薄膜组合 —— 两个金属反射层夹一个介质层。介质层取代间距 d 的位置,因而称之为间隔层。除了间隔层具有大于 1 的折射率以外,这种薄膜滤光片的特性分析与常用的标准具是完全相同的,但是在其他方面存在着一些重要差别。

虽然基片的表面应当高度抛光,但不必加工到标准具平板所需的面形精度。如果在镀膜机中蒸汽流是均匀的,那么薄膜将是基片表面的完善的临摹品,而不呈现任何厚度变化。这意味着法布里－珀罗滤光片可以用于比标准具低得多的干涉级次。实践证明也必须用在较低的级次,因为薄膜间隔层的厚度超过第四级次,就开始显得粗糙。间隔层表面的这种粗糙度展宽了带通,压低了峰值透射率,使得更高级次完全失去其任何优越性。这种简单类型

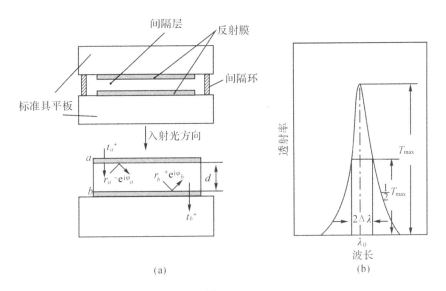

图 3-96

(a) 法布里－珀罗标准具和它的薄膜形式　(b) 法布里－珀罗滤光片的光谱透射特性

的滤光片,称为金属－介质法布里－珀罗滤光片,以便与后面将要介绍的全介质滤光片相区别。

下面我们简要地分析一下法布里－珀罗滤光片的特性。如图 3-96(b) 所示,表征滤光片特性的主要参数有:

λ_0 —— 中心波长,或称峰值波长。

$T_{\max}$ —— 中心波长的透射率,也即峰值透射率。

$2\Delta\lambda$ —— 透射率为峰值透射率一半的波长宽度,也即通带半宽度,或用 $2\Delta\lambda/\lambda_0$ 表示相对半宽度。

根据式(2-5)有

$$T = T_0/(1 + F\sin^2\theta) \tag{3-69}$$

式中

$$T_0 = \frac{T_1 T_2}{(1 - \sqrt{R_1 R_2})^2}, \quad F = \frac{4\sqrt{R_1 R_2}}{(1 - \sqrt{R_1 R_2})^2}$$

$$\theta = \frac{1}{2}(\varphi_1 + \varphi_2 - 2\delta)$$

R_1, R_2, T_1 和 T_2 分别为反射膜的反射率和透射率,φ_1 和 φ_2 为反射膜的反射位相,而 $\delta = \frac{2\pi}{\lambda}nd$ 为间隔层的位相厚度。

透射率极大值的位置,即中心波长由下式确定:

$$\theta_0 = \frac{1}{2}\left(\varphi_1 + \varphi_2 - \frac{4\pi}{\lambda}nd\right) = -k\pi \quad (k = 0, 1, 2, \cdots)$$

$$\lambda_0 = \frac{2nd}{k + [(\varphi_1 + \varphi_2)/2\pi]} = \frac{2nd}{m} \tag{3-70}$$

这里　$m = k + (\varphi_1 + \varphi_2)/2\pi$。

141

滤光片的半宽度是峰值透射率的 1/2 处量得的通带宽度。根据式(3-69)有

$$\frac{1}{2}T_0 = T_0/[1 + F\sin^2(\theta_0 + \Delta\theta)]$$

$$\sin(\theta_0 + \Delta\theta) = 1/\sqrt{F}$$

由于

$$\theta_0 = -k\pi$$

因而

$$\sin\Delta\theta = 1/\sqrt{F}$$

$$\Delta\theta = \arcsin(1/\sqrt{F})$$

又因为

$$\Delta\theta \approx \left(\frac{\partial\theta}{\partial\lambda}\right)_0 \Delta\lambda = \frac{\partial\left[\frac{1}{2}\left(\varphi_1 + \varphi_2 - 2\frac{2\pi}{\lambda}nd\right)\right]}{\partial\lambda_0}\Delta\lambda$$

我们假定反射位相 φ_1 和 φ_2 在通带内是常数，则

$$\Delta\theta \approx \frac{\delta_0}{\lambda_0}\Delta\lambda = \frac{m\pi}{\lambda_0}\Delta\lambda$$

所以

$$2\Delta\lambda = \frac{2\lambda_0}{m\pi}\arcsin\left(\frac{1}{\sqrt{F}}\right) = \frac{2\lambda_0}{m\pi}\arcsin\left(\frac{1-\overline{R}}{2\sqrt{\overline{R}}}\right) \qquad (3\text{-}71)$$

这里 $\overline{R} = \sqrt{R_1 R_2}$，或者相对半宽度表示成

$$\frac{2\Delta\lambda}{\lambda_0} = \frac{2}{m\pi}\arcsin\left(\frac{1-\overline{R}}{2\sqrt{\overline{R}}}\right) \qquad (3\text{-}72)$$

有时除半宽度外，还引入其他的带宽参量，如 0.9 倍峰值透射率处测得的带宽，0.1 倍峰值透射率处的带宽以及 0.01 倍峰值透射率处的带宽等。对于法布里－珀罗滤光片，如果在通带内来自反射膜的位相变化实际上是常数的话，那么上述带宽量度分别是

$$\frac{1}{3}\times 2\Delta\lambda, \quad 3\times 2\Delta\lambda, \quad 10\times 2\Delta\lambda$$

这些量常用来说明任一给定类型的滤光片的通带形状以及接近于矩形的程度。

由式(3-69)可以知道，中心波长的峰值透射率为

$$T_{max} = \frac{T_1 T_2}{(1-\overline{R})^2} \qquad (3\text{-}73)$$

当反射膜没有吸收、散射损失，而且反射膜是完全对称时，即 $R_1 = R_2$，$T_1 = T_2 = 1 - R_1 = 1 - R_2$，则 $T_{max} = 1$，滤光片的峰值透射率和光洁基片一样高。如果反射膜有吸收、散射损失，假定反射膜仍是完全对称的，我们用 R_{12}，T_{12} 和 A_{12} 分别表示两反射膜的反射率、透射率和吸收（包括散射）损耗。由于 $R_{12} + T_{12} + A_{12} = 1$，故峰值透射率可以写成

$$T_{max} = \frac{T_{12}^2}{(1-R_{12})^2} = \frac{T_{12}^2}{(T_{12} + A_{12})^2} = \frac{1}{(1 + A_{12}/T_{12})^2} \qquad (3\text{-}74)$$

可见，在实际上存在吸收、散射的情况下，反射膜的透射率愈低，吸收、散射愈大，则峰值透射率愈低。例如 $T_{12} = 0.012$，$A_{12} = 0.005$，$T_{max} = 50\%$ 左右。这时如果 A_{12} 增加至 0.01，则 T_{max} 降至 30% 左右。这足以说明法布里－珀罗滤光片对膜层的吸收、散射损失是极其敏感的。对于金属－介质法布里－珀罗滤光片，由于金属膜的固有吸收，这种滤光片的峰值透射率不

可能做得太高,一般以 $35\%\sim40\%$ 为宜。

为了估计两个反射膜的不对称性对峰值透射率的影响,我们假定吸收、散射损耗为零,并令

$$R_2 = R_1 - \Delta$$

式中,Δ 是不对称误差,所以 $T_2 = T_1 + \Delta$,这样,式(3-73)可以写成

$$
\begin{aligned}
T_{\max} &= \frac{T_1(T_1+\Delta)}{[1-\sqrt{R_1(R_1-\Delta)}]^2} \\
&= \frac{T_1(T_1+\Delta)}{(1-R_1\sqrt{1-\Delta/R_1})^2} \\
&= \frac{T_1(T_1+\Delta)}{\left\{1-R_1\left[1-\frac{1}{2}(\Delta/R_1)+\cdots\right]\right\}^2}
\end{aligned}
\tag{3-75}
$$

如果 Δ/R_1 足够小,则式(3-75)中展开式可以只取前两项,稍加整理即得

$$
T_{\max} = \frac{T_1}{(1-R_1)^2}\cdot\frac{1+\Delta/T_1}{\left[1+\frac{1}{2}(\Delta/T_1)\right]^2}
\tag{3-76}
$$

方程的第一部分是两个反射膜没有任何不对称误差时的峰值透射率的表示式,而第二部分则表明不对称误差的影响。图 3-97 表示这个影响,图中横坐标是 $T_2/T_1 = 1+\Delta/T_1$。显然不对称误差影响法布里—珀罗滤光片的峰值透射率,但是极不敏感,甚至在两个反射膜的透射率相差两倍时,仍然可以得到 75% 的峰值透射率。

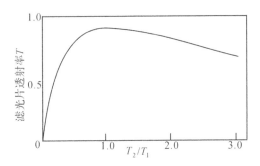

图 3-97　两个反射膜不对称的法布里—珀罗滤光片的峰值透射率

由式(3-72)可以看到,滤光片通带的半宽度决定于干涉级次和反射膜的反射率。反射膜的反射率愈高,干涉级次愈高(即间隔层愈厚),则半宽度愈小,滤光片透射光的单色性愈好。

提高干涉级次 m,可以减小通带宽度,但在主峰的长波侧会出现低级次的透射峰。可惜截止长波区的优良颜色玻璃还不多见,限制了更高级次滤光片的使用。不仅如此,当间隔层厚度超过第四级次时,就开始显得粗糙,使得更高级次完全失去其实用价值。在通常情况下,最高使用到第三级次。

此外,提高反射膜的反射率也可压缩带宽,但对于金属—介质滤光片而言,过于减少带宽将使峰值透射率显著下降,因此在可见区,它们的半宽度以 $5\sim10\mathrm{nm}$ 为佳。即使是下面将要讨论的全介质滤光片,增加反射膜层数,提高反射膜的反射率以压缩带宽也是有一定限

制的。

　　制备金属－介质滤光片是并不困难的,主要在于金属应尽可能快地蒸镀在冷基片上。在可见区和近红外区,用银和冰晶石可以获得最好的结果。而在紫外区,最好的组合则是铝和氟化镁或冰晶石。在蒸镀之后膜层应尽可能快地与盖片胶合,并用环氧树脂封边,避免潮气的侵蚀。在波长小于300nm的紫外区,有少数几种适用的胶合剂,而在波长短于200nm的区域,适用的胶合剂一种也没有,因而滤光片不可能胶以盖片。这时可用一层极薄的氟化镁来保护最外边的金属膜。选择这层膜的特定厚度,使它成为金属膜的增透层。

　　图3-98是用于可见区的金属－介质滤光片的典型特性曲线。所要用的特定透射峰在$0.69\mu m$处的第三级次峰值。对于由更高级次峰值所引起的短波通带,叠加一块玻璃吸收滤光片便容易抑制掉。吸收滤光片可与滤光片胶合,作为一块玻璃盖片。这种玻璃吸收滤光片的特性在图3-97上表示为曲线b,它是用于可见光区和近红外区具有长波通特性的一系列吸收玻璃的一种,用以截去金属－介质滤光片曲线a的短波次峰。可惜的是,适用于抑制长波通带的吸收玻璃并不多。如果所用的检测器对较长的波长不灵敏,那就不存在这个问题。如果要求滤光片不带有长波通带,那么最好采用第一级次的金属－介质滤光片,因为尽管对于给定的带宽其峰值透射率要低得多,可是它们通常没有长波通带。后面我们将讨论一种金属和介质组合的多半波滤光片,即诱导透射滤光片,它可以得到高得多的透射率。虽然其半宽度更大,但没有长波旁通带,因而用作抑制长波的滤光片是十分优越的。

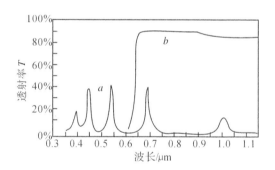

图 3-98　用于可见区的金属 — 介质滤光片的特性

3.5.2　全介质法布里－珀罗滤光片

　　由于金属膜的吸收较大,限制了滤光片性能的提高。如果用多层介质反射膜代替金属反射膜,则可大大提高法布里－珀罗滤光片的性能。

　　图3-99为全介质滤光片的光谱透射率曲线。它基本上和具有介质反射膜的法布里－珀罗标准具相同,并且上述对于金属－介质滤光片特性的分析也适用于全介质滤光片的情况。

　　全介质滤光片的带宽可以按以下方法计算。如果两反射膜是对称的,而且反射率足够高,则

$$F = \frac{4R_{12}}{(1-R_{12})^2} \approx \frac{4}{T_{12}^2}$$

$$2\Delta\lambda = \frac{2\lambda_0}{m\pi}\arcsin\left(\frac{T_{12}}{2}\right) \tag{3-77}$$

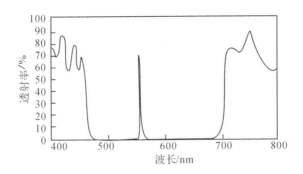

图 3-99　全介质法布里－珀罗滤光片的光谱透射率曲线

由于当层数给定时,用高折射率层作为最外层膜将得到最大反射率,所以实际上只需考虑图 3-100 所示的两种情况。如果间隔层不包括在内,设每个多层反射膜的高折射率层的总数是 x,则对于高折射率间隔层的情况有

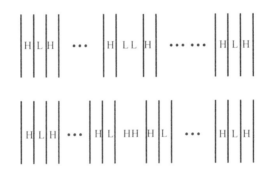

图 3-100　全介质法布里－珀罗滤光片的两种基本类型

$$Y_{12} = \frac{n_L^{2x}}{n_H^{2x}} n_g$$

$$R_{12} = (n_H - Y_{12})^2 / (n_H + Y_{12})^2 = (1 - Y_{12}/n_H)^2 / (1 + Y_{12}/n_H)^2$$

因为当层数足够多时

$$Y_{12}/n_H = n_L^{2x} n_g / n_H^{2x+1} \ll 1$$

所以　　　　　　　　　　$$R_{12} \approx 1 - 4Y_{12}/n_H$$

$$T_{12} \approx 4Y_{12}/n_H = 4n_L^{2x} n_g / n_H^{2x+1}$$

代入式(3-77),对于高折射率间隔层,可求出半宽度表示式为

$$2\Delta\lambda = \frac{2\lambda_0}{m\pi} \arcsin(2n_L^{2x} n_g / n_H^{2x+1}) \approx 4\lambda_0 n_L^{2x} n_g / (m\pi n_H^{2x+1})$$

而对于低折射率间隔层的情况,有

$$Y_{12} = \frac{n_H^{2(x-1)}}{n_L^{2(x-1)}} \frac{n_H^2}{n_g} = -\frac{n_H^{2x}}{n_L^{2(x-1)} n_g}$$

$$R_{12} = (n_L - Y_{12})^2 / (n_L + Y_{12})^2 = (1 - Y_{12}/n_L)^2 / (1 + Y_{12}/n_L)^2$$

因为当层数足够多时

$$Y_{12}/n_L = n_H^{2x} / n_L^{2x-1} n_g \gg 1$$

所以

$$R_{12} = \left(1 - \frac{n_L}{Y_{12}}\right)^4 \approx 1 - 4\frac{n_L}{Y_{12}}$$

$$T_{12} \approx 4\frac{n_L}{Y_{12}} = \frac{4n_L^{2x-1}}{n_H^{2x}}n_g$$

同样可求出半宽度表示式

$$2\Delta\lambda = \frac{2\lambda_0}{m\pi}\arcsin\left(\frac{2n_L^{2x-1}}{n_H^{2x}}n_g\right) \approx \frac{4\lambda_0 n_L^{2x-1}n_g}{m\pi n_H^{2x}} \tag{3-78}$$

在这些公式中,我们完全略去了多层反射膜反射位相的色散影响,认为在通带内它们是常数,并且其值为 0 或 π。正如我们在前面已经看到的,反射位相并不是常数。位相改变的意义在于,在法布里—珀罗滤光片的透射率公式中,它增大了 $[(\varphi_1 + \varphi_2)/2 - \delta]$ 随波长的变化率,因此压缩了带宽。考虑到位相色散的影响,上述表示式需乘上一个修正因子

$$\frac{(n_H - n_L)}{(n_H - n_L) + n_L/m}$$

式中,m 为滤光片的干涉级次。那么半宽度则为

$$2\Delta\lambda = \frac{2\lambda_0 n_L^{2x}n_g}{m\pi n_H^{2x+1}} \cdot \frac{n_H - n_L}{(n_H - n_L) + n_L/m} \qquad (\text{高折射率间隔层}) \tag{3-79}$$

或

$$2\Delta\lambda = \frac{4\lambda_0 n_L^{2x-1}n_g}{m\pi n_H^{2x}} \cdot \frac{(n_H - n_L)}{(n_H - n_L - n_L/m)} \qquad (\text{低折射率间隔层}) \tag{3-80}$$

由于全介质多层反射膜只在有限的区域是有效的,因此滤光片透射率峰值的两边会出现旁通带。在大多数应用中,必须将它们抑制掉。短波旁通带只要在滤光片上叠加一块长波通吸收玻璃滤光片便很容易去掉,但是很不容易得到短波通吸收滤光片。有些可供利用的吸收滤光片虽然能有效地抑制长波旁通带,但因其短波方面的透射率太低,大大降低了整个滤光片的峰值透射率。解决这个问题的最满意的办法是不用吸收滤光片。而是把后面将要讨论的诱导透射滤光片作为截止滤光片使用。由于诱导透射滤光片没有长波旁通带,而且其峰值透射率可做得很高(80% 左右),所以它们用在这种场合是非常成功的。通常将构成最后的滤光片的三个组件胶合成一个整体。

3.5.3 多半波滤光片

简单的全介质法布里—珀罗滤光片的透射率曲线并不是理想的形状。可以证明,在任何级次的滤光片中,透射能量的一半是在半宽度之外的(假定入射光束的能量随波长均匀分布)。因此透射率曲线愈接近矩形愈好。同时反射膜的吸收对法布里—珀罗滤光片特性的影响也很敏感。对于任何级次的滤光片所给定的透射率来说,反射膜的吸收限制了可能得到的带宽。增高滤光片的级次以抑制吸收的影响,对于级次大于 3 的滤光片常常是不成功的。因为这增加了间隔层的粗糙度。此外,在许多情况下法布里—珀罗滤光片的背景抑制也是不够深的,它决定于反射膜的反射率,因而也一定程度上决定于滤光片的带宽和峰值透射率,截止深度不能独立地调节。

当多个调谐电路相耦合时,合成的频率曲线比单个调谐电路的频率曲线更接近矩形。对于法布里—珀罗滤光片也发现了相似的结果。如果将两个或更多的滤光片串置起来,那么得到了与调谐电路非常相似的双峰曲线。不过,这种曲线可以有更多的形状。滤光片可以是

金属－介质的,也可以是全介质的。其基本的结构是:反射膜|间隔层|反射膜|间隔层|反射膜,它被称为双半波滤光片。全介质的双半波滤光片的一些实例如图 3-101 所示。

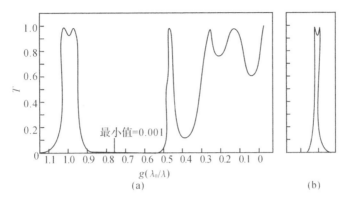

图 3-101　全介质双半波滤光片的特性
(a)G | H2LHLH2LH | G 的理论透射率曲线
(b)G | HL2HLHLHL2HLH | G 的理论透射率曲线
$n_G = 1.52, n_H = 2.35, n_L = 1.35$

下面我们介绍双半波滤光片的特性分析和理论计算的史密斯方法。

在法布里－珀罗滤光片中,反射膜系在通带内的反射率差不多是常数。史密斯[1]提出一个想法,使用反射率急速变化的反射膜系,以得到更好的通带形状。式(3-69)给出了滤光片透射率的精确表达式

$$T = \frac{T_1 T_2}{(1 - \sqrt{R_1 R_2})^2} \cdot \frac{1}{1 + \frac{4\sqrt{R_1 R_2}}{(1 - \sqrt{R_1 R_2})^2} \sin^2 \frac{1}{2}(\varphi_1 + \varphi_2 - 2\delta)} \tag{3-81}$$

可以看出,只要使选定间隔层的两边反射率相等,并且满足相位条件: $\left| \frac{1}{2}(\varphi_1 + \varphi_2 - 2\delta) \right| = m\pi$, m 为整数,那么在任一波长都能得到高的透射率。

在透射峰值波长附近,合理的低反射率具有一定的优越性,这意味着吸收对峰值透射率的影响较小。在法布里－珀罗滤光片中,低反射率意味着宽的通带。现在我们安排反射率刚刚偏离峰值波长就开始显著变化,以此来压缩带宽。图 3-102 表示了双半波滤光片的最简单的形式,其结构为 HHLHH,HH 是半波长间隔层,而 L 是耦合层。在下面的讨论中,为了简单起见,我们略去任何基片。

滤光片的性能用一个间隔层两边的反射率来描述。R_1 是高折射率间隔层与入射介质(空气)之界面的反射率,它是常数。R_2 是间隔层另一边的膜系的反射率。当间隔层的厚度为 $\lambda_0/2$ 时,则在 λ_0 处 R_2 很低。而在 λ_0 的两边 R_2 上升,在 λ_1 和 λ_2 处反射率 R_1 和 R_2 相等。如果位相条件也满足,那么我们可望得到高的透射率。事实正是这样,在图中也表示出膜系的透射率曲线,其形状是一个有陡峭边缘并包含两个紧靠一起的透射峰的通带。在两峰之间只有

① S. D. Smith. Design of Multilayer Filters by Considering Two Effective interfaces. J. Opt. Soc. Amer. , 48,1,43,(1958).

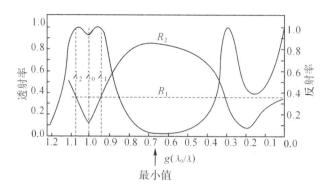

图 3-102　滤光片 HHLHH 的理论透射率曲线以及反射率曲线 R_1 和 R_2

一个浅凹陷,这与法布里－珀罗滤光片的通带形状相比,更接近理想的矩形。

现在滤光片的透射率公式可以写成

$$T = T_0(\lambda) \frac{1}{1 + F(\lambda)\sin^2[(\varphi_1 + \varphi_2)/2 - \delta]} \qquad (3-82)$$

式中

$$T_0(\lambda) = \frac{(1-R_1)(1-R_2)}{(1-\sqrt{R_1 R_2})^2}$$

$$F(\lambda) = \frac{4\sqrt{R_1 R_2}}{(1-\sqrt{R_1 R_2})^2}$$

$T_0(\lambda)$ 和 $F(\lambda)$ 这两个量是随着波长 λ 的变化而变化的,因为它们包含的 R_2 是变量。图 3-103 表示这两个函数的形状。在离开峰值所在的波长处,$T_0(\lambda)$ 低而 $F(\lambda)$ 高,联合作用的结果是使截止度增加。在峰值波长附近。$T_0(\lambda)$ 高而 $F(\lambda)$ 低,这样便产生高的透射率。它对于吸收的影响是不敏感的。正如我们前面讨论过的,峰值透射率取决于比值 A_{12}/T_{12}。显然,为了得到与滤光片相同的总透射率,T_{12} 愈大,A_{12} 可以愈高。

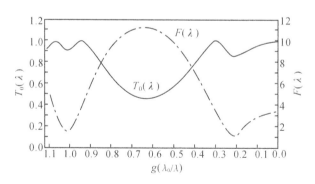

图 3-103　滤光片 HHLHH 的 $T_0(\lambda)$ 与 $F(\lambda)$ 的曲线

双半波滤光片通常典型的双峰形状,是由于曲线 R_1 和 R_2 相交于彼此分开的两点而产生的。还可以出现两种别的情况,曲线 R_1 和 R_2 只在一点相交,这时膜系有一个单峰,理论上其透射率为1;或者两条曲线完全不相交,这时膜系将显示一个透射率低于1的单峰,在设计时必须避免后一种情况。对于双峰滤光片的一个要求是,在两个峰中间凹陷应是浅的,这意味着在波长 λ_0 处,R_1 和 R_2 不应当相差太多。

在研究了双半波滤光片的最简单形式之后,我们必须研究更复杂的情况。前面讨论的是两个反射膜系的系统,其中一个反射膜系的反射率在所涉及的区域内大致保持常数,而另一个反射膜系的反射率在通带内应等于或者接近于前者的反射率,但在通带之外却应当急剧地增加。在峰值波长处,简单的法布里－珀罗滤光片实际上具有零反射率,但在峰值波长的两边,反射率迅速上升。如果将一个 λ/4 多层膜系叠加在法布里－珀罗滤光片上,那么最后的组合将具有所希望的特性,即在中心波长处,反射率等于单纯 λ/4 多层膜的反射率;而在中心波长的两边,反射率急剧地增加。因此我们可以用一个反射率大致恒定的单纯 λ/4 多层膜,当作间隔层一侧的反射膜;在间隔层另一侧,用一个完全相同的多层膜与法布里－珀罗滤光片联结起来。这将产生一个单峰滤光片,因为此时反射率恰好在波长 λ₀ 相匹配。如果反射膜与法布里－珀罗滤光片相组合,其反射率被调整到稍稍低于反射膜本身的反射率,那么将得到双峰透射率曲线。较为常用的结构是在反射膜与法布里－珀罗滤光片之间插入一个 λ/4 层作为耦合层。图 3-104 说明了这种情况。

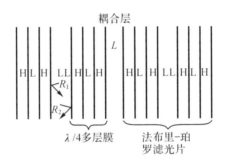

图 3-104　双半波滤光片的一种结构

至此,我们完全没有考虑滤光片的基片。基片是在间隔层的一侧,因而会改变那一侧的反射率。特别是在基片折射率较高的时候,这种反射率的变化可能很大,所以应当在设计一开始就将基片考虑进去。

下面我们研究一个镀在锗板上滤光片的情况。用硫化锌作低折射率层,用锗作高折射率层。令间隔层是低折射率层,并且用 G｜LHLL 表示锗板上的反射膜系,其中 LL 是间隔层。反射膜系的透射率近似为

$$T_1 \approx 4n_L^3/n_H^2 n_g$$

由于基片和高折射率层是同一种材料,所以

$$T_1 \approx 4n_L^3/n_H^3$$

在间隔层的另一侧,我们从组合 LLHLH｜空气着手,它表示一个基本的反射膜系,其中 LL 还是间隔层。这个组合的透射率是

$$T_2 \approx 4n_L^3/n_H^4$$

即 T_2 是 T_1 的 $1/n_H$ 倍,显然彼此不匹配。这个反射膜系必须调整,增加一个低折射率层,结构变为

$$LLHLHL｜空气$$

于是透射率变为

$$T_2 \approx 4n_L^5 / n_H^4$$

由于 n_L^2 近似等于 n_H，所以此时 T_1 和 T_2 近似相等，于是法布里—珀罗滤光片可以叠加到第二个反射膜系上，以给出所要求的反射率曲线。法布里—珀罗滤光片可以选取任何一种形式，但这里采用这样一个组合是方便的，即与已经构造的一个间隔层和两个反射膜系的组合几乎完全相同。此时滤光片的全部设计是

Ge｜LHLLHLHLHLHLLHLH｜空气

其特性表示在图 3-105 上。

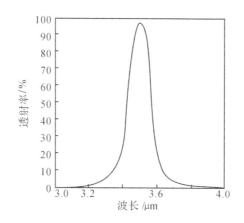

图 3-105　滤光片 Ge｜LH2LHLHLHLH2LHLH｜空气的理论透射率
$n_H = n_{Ge} = 4.0, n_L = 2.35, n_0 = 1.0$

对于窄带滤光片检验滤光片是否具有高峰值透射率的另一种方法是应用虚设层的概念。双半波滤光片中各层膜的厚度常常是通带中心波长的 1/4 或 1/2，上述滤光片就是如此，因而我们以它作为说明这种方法的例子。注意到两个间隔层都是半波长层，因而除去它们并不会影响峰值透射率。这样，在中心波长处滤光片可以表示为

Ge｜LHHLHLHLHHLH｜空气

其中又有两对 2H 层，它们可以同样地除去。接着两对 2L 层可以依次再消去，按此方式几乎所有膜层都可除去，最后剩下

Ge｜HL｜空气　　或　　Ge｜L｜空气

正如我们已经知道的，单层 $\lambda_0/4$ 硫化锌膜是锗板很好的减反射膜。所以在通常的中心波长 λ_0 处，滤光片将有高的透射率。任何形式的双半波窄带滤光片都可以这样处理。

当然，可能的设计类型并不限于双半波滤光片，还有甚至包含更多半波长层的其他类型的滤光片。例如可以再次重复双半波滤光片中基本的法布里—珀罗单元，以便给出三半波滤光片。它有几乎相同的带宽，但边缘更陡，背景截止更深。通常三半波滤光片是指含有三个半波间隔层的所有形式的滤光片，甚至可以用更多的间隔层构成多半波滤光片。由于多半波滤光片通常用于通带宽度较大的场合，中心波长的透射率不足以反映通带的透射特性，因此

检验滤光片中心波长透射率高低的简单方法不适合于多半波滤光片的设计和分析。台伦[1]利用对称膜系等效层的概念,发展了一种系统的有效的设计方法。

这种方法的基础是将多半波滤光片划分为一个对称的主膜系和两侧的匹配膜系。只要计算主膜系的等效折射率和匹配情况,便可预知滤光片的特性。现在我们以上面的结构为例来作一说明。滤光片

$$Ge \mid LHLLHLHLHLHLLHLH \mid 空气$$

可以分开排成

$$Ge \mid \underbrace{LHL}_{匹配膜系} \quad \underbrace{LHLHLHLHL}_{主膜系} \quad \underbrace{LHLH}_{匹配膜系} \mid 空气$$

决定滤光片特性的中心段主膜系 LHLHLHLHL,这是一个对称组合,因此可以代换成一个等效层,它具有常见的一连串高反射区和透射区。我们关心的是后者,因为它表示最后的滤光片的通带,然后使对称的主膜系同基片以及周围空气相匹配。为此在它每一侧加上匹配层,这就是滤光片中剩下的那些膜层的作用。完全匹配的条件很容易确定,因为这些匹配层的光学厚度都是 $\lambda_0/4$。

这种设计方法的一个最有用的特点是,只要主膜系同基片和入射介质匹配,基本周期(即主膜系)可以重复许多次,使通带的边缘更加陡峭,并且改进了截止度而又不会明显地影响带宽。

为了估计滤光片的带宽,我们应用折射率高、低交替的 $\lambda_0/4$ 膜系的特征矩阵乘积的近似公式。这个公式仅仅适用于偏离 λ_0 不太远的波长。在 λ_0 附近,特征矩阵可以变为以下形式:

$$\begin{bmatrix} \frac{1}{2}\sin 2\delta & i/n \\ in & \frac{1}{2}\sin 2\delta \end{bmatrix}$$

这里 δ 为膜层的位相厚度。

利用这近似公式,折射率为 n_1 的 x 层膜和与之交替的折射率为 n_2 的 $(x-1)$ 层膜(n_1 是最外层的折射率)的特征矩阵连乘积为

$$\begin{bmatrix} M_{11} & M_{12} \\ M_{21} & M_{22} \end{bmatrix} =$$

$$\begin{bmatrix} \frac{1}{2}\sin 2\delta \left[\left(\frac{n_1}{n_2}\right)^{x-1} + \left(\frac{n_1}{n_2}\right)^{x-2} + \cdots + \left(\frac{n_1}{n_2}\right)^{1-x} \right] & i / \left[\left(\frac{n_1}{n_2}\right)^x n_1 \right] \\ i \left(\frac{n_1}{n_2}\right)^x n_1 & \frac{1}{2}\sin 2\delta \left[\left(\frac{n_1}{n_2}\right)^{x-1} + \left(\frac{n_1}{n_2}\right)^{x-2} + \cdots + \left(\frac{n_1}{n_2}\right)^{1-x} \right] \end{bmatrix}$$

$$(3-83)$$

现在要从这个表示式导出滤光片半宽度的解析式是困难的。因此我们不去推导半宽度,而是选取某些波长以确定通带的边界。对于这些波长

$$\frac{1}{2} \mid M_{11} + M_{22} \mid = 1$$

① A. Thelen. Equivalent Layers in Multilayer Filters. J. Opt. Soc. Amer.，56，11，1533，(1966).

因为 $M_{11}=M_{22}$，故 $|M_{11}|=1$。这些点离开半峰值透射率的波长位置不会太远，特别是当通带边缘很陡的时候更是如此。边缘所限定的带宽虽然不一定正好就是通带半宽度，但可与之相比拟。

现在将这个条件用于式(3-83)，有

$$|M_{11}|=\left|\frac{1}{2}\sin2\delta\left[\left(\frac{n_1}{n_2}\right)^{x-1}+\left(\frac{n_1}{n_2}\right)^{x-2}+\cdots+\left(\frac{n_1}{n_2}\right)^{1-x}\right]\right|=1 \tag{3-84}$$

如果 $n_1>n_2$，那么这个方程可以写成

$$\left|\frac{1}{2}\sin2\delta\left(\frac{n_1}{n_2}\right)^{x-1}\left[1+\left(\frac{n_1}{n_2}\right)^{-1}+\left(\frac{n_1}{n_2}\right)^{-2}+\cdots+\left(\frac{n_1}{n_2}\right)^{2-2x}\right]\right|=1 \tag{3-85}$$

方括号中的项类似于级数

$$\frac{1}{1-\left(\frac{n_1}{n_2}\right)^{-1}}=1+\left(\frac{n_1}{n_2}\right)^{-1}+\left(\frac{n_1}{n_2}\right)^{-2}+\cdots$$

只不过它截止于 $\left(\frac{n_1}{n_2}\right)^{2-2x}$ 项，而不是具有无限多项。但只要这个项 $\left(\frac{n_1}{n_2}\right)^{2-2x}$ 足够小，那么我们可以用 $1\Big/\left[1-\left(\frac{n_1}{n_2}\right)^{-1}\right]$ 代替式(3-85)中的方括号内的项而不会有大的误差。于是式(3-85)成为

$$\left|\frac{1}{2}\sin2\delta\left(\frac{n_1}{n_2}\right)^{x-1}\Big/\left[1-\left(\frac{n_1}{n_2}\right)^{-1}\right]\right|=1$$

即

$$|\sin2\delta|=2\left(\frac{n_1}{n_2}-1\right)\Big/\left(\frac{n_1}{n_2}\right)^{x}$$

因为

$$\delta=\delta_0+\Delta\delta,\quad \delta_0=\pi/2$$
$$\sin2\delta=\sin(\pi+2\Delta\delta)=-\sin2\Delta\delta$$

所以

$$2\Delta\delta=\arcsin\left[\frac{2\left(\frac{n_1}{n_2}-1\right)}{\left(\frac{n_1}{n_2}\right)^{x}}\right] \tag{3-86}$$

又因为

$$|\Delta\delta|\approx\left(\frac{\partial\delta}{\partial\lambda}\right)_0\Delta\lambda=\frac{\delta_0}{\lambda_0}\Delta\lambda=\frac{\pi/2}{\lambda_0}\Delta\lambda$$

因而

$$\Delta\lambda/\lambda_0=\frac{2}{\pi}|\Delta\delta|$$

代入式(3-86)，得相对半宽度的表达式

$$\frac{2\Delta\lambda}{\lambda_0}=\frac{2}{\pi}\arcsin\left[\frac{2\left(\frac{n_1}{n_2}-1\right)}{\left(\frac{n_1}{n_2}\right)^{x}}\right] \tag{3-87}$$

对于 $n_1<n_2$ 的情况，同样可得到表示式

$$\frac{2\Delta\lambda}{\lambda_0}=\frac{2}{\pi}\arcsin\left[\frac{2\left(\frac{n_2}{n_1}-1\right)}{\left(\frac{n_2}{n_1}\right)^{x}}\right] \tag{3-88}$$

我们用 n_H 和 n_L 代替两种薄膜材料的折射率,并考虑到方括号中的项的值很小,带宽的近似表达式可写成

$$\frac{2\Delta\lambda}{\lambda_0} = \frac{4}{\pi}\left(\frac{n_L}{n_H}\right)^{x-1}\frac{(n_H - n_L)}{n_H} \tag{3-89}$$

这是一级次干涉的情况。可以证明,如果多半波滤光片的干涉级次是 m(即间隔层的厚度为 $m\lambda_0/2$),则带宽的表达式为

$$\frac{2\Delta\lambda}{\lambda_0} = \frac{4}{m\pi}\left(\frac{n_L}{n_H}\right)^{x-1}\frac{(n_H - n_L)}{(n_H - n_L + n_L/m)} \tag{3-90}$$

由式(3-83)可以给出等效折射率

$$E = \left(\frac{M_{21}}{M_{11}}\right)^{1/2} = \left(\frac{n_1}{n_2}\right)^{x-1}n_1 \tag{3-91}$$

为了得到高的通带透射率,主膜系的等效折射率必须同基片以及入射介质相匹配。假定在基片上有 j 层折射率为 n_1 的膜和 $(j-1)$ 层折射率为 n_2 的膜(与主膜系相邻的第一层膜的折射率为 n_1)的匹配膜系,它的组合导纳为

$$\left(\frac{n_1}{n_2}\right)^{2(j-1)}\frac{n_1^2}{n_g} \tag{3-92}$$

这里 n_g 是基片的折射率。如果在入射介质一侧有类似的匹配膜系,它的组合导纳为

$$\left(\frac{n_1}{n_2}\right)^{2(l-1)}\frac{n_1^2}{n_0} \tag{3-93}$$

式中,l 是折射率为 n_1 的膜层的层数,n_0 是入射介质的折射率。选择两侧的匹配膜系应使式(3-92)和(3-93)给出的导纳值与主膜系的等效导纳相等。

当我们试图应用这个公式来设计多半波滤光片的时候,我们意外地发现,以前考察过的似乎是满意的许多设计,现在都不满足匹配条件。例如我们上面分析过的设计

$$\text{Ge} \mid \text{LHL LHLHLHLHL LHLH} \mid \text{空气}$$

其中 L 表示折射率为 2.35 的硫化锌膜,H 表示折射率为 4.0 的锗膜。主膜系是 LHLHLHLHL,其等效导纳为

$$n_L^5/n_H^4$$

基片侧的组合导纳为

$$n_L^4/n_H^3$$

入射侧的组合导纳为

$$n_L^4/n_H^4$$

可见它们明显不相匹配。但是根据史密斯分析方法和虚设层的概念,可以期望上述滤光片有高的峰值透射率。对这个明显的矛盾,我们可作如下解释。

以主膜系的等效层作为选择层,将整个滤光片划分成两个有效界面。当主膜系的等效导纳与基片侧及入射侧的组合导纳相等时,两个有效界面上的反射率为零。因此不论主膜系的等效位相厚度是多少,即不管主膜系重复多少个周期,滤光片的中心波长透射率始终为1。因此,中心段的主膜系可以重复任意次,也即可以构成任意个半波的多半波滤光片。尽管随着周期数(即半波数)的增加,通带内的波纹也随之增加,但只要基本周期和基片及入射介质匹配良好,波纹是浅而平坦的,保证了好的通带特性。当主膜系和基片及入射介质明显不

匹配时,就像我们在上面的滤光片结构中所看到的那样,两个有效界面上的反射率不为零,根据史密斯条件,只有等效位相厚度满足

$$\frac{1}{2}(\varphi_1 + \varphi_2 - 2\delta) = m\pi \qquad m = 0, \pm 1, \pm 2, \cdots$$

才能得到高的透射率,这里 $\delta = s\Gamma, \Gamma$ 是主膜系的等效位相厚度, s 是周期数。因此只有对特定的周期数 s(例如对上面的滤光片 $s = 1$),才可能期望有高的峰值透射率。换言之,主膜系不能任意重复,不能据以构成多半波滤光片。另一方面,当 $s = 1$ 时,通带内波纹的间隔比通带宽度大得多,因此只需考虑通带中心波长的透射率。上面的滤光片作为特定的双半波滤光片,其特性是令人满意的。但若据此构成多半波滤光片,不仅影响中心波长的透射率,更重要的是,随着周期数 s 的增加,通带内的波纹变得愈来愈密集,由于主膜系与基片及入射介质匹配不好,波纹是很深的。这往往使通带的特性坏得不能接受。

由上面的讨论可以看到,史密斯方法用于双半波滤光片的设计是完全成功的;但在设计多半波滤光片时,应该应用对称膜系等效层的概念和台伦的设计技术。

表 3-4 列出了锗板上用两种材料构成的滤光片的各种可能的组合,其中心段可以按要求重复许多次。

表 3-4   各种组合的多半波滤光片

基片侧的组合	主　膜　系	入射侧的组合
Ge｜L	(LHL)^s	｜空气
Ge｜LH	(HLHLH)^s	H｜空气
Ge｜LHL	(LHLHLHL)^s	LH｜空气
Ge｜LHLH	(HLHLHLHLH)^s	HLH｜空气
Ge｜LHLHL	(LHLHLHLHLHL)^s	LHLH｜空气

这些组合中的任何一个,其有效性很容易检验。以主膜系为 9 层的第四种结构为例,这里主膜系的等效导纳为

$$n_n^5 / n_L^4$$

基片侧的组合导纳为

$$n_H^4 n_{Ge} / n_L^4 = n_H^5 / n_L^4$$

入射侧的组合导纳为

$$n_H^4 / n_L^2 \approx n_H^5 / n_L^4$$

可见它们是匹配得很好的。

因此,这种方法提供了设计多半波滤光片所必需的全部知识。在每种特定的情形中,通带边缘的陡度、截止带和截止度将决定于基本周期的数目。通常,因为在建立各个公式时作了近似处理,同时因为用作带宽的定义不一定就是半宽度(虽然两者不会相差太多),所以在实际制作滤光片之前,应当用电子计算机作准确的计算来校验设计。

3.5.4　诱导透射滤光片

我们已经指出,一级次金属 — 介质法布里 — 珀罗滤光片的优点是没有长波旁通带。它的缺点是峰值透射率很低,否则半宽度就很大,以致截止度和通带形状无法使用。因此,用它来消除其他窄带滤光片的旁通带就不很理想。最好是采用诱导透射滤光片,这种滤光片有着

很高的峰值透射率和宽的截止区,因此适合于要求高的峰值透射率和宽的截止区的各种情况,同时作为抑制窄带全介质滤光片的长波旁通带的截止滤光片,也具有优良的特性。

我们知道,金属膜的吸收不仅决定于金属膜本身的光学常数(折射率 n,消光系统 k)和厚度,而且和相邻介质的导纳密切相关。只要正确选择基片侧匹配膜堆的导纳,就能使整个膜系的势透射率成为最大。如果同时在入射侧设计适当的减反射膜堆,使整个膜系的反射减小至接近于零,此时就能开发金属膜最大可能的透射率,这就是所谓诱导透射的概念。可以看到,金属膜两侧的介质膜系不仅增加了中心波长的透射率,而且由于每个膜系包含了相当多的层数,所以对一个有限的波段也增加了透射率。但在这个波段以外,便由增加透射率迅速过渡为增加反射率。换句话说,产生了一个带通滤光片。如果用作诱导透射的膜系是一级干涉的,那么在比透射率峰值波长更长的区域里,滤光片的特性接近于它自身的金属膜。所以只要金属膜足够厚,那就没有讨厌的长波旁通带。下面我们介绍基于势透射率概念设计诱导透射滤光片的步骤。

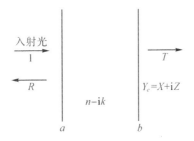

图 3-106 包含金属膜的薄膜系统

首先限于讨论仅包含一层金属膜的膜系,如图 3-106 所示。透过界面 b 的光能量 T 与透过界面 a 的光能量 $1-R$ 之比定义为势透射率 ψ,即

$$\psi = \frac{T}{1-R}$$

由于其余的均是介质膜系,势透射率为1,所以上式中的 T 和 R 也是整个膜系的透射率和反射率。按照上述定义,势透射率也可以写成

$$\psi = \frac{T}{1-R} = \frac{\frac{1}{2}\mathrm{Re}(E_b H_b^*)}{\frac{1}{2}\mathrm{Re}(E_a H_a^*)} = \frac{\mathrm{Re}(Y_e)}{\mathrm{Re}(B_i C_i^*)} \tag{3-94}$$

而

$$\begin{bmatrix} B_i \\ C_i \end{bmatrix} \begin{bmatrix} \cos\delta & \dfrac{i}{(n-ik)}\sin\delta \\ i(n-ik)\sin\delta & \cos\delta \end{bmatrix} \begin{bmatrix} 1 \\ X+iZ \end{bmatrix} \tag{3-95}$$

式中

$$\delta = \frac{2\pi}{\lambda}(n-ik)d = 2\pi nd/\lambda - i2\pi kd/\lambda = \alpha - i\beta$$

$$\alpha = 2\pi nd/\lambda, \quad \beta = 2\pi kd/\lambda, \quad y = n - ik$$

这里 $X + iZ = Y_e$,称作为出射导纳。

由式(3-95),有

$$\mathrm{Re}(B_i C_i) = \mathrm{Re}\{[\cos\delta + i(\sin\delta/y)(X+iZ)][iy\sin\delta + \cos\delta(X+iZ)]^*\}$$

$$= \mathrm{Re}\left[-\mathrm{i}y^* \cos\delta\sin\delta^* + \frac{\sin\delta\sin\delta^* y^{*2}(X+\mathrm{i}Z)}{yy^*} \right.$$
$$\left. + \cos\delta\cos\delta^*(X-\mathrm{i}Z) + \frac{\mathrm{i}\sin\delta\cos\delta^* y^*(X-\mathrm{i}Z)(X+\mathrm{i}Z)}{yy^*} \right]$$

因为

$$\cos\delta = \cos\alpha\,\mathrm{ch}\beta + \mathrm{i}\,\sin\alpha\,\mathrm{sh}\beta$$
$$\sin\delta = \sin\alpha\,\mathrm{ch}\beta - \mathrm{i}\,\cos\alpha\,\mathrm{sh}\beta$$

所以

$$\mathrm{Re}(B_i C_i^*) = n\,\mathrm{sh}\beta\,\mathrm{ch}\beta + k\cos\alpha\,\sin\alpha$$
$$+ \frac{X(n^2-k^2)-2nkZ}{(n^2+k^2)}(\sin^2\alpha\,\mathrm{ch}^2\beta + \cos^2\alpha\,\mathrm{sh}\beta)$$
$$+ X(\cos^2\alpha\,\mathrm{ch}^2\beta + \sin^2\alpha\,\mathrm{sh}^2\beta)$$
$$+ \frac{X^2+Z^2}{(n^2+k^2)}(n\,\mathrm{sh}\beta\,\mathrm{ch}\beta - k\sin\alpha\,\cos\alpha)$$

于是势透射率为

$$\psi = \left[\frac{(n^2-k^2)2nk(Z/X)}{(n^2+k^2)}(\sin^2\alpha\,\mathrm{ch}^2\beta + \cos^2\alpha\,\mathrm{sh}\beta) \right.$$
$$+ (\cos^2\alpha\,\mathrm{ch}^2\beta + \sin^2\alpha\,\mathrm{sh}^2\beta) + \frac{1}{X}(n\,\mathrm{sh}\beta\,\mathrm{ch}\beta + k\cos\alpha\,\sin\alpha)$$
$$\left. + \frac{X^2+Z^2}{X(n^2+k^2)}(n\,\mathrm{sh}\beta\,\mathrm{ch}\beta - k\cos\alpha\,\sin\alpha) \right]^{-1} \tag{3-96}$$

令

$$q \equiv (\sin^2\alpha\,\mathrm{ch}^2\beta + \cos^2\alpha\,\mathrm{sh}\beta)$$
$$r \equiv (\cos^2\alpha\,\mathrm{ch}^2\beta + \sin^2\alpha\,\mathrm{sh}^2\beta)$$
$$p \equiv (n\,\mathrm{sh}\beta\,\mathrm{ch}\beta + k\cos\alpha\,\sin\alpha)$$
$$s \equiv (n\,\mathrm{sh}\beta\,\mathrm{ch}\beta - k\cos\alpha\,\sin\alpha)$$

则势透射率可以写成

$$\psi = \left\{ \frac{q[n^2-k^2-2nk(Z/X)]}{(n^2+k^2)} + r + \frac{p}{X} + \frac{s(X^2+Z^2)}{X(n^2+k^2)} \right\}^{-1} \tag{3-97}$$

可以看到,一旦金属膜的光学常数和厚度选定以后,势透射率仅仅是出射导纳($Y_e = X+\mathrm{i}Z$)的函数。据此我们可以找到最佳匹配的出射导纳,使势透射率成为最大。由于势透射率值始终为正,而且是性状很好的函数,因此势透射率的极大值对应于势透射率倒数的极小值

$$\frac{1}{\psi} = \left\{ \frac{q[n^2-k^2-2nk(Z/X)]}{(n^2+k^2)} + r + \frac{p}{X} + \frac{s(X^2+Z^2)}{X(n^2+k^2)} \right\} \tag{3-98}$$

写出式(3-98)对 X 和对 Z 的偏导数,并令偏导数分别为零,从而得到最佳匹配的出射导纳$(X_0 + \mathrm{i}Z_0)$

$$\frac{\partial}{\partial X}\left(\frac{1}{\psi} \right) = \frac{q2nkZ}{X^2(n^2+k^2)} - \frac{p}{X^2} + \frac{s}{(n^2+k^2)} - \frac{sZ^2}{X^2(n^2+k^2)} = 0 \tag{3-99}$$

$$\frac{\partial}{\partial Z}\left(\frac{1}{\psi} \right) = \frac{q(-2nk)}{X(n^2+k^2)} + \frac{2sZ}{X(n^2+k^2)} = 0 \tag{3-100}$$

由式(3-100)得

$$Z_0 = nkq/s = \frac{nk(\sin^2\alpha\,\mathrm{ch}^2\beta + \cos^2\alpha\,\mathrm{sh}^2\beta)}{(n\,\mathrm{sh}\beta\,\mathrm{ch}\beta - k\sin\alpha\,\cos\alpha)} \tag{3-101}$$

代入式(3-99)有

$$X_0 = [p(n^2 + k^2)/s - n^2 k^2 q^2/s^2]^{1/2}$$

$$= \left[\frac{(n^2 + k^2)(n\text{sh}\beta\,\text{ch}\beta + k\sin\alpha\,\cos\alpha)}{(n\text{sh}\beta\,\text{ch}\beta - k\sin\alpha\,\cos\alpha)} - \frac{n^2 k^2 (\sin^2\alpha\,\text{ch}^2\beta + \cos^2\alpha\,\text{sh}^2\beta)^2}{(n\text{sh}\beta\,\text{ch}\beta - k\sin\alpha\,\cos\alpha)^2} \right]^{1/2} \tag{3-102}$$

为了得到最大的势透射率,现在我们必须在基片上设计一匹配膜堆,使出导纳从 n_g(基片的导纳)转换成 $X_0 + iZ_0$。显然,可以有无限多的途径以达到最佳出射导纳,但是简单的方法是叠加若干 1/4 波长层,最后淀积一层非 1/4 波长层,使导纳终止在 $X_0 + iZ_0$。假设基片上叠加了 1/4 波长的多层膜后,导纳值由 n_g 变为 μ,并假定最后一层非 1/4 波长层的折射率为 n_f,位相厚度为 δ_f,则有

$$\begin{bmatrix} B_i \\ C_i \end{bmatrix} = \begin{bmatrix} \cos\delta_f & \dfrac{i}{n_f}\sin\delta_f \\ in_f\sin\delta_f & \cos\delta_f \end{bmatrix} \begin{bmatrix} 1 \\ \mu \end{bmatrix}$$

欲使导纳终止在 $X_0 + iZ_0$,那么

$$Y_e = \frac{C_i}{B_i} = \frac{\mu\cos\delta_f + in_f\sin\delta_f}{\cos\delta_f + i\dfrac{\mu}{n_f}\sin\delta_f} = X_0 + iZ_0$$

令等式两边的实部和虚部分别相等,从而可得到 μ 和 δ_f 的表示式:

$$\mu = \frac{2X_0 n_f^2}{(n_f^2 + X_0^2 + Z_0^2) + [(n_f^2 + X_0^2 + Z_0^2)^2 - 4X_0^2 n_f^2]^{1/2}} \tag{3-103}$$

$$\delta_f = \frac{1}{2}\arctan\left[\frac{2Z_0 n_f}{(n_f^2 - X_0^2 - Z_0^2)} \right] \tag{3-104}$$

这里 tan 取第一象限或第二象限的解,n_f 可以是高折射率,也可以是低折射率,但 μ 必须小于基片的折射率,所以 $\lambda/4$ 多层膜终止于低折射率膜层。如果高、低折射率交替的膜层数是 $2N$,则有

$$\left(\frac{n_L}{n_H} \right)^{2N} n_g = \mu$$

因此

$$2N = \frac{\lg(\mu/n_g)}{\lg(n_L/n_H)} \tag{3-105}$$

由此可以确定 $\lambda/4$ 多层膜的层数。

如果金属膜的出射导纳是最佳匹配导纳 $X_0 + iZ_0$,则可以证明,金属膜前表面的导纳是它的共轭复数,即 $X_0 - iZ_0$。于是前表面匹配膜堆的作用就是简单地将导纳由 $X_0 - iZ_0$ 变换成 n_0,也即最终的组合导纳与入射介质的导纳相等,因而前表面的匹配膜堆是理想的减反射膜。这时整个滤光片的反射率为零,滤光片的透射率就是金属膜的最大势透射率。因此,与金属膜前表面相邻的第一层膜的厚度 δ 也由式(3-104)确定。而确定 $\lambda/4$ 多层膜的层数的表达式(3-105)则变为

$$2N = \frac{\lg(\mu/n_0)}{\lg(n_L/n_H)} \tag{3-106}$$

可以看出,如果入射介质的导纳与基片的导纳相同,即滤光片与相同的基片玻璃胶合,那么金属膜前表面的匹配膜堆与后表面的匹配膜堆是完全对称的。

由上面的讨论,我们可以得到下面几点结论:

(1) 势透射率决定于金属膜的参数和出射导纳,而与入射侧的膜堆及导纳无关。

（2）最大势透射率仅决定于金属膜的参数。一旦金属膜的参数确定以后，则膜系的最大势透射率也就确定了。实现最大势透射率的出射导纳，就是这种情况下的最佳匹配导纳。

（3）滤光片的实际透射率不仅与势透射率有关，还和入射侧的膜堆有关，也即与整个膜系的反射率相关，其值为 $(1-R)\psi$。当 $\psi = \psi_{\max}$ 而且 $R = 0$ 时，实际透射率达到最大势透射率 $T = \psi_{\max}$。这时我们就说把金属膜最大可能的透射率诱导出来了。

利用这种方法设计的金属和介质组合的带通滤光片，称为诱导透射滤光片。它的设计步骤可以归纳为

（1）根据对波长 λ_0 处峰值透射率的特定要求，选择在 λ_0 处具有尽可能大的 k/n 值的金膜材料。在可见光区和近红外区，通常选择银膜；而在紫外区铝是合适的金属膜材料。确定金属膜的厚度，使最大势透射率大于或接近于要求的峰值透射率。

（2）由式（3-101）和（3-102）计算最佳匹配的出射导纳 $X_0 + iZ_0$，并代入式（3-96），计算最大的势透射率。

（3）选择高、低折射率的介质膜材料，设计一介质膜堆，以给出最佳的出射导纳 $X_0 + iZ_0$。根据式（3-104）计算与金属膜相邻的非 1/4 波长层的位相厚度 δ_f。然后由式（3-103）和（3-105）确定高、低折射率交替的 1/4 波长层的层数 $2N$。于是出射侧匹配膜堆可以表示成

$$L' \underbrace{LHLH\cdots LH}_{2N层} \mid 基片$$

叠加上金属层后成为

$$Ag \mid L'LHLH\cdots LH \mid 基片$$

（4）利用相同的介质膜材料，在入射侧设计一介质匹配膜堆，使整个多层膜的反射率减至零，从而保证透射率等于最大的势透射率，即 $T = \psi_{\max}$。与金属膜前表面相邻的介质层的导纳轨迹始于 $X_0 - iZ_0$，终止于 x 轴上的一点 μ，因而其位相厚度也是 δ_f。其余的高、低折射率交替的 $\lambda_0/4$ 膜堆把导纳从 μ 变化为 n_0，它的层数由式（3-106）确定。如果入射介质与基片相同，那么金属膜两侧的匹配膜堆是完全对称的。整个滤光片的结构成为

$$玻璃 \mid HL\cdots HLL'AgL'LH\cdots LH \mid 基片$$

将低折射率层合并在一起，可以表示成

$$玻璃 \mid HL\cdots HL''AgL''H\cdots LH \mid 基片$$

这里 L'' 层的光学厚度介于 $\lambda_0/4$ 和 $\lambda_0/2$ 之间。如果考虑到 Ag 膜的反射位相，L'' 层可看作是有效厚度为 $\lambda_0/2$ 的间隔层。因此这种诱导透射滤光片也是双半波滤光片的一种形式，银膜替代了全介质双半波滤光片中两个间隔层之间 $\lambda/4$ 多层膜。

诱导透射滤光片可以仅仅包含一层金属膜，就像上面讨论的情况，也可以包含两层甚至更多层的金属膜（间以介质层），称为二重或多重诱导透射滤光片。滤光片的背景抑制取决于金属膜厚度的总和，而不管它细分成多少分层。滤光片的势透射率是各层金属膜势透射率的乘积。因此，对于一给定厚度的金属膜（换言之，对于给定的截止深度），当金属层细分成较小厚度的膜层时，最大势透射率将随之增加。例如，在波长 $\lambda_0 = 253.6\text{nm}$ 处，当一单层铝膜厚

80nm 时,用在一重滤光片中,它的最大透射率是 0.003,如这层金属对分成 40nm 厚的二重形式,最大透射率将提高到 0.13。如这 80nm 总厚度的铝膜分成 15nm ~ 25nm ~ 25nm ~ 15nm 四层金属膜,以构成四重滤光片,则最大透射率可达到 0.45。因此,如果要求设计一具有适度峰值透射率和很深的背景抑制的滤光片,则应选择二重其至更多重的诱导透射滤光片。

上面讨论的计算方法和设计步骤同样适用于多重诱导透射滤光片的设计。问题是怎样设计金属层之间的匹配层,使每一层金属膜都有最佳的出射导纳,实现最大的势透射率。假定多重滤光片中各层金属膜的参数都相同,并且基片上的匹配膜堆使第一层金属膜有最佳出射导纳 $X_0 + iZ_0$。叠加上第一层金属膜后,导纳由 $X_0 + iZ_0$ 变化为它的共轭复数 $X_0 - iZ_0$。为了使第二层金属膜有最佳出射导纳 $X_0 + iZ_0$,需要有一匹配层,使导纳从 $X_0 - iZ_0$ 变为 $X_0 + iZ_0$。

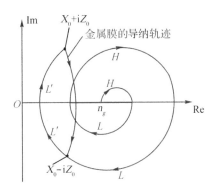

图 3-107　金属膜之间的匹配层的导纳轨迹

从图 3-107 可以看到,该匹配层的厚度为 $2\delta_f$,或用 $L'L'$ 表示。叠加上第二层金属膜后,导纳再一次由 $X_0 + iZ_0$ 变化为它的共轭复数 $X_0 - iZ_0$。重复这个步骤可以叠加任意个金属膜。入射侧匹配膜堆的设计和前面讨论的单重诱导透射滤光片中匹配膜堆的设计是完全相同的。于是最终的滤光片的结构可表示成

$$玻璃 \mid HLHL\cdots HLL'AgL'L'AgL'LH\cdots LHLH \mid 基片$$

或者

$$玻璃 \mid HLHL\cdots HLL'AgL'L'AgL'L'AgL'LH\cdots LHLH \mid 基片$$

作为一个例子,下面我们设计中心波长为 633nm 的诱导透射滤光片。首先选择银作为金属膜的材料,在波长 633nm 处其光学常数取为 $0.06 - i4.2$,厚度为 70nm。基片是折射率为 1.52 的玻璃。折射率分别为 2.35 和 1.35 的硫化锌和氟化镁作为介质匹配膜堆的薄膜材料。整个多层膜与玻璃盖片胶合,因此入射介质的折射率也是 1.52。

金属膜的位相厚度为

$$2\pi(n - ik)d/\lambda = \alpha - i\beta$$
$$\alpha = 2\pi nd/\lambda = 0.04169$$
$$\beta = 2\pi kd/\lambda = 2.91826$$

由式(3-101)和(3-102)得最佳出射导纳为

$$X_0 + iZ_0 = 0.4436 + i4.3228$$

代入式(3-96)计算得最大势透射率为

$$\psi_{\max} = 77.92\%$$

选取低折射率作为与金属膜相邻的间隔层，$n_f = 1.35$，由式(3-103)得

$$\mu = 0.0391$$

间隔层的位相厚度

$$\delta_f = 1.2708$$

即光学厚度

$$n_f d_f = 0.8090(\lambda_0/4)$$

1/4 波堆的层数 $2N$ 由式(3-105)确定，其值为

$$2N = 6$$

即由三对高、低折射率层交替的 $\lambda_0/4$ 多层膜构成。

由于入射介质和基片相同，所以金属膜两侧的匹配膜堆是完全对称的。于是整个滤光片的结构成为

$$玻璃 \mid HLHLHLL'AgL'LHLHLH \mid 玻璃$$

或者表示成

$$玻璃 \mid HLHLHL''AgL''HLHLH \mid 玻璃$$

它们的参数分别是

Ag：光学常数　$n - ik = 0.06 - i4.2$

　　　几何厚度　$d = 70\text{nm}$

L''：光学厚度为 $(1 + 0.8090)\left(\dfrac{\lambda_0}{4}\right)$，　$n_L = 1.35$

H, L：光学厚度为 $\dfrac{\lambda_0}{4}$，$n_H = 2.35$，$n_L = 1.35$

λ_0：633nm

计算的透射率曲线表示在图 3-108 上。

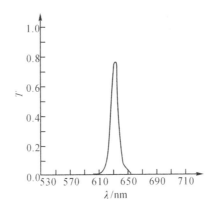

图 3-108　理论的诱导透射滤光片的特性

结构:n_g | HLHLH1.8LAg1.8LHLHLH | n_g;$n_g = 1.52$,$n_H = 2.35$,$n_L = 1.35$,$d_{Ag} = 70nm$,$(n - ik)_{Ag} = 0.06 - i4.2(\lambda_0 = 633nm)$

3.6　特殊膜系

3.6.1　全介质光学负滤光片

负滤光片和前面介绍的带通滤光片相反,它从一光谱范围中除去(反射)某一波段,而在反射带的两侧连接两个高透射带。负滤光片的特性由极小透射率 T_{min}、对应于透射率极小值的波长 λ_0 以及反射带区域的半宽度 ω 所表征(图 3-109)。这种滤光片除了一般的光学应用以外,在单色仪的散射光测量中具有特殊的重要性。

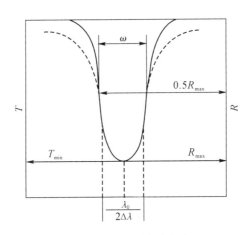

图 3-109　光学负滤光片

图 3-110 表示一个高低折射率交替的 1/4 波长厚度的 19 层膜的透射率。显然,这种设计不能应用在大多数光学滤光片中。对于短波通和长波通滤光片,我们已经讨论过在通带内消

现代光学薄膜技术

除反射次峰的方法。但通常通带内的波纹消除了，则截止带另一边的波纹必然增加，现在我们必须着眼于截止带两边同时消除波纹。这里介绍一种基于等效层概念的在截止带两边具有平坦透射带的滤光片的设计方法[①]。

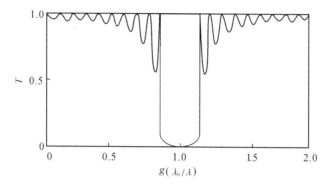

图 3-110 1/4 波堆的透射率

$1.56 \mid H(LH)^9 \mid 1.56$， $n_H = 2.34$， $n_L = 1.56$

最常用作设计多层膜的周期元是（A/2BA/2）型的结构。这里 B 表示厚度为 $\lambda_0/4$、折射率为 n_B 的膜层，A/2 表示厚度为 $\lambda_0/8$、折射率为 n_A 的膜层。该基本周期的等效折射率 E 是波长的函数：

$$E = \left\{ \frac{n_A^2 \left[\sin 2\delta_A \cos \delta_B + \frac{1}{2}(n_A/n_B + n_B/n_A)\cos 2\delta_A \sin \delta_B - \frac{1}{2}(n_A/n_B - n_B/n_A)\sin \delta_B \right]}{\sin 2\delta_A \cos \delta_B + \frac{1}{2}(n_A/n_B + n_B/n_A)\cos 2\delta_A \sin \delta_B + \frac{1}{2}(n_A/n_B - n_B/n_A)\sin \delta_B} \right\}^{1/2}$$

考虑到 $2\delta_A = \delta_B = \frac{\pi}{2}\frac{\lambda_0}{\lambda}$，可作进一步的简化，得

$$\frac{E}{n_A} = \left(\frac{\cos \frac{\pi}{2}\frac{\lambda_0}{\lambda} - \frac{1 - n_B/n_A}{1 + n_B/n_A}}{\cos \frac{\pi}{2}\frac{\lambda_0}{\lambda} + \frac{1 - n_B/n_A}{1 + n_B/n_A}} \right)^{1/2} \tag{3-107}$$

同样等效厚度为

$$\Gamma = \arccos \left[\cos 2\delta_A \cos \delta_B - \frac{1}{2} \left(\frac{n_A}{n_B} + \frac{n_B}{n_A} \right) \sin 2\delta_A \sin \delta_B \right]$$

整理后得

$$\Gamma = \arccos \left[1 - \frac{(1 + n_B/n_A)^2}{2n_B/n_A} \sin^2 \frac{\pi \lambda_0}{2\lambda} \right] \tag{3-108}$$

图 3-111 表示 n_B/n_A 的三种比值的等效折射曲线。我们知道，等效折射率是实数的区域对应于一通带，这时，多层膜就像一个具有折射率为 E、厚度为 $S\Gamma$（这里 S 为对称膜系的周期数）的单层膜，等效折射率为虚数的区域（图 3-111 中 $\lambda_0/\lambda = 1$ 附近）对应于多层膜的反射带，而且随着周期数的增加，透射率减小。由（3-107）式得：

$$\frac{E(\lambda_0/\lambda)}{n_A} = \frac{n_A}{E(2 - \lambda_0/\lambda)}$$

① Alfred Thelen. Design of Optical Minus Filters. J. Opt. Soc. Amer.，61,3,365,(1976).

或
$$E(\lambda_0/\lambda) = \frac{n_A^2}{E(2-\lambda_0/\lambda)} \qquad (3-109)$$

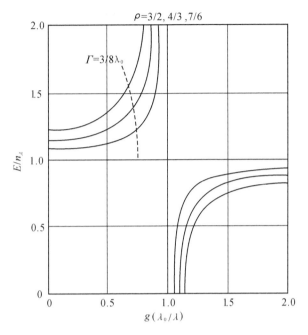

图 3-111　(A | 2BA | 2) 结构的归一化等效折射率比值

$$\rho = n_B/n_A = 3/2,4/3,7/6$$

同时从图 3-111 我们可以看到,对于 n_B/n_A 的不同比值,曲线的大致形状是相似的。换言之,等效折射率之间具有相似的倾向特征。可以证明,图 3-112 所示的两种薄膜结构具有相同的透射率,也就是自入射介质到基片的多层膜系的各个折射率,用它们的倒数乘上同一因子取代后,膜系的透射率是相同的。根据(3-109)式,当 $x = n_A^2$ 时,周期多层膜的特性在反射带的一边如同是一个系统,其另一边则又是另一个系统。而如果取 $n_0 = n_A = n_g$,使 $n_0 = n_A^2/n_0$,$n_g = n_A^2/n_g$,那么对于 (A/2BA/2) 的结构,在止带两边的特性是完全对称的: $T(\lambda_0/\lambda) = T(2-\lambda_0/\lambda)$。因此如对消除反射带一边的波纹有效的话,则对反射带的另一边也是同样有效的。可是,为了同时消除反射带两边的通带内的波纹,折射率 n_A 必须满足:

$$n_A = n_0 = n_g \qquad (3-110)$$

这里 n_0 和 n_g 分别为入射介质和基片的折射率。

系统　Ⅰ		系统　Ⅱ	
n_0		x/n_0	
n_1	δ_1	x/n_1	δ_1
n_2	δ_2	x/n_2	δ_2
n_3	δ_3	x/n_3	δ_3
n_j		x/n_j	
n_g		x/n_g	

图 3-112　具有相同透射率的两种薄膜结构

然后,我们在主膜系的两边安置一个相同的减反射膜系以消除通带内的波纹。考虑到主膜系等效折射率的强色散,最简单的减反射膜系是结构为(A/2CA/2)的对称膜系,其中心波长和主膜系的中心波长 λ_0 相同,显而易见,这里的 n_A 也必须满足 $n_A = n_0 = n_g$。

作为第一个例子,我们选取一个具有 6 个周期的对称膜系 $(A/2BA/2)^6$ 作为主膜系,折射率 $n_A = 1.56, n_B = 2.34$,并用对称膜系(A/2CA/2)作为减反射膜与其匹配。根据减反射膜的条件,有

等效折射率:

$$E(n_A, n_C) = \sqrt{n_A E(n_A, n_B)} \tag{3-111}$$

等效位相厚度 $\Gamma(n_A, n_C) = (2j+1)\dfrac{\pi}{2}$ 或光学厚度为:

$$(2j+1)\frac{\lambda_0}{4} \quad (j = 0, 1, 2, \cdots) \tag{3-112}$$

这里 $E(n_A, n_C)$ 为(A/2CA/2)的等效折射率;而 $E(n_A, n_B)$ 为(A/2BA/2)的等效折射率。

虽然主膜系等效折射率的强色散可以用减反射膜的类似色散加以补偿,但这种补偿是近似的。因而选择在哪个波长位置使减反射膜匹配是重要的,同时应根据评价不同的匹配点以尽可能地改善设计。这里我们取 $\lambda = 1.39\lambda_0$ 作为匹配点,以 $n_A = 1.56, n_B = 2.34, \lambda_0/\lambda = 1/1.39 = 0.72$,代入式(3-107)求得该波长位置的等效折射率 $E(n_A, n_B) = 2.60$,根据(3-111)和(3-107)式求得 $n_0 = 1.91$,由(3-108)式求得 $\Gamma(n_A, n_C) = \dfrac{3}{4}\pi$。所以基本周期重复两次,$S\Gamma = 2 \times \dfrac{3}{4}\pi = \dfrac{3}{2}\pi$。图 3-113 给出了最后设计的透射率特性,周期性对称膜系 $(A/2CA/2)^2$ 相当于一单层减反射膜。由于单层减反射膜的带宽不是很大,所以若改用两层或多层减反射膜:

$$(A/2C_1A/2)(A/2C_2A/2)$$

或 $$(A/2C_1A/2)(A/2C_2A/2)(A/2C_3A/2)$$

则透射带内的波纹将进一步减小。

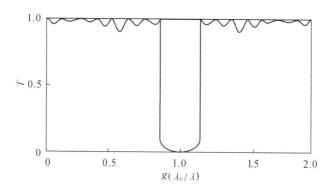

图 3-113　$1.56 \mid (A/2CA/2)^2 (A/2BA/2)^6 (A/2CA/2)^2 \mid 1.56$
的透射率曲线,$n_A = 1.56, n_B = 2.34, n_C = 1.91$

现在,我们可以把具有一定的反射率$(1 - T_{\min})$与半宽度 ω 的负滤光片的设计步骤归纳如下:

(1) 首先利用形式为 $(AB)^S A$ 的 1/4 波堆的反射率 $(1-T_{min})$ 与半宽度 ω，高反射带宽度 $2\Delta g$ 之间的关系，确定反射带宽度 $2\Delta g$。这个关系可以足够精度由下式表示：

$$\frac{2\Delta g}{\omega} = 1 - \left[T_{min}/17.676\right]^{0.2137} \quad (T_{min} < 0.57)$$

或

$$\frac{2\Delta g}{\omega} = 1 - \left[T_{min}/1.508\right]^{0.7542} \quad (T_{min} > 0.57) \tag{3-113}$$

(2) 一旦已知 $2\Delta g$，则可应用公式

$$\frac{n_B}{n_A} = \frac{1 + \sin\left(\frac{\pi}{4} 2\Delta g\right)}{1 - \sin\left(\frac{\pi}{4} 2\Delta g\right)} \tag{3-114}$$

得到所需的折射率比。

(3) 根据条件 $n_g = n_0 = n_A$ 和 (3-114) 式挑选两种材料 A 和 B，作为周期多层膜的基本元 (A/2BA/2)。

(4) 引用近似式：

$$T_{min} \approx 4\left(\frac{n_g n_0}{n_A^2}\right)\left(\frac{n_B}{n_A}\right)^{2S} \quad (n_A > n_B)$$

或

$$T_{min} \approx 4\left(n_A^2/n_0 n_g\right)\left(\frac{n_A}{n_B}\right)^{2S} \quad (n_A < n_B) \tag{3-115}$$

决定周期数 S，以满足反射带所必需的反射率要求。

(5) 在主膜系的两旁安置 (A/2CA/2) 结构的减反射膜，以消除透射带内的波纹。根据式 (3-107)，(3-108) 和 (3-111)，(3-112) 确定折射率 n_C 和周期数。

上述设计需要三种以上不同的薄膜材料，由于能用作薄膜的材料是很有限的，这将带来一定的困难。按照等效折射率理论，我们可以改变厚度以代替选择折射率。图 3-114 表示结构 $(\alpha A/2\beta B\alpha A/2)$ 的归一化等效折射率曲线，其中折射率之比为常数 $n_B/n_A = 1.5$，但具有可变的厚度比例 $(\beta-\alpha)/(\beta+\alpha) = 0.0, 0.2, 0.4, 0.6, 0.8$。对于 $\lambda_0/\lambda < 1.6$，这些曲线和图 3-111 十分类似，它导致图 3-115 的设计。遗憾的是它需要大量的过渡层，给制备工艺带来巨大的困难。

此外，为了使基片和入射介质的折射率必须等于一种膜层的折射率的条件得以满足，使用附加减反射膜来匹配基片与入射介质是必要的。作为一个例子，在图 3-113 的基础上，图 3-116 给出了负绿滤光片的设计，它允许用普通玻璃作为基片，用空气作为入射介质。

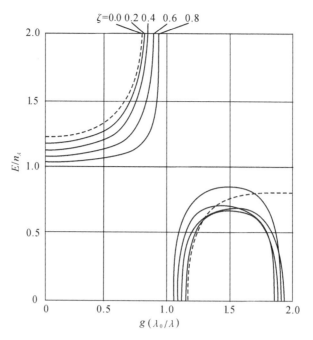

图 3-114　结构 $(\alpha A/2\beta B\ \alpha\ A/2)$ 的归一化等效折射率

$n_A = 1.5$，　$\xi = (\beta - \alpha)/(\beta + \alpha) = 0.0, 0.2, 0.4, 0.6, 0.8$

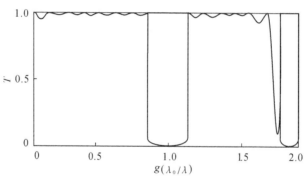

图　　3-115　　设　计　为　　1.56　　|
$(\alpha_1 A/2\beta_1 B\alpha_1 A/2)(\alpha_2 A/2\beta_2 B\alpha_2 A/2)\cdots(\alpha_{10} A/2\beta_{10} B\alpha_{10} A/2)^6\cdots(\alpha_1 A/2\beta_1 B\alpha_1 A/2)$
| 1.56 的透射率

$n_A = 1.56, n_B = 2.34, \alpha_1 = 1.90, \alpha_2 = 1.80, \cdots, \alpha_{10} = 1.00, \beta_1 = 0.10, \beta_2 = 0.20, \cdots, \beta_{10} = 1.00$

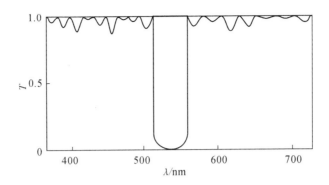

图 3-116 负绿滤光片 $1.52 \mid (3B_2 3A)^2 (3B_1 3A)^6 (3B_2 3A)^2 2B_2 B_3 \mid 1.00$ 的透射率

$n_A = 1.56, n_{B_1} = 2.34, n_{B_2} = 1.91, n_{B_3} = 1.38, \lambda_0 = 5.30 \text{m}\mu$

3.6.2 偏振分束镜

当干涉镀层用于倾斜入射时,通常都要产生强烈的偏振效应,尤其是封闭在胶合棱镜内的干涉镀层更是如此。这种偏振效应是由于要求电场和磁场在膜层的每一界面上的切向分量均连续的结果。对于 s-偏振光,电场垂直于入射面,各层的有效厚度为它们的实际厚度各自乘以该层中折射角的余弦。各层的有效折射率(包括入射介质和基片)为它们的折射率乘以同样的余弦因子。而对于 p-偏振光,电场平行于入射面,虽然各层的有效厚度同样是实际厚度乘以折射角余弦,但有效折射率是它们的折射率各自除以同样的余弦因子。因而,对于 p-偏振,有效折射率总是大于膜层的实际折射率值,而对于 s-偏振,有效折射率总是小于实际值。这样,偏振效应是一目了然的,我们也正是利用这种偏振效应设计各种类型的偏振光束镜。

1. 胶合棱镜偏振分束镜

棱镜型偏振光束镜最早由麦克纳尔(S. MacNelle)[1] 提出,并首先由贝宁(M. Banning)[2] 实际制备。它的设计原理是寻找这样一个入射角,使之对于两种不同折射率的界面满足布儒斯特角条件。在这样的条件下,p-偏振光的反射完全消失。这两种材料能够交替叠加构成多层膜堆,而对 p-偏振光不产生任何反射。对于实际的薄膜材料,这个条件只有当光线从一高折射率介质入射到多层膜上时才能实现。因此,多层膜通常是胶合在玻璃棱镜中间,如图 3-117 所示。为了对两种不同材料满足布儒斯特角条件,p-偏振光的有效折射率必须相等,也即

$$n_L / \cos\theta_L = n_H / \cos\theta_H \tag{3-116}$$

同时必须符合折射定律,即

$$n_H \sin\theta_H = n_L \sin\theta_L = n_0 \sin n_0 \tag{3-117}$$

从(3-116)和(3-117)式不难得到实现偏振条件的关系式:

$$n_0 \sin\theta_0 = \frac{n_H n_L}{(n_H^2 + n_L^2)^{1/2}} \tag{3-118}$$

① S. MacNeille. U. S. Patent,No. 2,403,731,(1946).

② M. Banning. Practical Methods of Making and Using Multilayer Filters. j. Opt. Soc. Amer. ,37,792,(1947).

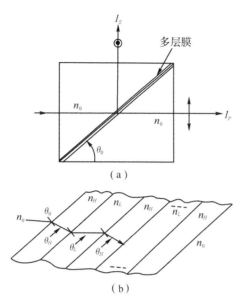

图 3-117　棱镜偏振分束镜及多层膜参数

对于给定的高、低折射率材料，例如硫化锌和冰晶石，可以选择玻璃的折射率 n_0，使 $\theta_0 = 45°$；或者对于确定的玻璃折射率 n_0，选择合适的入射角 θ_0，使(3-118)式得以满足。

s-偏振光的高反射可以通过叠加有效厚度为 1/4 波长的多层膜堆来实现。由于 s-偏振光的有效折射率比值大于实际折射率的比值，即

$$\left(\frac{\eta_H}{\eta_L}\right)_s > \frac{n_H}{n_L} \tag{3-119}$$

所以这样一种 1/4 波堆的截止带宽度将大于垂直入射使用的同样膜堆的宽度。图 3-118 表示硫化锌和冰晶石构成的 45° 棱镜偏振镜的计算特性。可以看到，s-偏振光的反射带几乎覆盖了整个可见区。

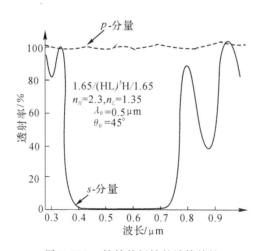

图 3-118　棱镜偏振镜的计算特性

方程(3-118)中不包含有波长和厚度的因子，显然几乎可以将 s-偏振光的反射带安排在任何光谱区间而仍然保持 p-偏振近乎 100% 的透射。这就使我们能利用中心波长不同的

两个 1/4 波堆实现宽带偏振镜的设计。实际上由于薄膜材料的折射率色散和吸收影响,在这种宽带偏振镜中 p-偏振光的透射率不可能在所有波长上都是最佳的。

从上面的讨论也可以知道,仅仅是在特定的入射角条件下才能实现全偏振。然而,在许多应用中,入射角有一定的范围,或者入射光是一束未经准直的会聚光(或发散光),因而了解偏振镜在这种使用条件下的特性是重要的。

当膜层界面上的入射角偏离了布儒斯特角时,p-偏振光的有效折射率不再相等,因而将产生反射,p-偏振光将出现窄而有一定深度的反射带。而对于 s-偏振光,整个反射带将有一定的移动,但峰值反射率没有显著的变化。因此透射光仍然保持了高的偏振度,只是由于产生了 p-偏振光的反射,透射光强度随之减小。但反射的 s-偏振光,其消光比急剧地下降,而且层数愈多,影响愈大,如图 3-119 和图 3-120 所示。可见这种偏振分束镜的偏振特性对于入射角是十分敏感的。

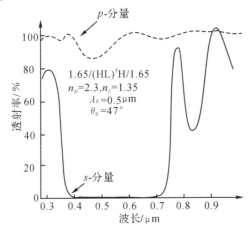

图 3-119　图 3-118 所示的偏振镜在 47° 入射角时的计算特性

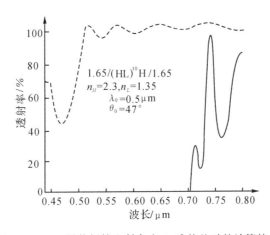

图 3-120　21 层偏振镜入射角有 +2° 偏差时的计算特性

通过增加多层膜的层数,控制 s-偏振的透射率以提高透射光的消光比是有效的。实际能达到的消光比还受棱镜材料中剩余的双折射的限制,即使是很好的退火材料,也难以获得超过 10^3 的消光比。

2. 平板偏振分束镜

上述基于布儒斯特角入射的棱镜偏振镜中,各介质的 p-偏振光的有效折射率都是相同的,其间不存在界面,因而 p-偏振光有高的透射并不是干涉的结果(不产生干涉)。平板偏振镜是基于薄膜材料的 p-偏振和 s-偏振的有效折射率不相等这一条件设计的,p-偏振光的高透射率是通过干涉效应实现的。因此,它们的工作波段比较窄,优点是选择基片和薄膜材料有较大的灵活性。

这种干涉型偏振镜的基本结构是长波通滤光片

$$1.0 \left| \left(\frac{H}{2} L \frac{H}{2} \right)^s \right| n_g$$

膜系的中心波长可这样选择,使工作波长或波段落在 p-偏振和 s-偏振的反射带间隙之间。为了增大间距,高折射率膜层的折射率值应取得尽可能地大,低折射率膜层的折射率值应取得尽可能地小。同时,宽度还和入射角有关。

图 3-121 表示入射角 57°、工作波长 $1.06\mu m$ 的平板偏振镜的光谱特性,偏振镜的设计是

$$1.0 \left| \left(\frac{H}{2} L \frac{H}{2} \right)^5 \frac{H}{2} L H' L \frac{H}{2} \left(\frac{H}{2} L \frac{H}{2} \right)^5 \right| 1.52$$

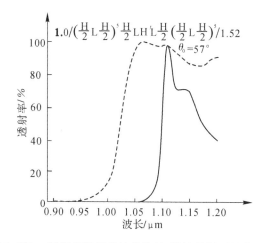

图 3-121　平板偏振镜的计算特性(设计数据可见表 3-5)

各层膜的厚度表示在表3-5上。为了优化 p-偏振在邻近截止带区域的透射率,增加了中间层的厚度。当然,为此目的也可采用其他的优化技术。从图 3-121 中可以看到,只要能够保持 p-偏振透射特性的光滑和平坦,就能通过适当增加膜系的层数以增加工作宽度。

表 3-5　图 3-121 所示的平板偏振镜的结构参数

No.	折　射　率	光学厚度(λ_0)
基片	1.52	
1	2.10	0.1363
2	1.49	0.3015
3	2.10	0.2723
4	1.49	0.3015
5	2.10	0.2723
6	1.49	0.3015
7	2.10	0.2723
8	1.49	0.3015
9	2.10	0.2723
10	1.49	0.3015
11	2.10	0.2723
12	1.49	0.3015
13	2.10	0.3817
14	1.49	0.3015
15	2.10	0.2723
16	1.49	0.3015
17	2.10	0.2723
18	1.49	0.3015
19	2.10	0.2723
20	1.49	0.3015
21	2.10	0.2723
22	1.49	0.3015
23	2.10	0.2723
24	1.49	0.3015
25	2.10	0.1363
入射介质	1.00	

表 3-6 表示工作宽度随入射角变化的情况。可以看到,在通常的平板偏振镜的工作角度 45°入射时,偏振宽度是非常窄的。由于大部分平板偏振分束镜仅用来作为偏振器,反射光的方向是不重要的,因此通常在基片的布儒斯特角(对于折射率为 1.52 的基片,入射角为 57°)条件下使用是方便的。平板偏振镜经常用在高功率激光装置中,这时它们应该用和激光反射镜及减反射镜层相同的薄膜材料制作,这样它们就能忍受极高的功率水平,而不像棱镜偏振镜那样受到光学胶的限制。

表 3-6　25 层平板偏振镜的工作宽度与入射角的关系

$(n_H = 2.10, n_L = 1.49)$

入　射　角	宽　度/nm
30°	0
45°	12
50°	22
57°	36

注:宽度定义为 $T_p \geqslant 95\%$ 和 $T_s \leqslant 5\%$ 的光谱区间。

3.6.3　消偏振分束镜

上一节介绍了利用薄膜的偏振效应实现偏振分束镜的设计。然而在有些情况下,这种偏振效应是必须消除或减少的,例如倾斜使用的介质分束镜就是如此。图 3-122 表示两种分束镜的透射率计算曲线,标有 p 和 s 的曲线分别表示在空气中以 45° 入射时 p-偏振的 s-偏振的特性,标有 O 的曲线表示垂直入射时的特性。两种结构的一种是玻璃上的高折射率单层膜,另一种是高低折射率交替的四层膜,所有膜层的光学厚度均为 $0.525\mu m$ 的 1/4。在两种设计中 T_p 都大于 T_O,而 T_s 都小于 T_O,平均透射率接近于 T_O。下面我们将介绍利用消偏振的入射介质、膜层和基片组合以及消偏振的 1/4 波堆实现消偏振分束镜的设计。[1]

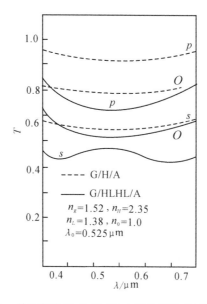

图 3-122　从空气中以 0° 和 45° 入射的两种分束镜的特性

1. 消偏振的入射介质、膜层和基片组合

我们已经知道,对称膜系如 (L|2HL|2) 或 (H|2LH|2),能用一层具有色散的等效折射率和等效厚度的单层膜来代替,并有

---

① 　V. R. Costich, Appl. Opt. ,9,866,(1970).

$$\frac{E}{n_H} = \left\{ \frac{\left[\sin\delta\cos\delta + \frac{1}{2}(n_H/n_L + n_L/n_H)\cos\delta\sin\delta - \frac{1}{2}(n_H/n_L - n_L/n_H)\sin\delta \right]}{\left[\sin\delta\cos\delta + \frac{1}{2}(n_H/n_L + n_L/n_H)\cos\delta\sin\delta + \frac{1}{2}(n_H/n_L - n_L/n_H)\sin\delta \right]} \right\}^{1/2}$$

$$(3\text{-}120)$$

和

$$\frac{E}{n_L} = \left\{ \frac{\left[\sin\delta\cos\delta + \frac{1}{2}(n_L/n_H + n_H/n_L)\cos\delta\sin\delta - \frac{1}{2}(n_L/n_H - n_H/n_L)\sin\delta \right]}{\left[\sin\delta\cos\delta + \frac{1}{2}(n_L/n_H + n_H/n_L)\cos\delta\sin\delta + \frac{1}{2}(n_L/n_H - n_H/n_L)\sin\delta \right]} \right\}^{1/2}$$

$$(3\text{-}121)$$

这里 δ 为对称膜系 $(H\,|\,2LH\,|\,2)$ 或 $(L\,|\,2HL\,|\,2)$ 的中间层的位相厚度。

对于 $\lambda = \lambda_0/2$，$\delta = \dfrac{2\pi}{\lambda_0/2}\dfrac{\lambda_0}{4} = \pi$，代入式（3-120）或（3-121）得对应于这一波长位置的等效折射率为

$$E = n_H \sqrt{\frac{n_H}{n_L}} \qquad (3\text{-}122)$$

或

$$E = n_L \sqrt{\frac{n_L}{n_H}} \qquad (3\text{-}123)$$

我们定义偏振分离 Δn 为

$$\Delta n = \frac{\eta_P}{\eta_S} = \frac{n/\cos\theta}{n\cos\theta} = \frac{1}{\cos^2\theta} = \frac{1}{\left(1 - \dfrac{n_0^2\sin^2\theta_0}{n^2} \right)} \qquad (3\text{-}124)$$

容易看出，它是一个恒大于 1 的量，因此一个单层膜必然有偏振分离，其中 η_P 大于 η_S。对于一确定的入射角 θ_0，入射介质折射率 n_0 愈高，偏振分离 Δn 也愈大。因而封闭在胶合棱镜中的膜层的偏振效应更为显著。

对于 $(H\,|\,2LH\,|\,2)$ 组合，在 $\lambda = \lambda_0/2$ 的波长位置上的偏振分离为

$$\Delta E = \frac{E_P}{E_S} = \Delta n_H \sqrt{\Delta n_H/\Delta n_L} \qquad (3\text{-}125)$$

若低折射率材料的 Δ 值等于高折射率材料的 Δ 值的三次方，则 $\Delta E = 1$，膜层组合在该波长位置无偏振分离。

欲使 $\Delta n_L = (\Delta n_H)^3$，必须使

$$1 - \frac{n_0^2\sin^2\theta_0}{n_L^2} = \left(1 - \frac{n_0^2\sin^2\theta_0}{n_H^2} \right)^3 \qquad (3\text{-}126)$$

若 $n_0 = 1.0$，$\theta_0 = 45°$，$n_0\sin\theta_0 = 0.707$，则（3-126）式可以写成

$$\left(1 - \frac{1}{2n_L^2} \right) = \left(1 - \frac{1}{2n_H^2} \right)^3 \approx 1 - \frac{3}{2n_H^2}, \quad n_H \approx \sqrt{3}\,n_L \qquad (3\text{-}127)$$

任何两种满足式（3-127）条件的材料组成对称膜系 $(H\,|\,2LH\,|\,2)$，在 $\lambda = \lambda_0/2$ 波长位置将没有偏振分离。ZnS/MgF_2 和 Ge/ZnS 即为满足这个条件的两组材料。但我们仅仅利用消偏振的膜层组合还不能消除整个薄膜系统的偏振效应，因为基片和入射介质仍然是偏振分离的。

如果折射率为 n_g 的基片上镀有一层 1/4 波长厚度的折射率为 n_1 的膜层,则基片和膜层组合的导纳 $Y = n_1^2/n_g$,它们的偏振分离为

$$\Delta Y = Y_p/Y_s = (\Delta n_1)^2/\Delta n_g \tag{3-128}$$

若

$$(\Delta n_1)^2 = \Delta n_g, \quad \left(1 - \frac{1}{2n_1^2}\right)^2 = \left(1 - \frac{1}{2n_g^2}\right) \tag{3-129}$$

则有效基片将没有偏振分离。

在空气一边也同样,为使空气转变为非偏振介质,需要一个 1/4 波长厚度的膜层,其折射率可这样确定:

$$\Delta n_2 = \sqrt{\Delta n_0} = \sqrt{2} = 1.414$$

$$\Delta n_2 = \frac{1}{1 - \frac{1}{2n_2^2}} = 1.414, \quad n_2 \approx 1.30$$

我们可以选择接近于 1.30 的 1.38(MgF_2) 作为空气一侧的消偏振匹配层的折射率。

这样组合的整个薄膜系统,从理论上可排除其偏振效应(当然是仅对一个波长而言)。

然而在 $\lambda = \lambda_0/2$ 的波长位置上,对称膜系(H | 2LH | 2)的各层厚度均为其半波长整数倍,对称膜系形同虚设,因此实际上常取 $\lambda = \lambda_0/1.5$。以 λ 作为参考波长,则对称组合可表示成(0.75H1.5L0.75H)。但是满足上述条件(3-126)的膜层组合并不严格消偏振,需要调整折射率给予补偿。

图 3-123 表示按照这种思想设计的红外分束镜的特性曲线。在从垂直入射到 45° 入射的整个范围内,T_p 和 T_s 的差值的确保持在 T_0 和 1% 之内。虚线是基片和入射介质没有作消偏振匹配的特性曲线。

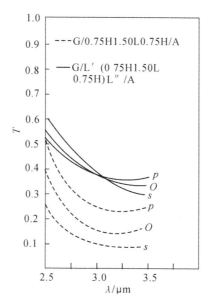

图 3-123 消偏振红外分束镜在空气中以 0° 和 45° 入射时的特性
$n_g = 1.37, n_L' = 1.70, n_H = 4.0, n_L = 2.35, n_L'' = 1.37, n_A = 1.00, \lambda_0 = 3.0\mu m$

利用这个方法可以消除金属膜干涉滤光片倾斜使用时的偏振效应。为此必须用一个消偏振的膜层组合作为间隔层,并对基片和入射介质作消偏振的变换。可惜缺少能透过紫外线的高折射率膜层材料,只能用 2.00 作为高折射率材料的折射率。此滤光片的特性示于图 3-124。p-偏振和 s-偏振透射峰还是向短波方向移动,但现在这两个峰彼此之间相对位移已微乎其微。因此,其至在自然光入射的情况下,当滤光片倾斜使用时,其带宽及峰值透射率仍能保持基本不变。

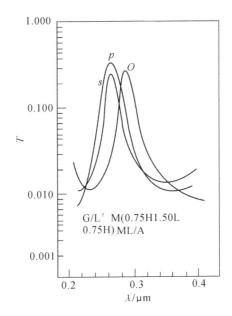

图 3-124   消偏振的金属干涉滤光片在空气中以 0° 和 45° 入射时的特性

$n_g = 1.47, n_A = 1.0, n'_L = 1.70, \hat{n}_M = \hat{n}_N, n_H = 2.0, n_L = 1.38, d(M) = 0.20 \mu m,$

$\theta = 0° \sim 45°, \lambda_0 = 0.32 \mu m$

2. 消偏振的 1/4 波堆

利用消偏振的对称膜系和基片、入射介质的消偏振组合,或者难于达到足够的反射率,或者需要好几种薄膜材料,因而有一定的局限性,这里我们讨论利用 1/4 波堆,并且把膜层和基片、入射介质统一考虑的消偏振分束镜[1]。

对于偶数 $2k$ 层 1/4 波堆的特征矩阵可以写成

$$\begin{bmatrix} B \\ C \end{bmatrix} = \begin{bmatrix} 0 & \dfrac{i}{\eta_1} \\ i\eta_1 & 0 \end{bmatrix} \begin{bmatrix} 0 & \dfrac{i}{\eta_2} \\ i\eta_2 & 0 \end{bmatrix} \begin{bmatrix} 0 & \dfrac{i}{\eta_3} \\ i\eta_3 & 0 \end{bmatrix} \begin{bmatrix} 0 & \dfrac{i}{\eta_4} \\ i\eta_4 & 0 \end{bmatrix} \cdots$$

$$\times \begin{bmatrix} 0 & \dfrac{i}{\eta_{2k-1}} \\ i\eta_{2k-1} & 0 \end{bmatrix} \begin{bmatrix} 0 & \dfrac{i}{\eta_{2k}} \\ i\eta_{2k} & 0 \end{bmatrix} \begin{bmatrix} 1 \\ \eta_g \end{bmatrix}$$

---

①   A. Thelen. Appl. Opt. ,15,2983,(1976).

$$= \begin{bmatrix} -\dfrac{\eta_2}{\eta_1} & 0 \\ 0 & -\dfrac{\eta_1}{\eta_2} \end{bmatrix} \begin{bmatrix} -\dfrac{\eta_4}{\eta_3} & 0 \\ 0 & -\dfrac{\eta_3}{\eta_4} \end{bmatrix} \cdots \begin{bmatrix} -\dfrac{\eta_{2k}}{\eta_{2k-1}} & 0 \\ 0 & -\dfrac{\eta_{2k-1}}{\eta_{2k}} \end{bmatrix} \begin{bmatrix} 1 \\ \eta_g \end{bmatrix}$$

$$= \begin{bmatrix} \dfrac{\eta_2\,\eta_4\cdots\eta_{2k}}{\eta_1\,\eta_3\cdots\eta_{2k-1}} & 0 \\ 0 & \dfrac{\eta_1\,\eta_3\cdots\eta_{2k-1}}{\eta_2\,\eta_4\cdots\eta_{2k}} \end{bmatrix} \begin{bmatrix} 1 \\ \eta_g \end{bmatrix} = \begin{bmatrix} \dfrac{\eta_2\,\eta_4\cdots\eta_{2k}}{\eta_1\,\eta_3\cdots\eta_{2k-1}} \\ \eta_g\dfrac{\eta_1\,\eta_3\cdots\eta_{2k-1}}{\eta_2\,\eta_4\cdots\eta_{2k}} \end{bmatrix}$$

组合导纳

$$Y = \frac{C}{B} = \frac{\eta_1^2\,\eta_3^2\cdots\eta_{2k-1}^2}{\eta_2^2\,\eta_4^2\cdots\eta_{2k}^2}\eta_g$$

反射率

$$R = \left[\frac{\eta_0 - \dfrac{\eta_1^2\,\eta_3^2\cdots\eta_{2k-1}^2}{\eta_2^2\,\eta_4^2\cdots\eta_{2k}^2}\eta_g}{\eta_0 + \dfrac{\eta_1^2\,\eta_3^2\cdots\eta_{2k-1}^2}{\eta_2^2\,\eta_4^2\cdots\eta_{2k}^2}\eta_g} \right]^2 = \left[\frac{\eta_0\,\eta_2^2\,\eta_4^2\cdots\eta_{2k}^2 - \eta_1^2\,\eta_3^2\cdots\eta_{2k-1}^2\,\eta_g}{\eta_0\,\eta_2^2\,\eta_4^2\cdots\eta_{2k}^2 + \eta_1^2\,\eta_3^2\cdots\eta_{2k-1}^2\,\eta_g} \right]^2 \qquad (3\text{-}130)$$

透射率

$$T = 1 - R = \frac{4\eta_0\,\eta_g\,\eta_1^2\,\eta_2^2\,\eta_3^2\cdots\eta_{2k}^2}{(\eta_0\,\eta_2^2\,\eta_4^2\cdots\eta_{2k}^2 + \eta_g\,\eta_1^2\,\eta_3^2\cdots\eta_{2k-1}^2)^2}$$

$$= \frac{4}{2 + \dfrac{\eta_0\,\eta_2^2\,\eta_4^2\cdots\eta_{2k}^2}{\eta_g\,\eta_1^2\,\eta_3^2\cdots\eta_{2k-1}^2} + \dfrac{\eta_g\,\eta_1^2\,\eta_3^2\cdots\eta_{2k-1}^2}{\eta_0\,\eta_2^2\,\eta_4^2\cdots\eta_{2k}^2}}$$

令

$$x = \sqrt{\frac{\eta_0}{\eta_g}}\,\frac{\eta_2\,\eta_4\cdots\eta_{2k}}{\eta_1\,\eta_3\cdots\eta_{2k-1}} \qquad (3\text{-}131)$$

则

$$\left.\begin{aligned} T &= \frac{4}{2 + x^2 + x^{-2}} \\ R &= \left(\frac{1-x^2}{1+x^2}\right)^2 \end{aligned}\right\} \qquad (3\text{-}132)$$

对于奇数 $2k+1$ 层 $1/4$ 波堆的特征矩阵可以写成

$$\begin{bmatrix} B \\ C \end{bmatrix} = \begin{bmatrix} 0 & \dfrac{i}{\eta_1} \\ i\eta_1 & 0 \end{bmatrix} \begin{bmatrix} 0 & \dfrac{i}{\eta_2} \\ i\eta_2 & 0 \end{bmatrix} \cdots \begin{bmatrix} 0 & \dfrac{i}{\eta_{2k-1}} \\ i\eta_{2k-1} & 0 \end{bmatrix} \begin{bmatrix} 0 & \dfrac{i}{\eta_{2k}} \\ i\eta_{2k} & 0 \end{bmatrix} \begin{bmatrix} 0 & \dfrac{i}{\eta_{2k+1}} \\ i\eta_{2k+1} & 0 \end{bmatrix} \begin{bmatrix} 1 \\ \eta_g \end{bmatrix}$$

$$= \begin{bmatrix} -\dfrac{\eta_2}{\eta_1} & 0 \\ 0 & -\dfrac{\eta_1}{\eta_2} \end{bmatrix} \cdots \begin{bmatrix} -\dfrac{\eta_{2k}}{\eta_{2k-1}} & 0 \\ 0 & -\dfrac{\eta_{2k-1}}{\eta_{2k}} \end{bmatrix} \begin{bmatrix} i\,\dfrac{\eta_g}{\eta_{2k+1}} \\ i\eta_{2k+1} \end{bmatrix} = \begin{bmatrix} i\,\dfrac{\eta_g\,\eta_2\,\eta_4\cdots\eta_{2k}}{\eta_1\,\eta_3\cdots\eta_{2k+1}} \\ i\,\dfrac{\eta_1\,\eta_3\cdots\eta_{2k+1}}{\eta_2\,\eta_4\cdots\eta_{2k}} \end{bmatrix}$$

$$Y = \frac{C}{B} = \frac{\eta_1^2\,\eta_3^2\cdots\eta_{2k+1}^2}{\eta_g\,\eta_2^2\,\eta_4^2\cdots\eta_{2k}^2}$$

$$R = \left[\frac{\eta_0 - \dfrac{\eta_1^2\,\eta_3^2\cdots\eta_{2k+1}^2}{\eta_g\,\eta_2^2\,\eta_4^2\cdots\eta_{2k}^2}}{\eta_0 + \dfrac{\eta_1^2\,\eta_3^2\cdots\eta_{2k+1}^2}{\eta_g\,\eta_2^2\,\eta_4^2\cdots\eta_{2k}^2}} \right]^2 = \left[\frac{\eta_0\,\eta_g\,\eta_2^2\,\eta_4^2\cdots\eta_{2k}^2 - \eta_1^2\,\eta_3^2\cdots\eta_{2k+1}^2}{\eta_0\,\eta_g\,\eta_2^2\,\eta_4^2\cdots\eta_{2k}^2 + \eta_1^2\,\eta_3^2\cdots\eta_{2k+1}^2} \right]^2 \qquad (3\text{-}133)$$

$$T = 1 - R = \frac{4\eta_0\eta_g\eta_1^2\eta_2^2\eta_3^2\cdots\eta_{2k+1}^2}{(\eta_0\eta_g\eta_2^2\eta_4^2\cdots\eta_{2k}^2 + \eta_1^2\eta_3^2\cdots\eta_{2k+1}^2)^2} = \frac{4}{2 + \dfrac{\eta_0\eta_g\eta_2^2\eta_4^2\cdots\eta_{2k}^2}{\eta_1^2\eta_3^2\cdots\eta_{2k+1}^2} + \dfrac{\eta_1^2\eta_3^2\cdots\eta_{2k+1}^2}{\eta_0\eta_g\eta_2^2\eta_4^2\cdots\eta_{2k}^2}}$$

令

$$x = \sqrt{\eta_0\eta_g}\,\eta_2\eta_4\cdots\eta_{2k}/\eta_1\eta_3\cdots\eta_{2k+1} \tag{3-134}$$

则

$$\left.\begin{aligned} T &= \frac{4}{2 + x^2 + x^{-2}} \\ R &= \left(\frac{1 - x^2}{1 + x^2}\right)^2 \end{aligned}\right\} \tag{3-135}$$

可见不论是偶数层还是奇数层的 1/4 波堆(包括基片和入射介质)的反射率和透射率都有相同的表达式,只是表达式中的 x 含义不同而已。

若要使整个组合无偏振效应,必须使 p-偏振和 s-偏振的 x 项相等,即 $x^{(p)} = x^{(s)}$,从而 $T^{(p)} = T^{(s)}$ 和 $R^{(p)} = R^{(s)}$。对于偶数层,为使 $x^{(p)} = x^{(s)}$,即

$$\sqrt{\eta_0^{(p)}/\eta_g^{(p)}}\,\eta_2^{(p)}\eta_4^{(p)}\cdots\eta_k^{(p)}/\eta_1^{(p)}\eta_3^{(p)}\cdots\eta_{2k-1}^{(p)} = \sqrt{\eta_0^{(s)}/\eta_g^{(s)}}\,\eta_2^{(s)}\eta_4^{(s)}\cdots\eta_{2k}^{(s)}/\eta_1^{(s)}\eta_3^{(s)}\cdots\eta_{2k-1}^{(s)}$$

也即各介质的偏振分离之间需满足如下关系:

$$\sqrt{\Delta n_0/\Delta n_g}\,\Delta n_2\Delta n_4\cdots\Delta n_{2k}/\Delta n_1\Delta n_3\cdots\Delta n_{2k-1} = 1 \tag{3-136}$$

同样,对于奇数层有

$$\sqrt{\Delta n_0\Delta n_g}\,\Delta n_2\Delta n_4\cdots\Delta n_{2k} = \Delta n_1\Delta n_3\cdots\Delta n_{2k+1} \tag{3-137}$$

式(3-136),(3-137)是 $\lambda/4$ 膜堆在中心波长处无偏振效应的必要而充分的条件。

图 3-125 是具有奇数层的一个设计实例,这里 $n_0 = n_g$,即膜层封闭在胶合棱镜内,而且 $n_2 = n_4 = n_0 = \cdots = n_{16}$,$n_1 = n_5 = n_9 = n_{13} = n_{17}$,$n_3 = n_7 = n_{11} = n_{15}$,其结果可使方程(3-137)简化为

$$\Delta n_g(\Delta n_2)^8 = (\Delta n_1)^5(\Delta n_3)^4$$

从而确立了图 3-125 所给出的各折射率之间的关系。

从式(3-131)、(3-134)和(3-136)、(3-137),我们可以作这样推论,即当我们把奇数层在奇数位置和偶数层在偶数位置互易时,其中心波长的反射率和偏振并不改变,但离开中心波长就会有所变化。我们可利用这一事实来加宽消偏振的波长区域(图 3-126)。

图 3-127 提供一种具有更多层数和更高反射率的设计。这些给定设计对膜层折射率的变化是敏感的。初看起来这好像是一个严重的缺点,然而从方程(3-136),(3-137)我们可以推论,当我们提高一个偶数层的折射率时,$R^{(p)}/R^{(s)}$ 也将提高(反过来也是一样)。所以如果理论上 $R^{(p)}$ 和 $R^{(s)}$ 应是相等而实际上它们并不相等,我们可以依据上述规律,改变一层或几层的折射率使它们相等。

基片和入射介质的折射率 n_0,n_g,入射角 θ_0 及透射率 T 是由设计要求确定的。若我们选用三种材料组成膜系,则其中两种材料的折射率(如 n_1,n_3)可根据实际情况预先确定,层数可预先给出($2k$ 或 $2k+1$)。这样,由 n_0,n_g,θ_0,n_1,n_3 及 k 就可以从(3-136)或(3-137)式求出 n_2。这样的 n_2 值能满足消偏振的要求,但将 n_2 值与其他参数代入(3-132)或(3-135)式后得到的透射率值与期望值不一定符合。当然,可以利用试探法逐步求得合适的解,但比较盲目。

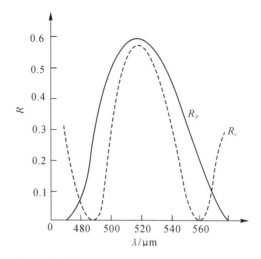

图 3-125　消偏振分束镜 $G\mid ABCBABCBABCBABCBA \mid G$ 的反射率

$n_g = 1.52, n_A = 2.35, n_B = 1.68, n_C = 1.38, \theta_0 = 45°$。所有膜层的有效光学厚度为

$\lambda_0/4, \lambda_0 = 520\text{nm}$

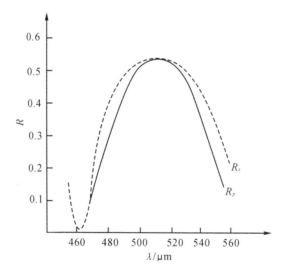

图 3-126　$G\mid CBABABCBABCBABABC \mid G$ 的反射率,全部参数同图 3-125

文献[1]得出将(3-132)与(3-136)式联立,并由此联立方程组解出 k 和 n_2,则既可满足消偏振条件,又能符合预先给定的透射率值。但直接求解此超越方程组是十分困难的,为此,试用求总极值的统计试验法求解,得到了很满意的结果。

根据前面介绍的势透射率概念,我们也可以利用吸收膜系实现消偏振分束镜的设计[2]。由许可的吸收率的要求,选择合适的金属膜材料并确定其厚度;然后设计一介质膜系作为匹

---

[1]　唐晋发.消偏振薄膜分光镜的理论设计.浙江大学学报,1978 年第 1 期.

[2]　唐晋发,顾培夫.吸收薄膜系统的理论和设计.浙江大学学报,1979 年第 1 期.

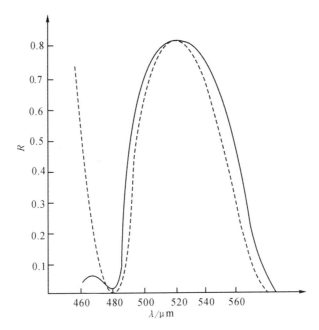

图 3-127　G│CBABABCBCBABABABCBCBABABC│G 的反射率,除
$n_B = 1.65$ 外,其余参数同图 3-125

配膜堆,使 s-偏振和 p-偏振的势透射率成为最大并相互接近相等。最后,在入射侧设计一膜堆,使整个膜系的 s-偏振和 p-偏振的反射率接近相等并满足 R/T 的要求。设计的结果与消偏振的 1/4 波堆相比较,其层数少,结构简单而性能更为优良。

3.6.4　防眩光滤光片[①]

包含有吸收层的减反射膜作为防眩光滤光片在诸如 CRT 显示器中有特殊的应用。如图 3-128 所示,磷光体相对弱的图像被周围环境的杂光在其上的反射光(称为眩光)所掩盖,大大降低显示器图像的质量。如在磷光体前放置一前后表面有减反射膜的吸收滤光片(防眩光滤光片)可以显著地降低眩光。由图 3-129 可见,磷发光体的信号光通过滤光片一次,而眩光

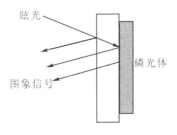

图 3-128　显示器面板

则来回两次透过滤光片。假定吸收滤光片的透射率为 T,信号光强度 I_0,衰减至 $I_0 T$,而眩光

---

① 除另作说明的以外,此章之后图表曲线均取自 H. A. Macleod. Thin-Film Optical Filters(Third Edition).

强度 I_g 则衰减至 $I_g T^2$，眩光 / 信号比由 I_g/I_0 减少至 $(I_g/I_0)T$，然而显示器的亮度可以提高，以补偿信号光强度的衰减，因而眩光的减少决定于吸收滤光片透射率的平方。如滤光片的透射率为 0.5，则眩光可以减少至 1/4。

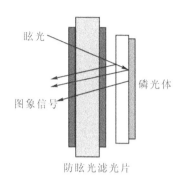

图 3-129　防眩光滤光片的工作原理

图 3-129 所示的滤光片是作为显示器附件的一个分离器件，也可以把防眩光滤光片集成至显示器单元成为一个整体，如图 3-130 所示。

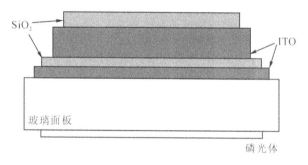

图 3-130　防眩光滤光片直接制作在显示器玻璃面板上的结构

这种防眩光滤光片的基本构成是包含有吸收层的减反射膜，通常是用高折射率的吸收层如氧化铟(ITO) 代替高折射率介质膜。图 3-131 表示的是 ITO 和 SiO_2 交替的 4 层减反射

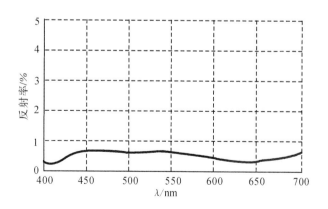

图 3-131　ITO 和 SiO_2 四层减反射膜的计算特性曲线

膜的计算反射率曲线。可见区光的透射率在 0.9 左右，减少眩光的因子是透射率的平方，即 0.8 左右。由于 ITO 是导电材料，有利于减少电磁辐射和静电场。如欲增加吸收，减少眩光，可以采用吸收大的薄膜材料，如氮化钛，其至是薄的银薄膜或镍薄膜以进一步增加吸收，包含有这种吸收材料的减反射膜的吸收可以达到 30% 至 80%。

　　近年来发展了一种由一层吸收膜和一层介质膜构成的双层减反射膜。通常双层介质减反射膜只能在一窄的波长区域内实现减反射。例如以前讨论过的 V 形膜，仅有一个独立参数可供选择，只能在一个波长上实现零反射。现在用一高折射率的吸收层替代高折射率介质层。吸收材料的复折射率通常有较显著的色散，我们正可利用复折射率的色散实现宽带减反射的目的。Zheng 和她的研究小组[①]详细讨论了这种含有吸收膜的双层宽带减反射膜的设计方法。图 3-132(a) 和(b) 分别是设计要求的吸收膜复折射率的色散曲线和计算的双层减反射膜的反射率和透射率曲线。幸运的是，大部分常用的金属材料，诸如 Au 和 Cu 等都具有和设计要求相类似的色散曲线。图 3-133 表示 Au＋SiO_2 和 Cu＋SiO_2 双层减反射膜计算的和实测的特性曲线。图 3-134 所示的是 TiO_xN_y 薄膜的复折射率色散曲线和 TiO_xN_y＋SiO_2 双层减反射膜的实例特性。

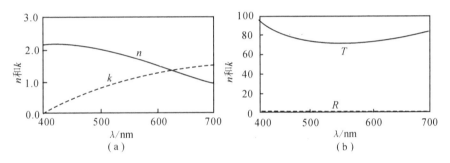

图 3-132　(a) 在 $n_S = 1.536$，$n_1 = 1.46$，$d_1 = 85nm$ 以及 $d_2 = 15nm$ 的情况下，理想的吸收膜复折射率色散的曲线。(b) 计算的反射率、透射率曲线

　　Ishikawa 和 Lippey[②] 发现掺钨的氮化钛(TiN_xW_y) 也是理想的吸收材料，和 SiO_2 一起构成双层减反射膜的计算的反射和透射特性表示在图 3-135 上。

　　① Yanfei Zheng et al. Two-layer Wideband Antireflection Coatings with an Absorbing Layer. Applied Optics，36，25，6335，(1997).

　　② Ishikawa Hand Lippey B. Two Layer Broad Band Antireflection Coating，10th International Conference on Vacuum Web Coating，221-33，(1996).

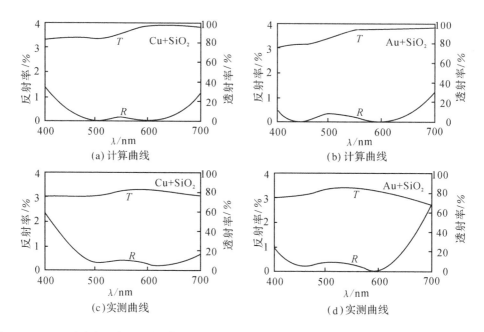

图 3-133 (a) 玻璃│Cu│SiO₂│空气 双层减反射膜的计算曲线，Cu 和 SiO₂ 的厚度分别为 5nm 和 62nm；(b) 玻璃│Au│SiO₂│空气 双层减反射膜的计算曲线，Au 和 SiO₂ 的厚度分别为 5.4nm 和 63nm；(c) 和(d) 是上述双层减反射膜的实测曲线

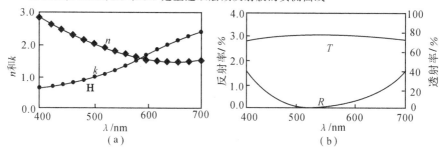

图 3-134 (a) TiO_xN_y 薄膜的复折射率色散曲线；(b) 玻璃│TiO_xN_y│SiO₂│空气 双层减反射膜的实测曲线，TiO_xN_y 和 SiO₂ 的厚度分别为 14nm 和 85nm

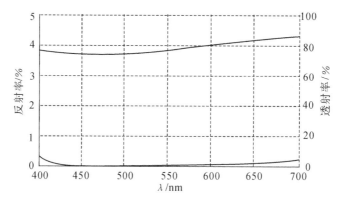

图 3-135 玻璃│TiN_xW_y│SiO₂│空气 双层减反射膜计算的反射和 透射特性，它们的厚度分别为 10nm 和 80nm

3.6.5 皱褶(**Rugate**)滤光片[①]

皱褶滤光片,在这里是指折射率有规则的周期性变化的结构,如按正弦波或余弦波变化。这种结构的滤光片具有仅反射一窄的光谱区域,而透射所有其他波段的性质。其性质类似于 1/4 波堆,而没有 1/4 波堆的高级次反射带,特别适于在弱的连续光谱背景中除去亮的光谱线,如激光谱线,因此在诸如激光防护等领域有重要的应用。

由一系列高、低折射率交替的 1/4 波长层构成的 1/4 波堆,对于中心波长 $\lambda_0(g = 1)$ 而言,在所有界面上反射的光束,在离开膜堆前表面时都是同相的,导致高的反射率。只有膜层的厚度是 1/4 波长的光束才满足相长干涉的条件,所以反射带的宽度是有限的,与反射带相邻的是透射区。对于 $\lambda_0/3(g = 3)$,$\lambda_0/5(g = 5)$ 和 $\lambda_0/7(g = 7)$ 等波长,所有的反射光束也是同相的,也满足相长干涉的条件,因此还存在着一系列高级次的反射带,就像图 3-69 所表示的那样。在一些应用中,高级次反射带并不存在任何问题,那么 1/4 波堆那样的折射率不连续的膜系结构是满意的。在另外一些应用场合,这种高级次的反射带是不允许的,我们必须设法抑制这些反射带,因而各个界面上需要一种减反射膜结构,在保持 $g = 1$ 基波反射光束的同时,消除所有其他整数 g 值的反射光束。非均匀膜(Inhomogeneous)就是这样一种减反射膜。

图 3-136 表示的是分别按正弦定则和 5 次多项式产生的非均匀减反射膜的折射率轮廓。折射率从 1.50 连续变化到 1.80,在两端折射率对于厚度的一阶和二阶导数均为 0,这层非均匀膜的光学厚度是 1/4 基波波长。图 3-137 是上述折射率轮廓的非均匀膜计算的反射率曲线,可见减反射的效果是很好的。现在将这非均匀减反射膜插入膜堆的每一个界面,最终产生的正弦变化的折射率轮廓表示在图 3-138 上。这就是具有光滑的周期性变化的所谓皱褶(Rugate)滤光片。

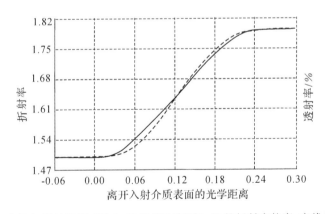

图 3-136　非均匀膜的折射率从 1.50 连续改变到 1.80 的折射率轮廓,实线是按正弦波
　　　　　变化,虚线是 5 次多项式曲线

非均匀减反射膜对于折射率轮廓的误差并不敏感,只要它的厚度大于 1/2 波长,在这个

---

①　H. A. Macleod. Thin-Film Optical Filters(Third Edition). Bristol and Philadelphia：Institute of Physics Publishing,(2001).

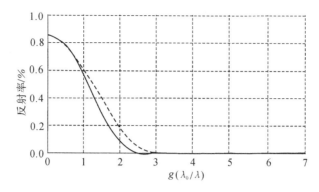

图 3-137　具有图 3-136 所示的折射率轮廓的非均匀膜的反射率曲线,实线对应的是正弦变化的轮廓,虚线则对应 5 次多项式的轮廓

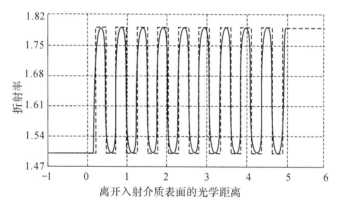

图 3-138　虚线所示的每一个不连续界面由正弦变化的非均匀膜取代后的最终的折射率轮廓 —— 皱褶结构(实线)

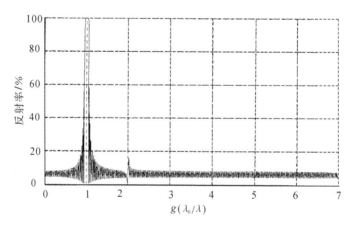

图 3-139　上述皱褶滤光片的反射率曲线,实际计算时细分 64 层不连续层作为等效

波长上的反射率总是很低的。皱褶滤光片的折射率轮廓即使有较大的误差也不会有大的问题,除非是系统的误差,导致折射率变化周期的间距改变,使基波反射带的宽度增宽。只有非常严重的误差才可能出现高级次反射带。这对于皱褶滤光片的制造是有利的。

　　然而皱褶滤光片的制造仍然是一件困难的任务,没有一种实际材料可以产生折射率按设计要求的形状连续变化的膜层。通常是用折射率成阶梯形变化的不连续的薄膜结构代替皱褶滤光片,虽然不是严格意义上的皱褶滤光片,但可实现类似的性质,抑制高级次反射带。图 3-140 表示的是由 10 层不连续薄膜组成一个周期的皱褶滤光片的折射率轮廓。出现基波反射峰的必要条件是每一个周期的光学厚度是基波波长的 1/2,所以每一层细分的均匀膜的厚度是 1/20 波长,只要各层均匀膜的厚度远小于 1/4 波长,用细分的均匀膜替换折射率连续变化的非均匀膜结构是可行的。图 3-141 表示的是这种皱褶滤光片计算的反射率曲线,可以看到皱褶周期显示了很好的减反射特性,高级次反射带被有效地抑制。在 $g = 9$ 处出现的谐波反射峰是这种替换的结果。如果每一个周期由 12 层不连续薄膜组成,以取代折射率连续变化的非均匀膜,则在 $g = 11$ 处将会出现谐波反射峰。这是可以接受的,薄膜材料的透明区域很少有超过图 3-141 所示的透射区域。

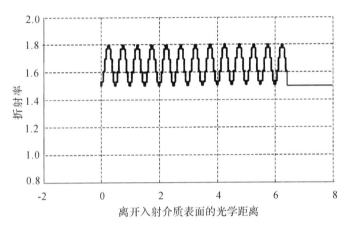

图 3-140 皱褶滤光片的折射率轮廓。这里每一个周期由 10 层细分的不连续薄层构成,以取代折射率连续变化的非均匀薄膜

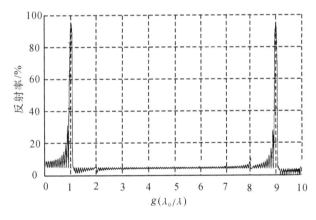

图 3-141 图 3-140 所示结构的皱褶滤光片的计算反射率曲线

上述多台阶的细分均匀膜结构还可以进一步用两种固定折射率材料的多层膜结构所取代,其中一种材料的折射率需等于或低于皱褶结构中最低的折射率,而另一种材料的折射率则必须等于或高于周期结构中最高的折射率。正如在第 2 章 2.3 节对称膜系的等效层一节中所讨论的,根据三层对称组合(PQP)的等效层概念,利用实际存在的薄膜材料合成设计所需的特定的膜层,介于这两种薄膜材料折射率之间的任意折射率的均匀薄膜都可以用这

两种材料所构成的三层对称组合所取代。

任意中间折射率的均匀薄膜在厚度很薄时，就如图 3-140 所示的皱褶周期的细分薄膜，每层的厚度仅为 1/20 波长，这时这层薄膜也可用两层组合（PQ）近似地取代。只要 $\sin\delta_P \sin\delta_Q$（$\delta_P$ 和 δ_Q 分别为 P 和 Q 层的相位厚度）足够小，这种近似是完全可以接受的。于是由折射率阶梯形变化的细分均匀膜构成的皱褶周期可以转换成一个等效的由不同厚度的高低折射率交替的多层膜结构，如图 3-142 所示，由 11 对 22 层高低折射率交替的多层膜取代一个皱褶周期。随着细分均匀膜的折射率逐渐增加，高折射率层的厚度也逐渐增加，至 1/2 周期时达最大，随后又逐渐减小。前半个周期和后半个周期是完全对称的。整个皱褶滤光片由 14 个周期，即 14 组这样的多层膜构成，包含了两种材料 308 层薄膜，其制造的难度可见一斑。这组皱褶滤光片的计算特性示于图 3-143，可见抑制高级次反射带的性能是足够好的。

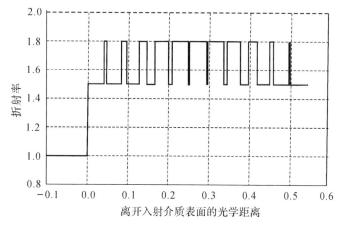

图 3-142　由 22 层不同厚度的高低折射率交替的多层膜取代
一个半波长厚度的皱褶周期

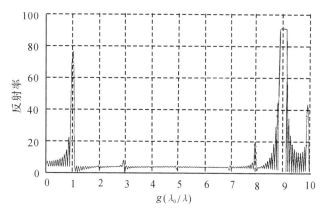

图 3-143　由 14 组图 3-140 所示的多层膜构成的皱褶滤光
片的计算反射率曲线

习　　题

3-1　试用导纳轨迹图解技术说明理想的单层减反射膜的条件以及双层 W 型减反射膜和多层减反射膜中半波长层的作用。

3-2　利用矢量法和导纳特征矩阵方法计算减反射膜：A｜L2HM｜G 在波长 400nm，500nm，550nm，600nm 和 700nm 处的反射率和反射位相。这里 $n_L = 1.38$，$n_H = 2.05$，$n_M = 1.65$，$n_g = 1.52$，$\lambda_0 = 550nm$，入射角为零度。

3-3　利用二氧化钛($n = 2.3$)和二氧化硅($n = 1.45$)分别在石英($n = 1.45$)和玻璃($n = 1.52$)基片上设计 V 形减反射膜，在波长 632.8nm 处需有尽可能低的反射率。

3-4　试在锗基片上设计一减反射膜，在波长 $2.5\mu m$ 和 $4.5\mu m$ 范围内单面的反射率不大于 1%，而在波长 $2\mu m$ 至 $5\mu m$ 的范围内，反射率不大于 3%。

3-5　试在玻璃基片($n = 1.52$)上使用 TiO_2($n = 2.3$)和 MgF_2($n = 1.38$)两种材料设计一多层减反射膜，使单面反射率在 400nm 和 700nm 的波长范围内不大于 1%。(提示：首先利用折射率在 1.38 至 2.3 范围内的 1/4 波长层得到理论设计，然后用 TiO_2 和 MgF_2 构成的对称膜系替代这些 1/4 波长层。)

3-6　试在玻璃基片($n = 1.52$)上设计一双波段减反射膜，使单面反射率在 450nm 至 650nm 的波长范围内不大于 1%；在 400nm 至 700nm 的范围内不大于 3%；而在波长 $1.06\mu m$ 处，反射率小于 0.5%。

3-7　试说明在相同的入射角和多层膜结构的条件下，胶合棱镜分束镜的偏振效应比平板分束镜的大。

3-8　为什么在设计中性介质分束镜时只有当插入的位置和折射率选择适当时，半波长层才能起平滑光谱特性的作用？

3-9　试利用 ZnS 和冰晶石在玻璃基片($n = 1.52$)上设计一中性分束镜，使之在可见光区(400 ~ 700nm)有接近于 50% 的垂直入射反射率和透射率。并计算当分束镜使用在 45° 入射角时的特性变化。

3-10　试在下述结构的基础上，设计一中性分束镜，使之在可见光区有接近于 40% 的垂直入射的反射率。

空气｜HL｜玻璃

这里 $n_H = 2.35$，$n_L = 1.35$，$n_g = 1.52$。

(提示：在适当的位置上插入半波长层，以平滑光谱特性，决定半波长层的插入位置，并从下列材料中选取最合适的膜层材料：ZnS，Al_2O_3，LaF_3，PbF_2。)

3-11　在波长 550nm 处银的光学常数取为 $0.055 - i3.32$，铝的光学常数为 $0.82 - i5.99$，在银膜和铝膜的表面分别淀积光学厚度为 150nm 的下述材料的单层保护膜：

(a)MgF_2

(b) Al_2O_3

(c) TiO_2

忽略金属膜的色散,试计算在300nm至1200nm波长范围内的垂直入射反射率,以分析保护层的折射率对反射率的影响。

3-12 考虑银膜和铝膜的色散,对上题重新计算反射率,以分析金属膜色散的影响。

3-13 表面覆盖有光学厚度为550nm/4的Al_2O_3的铝镜,计入铝膜的色散,试计算和分析入射角为0°,30°,45°,60°和70°时的反射率的变化。

3-14 试利用$TiO_2(n=2.3)$和$SiO_2(n=1.45)$薄膜材料,设计一工作波长为$1.06\mu m$的偏振平板分束镜,入射角为56.5°。

3-15 试利用两种材料的周期结构,设计一工作在530nm和1060nm波长的双峰反射镜。确定合适的基本周期并计算基本周期内各层的厚度。

3-16 试在玻璃基片$(n=1.52)$上设计一诱导透射滤光片,中心波长为632.8nm,要求峰值透射率大于70%,在400nm至$1.5\mu m$的波长范围内背景透射率小于0.1%,整个多层膜与合适的吸收玻璃胶合。

参考文献

[1] H. A. Macleod. Thin-Film Optical Filters(Third Edition). Institute of Physics Publishing, Bristol and Philadelphia, 2001.

[2] Z. knittle. Optics of Thin Films. John Wihn & Sons, 1976.

[3] A. Thelen. Design of Optical Interference Coatings. McGraw-Hill Book Company, 1988.

[4] Sh. A. Furman and A. V. Tikhonravov. Optics of Multilayer System. adagp, Paris, 1992.

[5] 唐晋发,郑权编著.应用薄膜光学.上海:科学技术出版社,1984.

[6] 唐晋发,顾培夫编著.薄膜光学和技术.北京:机械工业出版社,1987.

[7] 林永昌,卢维强编著.光学薄膜原理.北京:国防工业出版社,1990.

[8] 李正中编著.薄膜光学与镀膜技术.北京:艺轩图书出版社,2001.

[9] Heathar M. Liddel. Computer-aided Techniques for the Design of Multilayer Filters. Adam Hilger Ltd, Bristol 1981.

[10] [英]希瑟.M.利德尔著,唐晋发,顾培夫译.多层膜设计中的计算机辅助技术.杭州:浙江大学出版社,1984.

[11] P. W. Baumeister. Design of multilayer filter by successive approximations. J. Opt. Soc. Am. 48:955, 1958.

[12] J. A. Dobrowolski. Automatic refinement of optical multilayer assemblies. J. Opt. Soc. Am. 51:1475, 1961.

[13] J. A. Dobrowolski. Completely automatic synthesis of optical thin film systems.

Appl. Opt. 4:937,1965.

[14] J. A. Dobrowolski. Subtractive method of optical thin-film interference filter design. Appl. Opt. 12(8):1885,1973.

[15] J. A. Dobrowolski. Optical thin film synthesis program based on the use of Fourier transforms. Appl. Opt. 17:102,1978.

[16] J. A. Dobrowolski. Comparison of the Fourier transform and flip-flop thin film synthesis methods. Appl. Opt. 25(12):1966,1986.

[17] J. A. Dobrowolski and R. A. Kemp. Refinement of optical multilayer systems with different optimization procedures. Appl. Opt. 29:2876,1990.

[18] J. F. Tang and Q. Zhang. Automatic design of optical thin film systems-merit function and numerical optimization method. J. Opt. Soc. Am. 72:1522,1982.

[19] Y. F. Zheng and J. F. Tang. New optical design technique for optical coatings. Appl. Opt. 26(8):1546,1987.

[20] A. V. Tikhonrovov and M. K. Trubetskov. Thin film coating design using second order optimization methods. Proceedings SPIE 1782:156,1992.

[21] A. N. J. Tikhonov and A. V. Tikhonrovov. Seconder-order optimization methods in the synthesis of multiplayer coatings. Comp. Maths. Math. Phys. 33(10):1339,1993.

第二篇

薄膜制备技术和微结构特性

只要已知薄膜材料的光学常数，设计满足特定要求的光学薄膜系统今天已非难事。相比之下，制造一个特性符合理论设计的薄膜系统却要困难得多。毫无疑义，当今的薄膜制备技术已经取得了长足的进步，特别是世纪之交光学薄膜在光通信波分复用技术中的重要应用，无论是对薄膜制备设备还是对薄膜制备工艺都产生了巨大的推动作用，并产生了深远的意义。但是，即便如此，我们仍有理由把薄膜制备技术描绘成科学与艺术各半的工作，这就是说，我们对薄膜制备技术的理论认识还有许多不足之处，有时只能依靠技巧来弥补理论知识的不足。许多薄膜工作者都深有体会，相同的薄膜设计，因操作者不同，或时间不同，或设备不同，结果可以相差甚大，就是这个缘故。影响薄膜特性的工艺参数非常多，但是我们对这些参数的测控却非常有限。举例来说，我们虽已能比较准确地测控真空度，但是目前的设备几乎都无法测控残余气体成分，而残余气体的成分，如水气等，不仅随设备差异极为显著，而且对薄膜特性的影响也极其敏感。

薄膜制备技术的内容随着薄膜应用的不断开拓而越来越广泛。众所周知，以往许多光学薄膜的制备主要局限于物理气相沉积(PVD)，如今化学气相沉积(CVD)在光学薄膜制备技术中的比重正在不断增加。在 PVD 技术中，以往大量采用真空热蒸发技术，但近年来的发展趋向表明，溅射技术正在成为高性能光学薄膜制备的主流。不仅如此，传统的光学薄膜和光电子功能薄膜的结合，一维光学薄膜向多维薄膜光子晶体的扩展以及薄膜在 MEMS 或 MOMES 中的应用等，都是我们值得重视的薄膜新概念、新设计、新方法、新应用。如果说 20 世纪 60 年代初以来的激光技术和 20 世纪末兴起的光通信波分复用技术对光学薄膜发展是一个巨大的推动力，那么今天各种新型结构功能薄膜的相继出现，将会给光学与光电子薄膜注入新的生命力，使光学薄膜技术不断面临新的发展机遇。

薄膜制备技术包括的内容非常多，更为甚者，许多内容，特别是上面所说的"艺术"，有时难以表述，而且会随薄膜工作者而有所不同，所以本篇主要介绍相对说来比较基本而又比较重要的内容，包括薄膜的制备技术，即真空蒸发工艺、光学薄膜材料、薄膜厚度监控技术和膜厚均匀性等；在此基础上，进一步介绍制备工艺对薄膜结构的影响以及改善微结构的途径。介绍中尽量注意原理和技术相结合，理论和实践相结合，并适当插入一些前沿研究。通过这些内容的介绍，使读者熟悉薄膜技术的基本内容和关键所在，了解薄膜技术领域中的一些存在问题和前沿研究课题。

第4章　薄膜制备技术

4.1　真空淀积工艺

现代薄膜一般都是在真空条件下制备的，"真空"是镀膜的必要条件。

4.1.1　真空及真空设备

1. 真空的定义

真空是指压力低于一个大气压的任何气态空间。当气体处于平衡时，就可得到关于气体性质的宏观参量之间的关系，即气体状态方程：

$$P = nkT$$

或

$$PV = \frac{m}{M}RT \tag{4-1}$$

式中：P 为压强（Pa），n 为气体分子密度（个 /m³），V 为体积（m³），M 为分子量（kg/mol），m 为气体质量（kg），T 为绝对温度（K），k 为玻尔兹曼常数（1.38×10^{-23} J/K），R 是气体普适常数（8.31J/mol·K），可表示为 $R = N_A \cdot k$，N_A 称为阿伏伽德罗常数（6.023×10^{23} /mol）。这样，由（4-1）式可得

$$n = 7.2 \times 10^{22} \frac{P}{T} \quad （个 /m³） \tag{4-2}$$

由（4-2）式可知，在标准状态下，任何气体分子的密度约为 3×10^{19} 个 /cm³。如果 $P = 1.33 \times 10^{-4}$ 帕（10^{-6} 托），$T = 293$K，则 $n = 3.2 \times 10^{10}$ 个 /cm³。这就是说，即使在高真空条件下，在 1cm³ 体积中仍包含着大约 300 亿个气体分子。由此可知，通常所说的真空是一种"相对真空"。

2. 真空的表示

一般用真空度来表征真空，而真空度的高低又是用压强的大小来表示的。压强是气体分子热运动的宏观表现。在平衡状态下，应用理想气体模型和统计方法来研究气体分子运动，并由此得到气体压强为

$$P = \frac{1}{3}nm \overline{v^2} \tag{4-3}$$

式(4-3) 与式(4-1) 相等,其中 $\bar{v^2}$ 为分子运动的均方速度[①]

$$\bar{v}^2 = 3kT/m = \frac{3RT}{M} \tag{4-4}$$

式中:m 为分子质量(kg),N 为分子量(kg/mol),且有

$$m = M/N_A = 1.66 \times 10^{-24} M$$

如果把在单位时间内、单位面积上碰撞的气体分子数设为 N,则有

$$N = \frac{1}{4} n \bar{v} \tag{4-5}$$

式中:$\bar{v}$ 是算术平均速度。式(4-5) 叫赫兹 — 努曾(Hertz — Knudsen) 公式,它是描述气体分子热运动的重要公式。考虑到式(4-1) 和 $k = R/N_A$,则得

$$N = \frac{P \cdot N_A}{\sqrt{2\pi MRT}} \tag{4-6}$$

另一个微观参量是气体分子之间相邻两次碰撞的距离,称为"自由程"。其统计平均值

$$l = \frac{1}{\sqrt{2}\,\pi\sigma^2 n}$$

称为"平均自由程"。由此可知,平均自由程与分子密度 n 是反比关系,与分子直径 σ 是平方反比关系。

依据式(4-1),上式可改写成:

$$l = \frac{kT}{\sqrt{2}\,\pi\sigma^2 P}$$

若温度及气体种类一定时,则有

$$l \cdot P = 常数$$

在 25℃ 的空气情况下

$$l \cdot P \approx 0.667 \quad (cm \cdot Pa)$$

或

$$l \approx \frac{0.667}{P} \quad (cm) \tag{4-7}$$

对于 25℃ 的空气,采用式(4-2)、(4-6) 和(4-7) 作计算的上述诸参数之间的关系如图 4-1 所示。

3. 量度单位

在薄膜技术中,压强所采用的法定计量单位是帕斯卡(Pascal),系米公斤秒制单位,是目前国际上推荐使用的国际单位制(SI),简称帕(Pa)[②]。目前在实际工程技术中几种旧单位

[①] 用理想气体模型和统计方法,可得分子热运动的三个统计速度:

最可几速度: $\quad v_m = \sqrt{\dfrac{2kT}{m}} = \sqrt{\dfrac{2RT}{M}}$

算术平均速度: $\quad \bar{v} = \sqrt{\dfrac{8kT}{\pi m}} = \sqrt{\dfrac{8RT}{\pi M}}$

均方根速度: $\quad \sqrt{\bar{v}^2} = \sqrt{\dfrac{3kT}{m}} = \sqrt{\dfrac{3RT}{M}}$

且 $\quad v_m : \bar{v} : \sqrt{\bar{v}^2} = 1 : 1.128 : 1.225$

[②] 1 帕 = 1 牛顿 / 米^2 = 1 千克 / 米·秒^2 = 10 达因 / 厘米^3 = 7.5 × 10^{-3} 托

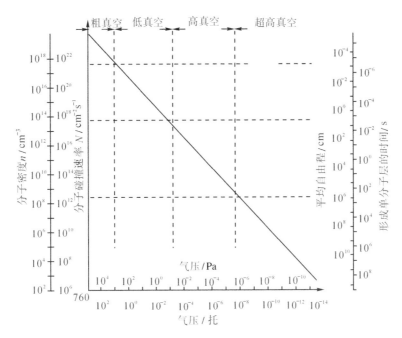

图 4-1　对 25℃ 的空气,几个真空概念之间的关系

仍有采用,为此下面将几种旧单位与帕斯卡之间的转换关系介绍如下:

(1) 毫米汞柱(mmHg):1mmHg $= 133.3$Pa。

(2) 托(Torr):1Torr $= \dfrac{1}{760}$atm $= 133.3$Pa。atm 表示标准大气压。毫米汞柱与托实质是一回事,只是新定义的标准大气压省了尾数,故 1mmHg $= 1.00000014$Torr。

(3) 毫巴(mbar):1mbar $= 7.5 \times 10^{-1}$Torr $= 10^2$Pa。

4. 真空区域的划分

随着真空度的提高,"真空"的性质逐渐发生变化,经历着气体分子数的量变到"真空"质变的若干过程,构成了"真空"的不同区域。为了便于讨论和实际应用,常把真空划分为粗真空($> 10^3$Pa)、低真空($10^3 \sim 10^{-1}$Pa)、高真空($10^{-1} \sim 10^{-6}$Pa)和超高真空($< 10^{-6}$Pa)四个区域。

真空区域划分的依据是:压力在 10^3Pa 以上的气体性质与常压差不多,其气流特性以气体分子之间的碰撞为主。压力在 10^3Pa 左右,气体开始出现导电现象。10^{-1}Pa 是一般机械泵能达到的极限真空。10^{-6}Pa 是扩散泵能达到的极限真空。在 $10^{-1} \sim 10^{-6}$Pa 时,真空特性以气体分子与器壁碰撞为主;在超高真空区,不仅测量和获得的工具与高真空区不同,而且气体分子在固体上以吸附停留为主。

5. 真空在薄膜制备中的作用

真空在薄膜制备中的作用主要有两个方面,即减少蒸发分子与残余气体分子的碰撞以及抑制它们之间的反应。蒸发分子在行进的路径中,它们中的一部分会被残余气体分子碰撞而散乱。设 N_0 个蒸发分子行进距离 d 后未受残余气体分子碰撞的数目

$$N_d = N_0 e^{-d/l}$$

被碰撞的分子百分数

$$f = 1 - \frac{N_d}{N_0} = 1 - e^{-d/l} \tag{4-8}$$

图 4-2 所示为用式(4-8)计算的蒸发分子在行进途中碰撞百分比与实际行程对平均自由程之比的曲线。当平均自由程等于蒸发源到基片的距离时,有 63% 的蒸发分子受到碰撞;如果平均自由程增加 10 倍,则碰撞的分子数减小到 9%。可见,只有在平均自由程较蒸发源到基板的距离大得多的情况下,才能有效地减小碰撞现象。假如平均自由程足够大,且满足条件 $l \gg d$,则有 $f \approx d/l$。将式(4-7)代入得

$$f \approx 1.5dP$$

为保证膜层质量,设 $f \leqslant 10^{-1}$。当蒸发源到基板的距离 $d = 25\text{cm}$ 时,$P \leqslant 3 \times 10^{-3}\text{Pa}$。对于更大的真空室,真空度的要求则更高。

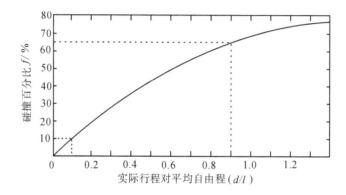

图 4-2 蒸发分子的实际行程对平均自由程之比与碰撞百分比的关系曲线

欲抑制残余气体与蒸发材料之间的反应,需要考虑残余气体分子到达基板的速率,由式(4-6)得

$$N = \frac{PN_A}{(2\pi M_G RT)^{1/2}}$$

式中:M_G 是残余气体的分子量。另一方面,蒸发分子到达基板的速率

$$F = \rho d N_A / M \cdot t$$

式中:ρ, d 和 M 分别为膜层的密度、厚度和膜层材料的分子量,t 为蒸发时间。假设 $N/F \leqslant 10^{-1}$,则有

$$P \leqslant 0.1\rho d (2\pi M_G RT)^{1/2} / M \cdot t$$

对常用材料和适中的蒸发速率,按此式计算的 $P \approx 10^{-4} \sim 10^{-5}\text{Pa}$。可见,为了有效地抑制反应,要求很高的真空度。

6. 真空的获得

从理论上讲,一个真空系统所能达到的真空度可由方程

$$P = \sum_i P_{ui} + \sum_i Q_i / S_i - \sum_i \frac{V}{S_i} \cdot \frac{dP_i}{dt} \tag{4-9}$$

确定。式中:P_{ui} 是真空泵对 i 气体成分所能获得的极限压强(Pa),S_i 是泵对 i 气体的抽气速率(L/s),P_i 是被抽空间中气体成分的分压(Pa),Q_i 是真空室内的各种气源(Pa·L/s),V 是真空室容积(L),t 是时间(s)。其中 P_{ui} 和 S_i 由真空泵的性能、各种泵型的合理选配以及真空

室、管道的最佳布局所决定,而 Q_i 与真空系统的结构材料、加工工艺及操作程序有关。

真空泵是获得真空的关键设备。图 4-3 示出了几种典型真空泵的抽速和最大抽速区间。但是,遗憾的是至今还没有一种泵能从大气压一直工作到接近超高真空。为此,必须将几种泵联合使用,如机械泵、扩散泵系统或机械泵、罗茨泵和扩散泵系统。

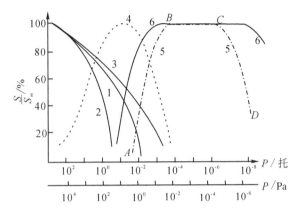

图 4-3 几种典型真空泵抽速 S 和最大抽速 S_m 的范围

1—单级旋片泵 2—单级气镇泵 3—双级旋片泵

4—罗茨泵 5—扩散泵 6—分子泵

(1) 机械泵

常用的机械泵有旋片式、定片式和滑阀式等。旋片式机械泵噪声小,运行速度高,故在真空镀膜机中广泛应用。这种泵的主要组成部分是定子、转子、嵌于转子的两个旋片以及弹簧。旋片因弹簧作用而紧贴泵体内壁,如图 4-4 所示。

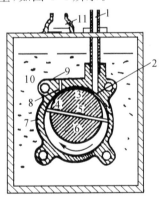

图 4-4 旋片机械泵的结构

1—进气管 2—进气口 3—有害空间 4—旋片 5—弹簧 6—转子 7—定子

8—排气口 9—排气瓣阀 10—油 11—出气口

机械泵的工作原理是建筑在玻意耳—马略特定律的基础上的。根据式(4-1)这个定律有:

$$PV = K \tag{4-10}$$

式中 K 为与温度有关的常数。这就是说,在温度不变的条件下,容器的体积和气体压强成反比。

假设被抽容器的体积为 V，初始压强为 P_0，机械泵的空腔体积为 ΔV。在理想情况下，旋片转过半周后，根据式(4-10)，则压强 P_1 为

$$P_1(V + \Delta V) = P_0 \cdot V \quad \text{或} \quad P_1 = \frac{P_0 V}{V + \Delta V}$$

n 个循环后

$$P_n = P_0 \left(\frac{V}{V + \Delta V}\right)^n \tag{4-11}$$

由此可知：$\frac{\Delta V}{V}$ 越大，获得 P_n 所需的时间越短，亦即要求泵室大而被抽容器体积小。n 越大，P_n 越小。当 $n \rightarrow \infty$ 时，则 $P_n \rightarrow 0$，但实际上这是不可能的。当 n 足够大时，P_n 只能达到极限值 P_m，这是因为转子与泵壁之间不可能绝对密封，即存在着有害空间 —— 定子和转子之间的空隙。

设转子每秒转速为 ω，则泵的理论抽速

$$S = 2\omega \Delta V \quad (\text{L/s}) \tag{4-12}$$

假如泵的转速为1000转/min，空腔体积 $\Delta V = \frac{1}{4}$L，则抽速是500L/min(约8L/s)。将式(4-11)和(4-12)结合，就可直接求出真空室从压强 P_0 到 P_n 所需的时间

$$t = \frac{2.3V}{S} \lg\left(\frac{P_0}{P}\right)$$

考虑到有害空间，抽速可写成

$$S_H = S\left(1 - \frac{P_m}{P}\right) = 2\omega \cdot \Delta V \cdot \left(1 - \frac{P_m}{P}\right) \tag{4-13}$$

式中 P_m 为极限压强。实际抽速总是比式(4-13)所示的小，故引入系数 ν，则

$$S_H = 2\nu \omega \cdot \Delta V \left(1 - \frac{P_m}{P}\right)$$

可见，泵的抽速随压强的降低而减小。当 $P \rightarrow P_m$ 时，$S_H \rightarrow 0$。此外，ν 随 ω 的增大而变小，因此不能靠无限地增加 ω 来提高抽速。

为了减小有害空间的影响，通常采用双级泵。双级泵由两个转子串联而成，以一个转子的出气口作为另一个转子的进气口，于是使极限真空从单级泵的1Pa提高到 10^{-2}Pa 数量级。

机械泵中油的作用是很重要的，它有很好的密封和润滑本领。不仅如此，它还有提高压缩率的作用。机械泵油的基本要求是低的饱和蒸汽压，一定的黏度和较高的稳定性。

普通机械泵对于抽走水蒸气等可凝性气体有很大困难，因为水蒸气在20℃时的饱和蒸汽压是2333Pa，机械泵工作温度60℃时也不过19995Pa。当蒸汽在腔内压缩使压强逐渐增大到饱和蒸汽压时，水蒸气便开始凝结成水，它与机械泵油混合形成一种悬浊液，不仅破坏油的密封和润滑性能，而且使泵壁生锈。为此常常使用气镇泵，即在气体尚未压缩之前，渗入一定量的空气，协助打开活门，让水蒸气在尚未凝结之前即被排出。气镇泵是以牺牲极限压强为代价的。但是，如果气镇阀只在初始阶段打开，则对极限真空的影响是无关紧要的。

(2) 分子泵和罗茨泵

从气体分子运动论知道，气体分子碰撞到固体表面时，在表面上停留的时间很短。现在假定处于气体中的固体表面以一定的方向运动，所有飞到表面的分子，经过碰撞后都具有一

定的分速度,其大小与方向等于固体的速度。利用这一现象制成的泵叫做分子泵。现代涡轮分子泵就是利用这种原理,通过高速旋转的涡轮叶片,不断地对气体分子施以定向的动量和压缩作用。分子泵的主要优点是不需要任何工作液体,纯属机械运动。

图 4-5 所示为罗茨泵,这种泵是应用分子泵原理和油封机械泵的变容积原理制成的。其两桨叶状的转子在空腔内部旋转,桨叶之间及桨叶与空腔之间保持一个不大的隙缝(0.1mm),隙缝不用油密封。这样的装置允许转子有较大的转速(如 3000 转/min)而没有卡住的危险。

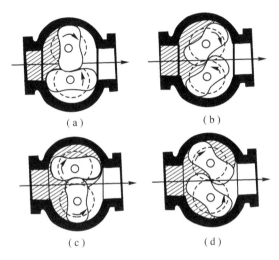

(a)　　　　　　　　　　(b)

(c)　　　　　　　　　　(d)

图 4-5　罗茨泵的工作简图

罗茨泵的主要意义是,在一定的压强范围内(约 1Pa)有相当大的抽气速率。在这个范围中,油封机械泵的抽速很小,而下面将要介绍的扩散泵还只刚刚开始工作。所以它可弥补上述两种泵抽气速率脱节的问题。

(3)扩散泵

扩散泵是依靠从喷嘴喷出的高速(如 200m/s)、高密度(如几千 Pa)的蒸汽流而输送气体的泵。由于是依靠被抽气体向蒸汽流扩散进行工作的,故取名为扩散泵。以油为工作蒸汽的称为油扩散泵,以水银为工作蒸汽的称为水银扩散泵。

图 4-6 表示三级喷嘴的油扩散泵结构及工作原理。铝制的各级伞形喷嘴和蒸汽导管是扩散泵的核心部分。图中伞形喷嘴和蒸汽导管的左边表示喷出高速定向的油蒸汽流,右边表示了气体分子扩散压缩的过程。

按扩散泵理论,可以推导出扩散泵的极限真空压强

$$P_m = P_f \exp\left(-\frac{nUL}{D_0}\right) \tag{4-14}$$

式中:P_f 为前级真空压强,n 为蒸汽分子密度,L 是泵的出气口到进气口的蒸汽流扩散长度,U 为油蒸汽速度。油蒸汽在喷口的速度

$$U \approx 1.65 \times 10^4 \sqrt{\frac{T}{M}} \quad (\text{cm/s})$$

式中:M 为油蒸汽的分子量,而 $D_0 = DN = $ 常数,D 称为自扩散系数,$D = \frac{1}{3}\bar{l}\,\bar{v}$。$\bar{l}$ 和 $\bar{v}$ 分别

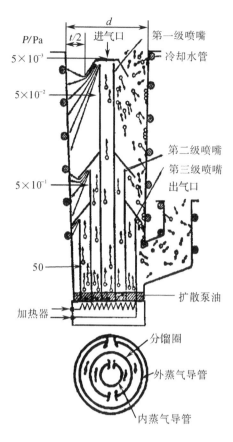

图 4-6　扩散泵的结构及工作原理

是平均自由程和算术平均速度。

从式(4-14)可知,蒸汽流速度 U、蒸汽密度 n 和扩散长度 L 越大,扩散泵压缩比 P_f/P_m 就越大。此外,极限真空压强 P_m 与前级真空压强 P_f 成正比,所以为了提高扩散泵的极限真空,配置性能良好的前级泵是很重要的。

扩散泵的抽气速率可由下式给出:

$$S = 3.64(T/M)^{1/2} \cdot H \cdot \frac{\pi}{4} t(2d - t)$$

式中:$H = S/S_m$ 为抽速系数,一般为 $0.3 \sim 0.5$,其中 S_m 是最大抽速;d 为进气口直径,$t/2$ 为喉部宽度(如图 4-6)。当 $H = 0.4, t = \dfrac{d}{3}$ 时,泵对常温下空气的抽速为 $S \approx 2d^2$,单位为 L/s。这就是抽速与泵口直径的近似关系。式中抽速与压强无关,这在 $P > 1Pa$ 时情况确实如此。当 $P_B < P < 1Pa$ 时,$S = S_m(P_B/P)z$,式中,P_B 为刚达到 S_m 时的压强(见图 4-3 的 B 点),z 为抽速上升的斜率,当抽速达到 S_m 以后(即图 4-3 中 BCD 部分),抽速为

$$S = S_m(1 - P_m/P)$$

最大理论抽速 S_m 可以由式(4-2)和(4-6)求得。对室温下的空气分子,若压力为 $P(Pa)$,则每秒钟通过面积为 A 的分子数可由式(4-6)求得

$$N \approx 2.8 \times 10^{22} P \cdot A \quad (个/s)$$

而真空室中的分子密度由式(4-2)得

$$n = 2.4 \times 10^{20} P \quad (\text{个} / \text{m}^3)$$

设泵口直径为 15cm,则离开真空室的体积速率是

$$\frac{N}{n} \approx 2 \times 10^6 \, \text{cm}^3/\text{s} = 2000 \text{L/s}^{①}$$

扩散泵必须和机械泵联合才能构成高真空抽气系统,没有机械泵,扩散泵是没有抽气作用的。根据经验,扩散泵的口径一般是钟罩直径的 1/3,扩散泵的抽气速率大约是钟罩容积的 5 倍。扩散泵的抽速确定后,可以方便地选择与之匹配的机械泵。例如,设扩散泵的抽速为 2000L/s,这时进气口的压强是 0.1Pa,于是扩散泵进气口的抽气量是

$$2000 \text{L/s} \times 0.1 \text{Pa} = 200 \text{Pa} \cdot \text{L/s}$$

如果扩散泵出口处的压强为 10Pa,那么机械泵的抽速必须是 20L/s,才能使其抽气量

$$20 \text{L/s} \times 10 \text{Pa} = 200 \text{Pa} \cdot \text{L/s}$$

与扩散泵的抽气量相等。

理论上,扩散泵的极限真空取决于泵油的蒸汽压。扩散泵油中既有挥发性大的成分(饱和蒸汽压高),又有挥发性小的成分(饱和蒸汽压低),挥发性大的成分将严重影响扩散泵的极限真空。如果我们能让挥发性大的和小的成分分别在低真空和高真空下工作,那就可以使极限真空提高,为此常采用分馏式扩散泵(图 4-6)。

油蒸汽向被抽容器逆扩散会严重玷污膜层。一般无挡油装置的扩散泵,返油率可达 $10^{-2} \sim 10^{-3} \text{mg/s} \cdot \text{cm}^2$,这样大的返油率是不允许的。如果在进气口安装水冷挡板或液氮(−196℃)冷阱,则返油可减少到 $\frac{1}{10} \sim \frac{1}{1000}$。应该指出,液氮冷阱的另一个重要作用是排除水蒸气,一个 $10^3 \, \text{cm}^2$ 表面积的冷阱,对水蒸气的抽速可达 10^4L/s。

扩散泵油在高温下一旦接触大气就容易变质。即使在常温下,长期接触大气,也会因吸收空气中的水分等而使泵的性能下降,因此,除非特殊需要,否则应尽量使扩散泵保持良好的真空状态。

7. 真空的测量

用来测量真空的真空计按不同的原理和结构可分成许多种类,下面仅就薄膜技术中常用的两种真空计作一介绍。

(1)热真空计

热真空计是基于低压强下气体的热传导与压强有关的工作原理,即当压强较高时,气体传导的热量与压强无关;当压强降到低真空时,则与压强成正比。

加热灯丝在真空中通过三个途径散失热量,即辐射(Q_1)、灯丝两端支撑的传导(Q_2)以及气体分子碰撞灯丝而带走的热量(Q_3)。总热量的散失,即加热功率为

$$Q = Q_1 + Q_2 + Q_3 \tag{4-15}$$

其中 Q_1 和 Q_2 与压强无关,只有 Q_3 与气体分子碰撞灯丝的次数有关。压强愈高,碰撞次数愈多,灯丝上被带走的热量越多,温度变化亦越大。测定因温度变化而引起灯丝电阻变化的真空计,称为皮拉尼(Pirani)真空计(图 4-7)。用热电偶测定温度变化引起电动势变化的真空计叫热电偶真空计(图 4-8)。所谓热电偶是指任何两根不同的金属(如镍 — 康铜,铜 — 康

---

① $1\text{m}^3 = 10^3 \text{L}$。

铜,铂 — 铂铑等),当其两个接头的温度不等时出现温差电效应的器件。当材料选定后,热电动势 ε 仅取决于两个接点的温度 T_1 和 T_2,即

$$\varepsilon(T_1,T_2) = e(T_1) - e(T_2)$$

式中 $e(T_1)$,$e(T_2)$ 是接点的分热电动势。所以热电动势仅与热电偶的材料和接点温度有关,与材料的形状、大小无关。热电偶还有一个中间导体定律:在热电偶回路中,加入一根中间导体,只要中间导体两端的温度相同,就不会影响热电动势。这样就可方便地串入毫伏表测量其热电动势,经过校正,使它与真空度一一对应。

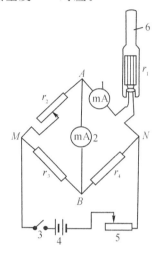

图 4-7　皮拉尼真空计

r— 电阻　1,2— 毫安计　3— 开关　4— 电源　5— 调节器　6— 接真空系统

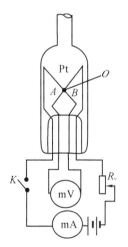

图 4-8　热电偶真空计

Pt— 加热铂丝　A,B— 热电偶丝　O— 热电偶接点　R_v— 可变电阻

设热丝的半径为 r_1,玻管半径为 r_2,在粗真空下,平均自由程 $l \ll r_1$,式(4-15)右端 Q_3 起主导作用,但它与压强无关,故热真空计不能测量粗真空。在低真空下,$l \approx r_1$,$r_2 - r_1 > l \gg r_1$,仍有 $Q_3 > Q_1 + Q_2$,且 Q_3 与压强成正比,故此时 $l \approx r_1$ 是测量压强的上限。高真空时,$l \gg r_2 - r_1$,由于压强很低,Q_3 变得很小,出现了 $Q_3 \ll Q_1 + Q_2$,又与压强无关,从而得到测量的

下限。

（2）电离真空计

图 4-9 是最常用的热阴极电离真空计，它的工作非常类似于一只三极管。由灯丝 F 发射的热电子（$\vec{e}$）被加速极 A 加速，碰撞气体分子（M）而使其电离：

$$M + \vec{e} = M^+ + e + e$$

电离产生的离子数和气压 P 成正比，即

$$P \propto \frac{I_i}{I_e} \tag{4-16}$$

式中：I_i 为离子收集极 C 得到的离子流，I_e 为加速极 A 得到的电子流，两者之比 $\frac{I_i}{I_e}$ 称为电离系数。

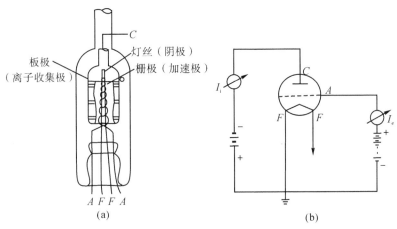

图 4-9　热阴极电离真空计

假设阴极与离子收集极的间距为 d，电子的平均自由程为 l_e，如果电子每与气体分子碰撞一次就能产生一次电离，则

$$\frac{I_i}{I_e} = \frac{d}{l_e} \tag{4-17}$$

考虑到 $l_e = 4\sqrt{2}\,l$，且 $l \approx \dfrac{0.667}{P}$（cm），于是

$$\frac{I_i}{I_e} = 0.26dP \tag{4-18}$$

但是，按式（4-18）计算的 P 要较实际压强低。故式（4-16）可改写成

$$\frac{I_i}{I_e} = KP$$

这里 K 为电离真空计的灵敏度，通常为 $4 \sim 40$。当 I_e 为常数时有

$$I_i = I_e KP = CP$$

即得离子流仅与压强成正比，因而测出离子流，经直流放大器放大后，就可用转换为压强刻度的表头指示真空度。

热阴极电离真空计的测量范围一般为 $10^{-1} \sim 10^{-6}\,\mathrm{Pa}$。在较高压强（大于 $10^{-1}\,\mathrm{Pa}$）下，虽然气体分子增加了，但发射的电子流不变，所以当压强增加到一定程度时电离作用达到极值

而出现饱和现象,得到测量的上限为 10^{-1} Pa。肖鲁斯(Shulz)型电离真空计通过缩小电极间的距离,使在 10^2 Pa 还能保持线性关系。这种真空计非常便于测量 $10^1 \sim 10^{-2}$ Pa 的真空度,故特别适用于溅射系统。在低压强(小于 10^{-6} Pa)下,由于高速电子打到加速极上而产生软 X 射线。当它照射到离子收集极上时,将会引起光电发射,导致离子流增加。设这种虚假的离子流为 I_x,它与真正的离子流 I_i 方向相同,这样离子收集极测得的离子流是两者之和,从而破坏了线性关系,故 10^{-6} Pa 是测量的真空度下限。B-A(Bayard-Alpert)型电离真空计是将普通热阴极型的板状离子收集极改成离子收集柱,使受软 X 射线照射的概率大大减小,于是可测量的真空度升高(约 10^{-10} Pa)。

8. 真空系统

图 4-10 是真空镀膜机的真空系统示意图。通常以机械泵作前级泵,将真空室从大气压抽到 $1 \sim 10^{-1}$ Pa,再启动扩散泵达到所需的高真空度。

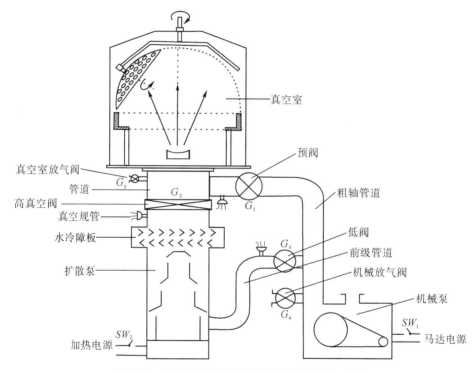

图 4-10　机械泵和扩散泵组成的典型的真空系统

为了提高真空系统的抽气速率和极限真空,系统中的真空泵、真空室以及连接管道和阀门的选配是很重要的。

当真空系统的真空泵抽气时,真空室中压强不断降低。在任何瞬间,真空室的压强实际上由泵的抽气作用与系统中各种气源的放气、漏气之间的动态平衡所决定。

图 4-11 表示真空系统抽气的示意图。设泵的抽速为 S_0,真空室的体积为 V。由于管道的气阻,真空室出口处的有效抽速降为 S_e,故在 Δt 时间内从真空室抽出的气体量为 $PS_e \cdot \Delta t$。在理想情况下,它应该等于真空室中排出的气体流量 $V \cdot \Delta P$,即

$$V \cdot \Delta P = -S_e \cdot P \cdot \Delta t \qquad (4\text{-}19)$$

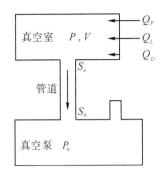

图 4-11　真空系统的抽气示意图

令 $t = 0$ 时的压强为 P'，解上述微分方程得

$$P = P'\exp(-S_e \cdot t/V) \tag{4-20}$$

设 P' 为大气压，$S_e = 1\text{L/s}, V = 1\text{L}$，则经过 30 多秒钟后，压强可降至 10^{-9}Pa（图 4-12 中的虚线）。这显然是不可能的，原因是真空室中除了原有的气体外，还有漏气 Q_L、放气 Q_D 和渗气 Q_P 等，这些都将导致压强升高。

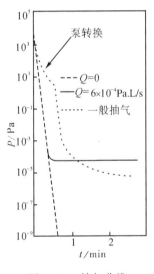

图 4-12　抽气曲线

在任一瞬间，真空室中气体净变化量

$$V\frac{\mathrm{d}P}{\mathrm{d}t} = -PS_e + Q_L + Q_D + Q_P \tag{4-21}$$

这个方程称为真空系统的抽气方程。令 $Q = Q_L + Q_D + Q_P$，得微分方程 $V\Delta P = -S_e P\Delta t + Q\Delta t$，其解为

$$P = (P' - Q/S_e)\exp(-S_e t/V) + Q/S_e \tag{4-22}$$

在稳定状态下，式（4-22）不随时间而变化，可得极限真空 $P_m = Q/S_e$。

因此要得到高真空度，关键在于如何减小 Q 值。假如忽略漏气 Q_L 和渗气 Q_P，仅考虑材料放气 Q_D。真空室内的材料主要是不锈钢，每平方厘米不锈钢表面上有 $1\times 10^{-6}\text{Pa} \cdot \text{L/s}$ 的放气量，1L 的真空室大约有 600cm^2 的内表面积，所以总放气量为 $6\times 10^{-4}\text{Pa} \cdot \text{L/s}$。这意味

着极限真空压强 $P_m = Q_D/S_e = 6 \times 10^{-4} \text{Pa}$(图 4-12 实线所示)。实际上,当压强降到大约 10Pa 时就开启扩散泵,因而抽气曲线类似于图 4-12 中的点线所示。

为了减少放气量 Q_D,首先,真空室内必须选用放气小的材料;其次,材料在使用前进入真空室时要进行适当处理;第三,在真空室内烘烤。就材料而言,光洁的 Cu 和 Al 放气量比较小(约 $10^{-6} \sim 10^{-7} \text{Pa} \cdot \text{L/s}$),环氧树脂和聚四氟乙烯的放气量约为 $10^{-4} \sim 10^{-5} \text{Pa} \cdot \text{L/s}$,而硅橡胶和丁腈橡胶约为 $10^{-3} \sim 10^{-4} \text{Pa} \cdot \text{L/s}$。材料在进入真空室前的处理方法很多,常用酸洗、酒精和丙酮擦干等。这些处理可以大大降低水的吸附,但若用手直接触摸,则将使 H_2O(特别是 H_2,CO,CO_2 的放气量)显著增加。放气量随着抽气时间增加而减少,特别是将真空室室内烘烧后,由于真空系统对排除水汽的能力不强,因而残余气体中大部分是水汽。采用液氮冷阱可有效地俘获水汽,从而可使真空度提高一个数量级。

在不考虑放气的情况下,压强从 P_1 降到 P_2 所需的抽气时间可用式(4-20)估计,即

$$t = 2.303 \left(\frac{V}{S_e}\right) \cdot \lg \frac{P_1}{P_2}$$

在接近极限真空时,

$$t = 2.303 \left(\frac{V}{S_e}\right) \cdot \left[\lg(P_1 - P_m)/(P_2 - P_m)\right]$$

上面所说的有效抽速的概念是很重要的。在管道入口处,流入的流量为 PS_e,在出口处,泵抽气量为 $P_0 S_0$,在管道中的流量为 $Q = C(P - P_0)$,C 为流导。在稳定流动时,三者应相等,即

$$PS_e \approx C(P - P_0) = P_0 S_0$$

由第一个等式可得

$$\frac{1}{S_e} = \frac{1}{C}\left(\frac{P}{P - P_0}\right)$$

由第二个等式可得

$$\frac{1}{S_0} = \frac{1}{C}\left(\frac{P_0}{P - P_0}\right)$$

于是

$$\frac{1}{S_e} = \frac{1}{S_0} + \frac{1}{C}$$

或解出

$$S_e = \frac{S_0 C}{S_0 + C} = \frac{C}{1 + \dfrac{C}{S_0}} = \frac{S_0}{1 + \dfrac{S_0}{C}} \tag{4-23}$$

由式(4-23)可知,有效抽速总是比泵的抽速小,即 $S_e < S_0$。只有当 $C \to \infty$ 时,才能使 S_e 趋近 S_0。所以,为了充分发挥泵的效能,必须尽可能用粗而短的管道。如果管道细而长,流导很小,则 $S_e \to C$,即有效抽速与泵的抽速 S_0 无关,而仅取决于管道的流导。

举例来说,设两管道的流导分别为泵速的 10 倍和 $\frac{1}{10}$ 时,则有效抽速分别为

$$S_e = \left(\frac{1}{1 + \dfrac{1}{10}}\right) S_0 = 0.909 S_0$$

$$S_e = \left(\frac{1}{1 + \dfrac{1}{0.1}}\right) S_0 = 0.0909 S_0$$

由此可知,当管道流导比泵速小得多时,泵速损失是很大的。

4.1.2 淀积技术

淀积技术包括物理气相淀积(PVD)和化学气相淀积(CVD)等。这里主要介绍物理气相淀积,包括热蒸发、溅射和离子镀等方法。

1. 热蒸发

(1)饱和蒸气压

蒸发材料在真空室中被加热时,其原子或分子就会从表面逸出,这种现象叫做热蒸发。

在一定温度下,真空室中蒸发材料的蒸汽在与固体或液体平衡过程中所表现的压力称为该温度下的饱和蒸汽压。饱和蒸汽压 P_V 可从克劳修斯 — 克拉珀龙(Clausius-Clapeyron)方程式推导出来:

$$\frac{\mathrm{d}P_V}{\mathrm{d}T} = \frac{\Delta H}{T(V_G - V_L)} \tag{4-24}$$

式中:ΔH 为摩尔汽化热,V_G 和 V_L 分别为气相和液相摩尔体积,T 为绝对温度。考虑到 $V_G \gg V_L$,故

$$V_G - V_L \approx V_G = \frac{RT}{P_V}$$

R 为普适常数。于是式(4-24)可写成

$$\frac{\mathrm{d}P_V}{P_V} = \frac{\Delta H \cdot \mathrm{d}T}{R \cdot T^2}$$

由于汽化热 ΔH 是温度的慢变函数,故可近似地把 ΔH 看作常数,求积分得

$$\ln P_V = C - \frac{\Delta H}{RT} \tag{4-25}$$

式中 C 为积分常数。方程(4-25)常写成

$$\lg P_V = A - \frac{B}{T} \tag{4-26}$$

式中:$A = C/2.3$,$B = \frac{\Delta H}{2.3R}$,$A$,$B$ 值可由实验确定,且有

$$\Delta H = 19.12B \quad (\mathrm{J/mol})$$

方程(4-26)给出了蒸发材料蒸汽压与温度之间的近似关系。利用该关系已经测定了几乎所有元素的饱和蒸汽压,并绘制成蒸汽压曲线。根据这些曲线可知:一,达到正常薄膜蒸发速率所需的温度;二,蒸发速率随温度变化的敏感性;三,蒸发形式,即蒸发状态是熔化的还是升华的。

饱和蒸汽压也可从式(4-6)和实验淀积的膜层厚度进行估算,这对迄今报道甚少的介质材料特别有用。假设面蒸发源的面积为 A,则可写出蒸发源口的分子流量

$$N = \frac{P_V \cdot N_A \cdot A}{\sqrt{2\pi MRT}} \tag{4-27}$$

于是单位时间、单位面积上到达基板的分子数

$$N = \frac{P_V \cdot N_A \cdot A}{\pi r^2 \sqrt{2\pi M \cdot RT}} \cos\theta \tag{4-28}$$

式中:r 是蒸发源到基板的距离,θ 是蒸发分子与基板法线的夹角。

另一方面,设蒸发源到基板的高度为 h,到转轴中心的距离为 L,蒸发材料的质量和膜层密度分别为 m 和 ρ,则基板上淀积的膜厚

$$d_s = \frac{mh^2}{\pi\rho(h^2 + L^2)^2}$$

蒸发材料的质量为

$$m = \frac{\pi\rho d_s(h^2 + L^2)^2}{h^2}$$

两边乘 $\frac{N_A}{M \cdot t}$ 后得

$$\frac{N_A \cdot m}{M \cdot t} = \frac{\pi\rho d_s(h^2 + L^2)^2 \cdot N_A}{h^2 \cdot M \cdot t} \tag{4-29}$$

式中 t 为蒸发膜厚 d_s 所需的时间。式(4-29)左边表示淀积膜层的总分子数,忽略膜层淀积时的解吸分子,则式(4-28)和(4-29)相等,于是

$$P_v = \frac{\pi^2\rho r^2 d_s(h^2 + L^2)^2 \sqrt{2\pi RT/M}}{h^2 \cdot A \cdot t \cdot \cos\theta} \quad (Pa) \tag{4-30}$$

式中单位为米公斤秒制。例如以蒸发 ZnS 膜为例,$\rho = 3 \times 10^3 kg \cdot m^{-3}$,$R = 8.3J \cdot mol^{-1} \cdot K^{-1}$,$M = 0.097kg \cdot mol^{-1}$,$T = 1350K$。

(2)蒸发粒子的速度和能量

蒸发材料蒸汽粒子的速度分布可根据麦克斯韦速度分布律给出

$$F(v^2) = \frac{4v^2}{\sqrt{\pi}\, v_m^3}\exp\left(-\frac{v^2}{v_m^2}\right)$$

式中 v_m 是最可几速度

$$v_m = \sqrt{\frac{2kT}{m}} = \sqrt{\frac{2RT}{M}}$$

故由最可几速度决定的蒸汽分子动能

$$\overline{E_m} = \frac{1}{2}mv_m^2 = kT$$

按照麦克斯韦速度分布,由于一些分子具有很高的速度,能量分布曲线有一个较高的能量尾端,因而采用均方根速度更接近实际情况

$$\sqrt{\overline{v^2}} = \sqrt{\frac{3kT}{m}} = \sqrt{\frac{3RT}{M}}$$

由此得到蒸汽分子的平均动能

$$\overline{E} = \frac{3}{2}kT$$

对绝大部分可以热蒸发的薄膜材料,蒸发温度在 $1000 \sim 2500°C$ 范围内,蒸发粒子的平均速度约为 $10^5 cm \cdot s^{-1}$,对应的平均动能约为 $0.1 \sim 0.3eV$。

(3)蒸发速率和淀积速率

蒸发速率可以表示成

$$R_e = \frac{dN}{A \cdot dt} = a_e\left[(P_v - P_h)/\sqrt{2\pi mkT}\right] \quad (个/m^2 \cdot s)$$

式中:dN 为蒸发的粒子数,a_e 为蒸发系数,A 为蒸发表面积,t 为时间(s),P_v 和 P_h 分别为饱和蒸汽压和液体静压(Pa),m 为原子或分子质量(kg),k 为玻兹曼常数,T 为绝对温度(K)。当 $a_e = 1$ 和 $P_h = 0$ 时,得到最大蒸发速率

$$R_v = \frac{dN}{A \cdot dt} = P_U / \sqrt{2\pi mkT} \quad (个/m^2 \cdot s) \qquad (4-31)$$

如果用单位时间从单位面积上蒸发的质量,即质量蒸发速率 R_m 来表示,则有

$$R_m = m \cdot R_e = P_v \sqrt{\frac{m}{2\pi kT}} = P_v \sqrt{\frac{M}{2\pi RT}} \quad (kg/m^2 \cdot s) \qquad (4-32)$$

式(4-32)是描述蒸发速率的重要公式,它确定了蒸发速率、蒸汽压和温度之间的关系。

要知道单位面积上的厚度淀积速率,考虑到式(4-28),并设膜层密度为 ρ,则

$$P_d = \frac{P_V A \cdot \cos\theta}{\pi \rho\, r^2\, \sqrt{2\pi kT/m}} \quad (m/s) \qquad (4-33)$$

薄膜在淀积时,总有一部分原子或分子会产生解吸,而不能百分之百地凝结,这就是说式(4-33)必须乘上一个凝结系数 a。

凝结系数可定义为

$$a = \frac{N_+ - N_-}{N_+} = 1 - C\exp\left(-\frac{U_a}{kT}\right)$$

式中:N_+ 和 N_- 分别为达到基板或解吸离开基板的原子或分子数,C 是常数,U_a 为吸附能,k 是玻尔兹曼常数,T 是基板温度。显然,$\ln\left(\dfrac{1-a}{C}\right)$ 与 $\dfrac{1}{T}$ 的关系呈直线,直线的斜率即为 $-\dfrac{U_a}{k}$。对 SiO 和 B_2O_3,当基板温度低于 350℃ 时,U_a 分别为 18.08 和 16.95kJ/mol。常数 C 取决于 N_+,N_+ 越大,C 越小,a 越大。这说明凝结系数不仅与基板温度相关,而且与淀积速率和基板性质相关,这些关系如图 4-13 所示。

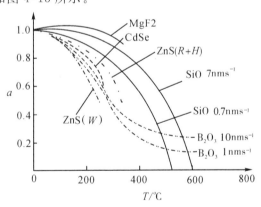

图 4-13　几种材料的凝结系数随基板温度的变化,
$R + H$ 和 W 表示不同作者的结果

蒸发速率或淀积速率在很大程度上取决于蒸发时的热效率 η_e,且有

$$\eta_e = E_e/E_I = E_e/(E_e + E_L)$$

式中:E_I 是输入能,E_e 是蒸发有效能,E_L 是损失的能量。蒸发能仅占输入能的一部分,即热效率 $\eta_e < 1$。蒸发有效能包括:材料加热到蒸发温度所需的能量,材料的熔化热和汽化热。损

失的能量包括热容、热传导和热辐射等，故有

$$E_l = E_e + E_L$$

且

$$E_e = [C(T_V - T_0) + Q_s + Q_V] \cdot V \cdot \rho$$

式中：C 为比热，T_V 和 T_0 分别为蒸发温度和初始温度，Q_s 和 Q_V 分别是熔化热和汽化热，V 和 ρ 是材料的体积和密度。

热传导和热辐射对薄膜制备来说是不利的，以致必须让坩埚或电极有效地冷却。更有甚者，有些基板，如塑料还会因热辐射而损坏。一般说来，热传导随着蒸发温度升高呈线性增加，而热辐射按照 T^4 递增。蒸发材料体积越大，热传导越厉害；蒸发面积越大，热辐射越严重。例如，在 1500℃ 温度下用钨丝蒸发铝，所需的能量仅 $2.4\text{kW} \cdot \text{h/kg}$，用电子束蒸发时要求的能量上升到 $7 \sim 20\text{kW} \cdot \text{h/kg}$。而用 TiB_2 电阻加热蒸发，能量竟达到 $50 \sim 100$ $\text{kW} \cdot \text{h/kg}$。由此可见，蒸发源的选择和运用是很重要的。

（4）电阻加热蒸发

蒸发源材料的熔点和蒸汽压、蒸发源材料与薄膜材料的反应以及与薄膜材料的湿润性是选择蒸发源材料的三个基本问题。

许多材料的蒸发温度为 $1000 \sim 2000℃$，它们可以用电阻加热蒸发。选作蒸发源材料的熔点必须远远高于蒸发温度，最简单的和最常用的方法是用高熔点的材料作为加热器，它相当于一个电阻，通电后产生热量，电阻率随之增加。当温度为 1000℃ 时，蒸发源的电阻率为冷却时的 $4 \sim 5$ 倍；在 2000℃ 时，增加到 10 倍。这样一来，加热器产生的焦耳热就足以使蒸发材料的分子或原子获得足够大的动能而蒸发。然而，只满足这个条件还是不够的，还必须考虑蒸发源材料作为杂质进入薄膜的量，也就是蒸发源材料的蒸汽压。为了尽可能减少蒸发源的污染，薄膜材料的蒸发温度应低于表 4-1 所列蒸汽压 $1.33 \times 10^{-6}\text{Pa}$ 时对应的温度。

表 4-1　几种常用蒸发源材料在不同蒸汽压下的平衡温度

蒸发源材料	熔点 /℃	平衡温度 /℃		
		蒸汽压 $/1.33 \times 10^{-6}\text{Pa}$	$/1.33 \times 10^{-3}\text{Pa}$	$/1.33\text{Pa}$（即蒸发温度）
石墨 C	3700	1800	2126	2680
钨 W	3410	2117	2567	3227
钽 Ta	2996	1957	2407	3057
钼 Mo	2617	1592	1957	2527
铌 Nb	2468	1762	2127	2657
铂 Pt	1772	1292	1612	1907

根据蒸汽压选择蒸发源材料可以说只不过是一个必要条件。另一个麻烦的问题是高温时某些蒸发源材料与薄膜材料会发生反应。如 CeO_2，它既能与 Mo 反应，又能与 Ta 反应，所以一般用 W 作蒸发源。又由于 B_2O_3 与 Mo，Ta 和 W 均有反应，故最好选用富有耐腐蚀性的 Pt 作蒸发源。像锗这样的材料，常用石墨作坩埚或在钽舟内衬上石墨纸。钨还能与水汽或氧发生反应，形成挥发性的氧化物 WO，WO_2 或 WO_3。钼也能与水汽或氧反应而形成挥发的 MoO_3。有些金属甚至还会与蒸发源作用而形成合金，如 Ta 和 Au，Al 和 W 高温下形成合金就是例子。一旦形成合金，蒸发源就容易烧断，所以必须有效地抑制这种反应。

薄膜材料对蒸发源的湿润性也是不可忽视的。这种湿润性与材料表面的能量有关。在湿

润的情况下,蒸发是从大的表面上发生的且比较稳定。如果是不相湿润的材料,就不能用丝状蒸发源蒸发,例如 Ag 在钨丝上熔化后就会脱落,而 Al 却非常适合用钨丝蒸发。

电阻加热法的优点是设备简单、操作方便,且易于实现淀积过程自动化。但是,它不能直接蒸发难熔金属和高温介质材料;由于加热时与膜料直接接触,易造成膜层污染。下面介绍的电子束加热可在很大程度上克服这些缺点。

（5）电子束加热蒸发

电子束蒸发的原理是,当金属在高温状态时,其内部的一部分电子因获得足够的能量而逸出表面,这就是所谓热电子发射。发射的电流密度与金属温度有下面关系:

$$J_e = A_0 T^2 e^{-\varphi/kT}$$

式中:J_e 为发射电流密度（A/cm²）,A_0 为常数,对钨约为 75A/cm² · ℃,T 是金属的绝对温度,φ 为逸出功,对钨为 4.5eV,k 为玻兹曼常数（8.62×10^{-5} eV/K）。如果施加一定的电场,则电子在电场中将向阳极方向运动,且电场电压越大电子运动速度越快。若不考虑发射电子的初速,则电子动能 $\frac{1}{2}mv^2$ 与它所处的电功率相等,即

$$\frac{1}{2}mv^2 = e \cdot U$$

式中:m 是电子质量（9.1×10^{-28} g）,e 是电荷量（1.6×10^{-19} C）,U 为电子所处的电位（V）。因此得出电子运动速度

$$v = 5.93 \times 10^7 \sqrt{U} \text{ (cm/s)}$$

假若 $U = 10$kV,则电子速度达 6×10^4 km/s。这样高速运动的电子流在一定的电磁场作用下,使它聚成细束并轰击被镀材料表面,使动能变成热能。若电子束的能量 $W = neU = IU$,其中 n 为电子密度,则产生的热量 $Q = 0.24Wt$,t 为时间（s）。

虽然电子枪有许多种结构,但目前广泛使用的是磁偏转"e"形枪。所谓 e 形电子枪,是由于电子轨迹呈"e"字形而得名,它又被称为 270° 磁偏转电子枪。此外还有 180°,225° 等形式的电子枪。它是由钨丝阴极、聚焦极、磁铁和无氧铜水冷坩埚等组成。如图 4-14 所示,从阴极发射的热电子经阴极与阳极间的高压电场加速并聚焦成束,由磁场使之偏转到达坩埚蒸发

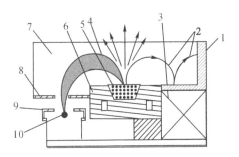

图 4-14　e 形电子结构图

1— 二次电子收集极　2— 二次电子轨迹
3— 磁场线圈　4— 电子束轨迹　5— 蒸发
材料　6— 坩埚　7— 枪体　8— 阳极（加速
极）　9— 聚焦极　10— 灯丝

源材料表面,轰击并蒸发材料。由于蒸发源材料与阴极是分开的,并单独处于磁场中,坩埚与蒸发源材料发射的二次电子立即受到磁场的作用,再次发生偏转并被收集极吸收,因此到达基片表面的二次电子数相比以前的直型电子枪大大地减少了。

聚焦特性主要决定于灯丝位置、聚焦极大小和形状、阳极位置及焦斑离灯丝远近等因素。电子束偏转程度主要取决于磁场电流的大小。

e形枪能有效地抑制二次电子,而且通过改变磁场大小,可在 x 方向任意选择靶面位置,如果附加 y 方向交变磁场,则可使电子束在整个材料表面扫描,避免材料"挖坑"现象。由于电极间距较大,可有效地防止极间放电,因此功率可以做得很大。此外,阴极受到屏蔽,不受污染,工作寿命长。

电子束蒸发的优点是可以蒸发高熔点材料;在蒸镀合金时可以实现快速蒸发,避免合金的分馏;由于使用了水冷坩埚,电子束蒸发仅发生在被镀材料的表面,因此不会导致坩埚与被镀材料之间的反应与污染,有利于制备纯净的薄膜;由于蒸发时能量密度较大,蒸汽分子动能增加,所以能得到比电阻加热法更牢固更致密的膜层;此外,它的热损耗小,电阻加热法蒸发普通材料要 1.5kW 的功率,而电子束只需 0.5kW 就足以蒸发高熔点材料。

(6) 离子辅助淀积

离子辅助淀积(IAD)是在真空热蒸发的基础上发展起来的一种辅助淀积方法。当膜料从电阻加热蒸发源或电子束加热蒸发源蒸发时,淀积分子或原子(淀积粒子)在基板表面不断受到来自离子源的荷能离子的轰击,通过动量转移,使淀积粒子获得较大的动能。这一简单的过程使得薄膜生长发生了根本的变化,从而使薄膜性能得到了改善。图 4-15 是离子辅助镀膜系统的结构示意图。

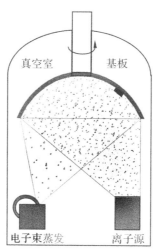

图 4-15　离子辅助镀膜示意图

IAD 的机理可以简单地认为,离子轰击给到达基板的膜料粒子提供了足够的动能,提高了淀积粒子的迁移率,从而使膜层聚集密度增加。其实 IAD 的机理还包含了其他一些过程,如表面吸附较弱的淀积粒子被溅射,膜内空隙通过轰击塌陷而被填充等。

目前 IAD 已经成为生产高质量薄膜的首选方法。IAD 技术的关键,首先要有一个高效的离子源,其次必须对特定蒸发材料找出最佳工艺参数。

可供使用的离子源种类很多,常用的有克夫曼(Kaufman)离子源、霍尔(Hall)离子源,此外还有空心阴极离子源①和微波离子源等。克夫曼离子源（如图 4-16）是一种非常有效的离子源，气体被引入到一个能发射电子的热阴极放电室内（也可 RF 冷阴极以克服热阴极寿命短的缺点），阴极周围围绕着一个圆柱形阳极，气体在两个电极之间被电离。为了提高电离效率，永久磁铁的磁场加在横截电子运动的方向上，使电子成螺旋线或摆线运动而增加碰撞概率。它有两个栅极（也可三个栅极）：一个称为屏栅，一个称为加速栅。阴极发射的电子碰撞气体分子并将它们电离，产生的离子一部分到达放电室的表面而复合，而另一部分离子通过屏栅的小孔后形成离子束，并由加速栅引出，再经中和器中和后直接轰击基板或靶。中和的目的是避免电荷在基板上聚集而产生对后续离子的排斥作用。

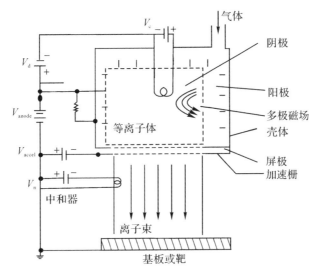

图 4-16　克夫曼离子源的原理图

霍尔离子源（又称端部霍尔离子源）是近年来为 IAD 应用而发展起来的一种低能离子源。这种源没有栅极，阴极在阳极上方发出热电子，在磁场作用下提高了电子碰撞工作气体的概率，从而提高了电离效率。正离子因阴极与阳极间的电位差而被引出。离子能量一般很低（50～150eV），但离子流密度较高，发散角大，维护容易。缺点是需要气体量大，因此要求真空抽速快。常用霍尔源的原理图如图 4-17 所示。

克夫曼源和霍尔源是目前最常用的两种离子源。克夫曼源具有离子能量高、参数调节范围宽又便于直接显示、操作方便等优点。霍尔源具有束流密度高、均匀性好等优点。表 4-2 是两种离子源的性能比较。

---

①　J. Ebert，Proc. SPIE，1982，(325)：29.

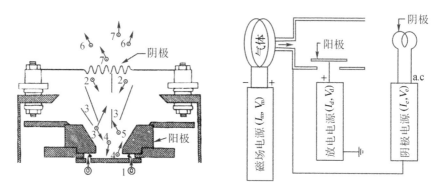

图 4-17　霍尔离子源的原理图

表 4-2　克夫曼离子源和霍尔离子源的性能比较

克夫曼离子源	霍尔离子源
有栅极	无栅极
离子发散角较小	发散角较大,均匀性较好
放电充气量少	充气量多,要求真空系统抽速快
栅用静电加速	电场磁场加速
高能(如 100～1500eV),束流较低(如 500mA)	低能(如 50～150eV),束流较高(如 1000mA)
能显示离子能量和束流	专门仪器才能测离子能量和束流
栅极污染较大	污染较小
价格较高	价格较低

2. 溅射

(1)基本原理

荷能粒子轰击固体表面(靶)而使固体原子或分子射出的现象称为"溅射"。溅射是一个复杂的过程。图 4-18 表示伴随着离子轰击的各种现象。固体表面在入射离子的高速碰撞下,溅射出中性原子或分子,这就是薄膜淀积的基本条件。放射出的二次电子是溅射中维持

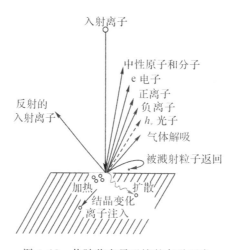

图 4-18　伴随着离子碰撞的各种现象

辉光放电的基本粒子,其能量与靶的电位相等。正二次离子在表面分析中的应用是二次离子质谱术(SIMS),它对溅射过程并不重要。如果溅射表面是纯金属,工作气体是惰性气体,则不会产生负离子,但是在溅射化合物或反应溅射时,负离子的作用犹如二次电子。光子也常用于表面分析,但它对光导层或特种塑料会带来不利影响,因为这些材料对光是很敏感的。除此之外,还伴随着气体解吸、加热、扩散、结晶变化和离子注入等现象。在溅射过程中大约95%的离子能量作为热量而被损耗,仅有5%的能量传递给溅射的粒子。在1kV的离子能量下,溅射的中性粒子、二次电子和二次离子之比约为100∶10∶1。

溅射过程是建立在气体辉光放电基础上的。图4-19给出了低压直流辉光放电时的暗区和亮区以及对应的电位、场强、电荷和光强分布。由于冷阴极发射的电子大约只有1eV的能量,故在阴极附近形成阿斯顿暗区。紧靠阿斯顿暗区的是阴极辉光区,它是在加速电子碰撞气体分子后,激发态的气体分子衰变和进入该区的离子复合而生成中性原子所造成的。随着电子继续加速而离开阴极,就会使气体分子电离,产生大量离子和低速电子,形成几乎不发光的克鲁克斯暗区,其宽度与电子平均自由程(即气压)相关。在这个区域产生溅射所

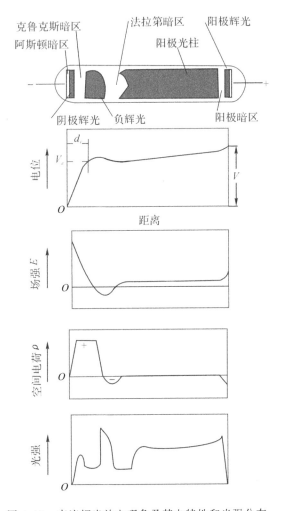

图4-19 直流辉光放电现象及其电特性和光强分布

需的高密度的正离子,并被加速向阴极运动,低速电子向阳极加速,形成大压降和高空间电荷密度区域。克鲁克斯暗区的低速电子在电场作用下,使气体分子激发而产生负辉光区。在负辉光区和阳极之间是法拉第暗区和阳极光柱,这些区域几乎没有电压降,唯一的作用是连接负辉光区和阳极。在溅射中,基板(阳极)常位于负辉光区。但是,阴极和基板之间的距离至少应是克鲁克斯暗区宽度的 $3\sim4$ 倍。当两极间的电压不变而仅改变其距离时,阴极到负辉光的距离几乎不变。

溅射的基本原理是基于动量理论,即离子撞击在靶上把一部分动量传递给靶原子,如果原子获得的动能大于升华热,那么它就能脱离点阵而射出。

(2)溅射阈和溅射率

所谓溅射阈是入射离子使阴极靶产生溅射所需的最小能量。溅射阈与离子质量之间并无明显的依赖关系,而主要取决于靶材料。对处于周期表中相同周期的元素,溅射阈随着原子序数增加而减小。对绝大多数金属来说,溅射阈为 $10\sim30eV$,相当于升华热的 4 倍左右。

溅射率(又称溅射产额或溅射系数)表示正离子撞击阴极时,平均每个正离子能从阴极上打出的原子数。目前已能以 10^{-4} 原子/离子的精度测量溅射率。

溅射率与入射粒子的类型、能量、角度及靶材的类型、晶格结构、表面状态、升华热等因素有关,单晶材料还与表面取向有关。在晶格聚集最密的方向上溅射率最高,例如,面心立方晶格的金属在(110)方向上,而体心立方在(111)方向上最容易溅射。多晶材料的溅射率为

$$S=\frac{3}{4\pi^2}\gamma\cdot\frac{4m_Im_A}{(m_I+m_A)^2}\cdot\frac{E}{E_0} \tag{4-34}$$

式中:E 为入射粒子能量(eV),E_0 为升华热(eV),γ 为 m_A/m_I 的函数,m_I 和 m_A 分别为入射粒子和靶原子的质量(g),$4m_Im_A/(m_I+m_A)^2$ 表示入射粒子和靶原子质量对动量传递的贡献,视为传递系数。当 $m_I=m_A$ 时,传递系数为 1,即全部入射能量传递给靶原子。由式(4-34)可知,溅射率与入射粒子的能量成正比。图 4-20 示出了几种多晶材料实测的溅射率与入射粒子能量的关系。但是当能量大到一定程度后,溅射率趋向饱和并下降,这是因为加速粒子深深地打入靶内部的概率增加。

入射粒子的入射角与溅射率的关系分三类:金、银、铜、铂等影响较小;铝、铁、钛、钽等影响较大;镍、钨等为中等。图 4-21 绘出了 Ar^+ 对几种金属的溅射率与入射角的关系。可以看出,在 $0°\sim60°$ 的相对溅射率基本上服从 $1/\cos\theta$ 规律,即 $S(\theta)/S(0)=1/\cos\theta$,$S(\theta)$ 和 $S(0)$ 分别为 θ 角和垂直入射时的溅射率。可见,$60°$ 时的 S 值约为垂直入射时的 2 倍。

溅射率与靶材种类的关系可用靶材元素在周期表中的位置来说明。由图 4-22 可见:铜、银、金的溅射率较大;碳、硅、钛、钒、锆、铌、钽、钨等元素较小;以银为最大,碳为最小。此外,六方晶格(如 Mg,Zn,Ti 等)和表面污染(如氧化层)的金属要比面心立方(如 Ni,Pt,Cu,Ag,Au,Al)和清洁表面的金属的溅射率低;升华热大的金属要比小的溅射率低。

(3)溅射粒子的速度和能量

图 4-23 所示是溅射铜原子的速度分布。可以看出,用 He^+ 轰击时,大多数溅射原子的速度为 $4\times10^5cm/s$ 左右。增大入射粒子能量,峰值位置变化不大,平均动能 $\overline{E}=\frac{1}{2}m\overline{v}^2=4.5eV$。注意原子质量单位为 1.66×10^{-24}。

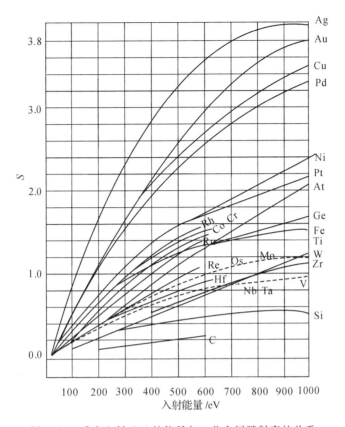

图 4-20　垂直入射 Ar⁺ 的能量与一些金属溅射率的关系

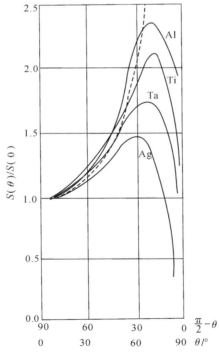

图 4-21　Ar⁺ 的入射角与几种金属溅射率的关系

Ar⁺ 能量为 1.05keV，θ 是相对于靶法线的角度，虚线表示 $1/\cos\theta$

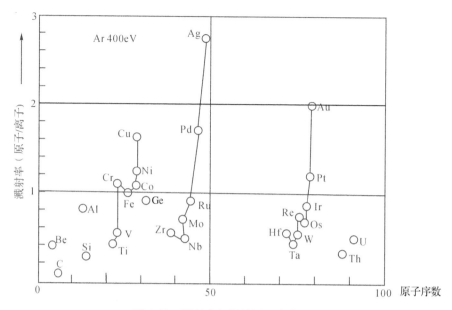

图 4-22 溅射率与靶材原子序数的关系

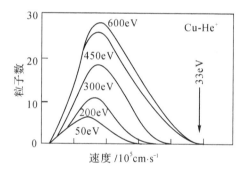

图 4-23 溅射铜原子的速度分布

采用 Ar^+ 轰击,大多数金属原子的平均速度可达 $(3\sim6)\times10^5\,cm/s$。重金属元素得到较高的粒子能量(如 U,$E=44eV$),轻金属元素得到较大的粒子速度(如 Be,$\bar{v}=11\times10^5\,cm/s$)。溅射粒子的能量随着靶材元素的质量增加而线性增大,对轻金属元素溅射粒子的能量通常为 $10eV$ 左右,而重金属元素可达 $30\sim40eV$。溅射率高的材料,溅射粒子的能量较低。

(4)溅射速率和淀积速率

靶材的迁移涉及三个过程:即靶材表面的溅射,由靶材表面到基板表面的扩散和基板表面的淀积。三个对应的速率分别是

①溅射速率: $P_{s\,max}=NSM/N_A$ (4-35)

式中:N 为单位时间碰撞在单位靶面积上的粒子数,S 是式(4-34)确定的溅射率,M 为靶材原子量,N_A 为阿佛伽德罗常数。

②扩散速率: $R_D=\dfrac{DM}{RT}\cdot\dfrac{P_2-P_1}{d}$

式中:D 为扩散系数,R 是普适常数,T 是空间的绝对温度,P_2,P_1 分别是靶和基板附近的靶

材蒸汽压,d 为靶至基板的距离。

③淀积速率: $R_d = \alpha_1 P_1 \sqrt{\dfrac{M}{2\pi R T_1}}$

式中:T_1 是基板温度,α_1 是基板表面的凝结系数。

如果溅射所用的气体为氩,在入射粒子的能量和入射角一定的情况下,则靶材选定后,溅射率便被确定。由上面可知,一旦入射的 Ar 粒子数 N 被确定,则溅射速率就确定了。但是,当靶材溅射进入空间后,若周围真空度较低,靶材蒸气就不能迅速扩散,一部分溅射粒子将重新返回靶面。

相比之下,溅射淀积速率比热蒸发要小得多。为了提高溅射淀积速率,最佳的参数是:较高的阴极电压和电流密度,较重的惰性气体(如 Kr)和较低的溅射气压。然而在阴极溅射中,这些参数或多或少都有限制,因此有效的方法是改变电极配置(如三极溅射)和施加适当的磁场(如磁控溅射)等。

(5)阴极溅射和三极溅射

最早获得应用的溅射是阴极溅射。它由两个电极——阴极和阳极组成,故又叫二极溅射或直流(DC)溅射。把溅射室抽真空至 $10^{-3} \sim 10^{-4}$ Pa 后,充入惰性工作气体(如 Ar)至 $1 \sim 10^{-1}$ Pa,并在阴极上加上数千伏的负高压,这时便出现辉光放电。离子向靶加速,通过动量传递,靶材原子被溅出而淀积在基板上。图 4-24 所示为阴极溅射的原理图。

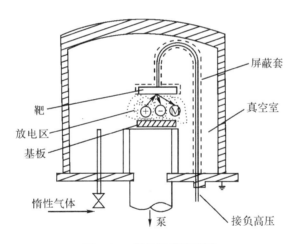

图 4-24   阴极溅射原理图

阴极溅射结构简单,可以长时间进行溅射。缺点是:不能溅射介质材料,溅射速率低,而且基板表面因受到电子轰击而有较高的温度,对不能承受高温的基板应用受到限制。

三极(或四极)溅射的出现,使溅射的概念有了重大的改变。在这种系统中,等离子区由热阴极和一个与靶无关的阳极来维持,而靶偏压是独立的,这样便可大大降低靶电压,并在较低的气压下(如 10^{-1} Pa)进行放电。如果引入一个定向磁场(图 4-25),把等离子体聚成一定的形状,则电离效率将显著提高,因此有时称三极或四极溅射为等离子体溅射,从而使溅射速率从阴极溅射的 80nm/min 提高到 2000nm/min。此外,由于引起基板发热的二次电子被磁场捕获,避免了基板温升。

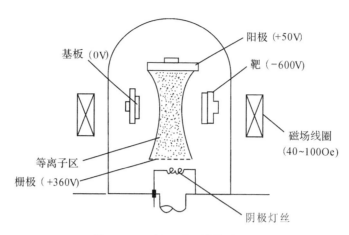

图 4-25　三极(四极)溅射原理图

无栅极时称三级溅射,具有栅极时称四极溅射

(6)高频溅射

高频溅射又称射频溅射,即 RF 溅射,它是为直接溅射介质材料而设计的。前面的方法之所以不能用来溅射介质绝缘材料,是因为正离子打到靶材料上产生正电荷积累而使表面电位升高,致使正离子不能继续轰击靶材料而终止溅射。若在绝缘靶背面装上一金属电极,并施加频率为 5~30MHz 的高频电场(通常采用工业频率 13.56MHz),则溅射便可持续。

图 4-26 是一个高频溅射系统示意图。高频交流电场使靶交替地由离子和电子进行轰击,初看起来这似乎会使溅射速率减小一半,其实,它的溅射速率却高于阴极溅射。为了说明这一点,假设等离子体电位为零,靶材料的电压为 V_T,金属电极的交流电压为 V_M。电极在正半周时,因为电子很容易运动,V_T 和 V_M 电极很快被充电;在负半周时,离子运动相对于电子要慢得多,故被电子充电的电容器开始慢慢放电。若使基板为正电位时到达基板的电子数等于基板为负电位时到达基板的离子数,则靶材料有好长一段时间呈负性,或者说相当于靶自动地加了一个负偏压 V_b,于是靶材料能在正离子轰击下进行溅射。另一方面,电子在高频电场中的振荡增加了电离概率。由于这两个原因,使溅射速率提高。

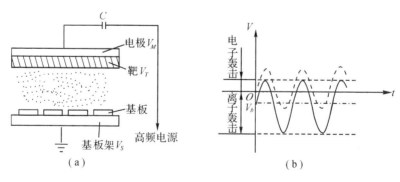

图 4-26　高频溅射系统

高频电场的频率选择依据如下:电容 C(V_M 和 V_s 电极相当于一个电容)、电压 V 和蓄电量 Q 之间的关系为

$$V = \frac{Q}{C}$$

若在时间 Δt 内,电压变化 ΔV,电量变化 ΔQ,则

$$\frac{\Delta V}{\Delta t} = \frac{1}{C} \cdot \frac{\Delta Q}{\Delta t} = \frac{\overline{I}}{C}$$

式中 $\overline{I}$ 是 Δt 内流过电极的平均电流。对一般情况而言,ΔV 约为 10^3 V,$\overline{I} = 10^{-2} \sim 10^{-3}$ A,$C = 10^{-11} \sim 10^{-12}$ F。于是得 $\Delta t = 10^{-5} \sim 10^{-7}$ s,即对应的频率为 100KHz～10MHz。这就是说,在 10^3 V 时,要使正离子能打中靶,电场频率必须大于此值。

高频溅射可以用于溅射绝缘介质材料,但是,如果在靶电极接线端上串联一只 $100 \sim 300$pF 的电容器,则同样可溅射金属。

(7)磁控溅射

前面所述的溅射系统,主要缺点是溅射速率较低,特别是阴极溅射,因为它在放电过程中只有 $0.3\% \sim 0.5\%$ 的气体分子被电离。为了在低气压下进行高速溅射,必须有效地提高气体的离化率。磁控溅射由于引入了正交电磁场,使离化率提高到 $5\% \sim 6\%$,于是溅射速率比三极溅射提高 10 倍左右。对许多材料,溅射速率达到了电子束的蒸发速率。

采用正交电磁场能够提高离化率,其理由是由于电子运动在正交电磁场中变成了摆线运动,因而大大增加了与气体分子碰撞的概率。然而,由于离子的质量要比电子大得多,所以当离子开始作摆线运动时已打到靶上,其携带的能量几乎全部传递给靶。

磁场强弱直接关系到穿过靶面的磁通大小,决定了"磁控"的程度。由于磁场是不均匀的,靶面刻蚀也是不规则的。多次溅射后,靶变薄,磁通增加,溅射越容易。这种正反馈过程使靶的利用率降低。

磁控溅射主要有三种形式:平面、圆柱形和 S 枪磁控溅射。

图 4-27 是常用的平面磁控溅射的结构原理图。永久磁铁在靶表面形成 $2 \times 10^{-2} \sim 3 \times 10^{-2}$ T($200 \sim 300$Gs)的磁场,它同靶与基板之间的高压电场构成正交电磁场。靶表面的电子进入空间后就受到正交电磁场的作用(即洛伦兹力),沿着电磁场的旋度方向作平行于靶面的摆线运动,从而产生浓度很高的等离子体。

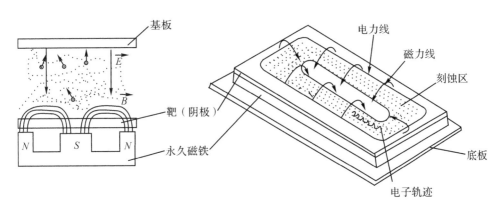

图 4-27 平面磁控溅射结构原理图

磁控溅射不仅可以得到很高的溅射速率,而且在溅射金属时还可避免二次电子轰击而使基板保持接近冷态,这对单晶和塑料基板具有重要的意义。磁控溅射可用 DC 和 RF 放电工

作,故能制备金属膜和介质膜。但是磁控溅射存在三个问题,第一,不能实现强磁性材料的低温高速溅射,因为几乎所有磁通都通过磁性靶子,所以在靶面附近不能外加强磁场;第二,绝缘靶会使基板温度上升;第三,靶子的利用率低(约 30%),这是由于靶子侵蚀不均匀的原因。

(8)离子束溅射

离子束溅射(IBS)淀积技术是一种制备优质薄膜的重要方法,并在光通信波分复用滤光片中得到了重要应用。图 4-28 是 IBS 系统示意图。这种系统的主要特点是运用一个功率较大的溅射离子源产生高密度的高能离子轰击靶材,因而可以在高真空条件下实施高速的溅射淀积。辅助离子源用来改善膜的致密度和反应度,实现在低温下(<100℃)超低光学损耗和超多层膜的制备。

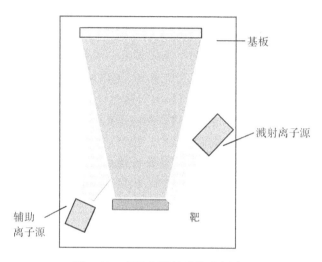

图 4-28　离子束溅射系统示意图

离子源常用 RF 激励源,其频率为 13.56MHz。它使离子源放电室的 Ar 气有效电离,电离产生的离子由屏栅正电场聚焦、加速栅的负电场加速后,经中和器电子中和后轰击靶材。溅射离子源和中和器的工作气体一般为 Ar,而辅助离子源为反应气体和氩气的混合气体。对常用的氧化物薄膜,氧气和氩气的流量比必须大于 0.6,否则氧化物膜容易产生吸收。

IBS 技术已在高精光学薄膜技术中得到广泛应用。IBS 系统工作稳定,长时间运行时,其工作气压、束流密度和加速电压等不稳定度可控制在 0.5% 以内。而且成膜速率快,膜层的光学、机械性能优良。主要缺点是膜厚均匀性较电子束蒸发差,而且在溅射过程中,离子源栅极会变形,使膜厚分布产生变化;其次,膜层内应力也嫌大。

(9)反应溅射

应用溅射技术制备介质膜通常有两种方法:一种是前面所述的高频溅射;另一种是反应溅射。在 O_2 中反应溅射金属而获得对应的金属氧化物,在 N_2 或 NH_3 中获得氮化物,在 O_2+N_2 混合气体中得到氮氧化物,在 C_2H_2 或 CH_4 中得到碳化物和由 HF 或 CF_4 得到氟化物等。

反应物之间产生反应的必要条件是,反应物分子必须有足够高的能量以克服分子间的势垒。势垒 ε' 与能量的关系为:

$$E_a = N_A \varepsilon'$$

式中：E_a 为反应活化能，N_A 是阿伏伽德罗常数。根据过渡态模型理论，两种反应物的分子进行反应时，首先经过过渡态——活化络合物，然后再生成反应物，如图 4-29 所示。图中：E_a 和 E_a' 分别为正、逆向反应活化能，x 为反应物初态能量，W 为终态能量，T 为活化络合物能量，ΔE 是反应物与生成物能量之差。由图可见，反应物要进行反应，必须有足够高的能量去克服反应活化能。

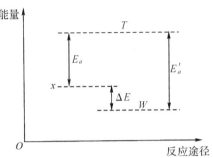

图 4-29　反应中反应物能量变化示意图

如前所述，热蒸发粒子的平均能量只有 $0.1 \sim 0.3\text{eV}$，而溅射粒子可达 $10 \sim 20\text{eV}$，比热蒸发高出两个数量级，如图 4-30 所示。其中能量大于反应活化能 E_a 的粒子数百分数可近似地表示为：

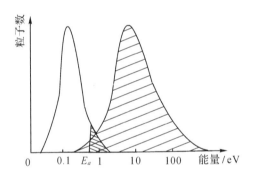

图 4-30　溅射和热蒸发粒子的能量分布

$$A = \exp(-E_a/kT) \tag{4-36}$$

由于平均能量 $\overline{E} = \dfrac{2}{3}kT$，因此溅射分子或原子的能量大于 E_a 的百分数

$$A_s \approx \exp\left(\frac{-3E_a}{2\overline{E_s}}\right) \tag{4-37}$$

同理，热蒸发分子或原子能量大于 E_a 的百分数

$$A_e = \exp\left(\frac{-3E_a}{2\overline{E_e}}\right) \tag{4-38}$$

式中 $\overline{E_s}$ 和 $\overline{E_e}$ 分别为溅射和蒸发粒子的平均动能。显然，能量 $E > E_a$ 的溅射粒子远远多于蒸发粒子，其倍数

$$M = \frac{A_s}{A_e} = \exp\left[\frac{3}{2}E_a\left(\frac{1}{\overline{E_e}} - \frac{1}{\overline{E_s}}\right)\right]$$

假设只有能量大于 E_a 的粒子能参与反应,那么,溅射粒子的反应度必然远远大于蒸发粒子。

举例来说,Ti 和 Zn 与 O_2 反应,反应方程式是

$$Ti + O_2(空气) \xrightarrow{\quad 1200℃ \quad} TiO_2$$

$$2Zn + O_2 \xrightarrow[燃烧]{\quad 1000℃ \quad} 2ZnO$$

若两种反应物处在同一能量状态,则 Ti 和 O_2,Zn 和 O_2 的反应活化能 E_a 大约分别为 0.2eV 和 0.17eV,但常温基板表面的氧分子完全处于钝化态,因此膜料粒子最小的反应能阈值至少增加一倍,即 Ti,Zn 和 O_2 反应至少要有 0.4 和 0.34eV 的能量。设溅射原子的平均动能为 15eV,由式(4-37)和(4-38),则大约有 98% 的溅射 Ti 原子和 Zn 原子能量大于 E_a,而蒸发 Ti 原子和 Zn 原子分别只有 5% 和 0.5% 左右。

参加反应的高能粒子越多,反应速度越快。反应速度与活化能 E_a 的关系为

$$\tau = C \cdot \exp(-E_a/RT) \tag{4-39}$$

式中:τ 是反应速度常数,R 是气体常数,C 是有效碰撞的频率因子。若用平均动能 $\overline{E}$ 代替温度 T,则式(4-39)可写成

$$\tau = C \cdot \exp\left(\frac{-3E_a}{2N_A \cdot \overline{E}}\right)$$

由于 $\overline{E_s} > \overline{E_e}$,故溅射的反应速度要比热蒸发快。

如同热蒸发一样,反应过程基本上发生在基板表面,气相反应几乎可以忽略。另一方面,溅射时靶面的反应是不可忽视的,这是因为离子轰击使靶面金属原子变得非常活泼,加上靶面升温,使得靶面的反应速度大大增加。这时,靶面同时进行着溅射和反应生成化合物两种过程。如果溅射速率大于化合物生成速率,则靶就可能处于金属溅射态;反之,靶就可能突然发生化合物形成的速率超过溅射除去的速度而停止溅射。为了解决这一困难,常将反应气体和溅射气体分别送到基板和靶附近,以形成压强梯度。目前新一代的溅射设备正是这样设计的。

应用反应溅射技术,容易制备 Ti,Ta,Zn 和 Sn 等金属的氧化物薄膜。Al 很容易氧化,靶面易形成的 Al_2O_3。Si 则由于反应度低,较难获得无吸收的 SiO_2 膜。总的说来,反应溅射比较易于控制膜层的结构和成分,获得性能优于传统热蒸发的薄膜。

3. 离子镀

所谓离子镀,是真空热蒸发与溅射两种技术结合而发展起来的一种新工艺。它使蒸发粒子从蒸发源到基板的行进途中离化,然后向具有负偏压的基板加速,故得名为离子镀。图 4-31 表示直流法离子镀的原理。

离子镀的优点可归结为:

(1)膜层附着力强。高能粒子轰击有三个作用:一是使基板得到清洁,产生高温;二是使附着差的分子或原子产生溅射离开基板;三是促进了膜层材料的表面扩散和化学反应,甚至产生注入效应,注入深度可达 2~5nm,因而附着力大大增强。

(2)膜层密度高。高能粒子不仅表面迁移率大,而且再溅射克服了淀积时的阴影效应,因而膜层密度接近于大块材料。

(3)膜厚均匀性好。离子镀的重要优点之一是基板前后表面均能淀积薄膜。这是因为:荷电离子按电力线方向运动,凡电力线所及部位均能淀积膜层。离子镀的这种膜厚分布特

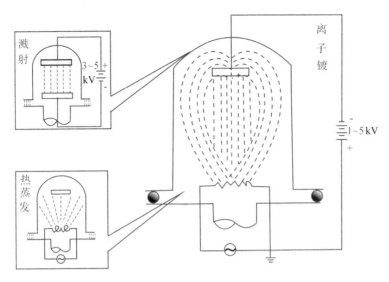

图 4-31　直流法离子镀的原理

性为复杂形状的零件镀膜提供了一种很好的方法。

(4)膜层淀积速率快。离子镀用电阻加热或电子束蒸发材料,因此最高淀积速率可达 $50\mu m/min$。

离子镀的主要应用有:制造高硬度的机械刀具和耐磨的固体润滑膜,在金属和塑料等制品上制造耐久的装饰薄膜。虽然采用高频反应离子镀已在玻璃和塑料上制备了 TiO_2 和 SiO_2 等高强度的光学膜,但相对于热蒸发膜而言,膜层比较粗糙,应力也比较大。

与传统的离子镀不同,低压反应离子镀已成功地制备了低损耗的光学薄膜。图 4-32 是低压反应离子镀真空室的简图。低电压(50～60V)、大电流(50～60A)的等离子放电区被建立在等离子源(阴极)和绝缘的电子枪坩埚(阳极)之间。氩气是在等离子体源中电离的,而蒸发材料则在坩埚上方被等离子体离化。由于蒸发的初始材料必须具有导电性,所以一般不能蒸发完全的氧化物,除非它在预熔时很容易分解(如 TiO_2 等)。基板夹具相对于坩埚是负电位(-55～-65V),因而能吸引蒸发材料的正离子(M^+,MO_x^+)和反应气体的正离子(如 O_2^+),反应后生成完全的氧化物。基板夹具对地具有负偏压(-5～-10V),这使正离子几乎垂直于基板表面淀积。用这种方法淀积的氧化物膜,膜层致密牢固,测量的表面粗糙度远低于热蒸发薄膜。

低压反应离子镀是直接应用一个大功率的离子源使蒸汽分子电离的。采用 RF 电源同样可达到使蒸发分子在行进过程中电离的目的,故称其为 RF 离子镀。

4. 几种淀积技术的比较

图 4-33 是几种比较重要的淀积技术原理图,包括电子束加热蒸发(EB)、离子辅助淀积(IAD/PIAD)、离子束溅射(IBS)、反应溅射和 RF 离子镀等。

常规 EB 几乎能淀积所有薄膜,蒸发粒子不带电,而且因为高真空淀积,几乎不受残余气体分子碰撞,能够制成高纯度薄膜。但是,由于淀积粒子能量低(0.1～0.3eV),故常呈多孔的柱体结构。IAD 或 PIAD 是为了改进 EB 淀积薄膜的柱体结构而发展起来的,这种方法虽仍属热蒸发,但随着氩、氧离子的辅助轰击,不仅大大提高了薄膜的致密度、牢固度,而且使氧化物薄膜的吸收进一步降低。

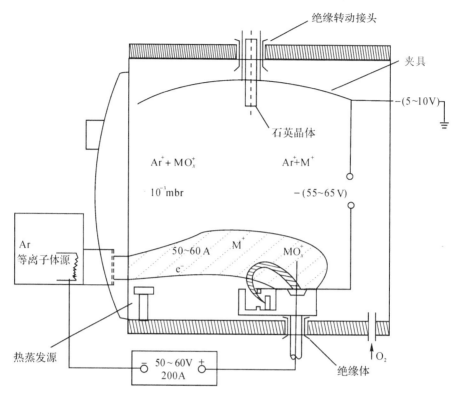

图 4-32 低压反应离子镀原理

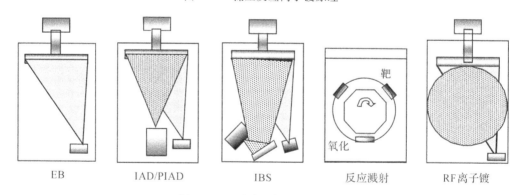

图 4-33 几种淀积技术的原理图

　　IBS 和反应溅射均具有溅射的一些特点:溅射过程中有大量荷电粒子,激活粒子易反应而降低了膜层纯度。淀积粒子易受溅射工作气体的碰撞,甚至进入膜层内。由于淀积粒子的动能可达 1~10eV,故膜层致密牢固,柱体结构得到明显抑制。IBS 在光通信波分复用滤光片中的成功应用,说明这种技术不仅可以镀制超多层膜,而且具有非常低的吸收和散射损失。

　　离子镀的本质差异是蒸发粒子在行进过程中被电离,而淀积粒子处于离子态,然后在基板表面氧化生成低吸收的氧化物。由于离子镀兼有热蒸发和溅射的特点,因而成膜速率比溅射快得多。离子在基板偏压电场作用下动能较大,膜层致密、牢固。荷电离子受到电力线的作用,使膜厚分布更加均匀。

4.1.3 工艺因素

薄膜制备是一个复杂的过程,它是通过大块固态材料蒸发或溅射,经过气相传输,最后在基板表面凝结得到的。在制备过程中,各种各样的因素相互作用,致使薄膜性质产生很大差异。

图 4-34 表示一些主要的工艺因素对膜层微观结构和化学成分的影响,从而产生对光学性质、机械性质和抗激光损伤等特性的变化。实际上,这些影响还要复杂得多,因为各种工艺因素和膜层性质彼此又有制约作用。

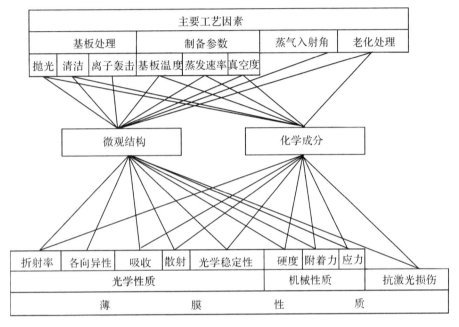

图 4-34　主要工艺因素对薄膜性质的影响

正因为制备工艺因素的复杂性,故通常采用正交试验法进行分析。正交试验法是研究和处理多因素试验的一种科学方法。它在理论认识和实际经验的基础上,利用一种现成的规格化表格——正交表来进行试验。这种方法的优点是能在很多试验条件中找出代表性强的少数条件,通过很少几次试验,找出较优的制备工艺因素。这种方法的具体运用见有关的数学手册和书籍[1]。

4.2　光学薄膜材料

目前可供使用的光学薄膜材料虽已不下百余种,然而就其光学、机械和化学性质全面考虑,真正有用的材料却并不多。

---

① 顾培夫. 薄膜技术. 杭州:浙江大学出版社,1990.

4.2.1 金属薄膜

铝（Al）、银（Ag）、金（Au）等是应用很广的几种金属薄膜材料。它们具有反射率高、截止带宽、中性好和偏振效应小等优点。缺点是它们的吸收稍大，机械强度较低。

不透明金属膜在空气中垂直入射时的反射率是

$$R=\left(\frac{1-(n-\mathrm{i}k)}{1+(n-\mathrm{i}k)}\right)^2=\frac{(1-n)^2+k^2}{(1+n)^2+k^2} \tag{4-40}$$

式中：$n-\mathrm{i}k$ 是金属膜的复折射率，n 和 k 分别称作折射率和消光系数。表 4-3 列出了几种常用金属膜的复折射率和由式（4-40）计算的反射率。假如透射率忽略不计，则金属膜的吸收率 $A=1-R$。图 4-35 表示它们的反射率和吸收率与波长的关系。遗憾的是，迄今提供的金属膜的光学常数非常有限，故只能以大块材料的光学常数作参考。图 4-36 给出了一些大块材料在 $\lambda=580\mathrm{nm}$ 时的光学常数。欲知宽波段上的数值可参阅有关文献[1]。值得指出的是，薄膜中的折射率 n 和消光系数 k 分别低于和高于相同大块材料的折射率和消光系数。

表 4-3 常用金属薄膜的光学常数及反射率

Al				Ag				Au				Cu			
$\lambda/\mu\mathrm{m}$	n	k	$R/\%$	$\lambda/\mu\mathrm{m}$	n	k	$R/\%$	$\lambda/\mu\mathrm{m}$	n	k	$R/\%$	$\lambda/\mu\mathrm{m}$	n	k	$R/\%$
0.122	0.37	0.94	21.5	0.400	0.075	1.93	93.9	0.450	1.40	1.88	39.7	0.450	0.87	2.20	58.2
0.220	0.14	2.35	91.8	0.500	0.050	2.87	97.9	0.500	0.80	1.84	50.4	0.500	0.88	2.42	62.4
0.260	0.19	2.85	92.0	0.600	0.060	3.75	98.4	0.550	0.33	2.32	81.5	0.550	0.76	2.46	66.9
0.300	0.25	3.33	92.1	0.700	0.075	4.62	98.7	0.600	0.20	2.90	91.9	0.600	0.19	2.98	92.8
0.340	0.31	3.80	92.3	0.800	0.090	5.45	98.8	0.700	0.13	3.84	96.7	0.800	0.17	4.84	97.3
0.380	0.37	4.25	92.6	0.950	0.110	6.56	98.9	0.800	0.15	4.65	97.4	1.0	0.20	6.27	98.1
0.436	0.47	4.84	92.7	2.0	0.48	14.4	99.1	0.900	0.17	5.34	97.8	3.0	1.22	7.1	98.4
0.492	0.64	5.50	92.2	4.0	1.89	28.7	99.1	1.0	0.18	6.04	98.1	7.0	5.25	40.7	98.8
0.546	0.82	5.44	91.6	6.0	4.15	42.6	99.1	2.0	0.54	11.2	98.3	10.25	11.0	60.0	98.8
0.650	1.30	7.11	90.7	8.0	7.14	56.1	99.1	4.0	1.49	22.2	98.8				
0.700	1.55	7.00	88.8	10.0	10.69	69.0	99.1	6.0	3.09	33.0	98.9				
0.800	1.99	7.05	86.4	12.0	14.50	81.4	99.2	8.0	5.05	43.5	99.0				
0.950	1.75	8.50	91.2					10.0	7.41	53.4	99.0				
2.0	2.30	16.5	96.8					11.0	8.71	58.2	99.0				
4.0	5.97	30.0	97.5												
6.0	11.0	42.2	97.7												
8.0	17.0	55.0	98.0												
10.0	25.4	67.3	98.0												

---

[1] E. D. Palik. Handbook of Optical constants of Solids. Academic Press. INC. ,(1985).

L. Ward. The Optical Constants of Bulk Materials and Films. Adam Hilger，(1988).

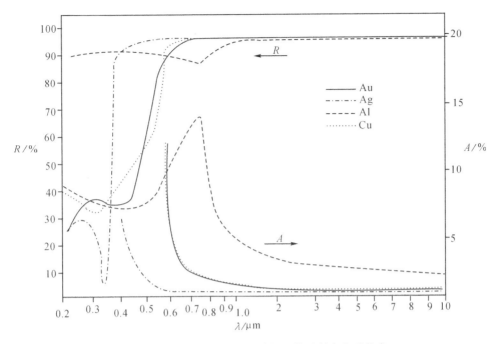

图 4-35　常用金属膜在不同波长上的反射率和吸收率

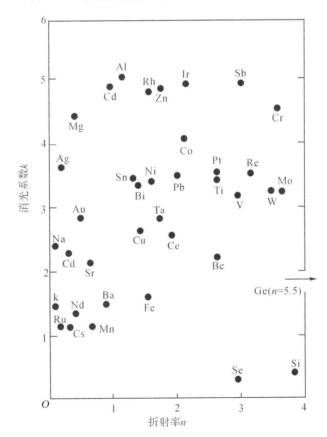

图 4-36　几种元素在 $\lambda = 580\text{nm}$ 的光学常数

　　金属膜的复折射率 N 取决于它的电子结构。当电子吸收光子能量后，便产生带外跃迁和带内跃迁。带外跃迁涉及自由电子，带内跃迁仅从一个能级跳到另一个能级。

　　复折射率 N 与复介电常数 ε 的关系是

$$\varepsilon = \varepsilon_1 - i\varepsilon_2 = N^2 = (n - ik)^2$$

式中包含着自由电子和带内跃迁的贡献，即

$$\varepsilon = \varepsilon_f + \varepsilon_b$$

其中带外跃迁的色散公式是德鲁特(Drude)建立的，它可表示金属膜的光学性质，并有

$$\varepsilon_f = 1 - \left\{ \left(\frac{\lambda}{\lambda_0}\right)^2 \bigg/ \left[1 - i(\lambda/\lambda_\tau)\right] \right\}$$

两个特征波长，即等离子体波长 λ_0 和弛豫波长 λ_τ 分别由下式定义：

$$\lambda_0 = (c^2 \pi m_0 / n_e e^2)^{\frac{1}{2}}$$

$$\lambda_\tau = 2\pi c\tau$$

式中：m_0 为自由电子有效质量，e 是电子电荷，n_e 是自由电子密度，τ 是自由电子弛豫时间，即电场切断时电流衰减为 $1/e$ 的时间。

　　从金属行为过渡到介质行为的波长称为等离子体波长(频率)，此波长对应于金属实折射率 n 和消光系数 k 两条曲线的交点，如图 4-37 所示，并位于紫外区。对多数金属，λ_0 为 $0.1\mu m$ 数量级，λ_τ 约为 $10\mu m$ 数量级。而半导体的 λ_0 处于红外区，所以这两个波长是区别金属、介质还是半导体的标志。λ_0 几乎与温度无关，相反，λ_τ 正比于电导率 $\sigma_e = \left(\frac{c}{2}\right)\frac{\lambda_\tau}{\lambda_0^2}$，因而与温度密切相关。

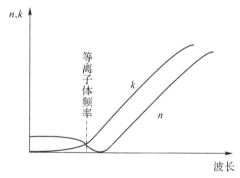

图 4-37　典型金属光学常数的变化

对小于等离子体频率所对应的波长，金属趋于透明，对较长波长，金属具有强烈反射和吸收

　　ε_b 仅由带内跃迁决定，且明显地取决于波长。在真空紫外区，金属膜的 n 和 k 都很小，反射率非常低。带内跃迁主要出现在小于某一波长的区域内。对金和铜，这个波长位于可见光区，银位于紫外区，而其他许多金属位于红外区。在红外区，因带外跃迁占优势而使 n 和 k 增加，结果反射率增大。

　　在自由电子吸收占优势的波段上，吸收与膜厚之间具有明显的依赖关系；而束缚电子(带内跃迁)吸收为主的波长区域上，它们之间的关系是单调的(图 4-38)。Al，Ag 的 A-d 曲线在可见光区所有波长上都有明显的极大值；Au，Cu 只有当 $\lambda > 550nm$ 时才显示出极大值；Ni，Cr，Pd，Sb 等大多数金属在可见光区都是单调变化的。上述性质可用麦克斯韦理论得

到证实,而且根据光学常数 n 和 k,可判别哪一种吸收占优势,即

$$\varphi = 2(k^2 - n^2)^3 - 9(k^2 - n^2)^2 + (12 + 8nk)(k^2 - n^2) - 12n^2k^2 - 4$$

当 $\varphi > 0$ 时,以自由电子的吸收为主;反之,$\varphi < 0$,则束缚电子吸收为主。

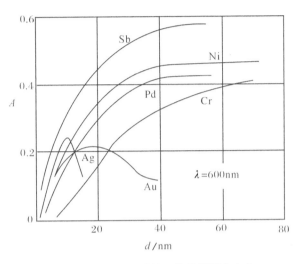

图 4-38　几种金属膜的吸收随膜厚的变化

当光线倾斜入射时,金属膜的反射率计算就比较复杂。如果膜层足够厚,则 p-偏振分量和 s-偏振分量的反射率分别是

$$\left.\begin{aligned} R_p &= \frac{n_0^2(a^2 + b^2) + (n^2 + k^2)\cos\varphi_0 - 2n_0\cos\varphi_0(na + kb)}{n_0^2(a^2 + b^2) + (n^2 + k^2)\cos\varphi_0 + 2n_0\cos\varphi_0(na + kb)} \\ R_s &= \frac{n_0\cos^2\varphi_0 + (n^2 + k^2)(a^2 + b^2) - 2n_0\cos\varphi_0(na - kb)}{n_0\cos^2\varphi_0 + (n^2 + k^2)(a^2 + b^2) + 2n_0\cos\varphi_0(na - kb)} \end{aligned}\right\} \quad (4\text{-}41)$$

则

$$R = \frac{R_p + R_s}{2}$$

式中:

$$a = \sqrt{\frac{\sqrt{p^2 + q^2} + p}{2}}, \quad b = \sqrt{\frac{\sqrt{p^2 + q^2} - p}{2}},$$

$$p = 1 + (k^2 - n^2)\left(\frac{n_0\sin\varphi_0}{n^2 + k^2}\right)^2, \quad q = -2nk\left(\frac{n_0\sin\varphi_0}{n^2 + k^2}\right)^2$$

式中 φ_0 是入射角。图 4-39 是按式(4-41)计算的 p-和 s-偏振分量的反射率。可以看出,k/n 越小,或束缚电子的作用越大,R_s 和 R_p 之间的分离越大。若 $k/n \gg 1$,则可近似地只计及自由电子的作用,金属的反射率可简化为

$$\left.\begin{aligned} R_p &= \frac{\left(n - \dfrac{1}{\cos\varphi_0}\right)^2 + k^2}{\left(n + \dfrac{1}{\cos\varphi_0}\right)^2 + k^2} \\ R_s &= \frac{(n - \cos\varphi_0)^2 + k^2}{(n + \cos\varphi_0)^2 + k^2} \end{aligned}\right\} \quad (4\text{-}42)$$

图 4-40 是按式(4-42)计算的 Al 和 Ag 的反射率随入射角的变化。由图可见,R_p 存在一个极小值,极小值对应的角度称为主入射角或准布儒斯特角,且有

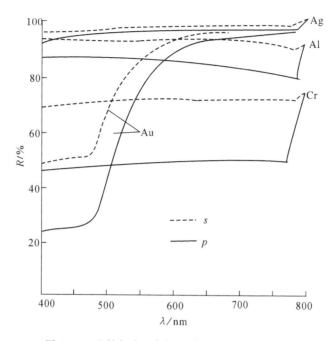

图 4-39 入射角为 45°时,几种金属膜的 R_p 和 R_s

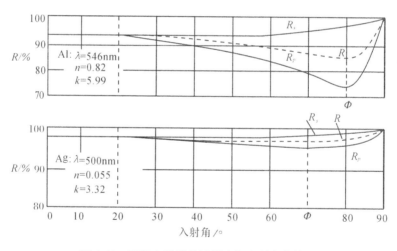

图 4-40 两种金属膜的反射率与入射角的关系

$$\Phi = \arccos\left\{\frac{[1+4/(n^2+k^2)]^{\frac{1}{2}}-1}{[1+4/(n^2+k^2)]^{\frac{1}{2}}+1}\right\}^{\frac{1}{2}} \tag{4-43}$$

对不同的金属,不同的波长,由于 $n-ik$ 不同,主入射角 Φ 是不相等的。(n^2+k^2) 的值越大,Φ 越接近于 90°。

R_p 的极小值可近似地用下式求出:

$$R_{p\min} \approx \left(\frac{k/n}{1+\sqrt{1+(k/n)^2}}\right)^2 \tag{4-44}$$

比值 k/n 越大,对应的 $R_{p\min}$ 越大。图 4-41 画出了 Φ 和 $R_{p\min}$ 随金属膜光学常数的变化规律。

在考虑较大入射角的反射率和偏振分离时,这些特性是很有用的。

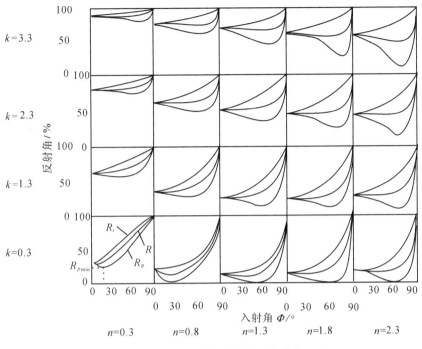

图 4-41　Φ 和 $R_{p\min}$ 与金属膜光学常数的关系

光波在金属膜中的传播是呈指数衰减的,并可用朗伯定律来描述:

$$E = E_0 e^{-2\pi k\, d/\lambda}$$

式中:E_0 和 E 分别对应于入射光和厚度 d 处的光振幅,k 为金属膜的消光系数。因此,强度为

$$I = I_0 e^{-4\pi k d/\lambda}$$

设 $d=\lambda/5$,则 $E = E_0 e^{-2\pi k/5}$,对 Al 和 Ag 膜,可见光区的 k 大约为 $3\sim7$。若取 $k=5$,则 $E = 0.002 E_0$。可见,当这些金属膜的几何厚度为 100nm 左右时,透射率降低到 0.0004%。k 越大,透射光强衰减越快,所需的厚度越小。在红外区,由于 k 迅速增大,膜厚仍保持与可见光区相同或者甚至可以更薄。过大的厚度,金属膜的反射率非但不会提高,甚至反而下降,这是因为膜层颗粒度变粗导致散射增加。

金属膜的反射率与其测量方向有关,从空气侧测得的反射率比从玻璃侧测得的要高,而透射率则与测量方向无关。由于 $T+R+A=1$,所以基板侧的反射率降低意味着该侧的吸收必然增加。图 4-42 表示两组 Cr 膜的透射率、反射率和吸收率随光线入射方向的变化,这说明金属膜的正确使用是重要的。

表 4-4 列出了几种常用金属膜的光学、机械特性和制备工艺要素。

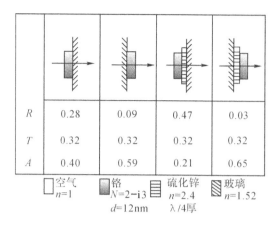

R	0.28	0.09	0.47	0.03
T	0.32	0.32	0.32	0.32
A	0.40	0.59	0.21	0.65

□空气 ■铬 硫化锌 ▨玻璃
$n=1$ $N=2-i3$ $n=2.4$ $n=1.52$
$d=12nm$ $\lambda/4$厚

图 4-42　在垂直入射时,波长 550nm 的光在 Cr
膜上的透射率 T、反射率 R 和吸收率
A 与入射光方向的关系

表 4-4　三种常用金属膜的特性和制备工艺

特性		Al	Ag	Au
反射率	紫外区	优	差	差
	可见区	中	优	差
	红外区	接近于 Ag	优	接近于 Ag
硬度		优	差	差
附着力		优	差	差
稳定性		中	差	优
制备工艺		高的真空度 低基板温度 快蒸发	高的真空度 低基板温度 快蒸发	高的真空度 可高基板温度 适当蒸发速率

可以看出,金属膜不仅吸收较大,而且膜层牢固性较差。为了缓解这些问题,常用的反射镜设计为 G|Al₂O₃＋Ag＋Al₂O₃＋SiO₂＋TiO₂|A,其中两层 Al₂O₃ 是作为增加 Ag 附着力的过渡层,第二层 Al₂O₃ 和 SiO₂ 连同 Ag 的位相超前一起合成等效 1/4 波长厚度,其等效折射率为 n_L,1/4 波长 TiO₂ 层的折射率为 n_H。该膜系有两个作用,一是降低吸收。设 Ag 在可见光区的吸收为 3%,镀上 n_L 和 n_H 后,吸收降低了 n_H^2/n_L^2 倍,于是反射率提高到接近 99%。二是增加牢固率。SiO₂ 和 TiO₂ 同时作为保护膜使 Ag 强度显著提高。

4.2.2　介质和半导体薄膜

1. 对材料的基本要求

对介质和半导体光学薄膜材料,以下几个方面的性质是很重要的,即透明度、折射率、机械牢固度和化学稳定性以及抗高能辐射。

(1)透明度

介质和半导体薄膜材料一般在一定的光谱区域是透明的。从能级图上看,介质材料的禁带很宽,价带中的束缚电子不能随意地通过禁带而到达导带,所以它们中的大部分在可见光区及近红外波段都是透明的。半导体材料相对于介质而言,它们的禁带宽度要窄得多,光激发后,价带中的价电子容易进入导带,所以它们的短波吸收限移向长波,一般它们在近红外区和红外区是透明的。图 4-43 是介质和半导体膜典型的透射光谱曲线。图中 A 区是短波吸收带或本征吸收区,其吸收系数 α 大于 10^3cm^{-1}[①]。这种吸收主要是由于光子的作用,使电子由价带跃迁到导带而引起的,因此,只有当光子能量 $\left(E = h\nu = \dfrac{hc}{\lambda} = 1.24 \text{keV}/\lambda(\text{nm})\right)$ 大于禁带宽度(E_g),即 $h\nu \geqslant E_g$ 时才能发生。换言之,存在着一个波长限 $\lambda_{c1} = hc/E_g$,超过这个波长,就不能引起本征吸收。由于介质材料的禁带宽度比半导体宽,造成这种激发比半导体难,因此,一般介质膜的短波吸收限比半导体要短。此外,吸收波长限 λ_{c1} 与折射率之间也存在着近似关系:$n^4/\lambda_{c1} = $ 常数,折射率越高,λ_{c1} 越长。

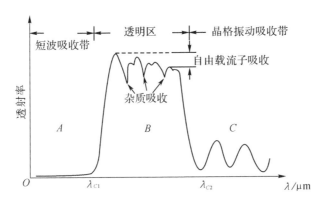

图 4-43　介质和半导体材料的透射曲线

B 区是透明区。在该区中,光子的能量不足以使价电子激发,此时除了少量杂质吸收和半导体中的自由载流子吸收外,没有其他吸收能量的机理,因此,呈现透明区。

束缚在杂质中的电子或空穴,吸收光子后可分别跃迁到导带和价带,且杂质电离能 $E_i = \dfrac{hc}{\lambda}$。由于跃迁前后能级差越大,其概率就越小,因此杂质吸收主要集中在短波侧。而且,因为 $E_i < E_g$,所以杂质吸收在本征吸收区的长波侧。

自由载流子引起的吸收系数为

$$a = \frac{N\lambda^2 e^3}{\mu \pi n m^2 c^3}$$

式中:N 是自由载流子浓度,λ 是波长,e 是电子电荷,μ 是迁移率,n 是折射率,m 是载流子质量,c 是光速。可以看出,自由载流子吸收主要取决于浓度、波长和迁移率。长波方向的自由载流子吸收总比短波大,即有 $a \propto \lambda^s$。按经典理论,$s=2$;实际上 $s=1.6\sim2.2$。若杂质含量很大,s 可达 3.5 左右。半导体温度上升,自由载流子浓度迅速增加,透明度降低。Ge 在波长 $10\mu\text{m}$ 的吸收系数随温度的变化是,室温下 0.02cm^{-1},70℃时 0.12cm^{-1},到 100℃时达 0.4cm^{-1}。显然,半导体材料不宜在高温条件下使用。

---

　　①　吸收系数 α 与消光系数 k 的关系为 $\alpha = 4\pi k/\lambda$。按分贝的定义:$\text{dB} = 10\lg(I/I_0)$,故 $1\text{dB/cm} = 4.343\alpha$。

C 区是长波吸收带,长波吸收的原因主要是晶格振动吸收。在半导体中,还有自由载流子吸收。离子晶体材料具有固有的偶极子,其他一些材料虽无固有偶极子,但容易产生光生感应偶极子。偶极子将随入射光振动电场而振动,当两者振动频率一致时便出现共振。对点质量为 m_1 和 m_2 的线性极化双原子分子,则按简谐振动计算振动频率:

$$\nu = \frac{1}{2\pi}\left(\frac{F}{M}\right)^{\frac{1}{2}}$$

式中:F 是由化学键性质决定的力因子,M 是归化质量,且 $M = m_1 \cdot m_2/(m_1 + m_2)$。于是产生了一系列的谐振峰,对应于第一个谐振峰的波长为长波吸收起始波长 λ_{c2},即

$$\lambda_{c2} \propto \sqrt{\frac{M}{F}}$$

这说明随着原子量增大,离子性减小,λ_{c2} 移向长波。

选择材料的原则总是使透明区有尽可能高的透明度,即尽可能小的消光系数。一般地说,高折射率材料在可见光区的消光系数比低折射率材料大 1 至 2 个数量级,因为高折射率材料的 λ_{c1} 更靠向长波。易分解的氧化物材料(如 TiO_2,Ta_2O_5 等)的消光系数比常用硫化物和氟化物(如 ZnS,MgF_2 等)高是材料的化学计量和杂质引起的。就膜层结构来说,多晶薄膜的损耗最大,无定形为其次,单晶为最小。原因是多晶结构导致吸收散射增加。

(2)折射率

折射率是一个非常重要的参数,通常总希望折射率是确定的和可以重复的。薄膜的折射率主要依赖于下面几个因素。

材料种类:材料的折射率是由它的价电子在电场作用下的性质决定的。材料的介电常数用 ε 表示,有

$$\varepsilon = 1 + 4\pi Na$$

式中 N 和 a 分别为极化分子数和极化率。对各向同性材料,折射率即为

$$n = \sqrt{\varepsilon}$$

若材料外层价电子很容易极化,则其折射率一定很高。随着元素原子量的增加,原子核中正电荷对外层电子的作用也被屏蔽得更厉害,结果表现为禁带宽度变窄而折射率增大。

对化合物,电子键结合的化合物要比离子键的折射率高。因为电子键化合物的离子性小,易于极化。同时折射率还随构成这些化合物元素的原子量或正离子价态的增大而提高,因为外层电子处于较松散的束缚状态,故离子性较弱。

综上所述,折射率大致按下列次序递增:卤化物,氧化物,硫化物和半导体材料。

波长:折射率因波长而异的现象称为色散,即 $n = f(\lambda)$。当折射率随波长增加而单调减小时称为正常色散;反之,称反常色散。正常色散位于透明区,而反常色散位于吸收带内。在电子论中把光的色散归结为材料原子中的电子在光波电场作用下发生迁移所致。因原子的偶极矩与原子中的电子的振动频率有关,后者取决于入射光波的频率 ω,故介电常数或折射率是入射光波频率的函数

$$\varepsilon = n^2 = \frac{4\pi N_0 e^2}{m_e(\omega_0^2 - \omega^2)} + 1$$

式中:N_0 是单位体积材料的原子振子数,ω_0 是电子固有频率,m_e 和 e 为电子质量和电荷量。在正常色散范围内,ω 越大,波长越短,则 n 越大。

表示折射率和波长的关系通常有三种色散方程,即

塞尔缪(Sellmeir)方程:$n^2 = A + \dfrac{B}{\lambda^2}$。如对 CeO_2 膜,常数 A、B 分别为 $A = 3.6213$,$B = 0.17117\mu m^2$。

科契(Cauchy)方程:$n = A + B/\lambda^2 + C/\lambda^4$。如 TiO_2 膜,$A = 2.2254$,$B = 2.338 \times 10^3 nm^2$,$C = 7.688 \times 10^9 nm^4$。

赫尔伯格(Herzberger)方程:$n = A + BL + CL^2 + D\lambda^2 + E\lambda^4$。如金刚石碳膜,$L = \dfrac{1}{\lambda^2 - 0.028}$,$A = 2.3784$,$B = 1.189 \times 10^{-2}$,$C = -1.008 \times 10^{-4}$,$D = -2.3676 \times 10^{-5}$,$E = 3.2426 \times 10^{-8}$,波长单位为 μm。

晶体结构:不同晶体结构能得到不同的折射率。例如 ZrO_2 室温下的无定形膜折射率约为 1.67,300℃基板温度时为亚稳立方结构,折射率为 1.94。TiO_2 膜的晶体结构随基板温度变化,可从无定形变到锐钛矿、金红石,在波长 550nm 的折射率从 1.9 变到接近 2.6。

(3)机械牢固度和化学稳定性

为了获得牢固耐久的薄膜,对膜料有如下要求:膜料本身应具有良好的机械强度和化学性能;薄膜与基板、薄膜与薄膜之间要有良好的附着性;薄膜应力要尽可能小,而且其性质要相反(压应力和张应力),以降低多层膜的积累应力。

应该指出的是,薄膜的机械性能和化学性能随着制备条件不同而存在着明显的差异。例如离子轰击及基片加热能使 ZnS 膜变得非常坚硬。所以在具体选择材料时,必须综合地考虑各种条件及其相互联系。此外,还要注意分析薄膜的具体应用条件,即胶合使用的场合不必过于追究机械和化学性能;用于潮湿空气中的薄膜,要求膜料的耐潮性能特别好;在海面应用的薄膜,主要考虑盐、碱对薄膜的作用;高温高寒环境下使用的薄膜,要注意分析温度对薄膜的影响;高能激光薄膜应着重考虑激光对薄膜的破坏,等等。

(4)抗高能辐射

激光、紫外辐射或高能粒子都可引起薄膜损伤,特别是在大功率激光系统中,薄膜受到激光的严重威胁。

激光对薄膜的破坏着重考虑两个方面:一是激光波长、激光脉冲宽度和重复频率;二是薄膜材料本身的特性,除了吸收外,还与薄膜结构、机械强度、附着力、应力、热稳定性、熔点、热导和热膨胀系数等密切相关。

对单层膜而言,阈值似乎随着薄膜材料的短波吸收限 λ_{c} 增大而减小,随折射率和消光系数增加而降低,随牢固度增加而增大。对多层膜来说,损伤阈值常介于其组成膜料的阈值之间,并与膜系结构、层数以及膜层之间的附着力、积累应力密切相关。

2. 常用薄膜的性质

(1)氟化镁(MgF_2)

氟化镁是薄膜制备中常用的材料之一,它在 $\lambda = 550nm$ 的折射率为 1.38,透明区为 $0.12 \sim 10\mu m$。

氟化镁是所有低折射率的卤化物中最牢固的,特别是当基板温度 250℃左右时,非常坚硬耐久,因而在减反射膜中得到广泛应用。在多层膜中,它常与 ZnS,CeO_2 或 Bi_2O_3 等组合。但是,由于 MgF_2 膜具有很高的张应力(300～500MPa),所以室温下或快速蒸发得到的

$ZnS-MgF_2$ 多层膜非常容易破裂。它与 CeO_2 和 Bi_2O_3 的结合比 ZnS 好。

氟化镁蒸发时易于喷溅,其原因有:蒸发表面形成了一层熔点比 MgF_2 更高的 MgO,材料蒸发次数越多,这种现象越严重;材料本身晶粒太细,除气预熔的气体来不及释放,所以选用一定晶态结构的块状材料是有利的。

氟化镁的聚集密度比较低,室温下可能低达 0.75 左右,在真空中测量的折射率是 $1.32 \sim 1.33$,暴露于大气后,孔隙被折射率 1.33 的水汽所填充,折射率上升到 1.37。由于 MgF_2 膜内气孔大小分布范围主要为 $2 \sim 5nm$,所以吸潮过程比 $NaAlF_6$ 快得多。在基板温度高于 250℃时,膜层折射率接近大块材料之值,聚集密度接近于 1。

(2)硫化锌(ZnS)

硫化锌是用于可见光区和红外区的最重要的一种膜料。在可见光区,它常与低折射率的氟化物组合;在红外区,与高折射率的半导体材料组合。它的透明区域为 $0.38 \sim 14 \mu m$。在可见光区的折射率为 $2.3 \sim 2.6$,而在红外区的折射率大约是 2.2。

蒸发 ZnS 时,它会分解成 Zn 和 S,但是在凝结过程中,Zn 和 S 又重新化合,所以仍能得到化学计量上近似一致的膜层。这种淀积机理能很好地解释 ZnS 的凝结系数随基板温度上升而下降的现象。在常规的蒸发速率下,当基板温度为 300℃ 以上时,ZnS 就可能停止凝结。由于 ZnS 淀积时在基板表面上以元素状态形成薄膜,所以即使在室温下淀积,其聚集密度亦相当高。ZnS 薄膜呈现压应力,也与这种生长机理相关。

直接用电阻加热蒸发 ZnS 常可出现两种现象:一是出现刺激性很强的 H_2S;二是剩余的 ZnS 块料分解出 Zn 并发黑。这种 Zn 还可能氧化成高熔点的 ZnO,附着在 ZnS 表面,使 ZnS 难于蒸发。幸好 ZnO 和 ZnS 的折射率非常接近,所以即使少量 ZnO 混入也无关紧要。若用电子束蒸发,这种分解现象明显减少。电子束蒸发的 ZnS 膜具有闪锌矿立方结构,而用舟蒸发得到的是闪锌矿和纤锌矿的混合物,后者对高温不太稳定。ZnS 膜在空气中经紫外线照射后会转变为 ZnO,这是 S 升华后与 O_2 再化合的结果。

淀积在室温基板上的 ZnS 膜,牢固性是很差的。改善其牢固度的措施是:①离子轰击,并在轰击结束后尽快蒸发;②基板烘烤,温度为 $150 \sim 200℃$;③老化处理,在空气中 $250 \sim 300℃$ 温度烘烤 4 小时。

(3)二氧化钛(TiO_2)

二氧化钛薄膜折射率高,牢固稳定,在可见和近红外区呈透明,这些优异的性能使它在光学薄膜应用中十分诱人。但是,TiO_2 材料在真空中加热蒸发时因分解而失氧,形成高吸收的亚氧化钛薄膜 Ti_nO_{2n-1}($n=1,2,\cdots,10$),故常采用反应蒸发技术。

在离子氧中蒸发低价氧化物 TiO,Ti_2O_3 和 Ti_3O_5 获得了优良的 TiO_2 膜。TiO 的熔点既低于金属钛,又低于 TiO_2,可以用电子束或钨舟进行蒸发。由于 TiO 严重缺氧,所以需在较高的气压(如 3×10^{-2} 帕)和较低的蒸发速率($0.3nm/s$)下淀积。采用电子衍射确定不同基板温度下多晶 TiO_2 膜的结构表明:当基板温度 $T_s > 380℃$ 呈金红石,膜层折射率增加,吸收增大。在中性氧中制备的 TiO_2 膜,其消光系数比离子氧中得到的高 10 倍左右。

Ti_2O_3 的热性质比较稳定,蒸发过程中吸氧作用很强。通过选择适当的参数,不难获得折射率 $2.2 \sim 2.3$ 的无吸收 TiO_2 膜。由于它的缺氧情况比 TiO 要好,所以蒸发速率可以适当提高(约 $0.5nm/s$)。Ti_2O_3 作初始材料时,在中性氧中的吸收要比 TiO 高得多。在离子氧中蒸发时,其吸收强烈地依赖于基板温度;在室温下则得到与 TiO 相当的吸收。

用质谱仪分析了 TiO,Ti_2O_3,Ti_3O_5 和 TiO_2 作为初始材料的蒸汽组分发现,初始膜料 TiO 和 Ti_2O_3 随着蒸发量增加,氧含量增加,折射率降低;TiO_2 则氧含量减小,折射率升高。唯有 Ti_3O_5 氧含量不变,能够得到稳定的折射率。

综上所述,不论采用何种初始材料,都得不到纯 TiO_2 膜,其氧化程度直接决定了膜层的吸收大小。实验表明,TiO_2 膜的吸收和折射率均随着基板温度和蒸发速率的升高而增加,随着氧压升高而降低。在空气中加热处理能有效地减少膜内的低价氧化物,TiO,Ti_2O_3 和 Ti_3O_5 转变成 TiO_2 的温度分别为 $200℃$,$250\sim350℃$ 和大于 $350℃$。此外,TiO_2 膜中掺杂一定量的 Ta_2O_5 等,也可使吸收降低。TiO_2 膜长期暴露于紫外线,会导致波长小于 $450nm$ 的短波区吸收增加。

(4)二氧化硅(SiO_2)

二氧化硅是唯一例外的分解很小的低折射率氧化物材料,其折射率为 1.46,透明区一直延伸到真空紫外($0.18\sim8\mu m$)。它的光吸收很小,膜层牢固,且抗磨耐腐蚀,应用极其广泛。

SiO_2 在高温蒸发时与 TiO_2 类似(当然程度上远不及 TiO_2),也可生成低价氧化物 SiO 和 Si_2O_3。这种低价氧化物常比高价氧化物易蒸发,所以薄膜中往往具有复杂的成分。

根据氧化硅吸收带的位置,我们可以粗略地判断膜的成分。三种硅氧化物的吸收带位置分别是:SiO:$10.0\sim10.2\mu m$;Si_2O_3:$9.6\sim9.8\mu m$ 和 $11.5\mu m$;SiO_2:$9.0\sim9.5\mu m$ 和 $12.5\mu m$。一旦用分光光度计测出它们的红外透射特性,那就容易推知膜层成分。

SiO_2 膜的结构精细,呈网络状玻璃态,不但散射吸收小,而且保护能力极强。

上面四种膜料,前两种称软膜,后两种称硬膜。一般说来,氟化物、硫化物属软膜,而氧化物属硬膜。由于薄膜材料很多,我们不可能作一一讨论,表 4-5 列出了大多数光学薄膜材料的主要性质,供选用时参考,更详尽的内容可参见文献[①]。

表 4-5　薄膜材料特性

材料	熔点 /℃	蒸发温度 /℃	蒸发方法	密度 /(g/cm³)	折射率	透明区 /μm	牢固度
Al_2O_3	2020	2100	B(W),E	3.98	1.54(0.55μm,40℃) 1.62(0.55μm,300℃)	0.2～8	H,□□□,1
AlO_xN_y			RE,RS		1.71～1.93(0.35μm) 1.65～1.83(0.55μm)	0.3～6.5	H,1
AlF_3		900	B	3.07	1.38(0.55μm)	0.2～20	S,T 小
Bi_2O_3	860	1400	R(Pt),RS	8.3	2.45(0.55μm) 2.2(9μm)	0.4～12	FH,1
BiF_3	727	300	B(C)	5.32	1.74(1μm),1.66(10μm)	0.26～20	M,C,1
BaF_2	1280	700	B	4.83	1.47(1μm),1.4(8μm) 1.395(10μm)	0.25～15	M,T 小,2
CaF_2	1360	1280	B(W,Ta,Mo)	3.2	1.23～1.46(0.55μm)	0.15～12	FH,T 小,1

---

① 钟迪生编著. 真空镀膜——光学材料的选择与应用. 沈阳:辽宁大学出版社,2001.

材料	熔点 /℃	蒸发温度 /℃	蒸发方法	密度 /(g/cm³)	折射率	透明区 /μm	牢固度
CeF_3	1460	1350	B(W),E	6.16	1.63(0.55μm,300℃) $A = 2.558$, $B = 0.1934(300℃)$	0.3 ~ 5	FH,T 大,1
CdS	1750	800	B(Pt,Ta)	4.8	2.5(0.6μm,30℃) $A = 5.235, B = 0.1819$	0.55 ~ 7	S,C, 2
CdTe	1041	450	B(Mo)	6.2	3.05(1μm),2.66(10μm)	0.97 ~ 30	H,□,C,2
CeO_2	1950	1600	B(W)E	7.13	2.2(0.55μm,30℃) 2.38(0.55μm,250℃) $A = 3.6213, B = 0.17117$	0.4 ~ 12	H,C,1
CdSe	1350	700	B(W)	5.81	3.5(1μm)	0.97 ~	M,□,2
CsBr	636	400	B(W,Mo)	3.04	1.8(0.25μm) 1.67(3.3μm)	0.23 ~ 40	S, 3
CsI	626	500	B	4.51	1.787(0.55μm)	0.25 ~ 60	S, 3
Cr_2O_3	2275	1900	B(W),E	5.2	2.1(0.63μm)		FH, 1
C（金刚石）	3700	2601	E	3.5	2.38(4μm) $A = 5.6548, B = 0.0565$		H, 1
Dy_2O_3	2340	1400	E	8.16	2.0(0.29μm,350℃) 1.91(0.55μm,350℃)	0.28 ~	FH, 1
Eu_2O_3	2050		E		1.88(0.7μm,350℃)	0.34 ~	FH, 1
Fe_2O_3	1565		E	5.1	2.72(0.55μm)	0.8 ~	M,1
Ge	959	1600	B(C),E	5.3	4.4(2μm,30℃) $A = 15.992, B = 1.8793$	1.7 ~ 23	H,□,T 大,1
GaAs	1238	850	E	5.34	3.2(5μm)	0.9 ~ 18	M,2
Gd_2O_3	2340	2200	RS,E		1.8(0.55μm)	0.32 ~ 15	FH,1
HfO_2	2812	2700	E,RS	9.68	2.15(0.25μm,250℃) 2.00(0.5μm),1.88(8μm) $A = 3.1824, B = 0.09188$	0.22 ~ 12	M,□□□,1
Ho_2O_3	2365		E	8.41	2.0(0.5μm,350℃)	0.25 ~	FH, 1
InAs	943		双源	5.66	4.5	3.8 ~ 7	S, 1
InSb	535		双源	5.77	4.3	7 ~ 16	S
In_2O_3	1565		R(W),E	7.18	2.0(0.5μm)	0.32 ~	H, 1
LiF	870	870	B(Mo,Ta)	2.6	1.36(0.55μm) $A = 1.8837, B = 0.007$	0.11 ~ 7	S,□□□, T 小,3
LaF_3	1490	1490	B(W,Mo)	6.0	1.55(0.55μm,30℃) 1.65(0.55μm,300℃) $A = 2.5246, B = 0.01247$	0.2 ~ 12	FH,□□□, T 大,1
La_2O_3	2250	1500	B(W),E	6.5	1.98(0.3μm), 1.88(0.55μm) $A = 3.3087, B = 0.06952$	0.3 ~ >2	H, 1

材料	熔点 /℃	蒸发温度 /℃	蒸发方法	密度 /(g/cm³)	折射率	透明区 /μm	牢固度
MgF_2	1266	1540	B(W,Ta,Mo)	2.9	$1.38(0.55\mu m)$ $A = 1.8976, B = 0.01536$	$0.11 \sim 10$	H,□□, T 大, 1
MgO	2800	2600	B(W,Ta),E	3.58	$1.7(0.55\mu m, 50℃)$	$0.2 \sim 8$	H,□□, C 大, 3
NaF	992	988	B(Mo)	2.8	$1.29 \sim 1.30(0.55\mu m)$	$0.2 \sim 14$	S,□□,3
Na_3AlF_6	1000	1000	B(Mo,Ta)	2.9	$1.32 \sim 1.35(0.55\mu m)$	$0.2 \sim 14$	S,□,T 小,3
Nb_2O_5	1530	1600	E	4.47	$2.1 \sim 2.3(0.5\mu m)$	$0.32 \sim 8$	H,□□,1
Nd_2O_3	1900	1900	B(W,Mo),E	7.2	$1.79(0.5\mu m, 30℃)$ $2.05(0.5\mu m, 260℃)$	$0.24 \sim 10$	H,1
NdF_3	1410	1400	B(Ta,Mo)	6.5	$1.61(0.55\mu m, 300℃)$ $A = 2.5582, B = 0.01703$	$0.22 \sim 6$	M, 2
$PbTe$	971	850	B(Ta)	8.16	$5.6(5\mu m)$	$3.4 \sim > 30$	S,□,1
$PbCl_2$	501		B(Pt,Mo)	5.81	$2.3(0.55\mu m)$ $2.0(10\mu m)$	$0.3 \sim > 14$	M,T 小,3
PbF_2	822	850	B(W,Pt)	7.76	$1.98(0.3\mu m, 30℃)$ $1.75(0.55\mu m, 30℃)$	$0.24 \sim > 20$	S,□,T,2
Pr_6O_{11}	2125	2100	B(W),E	6.88	$1.92 \sim 2.05(0.55\mu m)$	$0.4 \sim 10$	FH, 1
Sc_2O_3	2300		E	3.86	$1.86(0.55\mu m)$	$0.35 \sim 13$	FH, 1
Se	1430	437	B(W,Ta,Mo)	4.3	$2.45(2\mu m)$	$0.8 \sim 20$	FH, 3
Sb_2O_3	656	400	B(Ta,Pt)		$2.3(0.36\mu m)$ $2.0(0.55\mu m)$	$0.3 \sim 1$	S,C 小,1
Sb_2S_3	550	370	B(Ta,Mo)	4.1	$3.0(0.55\mu m)$	$0.5 \sim 10$	S, 2
SnO_2	1127		B(W),E	6.95	$2.0 \sim 2.1(0.55\mu m)$	$0.4 \sim$	H,T 小,1
Si	1420	1500	E,S	2.33	$3.4(3\mu m)$ $A = 11.586, B = 0.9398$	$1 \sim 9$	FH,□, C 大,1
SiO	1700	1300	B(Ta,Mo,W)	2.24	$1.55(0.55\mu m, 30℃)$ 主要成分为 Si_2O_3	$0.4 \sim 9$	H,□□,C,1
SiO_2	1700	1600	E	2.1	$1.45 \sim 1.46(0.55\mu m)$	$0.2 \sim 9$	H,□□, C 小,1
Si_3N_4			RS	3.44	$2.06(0.5\mu m)$	$0.32 \sim 7$	H, 1
SrF_2	1190		B(W,Mo)	4.24	$1.45(0.55\mu m)$	$0.2 \sim 10$	M, 2
SmF_3			B,E		$1.56(0.4\mu m)$	$0.16 \sim 12$	FH, 2
Sm_2O_3	2350		E	7.43	$1.88(0.59\mu m, 300℃)$	$0.34 \sim$	FH, 1
Te	452	550	B(Ta)	6.2	$4.9(6\mu m)$	$3.4 \sim 20$	FH, 3
TiO_2	1850	2000	RE,RS	4.29	$1.9(0.55\mu m, 30℃)$ $2.3(0.55\mu m, 220℃)$ $A = 4.385, B = 0.2414$	$0.4 \sim 10$	H,□□,1

材料	熔点 /℃	蒸发温度 /℃	蒸发方法	密度 /(g/cm³)	折射率	透明区 /μm	牢固度
Ta_2O_5	1800	2100	RE,RS	8.74	$2.16(0.55\mu m,250℃)$ $A=4.2446, B=0.13158$	$0.35 \sim 10$	FH,□□,1
ThF_4	1110	1100	B(Ta,Mo)	6.32	$1.5(0.55\mu m,35℃)$ $1.35(10\mu m)$	$0.2 \sim 15$	M,□□□,T 小,1
YbF_3	1157		E	8.17	$1.52(0.6\mu m)$ $1.48(10\mu m)$	$< \quad 0.3$ ~ 12	M,2
Y_2O_3	2410	2400	E	5.01	$1.87(0.55\mu m,250℃)$ $A=3.1824, B=0.09188$	$0.3 \sim 12$	H,□,1
ZnO	1975	1100	B(W,Mo)	5.61	$2.1(0.45\mu m)$	$0.35 \sim 20$	S,1
ZnS	1900	1100	B(Ta,Mo)	3.98	$2.35(0.55\mu m)$ $2.16(10.6\mu m)$ $A=5.013, B=0.2025$	0.4 $\sim > 14$	M,□,C,1
ZnSe	1530	950	B(Ta,Mo)	5.42	$2.58(0.633\mu m)$ $2.42(10.6\mu m)$	0.55 $\sim > 15$	S,2
ZrO_2	2715	2700	E	5.49	$1.97(0.55\mu m,30℃)$ $2.05(0.55\mu m,200℃)$ $A=3.291, B=0.09712$	$0.3 \sim 12$	H,□,T 大,1
$H_1(ZrO_2$ $+$ $TiO_2)$			E		$2.1(0.55\mu m)$	$0.36 \sim 7$	H,1
$H_2(Pr_6O_{11}$ $+ TiO_2)$			E		$2.1(0.55\mu m)$	$0.4 \sim 7$	H,1
H_4 $(La_2O_3$ $+ TiO_2)$			E		$2.1(0.5\mu m,300℃)$	$0.36 \sim 7$	H,1
M_1 $(Pr_6O_{11}$ $+ Al_2O_3)$			E		$1.71(0.5\mu m,300℃)$	$0.3 \sim 9$	H,1

注:1. B:电阻加热(括号内为蒸发源材料);E:电子束;R:反应蒸发;S:溅射;RS:反应溅射。

2. 折射率后括号内数字为波长或基板温度;A,B 是 Sellmeir 色散方程 $n^2 = A + B/\lambda^2$ 的系数,波长以 μm 为单位。

3. 硬度(H 极硬;FH 硬;M 中等;S 软),抗激光损伤(□□□ 强;□□ 中;□ 弱),应力(T 张应力;C 压应力),抗潮性(1 优;2 中;3 差)。

4.2.3　金属膜与介质膜的比较

表 4-6 列出了金属膜和介质膜的理想性质。实际的材料或多或少地会偏离这些理想材料,如介质有一定的消光系数 k,而金属也有一定的实数折射率 n。如果它们都很小,则金属膜和介质膜的导纳 y 分别简单地表示为 $-ik$ 和 n。

表 4-6　金属与介质膜的主要差别

金　属　膜	应　用	介　质　膜	应　用
$k \propto \lambda$ $y = -ik$ $\beta = 2\pi kd/\lambda =$ 常数 $y \propto \lambda$ R 随着 λ 增加而增大 高的损耗 较厚膜无干涉效应	利用其反射率高、截止宽、偏振小、制备简单,在反射镜、诱导透射滤光片和消偏振薄膜等场合广泛应用	$k = 0$ $y = n$ $\delta = 2\pi nd/\lambda \propto 1/\lambda$ $y =$ 常数 T 随着 λ 增加而增大 低的损耗 具有干涉效应	利用其吸收小、选择性反射、设计参数多、膜层强度高等特点,在低损耗高反射膜、高透射带通滤光片、截止滤光片以及各种复杂膜系方面广泛应用

　　介质膜具有干涉效应,具有随波长或厚度的变化而呈周期性变化的性质。位相厚度 $\delta = \frac{2\pi}{\lambda}nd$ 是一个最重要的量,随着 λ 增加,δ 变小。因为 n 变化很小,所以长波区域薄膜的特性比短波区域有所减弱。金属膜不具有任何周期性的性质,它的反射率简单地与位相厚度 δ 和 k 一起增加或减小。由于 δ 基本上是恒定的,而 k 随 λ 的增大而增加,因此金属膜的性质与 λ 有着更大的相关性,且长波区域的特性比短波区域有所增强。

4.2.4　任意折射率薄膜的获得

　　计算机优化设计的膜系,常常折射率和厚度都是任意的。为得到任意折射率薄膜,可以采用混合膜、等效膜和合成膜等方法。虽然通过改变 Ti,Si 等金属氧化物制备时的氧化度、基板温度和蒸发速率等,可望改变其折射率,但是可调节的相对折射率最大不超过 20%。在可见光区,氧化钛和氧化硅的折射率变化范围分别只有 $1.9 \sim 2.5$ 和 $1.45 \sim 1.8$,而且非常难以控制。

　　混合膜法可以包括气相混合和固相混合两种。所谓气相混合,就是用几个蒸发源同时蒸发几种不同折射率的材料,控制其各自的蒸发速率而得到所期望的中间折射率值。这种方法的主要困难是需要同时控制几个蒸发源的蒸发速率。图 4-44 是二源蒸发的原理图。在制作半导体化合物薄膜时,需要同时控制两个蒸发源和基板的温度,所以称二源蒸发为三温度法。

　　固相混合就是将两种或两种以上的材料按比例预先混合,然后用一个蒸发源进行蒸发,随着混合材料的比例不同可调节所需的折射率值。这种方法的材料蒸汽压差异对膜的成分影响很大,只有在一定的蒸发温度下,混合材料才能按比例蒸发。

　　混合膜的折射率可用洛伦茨 — 洛伦兹(Lorentz-Lorenz)色散理论给出。如果混合膜的体积等于各种成分的体积之和,则 N 种成分混合的折射率为

$$n^2 = \sum_{i=1}^{N}\left(\frac{a_i n_i^2 c_i}{\rho_i}\right) \Big/ \sum_{i=1}^{N}\left(\frac{a_i c_i}{\rho_i}\right) \qquad (4\text{-}45)$$

式中:$a_i = (n_i^2 + 2)^{-1}$。

　　德鲁特(Drude)也推导了混合膜折射率随成分而变化的公式。按德鲁特理论,式中的 $a_i = 1$。两个理论的差异在于:洛伦茨 — 洛伦兹是基于分子的感应电偶极子与有效场(即激发场与周围介质中电偶极子场之和)的相互作用关系,而德鲁特则不考虑周围电介质极化的局部扰动效应。所以按前者计算的混合膜的折射率稍低于后者。

　　式(4-45)表明,混合膜的折射率是由各混合材料直接叠加而成的。对高、低两种折射率

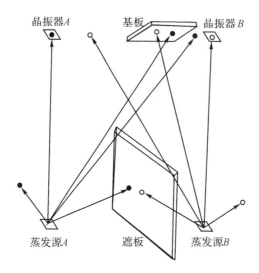

图 4-44　混合膜的二源蒸发法

材料混合,混合膜的折射率为

$$n^2 = \frac{a_H n_H^2 c_H/\rho_H + a_L n_L^2 c_L/\rho_L}{a_H c_H/\rho_H + a_L c_L/\rho_L} \tag{4-46}$$

如果知道了两种材料中的某一种材料的百分比重量浓度,例如已知高折射率材料为 c_H,则式(4-46)可写成

$$n^2 = \frac{\dfrac{n_L^2}{\rho_L}\left(\dfrac{1}{c_H}-1\right)+\dfrac{n_H^2}{\rho_H}\dfrac{a_H}{a_L}}{\dfrac{1}{\rho_L}\left(\dfrac{1}{c_H}-1\right)+\dfrac{1}{\rho_H}\dfrac{a_H}{a_L}} \tag{4-47}$$

图 4-45 是按式(4-47)计算的 ZnS-MgF$_2$ 混合膜的折射率。实验结果表明,ZnS-MgF$_2$ 混合膜的折射率随 ZnS 百分浓度的变化与洛伦茨—洛伦兹理论非常一致。而 Ge-ZnS 混合膜的折射率随 Ge 的浓度变化与德鲁特理论更接近。

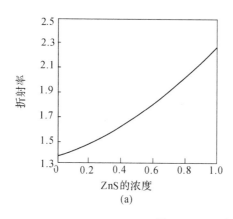
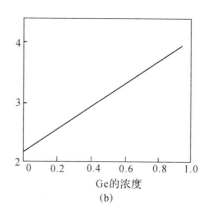

图 4-45　混合膜的折射率

(a)ZnS-MgF$_2$ 混合膜:$n_H = 2.3, n_L = 1.38, \rho_H = 3.9, \rho_L = 3$

(b)Ge-ZnS 混合膜:$n_H = 4.0, n_L = 2.2, \rho_H = 5.4, \rho_L = 3.9$

值得指出的是,混合膜在薄膜制备中的应用不仅可以获得任意折射率,而且可以改善膜层的特性。例如,在 ZrO_2 中掺入百分克分子浓度为 46 的 MgO 或 21 的 SiO_2 后,得到了无定形结构的薄膜,使散射降低。在 TiO_2 膜中掺入 Ta_2O_5 等其他氧化物,可促进氧化,减小薄膜吸收。在 MgF_2 中掺入 12% 的 CaF_2 或 0.8% 的 ZnF_2,使 MgF_2 膜的应力降低一半[1]。在 ZrO_2 中掺入 6% ~ 30% 的 Y_2O_3,可抑制薄膜折射率的非均匀性和提高膜层的聚集密度。用共溅法制备的 TiO_2-SiO_2 和 CeO_2-SiO_2 膜,折射率均匀,重复性达 ± 0.01。此外,气相混合膜法还可用来制备折射率非均匀膜。

利用等效膜原理,也可获得期望的折射率。最简单的是两种材料组成的 pqp 三层对称膜。如果基本周期的位相厚度足够小,则等效折射率 E 和等效位相厚度 Γ 分别是

$$E \approx n_p \left(\frac{\alpha + n_q/n_p}{\alpha + n_p/n_q} \right)^{\frac{1}{2}} \tag{4-48}$$

$$\Gamma \approx \beta \left(1 + \frac{(n_p - n_q)^2 \alpha}{n_p n_q (1+\alpha)^2} \right)^{\frac{1}{2}} \tag{4-49}$$

式中:$\alpha = 2\delta_p/\delta_q$,$\beta = 2\delta_p + \delta_q$。式(4-48)表明,$\alpha$ 确定后,E 是一个恒值。改变比值 α,就能得到介于 n_p 和 n_q 之间的等效折射率 E。然后改变周期数,以满足式(4-49)所要求的位相厚度。这种对称三层组合的特性非常相似于一个低色散的均匀单层膜的特性。

等效膜法的缺点是不仅使膜层层数增加,而且变成厚度很薄的任意厚度,给制备带来了麻烦。

合成膜法又叫代换对法,它是用高、低两种折射率材料制成的两层膜,构成一层折射率为 n_e 的等效 $\lambda_0/4$ 膜,具有 $n_H > n_e > n_L$。调节 $n_H d_H$ 和 $n_L d_L$ 的厚度,即可改变 n_e 的大小。这种方法在减反射膜中已成功地用来得到中间折射率。

对期望的折射率 n_e,$n_H d_H$ 和 $n_L d_L$ 也可用矢量法确定。如图 4-46 所示,因为 r_1,r_2,r_3 和合矢量 r 均可求出,故立即可以作出矢量图,使 r_1,r_2,r_3 构成的合矢量恰好等于 r,然后从矢量图上对应地量取角度 $2\delta_1$ 和 $2\delta_2$,即得两层膜的相位厚度。

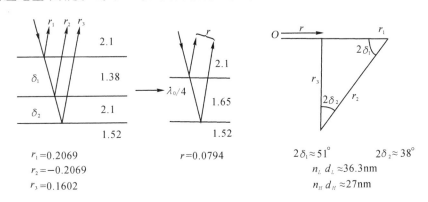

图 4-46　矢量法合成

若采用解析法,因为合矢量

$$r = r_1 + r_2 e^{-2i\delta_1} + r_3 e^{-2i(\delta_1 + \delta_2)}$$

---

① 　H. A. Macleod. 光学薄膜的微观结构. 见:光学薄膜论文集. 北京光学学会(1983).

所以得

$$\cos2\delta_1 = \frac{(r-r_1)^2 + r_2^2 - r_3^2}{2(r-r_1)r_2}$$

和

$$\delta_2 = -\delta_1 - \frac{1}{2}\arcsin\left(\frac{r_2}{r_3} \cdot \sin2\delta_1\right)$$

4.3　薄膜厚度监控技术

厚度有三种概念,即几何厚度、光学厚度和质量厚度。几何厚度表示膜层的物理厚度或实际厚度,几何厚度与膜层折射率的乘积称为光学厚度。质量厚度定义为单位面积上的质量,若已知膜层的密度,则可转换成相应的几何厚度。

为了监控薄膜厚度,首先需要的是厚度测量。原则上可以有很多测量厚度的途径,但都需要找到一个随着厚度的变化而适当变化的参数,然后设计一个在蒸发时监控这一参数的方法。例如,像电阻、质量、反射率和透射率这些参数都已被用于各种监控装置。

测量薄膜电阻变化是控制金属薄膜厚度最简单的一种方法。用惠斯顿电桥测量薄膜电阻率可以测量大约从1欧姆到几百兆欧姆的电阻。若用一个继电器控制挡板,电阻率的控制程度可达到1‰。如再加上适当的DC放大器,则电阻率的控制精度可望达到0.01‰。但是随着膜厚增加,电阻减小要比预期的慢,造成这种现象的原因是膜层的边界效应、薄膜与大块材料之间的结构差异以及残余气体的影响,所以用此方法所能达到的几何厚度监控精度很难优于5‰。尽管如此,它在电学膜制备中仍有一定的价值。

利用石英晶体振荡频率变化来测量薄膜的质量厚度是众所周知的。预期的灵敏度可高达 $10^{-9}\,\mathrm{g/cm^2}$,这个值对于密度为 $1\mathrm{g/cm^3}$ 的材料,其对应的几何厚度大约是 $0.01\mathrm{nm}$。但是,实际所能达到的灵敏度大约只有 $10^{-7}\,\mathrm{g/cm^2}$,而且由于膜层密度与大块材料的差异,使几何厚度的测量精度受到很大的限制。在本节中,我们还将对此作进一步的讨论。

对于光学薄膜来说,最适用的是光学控制方法,也是本节着重讨论的方法,包括直接观察薄膜颜色变化的目视法,测量薄膜透射率和反射率极值的光电极值法以及测量透射率或反射率对光学厚度导数的微分法等。

4.3.1　目视法

最早的光学控制方法是利用眼睛作为接收器,目视观察薄膜干涉色的变化来控制介质膜的厚度。如图4-47(a)所示,在折射率为 n_2 的基板上有一折射率 n_1 和厚度 d_1 的薄膜,一入射光在薄膜的两个分界面上分成两束反射光(略去多次反射光束),这两束反射光是相干的。当 $n_0 < n_1 < n_2$ 时,它们的光程差为 $2n_1d_1\cos\varphi_1$,垂直入射时为 $2n_1d_1$,即光程差是薄膜光学厚度的两倍。当两束相干光线的光程差为 $\lambda_0/2$ 的奇数倍时,光干涉抵消,而当光程差为 λ_0 的整数倍时,则干涉加强。假定 $n_1d_1 = \lambda_0/4$,则对应于波长为 λ_0 的反射光干涉抵消;而对波长为 $\lambda_0/2$ 的光线,干涉加强。若 $n_0 < n_1 > n_2$,考虑到界面0上反射光有半波损失,而界面1上的反射光没有半波损失,所以干涉情况与上述相反,如图 4-47(b) 所示。这样,基板镀膜以后,各个波长的反射光强度就不相等,因而带有不同的干涉色彩。不同的膜厚对应不同的颜色,因此可以根据薄膜干涉色的变化来监控介质膜的厚度。这种方法对于敷制单层 MgF_2 减反射膜是非常方便的,至今仍有着广泛的应用。

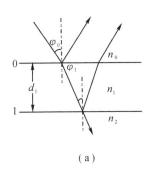
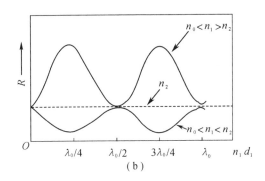

图 4-47　薄膜的干涉

由于目视法是根据所观察的颜色来确定膜厚的,故不妨先看一下色品图。CIE(国际照明委员会) 规定用红(R)($\lambda = 700nm$),绿(G)($\lambda = 546.1nm$) 和蓝(B)($\lambda = 435.8nm$) 三种光谱色作为三原色,用此三原色匹配等能白光(E 光源)的三刺激值相等。三原色(R)、(G)、(B) 单位刺激值的光亮度之比为 $1.0000:4.5907:0.0601$。但是用(R)、(G)、(B) 三原色匹配等能光谱色时,有的三刺激值为负值,于是 CIE 又推荐了 XYZ 系统。目前,XYZ 系统的光谱三刺激值已成为国际标准。图 4-48 就是 XYZ 色品图。

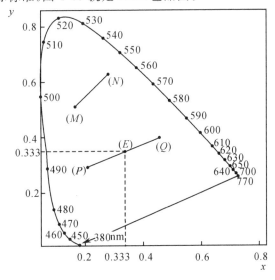

图 4-48　CIE-XYZ 色品图

由图可见,光谱色品轨迹是一条马蹄形曲线,等能白光色品点(E) 为颜色的参考点。当被考虑颜色的色品点(M) 愈接近光谱色品曲线,其颜色饱和度愈高;愈接近白光色品点(E),饱和度愈低。光谱色的饱和度是最高的,实际存在颜色的色品点均在光谱色品轨迹所包围的范围内。色品图还能表示两种颜色的混合,颜色(M) 和(N) 混合色的色品点应在颜色(M)和(N)的色品点连线(M-N)上。若两种颜色(P)、(Q)混合成参考白色(E),则这两种颜色称为互补色。在色品图上,互补色的两色品点连线一定通过白光色品点(E)。光谱色的色品轨迹的开口,即 380nm 和 770nm 色品点的连线不是光谱色,而是两光谱混合色的色品轨迹。

图 4-49 表示 MgF_2 单层膜的反射 CIE-XYZ 色品图。随着图(a)薄膜光学厚度 n_1d_1 的增加,可以从图(b)读出对应的颜色变化。例如在 $n_1d_1 = \lambda_0/4(\lambda_0 = 560nm)$ 附近,颜色从紫变成蓝。膜厚变化 5nm 时,其颜色变化用肉眼是不难识别的。

由于反射光和透射光的颜色是互补的,因此用白光照明时,可以根据图 4-50(a)的互补色方便地确定镀膜时的薄膜干涉色。例如对目视光学仪器,要求对绿光减反射,故反射光应是紫红色,如图 4-50(b)所示。

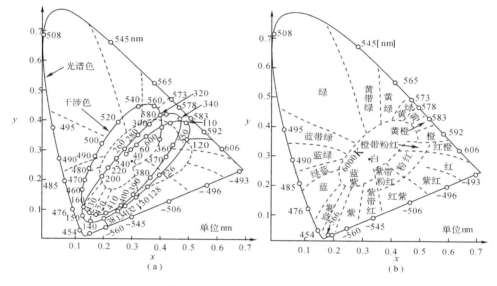

图 4-49　MgF_2 单层膜的色品图

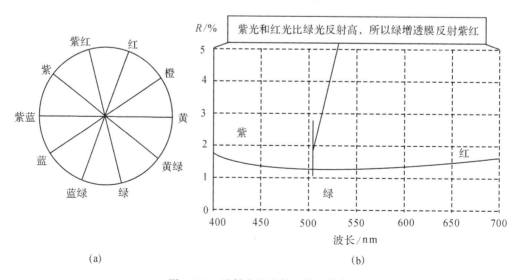

图 4-50　反射光和透射光的互补色

用目视法只能观察反射光而不能观察透射光的颜色,因为单层膜的透射背景太亮,以致淹没了干涉色的变化。此外,同一膜层在不同的角度下观察的干涉色是不同的,如果倾斜观察时的干涉色恰好符合要求,则垂直观察时膜就要偏厚了,所以必须进行修正。

4.3.2　光电极值法

1. 光电极值法控制原理

薄膜的透射光或反射光强度是随着薄膜厚度而变化的。以单层膜为例,当入射光为自然光,在垂直入射的情况下,透射合成振幅系数 E_t 以无穷级数的和来表示,即

$$E_t = t_{01}t_{12} \cdot e^{-i\delta_1} + t_{01}t_{12} \cdot r_{12}r_{10}e^{-i3\delta_1} + t_{01}t_{02} \cdot r_{12}^2 r_{10}^2 \cdot e^{-i5\delta_1} + \cdots$$

式中:$\delta_1 = \dfrac{2\pi}{\lambda}n_1 d_1$。

上式中的每一项相当于图 4-51 中的某一光线。$t_{01}t_{12}e^{-i\delta_1}$ 相当于光线 1,$t_{01}t_{12}r_{12}r_{10}e^{-i3\delta_1}$ 相当于光线 2,其余依此类推。无穷级数是公比为 $r_{12}r_{10}e^{-i2\delta_1}$ 的无穷递减等比级数,因此在求和之后得到振幅透射系数

$$E_t = \frac{t_{10}t_{12}e^{-i\delta_1}}{1 - r_{12}r_{10}e^{-i2\delta_1}}$$

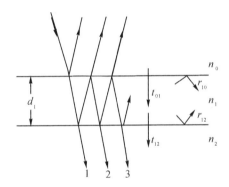

图 4-51　光在薄膜中的多次反射

强度透射系数,即透射率

$$T = \frac{n_2}{n_0} \mid E_t \mid^2 = \frac{n_2}{n_0}\frac{t^2}{1 + r^2 - 2r\cos 2\delta_1} = \frac{n_2}{n_0}\frac{t^2}{1 + r^2 - 2r\cos \dfrac{4\pi n_1 d_1}{\lambda}} \tag{4-50}$$

这里 $t = t_{01}t_{12}$,$r = r_{12}r_{10}$,即透过光强度为薄膜厚度 $n_1 d_1$ 的函数。当 $n_1 d_1$ 等于 1/4 波长的倍数时,透射率便出现极值。同理可求得反射光强度。如果在光路中置一单色仪或窄带干涉滤光片,则测量的透射率或反射率将按图 4-52 的方式变化。这种利用蒸发过程中出现的光信号极值来控制 1/4 波长或其整数倍膜厚的方法称之为光电极值法。

从图 4-52 可以看出,厚度变化一个微小量 $\Delta n_1 d_1$ 所引起的透射率或反射率的变化为 ΔT 或 ΔR,它们在不同的厚度时是不同的。在极值点附近,$\Delta T/\Delta n_1 d_1$ 接近于零,即这时透射率或反射率对厚度的变化很不灵敏,这是该方法原理所固有的缺陷。

2. 光电极值法的典型装置

最简单的光电极值控制是直流法。控制的光束未经调制,信号经光电接收器输出后直接

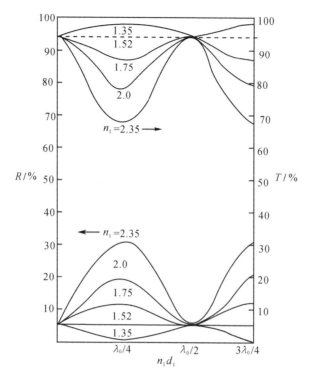

图 4-52   不同折射率的薄膜反射率和透射率随厚度变化的曲线

指示。显然,这种方法简单可行,但稳定性差,干扰大,故常采用如图 4-53 所示的交流法。

现在考虑高反射多层膜的蒸发过程,其所有的膜层厚度都是 $\lambda_0/4$。设控制波长为 λ_0,反射率变化如表 4-7 所示。在蒸发第一层高折射率层时,反射率从未镀膜的 4% 上升至 32%,在蒸发第二层低折射率膜时,反射率降至一个极小值 10%,第三层膜再次使反射率增加,依次使反射率逐渐趋向 1。因此在总的信号中,变化部分慢慢地减小,直到必须换一个

表 4-7   镀制 ZnS-MgF₂ 高反射膜时透射率和反射率的计算值(%)

层次	材料	T	R	层次	材料	T	R
			$n_H = 2.35$,		$n_L = 1.38$,	$n_S = 1.51$	
1	H	68	32	11	H	0.52	99.48
2	L	90	10	12	L	1.00	99.00
3	H	32	68	13	H	0.18	99.82
4	L	51	49	14	L	0.35	99.65
5	H	12	88	15	H	0.06	99.94
6	L	22	78	16	L	0.12	99.88
7	H	4.5	95.5	17	H	0.02	99.98
8	L	8.2	91.8	18	L	0.04	99.96
9	H	1.6	98.4	19	H	0.01	99.99

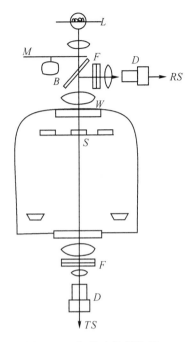

图 4-53　极值法控制装置

L—光源　M—调制器　B—分束器　F—滤光片　D—探测器　W—窗口

S—控制片　RS—反射信号　TS—透射信号

10	L	2.6	97.4				

新的控制片。对于这种膜系,在一个控制片上用反射率能控制的膜层数大约是 5 层(与高、低折射率的差值有关)。采用透射控制,这个影响就不存在了,问题只是总的信号趋向零,使信噪比变差了。

上述结论不难证明,对一个高、低折射率交替的 1/4 波堆,并以高折射率层作为起始层和终止层,这时,只要膜对数 P 足够大,膜层和基板的组合导纳为:

$$\left(\frac{n_H}{n_L}\right)^{2P} \cdot \frac{n_H^2}{n_S} = \frac{1}{a} \gg 1$$

反射率 $R \approx 1 - 4a$,于是得到

$$\frac{\Delta R}{R} = \frac{4a\left[\left(\frac{n_L}{n_H}\right)^2 - 1\right]}{1 - 4a}$$

$\Delta R/R$ 是膜对数 P 的函数,且 $\lim\limits_{P \to \infty} \Delta R/R = 0$。于是随着层数增加,反射控制的信号变化率越来越小。

对透射控制,因为 $T \approx 4a$,可得

$$\frac{\Delta T}{T} = 1 - \left(\frac{n_L}{n_H}\right)^2$$

可见,透射率的变化率随层数增加而保持不变。图 4-54 就是计算的透射率和反射率随层数的变化情况,当 $R \to 1$ 时,反射率信号的变化部分趋向于零。所以,反射控制只能用于减反射和低反射膜系的监控。

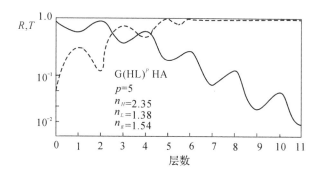

图4-54　计算的透射率(——)和反射率(-----)的轨迹

为了改善信噪比,让光线在进入通光窗口前进行调制,这可避免在蒸发过程中蒸发源所产生的大量光线干扰,更主要的是经过滤波还可降低电噪声水平。调制盘应直接安装在光源的后面,而单色仪必须放在镀膜机出射窗口的后面。这易于减少较宽范围内的杂散光,并尽可能限制射入探测器的总光量,否则,没有调制的辐射光线,可能把探测器推入非线性区域内工作。此外,如果采用滤光片获得单色光,那么必须保证边带能有效地被抑制,否则杂散光将使厚度控制误差明显增加。这种杂散光的影响在镀制中心波长远离倍增管峰值响应波长的介质高反射膜时尤为显著。这时,若采用滤光片加单色仪系统,则可有效地抑制杂散光的干扰。

3. 光电极值法的精度讨论

现在讨论光电极值法控制系统可能产生的误差,目的是要得到反射率控制误差所产生的膜厚误差。

假定在控制 1/4 波长单层膜时,终止的反射率值有一误差 ν,从而膜层的相位厚度 δ_1 将引起相应的误差 φ,即

$$\delta_1 = \left(\frac{\pi}{2}\right) \pm \varphi$$

相位厚度误差 φ 将比反射率的原始误差 ν 大一个比例数,且可根据如下的推导近似地求得。

光线垂直入射时,膜层(折射率 n_1)和基板(折射率 n_2)组合系统的特征矩阵是

$$\begin{bmatrix} B \\ C \end{bmatrix} = \begin{bmatrix} \cos\delta_1 & \frac{i}{n_1}\sin\delta_1 \\ in_1\sin\delta_1 & \cos\delta_1 \end{bmatrix} \begin{bmatrix} 1 \\ n_2 \end{bmatrix}$$

这里 $\cos\delta_1 = \sin\varphi$,$\sin\delta_1 = \cos\varphi$,组合导纳

$$y = \frac{C}{B} = \frac{in_1\cos\varphi + n_2\sin\varphi}{\sin\varphi + i\frac{n_2}{n_1}\cos\varphi}$$

若引入 $\sin\varphi$ 的近似值,而 $\cos\varphi$ 的近似值计算到二次幂,于是

$$y = \frac{in_1\left(1 - \frac{\varphi^2}{2}\right) + n_2\varphi}{\varphi + i\frac{n_2}{n_1}\left(1 - \frac{\varphi^2}{2}\right)}$$

空气中的反射率

$$R = \left[\frac{(n_2 - 1)\varphi + i\left(n_1 - \dfrac{n_2}{n_1}\right)\left(1 - \dfrac{\varphi^2}{2}\right)}{(n_2 + 1)\varphi + i\left(n_1 + \dfrac{n_2}{n_1}\right)\left(1 - \dfrac{\varphi^2}{2}\right)} \right]^2$$

经简化得

$$R = \frac{\left(n_1 - \dfrac{n_2}{n_1}\right)^2}{\left(n_1 + \dfrac{n_2}{n_1}\right)^2} \left[1 + \frac{\left(n_2^2 + 1 - n_1^2 - \dfrac{n_2^2}{n_1^2}\right) 4n_2}{\left(n_1^2 - \dfrac{n_2^2}{n_1^2}\right)^2} \varphi^2 \right]$$

没有误差时

$$R = \frac{\left(n_1 - \dfrac{n_2}{n_1}\right)^2}{\left(n_1 + \dfrac{n_2}{n_1}\right)^2}$$

因此 ν 和 φ 之间有如下关系：

$$\nu = \frac{\left(n_2^2 + 1 - n_1^2 - \dfrac{n_2^2}{n_1^2}\right) 4n_2}{(n_1^2 - n_2^2/n_1^2)^2} \varphi^2 = \sigma\varphi^2$$

设判定极值反射率的精度为 1%，即 $\nu = 1\%$，膜层中的相位厚度误差为 $\pm 0.01 = \sigma\varphi^2$，这里符号 $\pm$ 和 $\sigma\varphi^2$ 一致，并且决定于极值是极大还是极小值。如果把厚度误差表示成相对值，则

$$P_R = \frac{\varphi}{\pi/2} = \frac{0.1}{\dfrac{\pi}{2}\mid \sigma \mid^{\frac{1}{2}}}$$

典型的情况是在玻璃 ($n_2 = 1.52$) 上控制 1/4 波长的 ZnS 和 MgF$_2$ 膜层，其折射率 (n_1) 分别为 2.35 和 1.38，得到的相对膜层厚度误差约为 8% 和 4%。这相对于 1% 的反射率判读误差来说，相对厚度误差增加了一个很大的比例数，从而说明了这个方法固有误差的基本情况。

透射监控的相位厚度误差可类似地表示为

$$\frac{\Delta R}{R} = \frac{-\Delta T}{1 - R} = \sigma\varphi^2$$

即

$$\frac{\Delta T}{T} = \sigma\varphi^2 \left(1 - \frac{1}{T}\right)$$

假定极值透射率的判读精度亦取 1%，则透射控制时的相对厚度误差

$$P_T = \frac{0.2 \cdot n_1 \sqrt{n_2}}{\dfrac{\pi}{2} \cdot (n_1^2 - n_2) \mid \sigma \mid^{\frac{1}{2}}}$$

同样对 ZnS 和 MgF$_2$ 膜层，得到相对厚度误差分别为 11% 和 32%。

对于多层膜，若用组合导纳 Y 代替基板折射率 n_2，这样上述式子便可用来确定多层膜的厚度误差 (参见后面的表 4-9)。

极值法在控制 1/4 波长厚度时精度比较低，其原因是在极值点附近反射率或透射率对

于厚度的导数为零,只有在极值点前的那部分信号比较敏感,才有用。

4. 光电极值法的控制技巧

为进一步挖掘光电极值法的潜在精度,可采用适当的控制技巧或者改进方法的原理。

极值法控制有两种方式:一种是直接控制,即全部膜层自始至终直接由一个样品进行控制,不换控制片;另一种是间接控制,即控制是在一系列的控制片上进行的。在这两种基本方式之间,还可以附加一种叫半直接控制,它是在镀有预镀层的控制片上直接监控所有膜层。

(1) 直接控制

理论和实验两方面都验证了直接控制对窄带滤光片控制的合理性,其原因在于:一,相邻膜层之间能自动地进行膜厚误差的补偿(在控制波长上);二,避免了因凝聚特性变化所引起的误差,因而使窄带滤光片获得很高的波长定位精度。

为了讨论补偿作用,现在来讨论两个膜层 A 和 B 的情况。由于膜层 A 的反射率控制误差 ΔR_A,导致了相位厚度误差 δ_A,从而也使膜层 B 引入了相位厚度误差 δ_{BA}(见图 4-55 所示)。

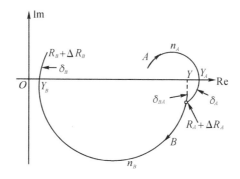

图 4-55　误差补偿过程

δ_A 和 δ_{BA} 可表示成

$$\delta_A = \frac{(1+Y_A)^2}{2Y_A^{\frac{1}{2}}(n_A^2-1)^{\frac{1}{2}}\left|\left(1-\frac{Y_A^2}{n_A^2}\right)\right|^{\frac{1}{2}}}\mid \Delta R_A \mid^{\frac{1}{2}} = S_A \mid \Delta R_A \mid^{\frac{1}{2}}$$

$$\delta_{BA} = -\frac{(n_A - Y_A^2/n_A)}{(n_B - Y_A^2/n_B)} \cdot \delta_A = G_{BA} \cdot \delta_A$$

式中 δ_A 和 δ_{BA} 的符号是相反的。假定膜层 A 为过正误差,则膜层 B 用不足误差 δ_{BA} 来补偿。若 B 层膜刚好到极值点停止蒸发,则膜层 B 可看成两层膜组合的 $1/4$ 波长层。显然,在控制 B 层膜时还会产生控制误差 ΔR_B,对应的相位厚度误差为 δ_B,于是膜层 B 中的全部误差应该包括两部分:δ_{BA} 和 δ_B,即

$$G_{BA}S_A \mid \Delta R_A \mid^{\frac{1}{2}} + S_B \mid \Delta R_B \mid^{\frac{1}{2}}$$

然后,ΔR_B 引进的相位厚度误差又会被接着淀积的膜层所补偿。这就是直接控制能得到较高精度的解释,即前一膜层的过正或不足误差,后一膜层能自动以不足或过正来进行补偿。

间接控制还有另一个缺点,即淀积在一个已有膜层的基板上的膜层厚度和同时淀积在一个新鲜基板上的膜层厚度之间有明显的差异。用石英晶体监控器对同时蒸发的两种不同基板上的 ZnS 膜做过实验(一个基板上已有膜层,而另一个是未镀膜的裸露基板)。实验证明,开始蒸发后,膜层立刻在已有膜层的基板上生长,但裸露基板上要经一定时间后才记录

到有膜层的淀积。在两者速率相等以前，其厚度可达几十纳米。这是由于裸露玻璃表面形成晶核需要一定的时间，在晶核很好形成以前，ZnS 凝聚的概率是很低的。而已经有膜层的基板上，不需要再形成 ZnS 晶核，所以薄膜立即开始生长。

对直接控制的研究表明，尽管在控制各个单层膜中，极值法所达到的精度是很低的，但是由于上述两个原因，在整个窄带滤光片的控制中，波长的定位精度却很高。由此得出结论：窄带滤光片的峰值波长定位精度是由直接控制本身所决定的，而不取决于个别膜层厚度的控制精度。但是必须指出，这种补偿只对控制波长有效，所以，对于诸如宽带减反射膜的多层膜系，特别是制备包含不规整厚度的膜系时，还需采用间接控制。

（2）过正控制

极值法固有精度不高的原因是极值处监控信号对于膜厚的变化率为零，即 $\partial T_i / \partial (nd)_i = 0$ 造成的。因此，有经验的镀膜操作者一般并不把蒸发停止在理论极值处，而是停止在眼睛能分辨的反转值处，其目的是故意产生一个一致性的过正量，以减少判断膜厚的随机误差。

在这种情况下，反射率误差由两部分组成：一部分是不变的一致性过正误差 α，另一部分是很小的随机判断误差 β，即 $\Delta R = \alpha + \beta$，$\beta$ 能从正态分布得出。如果 β_A 和 β_B 比 α 小得多，则

$$G_{BA} \cdot S_A (\alpha + \beta_A)^{\frac{1}{2}} + S_B (\alpha + \beta_B)^{\frac{1}{2}} = (S_B + G_{BA} S_A) \alpha^{\frac{1}{2}} + (S_B \beta_B + G_{BA} S_A \beta_A) / 2 \alpha^{\frac{1}{2}}$$

式中右边第一项 $(S_B + G_{BA} S_A) \alpha^{\frac{1}{2}}$ 是一致性过正所引起的误差，第二项 $(S_B \beta_B + G_{BA} S_A \beta_A) / 2 \alpha^{1/2}$ 是随机误差引起的偏离。根据函数的误差理论，第二项可写成 $(S_B^2 + G_{BA}^2 \cdot S_A^2)^{1/2} \sigma(\beta) / 2 \alpha^{1/2}$，其中 $\sigma(\beta)$ 是 β 的标准偏离误差。

采用过正控制的随机误差比非过正控制要小得多。举例来说，对 $\sigma(\beta) = 0.2\%$ 和 $\alpha = 0.5\%$，则过正控制时有

$$\frac{\sigma(\beta)}{2\alpha^{1/2}} = \frac{0.002}{2 \times 0.071} = 0.014$$

而非过正控制时，因为 ΔR 服从正态分布，$|\Delta R|^{1/2}$ 的标准偏差为 $0.82 \sigma^{1/2}$，即 $0.82 \times 0.002^{1/2} = 0.037$。图 4-56 非常直观地说明了过正控制的原理。具有相同的反射率误差 ΔR，采用过正控制后膜厚随机误差明显降低。

（3）预镀层技术

预镀层是指在控制片上预先镀上若干层膜，然后以这种具有预镀层的控制片进行膜厚控制。

下面举例说明，对膜系 G｜SM2HL｜A，其中 $n_S = 1.46, n_L = 1.38, n_M = 1.58, n_H = 2.0$，若没有预镀层，直接用透射监控，其成品率几乎为零；但采用预镀层后，成品率显著提高。表 4-8 是对不同基板折射率和不同预镀层计算的成品率，其中预镀层的折射率分别为 $n_H = 2.3, n_L = 1.38$。可以看出，4 层预镀层具有最高的成品率。

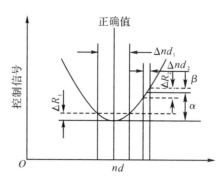

图 4-56 过正控制与膜层厚度误差

ΔR_1, Δnd_1 — 非过正控制时的反射率误差和厚度误差;

ΔR_2, Δnd_2 — 过正控制时的反射率误差和厚度误差;

α — 过正量。

表 4-8 预镀层对 4 层减反射膜成品率的影响

成品率 /% 基板折射率 预镀层	1.6	1.7	1.8
H	85	88	90
HL	90	94	96
HLH	91	94	91
HLHL	95	98	98

（4）高级次控制

在极值法监控技术中最常用的方法是一级控制。所谓一级控制,就是当光学厚度达到控制波长的 1/4 时,也即指示器第一次出现极值时停止蒸发,而将大于一级次的控制称为高级次控制。

由简单的分析可知,高级次控制能够提高控制精度。若采用一级控制时反射率判断误差引入的位相厚度误差为 φ,则采用三级控制时同样的反射率误差所引入的位相厚度误差却是 $\varphi/3$。

高级次控制的优点可用长波通滤光片 $\left(\dfrac{H}{2} L \dfrac{H}{2}\right)^m$ 为例来说明。这类膜系采用一级控制常常会遇到 H/2 镀制的麻烦,然而,这种麻烦对二级控制是不存在的。对这种膜系分析表明,最好是使用一个三层预镀层的二级控制。不采用预镀层,仅用二级控制,截止带的定位精度是 12%,使用三层预镀层的二级控制,则截止波长的定位精度可达 0.8%。

（5）定值法控制

定值法控制在干涉截止滤光片中有其特殊的应用。设长波通滤光片为 $G\left(\dfrac{H}{2} L \dfrac{H}{2}\right)^6 A$,显然它可以分解成

$$G \underset{(1)}{\dfrac{H}{2}} \underset{(2)}{\dfrac{L}{2}} \underset{(3)}{\dfrac{L}{2}} \underset{(4)}{\dfrac{H}{2}} \underset{(5)}{\dfrac{H}{2}} \cdots\cdots \underset{(22)}{\dfrac{L}{2}} \underset{(23)}{\dfrac{L}{2}} \underset{(24)}{\dfrac{H}{2}} A$$

为提高控制精度,控制波长并不选在中心波长 λ_0,而在 λ_c。这时,前 4 层的导纳轨迹示于图 4-57。图中,以等反射率圆(R_c)为界,两侧分别分布着各 H 层和 L 层的导纳圆。显然,第 (5),(9),…,(21) 各层膜的导纳圆将与第一层的导纳圆重合。同理,其余各层分别与第(2),(3) 或(4) 层的导纳圆重合。

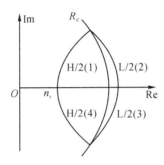

图 4-57 定值法控制的导纳图

第(1) 层膜的导纳圆从起始点(n_S) 出发,随着膜厚增加,反射率达到 R_c,再镀第二层至导纳圆与实轴相交,这时有

$$\begin{bmatrix} B \\ C \end{bmatrix} = \begin{bmatrix} \cos\delta_2 & \dfrac{i}{n_2}\sin\delta_2 \\ in_2\sin\delta_2 & \cos\delta_2 \end{bmatrix} \begin{bmatrix} \cos\delta_1 & \dfrac{i}{n_1}\sin\delta_1 \\ in_1\sin\delta_1 & \cos\delta_1 \end{bmatrix} \begin{bmatrix} 1 \\ n_S \end{bmatrix}$$

考虑到 $\delta_1 = \delta_2 = \delta_c$,且 $Y = \dfrac{C}{B}$ 的虚部等于零,则可得控制波长 λ_c 处的相位厚度

$$\delta_C = \arctan\left(\dfrac{n_1 n_2 - n_s^2}{n_1^2 - \dfrac{n_2 n_s^2}{n_1}}\right)^{\frac{1}{2}} \tag{4-51}$$

即得

$$g_c = \dfrac{4}{\pi}\delta_c \tag{4-52}$$

对应的反射率 R_c 用下式求取:

$$\begin{bmatrix} B \\ C \end{bmatrix} = \begin{bmatrix} \cos\delta_c & \dfrac{i}{n_1}\sin\delta_c \\ in_1\sin\delta_c & \cos\delta_c \end{bmatrix} \begin{bmatrix} 1 \\ n_s \end{bmatrix}$$

于是

$$R_c = \dfrac{(n_s - n_0)^2 + \left(n_1 - \dfrac{n_0 n_s}{n_1}\right)^2 \tan^2\delta_c}{(n_s + n_0)^2 + \left(n_1 + \dfrac{n_0 n_s}{n_1}\right)^2 \tan^2\delta_c} \tag{4-53}$$

除最后一层 $\dfrac{H}{2}$ 外,各层膜均在反射率为 R_c 时停止蒸发,R_c 即称定值。

为选取合适的控制波长(即 g_c),只要在控制片上镀以适当的预镀层便可达到目的。根据上面 δ_c 的表达式,可得

$$n_s = n_1\left(\dfrac{n_1\tan^2\delta - n_2}{n_2\tan^2\delta - n_1}\right)^{\frac{1}{2}}$$

式中 n_s 为实数,说明 $\tan^2\delta$ 不能在截止带中取值。

在已有预镀层的控制片上,就能用定值法进行控制。

设膜系为 $G\left(\dfrac{H}{2}L\dfrac{H}{2}\right)^5 A$,$n_H = 2.35$,$n_L = 1.38$,$n_s = 1.52$。由式(4-51)和(4-52)得 $g_c =$ 0.5630,根据反射带宽公式得 $\Delta g = \dfrac{2}{\pi}\arcsin\left(\dfrac{n_H - n_L}{n_H + n_L}\right) = 0.1676$,故截止限 $g = 1 - \Delta g =$ 0.8324,这表明控制波长远大于截止波长。考虑到膜料色散等因素,希望将控制波长移至截止带附近。为此,在 K9 玻璃上先镀两层预镀层,即 $GH'L'$。H',L' 分别是厚度为 $\lambda_c/4$ 的 ZnS 和 MgF_2,这时,组合导纳

$$Y_s = \left(\frac{n_L}{n_H}\right)^2 n_s = 0.5241$$

用 Y_s 代替 n_s 求出 δ_c,得 $g_c = \dfrac{4}{\pi}\delta_c = 0.814$。由于 g_c 位于 g 附近又在通带中,故满足要求。接着,根据 n_H,n_L,Y_s 和 δ_c,由式(4-53)求出 $R_c = 0.4561$,亦即 $T_c = 0.5439$。由于控制片预镀了 $H'L'$,得 $R_{st} = \left(\dfrac{n_0 - Y_s}{n_0 + Y_s}\right)^2 = 0.0975$ 或 $T_{st} = 0.9025$。以 T_{st} 为起始值,T_c 为定值,便可进行控制。

这种方法的控制精度是很高的,若透射率判读误差为 1%,则高折射率层的膜厚相对精度 $P = 1.35\%$,低折射率层为 $P = 3.9\%$,两侧的两个 $H/2$ 层分别为 2.7% 和 8.7%。

5. 光电极值法的改进装置

图 4-58 是一种基于极值法的双光路膜厚监控仪的示意图。它与传统的极值法控制不同之处在于经调制的光束被一分束镜分成两束:一束光线由一探测器接收后输出一参考信号,而另一束光线经控制片反射后由另一探测器接收,输出测量信号,光度计中显示测量信号与参考信号的差值。在未镀膜时,参考信号与测量信号平衡,在蒸发过程中参考信号是恒定不变的,于是光度计显示的仅仅是测量信号中随膜层厚度变化而变化的部分信号,扩大了变化部分的量程。在最好的情况下,这种装置反射率的测量误差可降至 0.1%,从而提高了厚度

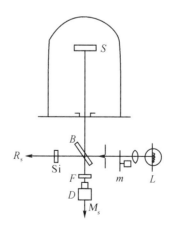

图 4-58　双光路膜厚监控仪

L— 光源　m— 调制器　B— 分束镜　F— 滤光片　S— 控制片　D— 光电倍增管　Si— 硅光电池　R_s— 参考信号　M_s— 测量信号

监控精度,对光源稳定性的要求也大为降低。

前面已经指出,在极值点附近,透射率和反射率的变化很不敏感,因而引入较大的控制误差。图 4-59 所示是计算的厚度误差。由图可见,控制精度在极值点最差,最高精度介于两极值点之间。为了克服极值法在极值点变化迟钝的缺陷,而又保持其自动补偿和装置简单的优点,可以采用微分法。

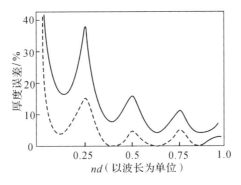

图 4-59 当透射率误差为 0.5% 时玻璃上的 ZnS(2.35) 和
Na$_3$AlF$_6$(1.35) 膜的厚度误差
——Na$_3$AlF$_6$, - - - -ZnS

采用前面推导的透射率公式(4-50),对 $n_1 d_1$ 微分可得

$$\frac{\mathrm{d}T}{\mathrm{d}(n_1 d_1)} = -\frac{8\pi rt^2}{\lambda}\frac{n_2}{n_0}\frac{\sin\left(\frac{4\pi n_1 d_1}{\lambda}\right)}{\left(1 + r^2 - 2r\cos\frac{4\pi n_1 d_1}{\lambda}\right)^2}$$

上式当 $n_1 d_1 = K\dfrac{\lambda}{4}(K = 1, 2, \cdots)$ 时,$\dfrac{\mathrm{d}T}{\mathrm{d}(n_1 d_1)} = 0$。它是一个预知为零的读数,其中 T 值下降时,$\mathrm{d}T/\mathrm{d}(n_1 d_1)$ 是经负半周回零;T 值上升时,$\mathrm{d}T/\mathrm{d}(n_1 d_1)$ 经正半周回零,如图 4-60 所示。微分值过零时$\left(\text{即 } nd = K\dfrac{\lambda}{4}\right)$,微分值的斜率最大,也就是变化最敏感,这就给微分法控制膜厚提高灵敏度提供了先决条件。

由于 $T(\lambda_0)$ 难于从电路上实现对 $n_1 d_1$ 微分,故代之以对时间 t 进行微分,即

$$\left(\frac{\mathrm{d}T}{\mathrm{d}t}\right)_{\lambda_0} \approx \left(\frac{\mathrm{d}T}{\mathrm{d}(n_1 d_1)}\right)_{\lambda_0} \tag{4-54}$$

这样,借助于一个简单的电子线路或通过数值处理就可达到目的。为使式(4-54)能很好地近似,要求蒸发速率尽可能稳定。

表 4-9 列出了双光路控制和微分法的厚度控制精度计算值,计算中取监控信号误差为 1%。为了便于比较,表中也列出了反射和透射极值法的监控精度。显然,极值法经过改进,监控精度大大提高。

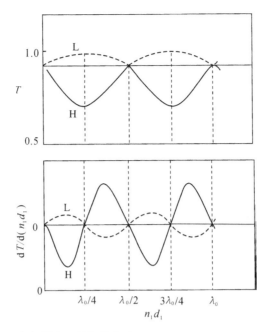

图 4-60 高折射率和低折射率膜层的 T 和 $\mathrm{d}T/\mathrm{d}(n_1 d_1)$ 的变化规律

表 4-9 光电极值法和改进方法的厚度控制精度

$$n_0 = 1, n_g = 1.52, nd = \lambda_0/4$$

厚度 误差 方法 膜系	极值法反射光控制	极值法透射光控制	极值法双光路控制	微分法
MgF_2 单层膜 A | L | G	~ 4%	~ 32%	~ 4%	~ 3%
ZnS 单层膜 A | H | G	~ 8%	~ 11%	< 6%	< 5%
第二层低折射率膜 A | LH | G	< 4%	< 12%	< 4%	< 3%
第三层高折射率膜 A | HLH | G	< 12%	~ 8%	< 4%	~ 7%
第四层低折射率膜 A | LHLH | G	< 8%	~ 8%	< 4%	< 2%
第五层高折射率膜 A | HLHLH | G	~ 18%	~ 6%	~ 6%	< 9%

4.3.3 任意厚度的监控方法和装置

任意厚度的薄膜系统,虽然具有优良的光学特性,但给厚度监控带来了很多困难,因此探索任意厚度的监控方法引起了国内外光学薄膜工作者的普遍关心。

到目前为止,监控任意厚度的方法主要有:石英晶体监控、单波长监控和宽光谱扫描三类。

1. 石英晶体监控

石英晶体具有压电效应,其固有频率不仅取决于几何尺寸和切割类型,而且还取决于厚度 d,即

$$f = N/d \tag{4-55}$$

式中,N 是取决于石英晶体的几何尺寸和切割类型的频率常数。对一个 AT 切割的石英晶体,$N = f \cdot d = 1670 \text{Kc} \cdot \text{mm}$。AT 切割的石英晶体其振动频率对质量的变化极其灵敏,但却不敏感于温度变化,故非常适合薄膜淀积中的质量控制。

为了求出镀膜时质量增量所产生的晶体频率变化,对式(4-55)微分得

$$\Delta f = - \frac{N\Delta d}{d^2} \tag{4-56}$$

式(4-56)的物理意义是:若厚度为 d 的石英晶体厚度改变 Δd,则振动频率变化 Δf。负号表明频率随厚度的增加而减少。

为了把石英晶体厚度增量 Δd 变换成膜层厚度增量 Δd_M,可利用关系式

$$\Delta m = A \cdot \rho_M \cdot \Delta d_M = A \cdot \rho_Q \cdot \Delta d$$

式中:A 是晶体受镀面积,ρ_M 为膜层密度,ρ_Q 为石英密度,等于 2.65g/cm^3。于是 $\Delta d = (\rho_M/\rho_Q)\Delta d_M$,所以 $\Delta f = - (N/d^2)(\rho_M/\rho_Q)\Delta d_M$。因为 $f = N/d$,最后得

$$\Delta f = - \frac{\rho_M}{\rho_Q} \cdot \frac{f^2}{N}\Delta d_M \tag{4-57}$$

式中:f 是石英晶体的基频(如 5MHz),而 ρ_M 对于既定材料是已知的,可见 $(\rho_M/\rho_Q)(f^2/N)$ 为常数,从而建立了 Δf 与 Δd_M 之间的线性关系。

式(4-57)表明,Δf 与 f^2 成正比。如果晶体的基频 f 越高,控制灵敏度就越高,这意味着晶体的厚度应足够小。在淀积过程中,频率不断下降,在用式(4-57)计算 Δd_M 引起的 Δf 时,f 应修正为晶体与淀积膜质量的共振频率。随着膜厚不断增加,石英晶体灵敏度降低,通常频率的最大变化不得超过几百千赫,不然振荡器工作将不稳定,即产生所谓跳频。这时如果继续进行淀积,就会停止振荡。为了保证振荡稳定和保持较高的灵敏度,晶体上的膜层镀到一定厚度后就要清洗或调换。

由石英晶体的频率下降值所得到膜的几何厚度,它与折射率的乘积即为控制的光学厚度。然而,膜层的折射率和密度与块状材料的数据并不相同,因此后者对于标定晶体监控仪并不提供可靠的数字,而必须通过实验获得。遗憾的是在不同的蒸发条件下,同样材料的薄膜可以具有不同的光学性质,因此获得的折射率和密度等数据只有当膜在同样条件下蒸发,才有确实根据。

石英晶体监控的有效精度取决于电子线路的稳定性、所用晶体的温度系数、石英晶体传感探头的特定结构以及相对于热蒸汽的合理定位。假设能够检测的频率变化为 1Hz,则对应的质量厚度为 10^{-8}g/cm^2。考虑到这些限制,几何厚度达到 $2\% \sim 3\%$ 左右的控制精度是可能的,这个精度对大多数光学薄膜设计是足够的。

石英晶体监控有三个非常实际的优点:装置简单,没有通光窗口,没有光学系统安排等麻烦;信号容易判读,随着膜厚的增加,频率线性地下降,与薄膜是否透明无关,同时,它还可以记录蒸发速率,这些特点使它很适合于自动控制;对于小于 $\lambda_0/8$ 的厚度有较高的控制精度。此方法的主要缺点是晶体直接测量薄膜的质量而不是光学厚度,对于监控密度和折射率

显著依赖于蒸发条件的薄膜材料,欲得到良好的重复性似乎是有困难的。它也不像光电极值法,具有厚度自动补偿机理。此外,晶体的灵敏度随着质量的增加而降低,这使它减少了在红外多层膜工作中的应用。

表 4-10 是石英晶体监控与光学监控的比较。可以看出,它们具有互补性。正因为如此,目前许多镀膜设备均配备了这两种系统。

表 4-10   石英晶体监控和光学监控的比较

石英晶体监控	光学监控
测量膜的质量,易于监控任意厚度	测量光学厚度 nd,监控 1/4 波长倍厚度
信号呈线性变化,易于监控淀积速率	信号呈正弦变化,难于监控淀积速率
监控系统简单,易安装,成本低	控制系统复杂,成本高
没有误差补偿机理	膜厚误差有自动补偿机理
不能实时反映膜层的光学特性	能反映反射率、透射率等光学信息
对超多层,特别是较厚的膜层和红外膜带来困难	易于监控多层膜,特别适用较厚的膜层和红外膜

2. 单波长监控

利用光电极值法监控 1/4 波长厚度或其整数倍膜是十分成熟的,因此通过模拟实际蒸发过程,计算出薄膜厚度增加时各个波长的反射率变化,从而寻找出正确厚度时出现极值的波长,就可用极值法监控任意厚度。例如对一个可见区和 $1.06\mu m$ 的减反射膜,计算的控制波长如表 4-11 所示。

表 4-11   极值法控制任意厚度的控制波长

膜层	G	MgF_2	CeF_3	ZrO_2	MgF_2	A
n	1.52	1.38	1.62	1.88	1.38	1.0
nd/nm		225.3	126.6	378.6	154.7	
控制波长 /nm		λ_1 450.6	λ_2 590.0	λ_3 660.0	λ_4 630.0	
反射率变化 /%		4.2～1.3 ～4.2(极大)	2.9～ 10.2(极大)	11.7～12.0～ 7.0～12.0(极大)	10.5～0.0 (极小)	

寻找控制波长通常是由计算机完成的。玻璃上第一层 MgF_2 膜的特征矩阵

$$\begin{bmatrix} B \\ C \end{bmatrix} = [M_1] \begin{bmatrix} 1 \\ n_g \end{bmatrix}$$

其中,n_g 是不变量,唯有特征矩阵 $[M_1]$ 随膜厚 $n_1 d_1$ 而变化,因而 R_1 是 $n_1 d_1$ 的函数,即 $R_1 = f_1(n_1 d_1)$。当 $n_1 d_1$ 达到正确厚度 225.3nm 时,其反射率极值的波长就是我们所要寻求的控制波长 λ_1(450.6nm)。同样,镀第二层膜时有

$$\begin{bmatrix} B \\ C \end{bmatrix} = [M_2][M_1] \begin{bmatrix} 1 \\ n_g \end{bmatrix}$$

这时,$[M_1]$ 对确定的控制波长而言已不是变量,仅 $[M_2]$ 随膜厚 $n_2 d_2$ 而变化,即 $R_2 = f(n_2 d_2)$,求出 R_2 与 $n_2 d_2$ 的变化曲线,然后对正确厚度 126.6nm,找出极值波长即为控制波长 λ_2(590.0nm)。依次作这样的计算,直到最后一层为止。

利用极值法监控装置控制任意厚度的另一种方法是减去法。它的原理是基于任意薄膜

厚度 nd 可以表示成两个不同波长（λ_1 和 λ_2）的 1/4 波长整数倍之差，即

$$nd = \frac{1}{4}(l\lambda_2 - k\lambda_1) \quad l, k = 1, 2, 3, \cdots$$

因此，如果遮挡被镀基板，单独在控制片上用 λ_1 监控至 k 个极值点，然后打开被镀基板，换用 λ_2 控制，使控制片蒸镀至 $l\lambda_2/4$ 厚度，则被镀基片上的厚度为 $\frac{1}{4}(l\lambda_2 - k\lambda_1)$。

上述两种控制方法都可用原有的极值法控制装置镀制任意厚度的膜系。问题是换用控制波长频繁，不但操作麻烦而且还会引入误差，对色散较大的材料尤其严重。

另一方面，如图 4-61(a) 所示，由于极值法控制的固有精度受到限制，所以目前更常用的方法是直接控制任意厚度膜系各层膜的绝对透射率值或反射率值。只要控制仪有较好的线性和稳定性，而且镀膜机通光窗口不因蒸气分子污染而改变透射率，那么，根据已知多层膜各膜层的折射率和厚度，借助于计算机就可以预先计算出各膜层终止时的透射率值，然后按计算值控制每一层膜。这种方法可用一个控制波长，但有时仍有少数几层膜因控制波长接近极值而有较大误差（图 4-61(b)），所以人们还是乐于更换控制波长，使各层膜的控制波长均选择在信号变化最灵敏的波长上（图 4-61(c)）。这种方法，控制仪必须指示实际膜层的绝对透射率值或反射率值，且要求实际膜层的折射率与理论计算值尽可能一致。

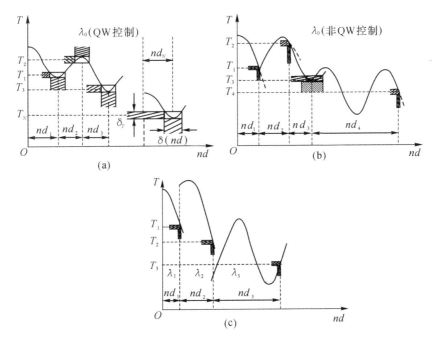

图 4-61　三种方法的控制误差比较

遗憾的是，实际膜层的折射率或多或少地总会偏离理论计算值，因此最好的解决办法是进行实时修正。修正的方法如下：在选取监控波长时，尽可能在停镀透射率点前有一个极值点，据此极值点即可实施修正。举例来说，设某膜层的折射率为 n，镀前预先计算达到极值时的透射率为 T_M，达到设计厚度时的停镀点透射率为 T；但实际镀制时膜折射率变为 $n \pm \Delta n$，因此实际达到的极值透射率为 T_M'，则停镀点的透射率 T' 应修正为

$$T' = \frac{T \cdot T'_M}{T_M}$$

因 T 和 T_M 为镀前已知量,故由实测的 T'_M 即可快速算出 T'。

3. 宽光谱扫描

由于材料色散和控制灵敏度等因素的影响,单波长监控是很难精确地控制宽波段特征的。若采用宽光谱扫描,在很宽的波长范围内监视薄膜的特性,就能使控制既直观又精确。

采用宽光谱快速扫描光度计和电子计算机联合监控任意厚度膜系已成为现实。快速扫描单色仪是利用转动单色仪的衍射光栅来完成的。衍射光栅每毫米的刻线为 1800 条,在 $300 \sim 700 \mathrm{nm}$ 的光谱区间内,对应的光栅转角为 $25°$,利用一只步进电机通过 15:1 的减速齿轮来驱动光栅转动。每秒钟扫描两次,波长精度为 1nm。若要求更快的扫描频率,可采用硅光电二极管列阵作为接收器。这种仪器完全避免了机械扫描的麻烦,而且还可以扩展扫描范围。图 4-62 是以列阵作为接收器的宽光谱扫描监控系统。

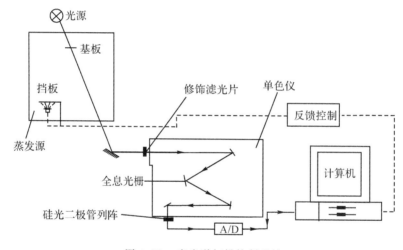

图 4-62　宽光谱扫描控制系统

快速扫描光度计的任务是测定淀积过程中扫描波长区间上的光度变化。假设没有控制片时,系统接收到的光能量为 $\varphi_A(\lambda)$,并设 T_r,R_r 分别为控制片后表面的透射率和反射率;T_0,R_0 和 T_i,R_i 分别是控制片前表面镀膜前和镀膜过程中的透射率和反射率。那么,在淀积开始前透过的光能量

$$\varphi_0(\lambda) = \frac{\varphi_A(\lambda) \cdot T_r \cdot T_0}{1 - R_r R_0}$$

在淀积过程中的光能量

$$\varphi_i(\lambda) = \frac{\varphi_A(\lambda) \cdot T_r \cdot T_i}{1 - R_r R_i}$$

两式相除则 $\varphi_A(\lambda)$ 被消去,得

$$\frac{\varphi_i(\lambda)}{\varphi_0(\lambda)} = \frac{T_i(1 - R_r R_0)}{T_0(1 - R_r R_i)}$$

式中 $\varphi_0(\lambda)$ 可在淀积前存入计算机。

在蒸镀过程中可用目测,对光谱曲线 $T_i(\lambda, nd)$ 与理论计算的光谱曲线 $T_i(\lambda, n_i d_i)$ 进行

比较,但精度较低。这是因为很难用目测来判断两条曲线是否达到最一致。所以在薄膜淀积时,由 $\varphi_i(\lambda)/\varphi_0(\lambda)$ 计算出 $T_i(\lambda, nd)$,再用计算机连续计算下列评价函数:

$$F_i = \int_{\lambda_1}^{\lambda_2} |T_i(\lambda, n_i d_i) - T_i(\lambda, nd)| \mathrm{d}\lambda$$

当 F_i 取得极小值时蒸镀结束。

在处理计算评价函数时,可采取一些合理的简化,例如采用

$$E_i = \int_{\lambda_1}^{\lambda_2} \left[\tau_i - \frac{\varphi_i(\lambda)}{\varphi_0(\lambda)} \right] \mathrm{d}\lambda$$

来取代上述评价函数。这样,便可用淀积前和淀积时的透射光能量 $\varphi_0(\lambda)$ 和 $\varphi_i(\lambda)$ 来取代实时确定透射率。式中 τ_i 是淀积每层膜前算出的相对透射率,即

$$\tau_i = \frac{T_i(\lambda, n_i d_i)}{T_0} \cdot \frac{1 - R_r R_0}{1 - R_r R_i(\lambda, n_i d_i)}$$

考虑到大部分膜系的光谱特性在 $2 \sim 3 \mathrm{nm}$ 厚度范围内一般不会发生明显变化,所以波长取样按 100 点选择,积分可用多项式求和来取代,即

$$F_i = \sum_{j=1}^{100} \left| \tau_i(\lambda_j) - \frac{\varphi_i(\lambda_j)}{\varphi_0(\lambda_j)} \right|$$

利用加权的方法,可舍掉一些无关紧要的波长。

于是,监控前的准备工作就是确定所选用的波长点 λ_j、相对透射率 τ_i、淀积前的透射光能 $\varphi_0(\lambda)$ 和权重因子,并存入计算机。监控过程中,计算机根据接收到的光通量计算评价函数。

此方法原理是简单的,但必须满足两个基本前提:控制必须十分可靠;有足够的灵敏度和尽可能高的终点判断精度。控制过程中的主要问题与前面单波长监控绝对透(反)射率相类似,即实际膜层的折射率和光学厚度都会偏离理论设计值,因而造成积累误差。系统能监控的膜层数越多,表明其积累误差越小。为了尽可能避免积累误差,常采用计算机确定实际膜层的折射率和厚度。其方法是:假设前面各层的折射率和厚度均为已知,代入各层的实际折射率 $n_1^*, n_2^*, \cdots, n_{i-1}^*$ 和光学厚度 $(nd)_1^*, (nd)_2^*, \cdots, (nd)_{i-1}^*$,把要求的第 i 层膜的折射率 n_i^* 和光学厚度 $(nd)_i^*$ 当作变量,求出光谱特性 $T_i(\lambda)$。它与测量的光谱特性 $T_i^*(\lambda)$ 之差是 $F_i' = \int_{\lambda_2}^{\lambda_2} [T_i(\lambda) - T_i^*(\lambda)] \mathrm{d}\lambda$。当 F_i' 取得极小值时,对应的 n_i^* 和 $(nd)_i^*$ 即为实际膜层的折射率和光学厚度。

一旦第 i 层的厚度误差和折射率误差确定后,可以修正第 $(i+1)$ 层膜,以消除误差积累。

4.3.4 监控误差的计算机模拟

膜厚控制常常是关系到薄膜制备成败的关键。影响控制系统可靠性和稳定性的因素很多,如光源波动、控制片的平稳性、接收器的灵敏度和噪声等,只要一个环节稍有疏忽,就可能导致控制失败。对光源来说,通常仅注意到外电压的波动,实际上,灯的引线和灯泡接触不良常常是造成不稳定的原因之一。6V30W 灯泡的电流高达 5A 左右,接触电阻只要变化 0.01Ω,就会产生 $0.05\mathrm{V}$ 的灯压变化,引起 2% 的信号波动。其次,控制误差取决于薄膜本身的特性,特别是凝聚系数、结构特性和淀积后的稳定性等。也就是说,控制误差与工艺因素相关。由于这个问题过于复杂,这里仅以基板温度为例,说明工艺因素对厚度控制的重要性。

由图 4-13 可见,凝聚系数 a 随着基板温度的升高而减小。由于真空中基板的烘烤温度常常是不均匀的,于是控制片与基板之间势必产生厚度差。如果高、低折射率的 a 相差很大(如 ZnS 和 MgF$_2$),则薄膜特性就会变差,原因是 ZnS 膜的凝聚系数远比 MgF$_2$ 小,以致使 ZnS 膜的厚度偏薄。显然,这种误差主要表现为几何厚度的差异。

还有一种是聚集密度不同造成的误差。由于聚集密度随着基板温度升高而增加,在真空室中 $\lambda/4$ 厚的膜暴露于大气后,折射率为 1.33 的水汽填充空隙,引起了薄膜光学厚度变化,即

$$(nd)_f = \left[1 + \frac{(1-p)}{p}\frac{n_v}{n_s}\right](nd)$$

式中:n_v 和 n_s 分别为空隙和大块材料的折射率,(nd) 是聚集密度 $p=1$ 时的光学厚度。以 MgF$_2$ 为例,$p=0.85$,$n_v=1.0$,$n_s=1.4$,则 p 改变 0.011,光学厚度变化 1%,而 $\Delta p = 0.011$,表示基板温度大约变化 15℃。与 MgF$_2$ 不同,ZnS 膜的聚集密度很少受温度的影响。这种误差是折射率变化引起的。

由于各类光学薄膜的制备过程千差万别,各种工艺因素对膜层的折射率和膜厚的监控精度影响错综复杂,因此要建立一个能对每种工艺的每一误差因素进行分析的计算机程序是十分困难的。但是从整体上说,这些误差影响因素最终都表现在膜层的折射率误差和厚度误差上。因此,一般监控误差的分析都是围绕这两者展开的。

麦克劳德[①]提出了一种方便的误差分析方法。通过在膜系中引入服从正态分布的随机误差,按各层折射率和膜厚的随机误差连续计算滤光片的光学特性。设 ΔR 为反射率控制误差,它服从正态分布,即

$$p(\Delta R) = \frac{1}{(2\pi)^{\frac{1}{2}}\sigma}\exp\left(-\frac{\Delta R^2}{2\sigma^2}\right) \qquad (4-58)$$

式中:σ 是反射率误差的标准偏差,$p(\Delta R)$ 是产生误差 ΔR 的概率。

为了迅速获得服从正态分布的各层膜的随机监控误差 ΔR_i,根据随机变量的抽样理论,利用计算机产生在 (0,1) 之间均匀分布的随机数 ν_1 和 ν_2,再借助于变换抽样法得到接近于 $N(0,1)$ 正态分布的随机数

$$\mu = (-2\ln\nu_1)^{\frac{1}{2}}\cos(2\pi\nu_2) \qquad (4-59)$$

假定监控时反射率的标准偏差为 σ,则每层膜的反射率误差

$$\Delta R_i = \mu_i\sigma \quad i=1,2,\cdots,n$$

如果采用一致性过正控制,过正量为 ΔR_0,那么每一层膜的反射率误差是

$$\Delta R_i = \Delta R_0 + \mu_i\sigma \quad i=1,2,\cdots,n \qquad (4-60)$$

考虑到在控制过程中要改变放大倍数,故由式(4-60)得到的误差是反射率误差的相对值。

膜层折射率误差的分布比监控信号误差要复杂得多。它不仅有随机误差,而且还有一些很难把握的动态系统误差。这些动态系统误差对于不同的材料、不同的蒸发条件及不同膜系结构都是相异的。为了便于分析,现在假定折射率误差也服从正态分布。设折射率误差的标准偏差为 σ_{Ni},每层膜的折射率为 n_i,则实际制备得到的折射率

① H. A. Macleod. Optica Acta 19,1(1972);H. A. Macleod. Optica Acta 20,493,(1973).

$$n_i' = n_i + \mu_i \sigma_{Ni} \quad i = 1, 2, \cdots, n$$

其中 μ_i 是服从正态分布的随机数,可从(4-59)式中求得。

下面我们讨论极值法和定值法监控的膜厚误差计算。

1. 极值法引起的膜厚误差计算

对于 1/4 波长或其整数倍厚度的膜系,通常在中心波长上采用极值法监控。如果没有监控误差,那么各层膜停止蒸发时,其反射率或透射率正好处于极值处,这时的导纳 Y 应为实数。但是,由于极值判断误差,各层膜并不严格终止在极值点上,因而实际都会引起膜层的光学厚度偏差。对于间接控制,由于各层误差之间互不相关,每一层的膜厚误差仅由本层的反射率或透射率极值判断误差所决定,故不受上一层判断误差的影响。对于直接控制则不然,它的各层误差相互关联,每一层终止点的判断误差都将引起后继膜层的补偿。除第一层以外,每一层的厚度误差都由两部分误差组成:上一层(A 层)极值误差引起的位相厚度误差 δ_{BA} 和本层(B 层)极值误差引起的位相厚度误差 δ_B(见图 4-55)。

设 A 层与实轴的交点为 Y_A,此时的极值反射率为 R_A。由于控制误差,A 层并不终止在 R_A 处,而是终止在 $R_A + \Delta R_A$ 处,这样就产生了位相厚度误差 δ_A

$$\tan\delta_A = \left[\frac{(1 - Y_A)^2 - (R_A + \Delta R_A)(1 + Y_A)^2}{(R_A + \Delta R_A)(n_A + Y_A/n_A)^2 - (n_A - Y_A/n_A)^2} \right]^{\frac{1}{2}}$$

其中 n_A 为 A 层的折射率。$\delta_A > 0$ 表示过正,$\delta_A < 0$ 表示不足。

δ_{BA} 和 δ_A 之间的关系应满足

$$\begin{bmatrix} B \\ C \end{bmatrix} = \begin{pmatrix} \cos\delta_{BA} & \dfrac{i}{n_B}\sin\delta_{BA} \\ in_B\sin\delta_{BA} & \cos\delta_{BA} \end{pmatrix} \begin{pmatrix} \cos\delta_A & \dfrac{i}{n_A}\sin\delta_A \\ in_A\sin\delta_A & \cos\delta_A \end{pmatrix} \begin{bmatrix} 1 \\ Y_A \end{bmatrix} \quad (4\text{-}61)$$

而

$$Y = \frac{C}{B} \quad (4\text{-}62)$$

这里 Y 的虚部必须等于零,即

$$\left(\cos\delta_{BA}\cos\delta_A - \frac{n_A}{n_B}\sin\delta_{BA} \cdot \sin\delta_A \right)\left(n_A\cos\delta_{BA} \cdot \sin\delta_A + n_B\sin\delta_{BA} \cdot \cos\delta_A \right)$$

$$- Y_A^2\left(\cos\delta_{BA} \cdot \cos\delta_A - \frac{n_B}{n_A}\sin\delta_{BA} \cdot \sin\delta_A \right)\left(\frac{\cos\delta_{BA} \cdot \sin\delta_A}{n_A} + \frac{\sin\delta_{BA} \cdot \cos\delta_A}{n_B} \right) = 0$$

于是,由上式可求出 δ_{BA},再根据式(4-61)和(4-62)及 δ_A 和 δ_{BA} 的值,即可求得有效起始点

$$Y = Y_A \left/ \left[\left(\cos\delta_A \cdot \cos\delta_{BA} - \frac{n_A}{n_B}\sin\delta_A \cdot \sin\delta_{BA} \right)^2 + Y_A^2 \left(\frac{\sin\delta_A \cdot \cos\delta_{BA}}{n_A} + \frac{\cos\delta_A \cdot \sin\delta_{BA}}{n_B} \right)^2 \right] \right.$$

根据上述分析,可得到一个完整的迭代过程:

(1) 用 Monte Carlo 法计算各层膜反射率或透射率的相对极值误差;

(2) 计算由本层极值误差引起的位相厚度误差;

(3) 计算由本层的位相厚度误差引起的下一层膜的位相厚度误差和下一层膜的有效起始点;

(4) 计算考虑监控误差后膜系的光学特性。

2. 定值法引起的膜厚误差计算

由计算机优化设计得到的膜系,其厚度往往是不规整的。据前节所述,除少数可用极值

法监控外,多数需采用测量实际透射率或反射率的任意厚度监控,即所谓定值。

设膜层 A 镀后其导纳为 $Y_A = \alpha + i\beta$,接着镀膜层 B,它的起始即为 A 层的终止导纳 Y_A,B 层膜理论计算的终止反射率为 R_{B0}。由于监控误差 ΔR_B,则 B 层实际终止点反射率

$$R_B = R_{B0} + \Delta R_B$$

相应的导纳为 $Y_B = x + iy$(如图 4-63 所示)。

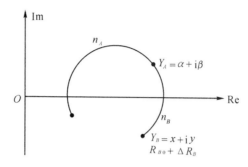

图 4-63　考虑定值误差后膜层实际厚度的计算

在导纳图上,经过导纳 Y_A、折射率为 n_B 的均匀介质膜导纳圆方程是

$$x^2 + y^2 - \frac{\alpha^2 + \beta^2 + n_B^2}{\alpha} x + n_B^2 = 0 \qquad (4\text{-}63)$$

由于 B 层实际终止点的反射率为 R_B,导纳 $Y_B = x + iy$,因而在导纳图上,可以画出反射率的等值线。其导纳 Y_B 和反射率 R_B 满足反射率等值线方程:

$$x^2 + y^2 - 2\frac{1+R_B}{1-R_B} x + 1 = 0 \qquad (4\text{-}64)$$

由于导纳 Y_B 应同时满足式(4-63) 和(4-64) 两式,故通过求解此两式,便可得到 B 层实际终止点的导纳 Y_B 的实部 x 和虚部 y,即

$$\begin{cases} x = \dfrac{n_B^2 - 1}{a - b} \\ y = \pm (bx - x^2 - 1)^{\frac{1}{2}} \end{cases}$$

式中:$a = (\alpha^2 + \beta^2 + n_B^2)/\alpha$,$b = 2(1+R_B)/(1-R_B)$。根据 B 层的起始点导纳 Y_A 和终止点导纳 Y_B,进而可求出 B 层膜实际的位相厚度 δ_B:

$$\tan\delta_B = n_B(x - \alpha)/(x\beta + \alpha y)$$

因此,采用定值监控法也可求得各层膜的实际位相厚度,从而实现对监控误差的计算机模拟。膜系监控误差的计算机模拟程序框图如图 4-64 所示。

图 4-65 所示是折射率和膜厚误差对不同膜系的特性影响。显而易见,对不同的膜系,折射率和膜厚容差是不同的,即使对同一膜系,其各层膜的折射率和膜厚容差也大不相同。例如,多层减反射膜中各层膜的折射率和厚度误差对最终性能的影响都是重要的;而截止滤光片以中间的膜层较为敏感;窄带滤光片主要取决于间隔层的厚度误差,越靠两侧影响越小。所以为了提高制造成品率,设计折射率和膜厚容差大的膜系,了解特定膜系的容差是十分必要的。

假如膜层厚度误差是非相关的,即采用定值法间接控制,膜厚误差不存在补偿,在这种

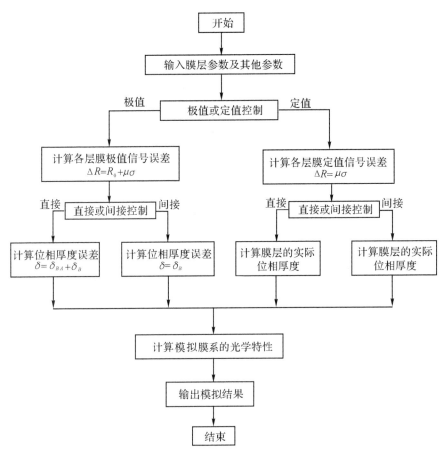

图 4-64　膜系监控误差的计算机模拟程序框图

情况下,对典型的 $\frac{1}{4}$ - $\frac{1}{2}$ - $\frac{1}{4}$ 波长厚度的三层减反射膜,随机厚度误差的标准偏差不允许大于 2%;而对长波通和短波通滤光片的随机厚度误差的标准偏差也不允许大于 2.5%。

对窄带滤光片,必须采用极值法直接控制,而不能用定值法间接控制。在这种情况下,对 Fabry-Perot 滤光片或单腔滤光片,随机误差的主要影响是使滤光片峰值波长产生移动,标准偏差甚至高达 10%,通带形状也不会受多大影响。但是对多腔滤光片,情况就不同了。对相对带宽为 2% 的双腔滤光片,允许的膜厚误差的标准偏差不能超过 0.5%,否则通带波形会严重畸变。对更窄的滤光片和更多的腔数,容差就更小了。对光通信波分复用器中信道间隔为 200GHz 的三腔滤光片,随机厚度误差的标准偏差为 0.003% 左右。这虽超出当前常规膜厚监控技术几个数量级,但依靠直接控制的误差补偿和非常窄的监控光谱,目前甚至可以控制直至 50GHz 的五腔滤光片。监控光束的光谱带宽应该比制造中的滤光片带宽小得多,这个系数通常是 $\frac{1}{3}$,而目前监控光谱的带宽实际可达 0.01nm。

窄带滤光片需要直接监控,这给多腔滤光片低折射率的耦合层控制带来了困难。最好的办法是用石英晶体振荡法监控耦合层。耦合层虽有较大的厚度容差,但其本身误差以及相继膜中的错误补偿误差足以使信号混乱,而且使通带形状发生变化。

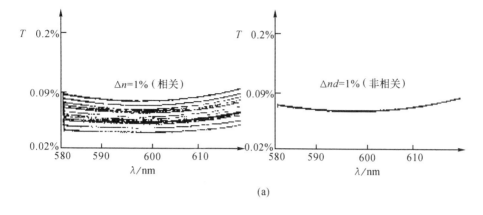

(a)

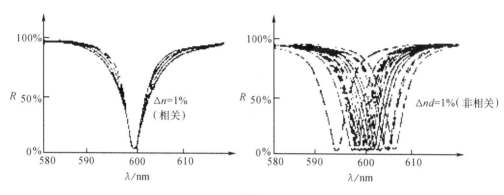

(b)

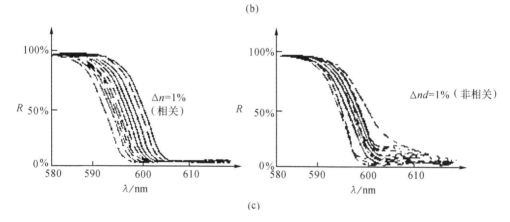

(c)

图 4-65　三种膜系的误差模拟

(a) $A(HL)^8 1.52, n_H = 2.32, n_L = 1.46, \lambda = 600nm$;

(b) $A(HL)^3 H2LH(LH)^3 1.52, n_H = 2.35, n_L = 1.46, \lambda = 600nm$;

(c) $A\left(\dfrac{H}{2}L\dfrac{H}{2}\right)^{12} 0.95\left(\dfrac{H}{2}L\dfrac{H}{2}\right)^3 1.52, n_H = 2.40, n_L = 1.46, \lambda = 500nm$

4.4　膜层厚度的均匀性

膜层厚度的均匀性是指膜厚随着基板表面位置变化而变化的情况。膜厚均匀性不好,膜系特性会遭到严重的破坏,所以薄膜厚度的均匀性如同薄膜厚度监控一样是一个重要的课题。

对于不同的薄膜往往有不同的均匀性要求。对单层 MgF_2 减反射膜,若膜厚为 $\lambda_0/4$ ($\lambda_0 = 520nm$),则均匀性误差一般不得超过 40nm,否则就会在同一基板上出现不同颜色。要求最严格的应是窄带滤光片,其均匀性误差所引起的整个滤光片表面上的峰值波长变化不能大于半宽度的 0.3 倍。对于一个直径不大于 50mm、在可见光区半宽度不小于 20nm 的滤光片,这个要求尚不算太高,但是对于更大直径和更窄半宽度的滤光片问题就非常突出。对截止陡度要求很高的截止滤光片也同样,均匀性不好将导致过渡特性严重恶化。

4.4.1　膜厚的理论分布

为了获得厚度均匀的薄膜,可以从理论上进行计算,从而得到膜厚分布规律。在进行膜厚计算时,首先假定:

(1) 蒸发分子与蒸发分子、蒸发分子与残余气体分子之间没有碰撞;

(2) 蒸发分子到达基板表面后全部淀积成紧密的薄膜,其密度和大块材料相同;

(3) 蒸发源的蒸气发射特性不随时间变化。

基于上述假定,当蒸发源的形状和它与基板之间的相对位置确定后,就能算出膜的厚度和分布情况。

基板上任何一点的薄膜厚度,决定于蒸发源的发射特性以及几何配置。早期的研究表明,蒸发源可分为两类:一类是点蒸发源向各个方向均匀地发射蒸气分子;另一类是面蒸发源的蒸气密度按所设定的方向与表面法线间的夹角呈余弦分布,即遵守余弦分布律。但是实际蒸发源,特别是对电子束蒸发源的蒸气发射特性研究表明,用 $\cos^n$ 这样的分布来描述更为合理。为方便计算,这里我们先讨论点源($n = 0$)和面源($n = 1$)两种简单的情况。

对于点源,它向各个方向发射等量的材料。设蒸发材料的总质量为 m,入射在小镀膜平面 ds 上的材料量为 dM,它相当于通过立体角 $d\omega$ 的材料蒸发量。如图 4-66 所示,在蒸发距离为 r 的位置上,与蒸发方向成 θ 角倾斜的小平面 ds 所张的立体角是

$$d\omega = \frac{ds \cdot \cos\theta}{r^2}$$

$d\omega$ 范围内的蒸发量

$$dM = Cmd\omega = \frac{Cm\cos\theta}{r^2}ds$$

式中 C 是比例常数,它可通过在整个接收表面上的积分算出。设接收表面为球面,其中心处在蒸发源上,因而 $\theta = 0$, $ds = 2\pi r^2 \sin\varphi d\varphi$,在球面上积分

$$\int dM = Cm \int_{\varphi=0}^{\pi} 2\pi \sin\varphi d\varphi$$

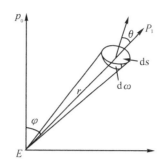

图 4-66　角度对淀积厚度的影响

φ— 面源法线与连接蒸发源和镀膜表面元的直线所构成的角度,余弦定律:$P_1 = P_0\cos\varphi$;

θ— 镀膜表面法线与连接蒸发源和镀膜表面元的直线所构成的角度;

E— 蒸发源。

则得 $C = \dfrac{1}{4\pi}$,于是

$$\mathrm{d}M = \frac{m}{4\pi}\mathrm{d}\omega = \frac{m \cdot \cos\theta \cdot \mathrm{d}s}{4\pi r^2}$$

为计算膜层厚度 t[①],设 μ 为密度,则

$$\mathrm{d}M = \mu t \cdot \mathrm{d}s$$

即得点源膜厚

$$t_p = \frac{m\cos\theta}{4\pi\mu r^2} \tag{4-65}$$

对于小平面蒸发源,其蒸气发射特性具有方向性,发射限为半球,在半球上积分

$$\int\mathrm{d}M = Cm\int_{\varphi=0}^{\pi/2}2\pi\cos\varphi \cdot \sin\varphi\mathrm{d}\varphi$$

得 $C = 1/\pi$。这种面源符合余弦定律。考虑到面源发射特性的方向性,在 $\mathrm{d}s$ 上的淀积量

$$\mathrm{d}M = \frac{m}{\pi}\cos\varphi \cdot \mathrm{d}\omega = \frac{m\cos\varphi\cos\theta}{\pi r}\mathrm{d}s$$

故面源膜厚

$$t_s = \frac{m\cos\varphi\cos\theta}{\pi\mu r^2} \tag{4-66}$$

下面根据式(4-65)和(4-66)来讨论几种典型配置的膜层厚度分布。

1. 平面夹具

图 4-67 表示与蒸发源平行并置于其正上方的平面夹具的情况。从图可见,$\angle\varphi = \angle\theta$,$\cos\theta = h/r$,$r^2 = h^2 + \rho^2$,于是对于点源离开基板中心距离 ρ 处的膜厚

$$t_p = \frac{m\cos\theta}{4\pi\mu r^2} = \frac{mh}{4\pi\mu(h^2 + \rho^2)^{3/2}}$$

中心点($\varphi = \theta = 0$)的膜厚

$$t_{0p} = \frac{m}{4\pi\mu h^2}$$

所以,点源的膜厚分布

---

　① 为避免与微分符号 d 混淆,本节膜厚用 t 表示。

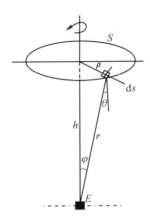

E— 蒸发源　S— 基板平面

图 4-67　中心蒸发源蒸镀平行平面的几何配置

$$\frac{t_p}{t_{0p}} = \frac{1}{[1+(\rho/h)^2]^{3/2}}$$

同样,对于面源距离 ρ 处的膜厚及其膜厚分布分别是

$$t_s = \frac{m \cdot \cos^2\theta}{\pi\mu r^2} = \frac{mh^2}{\pi\mu(h^2+\rho^2)^2}$$

$$\frac{t_s}{t_{0s}} = \frac{1}{[1+(\rho/h)^2]^2}$$

图 4-68 是膜厚在平面夹具上的分布情况。由图可见,这两种蒸发源对于平面基板的膜厚均匀性都不好。显然,这种几何配置对于均匀性要求较高的滤光片是不合适的,除非基板很小,并安放在夹具的中央。

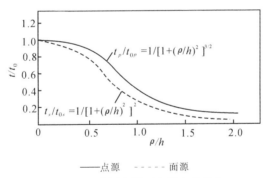

——点源　- - - - 面源

图 4-68　膜层在平面夹具上的分布

2. 球面夹具

由图 4-68 可得到启示:如果使用球形夹具,则均匀性可望得到显著改善。

图 4-69 表示膜层在球面夹具上的膜厚分布。图中 r 是球面夹具的曲率半径。从图可见,对于点源,当 $h/r = 1.0$(即点源位于球面夹具的球心),便可在球的内表面镀得厚度均匀的膜层。而对于具有方向性的面源,只要蒸发源处于球面夹具的球面上(即 $h/r = 2.0$),同样也能得到均匀的膜厚分布。

上述配置原理应用膜厚公式(4-65)和(4-66)是不难证明的。对面源的情况,应用式

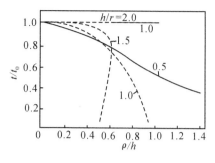

图 4-69　膜层在球面夹具上的分布

（4-66），可得图 4-70(a) 所示基板 1 上的膜厚 $t_1 = m/(\pi\mu r_1^2)$，基板 2 的膜厚 $t_2 = m\cos^2\varphi/(\pi\mu r_2^2)$。于是 $t_1/t_2 = r_2^2/(r_1^2 \cdot \cos^2\varphi)$。在 $\triangle AOB$ 中，$r_1\cos\varphi = r_2$，故得 $t_1/t_2 = 1$。这证明基板 1、基板 2 的膜厚完全一致。如果按图 4-70(b) 所示，蒸发源放在球心，虽然它离基板 3 和基板 4 的距离相等，入射角 θ 也相同，但蒸气从蒸发源射出的 φ 角不相同，则按公式计算基板 3 和基板 4 的膜厚分别是 $t_3 = m/(\pi\mu r_3^2)$；$t_4 = m\cos\varphi/(\pi\mu r_4^2)$。于是 $t_3/t_4 = 1/\cos\varphi$。这证明，面源位于球心上得不到良好的膜厚均匀性，所以蒸发源应放在球面上。同样可证明点源只有放在球心时才能获得均匀膜。

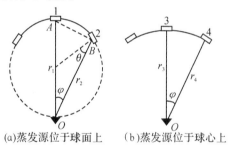

(a)蒸发源位于球面上　　(b)蒸发源位于球心上

图 4-70　蒸发源的两种配置

3. 旋转平面夹具

为获得更好的膜厚均匀性，应采用旋转平面夹具的方法。它的配置如图 4-71 所示。这种旋转基板的方法能使两个以上的蒸发源同时获得很好的均匀性，而前面介绍的球面夹具只有唯一的蒸发源位置才能获得良好的均匀性，所以制备多层膜时必须用旋转基板的方法。

根据图 4-71 所示的旋转平面夹具，其几何关系为

$$\left.\begin{aligned} \cos\varphi &= \cos\theta = \frac{h}{r} \\ r^2 &= h^2 + (L+\rho)^2 - 4L\rho\sin^2\left(\frac{\psi}{2}\right) \end{aligned}\right\} \tag{4-67}$$

将它们代入式（4-65），并对 ψ 进行积分，则得点源的厚度公式

$$t_p = \frac{m}{4\pi^2\mu} \cdot \int_0^\pi \frac{h\,\mathrm{d}\psi}{[h^2 + (L+\rho)^2 - 4L\rho\sin^2(\psi/2)]^{3/2}}$$

设 $k^2 = 4L\rho/[h^2 + (L+\rho)^2]$，应用积分

$$\int_0^{\pi/2} \frac{\mathrm{d}x}{(1-k^2\sin^2 x)^{3/2}} = \frac{E(k,\pi/2)}{1-k^2}$$

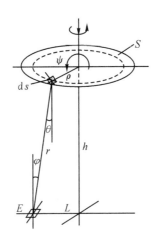

图 4-71　旋转基板的几何配置

式中 $E(k,\pi/2)$ 是第二类椭圆积分,其值可从数学手册中查得。则有

$$t_p = \frac{hm}{4\pi^2\mu} \cdot \frac{E(k,\pi/2)}{[h^2+(\rho+L)^2]^{\frac{1}{2}}[h^2+(L-\rho)^2]}$$

在中心点($\rho=0$) 的膜厚

$$t_{0p} = \frac{hm}{4\pi^2\mu} \cdot \frac{E(0,\pi/2)}{(h^2+L^2)^{3/2}}$$

式中 $E(0,\pi/2)=1.5708$,于是点源膜厚分布

$$\frac{t_p}{t_{0p}} = \frac{E(k,\pi/2)(h^2+L^2)^{3/2}}{1.5708[h^2+(\rho+L)^2]^{1/2}[h^2+(L-\rho)^2]}$$

对面源,只要将式(4-67) 代入式(4-66) 即得

$$t_s = \frac{m}{\mu\pi^2}\int_0^\pi \frac{h^2\,\mathrm{d}\psi}{(h^2+\rho^2+L^2-2\rho L \cdot \cos\psi)^2}$$

应用积分

$$\int_0^\pi \frac{\mathrm{d}x}{(a+b\cos x)^2} = \frac{\pi a}{(a^2-b^2)^{3/2}}$$

得

$$t_s = \frac{mh^2}{\pi\mu} \cdot \frac{h^2+L^2+\rho^2}{[(h^2+\rho^2+L^2)^2-4L^2\rho^2]^{3/2}}$$

膜厚分布

$$\frac{t_s}{t_{0s}} = \frac{(h^2+L^2)^2(h^2+L^2+\rho^2)}{[(h^2+\rho^2+L^2)^2-4L^2\rho^2]^{3/2}}$$

图 4-72 是对旋转平面夹具计算的膜厚分布。假设镀膜机的蒸发源离中心的距离 L 取 200mm,则 h/L 的最佳值随 ρ 而变化。如果仅要求中心区附近不大的面积(如半径 50mm)上保持均匀,则对面源来说,最佳值 $h/L=1.405$,这时膜厚不均匀性为 0.04%。当 $\rho=100$mm 时,最佳值变为 $h/L=1.34$,不均匀性为 0.3%。

　　为用旋转平面夹具获得尽可能好的均匀性,被镀基板应尽量放在夹具中心,且在高度 h 允许增加的条件下,尽量使蒸发源离中心远一些,以增加均匀区域,即增大 ρ。如果 h 已经限定,要求更大的镀膜面积而不特别强调膜厚均匀性时,则蒸发源可再向外移动,从而以稍差的均匀性换取更大的镀膜面积。另一方面,从图 4-72 可知,h/L 在大约 $1.8\sim2.0$ 时,膜厚分布的稳定性最好;h/L 较小时,稳定性变差。所以,为获得优良的薄膜特性,提高膜厚分布的

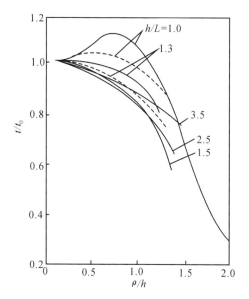

图 4-72　旋转平面夹具上的膜厚分布
——面源　-----点源

稳定性,有时宁可将蒸发源移向中心,使其保持 $h/L \approx 1.8 \sim 2.0$,然后辅以挡板来校正不均匀性,这在制备诸如渐变滤光片时是有用的。

4. 旋转球面夹具

在实际中还常常采用旋转球面夹具,因为它适用于各种曲率半径的镜片,这只需把镜片表面视作球面夹具的一部分,然后对不同曲率半径的镜片选用对应的球面夹具即可。不仅如此,球面夹具还可得到更大的均匀面积。

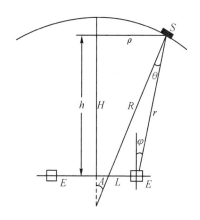

图 4-73　旋转球面夹具

图 4-73 表示球面夹具的配置,其几何关系为

$$\left.\begin{array}{l} \cos\varphi = h/r \\ \cos\theta = [h\cos A + (\rho + L\cos\psi)\sin A]/r \\ r^2 = h^2 + (L+\rho)^2 - 4L\rho\sin^2(\psi/2) \end{array}\right\} \tag{4-68}$$

将式(4-68)同样代入式(4-65),得点源的厚度公式

$$t_p = \frac{m}{4\pi^2\mu} \int_0^\pi \frac{[h\cos A + (L+\rho)\sin A] - 2L\sin A \cdot \sin^2(\psi/2)}{[h^2 + (L+\rho)^2 - 4L\rho\sin^2(\psi/2)]^{3/2}} d\psi$$

因为

$$\int_0^{\pi/2} \frac{\sin^2 x \cdot dx}{(1 - k^2\sin^2 x)^{3/2}} = \frac{E(k,\pi/2) - (1-k^2)F(k,\pi/2)}{k^2(1-k^2)}$$

最终得到球面夹具的点源厚度公式

$$t_p = \frac{m}{2\pi^2\mu}[h^2 + (L+\rho)^2]^{-3/2} \left\{ \left[\frac{h\cos A + (L+\rho)\sin A}{1-k^2} - \frac{2L\sin A}{k^2(1-k^2)} \right] \cdot E\left(k, \frac{\pi}{2}\right) + \frac{2L\sin A}{k^2} \cdot F\left(k, \frac{\pi}{2}\right) \right\}$$

式中 $F\left(k, \dfrac{\pi}{2}\right)$ 为第一类椭圆积分。

对面源,亦同样将式(4-68)代入式(4-66),得

$$t_s = \frac{mh}{\pi\mu} \frac{(h\cos A + \rho\sin A + L\sin A \cdot \cos\psi)}{(h^2 + L^2 + \rho^2 + 2L\rho\cos\psi)^2}$$

$$= \frac{mh}{\pi^2\mu} \int_0^\pi \frac{h\cos A + \rho\sin A + L\sin A \cdot \cos\psi}{(h^2 + L^2 + \rho^2 + 2L\rho\cos\psi)^2} d\psi$$

取积分

$$\int_0^\pi \frac{\cos x \, dx}{(a + b\cos x)^2} = \frac{-\pi b}{(a^2 - b^2)^{3/2}}$$

最终得到

$$t_s = \frac{mh}{\pi\mu} \frac{[(h^2 + L^2 + \rho^2)(h\cos A + \rho\sin A) - 2\rho L^2\sin A]}{[h^2 + (L+\rho)^2]^{3/2} \cdot [h^2 + (L-\rho)^2]^{3/2}}$$

由 t_p 和 t_s 不难得到旋转球面夹具的厚度分布公式。

图 4-74 是旋转球面夹具的厚度分布。对面源,当曲率半径 R 为 400mm 和 600mm 时(同样取 $L = 200$mm),则计算得到最佳均匀性的 H/L 分别为 1.90 和 1.58,在半径 $\rho = 100$mm 范围内,厚度偏差分别为 0.03% 和 0.06%。$R = -600$mm 时,H/L 大约为 1.30。可见凹镜片和凸镜片的 H/L 分别大于和小于平面夹具,而且弯曲越厉害,偏离越大。

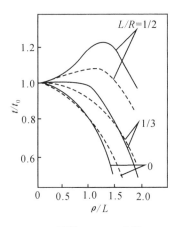

——面源 - - - - 点源

图 4-74　$H/L = 1.5$ 时,旋转球面夹具上的膜厚分布

4.4.2 实用蒸发源的蒸汽发射特性

电阻加热舟应用广泛。只要蒸发材料不是大块升华材料(如 ZnS),通常它的蒸气发射特性接近于余弦分布($n=1$),如图 4-75 所示,它应是一个圆。但是,如果蒸发物沾湿源材料,其发射特性更接近于点源($n=0$)。

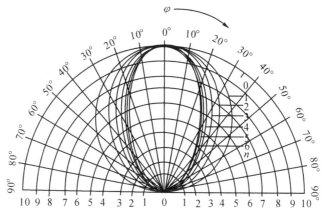

图 4-75　各种余弦指数蒸发源的蒸汽发射特性

$n=0$ 为点源,　$n=1$ 为面源

对于电子束蒸发的发射特性,通常 n 为 $2\sim3$,有时甚至大到 6。由图 4-75 可见,当 $n=2\sim3$ 时,只要 φ 角不太大,它们接近于余弦分布,随着 n 和 φ 增大,与余弦分布的偏离逐渐增加。

为了考虑非余弦分布的膜厚均匀性,式(4-66)的面源公式需修改为

$$t=\frac{m}{\pi\mu}\frac{\cos^n\varphi\cdot\cos\theta}{r^2}① \tag{4-69}$$

遗憾的是,式(4-69)的指数 n 给精确积分带来了困难。借助于计算机在($0\sim2\pi$)区间上数值积分,不但费时,而且精度低,为此可采用级数展开法和高斯积分法。

对于旋转平面夹具,膜厚可表示为如下级数

$$t=\frac{Cm}{\pi\mu}\int_0^\pi\frac{h^{n+1}}{(h^2+L^2+\rho^2-2L\rho\cos\psi)^{(n+3)/2}}\mathrm{d}\psi$$

$$=\frac{2Cmh^{n+1}\cdot k}{\pi\mu}\int_0^{\pi/2}\left(1+\frac{(n+3)(n+5)}{2!\ 2^2}a^2\cos^2\psi\right.$$

$$\left.+\frac{(n+3)(n+5)(n+7)(n+9)}{4!\cdot2^4}a^4\cos^4\psi+\cdots\right)\mathrm{d}\psi \tag{4-70}$$

式中:$k=(h^2+L^2+\rho^2)^{-\frac{n+3}{2}}$,$a=2L\rho/(h^2+L^2+\rho^2)$。

基板中心的膜厚

---

① 此式可得蒸发源中的蒸发材料总质量与膜厚的关系,对旋转平面夹具有

$$m=\frac{\pi\mu d}{h^{n+1}}(h^2+L)^{(n+3)/2}$$

这对控制金属膜的淀积厚度是很有用的。

$$t_0 = \frac{2Cmh^{n+1} \cdot k}{\pi\mu} \int_0^{\pi/2} \mathrm{d}\psi = \frac{Cmh^{n+1}}{\mu(h^2 + L^2)^{(n+3)/2}} \tag{5-71}$$

故膜厚分布

$$\frac{t}{t_0} = \left(\frac{h^2 + L^2}{h^2 + L^2 + \rho^2}\right)^{(n+3)/2} \left[1 + \frac{(n+3)(n+5)}{2! \cdot 2^2} \cdot \frac{a^2}{2}\right.$$
$$\left. + \frac{(n+3)(n+5)(n+7)(n+9)}{4! \cdot 2^4} \cdot \frac{3}{2} \cdot \frac{a^4}{2} + \cdots\right] \tag{4-72}$$

对于旋转球面夹具,有

$$t = \frac{Cm}{2\pi\mu R} \int_0^\pi \frac{h^n(A - 2L\rho\cos\psi)}{(h^2 + L^2 + \rho^2 - 2L\rho \cdot \cos\psi)^{(n+3)/2}} \mathrm{d}\psi$$
$$= \frac{Cmh^n \cdot k}{\pi\mu R} \left\{ A \int_0^{\pi/2} \left[1 + \frac{(n+3)(n+5)}{2! \cdot 2^2} a^2 \cos^2\psi\right.\right.$$
$$\left. + \frac{(n+3)(n+5)(n+7)(n+9)}{4! \cdot 2^4} a^4 \cos^4\psi + \cdots\right] \mathrm{d}\psi$$
$$\left. - 2L\rho \int_0^{\pi/2} \left[\frac{n+3}{2} a\cos^2\psi + \frac{(n+3)(n+5)(n+7)}{3! \cdot 2^3} a^3 \cos^4\psi + \cdots\right] \mathrm{d}\psi \right\}$$

式中:$A = h^2 + \rho^2 - H^2 + 2RH$,$R$ 为曲率半径。
于是膜厚分布为

$$\frac{t}{t_0} = \frac{h^n}{2RH^{n+1}} \left(\frac{H^2 + L^2}{h^2 + L^2 + \rho^2}\right)^{(n+3)/2} \left[A\left(1 + \frac{(n+3)(n+5)}{2! \cdot 2^2} \cdot \frac{a^2}{2}\right.\right.$$
$$\left. + \frac{(n+3)(n+5)(n+7)(n+9)}{4! \cdot 2^4} \frac{3}{4} \frac{a^4}{2} + \cdots\right)$$
$$\left. - 2L\rho\left(\frac{n+3}{2} \cdot \frac{a}{2} + \frac{(n+3)(n+5)(n+7)}{3! \cdot 2^3} \frac{3}{4} \cdot \frac{a^3}{2} + \cdots\right)\right] \tag{4-73}$$

式(4-72)和(4-73)虽是直观,但为得到精确的结果,所取的项需要多达 10 项,而高斯积分却是一种简单而精确的方法。

对旋转平面,由式(4-70)和(4-71),即得

$$\frac{t}{t_0} = \frac{(h^2 + L^2)^{(n+3)/2}}{\pi} \int_0^\pi \frac{\mathrm{d}\psi}{(h^2 + L^2 + \rho^2 - 2L\rho\cos\psi)^{(n+3)/2}} \tag{4-74}$$

令:$k_1 = [1 + (L/h)^2]^{(n+3)/2}$,$e = 1 + (\rho/h)^2 + (L/h)^2$,$f = 2L\rho/h^2$,那么式(4-74)改写成

$$\frac{t}{t_0} = \frac{k_1}{\pi} \int_0^\pi \frac{\mathrm{d}\psi}{(e - f\cos\psi)^{(n+3)/2}} \text{①} \tag{4-75}$$

利用高斯积分法对(4-75)式积分。若设 $\psi = \frac{b-a}{2}i + \frac{b+a}{2}$,则

$$\int_a^b f(\psi)\mathrm{d}\psi = \left(\frac{b-a}{2}\right)\int_{-1}^1 f(\psi(t))\mathrm{d}t = \frac{b-a}{2}\sum_{i=1}^m H_i f(\psi(t_i))$$

---

① 当 $n = 1, 3, 5$ 时,式(4-75)可直接写出膜厚分布表达式:

$n = 1, \cos^1$——蒸发源,$t/t_0 = k_1[e/(e^2 - f^2)^{3/2}]$;

$n = 3, \cos^3$——蒸发源,$t/t_0 = k_1[(e^2 + \frac{1}{2}f^2)/(e^2 - f^2)^{5/2}]$;

$n = 5, \cos^5$——蒸发源,$t/t_0 = k_1[(e^3 + \frac{3}{2}ef^2)/(e^2 - f^2)^{7/2}]$。

令 $a = 0, b = \pi$，即 $\psi(t) = \dfrac{\pi}{2}(1 + t)$，则

$$\int_a^b f(\psi)\,d\psi = \frac{\pi}{2}\int_0^\pi f(\psi(t))\,dt = \frac{\pi}{2}\sum_{i=1}^m H_i f(\psi(t_i))$$

故方程(4-75)可写成

$$\frac{t}{t_0} = \frac{k_1}{2}\int_0^\pi \frac{dt}{\left[e - f\cos(\psi(t))\right]^{(n+3)/2}} = \sum_{i=1}^m \frac{k_1 H_i}{2\left[e - f\cos(\pi/2(1 + t_i))\right]^{(n+3)/2}}$$

式中 H_i 和 t_i 可在数学手册中查取。

类似地，对旋转球面，设

$$g = \frac{R}{H} - 1 + \left(1 - \frac{R}{H}\right)\cos A$$

$$s = \frac{L}{H}\sin A$$

$$u = 1 + \left(\frac{L}{H}\right)^2 + \frac{2R}{H}\left[\frac{R}{H} - 1 + \left(1 - \frac{R}{H}\right)\cos A\right]$$

$$v = \frac{2RL}{H^2}\sin A$$

$$k_2 = 1 - \frac{R}{H}(1 - \cos A)$$

则

$$\frac{t}{t_0} = \frac{k_3}{\pi}\int_0^\pi \frac{g - s \cdot \cos\psi}{\left[u - v\cos\psi\right]^{(n+3)/2}}\,d\psi \,^{①} \tag{4-76}$$

式中 $k_3 = k_1 \cdot k_2^n$，于是同样可用高斯积分求解。

电子束蒸发的发射特性 n 与蒸发膜料和蒸发速率有很大关系。如果蒸发膜料存在挖坑效应，则随着蒸发的继续，n 会不断变化。此外，如图 4-76 所示，坩埚上方存在一个分子粘滞区，蒸发分子就好像是从这个区域中蒸发出来的。蒸发速率越快，粘滞区的中心越高。对 MgO 的实验表明，蒸发速率从 29nm/s 减小到 18nm/s 时，n 从 2.3 下降到 1.8。

---

① 当 $n = 1, 3, 5$ 时，可得

$$n = 1, \quad \frac{t}{t_0} = k_3\frac{gu - sv}{\left[u^2 - v^2\right]^{3/2}};$$

$$n = 3, \quad \frac{t}{t_0} = k_3\frac{gu^2 + \dfrac{1}{2}gv^2 - \dfrac{3}{2}suv}{\left[u^2 - v^2\right]^{5/2}};$$

$$n = 5, \quad \frac{t}{t_0} = k_3\frac{gu^3 + \dfrac{3}{2}guv^2 - 2su^2v - \dfrac{1}{2}sv^3}{\left[u^2 - v^2\right]^{7/2}}。$$

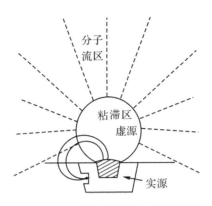

图 4-76　电子束加热坩埚上方的粘滞区

4.4.3　改善均匀性的措施

要得到好的均匀性,除需了解蒸发源的发射特性和选取最佳几何配置外,还要注意基板位置平行性和控制基板温度均匀性等工艺因素。

只要基板倾斜角不大,则可用下式估算均匀性:

$$t = \frac{m}{\mu t} \frac{\cos\alpha \left[h^2(h^2 + L^2 + \rho^2) - \rho h(\rho^2 + 3h^2 + 3L^2)\sin\alpha + 2\rho^2(h^2 + L^2)\sin^2\alpha \right]}{\left[(h^2 + L^2 + \rho^2 - 2\rho h\sin\alpha)^2 - 4\rho^2 L^2 \cos^2\alpha \right]^{3/2}}$$

式中 α 是基板倾斜的角度。当 $\alpha = 0$ 时,上式便变成平面夹具的简单情况。前已指出,当 $\rho = 50mm$, $h/L = 1.405$ 时,不均匀性为 0.04%。若基板倾斜 $2°$,则不均匀性上升到 0.6%。这时,要保持均匀性, h/L 需增大到 1.6。

真空室中基板温度的分布常常是不均匀的。图 4-77 是顶部加热夹具上的温度分布,它们的温度差可以相差 $30℃$ 之多。这样,由于凝聚系数的差异,温度高的地方膜厚势必比温度低的地方薄。

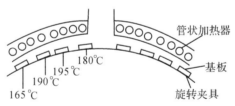

图 4-77　顶部加热时基板上的温度分布

膜层的淀积速率必须尽可能保持稳定,同时基板转动速度也必须保持平稳。即使如此,基板非整圈的旋转误差也必须限制在膜厚容差范围内。拿最典型的 200GHz 光通信滤光片来说,由于其厚度误差的标准偏差必须小于 0.003%,假如整个旋转周期中淀积终止时不足整圈(如 25% 圈),则旋转的总圈数应该是 $25/0.03$,即 8300 圈。如果镀一层膜需十分钟,则旋转速度至少要 830 转/分。

真空度的影响是不难理解的。膜厚均匀性与蒸发分子到达基板的路径中受残余气体碰撞的概率相关。在一个 760mm 的钟罩内,当气压在 $(1 \sim 3) \times 10^{-2}Pa$ 时,对于 10% 的气压变化,测得夹具中心和边缘的光学厚度变化为 1%。

上述说明,一旦找到满意的均匀性后,必须固定制备参数,否则就不能保证其重复性。下面讨论一下如何进一步获得满意的均匀性。

1. 修正挡板

修正挡板可以说是校正膜厚均匀性非常有效的方法。由于高、低折射率蒸发材料具有不同的蒸汽发射特性,因此通常需要对其分别校正。目前先进的镀膜设备常配有两块膜厚修正挡板,当蒸发高折射率材料时,高折射率膜的修正挡板自动复位,而低折射率膜的修正挡板下降,反之亦然。利用这种修正挡板,对直径 1.3m 的镀膜机,中心波长最大偏离可小于 3nm。

有了修正挡板,问题是如何进行修正。通常的做法是分别镀制单层高折射率膜和低折射率膜,然后用光度计测量其各圈的膜厚,再对挡板实施修正。这种方法的缺点是既麻烦又不能确定高、低折射率膜厚之比。另一种方法是镀一个 7 层 1/2 波长厚度的膜系:2H2L2H2L2H2L2H,由于它在监控波长全为虚层,故透射为极大,而其两侧的两个透射极小值峰对高、低折射率误差极为敏感:若低折射率层偏薄,则短波侧的透射峰降低而长波侧的透射峰升高,反之亦然。由此不仅可了解膜厚均匀性,而且可知高、低折射率膜的厚度比是否正确。

2. 行星夹具

在要求具有一定曲率和均匀性的场合,可采用“行星”夹具。我们知道,膜层均匀性主要受以下两个因素的影响:

(1) 蒸发距离

在图 4-78 中,由于膜层厚度与距离平方成反比,镜片中心的膜厚 t_0 与任意点 $A(x_i, y_i)$ 的膜厚 t_i 之比为

$$\frac{t_i}{t_0} = \frac{(h+h')^2}{y_i^2 + \left[(h+h') - x_i\right]^2}$$

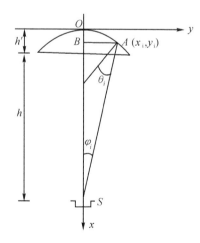

图 4-78　蒸发距离和淀积角对膜厚分布的影响

(2) 淀积角

膜厚与淀积角的余弦成正比,故有

$$\frac{t_i}{t_0} = \frac{\cos\theta_i}{\cos\theta_0}$$

上述两式共同作用的结果使镜片边缘的膜层比中心薄。

另一方面,考虑到实际使用条件,光线入射角增加会使中心波长向短波移动。入射角为 θ_i 时的任意点 $A(x_i,y_i)$ 的膜厚 t_i 与顶点膜厚 t_0 之比为

$$\frac{t_i}{t_0} = \frac{1}{\sqrt{1-\left(\frac{\sin\theta_i}{n_{H,L}}\right)^2}}$$

为了满足入射角的影响,要求顶点薄,镜口厚,这与膜层的厚度分布恰好相反。

上述困难采用如图 4-79 所示的"行星"夹具可望得到解决。在这种夹具中,镀件不仅绕夹具的中心轴公转,而且以更大的转速各自绕其本身的中心轴自转。为了避免周期性的不均匀性,自转与公转的转速比应避开整数。旋转方式有两种:一种是自转轴与公转轴平行(图 4-79(a));另一种是自转轴与公转轴成一角度(图 4-79(b))。由于镀件的几何形状各不相同,各种蒸发参数也十分复杂,所以在制备时往往是通过大量试验而不用繁复的计算来得到满足均匀性要求的最佳配置。

为了改善膜厚分布均匀性,这种"行星"夹具不仅对诸如反光碗之类的基板是必要的,而且对平面基板也是非常有效的。

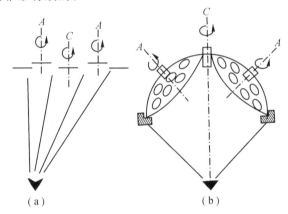

图 4-79　行星旋转夹具的配置
C— 公转轴　A— 自转轴

3. 散射淀积

一种有趣的"散射"淀积也被用来得到均匀膜,特别是对曲率半径很小的镜片它非常有效。在蒸发距离远大于气体分子平均自由程的条件下,蒸发的分子产生散射效应,分布规律偏离余弦定律,于是有可能实现特定的膜厚分布。这种淀积一般是在 $10^{-1}\sim10^{-2}$ Pa 的真空度下进行蒸发,充入惰性气体(如 Ar,Kr 和 Xe)作为散射工作气体。

通过改变残余气压可以改变膜厚分布。若增高压力,膜厚从中心到边缘逐渐增加,降低压力,则得到相反的分布趋势。通过试验,可求得最佳膜厚均匀性的残余气压。

然而,散射淀积得到的膜层,其牢固度降低,光散射增加。工作气体分子重量越大,这种现象越严重。所以,为了得到较高质量的膜层,镀制时加热基板并辅之以离子轰击以及对膜层进行热处理等相应的措施是必要的。

4. 多源蒸发

如果用多个蒸发源,安置在与镀膜表面平行的表面上,蒸发时,可叠加各蒸发源的膜厚分布,从而获得均匀膜层。

蒸发大平面基板是一个典型的例子。图 4-80 是基板和蒸发源的配置情况。图 4-81 是对电阻蒸发源计算的蒸发源排数与膜厚均匀性的关系。可以看出,五排蒸发源配置有最好的均匀性。

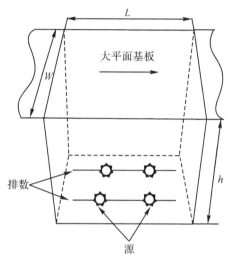

图 4-80　蒸发大平面基板的蒸发源配置

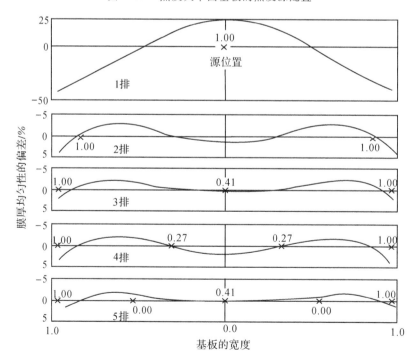

图 4-81　电阻蒸发源排数与膜厚均匀性的关系

4.4.4　膜厚均匀性的测量

单层膜的膜厚均匀性可用机械轮廓仪或椭圆偏振仪测量,但是其精度是很有限的。如果制成窄带法布里 — 珀罗(F-P)滤光片,则可用高分辨率的分光光度计测量不同位置上的中心波长。问题在于样品上的光斑孔径必须限制得足够小,以致光能量太弱而给测量带来困难。这里介绍一种变入射角法,即通过测量滤光片峰值波长随入射角的变化来确定均匀性。

当滤光片在准直光中倾斜到 $20°$ 时,其主要的影响是通带位置向短波漂移。其波长的移动可以把 F-P 滤光片看成一个有效折射率为 n^* 的理想滤光片间隔层变化所引起的。而滤光片的峰值透射率 T 和半宽度 $(\Delta\lambda)_{\infty}$ 变化很小,并可用有效折射率 n^* 作定量描述,于是

$$T \approx \frac{T_0}{1 + \left[\frac{2(\lambda - \lambda_0)}{\Delta\lambda} + \frac{\lambda_0}{\Delta\lambda} \cdot \frac{\theta_0^2}{n^{*2}}\right]^2} \qquad \frac{(\Delta\lambda)_{\infty}}{\Delta\lambda} = \left[1 + \left(\frac{\theta_0^2 \lambda_0}{n^{*2} \cdot \Delta\lambda}\right)^2\right]^{\frac{1}{2}}$$

式中 T_0 为垂直入射时的最大透射率(在 λ_0 处),$\Delta\lambda$ 为垂直入射时的半宽度,θ_0 为入射角。

设滤光片在倾斜入射时的峰值透射波长为 λ_P,则 $\lambda_P = \lambda_0 \cos\theta$,式中 θ 为光在有效折射率 n^* 材料中的折射角。于是,由正弦定律:$n_0 \sin\theta_0 = n^* \sin\theta$,可得

$$\cos\theta = \left(1 - \frac{\sin^2\theta_0}{n^{*2}}\right)^{\frac{1}{2}} \approx 1 - \frac{1}{2}\left(\frac{\theta_0}{n^*}\right)^2$$

即有

$$\lambda_P = \lambda_0 \left[1 - \frac{1}{2}\left(\frac{\theta_0}{n^*}\right)^2\right]$$

$$\delta\lambda = \lambda_0 - \lambda_P = \frac{1}{2} \frac{\theta_0^2}{n^{*2}} \cdot \lambda_0$$

或

$$\frac{\delta\lambda}{\lambda_0} = \frac{\theta_0^2}{2n^{*2}} \qquad\qquad (4\text{-}77)$$

对全介质 F-P 滤光片,n^* 可表示为

$$n_H^* = n_H \left[\frac{m - (m-1)\frac{n_L}{n_H}}{(m-1) - (m-1)\frac{n_L}{n_H} + \frac{n_H}{n_L}}\right]^{\frac{1}{2}} \qquad (m\text{ 级次的高折射率间隔层})$$

$$\qquad\qquad (4\text{-}78)$$

$$n_L^* = n_L \left[\frac{m - (m-1)\frac{n_L}{n_H}}{m - m\frac{n_L}{n_H} + \left(\frac{n_L}{n_H}\right)^2}\right]^{\frac{1}{2}} \qquad (m\text{ 级次的低折射率间隔层})$$

式(4-77)表明,对不大的入射角,峰值波长的移动正比于入射角的平方。测量时需制备一个中心波长稍长于 He-Ne 激光波长的窄带滤光片,用一个 He-Ne 激光器和测角仪,即可精确测量出各位置的中心波长偏离值,由此推知其膜厚分布。

习 题

4-1 设蒸发源到基板的距离为 40cm,若要求 90% 以上的蒸气分子在行进过程中不碰撞,则至少要求多少真空度?若真空度为 6.7×10^{-3} Pa,则碰撞的蒸气分子大约占百分之几?

4-2 试计算在 1.3×10^{-3} Pa 碰撞基板表面的残余气体分子的速率($T = 20^\circ$C,$M = 29$)。为了蒸发高纯 Si 膜,使参与反应的分子数抑制在 1% 以下,则真空度至少为多少?(设 Si 膜为 $\lambda_0/4$,$\lambda_0 = 1.4\mu$m,蒸发时间为 2min)

4-3 用 800eV 的 Kr^+ 轰击 Ag 靶,溅射 Ag 原子的平均速率为 5×10^5 cm/s,求 Ag 粒子的平均能量。(Ag 相对原子质量 108)

4-4 试估算 ZnS 和 ZrO_2 蒸发分子的动能。

4-5 离氧反应蒸发 TiO 初始材料,以得到 $\lambda_0/4$($\lambda_0 = 630$nm) 的 TiO_2 膜,蒸发时间为 120s,问真空度(指氧压)应取多少?

4-6 在一个 $V = 2$kV,$I = 10$A/m^2,$P = 10$Pa 的溅射系统中,试比较 Si,Al,Cu,Ag 的溅射速率。(设 Ar^+ 垂直靶轰击)

4-7 试计算 Ag 和 Al 在 630nm 的 φ 和 $R_{p\min}$。环形激光器反射镜的光线入射角 $R_{P\min}$ 达到 64.5°,问宜选何种材料?反射率为多少?

4-8 请以 Al 为金属层,用 HfO_2-SiO_2 为介质层,在石英基板上设计一个 248nm 诱导透射滤光片的可行性。

4-9 已知下面材料的折射率和短波截止限:ZnS ($2.35, 0.4\mu$m),MgF_2($1.38, 0.11\mu$m),试求 LiF(1.37,?),As_2S_3(2.6,?),ZrO_2(?,0.25μm),ZnSe(?,0.58μm)。

4-10 用 ZnS(2.3)-MgF_2(1.38) 两种材料取代一单层膜 Air$|\lambda_0/4(1.65)|$G(1.52),$\lambda_0 = 520$nm,用混合膜法、等效膜法和合成膜法如何实现?并用计算机检验。

4-11 试求 G$|$L$|$A,G$|$H$|$A 和 G$|$HL$|$A 三种情况下用极值法反射监控膜厚的控制相对精度。设 H 为 Ta_2O_5(2.1),L 为 SiO_2(1.45),G 为 K_9(1.52),$\lambda_0 = 500$nm。

4-12 请计算 G$|$HL$|$A 膜的频率变化值 Δf。设 H 为 Ta_2O_5,L 为 SiO_2,$\lambda_0 = 630$nm。

4-13 设长波通膜系 G$|$(0.5HL0.5H)$^6|$A,$n_H = 2.0$,$n_L = 1.45$,$n_G = 1.52$。求定值法监控信号的变化值。(假如预镀层分别采用 ZnS/MgF_2 和 ZrO_2/SiO_2)

4-14 试用减去法控制膜系 G$|$HL$|$A,其光学厚度分别为 H:$0.53\lambda_0/4$ 和 L:$1.21\lambda_0/4$,$n_H = 1.9$(ZrO_2),$n_L = 1.45$(SiO_2),$n_G = 1.52$,$\lambda_0 = 520$nm。试求控制波长。

4-15 作出下列膜系的在中心波长 λ_0 的导纳圆图。设 $n_G = 1.5$,$n_H = 2$,$n_L = 1.45$,且每层膜终止时均有判断误差 α。G$|$H$|$A,G$|$L$|$A,G$|$2HL$|$A,G$|$HLH$|$A。

4-16 锥光束入射于窄带滤光片,与垂直入射的平行光相比,滤光片特性会产生哪些变化?

参考文献

［1］ 高本辉,崔素言. 真空物理. 北京:科学出版社 ,1983.

［2］ 恽正中,刘履华,莫以豪,郭汉强. 半导体及薄膜物理. 北京:国防工业出版社,1981.

［3］ 唐晋发,顾培夫. 薄膜光学与技术. 北京:机械工业出版社,1989.

［4］ 李正中. 薄膜光学与镀膜技术(第二版). 北京:艺轩图书出版社 ,2001.

［5］ 林永昌,卢维强. 光学薄膜原理. 北京:国防工业出版社,1990.

［6］ 钟迪生. 真空镀膜——光学材料的选择与应用. 沈阳:辽宁大学出版社,2001.

［7］ 田民波,刘德令编译. 薄膜科学与技术手册. 北京:机械工业出版社,1991.

［8］ 麻蒔立男. 真空薄膜基础. 沈阳机械工程学会(论文集),1981.

［9］ 金原粲著,杨希光译. 薄膜的基础技术. 北京:科学出版社,1982.

［10］ 藤原史朗. 光学薄膜. 东京:共立出版株式会社,1984.

［11］ H. K. Pulker. Coating on Glass. Elsevier,1984.

［12］ E. D. Palik. Handbook of Optical Constants of Solids. Academic Press, Inc. , 1985.

［13］ L. Ward. The Optical Constants of Bulk Materials and Films. Adam Hilger,1988.

［14］ J. A. Savage. Infrared Optical Materials and their Antireflection Coatings. Adam Hilger,1985.

［15］ H. A. Macleod. Thin-Film Optical Filters. Institute of Physics Publishing, Bristol and Philadelphia,2001.

［16］ L. Eckertova. Physics of Thin Films (2nd edition) . Prague：Plenum and SNTL, 1986.

［17］ D. Smith. Thin-Film Deposition. MaGraw-Hill, Inc. ,1995.

［18］ J. E. Mahan. Physical Vapor Deposition of Thin Film. John Wiley and Sons Inc. ,2000.

［19］ G. Exarhos. Preparation of Thin Films. Marcel Dekker, Inc. ,1992.

［20］ R. R. Willey. Practical Design and Production of Optical Thin Films. Marcel Dekker, Inc. ,1996.

第5章 制备条件对薄膜微观结构和成分的影响

5.1 薄膜的形成过程

薄膜的性质来自薄膜本身的特殊结构。由于薄膜结构在很大程度上与它的形成过程有关，为此有必要先对薄膜形成作一分析。

5.1.1 表面吸附

由于固体表面发生了原子或分子排列的中断，因此表面原子或分子处于非平衡态，或者说存在着大量的不饱和键，它们具有吸引外来原子或分子的能力，这种现象称为吸附。固体表面的这种特殊相态，导致了表面的一种过量能，称作表面自由能。吸附现象将使表面自由能减小。吸附过程一般都会放出一定数量的热量，称为吸附热。

吸附可分为两类：仅包含原子电偶极矩之间的范德瓦耳斯力，称为物理吸附；原子之间的作用是化学键力，即明显的化学反应，称化学吸附。两种类型可从吸附热多少加以区别，前者为 $8 \sim 25 \mathrm{kJ \cdot mol^{-1}}$，后者为 $40 \sim 130 \mathrm{kJ \cdot mol^{-1}}$。化学吸附通常是一种激活过程，它以有限的速度进行，并随着温度的升高而加快。非激活的物理吸附即使在低温下也是快速的。此外，化学吸附局限于单分子层，而物理吸附通常为多分子层。

从能量角度来看，外来原子之所以被吸附在固体表面，是因为吸附态的能量比自由态的能量要小。从图 5-1 吸附能曲线可见，分子在表面引力作用下向固体表面靠近。当距离表面为 r_p 时，由于范氏力作用，分子被物理吸附。由于它的能量比自由态低，故此过程会自动发生并放出物理吸附热 Q_p。如果分子进一步靠近表面，斥力显著增加，引起能量增加，这时除非发生化学吸附才可使吸附分子进一步靠近固体表面。在吸附能曲线上，从物理吸附过渡到化学吸附相交于 x 点，只有能量小于或等于 E_a 的那些分子，才能发生化学吸附，直至到达能量最小位置 r_c，并放出化学吸附热 Q_c。

物理吸附的分子要解吸，所需的能量等于物理吸附热，故物理吸附是一种非激活的过程；而化学吸附的分子要恢复气相，能量必须大于等于 E_d。E_d 为化学吸附的解吸能，它比化学吸附热 Q_c 大，因而化学吸附是一种激活过程，其激活能为 E_d，从而使化学吸附的速度比物理吸附快。

吸附气体分子在表面平均停留时间 τ 与解吸能 E_d 的关系为

$$\tau = \tau_0 \exp\left(\frac{E_d}{RT}\right)$$

式中：τ_0 是单位原子层的振动周期，其数量级为 $10^{-14} \sim 10^{-12} \mathrm{s}$，$R$ 是气体常数，T 是绝对温度。

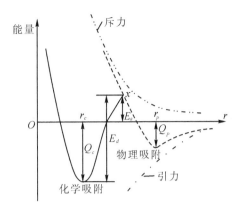

图 5-1　吸附能曲线

图 5-2 表示 $\tau_0 = 10^{-13}$s 时各种 E_d 的 τ 与 T 的关系。由图可见，若 $E_d = 10$kcal/mol（即 41868J/mol），则室温下 τ 约为 3μs；当 $E_d = 30$kcal/mol，τ 约为 130 年。这说明 E_d 较大时，吸附原子是很难再离开固体表面了。另一方面，基板温度升高，τ 减小，吸附原子容易被解吸。

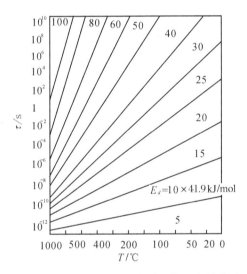

图 5-2　对各种解吸能，吸附时间与温度的关系

5.1.2　成核过程

薄膜的形成始于成核。当蒸气原子接近基板表面，达到若干原子直径范围时，就进入基板的表面力场。如果入射原子到达基板表面后在法线方向上仍有相当大的动能，则在基本板表面作短暂停留（约 10^{-12}s）后就被"反射"或再蒸发，如图 5-3 所示。如果入射原子的动能不是很大，则在到达基板表面后，失去法线方向的分速度而附着在基板表面。由于吸附原子仍保留平行于基板表面运动的动能，它将作沿表面移动，并与其他原子一起生成原子对或原子团。并在表面上容易被捕获的地方（即原子尺寸大小的凹陷、弯角、台阶等捕获中心）形成临界核。这个临界核与接连不断地飞来的原子及邻近的核合并，当大小超过某一临界值时就成为稳定核。虽然稳定核的大小没有明确地定量，但一般认为是 10 个原子左右。如果吸附原子不能形成稳定核，则它将会被解吸。

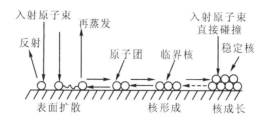

图 5-3　薄膜的成核过程

成核理论主要有两种：一是热力学理论；二是原子理论。

由热力学可知，某一系统的自由能，标志了系统对外做功的能力，自由能越大，对外做功的本领越强，系统就越不稳定。

假设原子团为图 5-4 所示的球帽形，曲率半径为 r，与基板的接触角为 θ，每单位体积的自由能为 g_v，原子团与真空之间的表面自由能为 σ_0，与基板之间的表面自由能为 σ_1，基板与真空之间的表面自由能为 σ_2。原子团与真空之间的界面面积为 $2\pi r^2(1-\cos\theta)$，其与基板之间的界面面积为 $\pi r^2\sin^2\theta$，那么，为了形成原子团，表面自由能变化

$$G_s = \sigma_0 \cdot 2\pi r^2(1-\cos\theta) + (\sigma_1 - \sigma_2) \cdot \pi r^2 \sin^2\theta$$

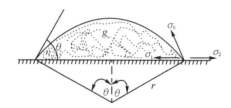

图 5-4　球帽形的原子团

根据杨氏（Young）公式，有 $\sigma_2 = \sigma_1 + \sigma_0\cos\theta$，于是

$$G_s = \sigma_0 \cdot 4\pi r^2 f(\theta)$$

式中 $f(\theta)$ 是原子团的体积因子，并有

$$f(\theta) = (2 - 3\cos\theta + \cos^3\theta)/4$$

故当 $\theta = \pi$ 时，$f(\theta) = 1$，表示球形；当 $\theta = \dfrac{\pi}{2}$ 时，$f(\theta) = \dfrac{1}{2}$，表示半球形。

因为原子团的体积为 $4\pi r^3 f(\theta)/3$，所以形成原子团的体积自由能变化为

$$G_v = g_v \cdot 4\pi r^3 f(\theta)/3$$

于是得到总自由能

$$G = G_s + G_v = 4\pi f(\theta)\left(\sigma_0 r^2 + \frac{1}{3} g_v r^3\right) \tag{5-1}$$

对式（5-1）微分，并令 $\mathrm{d}G/\mathrm{d}r = 0$，得

$$r^* = -2\sigma_0/g_v$$

$$G^* = 16\pi\sigma_0^3 f(\theta)/(3g_v^2)$$

图 5-5 是原子团的总自由能 G（表面和体积自由能之和）与它的尺寸之间的关系。当原子团曲率半径 $r < r^*$ 时，原子团是不稳定的，称为晶胚；反之，当 $r > r^*$ 时，由于自由能急剧降低，原子团愈长愈大，处于稳定态，称为晶核。因此，我们把自由能达到极大值 G^* 时的原子

团叫做临界核,其对应的曲率半径 r^* 为临界半径。G^* 可视为生成稳定核所需的激活能。

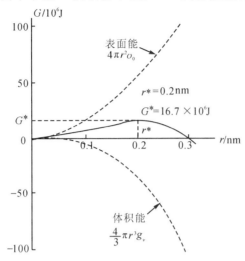

图 5-5 原子团的总自由能与其尺寸的关系

$$g_v = -1 \times 10^4 \mathrm{J/cm^3}, \sigma_0 = 1 \times 10^{-4} \mathrm{J/cm^3}, \theta = \pi$$

设平衡蒸气压为 P_e,实际蒸气压为 P,蒸发原子的体积为 V,温度为 T,则

$$P = P_e \exp\left(-\frac{V \cdot g_v}{kT}\right)$$

g_v 可用蒸发时生成过饱和蒸气所需的能量表示,并通常取负数。对理想气体

$$g_v = -\frac{kT}{V} \ln \frac{P}{P_e}$$

式中,P/P_e 称为过饱和度。

接触角 θ 表征成核难易的程度。如果 $\theta = \pi$,则 $f(\theta) = 1$,原子团成为球形。但对大部分薄膜来说都具有不大的 θ 角,这对成核具有择优趋势。在基板表面的凹陷、台阶等捕获中心处容易成核,如图 5-6(a)所示,然后这些核生长、合并进而形成连续膜,这就是 Volmer-Weber 的核生长模型。大多数淀积膜都属于这种类型。如果 $\theta = 0$,则 $G^* = 0$,成核无需克服激活势垒,这表示薄膜淀积原子与基板之间的相互作用非常强,原子团完全湿润表面,于是形成单层的生长结构。如果薄膜原子之间的相互作用也很强,这种单原子结构层逐层延续生长,这就是 Frank-Vander Merwe 的单层生长模型,如图 5-6(b)所示。对于图 5-6(c)的 Stranski-Krastanov 模型,则是在最初的 1 至 2 层单原子层淀积后,再生长三维核,然后核生长、合并形成连续膜。θ 角不仅与薄膜种类和基板种类相关,而且与淀积工艺密切相关,这时杂质和静电荷都可能改变 θ,使 G^* 减小,从而促进凝结过程。

原子理论(或统计理论)是把原子团看成宏观分子,以便分析计算它们的键合能和势能。在基板温度很低或过饱和度很高时,临界核可能是原子对,其原子间只有一个键。当基板温度升高时,稳定的原子团是三原子,原子至少有两个键,原子组成三角形。具有两个键的四原子团的原子组成正方形。

热力学理论和原子理论的区别在于:前者认为原子团尺寸变化时,表面能量是连续变化的,后者认为吸附原子团的能量变化是跳跃式的。在原子团较小时,原子模型更接近于实际。但总的来说,这两个理论的很多结果是吻合的。

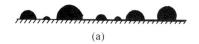

(a)

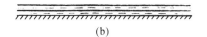

(b)

(c)

图 5-6　薄膜成核的三种模型

(a)三维核（Volmer-Weber 型）

(b)单层生长（Frank-Vander Merwe 型）

(c)单层上形成三维核（Stranski-Krastanov 型）

采用电子显微镜观测到的晶核直径为 $0.5\sim1\mathrm{nm}$。对于大多数情况,薄膜在初始凝结阶段都是以三维核生长的,但是如果成核势垒不高,吸附原子迁移率很大,或者表面扩散等于零,凝结原子可立即参加成核;或者基板能被核完全湿润,则出现二维或单层生长。在室温下,淀积到单晶及无定形基板上的金属膜,只要基板没有缺陷,核的分布总是均匀的。其饱和密度为 $10^{10}\sim10^{12}\mathrm{cm}^{-2}$,即核的间距约为 $10\sim100\mathrm{nm}$。入射原子的动能越大,凝结速率越快,基板温度越高或基板越光洁,核的合并越快。合并后密度降低,新的核相继生成。如果表面有凹陷、台阶等缺陷,则由于这些地方成核势垒降低,结合能增加而优先成核。

5.1.3　薄膜生长

在电子显微镜的观测实验中,人们对薄膜的成核和生长已有了透彻的了解。图 5-7 表示用电子显微镜拍摄的薄膜生长过程,其生长过程符合 Volmer-Weber 的三维核生长模型。在薄膜成核以后,薄膜的生长过程可归结为以下四个主要阶段:

岛状阶段:当用电子显微镜观察在蒸气原子碰撞下的基板时,首先看到的是大小均匀的核突然充满视场,此时能够观察到的最小核的尺寸约为 $2\sim3\mathrm{nm}$。这些核的生长是三维的,但平行于基板表面方向上的生长速度大于垂直方向的生长速度。这是因为核的生长主要是由基板表面的单原子扩散而不是由气相碰撞所决定的。这些核不断俘获生长,逐渐从圆球形核变成六面体孤立的岛。

聚结阶段:随着岛的长大,岛之间的距离减小,最后与相邻岛相遇合并。岛的形状呈六面体,因为六面体的自由能较小。岛聚结后,基板上所占的面积减小,表面能降低。聚结时基板表面空出的地方将再次成核。由于聚结过程伴随着结晶和晶粒生长,它对膜层的结构和性质无疑具有重要的影响。例如,岛聚结时具有一定的方向性,从而使膜具有特定的晶体结构。

用电子显微镜观察证实,岛的聚结具有液状的性质,图 5-8 表示两个半径为 r 的球聚结的情况。聚结过程中,其表面积将由 $8\pi r^2$ 减少到 $6.35\pi r^2$。减小的表面能即是原子迁移(即扩散)的动力。由于原子总是向曲率半径小的颈部迁移,因此,原子扩散的推动力除了与表

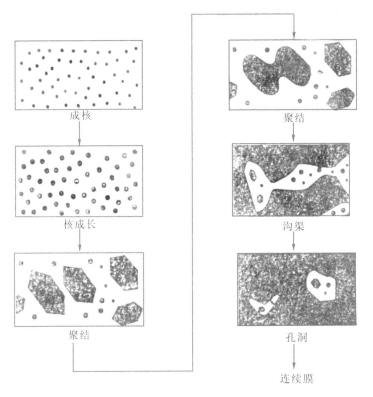

图 5-7　薄膜的生长过程

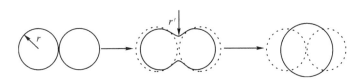

图 5-8　聚结过程的形状变化

面能 σ 有关外,还与颈部的曲率半径 r' 有关,其大小等于 $2\sigma/r'$。在 $r'<0.3r$ 的开始阶段有

$$\frac{r'^n}{r^m}=A(T)t \tag{5-2}$$

式中 m,n 是常数,对表面扩散为 $m=3,n=7$,对体扩散为 $m=2,n=5$。t 是时间,$A(T)$ 是材料的物理常数,它与基板温度 T 相关。由于基板温度对融合过程影响很大,因此,不同基板温度对薄膜性质有很大变化。计算 $r'=0.1r(r=100\text{nm})$ 所需的时间,对表面扩散和体扩散分别为 10^{-3}s 和 2s。前者与实验观察相一致,这说明表面扩散对迁移是起决定性作用的。

颈部曲率半径 r' 变化开始很快,随后变得很慢,这是由于按式(5-2)计算出来的表面扩散 $\mathrm{d}r'/\mathrm{d}t$ 正比于 $1/t^{0.85}$,从而表明,颈部在开始生长阶段主要是由于原子迁移,而在生长的最后阶段,主要取决于小曲率半径处材料的优先淀积。

沟渠阶段:当岛的分布达到临界状态时互相连接,逐渐形成网络结构。随着淀积的继续,最后剩下无规则的宽度只有 $5\sim20\text{nm}$ 的沟渠。沟渠内再次成核、聚结或与沟渠边缘接合,使沟渠消失而仅留下若干孔洞。

连续阶段:沟渠及孔洞消失以后,接着淀积的蒸气原子将堆砌在这些连续膜上,致使厚度迅速增加,并形成各种不同的结构。

5.2 薄膜的微观结构

5.2.1 基本的微观结构特性

薄膜横断面的电子显微镜研究,揭开了薄膜微观结构的秘密,这对薄膜研究来说无疑是一个重大的突破。现在,我们已经逐渐懂得,要了解薄膜制备中出现的那些不可预知的奥秘,只有从研究薄膜微观结构入手,才能找到制备工艺对微观结构的影响和薄膜结构与薄膜性质的关系。

最早观察多层膜横断面微观结构的是皮尔逊(Pearson)[1],图 5-9 就是他获得的其中一幅电子显微镜照片。

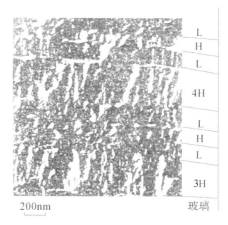

图 5-9 法布里-珀罗滤光片的横断面显微结构照片
膜系结构为 $A|(HL)^2 4H(LH)^2 2H|G$,H 和 L
分别为 $\lambda_0/4$ 的硫化锌和冰晶石,$\lambda_0=546nm$

从横断面的电子显微照片上可得到三条重要的结论:

(1)薄膜呈现柱状加空穴结构;

(2)柱状几乎垂直于基板表面生长,而且上下端尺寸几乎相同;

(3)层与层之间有明显的界限,上层柱体与下层柱体并不完全连续。

现在已经非常清楚,所有热蒸发的薄膜无例外地都是一种柱状结构,因为决定金属膜和介质膜结构的重要参数是基板温度与蒸发物熔点温度之比(T_s/T_m),该值几乎总是低于 0.45,所以其结构总是明显的柱状结构。图 5-10 示出了不同基板温度上形成的薄膜微观结构的模型[2],极大部分薄膜都是在区域 1 的基板温度上淀积的,其柱体截面直径一般为几十

---

① J. M. Pearson. Thin Solid Films,6,349,(1970).

② B. A. Movchan et al.. Fiz Metal Metalloved,28,653-660,(1969).

纳米,柱体之间有明显的分界表面。因此,膜层就好像是由许多柱体聚集在一起构成的。这意味着有很大一部分的柱体表面暴露于环境气氛中,通常称这些表面为薄膜的"内表面"。对于光学厚度为可见光区 1/4 波长的一层膜,其内表面面积大约是外表面面积的 10 倍。柱体之间的间隙犹如贯穿薄膜的毛细孔,在环境气氛中产生毛细管吸附和凝聚现象。

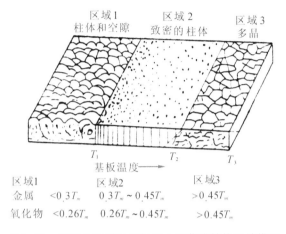

图 5-10　淀积在不同基板温度上的薄膜结构区域模型

实验证实,即使采用 RF 反应溅射,而且薄膜的聚集密度也非常高,但是微观结构依然保持着柱状结构的特性。图 5-11 是一个用 RF 反应溅射铝制备得到的氧化铝/氮氧化铝的 Rugate 滤光片的显微结构照片[①]。图中的柱体结构非常明显,破裂台阶是氮含量最高的地方。

图 5-11　氧化铝/氮氧化铝多层结构中的柱体结构显微照片

此外,薄膜中还观察到节瘤状的缺陷,这种缺陷是由薄膜淀积过程中的喷点、灰尘或基

①　H. A. Macleod. Thin Film Optical Filters,Third Ed. Bristol and Philadelphia:Institute of Physics Publishing,(2001).

板上的微小缺陷诱发生长而成的。图5-12是氧化铝/氮氧化铝多层膜中观察到的节瘤。由于节瘤边界的结合力很弱,所以节瘤很容易被除去。

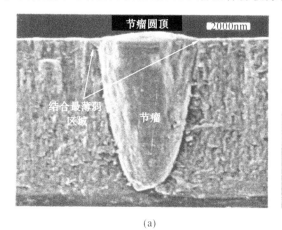
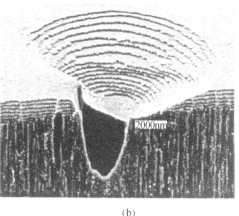

(a)   (b)

图5-12　氧化铝/氮氧化铝多层结构中的节瘤(a)和除去节瘤后(b)的显微照片

下面我们从几方面来进一步描述薄膜微观结构的特性。

1. 聚集密度

薄膜中的总空隙体积与聚集密度 p 有关,其定义为

$$p = \frac{\text{薄膜中固体部分的体积(即柱体)}}{\text{薄膜的总体积(即柱体+空隙)}}$$

对实际薄膜,p 一般在 $0.75 \sim 0.95$ 之间,只有像离子镀、溅射或离子辅助等技术才能使其接近于 1。

聚集密度的测量通常采用吸附技术。

第一种方法是测量吸潮前和完全吸潮后的折射率 n_f 和 n_f^*,应用方程

$$\left.\begin{array}{l} n_f = (1-p)n_v + pn_s \\ n_f^* = (1-p)1.33 + pn_s \end{array}\right\} \tag{5-3}$$

便可得到光学聚集密度

$$p_n = \frac{0.33 + n_f - n_f^*}{0.33}$$

和柱体材料的折射率

$$n_s = \frac{1.33n_f - n_f^*}{0.33 + n_f - n_f^*} \tag{5-4}$$

式(5-3)中,n_s 表示柱体的折射率,n_v 表示空隙的折射率,在吸潮前 $n_v = 1$,充分吸潮后被折射率 1.33 的水所填充。

第二种方法是测量薄膜吸潮前后的波长漂移。一个多孔薄膜的几何厚度 d_f 可以表示成两个等效厚度之和,即 $d_f = d_s + d_p$,式中 d_s 和 d_p 分别是膜层固体部分和气孔部分的几何厚度。故聚集密度

$$p_{\Delta\lambda} = \frac{d_s}{d_f} = 1 - \frac{d_p}{d_f}$$

在单层膜中,吸水前后的光学厚度分别是

$$n_f d_f = n_s(d_f - d_p) + d_p$$
$$n_f^* d_f = n_s(d_f - d_p) + 1.33 d_p$$

两式相减得 $(n_f^* - n_f)d_f = 0.33 d_p$。于是

$$p_{\Delta\lambda} = 1 - \frac{d_p}{d_f} = 1 - \frac{\Delta\lambda}{\lambda} \cdot \frac{n_f}{0.33}$$

式中,$\Delta\lambda/\lambda = (n_f^* - n_f)/n_f$,$\lambda$ 表示吸水前膜厚是 $\lambda/4$ 奇数倍膜层所对应的极值反射率波长。

第三种方法可以采用石英晶体测频法,这是一种非常灵敏的方法。在第 4 章中已经指出,石英晶体的质量增量与引起的频率变化之间具有简单的线性关系。晶体的质量增量包括淀积的膜层和吸附的水汽两部分,其中膜层质量可在真空淀积后立即测量得到,并假定气孔是空的,然后放入水汽,导致质量变化。只要测出水汽吸附后的频率,就可计算出聚集密度。

设 f_0 为初始振荡频率,膜层淀积后的频率为 f_1,放入潮气后的频率下降到 f_1^*,则淀积膜和吸附水汽所引起的频率变化分别为

$$\Delta f_1 = f_1 - f_0$$
$$\Delta f_1^* = f_1^* - f_1$$

若膜层固体部分的密度为 ρ_s,膜层几何厚度为 d_f,则 $\Delta f_1 = B \cdot \Delta m = B p \rho_s A d_f$,即

$$p = \frac{\Delta f_1}{B \rho_s A d_f} \tag{5-5}$$

同理可得 $\Delta f_1^* = B(1-p)\rho_{水} A d_f$,于是

$$B A d_f = \frac{\Delta f_1^*}{(1-p)\rho_{水}} \tag{5-6}$$

将式(5-6)代入(5-5)得 $p = \Delta f_1 \rho_{水}/(\Delta f_1 \rho_{水} + \rho_s \Delta f_1^*)$。因为 $\rho_{水} = 1.0$,故

$$p = \frac{\Delta f_1}{\Delta f_1 + \rho_s \Delta f_1^*}$$

薄膜的聚集密度 p 与制备条件密切相关。p 随着基板温度的提高而增加,因为这有利于提高淀积分子的动能,因而增加淀积分子在基板表面的迁移率。图 5-13 是 Mueller 模型[1]给出的基板温度(绝对温度)对 p 影响的计算机模拟结果。模拟时入射原子以 $30°$ 角淀积在不同温度的基板上,蒸发速率为 38 个原子/s,而且假如基板上开头三层原子淀积是完善的。显然,基板温度对提高 p 的贡献非常显著。图 5-14 是 MgF_2 薄膜的 p 随基板温度的变化情况,表明得到致密薄膜要求基板温度大约为 $250℃$ 以上,这是众所周知的效应。与基板温度类似,p 也随着真空度的提高而增加。对冰晶石和 ThF_4 的研究表明,残余气压从 $5.33 \times 10^{-4} Pa$ 增加到 $2.66 \times 10^{-3} Pa$ 时,它们的 p 变化微乎其微,但若进一步增加到 $2.66 \times 10^{-2} Pa$,其折射率分别下降了 1.4% 和 1.5%,其原因是蒸发粒子受残余气体碰撞而损失了动能。但是 Sargent 模型[2]对 Ni 膜的研究表明,p 随着淀积速率的提高反而下降。理由是淀积速率提高虽对提高淀积粒子的动能有利,但由于淀积粒子在表面迁移的时间太短,以致迁移率显著降低。淀积速率越快,淀积粒子迁移越少,聚集密度越低。图 5-15 是 Sargent

---

[1] K. H. Mueller. Proc. Soc. Photo-Opt. Instrum. Eng. , 821,36-44,(1988).

[2] R. B. Sargent. Proc. Soc. Photo-Opt. Instrum. Eng. , 1324,13-31,(1990).

模型给出的 Ni 膜 p 值与淀积速率和基板温度的关系。这一关系似乎与以前报道的结果不一致,原因是 Sargent 模拟的淀积速率差异其大,以致淀积速率引起的动能增加被完全掩盖了。p 也随膜层厚度而变化,在一些膨胀型柱体的薄膜中随着膜厚增加而增加,而对收缩型柱体的薄膜随膜厚增加而减小。

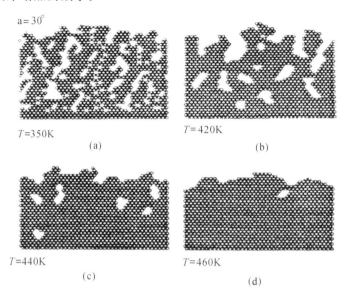

图 5-13　基板温度对 p 影响的计算机模拟结果

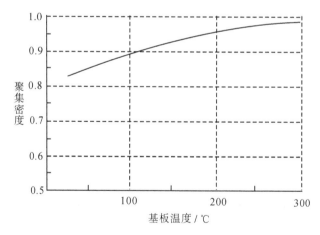

图 5-14　MgF_2 薄膜的 p 随基板温度的变化

如果把实验深入一步,则可望得到更多的信息。表 5-1 列出了氟化镁的实验结果。膜层折射率 n_f 在 a(2)和 a(6)中是相等的,这说明氟化镁淀积以后在真空中烘烤 300℃不会改变膜层结构。所以,淀积以后,在真空中烘烤仅仅是使膜层气孔中的吸附水得到解吸。膜层中的水分子可在淀积时和淀积后或放气过程中被吸附。由此可见,室温下淀积膜层的聚集密度计算值是并不完全可靠的,因为它们忽视了淀积时的水吸附。欲获得更精确的聚集密度 p',计算时 n_f 应该用淀积后 300℃加热时的折射率 $(n_f)_{300}$ 代替。两者的差别是:从室温得到的 n_f(如 a(6)和 b(6))和 n_f^* 计算的聚集密度 p 为 0.82～0.83,而从 $(n_f)_{300}$(a(4)和 b

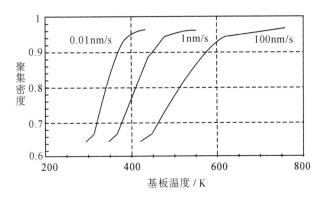

图 5-15 p 与淀积速率和基板温度的关系

(2))和 n_f^* 得到的聚集密度 p' 是 $0.72 \sim 0.75$。

表 5-1 对氟化镁膜的实验安排及实验结果

实验项目 次序从(1)到(6)		测量值		计 算 值			
		λ/nm	$R/\%$	n_f	$n_f d_f$	n_s	p'
a	(1)蒸发后	499.7	1.3	1.306	374.8	1.380	0.72
	(2)第一次放气	523.5	1.0	1.364	391.5		
	(3)重新抽气	509.9	0.7	1.341	382.5		
	(4)在真空中加热 300℃	487.8	0.1	1.273	366.1		
	(5)在真空中冷却	490.2	0.2	1.389	369.1		
	(6)第二次放进空气	520.0	1.0	1.364	389.8		
b	(1)蒸发后	514.2	0.4	1.314	385.7	1.385	0.75
	(2)在真空中加热 300℃	500.2	0.2	1.289	373.9		
	(3)在真空中冷却	504.1	0.35	1.308	378.0		
	(4)第一次放进空气	531.7	1.1	1.370	398.8		
	(5)重新抽气	516.9	0.65	1.337	387.7		
	(6)第二次放进空气	527.2	1.1	1.370	395.4		

假定室温基板上淀积的氟化镁膜在真空 300℃ 中加热 1 小时后,残余的水分子吸附量可以忽略;在空气中冷却后气孔几乎完全被水填充。基于这种假设,设单位薄膜体积中固体部分为 p',气孔部分为 $(1-p')$,并把气孔部分 $(1-p')$ 再分成两部分:用 Y 表示水填充的部分,而 X 表示剩余的空间部分,亦即 $X+Y=1-p'$。用聚集密度 p' 代替 p,可写成

$$1.273 = 0.72n_s + 1.00(X+Y) \qquad \text{表 5-1 的 a(4)}$$
$$1.306 = 0.72n_s + 1.00X + 1.33Y \qquad \text{表 5-1 的 a(1)}$$

和
$$X+Y = 0.28$$

于是对实验 a,X,Y 和 n_s 分别为 0.18,0.10 和 1.380;对实验 b,分别为 0.17,0.08 和 1.385。这种方法可推广到表 5-1 的各项实验之中,结果示于图 5-16。由图可见,早在放入空气之前,膜层在淀积的过程中已经吸附了一定量的水,约为总体积的 $8\% \sim 10\%$。经 300℃ 温度下 1 小时烘烤后,气孔中的水分子得到解吸,冷却以后再次发生吸附,不过吸附量稍有降低。

惊人的是在淀积时,对 a 和 b 分别竟有 35.7% 和 32% 的总气孔被水填充,即使在 10^{-4} Pa 的真空中也依然如此。这里有两个值得指出的理由:一是残余气体中水汽占了相当大的

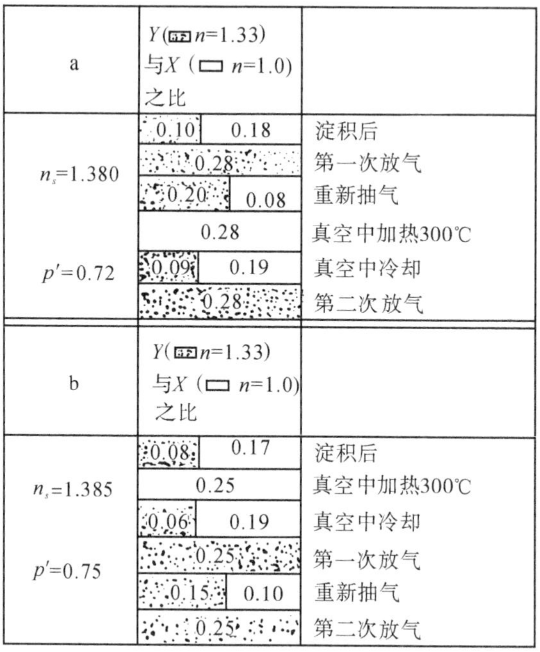

a
Y(n=1.33)
与X (n=1.0)
之比
n_s=1.380
p'=0.72
0.10 0.18 淀积后
0.28 第一次放气
0.20 0.08 重新抽气
0.28 真空中加热300℃
0.09 0.19 真空中冷却
0.28 第二次放气
b
Y(n=1.33)
与X (n=1.0)
之比
n_s=1.385
p'=0.75
0.08 0.17 淀积后
0.25 真空中加热300℃
0.06 0.19 真空中冷却
0.25 第一次放气
0.15 0.10 重新抽气
0.25 第二次放气

图 5-16　氟化镁膜的水吸附

比例;二是氟化镁膜的气孔大小主要分布在 2～3nm 的范围内,另有一部分小于 1nm 的微气孔,这些精细的毛细管键力非常大,即使是极微量的残余水气,也会填充显微毛细管。

在解释聚集密度大小时,Pulker 等人对 MgF_2,Na_3AlF_6 和 ZnS 的研究发现,聚集密度按次序 $MgF_2<Na_3AlF_6<ZnS$ 而递增,因而提出水汽吸附能力或许与金属离子和偶极矩水分子之间的键力强度 F 相关。F 可以写成 $F=2e\mu/r^3$,式中,e,μ 和 r 分别是单位电荷、偶极矩和离子半径。图 5-17 表示聚集密度与离子半径的关系(膜厚对应的频率变化为 1000Hz)。由图可见,这三种材料确具有上述关系,即金属离子半径增大,水吸附能力降低,聚集密度升高。但是一旦考虑更多种材料,却发现并不完全如此。就所研究的氟化物来说,

聚集密度 p
1.0
0.9
0.8
0.7
0.6
离子半径 /×10⁻¹nm
0.8 0.9 1.0 1.1 1.2 1.3 1.4 1.5
离子 Li^+ Mg^{++} Na^+ Ca^{++} Nd^{+++} Ce^{+++} La^{+++} Sr^{++} Zn^+ Pb^{++} Ba^{++}
材料 LiF# MgF_2 NaF# Na_3AlF_6 CaF_2 NdF_3 CeF_3 LaF_3 SrF_2 ZnS PbF_2 BaF_2

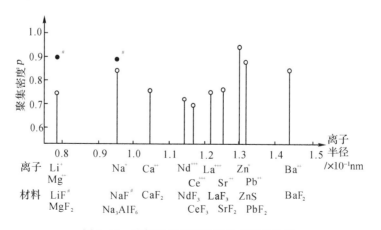

图 5-17　聚集密度与离子半径之间的关系

一般的规律是金属离子的化合价越大,聚集密度越小,如 $NdF_3(Nd^{+++})$,$CeF_3(Ce^{+++})$ 和 $LaF_3(La^{+++})$ 具有低的聚集密度,$LiF(Li^+)$ 和 $NaF(Na^+)$ 具有高的聚集密度。其次,分子结构较复杂的材料具有较低的聚集密度,例如 NaF 和 Na_3AlF_6。

2. 结构模型

为了计算薄膜的性质,需要建立一个既简单直观,又不失实际薄膜结构特点的结构模型。

就已建立的结构模型来说,有 Koch 的球状模型、Pulker 的柱体模型和 Ogura 的两个修正模型。

球状模型假定膜是由小球组成的,所有小球的半径均相同,由此得到聚集密度

$$p_s = \frac{4}{3}\pi a^3 z = \frac{\pi}{3\sqrt{2}} = 0.741$$

式中,a 是球半径,z 是单位体积内的晶体数目 $\left(= \frac{1}{2}\left(\frac{1}{\sqrt{2}a}\right)^3\right)$。

上式可以看出,聚集密度与晶粒大小无关。显然,这与实验测量的结果是不一致的。实际上,现已知晶粒并非球状,而是柱状结构。

Pulker 等人用圆柱体代替球体,得到的理论聚集密度

$$p_0 = 1 - \left[\frac{\left(\sqrt{3} - \frac{\pi}{2}\right)a^2 h}{\sqrt{3}a^2 h}\right] = 0.9069$$

式中 h 是柱体高度。与 p_s 一样,p_0 同样不依赖于膜厚和晶粒大小,所以尚不完全符合实际情况,但是它比较符合于电子显微镜中观察到的柱体结构特性。

Ogura 在柱体模型的基础上,提出了两种修正模型。一种是圆锥形,一种是抛物形,它们是圆柱体模型的扩展。图 5-18 所示是三种可能的结构模型。

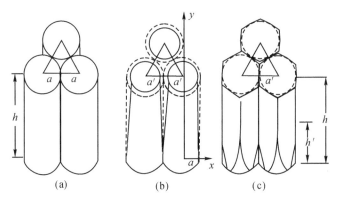

图 5-18 结构模型

如果 $a' < a$,则称正锥体;反之,$a' > a$ 称负锥体。对正锥体能够得到聚集密度的表达式为

$$p_c = 1 - \frac{\left(\sqrt{3} - \frac{\pi}{2}\right)a^2 h + \frac{\pi h}{6}(2a + a')(a - a')}{\sqrt{3}a^2 h}$$

$$= \left[1 - \frac{\sqrt{3} - \frac{\pi}{2}}{\sqrt{3}}\right] - \frac{\pi}{6\sqrt{3}}\left(2 + \frac{a'}{a}\right)\left(1 - \frac{a'}{a}\right)$$

它是一种收缩型柱体,聚集密度小于 0.9069。可以看出,上式第一项就是柱体模型给出的聚集密度 p_0。第二项可以看作修正值,当 $a' = a$ 时,则为柱体模型。上式 p_c 不依赖于膜厚 h,但是比值 a'/a 包含着厚度的相关因子。聚集密度的变化主要依赖于 a'/a。对负锥体,得到聚集密度的表达式比较困难。

如果锥体以抛物曲线 $x = \frac{a' - a}{h^2}y^2 + a$ 绕 y 轴旋转,则得到抛物柱体,其体积

$$V_p = \frac{\pi h}{15}(8a^2 + 4aa' + 3a'^2)$$

于是可得正锥体($a' < a$)抛物模型的聚集密度

$$p_p = 1 - \frac{\frac{\pi h}{30}(7a^2 - 4aa' - 3a'^2) + \left(\sqrt{3} - \frac{\pi}{2}\right)a^2 h}{\sqrt{3}a^2 h}$$

$$= \left[1 - \frac{\left(\sqrt{3} - \frac{\pi}{2}\right)}{\sqrt{3}}\right] - \frac{\pi}{30\sqrt{3}}\left[7 - 4\left(\frac{a'}{a}\right) - 3\left(\frac{a'}{a}\right)^2\right]$$

同样,对负锥体抛物模型计算 p_p 也是困难的。

p_c 和 p_p 与 (a'/a) 的关系示于图 5-19。为了便于比较,图中也给出了 p_s 和 p_0。显然,理论聚集密度 p_c 和 p_p 随 a'/a 的变化完全覆盖了各种薄膜可能的聚集密度范围。这就是模型修正后的成功之处。

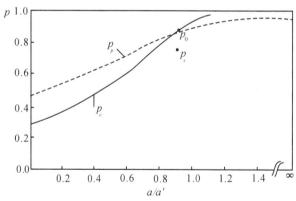

图 5-19　几个模型的聚集密度

3. 柱体半径

一层刚淀积的膜层暴露于大气时,便吸附潮气。如果真空室再度抽气,则膜中的潮气会逐渐除去,但是不可能全部除尽,剩在膜中的是那部分叫不可逆的吸附潮气。Pulker 假定整个膜层内表面完全覆盖着单分子层,从而求出柱体半径

$$a = \frac{2V_\text{水} \cdot \Delta f_1 \cdot \rho_\text{水}}{F_\text{水} \cdot (\Delta f_1')_\text{水} \cdot \rho_f}$$

式中,Δf_1 和 $(\Delta f_1')_\text{水}$ 分别是膜厚和不可逆水吸附引起的频率改变;ρ_f 是膜层密度,$V_\text{水}$,$F_\text{水}$ 和 $\rho_\text{水}$ 分别是水分子的体积、吸附面积和密度,且有

$$V_{水} = 10^{23} \times \frac{M}{N} = 3 \times 10^{-2} (nm^3)$$

$$F_{水} = 3.464 \times 10^{16} \left(\frac{M}{4\sqrt{2} \cdot N \cdot \rho_{水}} \right)^{2/3} = 0.105 (nm^2)$$

$$\rho_{水} = 1.0 (g/cm^3)$$

M 和 N 分别为水分子重量和阿伏伽德罗常数(6.023×10^{23})。

对两个修正模型,得到晶体半径表达式

$$a = \frac{G}{Q} \frac{2V_{水} \cdot \Delta f_1}{F_{水} \cdot (\Delta f_1')_{水} \cdot \rho_f} \tag{5-7}$$

式中,G/Q 是修正因子,而

$$G = \frac{锥体横截面}{圆柱体横截面} = \frac{\left(1 + \frac{a'}{a} \right)}{2}, \quad Q = \frac{p_c}{p_0}$$

应用测得的聚集密度得到 (a'/a),然后由式(5-7)求出 a。表 5-2 是几种膜层的结果。它们的膜厚均为 $\frac{3}{4}\lambda (\lambda = 500nm)$,淀积时基板为室温。由表可见,所有膜层或多或少都呈现出折射率的非均匀性。此外对 ZnS,MgF_2 和 Na_3AlF_6 三种常用膜料,柱体大小尺寸的次序为 $MgF_2 < Na_3AlF_6 < ZnS$,而 $(a - a')$ 均小于 1nm。LiF 膜呈负锥体,a 特别大,这显然与它的聚集密度较大有关。

表 5-2　几种薄膜的柱体半径

膜　层	p	a'/a	a/nm	a'/nm	$(a-a')$
MgF_2	0.79	0.86	2.6	1.8	0.8
Na_3AlF_6	0.84	0.95	9.4	8.7	0.7
ZnS	0.90	0.99	11.7	11.5	0.2
LiF	0.92	1.05	46.2	51.2	-5.0
CaF_2	0.82	0.90	5.2	4.0	1.2
NdF_3	0.65	0.69	6.2	4.6	1.6

4. 内表面

对一圆柱形晶粒,若高度 h 和半径 a 之比用 $\beta = h/a$ 表示,则其内表面 $2a\pi h = 2\pi a^2 \beta$,式中不包括柱体的上、下表面,因此对 β 一定的全部柱体的总内表面

$$S = \frac{\sum(z_i 2\pi a_i^2 \beta)}{\rho_f}$$

式中,z_i 是单位体积内半径为 a_i 的圆柱晶粒的数目,ρ_f 是膜层密度。典型柱体的体积是 $\pi a^2 h$,即 $\pi\beta a^3$,单位体积 V 中的总体积

$$V = \sum(z_i \pi\beta a_i^3)$$

若用 a 表示某一确定的柱体半径,N 表示总柱体数目,则 z_i 和 a_i 可写成

$$z_1 = v_1 N, \quad z_2 = v_2 N, \quad \cdots, \quad z_i = v_i N$$

$$a_1 = \delta_1 a, \quad a_2 = \delta_2 a, \quad \cdots, \quad a_i = \delta_i a$$

于是,上述方程可写成

$$S = \frac{2\pi N a^2 \beta \sum (v_i \delta_i^2)}{\rho_f}$$

$$V = N\pi a^3 \beta \sum (v_i \delta_i^3)$$

两式相除,消去 N 和 β,得

$$S = \frac{2V \sum (v_i \delta_i^2)}{a\rho_f \sum (v_i \delta_i^3)}$$

采用此式就能计算圆柱体晶粒组成膜层的单位内表面。如果柱体半径相同,则 $\sum (v_i \delta_i^2)$ $/\sum (v_i \delta_i^3) = 1$,上式可简化为

$$S = \frac{2V}{a\rho_f} = \frac{2}{a\rho_f} (\times 10^3 \, \text{m}^2/\text{g})$$

式中,a 用 nm 表示,ρ_f 是柱体材料密度。由内表面计算可知,较大聚集密度的膜层内表面较小,因为较大聚集密度意味着较大的柱体半径 a。

5. 气孔大小分布

在很低的相对湿度下,也会发生潮气吸附。这是因为大部分薄膜材料都归结为高能表面,这种高能表面和最初的单分子水层之间有很强的结合。

在稍高的相对湿度下,毛细管凝聚现象对光学性质的影响就变得更大。研究分析这种毛细管凝聚现象是以等温吸附线为基础的。所谓等温吸附线,就是在温度保持不变的条件下,压力比 P/P_0 变化时的水吸附特性。这里 P_0 是饱和气压,而 P 是可变气压。由于膜层气孔具有一定的半径分布(假定气孔为圆柱形),所以吸水时,较小的气孔先被填充,随着水汽压力增大,再填充较大的气孔。在任一压力下,必有一个临界气孔半径。大于临界半径的气孔是空的,小于临界半径的气孔被充满水。临界半径由 Kelvin 方程给出,即

$$r_k = \frac{-2V\nu}{R_g T \cdot \ln(P/P_0)} = -\frac{4.7}{\log_{10}(P/P_0)} \tag{5-8}$$

式中,r_k 又称 Kelvin 半径,V 是水蒸气的摩尔体积($18\text{cm}^3 \cdot \text{mol}^{-1}$),$\nu$ 是表面张力(18℃时为 $7.3 \times 10^{-2} \text{N} \cdot \text{m}^{-1}$),$R_g$ 是水蒸气的气体常数($8.31\text{J} \cdot \text{mol}^{-1} \cdot \text{K}^{-1}$),$T$ 是温度(291K,即 18℃)。根据式(5-8)可直接计算圆柱气孔的临界半径 r_k 与相对湿度 P/P_0 之间的关系。

但是,由于膜层暴露在大气之前,气孔已被吸附,这意味着 r_k 并不真实地反映气孔大小,实际半径 r_p 还应包括已吸附水层的厚度 t(见图 5-20):

$$r_p = r_k + t$$

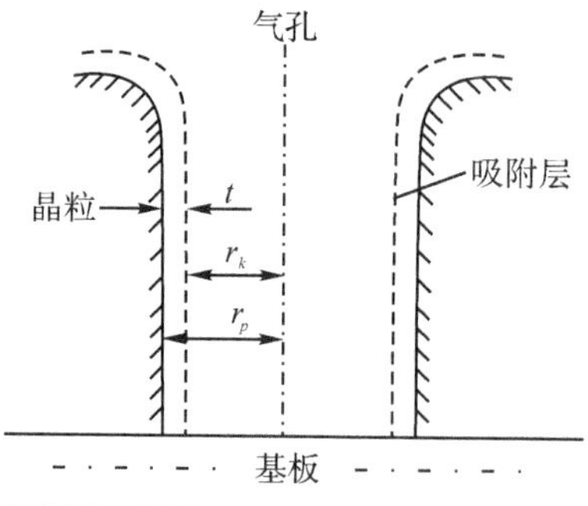

图 5-20 毛细孔示意图

为了计算 t,可采用 Wheeler-Halsey 方程:

$$t = -3.23 \left[\frac{5}{2.303 \log_{10}(P/P_0)} \right]^{1/3} \tag{5-9}$$

实际薄膜往往具有各种大小的气孔,所以需同时考虑各种半径气孔的多层吸附和毛细管凝聚。在解吸时,假如 $x = P/P_0$ 从 1 降到 x_i,则解吸和解凝的体积

$$\int_{r_i}^{r_\infty} \left(\frac{r - t(r_i)}{r} \right)^2 V(r) \mathrm{d}r$$

式中,$V(r)$ 是实际气孔体积分布函数。因而可以得到 x 从 x_i 到 x_{i+1} 时的体积变化为

$$\Delta V_i = \int_{r_i}^{r_\infty} \left[\frac{r - t(r_i)}{r} \right]^2 V(r) \mathrm{d}r - \int_{r_{i+1}}^{\infty} \left[\frac{r - t(r_{i+1})}{r} \right]^2 V(r) \mathrm{d}r$$

$$= \int_{r_i}^{r_{i+1}} \left[\frac{r - t(r_i)}{r} \right]^2 V(r) \mathrm{d}r + \int_{r_{i+1}}^{\infty} \left[\left(\frac{r - t(r_i)}{r} \right)^2 - \left(\frac{r - t(r_{i+1})}{r} \right)^2 \right] V(r) \mathrm{d}r$$

式中第一项表示解凝的体积,第二项表示解吸的体积。P/P_0 从 x_i 改变到 x_{i+1},用式(5-8)和(5-9)计算出对应的 Δr_p,并用石英晶体测量出 $\Delta V_i(\Delta V_p)$,于是就可求出气孔大小分布(图 5-21)。图中 Δf 是水吸附引起的频率变化量(Hz),$\Delta V_p / \Delta r_p$ 是气孔大小分布,ΔV_p 是实际气孔改变的体积,Δr_p 是实际半径的变化。薄膜材料以 1g 为基准。

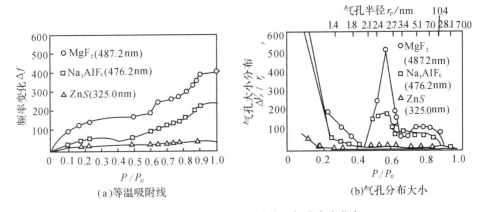

图 5-21　单层膜的等温吸附线和气孔大小分布

研究结果表明,几乎所有薄膜气孔都在 2~20nm,微气孔半径小于 1.3nm。ZnS 膜具有少量半径小于 1nm 的微气孔,这些微气孔即使在真空室中也能被水填充。MgF_2 膜中气孔半径多为 2~3nm,恰好对应于 $P/P_0 \approx 0.6$,所以吸水主要产生在暴露于空气以后,但是它有不少微气孔,因此在真空室中就有一部分体积被水填充。Na_3AlF_6 除了有一些微气孔外,其余气孔分布较广,使它的吸水过程变得比较缓慢。

$r_p < 1.3nm$ 的微气孔,当它们被水填充后,就很难除去,所以它是不可逆水吸附的主要部分。半径大于 20nm 的气孔在薄膜中已少得足以忽略。半径 70nm 以上的针孔,其对应的 $P/P_0 = 0.995$,故只能在饱和水汽中才能产生凝聚,在通常的使用环境下,它仅作为水汽渗透孔而存在。

确定薄膜中水汽分布的一个非常有用的技术是核共振技术。核共振反应是

$$16_F + 1_H \longrightarrow 16_O + 4_{He} + \gamma$$

它是利用高能氟离子和氢之间的核反应,反应仅在精确的氟能量下才能发生。改变入射氟

离子的能量,使它们在不同深度达到共振能量,并测出 γ 射线的强度,薄膜中氢的深度轮廓便能测定。这种技术已应用在许多薄膜中,结果发现水在不同的薄膜中分布并不相同,例如 NaF 薄膜中的水分遍及整个薄膜,而 ZnS 膜中则几乎全部集中在与基板的交界面上,Al_2O_3 膜在基板侧和外表面都有大量水分存在。此外,ThF_4 膜中也存在着大量水分。有趣的是,如果用 ZnS 覆盖 ThF_4 膜,则潮气显著降低。这表明,ZnS 膜起着阻挡潮气进入的作用。

5.2.2 微观结构的起因

这种微观结构是怎样引起的呢?对于许多薄膜,不论其化学成分如何,都具有共同的基本结构。这一事实说明,形成这种结构几乎完全是物理的起因。对微观结构,最成功的解释是凝聚粒子的有限迁移率和已淀积的粒子对入射粒子造成的阴影。

薄膜生长其实是远离平衡态条件的,因为蒸发源温度很高,而基板温度很低。这使薄膜淀积粒子在基板表面的凝聚系数几乎达到 1,但另一方面也使薄膜淀积粒子迅速冷却或淬火,从而大大降低了表面迁移率。对薄膜微观结构的深入认识更多是来源于薄膜生长的计算机模拟。Henderson 等[1]假定球状粒子是随机到达基板表面的,然后它们或者直接粘结在它们到达的位置上(即迁移率为零),或者可以滚动到由三个球支撑的最低能量的位置上(即对应于有限的迁移率)。这种三维的计算机模拟计算量很大,故 Dirks 等[2]进一步将其近似为二维模型,因此分子不是三点支持的球,而是两点支持的圆。零迁移模型导致松散聚集的链状结构,分支和合并是随机的。有限迁移率模型产生直径为几个分子的树枝状结构,从基板向外生长,从而具有实际柱状体产生的许多特征。如果蒸汽倾斜入射,则柱体特征更明显。图 5-22 表示薄膜生长的计算机模拟结果。由图可见,在倾斜入射的情况下,柱体的生长向入射蒸气的方向倾斜,得到所谓正切定律:$\tan\alpha = 2\tan\beta$,其中 α 是蒸气入射角,β 是柱体倾斜角。图 5-23 表明实验结果与计算机模拟是一致的。

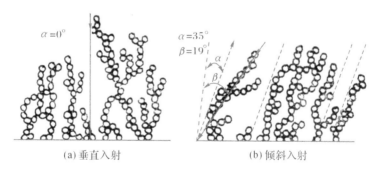

(a) 垂直入射　　　　　　　　　(b) 倾斜入射

图 5-22　用二维模型模拟的薄膜生长(零迁移率,基板不转)

Mueller 基于二维分子动力学模型进一步模拟了微观结构与入射粒子动能的关系。为了维持基板温度不因入射粒子而上升,新淀积原子在到达基板之前,有足够时间耗散其能量,从而消除了热效应引起的结构变化。在模拟中,假定开头 5 个原子层是完善的,并且,对原子—原子的相互作用,采用球对称的 Lennard Jones 位能 ε 进行模拟,这种位能相当于原

① D. Henderson et al. ,Appl. phys. Lett. ,25,641,(1974).

② A. G. Dirks et al. ，Thin Solid Films. 47,219,(1977).

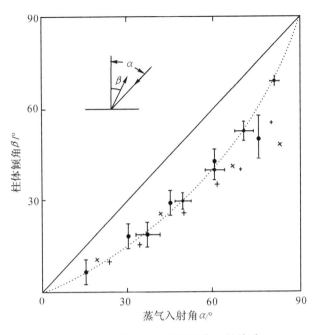

图 5-23　柱体倾角 β 与蒸汽角 α 的关系

子作一次跳跃所需的能量。图 5-24 表示入射 Ti 原子动能 $E=0.05\varepsilon$ 和 1.5ε 时的模拟结果。显然,在较低的入射粒子动能下,可以观察到膜层中有大的空隙存在;随着入射动能的增加,空隙和晶界变小,表面更光滑,由于模拟时的原子数相同,所以厚度变薄。

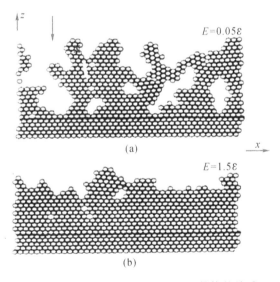

图 5-24　入射 Ti 原子能量与微观结构的关系

图 5-25 表示基板上前 10 个原子层的平均密度与入射原子能量之间的关系。$E=0\sim 0.5\varepsilon$ 对应于真空热蒸发的能量,而 $E>0.5\varepsilon$ 相当于溅射淀积的能量。其差异是由入射原子能量所决定的迁移率引起的。前者大部分原子只能移动一个晶格的距离,而后者有较大数目的原子移动两个晶格。

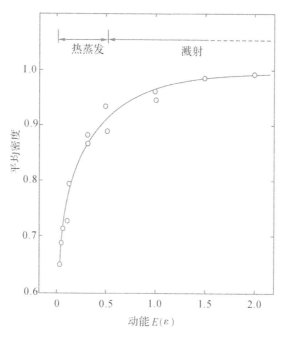

图 5-25　基板上前 10 个原子层的平均密度与入射原子能量之间的关系

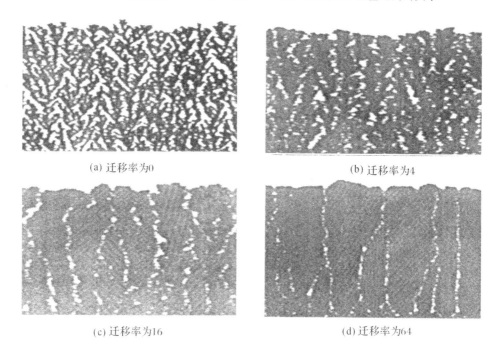

图 5-26　当入射角为 0°时入射原子迁移率与微观结构的关系

Sargent 直接模拟了入射原子迁移率和入射角与微观结构的关系。图 5-26 表示迁移率为 0,4,16 和 64 时的微观结构情况,随着迁移率增加,薄膜柱体变大,密度增加。而图 5-27 则表示入射角对微观结构的影响,随着入射原子入射角的增加,柱体结构更加明显,而且按正切定律生长。

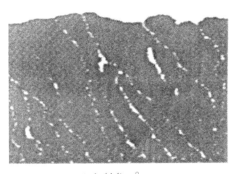
(a) 入射角30°

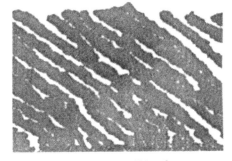
(b) 入射角60°

图 5-27　当迁移率为 64 时原子入射角与微观结构的关系

利用有限迁移率加自阴影的物理模型,用计算机模拟的步骤(参见图 5-28)是:

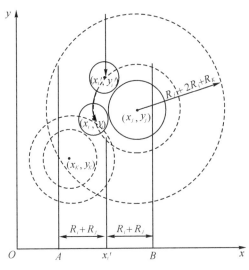

图 5-28　计算机模拟示意图

(1)在考虑的基板长度范围内随机投点 x_i';

(2)在$(x_i'-R_j-R_i',x_i'+R_j+R_i')$区域内寻找一个具有最大 y 值的球(x_j,y_j,R_j),则硬球(x_i',y_i',R_i')将粘附在这个球上;

(3)若考虑有限迁移率,则新球(x_i',y_i',R_i')将绕着球(x_j,y_j,R_j)转动,故以(x_j,y_j)为圆心,分别以 R_j+R_k 和 $R_j+2R_i+R_k$ 为半径作两个圆,两圆所围的区域为新的搜索区域。在这个区域内寻找一个新的点(x_k,y_k),使球(x_i',y_i',R_i')最终碰到球(x_k,y_k,R_k)而停止转动,从而可以确定新淀积粒子的位置(x_i,y_i,R_i);

(4)重复上述步骤,便可模拟薄膜生长过程。

另一个引人注目的例子是薄膜中的节瘤。节瘤内部的柱状结构显示出从起始点向外发散生长。这种情况也可用计算机模拟得到证实(图 5-29)。

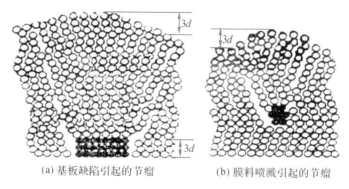

(a) 基板缺陷引起的节瘤　　　　(b) 膜料喷溅引起的节瘤

图 5-29　用二维模型模拟的节瘤生长

5.2.3　薄膜的晶体结构

薄膜的晶体结构也与淀积时吸附原子的迁移率有关,它可以从完全无序(无定形膜,也叫非晶膜)到高度有序(单晶膜)。而大多数热蒸发薄膜均属多晶膜。这是因为薄膜材料从高温蒸发源淀积到低温基板时被迅速冷却或淬火的缘故。通常淀积原子或分子重新正确排列需要一定时间,而且在重排过程中将经历较高温度形态。如果冷却的速率大于结晶速率,则这种高温形态将被冻结在膜层内,这就导致了多晶结构。

晶体的主要特征是其原子的有规则排列。由于其对称性,所以可以用三维空间中的三个矢量 a,b,c 和对应的夹角 α,β,γ 来描述晶胞,其中 a,b,c 是晶格在三维空间的基本平移量,称为晶格常数。尽管晶体种类很多,但可以把它们归结为 7 种晶系和 14 种空间点阵,并分别列于表 5-3 和示于图 5-30 中。

表 5-3　晶系的划分

系　　　　统	晶　格　符　号	晶　胞　特　征
三斜晶系	P	$a\neq b\neq c,\alpha\neq\beta\neq\gamma\neq90°$
单斜晶系	P,C	$a\neq b\neq c,\alpha=\gamma=90°\neq\beta$
正交晶系	P,C,I,F	$a\neq b\neq c,\alpha=\beta=\gamma=90°$
六方晶系	P	$a=b\neq c,\alpha=\beta=90°,\gamma=120°$
三方晶系	R	$a=b=c,\alpha=\beta=\gamma<120°,\neq90°$
四方晶系	P,I	$a=b\neq c,\alpha=\beta=\gamma=90°$
立方晶系	P(或 sc),I(或 bcc),F(或 fcc)	$a=b=c,\alpha=\beta=\gamma=90°$

用"密勒指数"(hkl)(h,k,l 是小整数)来定义原子面是非常合适的。(hkl) 面在晶轴 a,b,c 上的截距分别为 $a/h,b/k,c/l$,如图 5-31 所示。可见,(100) 面平行于 b 和 c 轴,(010) 面平行于 c 和 a 轴,(001) 面平行于 a 和 b 轴。同样,$(0kl)$ 面平行于 a 轴,$(h0l)$ 面平行于 b 轴,$(hk0)$ 面平行于 c 轴。图 5-32(a)表示立方晶体,其晶面分别称作(100)、(110)、(111)面。六方晶胞有四个方向 a,b,c,d,因而晶面符号是$(hkil)$,图 5-32(b)示出了相应的晶面,其中数字上方的横道表示负方向。从上可知,(100)表示与晶轴的截距为$(1,\infty,\infty)$的晶面。同样,$\{100\}$被用来表示晶体中与(100)等同的所有晶面。$[100]$表示从原点到$(1,0,0)$的直线方向,$\langle100\rangle$为晶体中与$[100]$等同的所有方向。

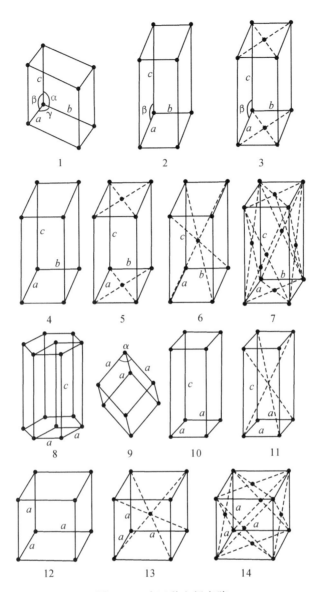

图 5-30 十四种空间点阵

1—三斜(P) 2—简单单斜(P) 3—底心单斜(C) 4—简单正交(P) 5—底心正交(C)

6—体心正交(I) 7—面心正交(F) 8—六方(P) 9—三方(R) 10—简单四方(P)

11—体心四方(I) 12—简单立方(P) 13—体心立方(I) 14—面心立方(F)

　　一般说来，足够厚的薄膜的晶格结构与块料相同，只有在超薄膜中其晶格常数才与块状时明显不同，晶格常数的增加或减小分别取决于各自表面能的正负。

　　单晶膜常常是用外延生长来获得的。外延生长的第一个基本条件是吸附原子必须有高的迁移率，因而基板温度和淀积速率是相当关键的。在一定的蒸发速率下，大多数基板和薄膜之间都存在着发生外延生长的最低温度，即外延生长温度。图 5-33 是 CaF_2 的(111)面上以不同速率淀积 Ge 的例子。第二个条件是基板与薄膜材料的结晶相容性。假如基板的晶格常数为 a，薄膜的晶格常数为 b，则失配数 $m=(b-a)/a$。一般说来，m 越小，外延生长越容易。第三个条件是要求基板干净、光滑、化学性质稳定。

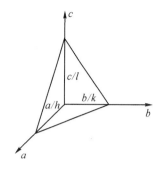

图 5-31 (hkl) 面的密勒指数

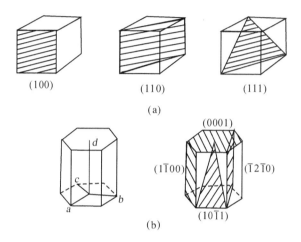

图 5-32 立方(a)和六方(b)的几种晶面表示

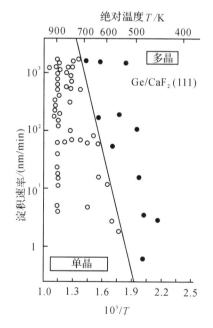

图 5-33 外延生长过程中基板温度与淀积速率的关系

单晶膜的另一极端是高无序态的无定形膜,形成无定形膜的条件是低的表面迁移率。降低吸附原子面迁移率的方法有:一,降低基板温度。对硫化物和卤化物等在温度低于 77K 的基板上可形成无定形膜,少数氧化物(如 TiO_2,ZrO_2,Al_2O_3 等),即使在室温下也有生长成无定形结构的趋势。二,引进反应气体。例如在 $10^{-2} \sim 10^{-3}$ Pa 氧分压中,蒸发的铝、镓、铟和锡等超导膜,由于氧化层阻碍了晶粒生长而形成了无定形膜。三,掺杂。例如 83% ZrO_2-17% SiO_2 和 67% ZrO_2-33% MgO 等掺杂膜,由于两种淀积原子的尺寸不同也可形成无定形膜。

多晶膜的制备最简单。用真空蒸发或溅射制成的薄膜,都是通过岛状结构生长起来的,因而必然产生许多晶界,形成多晶结构。在多晶膜中,常常出现块状中未曾发现的亚稳结构。造成亚稳结构的原因可能是淀积条件,也可能是基板、杂质、电场、磁场等引起的,例如 ZrO_2 膜中常存在亚稳四方相。当四方相向单斜相转变时,伴随着 4% 的体积膨胀。ZrO_2 掺杂 Y_2O_3 后,可防止亚稳相而形成稳定的立方相。大块 ZnS 的常温相是立方相(闪锌矿),高温相为六方相(纤锌矿),但在薄膜中,高温的六方相能亚稳于低温的立方相之中。应当指出,亚稳结构在退火条件下可转变成稳定的正常结构。Al_2O_3 和 ZrO_2 薄膜在电子显微镜中观察时受到电子轰击也能重新结晶。

表 5-4 是几种薄膜可能出现的晶体结构。应该指出,淀积参数对结晶构造起着重要作用。图 5-34 是真空蒸发锗膜的例子。

表 5-4　几种薄膜的晶体结构

薄　　膜	晶　体　结　构	薄　　膜	晶　体　结　构
W,Mo,Ta,Nb	无定形	SiO_2	无定形
	面心立方	CdS	立方(0.583nm)
Au,Ag,Ni	六方密堆积		六方($a=0.416$nm,$c=0.675$nm)
Ti	六方	ZnS	立方(0.542nm)
Ge	无定形		立方($a=0.382$nm,$c=0.628$nm)
	类金刚石(0.562nm)	ZnO	立方(0.458nm)
Si	无定形	PbS	立方(0.593nm)
	类金刚石(0.543nm)	GaAs	立方(0.565nm)
MgF_2	四方	InSb	立方(0.648nm)
Na_3AlF_6	单斜	InAs	立方(0.606nm)
Y_2O_3	立方	AlAs	立方(0.566nm)
TiO_2	无定形	GaP	立方(0.545nm)
	四方(锐钛矿、金红石)		六方($a=0.518$nm,$c=0.517$nm)

注:类金刚石结构类似于交叉面心立方,表中括号内数字为晶格常数。

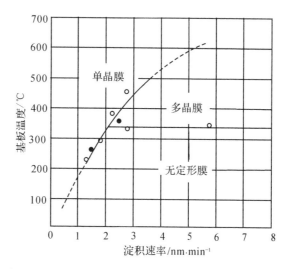

图 5-34　淀积在 Ge 基板上 Ge 膜的晶体结构与基板温度和淀积速率的关系

5.2.4　微观结构的观测

薄膜微观结构包括两个方面:一是薄膜表面和横断面的形貌,二是薄膜内部的结晶构造。借助于电子显微镜作电子显微术和电子衍射术,可以成功地进行上述两方面的结构分析。

电子显微镜有两种,即扫描电子显微镜(SEM)和透射电子显微镜(TEM)。SEM 的主要优点是扫描范围较大,但若观察薄膜为介质膜,需先镀一层薄的导电金膜,否则电荷累结会使图像模糊。TEM 的优点是分辨率较高,主要缺点是由于电子的穿透本领低($<$100nm),因此不能直接观察样品本身,而只能观察其复制品,即复形膜。

复形技术常采用 Pt-C 一级复形。所谓一级复形即在被观察的样品上直接淀积复形膜,然后将从样品上剥落下来的复形膜置于铜网上进行 TEM 观察。复形步骤如下:首先在待分析的样品表面或横断面上倾斜蒸发 Pt 投影膜;然后在投影膜上,以垂直方向蒸发 C 作为巩膜(图 5-35);最后用腐蚀液从样品上剥下复形膜。由于电子易于透过 C 膜,而对 Pt 膜的透射能力很弱,因而薄膜表面或横断面的形貌变成了随 Pt 膜厚度而变化的电子束透射强度的调制。为提高显微照片的质量,最重要的是选择 Pt 膜的厚度和投影角。从计算机模拟可知,对热蒸发薄膜,最佳 Pt 膜厚度是 15nm 左右,投影角约为 30°。

SEM 和 TEM 都必须在真空中观测,更有甚者,无论是 SEM 的导电膜,还是 TEM 的复形膜,都会损失微观结构的信息细节。正因为这样,1986 年 Binnig 等发明的原子力显微镜(AFM)被广泛应用于薄膜微结构形貌的观测。

AFM 可以在空气中直接观测,清晰度比 SEM 和 TEM 高。其原理是基于微探针与样品之间的原子力作用机制。当微探针逼近样品表面(小于几 nm 时),探针针尖的原子与样品原子之间将产生一定的作用力,即原子力,如图 5-36 所示,大小约为 $10^{-8} \sim 10^{-12}$ N。与隧道电流类似,原子力的大小与探针和样品间距成对应关系,这种关系可用原子力曲线表征。当探针充分逼近样品进入原子力状态时,若两者间距较大,总体表现为吸引力;当两者相当接近时,总体表现为排斥力。原子力虽很微弱,但足以推动微悬臂并使之偏转一定的角度。

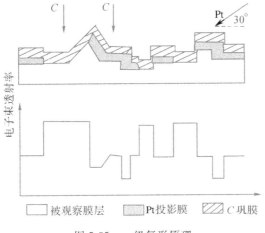

图 5-35　一级复形原理

被观察膜层　　Pt投影膜　　C 巩膜

因此,在对样品进行 xy 扫描时,检测这一偏转量,即可获得样品表面的微观形貌。其纵向分辨率可达 0.01nm,横向为 2nm。图 5-37 是 AFM 测试的 TiO_2/SiO_2 多层膜在常规工艺和离子辅助条件下的表面形貌,其纵向粗糙度分别为 5nm 和 4nm。由图可见,离子辅助样品的柱体较常规工艺的大。

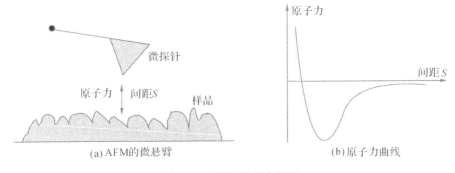

(a)AFM的微悬臂　　　　　　　　(b)原子力曲线

图 5-36　AFM 的基本原理

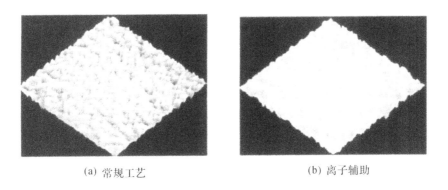

(a) 常规工艺　　　　　　　　(b) 离子辅助

图 5-37　AFM 观测的 TiO_2/SiO_2 多层膜的表面微观结构

薄膜晶体结构的研究主要采用衍射法。X 射线的波长比晶体中的原子间距还要小,因而能够产生衍射作用。这时晶体可视为 X 射线的衍射光栅,干涉效应使某些方向上构成衍射极大。这种衍射图在一定程度上反映了晶格中原子排列的情况,因此根据衍射图就可确定某种物质的晶体结构。衍射现象可用经典的布喇格公式来描述:

$$m\lambda = 2d \cdot \sin\theta$$

式中,m 为衍射级次,λ 是波长,d 是晶面间距,θ 是入射角。

同 X 射线一样,电子也具有波粒二重性。当入射电子束受到薄膜晶体内的原子散射时,便产生衍射效应。所以,电子衍射法也可测量薄膜的结晶构造。由于电子的穿透能力比 X 射线低,故特别适用于薄膜结构研究。又因电子的波长比 X 射线短,因此分辨率更高。但是电子非常容易被空气吸收,故电子衍射必须在真空中进行。

若采用透射式观察,被观测的样品常用化学腐蚀或离子减薄至几百纳米的厚度,电子束的能量为 $50\sim200$ keV,这时便形成衍射图样:单晶膜为斑状图样,微细单晶膜呈环状,大晶粒多晶膜是环状和斑状图样的叠加,无定形膜则产生弥散图样。对晶格常数为 a 的立方晶体,密勒指数为 $\{hkl\}$ 的晶面间距 d 为

$$d = \frac{a}{\sqrt{h^2 + k^2 + l^2}}$$

如果样品到照相机记录面的距离为 L,衍射环半径 R 与晶面间距 d 有关系:$\lambda L = Rd$,λ 为电子波长。

5.3　薄膜的成分

薄膜是大块材料经过固相—液相—气相—固相或固相—气相—固相转化后在基板上凝聚而成的,因而不仅它的微观结构和晶体结构,而且薄膜成分都会与块状材料不同。

绝大多数金属几乎都是以原子形式蒸发的,但是对一些半导体和半金属,它们多是以 2 个或 2 个以上的原子集合体逸出的。因为 Sb 的 4 个原子几乎是以相似的共价键相结合,故 Sb 膜中主要含 Sb_4,同时混入 Sb_2 和少量 Sb。As 多为 As_4 和 As_2,Bi 和 Te 含有相当多的 Bi_2 和 Te_2,在 C,Ge,Se 和 Si 中也都观察到类似的集合体。

化合物的情况更复杂。对硫属化合物,蒸发时材料是分解的,例如,$2ZnS \rightarrow 2Zn + S_2$。但它们在基板上又重新化合了,因而仍能得到化学计量与块状材料近似一致的膜层。CdS 蒸发时,可观察到 Cd 和 S,S_2,S_3,S_4 等,失硫现象比 ZnS 严重。CdTe 也分解为 Cd 和 Te_2。同样,氟化物也会引起不同程度的失氟,表 5-5 是几种氟化物膜失氟的情况。失氟后的膜层吸附潮气能力提高。这种失氟现象与蒸发源密切相关,采用大容量的辐射蒸发源可得到与块状化学计量近似一致的膜层。在蒸发氧化物时,可观察到分解的 O_2,即使是稳定的 SiO_2 也包含着 SiO 和 O_2。失氧最严重的是 TiO_2,Ta_2O_5 和 NiO 等,相比之下,MgO,Al_2O_3,BeO 和 CoO_2 几乎接近于块状材料。

表 5-5　氟化物膜的失氟情况

膜　　层	Na_3AlF_6		MgF_2	SrF_2	BaF_2	NaF
原　　子	F/Na	F/Al	F/Mg	F/Sr	F/Ba	F/Na
浓 度 比	1.3	3.6	1.3	1.4	1.5	0.6

溅射也包含着大量的复合原子。离子加速电压越高,溅射的单原子越少,以溅射 Cu 膜为例,对多晶 Cu 靶,Ar^+ 的加速电压为 100eV 时,只有 5% 左右的 Cu,其余都是 Cu_2。对单晶 Cu(100) 靶,除 Cu 和 Cu_2 外,还有 Cu_n^+($n=1\sim11$)。用 Ar^+ 和 Xe^+ 溅射 Al,也可分别观察到 Al_n($n=1\sim7$)和 Al_n($n=1\sim18$)。用 Ar^+ 溅射化合物 GaAs,溅射出来的 99% 是 Ga 和 As 的中性原子,其余才是 GaAs 分子。

薄膜化学成分的分析主要借助于表面分析技术。所谓表面分析技术,通常就是用光子、电子或离子作为一次粒子轰击待分析的样品表面,粒子与固体表面相互作用,结果将引起激发粒子的放射,即二次粒子。利用这种激发和放射过程就能鉴定表面和薄膜的化学成分。

5.4 微观结构和成分对薄膜特性的影响

薄膜的微观结构和成分与大块材料不同,所以膜层的性质亦与大块材料不同。薄膜微观结构和成分对膜层性质的影响包括光、机、电各个方面,这里仅就我们最关心的几点作一介绍。

5.4.1 光学不稳定性

薄膜折射率随吸附潮气而变化。在潮气吸附前,空隙的折射率是 1.0,吸附以后,折射率为 1.33 的水填充空隙,因而膜层的折射率,进而光学厚度和光谱特性均引起变化,这就是所谓光学不稳定性。

迄今,还没有找到一个完全适用的公式来计算由紧密聚集在一起的柱状结构膜层的折射率。对于低折射率薄膜,下面的线性插值式是比较满意的,即 Kinosita 公式:

$$n = pn_s + (1-p)n_v \tag{5-10}$$

如果设 f 是总空隙中被水填充的百分数,则

$$n = pn_s + (1-f)(1-p)n_v + f(1-p)n_w$$

式中,n_s,n_v 和 n_w 分别是柱体、空隙和水的折射率。对高折射率薄膜,式(5-10)是不精确的,除非聚集密度很高。常用的高折射率薄膜的表达式由 Chopra 等推出:

$$n = \left[\frac{(1-p)(n_s^2+2)n_v^2 + p(n_v+2)n_s^2}{(1-p)(n_s^2+2) + p(n_v^2+2)} \right]^{\frac{1}{2}} \tag{5-11}$$

这个式子是把薄膜处理为混合膜,是用洛伦兹—洛伦茨理论推出的。Harris 等[①]利用有限差分和有限元法计算介电常数的结果表明,对低到中等聚集密度的薄膜,比较适用的是布拉格(Bragg)公式

$$n = \left[\frac{(1-p)n_v^4 + (1+p)n_v^2 n_s^2}{(1+p)n_v^2 + (1-p)n_s^2} \right]^{\frac{1}{2}} \tag{5-12}$$

但是对高聚集密度的薄膜,上述几个式子没有一个是精确的。研究表明,在 p 从 0.7 到 0.9 的范围内,从式(5-12)过渡到式(5-10);对 $p > 0.9$ 的情况,式(5-10)给出最好的逼近。图

---

① M. Harris et al., Thin Solid Films. 57,173,(1979).

5-38 是上述表达式计算的结果比较。

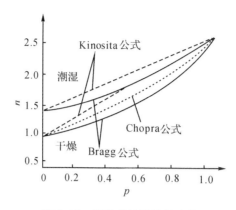

图 5-38　折射率计算结果比较

图 5-39 表示 TiO_2 单层膜吸潮前后的光谱特性变化。据此,可以得到吸潮前后的膜层折射率,因为波长漂移

$$\Delta\lambda = 4(n^* - n)d$$

式中吸潮前后的折射率可用式(5-11)求出(注意:对高聚集密度的高折射率膜或低折射率膜可用式(5-10)求出),进而由式(5-4)求出聚集密度。可以看出,在真空室中刚镀好的 TiO_2 膜,极值反射率较低,这意味着膜层的折射率不高。真空室充气后,由于 TiO_2 膜的气孔大小基本上分布在空气相对湿度所对应的值以下,所以水汽能迅速进入膜内,结果是:一方面使膜层的平均折射率提高,因而极值反射率上升;另一方面,因为膜层的光学厚度增加,导致分光特性曲线向长波移动。再经过空气中 14 小时的吸潮,吸潮更加充分,折射率进一步提高,反射率进一步上升,波长进一步长移。

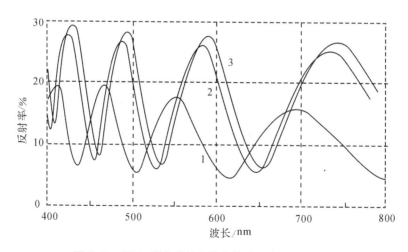

图 5-39　TiO_2 膜的反射光谱特性随吸潮过程的变化
1—刚镀完时　2—真空室充气后　3—空气中 14 小时吸潮后

薄膜不稳定性使多层膜的实际应用受到一定的限制,特别是窄带干涉滤光片和截止滤光片。窄带滤光片当其暴露于大气后,很快出现宏观的吸水现象,先是膜层表面出现许多吸

潮斑点,之后逐渐扩大并连成一片,最后形成均匀的吸水层。待膜层吸水达到平衡后,不仅峰值波长向长波移动,而且峰值透射率也有显著变化。

多层膜的吸潮过程是比较复杂的,这不仅是因为每种材料的聚集密度不同,而且膜系中每层膜的影响不尽相同。对法布里-珀罗(F-P)滤光片,间隔层的影响是最大的。其次是紧靠间隔层的膜层,膜层离间隔层越远,影响越小(图 5-40(a))。对截止滤光片,以膜系中央附近的膜层最为敏感,两侧影响逐渐减小,且空气侧的膜层要比基板侧的更灵敏(图 5-40(b))。

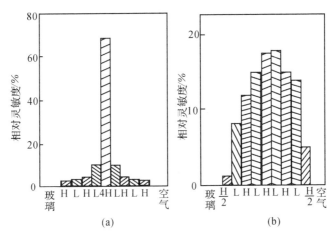

图 5-40　F-P 滤光片和长波通截止滤光片中各层膜对波长漂移的贡献

假定 H-TiOx 和 L-SiO_2 在吸潮后引起的相位厚度变化相同

为了弄清吸潮时光学性质的变化,Macleod 等采用如图 5-41 所示的简单装置来观察滤光片的吸潮过程。滤光片置于密封池内,以便改变相对湿度。观察发现,随着潮气渗透,滤光片出现大量花斑。图 5-42 是 ZnS-Na_3AlF_6 窄带滤光片在 50% 相对湿度的条件下经两周吸潮后拍摄到的花斑,花斑呈多圈的圆斑。左面一幅照片是将单色仪调至吸潮部分最暗而未吸潮的区域最亮,其拍摄波长为 488.5nm;而右面一幅刚好相反,最暗的区域变成了最亮,因此拍摄波长是 512.8nm,这说明滤光片在局部位置上峰值波长已向长波移动了 24.3nm。图 5-43 是产生这种花斑的物理机制解释。由于潮气首先从针孔之类的缺陷进入膜层,然后在膜层界面和较低聚集密度的膜层中横向扩散,随着潮气越向里面渗透,波长漂移越大,一旦渗透到间隔层,峰值波长会产生很大的漂移。由于水气渗透深度不同,导致峰值波长的差异,因而出现圈状花斑。图 5-44 表示吸潮过程中透射率曲线的变化。在吸潮过程中,宏观的峰值透射率会下降,半宽度增大,透射率曲线甚至会呈现双峰。直到整个滤光片充分吸潮后,花斑消失,宏观透射率上升,峰值波长向长波移动。这个过程对 ZnS-Na_3AlF_6滤光片可能长达 1 个月,甚至几个月,而对 ZnS-MgF_2 滤光片往往只要几天。这一差异主要来源于 Na_3AlF_6 和 MgF_2 的气孔大小分布不同。

滤光片的漂移量可用聚集密度进行估算。因为影响峰值波长漂移的重要原因是光学厚度变化,故峰值波长漂移

$$\Delta\lambda = \frac{\lambda_0}{\pi}\sum_{k=1}^{m} A_k \Delta\alpha_k$$

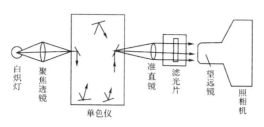

图 5-41　观察潮气渗透的装置

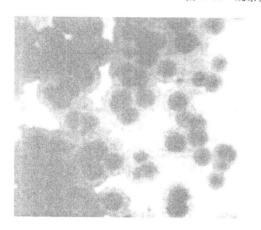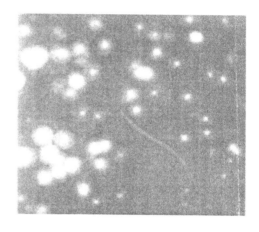

图 5-42　ZnS-Na$_3$AlF$_6$ 窄带滤光片的吸潮花斑照片

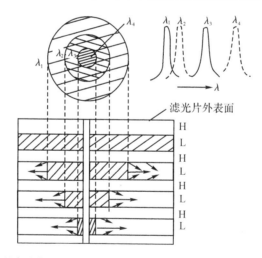

图 5-43　出现渗透花斑的示意图(假定 H 和 L 的聚集密度分别为 1 和小于 1)

式中:λ_0 是峰值波长,$\Delta\alpha_k=(4\pi/\lambda_0)\Delta(n_kd_k)$ 是第 k 层膜在 λ_0 的相位厚度误差,并选择式(5-10)至(5-12)中的一个式子计算,系数 A_k 的大小决定了 Δa_k 对漂移的影响程度。如果滤光片反射膜层数足够多,则

基板侧:　　　　　　$A_k=a_k-b_kn_s^2,\quad k=1,2,\cdots,\dfrac{m-1}{2}$

空气侧:　　　　　　$A_k=a_{m-k}-b_{m-k}n_0^2,\quad k=\dfrac{m+3}{2},\cdots,m$

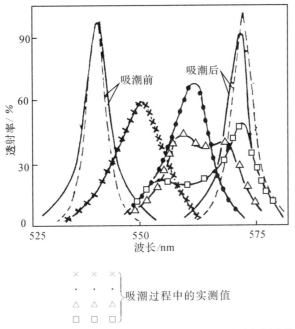

图 5-44 窄带滤光片 G|HLHLH8LHLHLH|A 吸潮对波长漂移的影响
——实测，-----计算

$$A_{间} = \frac{1}{2(2+B)}$$

其中：

$$B = \frac{n_L}{n_H - n_L}$$

$$a_k = \frac{1}{2(2+B)}\left(\frac{n_L}{n_H}\right)^{(m+1)/2-k}$$

$$b_k = \frac{1}{2(2+B)n_L^2}\left(\frac{n_L}{n_H}\right)^{(m+1)/2+k}$$

对一个 17 层的 ZnS/MgF$_2$ 二级次干涉滤光片：G|(HL)^{4}4H(LH)^4|A，$n_H = 2.3$，$n_L = 1.37$，并设 $p_H \approx 1$，$p_L = 0.72$。对 $\lambda_0 = 690$nm，吸潮后波长向长波大约漂移 $\Delta\lambda = 14.2$nm。若间隔层改用低折射率膜，即膜系为 G|(HL)^{4}H4LH(LH)^4|A，对相同的折射率和聚集密度，吸潮后波长漂移可达 33.4nm。显然，选用高聚集密度的材料作为间隔层，对减少波长漂移是有利的。

漂移过程总是伴随着二重性：第一，吸潮后高低折射率膜层的光学厚度增加导致波长红移；第二，高低折射率膜的聚集密度不同，引起 n_H/n_L 比值，因而也引起截止带宽度的变化。它们共同作用的结果，导致长波侧和短波侧过渡区的漂移不同。对淀积在 150℃ 基板上的 ZnS/MgF$_2$ 截止滤光片和干涉滤光片，充分吸潮后光谱曲线漂移的测量结果示于图 5-45，其对应的聚集密度对 ZnS 和 MgF$_2$ 分别约为 1.0 和 0.8。可以看出，长波通滤光片的截止边缘漂移要比短波通的小得多，带通滤光片短波侧过渡的漂移要比长波侧小得多。

还有一种温度变化造成的光谱特性变化，对窄带滤光片而言也是很敏感的。对室温附近微小的温度变化，主要的影响是随着温度的增加而向长波方向移动。对可见光区的常用

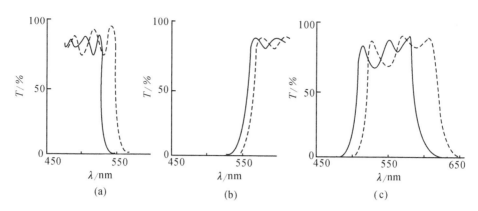

图 5-45　吸潮引起的光谱曲线漂移的测量结果

(a)G|(HL)⁸HL/2|A, (b)G|H/2LH/2)⁸|A, (c)G|LHL(LHLHL)³LHL|A

——吸潮前,-----吸潮后

材料,移动量大约是 0.003%/℃;红外区的材料还要高,尽管有时可高至 0.0125%/℃,但一般是 0.005%/℃。对于大于 60℃ 的温度,滤光片中潮气部分地解吸,引起波长短移。当冷却至室温后,滤光片将重新吸潮,逐渐地移向它的最初的波长。暴露于 100℃ 以上的温度,可以引起膜层结构的微小变化,使之不易于吸附潮气。在非常低的温度下,滤光片通常是向短波漂移。

光通信波分复用(WDM)滤光片要求中心波长非常稳定,对带宽 0.4nm 的 100GHz 滤光片,要求漂移小于 0.001nm/℃。引起滤光片中心波长漂移的因素包括膜层折射率和几何厚度的变化。对常规工艺,薄膜吸潮引起折射率升高,从而使光学厚度增加 1%~5%,这意味着对中心波长 1550nm 的滤光片,吸潮前后的波长漂移可达 15.5~77.5nm。采用 IAD 和 IBS 等淀积技术已可使薄膜的聚集密度 ≥ 1,因此由吸潮引起的光学厚度变化或波长漂移可忽略不计。于是膜层材料的热膨胀和折射率随温度变化引起的中心波长漂移便上升为主要因素。由于它是温度变化引起的,故常称之为温度稳定性。

Takashashi[1] 指出,滤光片的温度稳定性不仅与膜层有关,而且与基板材料密切相关。随着滤光片温度的变化,不可避免地会产生膜层几何厚度(由热膨胀系数决定)和膜层折射率(由膜层折射率温度系数决定)的变化。但是这种变化可以通过选择基板的热膨胀系数,即调节基板热应力对膜层造成的弹性形变来进行补偿。对 Ta_2O_5-SiO_2 或 TiO_2-SiO_2 滤光片,中心波长零漂移对应的基板线膨胀系数约为 $(110\sim120)\times10^{-7}℃^{-1}$,这是一个已被广泛认可的重要结论。

温度变化时涉及膜层的热膨胀系数和折射率温度系数。膜层的热膨胀系数会使膜厚发生变化,滤光片在温度 T 时的总的几何厚度可表示成高、低折射率膜厚之和,并有

$$d_T=d_0(1-B+\beta)$$

式中:$B=2s(\alpha-\beta)/(1-s)$,d_0 为温度 T_0 时的几何厚度,α 和 β 分别为基板的膜层和线膨胀系数,s 为泊松系数。若设 $A=2(\alpha-\beta)(1-2s)/(1-s)$,$\delta=(dN/dT)/N$,为归一化折射率温度系数,则在温度 T 时的折射率

① H. Takashashi, Appl. Opt. , 34(4),667,(1995).

$$n_T = N_T p_T + 1 - p_T = \frac{p_0(N_0 + N_0 \delta)(1 + 3\beta)}{1 + 3\beta + A} + 1 - \frac{p_0(1 + 3\beta)}{1 + 3\beta + A}$$

式中：N_0 和 N_T 分别为 T_0 和 T 温度下的滤光片有效折射率，并可用式(4-78)求出。p_0 和 p_T 分别为温度 T_0 和 T 时的聚集密度。于是，当温度从 T_0 变为 T 时，滤光片中心波长的漂移为

$$S = \frac{\lambda \Delta(nd)}{n_0 d_0} = \lambda \left(\frac{n_T d_T}{N_0 d_0} - 1 \right) \quad (\text{nm/℃})$$

利用 Takashashi 模型，得到了 Ta_2O_5-SiO_2 滤光片薄膜的折射率温度系数、线膨胀系数、泊松比分别为 $1 \times 10^{-5}℃^{-1}$，$5 \times 10^{-7}℃^{-1}$ 和 0.12[①]，这三个参量是影响温度稳定性最重要的因素，特别是薄膜的折射率温度系数。表 5-6 列出了不同干涉级次 m 和不同间隔层材料 Ta_2O_5 或 SiO_2 实现零温度漂移所需的基板线膨胀系数 α。可以看出，随着干涉级次 m 的增加，高折射率间隔层实现零漂移所需的 α 下降，而低折射率间隔层所需的 α 上升，且高折射率间隔层实现零漂移所需的 α 比低折射率间隔层的滤光片小。此外，它还与腔的数目相关，例如，高折射率间隔层滤光片随着腔的增加 α 有所下降。

表 5-6　零漂移所需的基板线膨胀系数 α

m	$\alpha(Ta_2O_5$ 间隔层$)/10^{-7}℃^{-1}$	$\alpha(SiO_2$ 间隔层$)/10^{-7}℃^{-1}$
1	113	116
2	109	120
3	107	122

5.4.2　光学损耗

薄膜中的光学损耗可分为两大类，吸收 A 和散射 S。总损耗 $L = A + S$。根据能量守恒 $R + T + L = 1$，式中 R 和 T 分别为反射率和透射率。薄膜疏松的柱体结构特性，必然导致吸收和散射显著增加。

表征薄膜吸收损耗的是光学常数 $N = n - ik$ 中的吸收消光系数 k。吸收消光系数 k 与吸收系数 α 的关系为 $\alpha = (4\pi/\lambda)k$，且 $1dB/cm = 4.34\alpha$。

对单层膜，k(或 α)与吸收 A 的关系可表示为

$$A = \frac{n_1}{n_0} \cdot \frac{t_{01}^2 \alpha d}{1 - 2r_{12}r_{10} \cdot \cos(4\pi n_1 d/\lambda) + (r_{12}r_{10})^2}$$

$$\cdot \left[(1 + r_{12}^2) + \frac{r_{12}\lambda}{2\pi n_1 d} \sin(4\pi n_1 d/\lambda) \right] \tag{5-13}$$

式中参数见图 5-46 所示。当膜厚是 1/4 波长倍 $(n_1 d = m \cdot \lambda/4)$ 时，式(5-13)简化为

$$A_{QW} = \frac{m\alpha\lambda}{n_0} \cdot \frac{t_{01}^2(1 + r_{12}^2)}{4(1 + r_{12}r_{10})^2} = \frac{m\alpha\lambda}{2n_0} \cdot \frac{(n_1^2 + n_2^2)}{(n_1^2 + n_2^2)^2} \tag{5-14}$$

因为进入多层膜的入射能量是 $(1 - R)$，因此，只要每层膜内的损耗不大，则整个多层膜的入射能量可写成

$$A = (1 - R)\sum A_{QW} \tag{5-15}$$

把式(5-14)和(5-15)应用于全介质高反射膜和窄带干涉滤光片，就能得到下面结果：

---

① 顾培夫等. 光学学报. 24(1)，33，(2004).

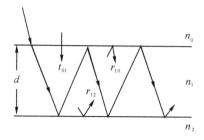

图 5-46   光在透明基板(n_2)上的透明膜(n_1)中的传播

对全介质高反射膜:

$$A=\frac{2\pi n_0(k_H+k_L)}{n_H^2-n_L^2} \quad \text{(奇数层,最外层为高折射率)}$$

$$A=\frac{2\pi(n_H^2 k_L+n_L^2 k_H)}{n_0(n_H^2-n_L^2)} \quad \text{(偶数层,最外层为低折射率)} \tag{5-16}$$

对一级次窄带滤光片:

$$A=4q\left(\frac{\lambda_0}{\Delta\lambda}\right)\frac{k_H+k_L}{n_H+n_L} \quad \text{(间隔层是高折射率)}$$

$$A=4q\left(\frac{\lambda_0}{\Delta\lambda}\right)\frac{k_L\left(\frac{n_H}{n_L}\right)+k_H\left(\frac{n_L}{n_H}\right)}{n_H+n_L} \quad \text{(间隔层是低折射率)} \tag{5-17}$$

式中:q 是腔的数目,$\Delta\lambda$ 是滤光片带宽,λ_0 是峰值波长,$n_H-\mathrm{i}k_H$ 和 $n_L-\mathrm{i}k_L$ 分别是高、低折射率层的光学常数。

在大块材料中损耗可低达 1dB/km,这相当于 $\alpha=2\times10^{-6}$ cm,或在 $\lambda=1000$nm,$k=2\times10^{-11}$。假如 $n_H=2.2,n_L=1.5$,则由式(5-16)得奇数层和偶数层的吸收分别为 1×10^{-10} 和 7×10^{-10}。如果用它们制成窄带滤光片,则极限半宽可达 $\lambda_0/\Delta\lambda=4\times10^9$。可是,即使是非常优质的薄膜,吸收消光系数也只有 10^{-6} 数量级,比大块材料至少高 5 个数量级。在一些常用的薄膜中吸收消光系数还要高得多,一般为 $10^{-4}\sim10^{-5}$ 数量级。所以,吸收是限制薄膜特性的重要因素。表 5-7 是部分常用薄膜的吸收消光系数。当然,其值会随制备技术的工艺因素而变化。

表 5-7   部分薄膜在 $\lambda=1060$nm 和 515nm 的吸收消光系数

薄　　膜	吸收消光系数 k	
	1060nm	515nm
ZnS	4.1×10^{-6}	2.7×10^{-4}
CdS		2.9×10^{-3}
ZnSe		3.4×10^{-3}
ThF$_4$	2.1×10^{-6}	5×10^{-6}
MgF$_2$	6×10^{-6}	9×10^{-5}
TiO$_2$	7.7×10^{-5}	5.5×10^{-4}
ZrO$_2$	2×10^{-5}	1.6×10^{-4}
Al$_2$O$_3$	8×10^{-6}	2.3×10^{-5}
SiO$_2$	2×10^{-6}	1.3×10^{-5}

薄膜中的吸收之所以会显著增大,一是由于薄膜的化学计量发生了变化,二是因为潮气、二氧化碳和碳氢化合物的污染。在薄膜蒸发过程中,硫化物失硫、氟化物失氟和氧化物失氧是众所周知的。图 5-47 就是 ZnS 失硫后消光系数 k 变化的例子。k 随着蒸发温度升高而增大,一般热蒸发 ZnS 薄膜由于失硫而析出 Zn 约为千分之几,然而这已足以影响薄膜的特性。吸附潮气不仅使薄膜在对应的水吸收带上 k 增加,而且与某些薄膜材料发生反应而生成吸收性物质。Hansen 等证实,在薄膜柱体的内表面上聚集着不可溶性杂质,且在 ZnS 膜中发现了相当多的碳氢化合物污染,但这种污染在氟化物中却未发现。而对氧化物膜,减小吸收的有效方法是降低淀积速率、增加氧气流量和适当降低基板温度。

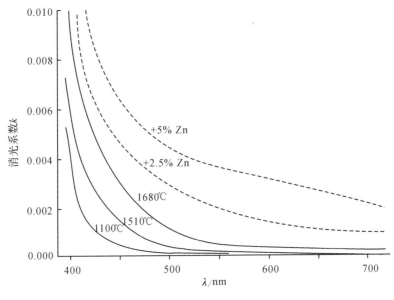

图 5-47　ZnS 薄膜的消光系数

散射损耗是薄膜的结构缺陷引起的,它可分为体内散射和表面散射。如图 5-48 所示,前者主要起因于柱体边界的密度起伏以及针孔、裂纹和微尘等;后者取决于柱体顶部的凹凸程度。

描述表面散射的两个重要参量是均方根表面粗糙度 σ 和相关长度 l。σ 表示表面在垂直方向上偏离平均高度的不规则程度,它在很大程度上表征粗糙表面的散射大小;l 是表面在水平方向上不规则峰平均间距的量度,它决定了散射光的角度分布(如图 5-49 所示)。

基于上述两个参量,单表面反射散射 S_s^r 和透射散射 S_s^t 的表达式可写成

$$S_s^r = R_0 \left\{ 1 - \exp\left[-\left(\frac{4\pi n_0 \sigma}{\lambda} \right)^2 \right] \right\} \cdot \left\{ 1 - \exp\left[-2\left(\frac{\pi l}{\lambda} \right)^2 \right] \right\}$$

$$S_s^t = T_0 \left\{ 1 - \exp\left[-\left(\frac{2\pi \sigma}{\lambda}(n_1 - n_0) \right)^2 \right] \right\} \cdot \left\{ 1 - \exp\left[-2\left(\frac{\pi l}{\lambda} \right)^2 \right] \right\}$$

式中 R_0 和 T_0 分别对应于光滑表面的反射率和透射率。总表面散射 $S_s = S_s^r + S_s^t$,对 $\frac{\sigma}{\lambda} \ll 1$,$\frac{l}{\lambda} \gg 1$,得

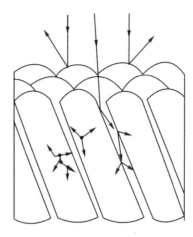

图 5-48　薄膜的结构缺陷引起的体内散射和表面散射

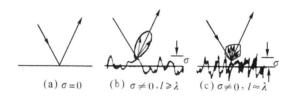

$$(a)\ \sigma=0 \qquad (b)\ \sigma\neq0,l\gg\lambda \qquad (c)\ \sigma\neq0,l\approx\lambda$$

图 5-49　三种表面的示意图

$$S_s^r = R_0\left\{1-\exp\left[-\left(\frac{4\pi n_0\sigma}{\lambda}\right)^2\right]\right\}$$

$$S_s^t = T_0\left\{1-\exp\left[-\left(\frac{2\pi\sigma}{\lambda}(n_1-n_0)\right)^2\right]\right\}$$

将指数项展开,舍去高次项,得

$$S_s^r \approx R_0\left(\frac{4\pi n_0\sigma}{\lambda}\right)^2$$

$$S_s^t \approx T_0\left[\frac{2\pi\sigma}{\lambda}(n_1-n_0)\right]^2$$

于是

$$S_s = R_0(n_0^2+n_0n_1)\left(\frac{4\pi\sigma}{\lambda}\right)^2$$

即散射不依赖于相关长度 l,且与 λ^2 成反比。如果 $\frac{\sigma}{\lambda}\ll1,\frac{l}{\lambda}\ll1$,则

$$S_s = 2R_0(n_0^2+n_0n_1)\left(\frac{2\pi}{\lambda}\right)^4\sigma^2l^2$$

这时散射与 l^2 成正比,且与 λ^4 成反比。

　　对单层膜或多层膜,只要用散射消光系数代替吸收消光系数,体内散射仍可用式 (5-13),(5-16)和(5-17)求取。然而,表面散射的情况就比较复杂。图 5-50 表示 ZnS 单层膜的计算和实验结果。假如 S_0 和 S_c 分别为镀膜前后的散射率,且 $\eta=S_c/S_0$,则 η 取决于 σ_1/σ_0 和两个表面的相关性。当 $\sigma_1=\sigma_0$ 时,在基板 σ_0 很小时,膜层两个表面是非相关的。随着 σ_0 增加,逐渐变成相关。如果膜层是严格相关的,且 $\sigma_1/\sigma_0\approx0.7$,则可望单层膜的表面散射为零。

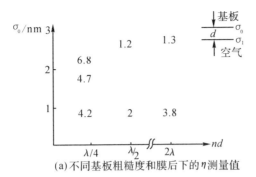

(a) 不同基板粗糙度和膜后下的 η 测量值

	$\eta(\sigma_0=\sigma_1$ 时 $)$	
	$\lambda/4$	$\lambda/2$
相关	7	1
不相关	4	16

(b) 不同厚度下的 η 计算值

图 5-50 ZnS 单层膜的散射分析

根据驻波场理论,Arnon[①] 推导了介质高反射膜(HR)的表面散射为

$$(S_s)_{HR}=32\pi^2(n_H-n_L)^2 n_H^{-1}\left(\frac{\sigma_i}{\lambda}\right)^2\sum_{i=0}^{N}\left(\frac{n_L}{n_H}\right)^{2i}$$

式中 σ_i 为第 i 个 HL 界面的均方根粗糙度。如果 σ_i 保持不变,且 N 足够大,则

$$(S_s)_{HR}=32\pi^2 n_H\left(\frac{n_H-n_L}{n_H+n_L}\right)\left(\frac{\sigma}{\lambda}\right)^2$$

对间隔层为低折射率膜的一级次 F-P 滤光片,有

$$(S_s)_{FP}=\frac{1}{2}\left(\frac{n_H}{n_L}\right)^{2i+1}(S_s)_{HR}$$

式中 $2i+1$ 是每一侧反射镜的层数。

为了描述散射分布,Guenther 给出了基于 Debye 方程和 Beckmann 公式的体内散射和表面散射的表达式。描述体内散射的 Debye 方程是

$$S_v=\frac{A^3 B}{(1+K^2 A^2\varphi^2)^2} \tag{5-18}$$

式中,A 为相关距离,它是折射率统计不均匀性的相关函数降低到 $1/e$ 的距离,B 是散射因子。A 和 B 分别为 $1/\sqrt{S_v}$ 对 φ^2 直线的斜率和截距,且

$$K=\frac{2\pi}{\lambda},\quad \varphi=2\sin\left(\frac{\theta_s}{2}\right),\quad \theta_s \text{ 为散射角}$$

对垂直入射光,整个 θ_s 角的表面散射由 Beckmann 公式给出

$$S_s=I_0\pi\left(\frac{T}{\lambda}\right)^2 g\Delta w\cdot\exp\left[-g-\pi^2\left(\frac{T}{\lambda}\right)^2\cdot\sin^2\theta_s\right] \tag{5-19}$$

式中:I_0 是入射光强度,T 是相关长度,它是自相关系数降低到 $1/e$ 的距离,Δw 是检测器的

① O. Arnon,Appl. Opt. ,16,2147,(1977).

立体角,且

$$\sqrt{g} = 2\pi \left(\frac{\sigma}{\lambda} \right) (1 + \cos\theta_s)$$

式(5-18)和(5-19)虽不能用于一般多层膜,但对介质高反射膜具有一定的真实性。图 5-51 的测量结果表明,对 ZnS-MgF$_2$ 反射镜,散射光的分布要用表面散射和体内散射之和来描述。

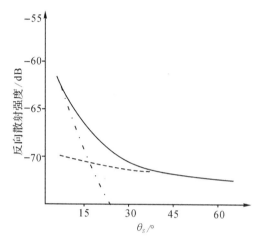

图 5-51　15 层 ZnS-MgF$_2$ 反射镜的实测反向散射强度与散射角的关系

——测量结果,—·—按 Debye 理论计算,----按 Bekmann 理论计算

目前已有各种散射理论来获得散射光参数与表面粗糙度的相互联系,它们可分为两大类:标量散射和矢量散射。

标量散射理论将单界面的均方根粗糙度 σ 与表面 4π 立体角的总散射积分 TIS 之间的关系以下式表示

$$\text{TIS} = \frac{\text{总散射光强}}{\text{镜向反射光强} + \text{总散射光强}} = 1 - e^{-\left(\frac{4\pi\sigma}{\lambda}\right)^2} \approx \left(\frac{4\pi\sigma}{\lambda} \right)^2 \tag{5-20}$$

标量散射理论的不足之处在于,它没有考虑散射场的矢量特性,因而不能说明光的偏振性质,而且除 σ 外,不包含其他表面粗糙度的统计信息。

20 世纪 70 年代发展起来的矢量散射理论克服了上述不足,它描述散射光的空间分布特性,得到的散射系数不仅与 σ,而且与表面粗糙度的空间频率分布相关。由于考虑了散射场的矢量特性,因而就能得到散射光的偏振信息。

矢量散射理论主要有两种处理方法:等效亥尔姆兹—基尔霍夫矢量衍射积分公式和微扰。其中微扰技术的处理又包括表面极化电流层法、格林函数法、坐标变换法和偶极子辐射法等。尽管这些方法的数学处理不同,但最后均得到相似的散射场角度微分散射光强(ARS)公式。ARS 定义为单位立体角 $d\Omega$ 内接收到的散射光强与表面入射光强之比,即

$$ARS = \frac{dP}{P \, d\Omega} = A(\lambda) Q g(\boldsymbol{k} - \boldsymbol{k}_0) \tag{5-21}$$

式中:$A(\lambda)$ 为几何因子;Q 为光学因子,并与入射光及散射光的偏振态有关;$g(\boldsymbol{k} - \boldsymbol{k}_0)$ 为表面粗糙度的功率谱密度(PSD)函数。各矢量理论的差别仅在于 A 和 Q 因子的具体形式有所不同。

对单界面金属膜(单层和多层介质膜的情况很复杂),微分散射光强是

$$ARS = \frac{16\pi^2}{\lambda^4} Q^2 \cdot g(\boldsymbol{k} - \boldsymbol{k}_0)$$

式中 Q 可表示为:

$$Q_{ss} = \frac{(1-\varepsilon)^2 \cdot \cos\theta_i \cdot \cos^2\theta_s}{(\cos\theta_s + \sqrt{\varepsilon - \sin^2\theta_s})^2 (\cos\theta_i + \sqrt{\varepsilon - \sin^2\theta_i})^2}$$

$$Q_{pp} = \frac{(1-\varepsilon)^2 \cos\theta_i \cos^2\theta_s \cdot (\sqrt{(\varepsilon - \sin^2\theta_i)(\varepsilon - \sin^2\theta_s)} - \varepsilon\sin\theta_i \cdot \sin\theta_s)^2}{(\sqrt{\varepsilon - \sin^2\theta_i} + \varepsilon\cos\theta_i)^2 (\sqrt{\varepsilon - \sin^2\theta_s} + \varepsilon\cos\theta_s)^2}$$

$$Q_{sp} = Q_{ps} = 0$$

Q_{ss} 表示 s-偏振光入射和 s-偏振光散射的光学因子;Q_{pp},Q_{sp} 和 Q_{ps} 具有类似的意义;$\varepsilon = (n + ik)^2$,θ_i 和 θ_s 分别为入射角和散射角。

蒸发薄膜的散射强度明显地取决于蒸发材料和制备工艺,Lutter 等[1]给出了基板温度、

淀积速率和真空度对 ZnS,MgF_2,SiO_2,TiO_2 和 CeO_2 膜散射的影响。图 5-52 表示厚度为 500nm 的 TiO_2 膜的表面轮廓仪的测量结果。由于采用低压反应离子镀得到的薄膜比常规反应蒸发薄膜致密得多,因而粗糙度显著减小。在用离子辅助技术淀积时,注意力求避免采用高能离子,采用低能高密度的离子束更有利于降低薄膜散射。同时采用适当的基板温度,例如,对 TiO_2 薄膜,250℃ 是合适的。

5.4.3 折射率非均匀性

在薄膜厚度方向上的折射率变化称为薄膜的折射率非均匀性。由于热蒸发薄膜是以柱状结构生长的,因而一切膜层或多或少地都存在着这种非均匀性,只是有些薄膜的非均匀性小得足以忽略罢了。

ZnS 薄膜在蒸发初期分解出 Zn 与残余水气,反应生成大约 10nm 厚的 ZnO 膜,使折射率产生变化。不仅如此,ZnS 膜的柱体生长类似于图 5-18(c)所示的扩张型,因而折射率随膜厚增加而升高,膜层密度从基板侧的 3.63g/cm^3 逐渐上升到 4.0g/cm^3(膜厚 $d \approx 100\text{nm}$ 处)。与 ZnS 膜相反,冰晶石膜的柱体半径随膜厚增加而减小,并可表示为 $a'/a = 0.935 + 6.5/(d+100)$。式中 a 是基板侧的柱体半径,a' 是离基板表面距离为 d 时的柱体半径。基于此式,可求得膜层的折射率从基板侧的 $n = 1.33$ 逐渐下降到 $n' = 1.29(d \approx 100\text{nm})$。类似地,$MgF_2$,$ZrO_2$,$TiO_2$ 等都不同程度地存在着这种非均匀性。

这种非均匀膜虽可用来设计一些特殊要求的膜系,但在许多情况下,它可能破坏薄膜的特性,最典型的是图 5-53 所示的三层减反射膜。图中 $\Delta n = n - n'$ 表示 ZrO_2 膜的折射率非均匀性。可以看出,非均匀性或者使中间凸峰增加或者使带宽变窄,因此检测和消除非均匀性是必要的。

如果膜层折射率从 n 单调缓慢地变化到 n',则当膜层的等效厚度为 $\lambda/4$ 奇数倍时,膜—基板的组合导纳为 nn'/n_s(n_s 为基板折射率);当膜层的等效厚度为 $\lambda/2$ 整数倍时,其组合导纳 $n_s n'/n$。图 5-54 表示折射率非均匀性对反射率的影响。如果膜层是均匀的,对 $\lambda/2$ 厚度,膜层的反射率 R_f 等于裸基板的反射率 R_s。若膜层呈现负非均匀性,则 $R_f < R_s$;反之,

---

① A. Lutter. et al. ,Thin Solid Films,57,185,(1979).

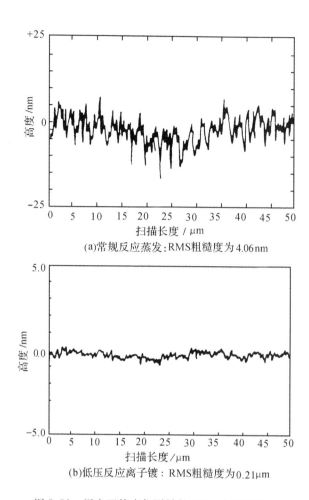

(a)常规反应蒸发:RMS粗糙度为4.06nm

(b)低压反应离子镀:RMS粗糙度为0.21μm

图 5-52　用表面轮廓仪测量的 TiO_2 膜的粗糙度

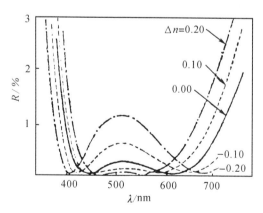

图 5-53　ZrO_2 膜的非均匀性对三层减反射膜分光反射特性的影响

$G|\lambda/4CeF_3-\lambda/2ZrO_2-\lambda/4MgF_2|A$

对正非均匀性,$R_f>R_s$。基于这一点,可以方便地检验非均匀性的大小和性质。

　　具体计算折射率均匀性有三种方法。假如仅考虑非均匀膜上、下两个表面的折射率,而

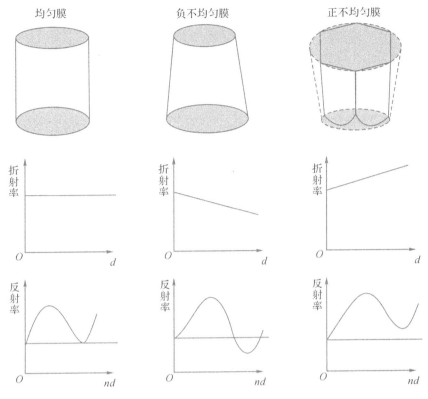

图 5-54　薄膜折射率的非均匀性

忽略膜层内部非均匀性引起的反射,则

$$R_{\text{非}}/R_{\text{均}} = 1 + \frac{4n_0 n_s}{n_0^2 - n_s^2} \cdot \frac{\Delta n}{n'}$$

式中,n_0 是入射媒质的折射率,$\Delta n = n - n'$。

若定义因子 q 表示非均匀性,$q = n/n'$,则有

$$q = \frac{1 + \sqrt{R_{\text{均}}}}{1 - \sqrt{R_{\text{均}}}} \cdot \frac{1 - \sqrt{R_{\text{非}}}}{1 + \sqrt{R_{\text{非}}}}$$

根据非均匀膜的反射率方程

$$R = \frac{(n_s n' - n)^2 \cos^2(\delta/2) + (n_s - n'n)^2 \sin^2(\delta/2)}{(n_s n' + n)^2 \cos^2(\delta/2) + (n_s + n'n)^2 \sin^2(\delta/2)}$$

式中 $\delta = 2\pi/\lambda (n_i + n_d)d$。当 $\delta = m\lambda$ 和 $(2m-1)\lambda/2$ 时,分别得到两个极值

$$R_{\max} = \left(\frac{n_s - nn'}{n_s + nn'}\right)^2$$

$$R_{\min} = \left(\frac{n_s n' - n}{n_s n' + n}\right)^2$$

因此

$$n' = \left[\frac{(1 + \sqrt{R_{\min}})(1 - \sqrt{R_{\max}})}{(1 - \sqrt{R_{\max}})(1 + \sqrt{R_{\min}})}\right]^{\frac{1}{2}}$$

非均匀性与制备工艺密切相关。对 ZrO_2 膜的研究表明:

(1)淀积在加热基板上的 ZrO_2 膜呈现很大的非均匀性,而室温基板上的 ZrO_2 膜非均

匀性要小得多,大约仅为加热基板的 10%。

(2)加热基板上淀积的膜层,随着氧压增加,非均匀性在多数情况下是减小的。重要的是,无论是热基板还是冷基板,氧压增加使聚集密度降低。

(3)非均匀性随膜厚而变化。

(4)设 n^* 和 $n^{'*}$ 分别为膜层吸附潮气后在基板侧和空气侧(厚度为 d)的折射率,则 $\Delta n = n - n'$ 和 $\Delta n^* = n^* - n^{'*}$ 可表示吸水前后非均匀性程度的量度。而且,$\Delta n \geqslant \Delta n^*$ 几乎总能成立。这表明,吸水后膜层的非均匀性减小。若设 $\Delta n_G = n^* - n$ 和 $\Delta n_A' = n^{'*} - n'$,则在多数情况下,$\Delta n_G \leqslant \Delta n_A'$ 亦能成立,故潮气吸附在空气侧要比基板侧多。

在加热基板上淀积的 MgF_2 膜,膜厚增到 $5\lambda/4$ 也不呈现明显的非均匀性,这是因为它们的聚集密度接近于 1。在未加热基板上,膜厚为 $3\lambda/4$ 和 $5\lambda/4$ 的 MgF_2 膜,聚集密度分别为 0.74 和 0.79,据图 5-19 得到对应的 a'/a 分别为 0.80 和 0.88。于是,对 $3\lambda/4$ 厚度的膜层在空气侧和基板侧的聚集密度分别为 0.710 和 0.757,放气前后在空气侧和基板侧的折射率分别为 1.27,1.28 和 1.366,1.367,放气前后的非均匀性 Δn 和 Δn^* 分别为 0.01 和 0.001。同样,对 $5\lambda/4$ 厚度的 MgF_2 膜,得到 Δn 和 Δn^* 分别是 0.02 和 0.002。显然,放气前后的非均匀性随着膜厚增加呈现出轻微的增加,而且 MgF_2 膜的非均匀性在吸水后可以忽略,这是由于 MgF_2 膜的折射率和水的折射率非常接近。反之,像 ZrO_2 等高折射率材料,由于与水的折射率差异较大,因而吸潮后非均匀性不会消失。

抑制非均匀性的另一种方法是利用掺杂材料。用 TiO_2 掺杂的 ZrO_2 膜可使折射率变化小于 1/100。ZrO_2 从正方相变为单斜相的转变温度约为 1100℃,把 TiO_2 加到 ZrO_2 中,ZrO_2 中 $ZrTiO_4$ 的溶解度是 20% 摩尔浓度,它使上述转变温度降低到 550℃。假定 ZrO_2 膜的非均匀性是淀积过程中由于抑制了从正方相转变成单斜相而造成的,则掺杂可促进这种转变,形成均匀膜。更有甚者,ZrO_2 中掺入某种金属(如 30% Ta)也可获得均匀透明的薄膜。

5.4.4 机械性能

薄膜的机械性能包括附着力、硬度和应力。总的说来,薄膜的柱体结构特性使机械性能退化。

1. 附着力

附着力是一个相当复杂的特性,实际情况总是夹杂着许多物理因素和化学因素。由于附着力出现在两材料的表面,因此它不仅与它们各自的单位表面能 S_1 和 S_2 相关,而且与两种材料共同的界面能 S_{12} 相关。单位附着能

$$E_{ad} = S_1 + S_2 - S_{12}$$

其值可正可负,这使单位附着力 f_{ad} 或为引力或为斥力。基于这一认识,具有高表面能的相同材料,如高熔点金属,f_{ad} 最大;具有低表面的两种材料接触时 f_{ad} 最小,如高聚合材料和具有对称分子结构的材料(像聚乙烯和聚四氟乙烯)。界面能 S_{12} 随两种材料的原子类型、原子间距和键合特征等方面的差异增大而增加,因而单位附着力 f_{ad} 按下列顺序而减小:一,相同材料(此时 $S_{12} = 0$);二,固溶体;三,具有不同键合类型的难混溶材料(如塑料和金属)。

根据单位附着力写出有效接触面积 A 上的总附着力为

$$F_{ad} = A f_{ad}$$

一般说来,如果基板材料与薄膜或它们的氧化物能形成适当的化学键,则附着力好。例如 Al 不能与 NaCl 反应,因而在 NaCl 基板上的 Al 膜只能靠范氏力结合,附着力很差,其数值约为 10^9N/m^2;反之,在玻璃上 Al 的氧化物能与玻璃的硅氧键结合,使附着力提高。金膜在 Cr,Bi,Pt,Ni,Ti 等金属基板上能形成金属键,因而常用这些金属作为提高金膜附着力的底层。基板的处理直接与 S_1 和 S_2 相关,离子轰击可使 S_1 增加而 S_{12} 减小。ZnS 的附着力从无离子轰击的 2.3kg/mm^2 上升到轰击后的 4.3kg/mm^2,而冰晶石膜轰击前后的附着力分别为 5.1kg/mm^2 和 5.4kg/mm^2。此外,用铬酸清洗的玻璃使 Au 膜的附着力提高;用稀 HF 溶液浸泡过的玻璃,Cr 膜的附着力增强。

作用于界面的附着力分布是很不均匀的,因为基板表面的薄膜结构是非均匀的。各种活化中心和钝化中心对附着力有很大影响。活化中心包括晶粒边界、位错、空位和微晶面;钝化中心是已被某种材料覆盖的表面,因而阻止了化学反应的发生。

附着力随时间而改变。易与微量水汽和氧发生化学反应的 Al,Cr,Fe 等金属不仅附着力强,而且附着随时间增加而增大,这是因为在界面上进一步氧化的缘故。Ag 膜的时间效应虽不像 Al 等金属那样显著,但是慢扩散也可导致氧键合界面层,因而附着力在一定时间后得到改善。金膜不会与氧反应,其附着力的时间效应可解释为静电荷层的缓慢形成。在许多情况下,刚淀积的薄膜在基板上并不全是稳定的,在淀积结束后的很长一段时间内,它们将继续发生物理化学变化,因而附着力常经历着明显变化。这种变化强烈地依赖于温度,在大气中烘烤处理不仅加速而且加强了这种变化。变化包括三个方面:界面层区域中的化学反应,固体通过界面层扩散,晶体结构变化(再结晶)。

附着力与制备工艺因素如基板温度、真空度、淀积速率、蒸气入射角和淀积方法等密切相关。提高基板温度,有助于加速化学反应和互扩散,因而使附着力提高。同样,适当的氧气和水汽分压,也可增强化学反应。增加淀积速率,由于降低了基板与膜料的反应概率,附着力趋向于降低;但是另一方面,又有利于增加淀积分子的动能而改善附着力。淀积原子入射到基板上的入射角增大,阴影效应增加,膜涉及层的柱状结构显著,附着力降低。不同的淀积方法提供给淀积原子的动能差异很大,淀积原子动能越大,膜层的附着力越强。因而离子镀、溅射薄膜的附着力明显地比热蒸发强。

一般而言,膜层结构越疏松,膜层附着力越低。这是因为潮气进入膜层后,不仅阻挡了穿过柱体之间的键合力,而且使薄膜的张应力下降,有时甚至变成压应力。这二者均使薄膜柱体之间的作用力降低,从而导致薄膜耐久性珀罗退化。此外,薄膜与薄膜,或薄膜与基板表面的吸附水气还会减少表面能,对难熔的氧化物高能固体表面,表面能的降低可达一个数量级大小,这使得膜层剥落所做的功显著减小了,因而膜层附着失败的概率大大增加。

2. 硬度

薄膜的硬度来自原子间力的相互作用,它与抗磨损、润滑等性质直接相关。快速淀积在冷基板上的纯金属膜,是含有无序成分的晶体结构,硬度较高;回火或加热基板上淀积的金属膜能产生较好的有序结构,使硬度降低。但是,由于工艺因素的复杂性,实际膜层不一定遵从这一规律。对合金膜,硬度随晶粒尺寸的减小而增大。氧化物膜是一种高硬度的薄膜,它与金属相反,在低温下制备的薄膜硬度较低,其原因是聚集密度较低的缘故。随着基板温度升高,膜的硬度增强。氟化物和硫化物的硬度比之于氧化物要差很多。表 5-8 列出了一些金属、氧化物和氟化物膜的硬度。

表 5-8　几种金属、氧化物和氟化物膜的硬度

薄　膜	努氏硬度($\times 9.8\text{N/mm}^2$)
Ag	$60 \sim 90$
Al	$100 \sim 140$
Cr	$650 \sim 940$
Al_2O_3	2100
TiO_2	880
SiO_2	780
MgF_2	430
CaF_2	163
SrF_2	140
BaF_2	82

　　薄膜硬度是薄膜抗变形、磨损和断裂的量度,常用的计量单位为 kg/mm^2 和 N/mm^2。根据测试方法不同,常用努氏(或克氏)硬度、维氏硬度和布氏硬度来表示。还有一种是用相对硬度来表示,并分为 $1 \sim 10$ 个等级,1 和 10 这两个数字分别相当于滑石和金刚石的硬度。这种方法的硬度称之莫氏硬度。

　　3. 应力

　　根据广义的胡克定律,作用于薄膜的应力 T_{ik} 与它所引起的应变 x_{lm} 成正比,即

$$T_{ik} = \sum C_{ik} x_{lm}$$

比例系数 C_{ik} 叫作弹性系数。对立方晶系,有三个独立的系数 C_{11},C_{12} 和 C_{44}。应变分量可以看作是应力分量的线性函数,这时相应分量的比例系数 S_{ik} 叫弹性模量。对立方晶系,弹性系数和弹性模量之间的关系

$$S_{11} = \frac{C_{11} + C_{12}}{(C_{11} + 2C_{12})(C_{11} - C_{12})}$$

$$S_{12} = \frac{-C_{12}}{(C_{11} + 2C_{12})(C_{11} - C_{12})}$$

$$S_{44} = 1/C_{44}$$

　　杨氏模量 E 可表示为

$$E = F / \left(\frac{\Delta x}{x} \right)$$

式中 F 是垂直作用于单位面积上的力,$\Delta x / x$ 是相对应变。无定形膜的杨氏模量是各方向一样的,但是晶体与作用力的方向有关。杨氏模量可用弹性系数来表示,对立方晶系有

$$E = \frac{(C_{11} + 2C_{12})(C_{11} - C_{12})}{C_{11} + C_{12}}$$

　　泊松系数 ν 为相对横向收缩(膨胀)$\dfrac{\Delta d}{d}$ 与相对纵向伸张(压缩)$\dfrac{\Delta x}{x}$ 之比,即

$$\nu = \frac{\Delta d}{d} \bigg/ \frac{\Delta x}{x}$$

　　上述参数对考虑薄膜形变和薄膜应力是很重要的。

　　几乎所有的薄膜都存在着很大的应力,它对薄膜的性能,特别是牢固度产生很大的威胁。薄膜应力通常分为张应力和压应力。习惯上把张应力取正号,压应力取负号。

薄膜应力与薄膜柱体的作用力密切相关。对介质膜,典型的应力值为 $10^4\mathrm{N/cm^2}$ 数量级。应力特性虽因材料而异,但总体上高聚集密度的薄膜,由于其柱体之间空隙很小,因而它们之间产生一个排斥力,其宏观应力呈现压应力(如图 5-55 所示)。反之,低聚集密度的薄膜呈现张应力。当薄膜为压应力时,薄膜相对于基板表面有扩张趋势;由于基板的变形,薄膜弯曲将使薄膜厚度变薄;如果膜层的压应力超过薄膜的弹性限度,薄膜就会破裂,破裂时向内卷缩(如图 5-56 所示)。相反,薄膜出现张应力时,薄膜相对于基板表面有收缩趋势,基板变形使薄膜厚度变厚,破裂时向外卷缩。用机械弹簧理论解释是比较容易理解的,即当薄膜结构比较疏松时,相当于弹簧处于拉力作用下,因此弹簧势必产生收缩的反作用力,这相当于薄膜产生与收缩相反的张应力,反之产生压应力。

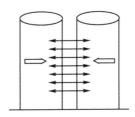

图 5-55　薄膜柱体间的作用力

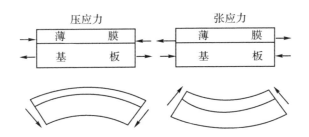

图 5-56　薄膜应力产生的两种形变

在金属膜中,应力的范围为 $10^3\sim10^5\mathrm{N/cm^2}$,并多以张应力形式出现。其中,钼、钽等难熔金属膜的应力约为 $10^5\mathrm{N/cm^2}$,金、银、铜、铝等金属膜约为 $10^3\mathrm{N/cm^2}$。

薄膜应力是表面张力 S_s、热应力 S_T 和内应力 S_I 三部分组成的。表面张力也是一种应力,固体的表面张力约为 $10^{-2}\sim10^{-3}\mathrm{N/cm^2}$,如果膜层上表面的表面张力为 δ_1,膜层与基板表面的张力为 δ_2,则由此产生的表面张力

$$S_s=(\delta_1+\delta_2)/d$$

d 是薄膜厚度。虽然表面张力也会产生应力,但是薄膜中的应力主要来源于热应力和内应力。

热应力主要是由于膜层和基板之间的热膨胀系数不同而引起的,它可表示为

$$S_T=\int_{T_M}^{T_S}E_f(\alpha_f-\alpha_s)\mathrm{d}T$$

式中,T_S 和 T_M 分别为淀积和测量时的基板温度;α_f 和 α_s 分别为薄膜和基板的热膨胀系数;E_f 为薄膜的杨氏模数。如果 E_f,α_f 和 α_s 不随温度而变化,则上式改写成

$$S_T=(\alpha_f-\alpha_s)E_f\Delta T$$

式中 $\Delta T=T_S-T_M$。金属的热膨胀系数范围为 $(10\sim20)\times10^{-6}/℃$,玻璃的热膨胀系数约

为 $8 \times 10^{-6}/{}^{\circ}\mathrm{C}$，故 $\alpha_f - \alpha_s > 0$。在室温下测定高温时淀积于玻璃上的金属膜，$\Delta T > 0$，因此 $S_T > 0$，即金属膜的热应力是张应力。其实，绝大部分玻璃上的介质膜的热应力也是张应力。反之，NaCl，KCl 等碱金属卤化物的热膨胀系数约为 $(30 \sim 40) \times 10^{-6}/{}^{\circ}\mathrm{C}$。故当 $\Delta T > 0$ 时，$S_T < 0$，即金属膜淀积在碱金属卤化物基板上时，热应力为压应力。这说明通过选择基板材料和淀积温度可以调节热应力的大小和性质。

热应力的数量级虽然可达 $10^4\,\mathrm{N/cm^2}$，但是在一些高熔点金属（Ni，Ta，Mo 等）和 C，MgF_2，CeF_3，ZrO_2，MgO 等介质薄膜中，由于内应力较大，热应力并非主要成分。在 Ag，Cu，$PbCl_3$ 等膜中，热应力占有重要比例。而在 In，Sn，Pb 等软金属膜中，内应力小于 $5 \times 10^2\,\mathrm{N/cm^2}$，薄膜的应力主要是热应力。

内应力又称本征应力，它主要取决于薄膜的微观结构和缺陷等因素。Hoffman 等提出的模型认为内应力与晶核生长、合并过程中产生的晶粒间的弹性应力相关，其平均值为

$$S_I = [E_f/(1-\nu_f)]\Delta/D$$

式中，E_f，ν_f 是薄膜的杨氏模量和泊松系数，Δ 是晶界收缩，D 是平均晶粒尺寸。根据晶粒间界模型，下述两种情况可使内应力减小：一种是平均晶粒尺寸 D 增大，晶粒间界和表面减小。另一种是吸附和分凝相使表面自由能减小，即膜中含有外来杂质，不但降低了张应力，甚至可能产生压应力。Klokholm 认为内应力起因于薄膜中无序物质的退火和收缩。在基板温度较低时，退火速率（Γ）远小于膜的淀积速率（R），即 $\Gamma \ll R$，故大量无序物质被埋入膜中，S 增大；当基板温度较高时，$\Gamma \gg R$，退火作用使无序物质减少，S_I 减小。

淀积工艺对应力的影响极其复杂，也正因为这样，许多资料所报告的结果相差甚大。

基板温度：基板温度既影响热应力，又影响内应力。如图 5-57 所示，随着基板温度升高，内应力减小，热应力增加。对金属膜，低温基板上的膜层，内应力常是张应力，随着基板温度升高，张应力逐渐减小，直到某一温度附近，张应力接近于零，甚至可能变成压应力。对低熔点金属，这个转变温度较低。对介质膜，虽然总体上应力随基板温度的变化比较复杂，但由于多数玻璃上的薄膜呈现张应力，所以基板温度升高，薄膜致密化引起的张应力减小或者甚至产生压应力，这可以补偿热应力造成的张应力升高，甚至使应力趋向于零[①]。但如果薄膜本身聚集密度较高，则基板升温对膜层致密化的贡献很小，这时，可能反而导致热应力增加。

膜厚：Kinosita 发现，应力剧增的厚度范围刚好是小岛互相合并和形成网状结构阶段。ZnS 膜和 Ag 膜等大约在厚度 20nm 时应力最大，这时膜接近连续，此应力是岛合并时体积收缩引起的。随着膜厚继续增加会发生再结晶，使应力减小。然后应力又会随着膜厚增加而上升，所以应力和膜厚的关系是一个"N"形。当厚度大到一定程度时，膜层就会破裂。对 MgF_2 破裂膜厚为 $600 \sim 700\,\mathrm{nm}$，但对 ZnS 则可达到 $5\,\mu\mathrm{m}$ 以上。

热处理：薄膜在空气中烘烤对于消除缺陷和减小应力有着重要的作用。在低温退火时，原子主要通过晶格振动交换能量，使位于畸变位置的原子得到恢复。在较高温度下，产生体内和界面扩散，消除"冻结"的薄膜缺陷，甚至发生再结晶，使晶粒增大，晶界减小，应力降低。

混合膜和多层膜：如图 5-58 所示，用具有压应力和张应力两种材料混合的单层膜或由它们组成的多层膜可显著降低薄膜应力。

---

① 顾培夫等.物理学报,55(12),257,(2006).

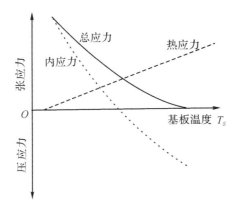

图 5-57 不同基板温度时的薄膜应力

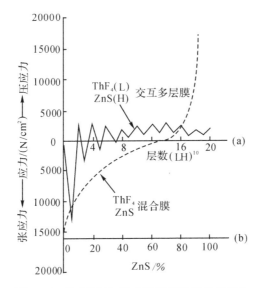

图 5-58 ZnS/ThF₄ 混合膜和多层膜的内应力

(a)多层膜 (b)混合膜

多层膜的积累应力可表示成

$$S=\sum_{i=1}^{N}(S_i m_i)\Big/\sum_{i=1}^{N}m_i$$

对由高、低折射率两种材料组成的简单膜系,有

$$S=\frac{S_H m_H+S_L m_L}{m_H+m_L}$$

式中:S_H,S_L 分别为高、低折射率材料的应力,m_H 和 m_L 为高、低折射率的层数。

在具有张应力的 MgF_2 膜中掺入大约 4% mol 的 CaF_2 和 BaF_2,虽然 CaF_2 和 BaF_2 也呈张应力,但却使 MgF_2 膜的内应力降低一半。这是因为 CaF_2 和 BaF_2 作为分凝相存在于 MgF_2 膜中,使表面自由能降低的缘故。

5.4.5 抗激光损伤

激光是一种亮度极高的强光源,将一束高功率的激光会聚在极小的面积上,原则上可以摧毁一切目标。激光的这一特征反过来又威胁到激光器本身元件和薄膜的安全。

薄膜承受激光损伤的能力比较弱,但是相对于其他的激光元件和激光材料,对薄膜的破坏研究却是起步最晚。

1. 激光对薄膜的破坏作用

激光对薄膜的破坏机理尽管很复杂,但概括起来主要是两种:一是热,二是场。

热效应:激光作用在薄膜上之所以会产生热,主要是因为薄膜吸收激光能量引起的。由于薄膜存在着本征吸收和外因吸收,这两种吸收随着温度的升高而成指数增加。Kuster 等测定了膜厚 500nm 的 Al_2O_3,BeO,MgO,HfO_2,ZrO_2,Nd_2O_3,CeO_2,TiO_2 和 SiO_2 膜的吸收系数,发现当膜层表面温度达到 $625\pm55℃$ 时,所有膜层几乎都出现损伤,而不管膜料的熔点温度有多高(这些膜料的熔点温度在 $1840\sim2700℃$)。由此看来,出现损伤的最终温度大概主要是基板材料的熔化点,而不是膜料本身的熔点决定的。

薄膜吸收激光能量后,不仅温度升高,而且由于短时间内的急剧加热,在局部热点周围产生热弹性压力和热应力波,从而加剧了薄膜的最后破坏。

薄膜热破坏与材料的热传导等密切相关。损伤阈值正比于 $T_m\sqrt{CKt}$,其中 T_m,C,K 和 t 分别为材料的熔点温度、比热、热导和脉冲持续时间,因此与热传导有关的激光波长、脉冲宽度、光斑面积、重复频率和激光模式等都将影响阈值。Wolfe 给出了在消光系数基本稳定的波长区域,损伤阈值与 λ^m 成正比($0<m<1$),所以较长波长的激光损伤阈值高于较短波长的激光。类似地,阈值也正比于 τ^n,τ 是脉冲宽度(FWHM),n 大约为 $0.3\sim0.5$。n 随材料和制备工艺而异,典型值为 0.35 附近,即较大的脉冲宽度具有较高的损伤阈值。这就是说,激光对薄膜的破坏,是能量破坏和功率破坏的综合结果。对特定的薄膜,在长脉冲激光作用下,它主要表现为热破坏;而在短脉冲作用下,它则表现为弹性波或热应力波的破坏。阈值与光斑直径 d 的关系遵守 d^{-m},m 约为 $1\sim2$,即较小的作用光斑产生较高的阈值。或者说,在同样的激光输出条件下,光斑越小破坏的概率越小,反之破坏概率增大。当光斑大到一定程度,破坏阈值趋于一个稳定值。较高的脉冲重复频率产生较低的阈值,在相同的条件下,它可比单脉冲低一个数量级,其机理可能主要是积累升温引起的。此外,多模激光的阈值低于单模激光。

场效应:高强度的激光可以在介质内部形成高频强场。介质膜在高频场的作用下,可能产生类似于介电击穿的电子雪崩离化,导致薄膜损伤。损伤过程大致是这样的:由于热离化或表面缺陷形成的场离化,使介质膜内部产生自由电子。这些自由电子在激光场中吸收能量而使自己的能量大大增加,当它们与介质材料的原子碰撞时,便会从中打出电子。这种过程继续下去便会产生雪崩式的离化。雪崩离化与薄膜内部的电场相关,电场越大,损伤的可能性越大。这种损伤机理在低功率激光时是不明显的,随着激光功率增加,这种作用将逐渐加强。在超短脉冲的大功率激光中,它可能是导致薄膜损伤的主要原因。

热吸收和场离化都可能是薄膜损伤的起源,而表面等离子体可能对破坏的发展起着重要的作用。一旦薄膜开始损伤,就会产生很强的等离子体闪光。等离子体的产生大大增加了薄膜吸收,进一步加速了薄膜的破坏。

激光损伤大致可分为两种:长脉冲和短脉冲。在长脉冲的应用中,材料的本征吸收和外因吸收看来是主要的限制。激光辐射导致膜层升温,直到出现膜层和基板破坏。在短脉冲损伤的情况下,其迹象与介电击穿相似。它与多层膜中驻波的峰值电场相关,也可能与缺陷和杂质相关。但是,不管损伤的原因如何,因为膜层的微观结构特性和化学计量与大块材料不一致,所以得到比大块材料低的激光损伤阈值是不奇怪的。

2. 提高薄膜损伤阈值的途径

考虑到不同的膜系损伤机理有所不同,所以下面具体针对减反射(AR)和高反射(HR)膜进行讨论。

对 AR 膜的激光损伤实验或许是最主要的,因为 AR 膜是所有膜层中最容易损坏的。这一方面是由于 AR 膜需要承受最大的能量;另一方面,AR 膜的作用是要引导入射电磁波穿过基板,比基板和膜层中残余吸收高的基板—膜层表面,便成了 AR 膜低阈值的主要原因。

采用电子显微镜研究 AR 膜损伤时的结构演变,证实 AR 膜的损伤确实始于基板表面。研究的膜层是 4 层 SiO_2/TiO_2 的 AR 膜。开始,似乎在接近玻璃基板和第一层 TiO_2 膜的表面上产生一个很小的高热点,强烈的热作用使玻璃熔化,并产生大的压力,引起膜层破裂。破裂的膜层向外发展,当破裂达到表面时,玻璃从陷口的中心熔化。

根据 AR 膜的破坏机理,为了提高损伤阈值,主要的努力是集中在基板的预备、内保护层和镀层材料上。首先是基板的表面光洁度,对一组熔融石英基板,用普通工艺抛光,其均方根表面粗糙度为 2nm;另一些用钵进料工艺抛光,抛光时,砂浆是循环的,由于磨料粒子的破碎,因此粒子越抛越细,从而可得到不大于 0.5nm 的光滑表面。损伤阈值与 σ^{-m} 成比例,σ 是均方根粗糙度,m 为 0.4~0.6。图 5-59 表示这两种基板上相同的 4 层 SiO_2/TiO_2 的 AR 膜阈值($\lambda_0=1.06\mu m$,脉冲宽度 1ns)。显然,光洁度较高的基板,出现高阈值的概率明显增加,对相同光洁度的石英基板和 K9 玻璃,SiO_2/TiO_2 AR 膜的阈值基本上是相同的。此外,基板的清洁也是非常重要的,离子轰击后的基板常使阈值降低,这是因为基板表面的缺陷增加。

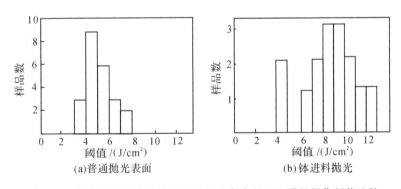

图 5-59 用两种不同方法抛光的基板上制备的 AR 膜的损伤阈值比较

其次是内保护层。在 SiO_2/TiO_2 或 SiO_2/Ta_2O_5 中,AR 膜的第一层高折射率膜和基板之间先淀积一层 $\lambda/2$ 厚的 SiO_2 或 Al_2O_3 内保护层,对 $1.06\mu m$,0.15ns 的激光,平均阈值可提高 30%。同样,对高折射率层为 ZrO_2 或 Al_2O_3 的 AR 膜,平均阈值分别提高 35% 和 50%,最多可达 90%。紫外大功率准分子激光常用 MgF_2/Sc_2O_3 和 SiO_2/Sc_2O_3 的 AR 膜,$\lambda/2$ 的 MgF_2 或 SiO_2 内保护层,使平均阈值从无保护膜时的 $4J/cm^2$ 分别上升到大约 $5J/cm^2$ 和 $6J/cm^2$。

此外,还测量了许多不同材料制成的 AR 膜的损伤阈值,包括 SiO_2 与高折射率材料 TiO_2,Ta_2O_5,ZrO_2 和 Al_2O_3 的组合,还有 MgF_2,NaF,Na_3AlF_6,MgF_2/ThF_4,MgF_2/PbF_2,ZnS/ThF_4 等单层、双层和 4 层 AR 膜。发现所有这些膜层没有一个损伤阈值自始至终地优于 4 层 SiO_2/TiO_2 AR 膜的平均阈值 $5J/cm^2$,尽管少数 SiO_2/Ta_2O_5 AR 膜的损伤阈值达到了 $8\sim12J/cm^2$。用 $50\%MgF_2+50\%SiO_2$ 薄膜,对 $1.06\mu m$,30ns 激光,阈值从纯 MgF_2 或 SiO_2 的 $1.5J/cm^2$ 上升到 $2.5J/cm^2$。用紫外 248nm,20ns 的准分子激光测量了 LaF_3/SiO_2,ThF_4/SiO_2,Sc_2O_3/MgF_2,SiO_2/MgF_2 和 Sc_3O_3/SiO_2 AR 膜,其阈值均在 $4\sim6J/cm^2$,并以 Sc_2O_3/SiO_2 为最高。损伤阈值与膜层折射率和消光系数的关系示于图 5-60。除了少数材料外,总的趋势是随着折射率和消光系数的降低,阈值增加。

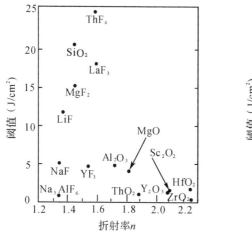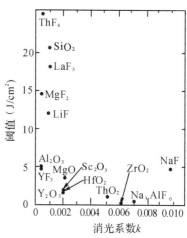

图 5-60 膜层折射率 n 和消光系数 k 与损伤阈值的关系

膜层宏观缺陷导致损伤阈值降低是在预料之中的。图 5-61 表示膜层中的裂纹、刻痕和球孔附近的电场情况,这些缺陷的典型尺寸是 $r=0.1\mu m$,$c=0.1\mu m$ 和 $a=1\mu m$。由图可见,这些缺陷,特别是裂纹附近的电场大大提高,因而导致阈值明显降低。就微观结构来说,60% 的金红石 $+40\%$ 的锐钛矿组成的 TiO_2 膜与 100% 金红石的 TiO_2 膜损伤阈值似乎没有多大差别,但是,在一组金红石膜中,晶粒尺寸从直径 63nm 减小到接近无定形膜层时,损伤阈值单调地从 $1J/cm^2$ 增加到 $9J/cm^2$。缺陷损伤是薄膜损伤的主要原因,即缺陷吸收热量导致升温。这种缺陷不可避免地会存在于薄膜表面和内部,以这种缺陷核为中心的损伤已从实验和理论上都得到了证明。

有人研究了淀积参数对 SiO_2/TiO_2 和 SiO_2/Ta_2O_5 两种 AR 膜损伤阈值的影响。研究的参数主要有三个:第一是基板温度($175\sim350℃$);第二是氧气压力($0.9\times10^{-2}\sim2.6\times10^{-2}Pa$);第三是淀积速率(0.15 和 0.5nm/s)。测量表明,以最低温度(即 $175℃$)淀积的膜层具有最高的损伤阈值;氧压过小(如 $5\times10^{-3}Pa$),TiO_2 和 Ta_2O_5 吸收大,氧压过大(如 $4\times10^{-2}Pa$),膜较软,因此氧压以 $(1\sim2)\times10^{-2}Pa$ 为宜;淀积速率取 0.15nm/s。

对 HR 膜,除 $10.6\mu m$ 的 CO_2 激光器常采用金属基板上的 ZnS/ThF_4 膜外,其他近红外和可见区激光器多采用氧化物制作反射镜。以 $\lambda_0=1.06\mu m$ 的 15 层膜为例,若各层膜的光学厚度为 $\lambda_0/4$,$n(SiO_2)=1.45$,$n(TiO_2)=2.2$,则 15 层膜的理论反射率为 99.6%。与 AR 膜相反,HR 膜是反射电磁波的,并在膜内建立一驻波场。在空气界面上电场强度是零,而

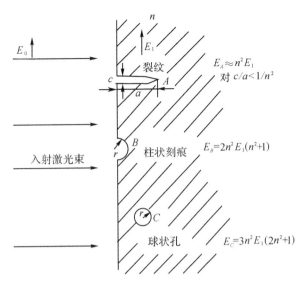

图 5-61　在宏观缺陷附近的电场

第 1 个 TiO_2/SiO_2 界面上电场强度上升到极大值 $0.82E_0^2$，其中 E_0 是入射电场。到第二个 SiO_2/TiO_2 表面又降到零，进一步深入膜层，电场强度呈周期变化，但振幅迅速下降。这一过程如图 5-62(a) 所示。

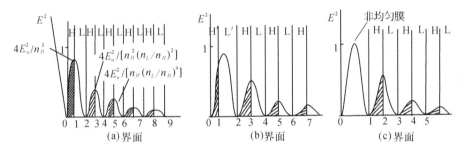

图 5-62　激光反射镜中的电场分布

　　激光最大吸收发生在空气侧第一层 TiO_2 膜层和极大电场强度的界面上，因为吸收的能量与场强和膜层的吸收系数成正比，所以通常 HR 膜的损伤首先开始在最外层 TiO_2 膜或第一个 HL 界面上。基于这一原因，图 5-62(b) 和 (c) 所示的两种新的反射镜设计常被应用。(b) 是最佳膜对，通过减薄高折射率 TiO_2 膜的厚度，而相应地增加低折射率 SiO_2 膜的厚度，使这两层膜的有效光学厚度仍保持 $\lambda/2$。这样，最外层 TiO_2 膜和第一个 H′L′ 界面上的电场强度便大大降低，虽然 SiO_2 膜中的电场强度略有增大，但是，由于 SiO_2 膜的吸收系数通常要比 TiO_2 膜小 1～2 个数量级，所以对吸收的影响不大。用 $1.06\mu m$，30ps 激光脉冲试验表明，损伤阈值要比普通 $\lambda/4$ 堆反射镜高 48%。(c) 是用一层折射率从内向空气侧逐渐升高的非均匀膜来代替一对 LH 膜，由于最大驻波强度所处的界面消失，所以排除了由此界面引起损坏的可能性。

　　由于 HR 膜在空气侧易损伤，故在空气侧加一层半波长整数倍厚度的 SiO_2 保护膜可显著改善抗损伤性能。对 $\lambda/2$ 保护膜，SiO_2/TiO_2 的 HR 膜平均损伤阈值从无保护膜的

8.8J/cm² 上升到 14.4J/cm²,提高了 60％。图 5-63 是两种反射镜损伤概率的比较($\lambda_0 =$ 1.06μm,脉宽 1ns)。试验指出,增大保护膜的厚度到一个波长或更厚,阈值进一步提高。保护层使反射镜的损伤阈值提高主要归因于:一,SiO₂ 膜是无定形结构,并是压应力,这使反射镜的抗裂能力大为增加。普通反射镜外侧是 TiO₂,它是结晶的且处于张应力,容易破裂。二,SiO₂ 膜可作为防止 TiO₂ 膜受潮气等污染的保护膜。三,SiO₂ 膜吸收小,不易损伤。

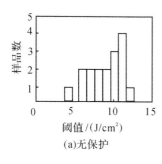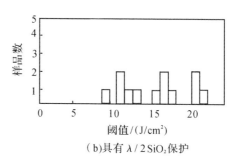

(a)无保护   (b)具有 $\lambda/2$ SiO₂ 保护

图 5-63   加保护膜前后 HR 膜的阈值比较

在 HR 膜损伤中,界面吸收是一个重要的因素。不考虑界面的吸收可以认为是一种理想情况,实际情况明显地偏离这种理想情况,因为一,两种材料形成的交界面上柱体生长不连续,因此成为潮气渗透的通道。二,交界面的两种材料互相扩散渗透,形成晶格缺陷。三,交界面切换蒸汽源时易产生杂质污染。四,交界面上有较大的粗糙度。五,基板-膜层界面各种吸附层和基板粗糙度缺陷等都会导致界面吸收大大增加,有时甚至高出膜层内部吸收的 1 个数量级以上。所以如何抑制界面吸收和通过驻波场设计减小界面吸收的影响是一个不容忽视的问题。

对制备方法和材料的研究发现,离子束溅射和电子束蒸发是一些比较成功的低吸收、低缺陷密度的制备方法。采用离子辅助淀积技术,选择适当的低能离子辅助有助于提高损伤阈值,或者至少达到未辅助时的阈值水平,否则反而会明显增加缺陷,降低损伤阈值。作为反射镜的高折射率材料,HfO₂、Ta₂O₅ 或 ZrO₂-Y₂O₃ 混合料(通常 Y₂O₃ 含量为 10％～12％)是一些比较有吸引力的材料,特别是 HfO₂ 的应用较为广泛。在溅射淀积中,常使用 Hf 和 Ta 靶,这些靶材的杂质处理是比较困难的。如 Hf 中的 Zr,Ta,Nb,Ti,它们在元素周期表中很接近,性质的类似给分离增加了困难。此外还有诸如 Fe,Ni,Cu 等杂质。Ta 靶相对说来可以做得比 Hf 靶的纯度高得多,主要杂质也是周期表中 Ta 附近的 Nb 和 Mo 等。

提高反射镜损伤阈值的另一个有效途径是后处理技术,包括低能离子轰击、退火处理和激光预处理等。薄膜经低能离子轰击后,表面缺陷减少,吸收降低,所以损伤阈值显著提高。合适的退火工艺,可以减少薄膜淀积过程中因失氧引入的吸收缺陷,提高薄膜的阈值。同时退火后薄膜的结晶状况可能发生改变,因而改善薄膜的性能。退火温度在某些场合虽然可以到达 400℃,但一般不超过 350℃。太高的退火温度对短脉冲激光反而会降低损伤阈值。激光预处理对提高损伤阈值的效果也非常显著,对 YAG 激光反射镜,可以用小光斑的 YAG 扫描进行处理,扫描处理的初始能量,比如说为阈值的 15％～20％,然后分步逐渐提升处理能量。小光斑处理效果好,但耗时长,因此也可采用诸如 CO₂ 激光进行大光斑处理。

高阈值反射镜的制备工艺非常关键,主要围绕着如何减少缺陷和降低吸收这两个重要参数来设计工艺过程。因此,诸如基板的加工和清洁处理、基板表面的吸附和污染、薄膜材料的处理和预熔、离子辅助的参数设置、淀积参数的优选和膜层的后处理等都是不可忽视的。这些因素的影响比较复杂,虽然有各种各样的实验结果报道,例如,膜层淀积前离子轰击清洁基板表面可望阈值升高,淀积速率太快导致薄膜粗糙度增加而降低损伤阈值,较高基板温度上的薄膜损伤阈值比较低基板温度的高等等,但这些结论都是在特定的工艺条件下得到的,不一定带有普遍性,需要根据实际情况进行实验。

对近红外激光,有时除了使用主频波长 1053nm 或 1064nm 外,同时使用二倍频,其至三倍频所对应的波长 530nm 和 350nm。这里,显然最困难的是 350nm,因为短波长薄膜的杂质吸收更加明显,消光系数急剧增加,而且薄膜内部电场改变,光子能量增大。所以短波长反射镜的损伤阈值常常是高阈值反射镜的瓶颈。这就要求考虑膜系设计、制备方法、薄膜材料和工艺因素时,重点放在如何抑制短波长的缺陷和吸收上。就薄膜节瘤缺陷而言,对波长 1060nm 的激光,直径小于 $0.7\mu m$ 的节瘤几乎对激光损伤不产生影响。而对中红外氟化氪激光(波长 $3.8\mu m$),这个临界缺陷尺寸可达 $3\mu m$。由此或许可以推知,对波长 350nm,即使是非常小的缺陷,也将对损伤阈值产生影响。这就意味着对短波不仅缺陷吸收增加,而且缺陷密度显著增多。

近红外与可见区 HR 膜常用 SiO_2/TiO_2,SiO_2/Ta_2O_5,SiO_2/HfO_2,$SiO_2/ZrO_2-Y_2O_3$ 和 MgF_2/ZnS 等组合,其中以 SiO_2/Ta_2O_5,$SiO_2/ZrO_2-Y_2O_3$ 和 SiO_2/HfO_2 的阈值较高。图 5-64 是紫外 248nm 的反射镜材料组合及其阈值,并以 MgO/LiF 和 Sc_2O_3/MgF_2 的阈值最高。

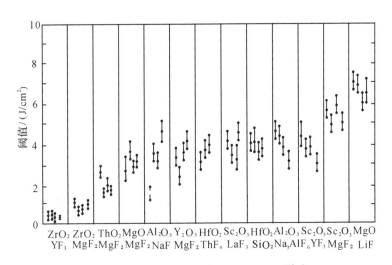

图 5-64　紫外材料的损伤阈值。$\lambda_0 = 248nm$,脉宽 20ns

反射镜反射率越高,损伤阈值越大。对于一个 $45°$ 角使用的 HR 膜,对 s 偏振的破坏阈值是 $10\sim12J/cm^2$,而对 p 偏振是 $4\sim5J/cm^2$。当垂直入射时,破坏阈值为 $14\sim15J/cm^2$。p 偏振光的阈值降低,与低反射时破坏的特征相类似。

激光对薄膜的损伤是一个很复杂的问题,影响损伤的因素很多。与薄膜相关的有:折射率、吸收、散射、应力、聚集密度、晶粒大小、膜层缺陷、机械性质、热性质、保护膜和驻波场分布等。与基板相关的有:基板吸收、表面光洁度、清洁度和处理方法、热性质等。与激光束相关的有:功率密度、激光波长、脉冲宽度和重复频率、预辐照及冷却等。所以,要提高损伤阈值,必须综合分析,全面考虑各种因素的作用。

5.5 薄膜微观结构的改善

薄膜微观结构与其光学、力学和电学性质密切相关,要提高薄膜性能,必须改善其微观结构特性。

改善微观结构的途径主要从选择薄膜材料、控制制备参数和改进淀积方法等入手。

1. 薄膜材料

金属薄膜的结构和其熔点相关,并可分为三类:熔点高于1900℃的金属,其薄膜呈致密的微晶,晶粒小于1.5nm,并与膜厚无关;熔点在600～1900℃的金属,当膜很薄时,呈微晶,随着膜厚增加,晶粒增大,无择优取向;熔点低于600℃的金属呈大晶粒,并具有择优取向。

对于介质膜,一般高温材料的晶粒细,低温材料的晶粒粗。其中硫属化合物和半导体薄膜比较致密,氟化物和氧化物薄膜比较疏松,例外的有 NaF,LiF,Al$_2$O$_3$ 和 SiO$_2$ 等少数材料,它们有较高的膜层密度。

掺杂薄膜可提高膜层结构的致密性,减小结晶化程度,甚至使多晶态向无定形态转化。图 5-65 是掺杂薄膜生长过程的计算机模拟。可以看出,掺杂膜的聚集密度高于未掺杂膜,其机理可以认为是小分子填充薄膜空隙的结果。掺杂薄膜除了能增加聚集密度外,对改善晶体结构、提高氧化度(减少吸收)和减少应力等都有显著作用。就改善晶体结构而言,比较典型的有 ZrO$_2$。ZrO$_2$ 随着温度上升有三种晶体结构:单斜、四方和立方。Klinger 等人发现,很薄的 ZrO$_2$ 膜呈现立方结构,但当厚度大于 $\lambda_0/4$ ($\lambda_0=600$nm)时呈现单斜结构。由于 ZrO$_2$ 蒸发过程中会从单斜向四方结构转化,转化过程伴随着 3%～5% 的体积变化,从而造成膜料喷溅,缺陷增加。但如果 ZrO$_2$ 中加入 3% 的 Y$_2$O$_3$,则单斜相便基本消失,变成四方相和立方相共存。若 Y$_2$O$_3$ 含量超过 10%,则四方相减少,立方相占主导地位。当 Y$_2$O$_3$ 含量超过 12%,就变成了立方相。这样就避免了 ZrO$_2$ 的体积变化,抑制了 ZrO$_2$ 膜的相变。

2. 制备参数

薄膜结构在很大程度上取决于制备参数。一般说来,吸附原子的表面迁移率越高,结晶越容易。因而,入射粒子动能越大,基板温度越高,淀积速率越快(注意:太快的速率又会导致迁移率下降),膜越厚,退火温度越高,基板越光洁,越不活泼,其晶粒尺寸越大。图 5-66 是不同制备参数对晶粒尺寸的影响。

3. 淀积方法

改善薄膜微观结构有许多可行的淀积方法,包括离子辅助淀积 (Ion Assisted Deposition,IAD)、离子化的等离子辅助淀积 (Ionized Plasma Assisted Deposition,IPAD) 以及溅射和离子镀技术等。

离子辅助淀积技术是非常活跃的研究课题,并已被广泛应用,包括高质量的光通信密集波分复用(DWDM)滤光片的制备和高温条件下使用的各种光学薄膜器件。基于淀积原子或分子在基板表面的有限迁移率形成柱状薄膜结构的认识,如果在淀积过程中对生长的薄膜施行离子轰击,将离子携带的动量传递给淀积原子或分子,则可望淀积原子或分子的迁移率提高,进而使柱体结构生长受到抑制,薄膜聚集密度增加。图 5-67 表示离子辅助淀积

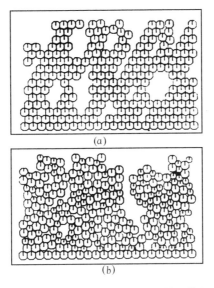

图 5-65　掺杂对结构影响的计算机模拟

(a)未掺杂　(b)掺杂

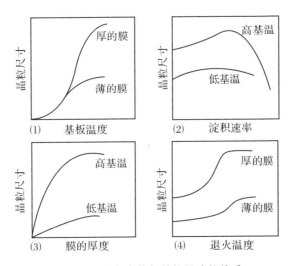

图 5-66　制备参数与晶粒尺寸的关系

系统和高能离子与淀积原子的相互作用。

Martain 等人利用离子流密度为 $16\mu A/cm^2$,600eV 的 Ar^+ 和 O_2^+ 轰击 ZrO_2,TiO_2 和 SiO_2 膜,膜层的光谱漂移大大减小,如表 5-9 所示,稳定性显著提高。用 ZrO_2-SiO_2 制成的干涉滤光片,离子轰击后的漂移量从常规工艺的 8nm 减小到 0.6nm。在电子显微镜中观察这种薄膜,得到了离子轰击薄膜倾向于破坏柱体生长的证据。用 X 射线衍射表明离子轰击提高了 ZrO_2 膜面心立方相的膜层生长。对离子辅助淀积过程的计算机模拟表明,离子轰击除了增加淀积分子的迁移率外,还存在着"轰平"的机械过程(图 5-68),两种机理的共同作用使膜层聚集密度增加。因而离子能量和到达基板的离子与原子(或分子)比 j_I/j_A 是提高膜层密度的决定性因素(图 5-69)。

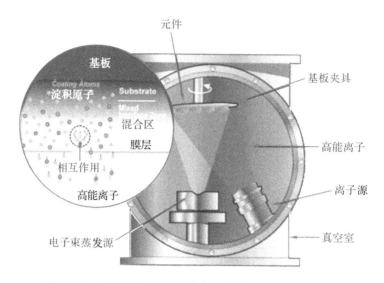

图 5-67　离子辅助淀积和高能离子与淀积原子的相互作用

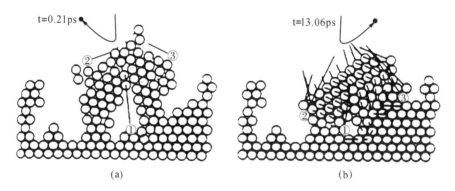

图 5-68　100eV 的 Ar⁺ 轰击生长 Ni 膜的计算机模拟

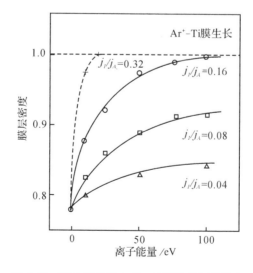

图 5-69　离子能量和 j_I/j_A 对膜层密度的影响

表 5-9　水吸附引起的光谱漂移量(%)

材　　　料	ZrO_2	TiO_2	SiO_2
冷基板 20℃	4.5	9.2	5.0
热基板 300℃	2.0	2.4	/
Ar^+/O_2^+ 轰击(基板 20℃)	<0.2	<0.2	<0.2

由图可知,若 j_I/j_A 很小,则离子能量必须增加。但是高能离子轰击会导致膜层光学损耗增加,因而我们总是希望提高 j_I/j_A。j_I/j_A 可由测量的离子流密度和膜层生长速率来计算。设基板上的离子流密度为 $50\mu A/cm^2$,因为 $1\mu A=10^{-6}C/s=6.25\times10^{12}$ 离子/s,故单位时间到达单位面积基板上的离子数为

$$j_I=50\times6.25\times10^{12} 离子/s \cdot cm^2$$

而单位时间到达单位面积基板上的淀积分子为

$$j_A=\frac{d\rho}{t}\frac{N_A}{M}$$

式中 d,ρ 和 M 是膜层的厚度、密度和膜料的分子量,N_A 为阿伏伽德罗常数($=6.025\times10^{23}$),t 为淀积时间。若用 100s 时间蒸发 $\lambda/4(\lambda=600nm)$ 厚的 MgF_2 膜,则 $j_A=3.2\times10^{15}$ 分子/$(s\cdot cm^2)$,于是 $j_I/j_A=0.1$。这意味着离子流密度尚嫌低,或者尚需降低淀积速率,以进一步提高 j_I/j_A。

离子辅助淀积在薄膜生产的实际应用中,以前主要受到两个方面的制约:第一,由于离子流密度嫌低,因而限制了淀积速率。对一个 $\lambda_0=600nm$ 的 Ta_2O_5-SiO_2 窄带滤光片实验证明,用离子流密度约 $12\mu A/cm^2$ 进行离子辅助淀积,若 $\lambda_0/4$ 的 Ta_2O_5 和 SiO_2 的淀积时间分别为 5 分钟和 1 分钟,则其淀积速率分别为 0.23nm/s 和 1.7nm/s。结果发现,滤光片吸潮后峰值波长仍有较大的漂移。其原因主要是 SiO_2 膜因淀积速率较大而使辅助效果退化,或者说 j_I/j_A 太小。以 SiO_2 为间隔层的滤光片漂移明显大于以 Ta_2O_5 为间隔层的滤光片也证明了这一点。现在的离子源已基本上克服了这一困难,如日本 OPTORUN 的 OIS 离子源,离子流密度可达 $150\mu A/cm^2$,因而 Ta_2O_5 和 SiO_2 的淀积速率可分别提高到 0.6nm/s 和 1.5nm/s。第二,离子辅助的有效区域比较狭小,因而在镜片架上不同位置上的薄膜特性不同。这个问题目前也已基本得到解决,均匀面积可达 $\varnothing1650mm$。图 5-70 是 OIS-II 离子源的离子流密度随不同束流的分布情况。

图 5-71 是 Leybold 公司的 IPAD 淀积系统。该系统采用先进的等离子源(Advanced Plasma Source,APS),产生很高的离化率。离子源放电室采用 Ar。Ar 离子既轰击基板上生长的薄膜,将其动能传递给淀积分子或原子,同时又能离化反应气体和蒸发材料,增加反应度。它可以在较低的基板温度上获得既致密牢固又吸收极低的膜层,因而特别适用于塑料眼镜镀膜,并成功地应用于高质量 DWDM 滤光片的制备。

图 5-72 是用常规工艺和 IPAD 技术制造的 TiO_2 单层膜的温度漂移特性,温度变化从室温 25℃ 逐渐上升至 200℃。可以看出,常规工艺制备的 TiO_2 膜随着温度升高,光谱曲线向短波移动,这主要是因为水汽解吸后膜层的平均折射率降低所致,其温度漂移比 IPAD 至少大一个数量级,而用 IPAD 制备的薄膜几乎看不到漂移。图 5-73 表示用 IPAD 技术制备的 TiO_2 膜在真空室中放气前后的光谱曲线漂移。可以看出,放气前后曲线完全重合,漂

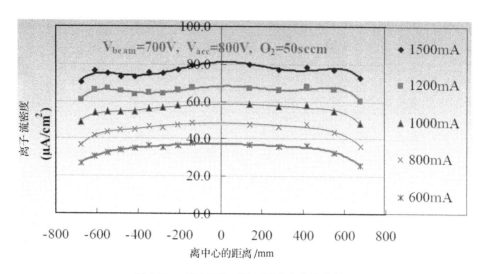

图 5-70　离子流密度随不同束流的分布情况

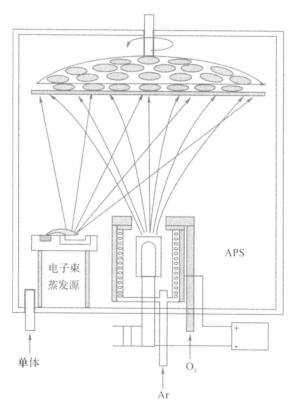

图 5-71　IPAD 淀积系统

移几乎为零，说明膜层聚集密度非常高。

　　溅射和离子镀技术在光学薄膜制备中的重要性可以说与日俱增。在各种溅射技术中，IBS（Ion Beam Sputtering）和 RAS（Radical Assisted sputtering）正在受到重视，此外离子镀（Ion Planting）技术在光学薄膜中的应用也引起了很大关注。图 5-74 是常规工艺和离子镀技术制备的 ZnS 膜的显微照片。离子镀制备的 ZnS 膜柱体结构得到了显著抑制，其形

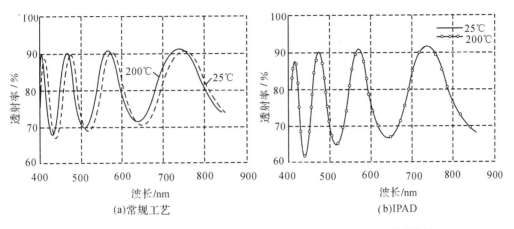

(a)常规工艺   (b)IPAD

图 5-72 用常规工艺和 IPAD 技术制造的 TiO_2 单层膜的温度漂移特性

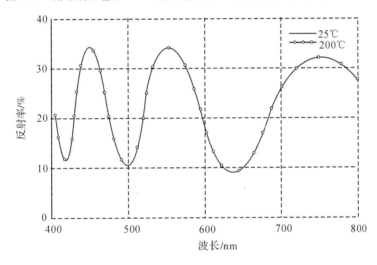

图 5-73 用 IPAD 技术制备的 TiO_2 膜在真空室中放气前后的光谱曲线漂移

貌已接近大块材料。由于离子镀薄膜致密牢固,所以在进行摩擦试验时只有很小的压痕,但常规工艺制备的 ZnS 膜在同样的试验条件下,膜层明显拉损,如图 5-75 所示。

(a) 常规工艺   (b)离子镀

图 5-74 常规工艺和离子镀技术制备的 ZnS 膜的微观结构显微照片

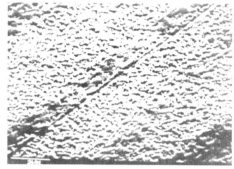

(a) 常规工艺　　　　　　　　　　　　　　　　　（b）离子镀

图 5-75　常规工艺和离子镀技术制备的 ZnS 膜摩擦试验后的显微照片

图 5-76 是常规热蒸发、离子辅助和低压反应离子镀淀积过程的计算机模拟。由于热蒸发的 Ti 原子只能获得大约 $0.2eV$ 的动能,因而形成明显的柱状结构。加上 $50eV$ 的 16% Ar^+ 轰击后,空隙显著减少。由于 Ar-Ti 的相互排斥作用,通常膜层所包含的 Ar 很少。离子镀中用 Ti^+ 代替 Ar^+ 轰击薄膜表面,由于 Ti^+ 和 Ti 质量相同,彼此吸引,因此 Ti^+ 被注入膜中,使膜层更为致密。表 5-10 是常规反应热蒸发(RE)、离子辅助淀积(IAD)和反应离子镀淀积(RIPD)三种方法制备的氧化物薄膜的特性比较。可以看出,低压反应离子镀是一种非常诱人的淀积技术。

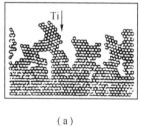

（a）　　　　　　　$E_i=50eV$　$J_i/J_A=0.16$　　　　　　　$E_i=50eV$　$J_i/J_A=0.16$
（b）　　　　　　　　　　　　（c）

图 5-76　Ti 膜生长过程的二维计算机模拟

（a）热蒸发　　（b）50eV、16% 的 Ar^+ 轰击　　（c）50eV、16% 的 Ti^+ 轰击

表 5-10　三种制备方法的参数及膜层特性比较

	RE	IAD	RIPD
初始材料	氧化物、低价氧化物	氧化物、低价氧化物	低价氧化物、金属
O_2 分压(Pa)	$10^{-3} \sim 10^{-2}$	$10^{-3} \sim 10^{-2}$	$10^{-2} \sim 10^{-1}$
基板偏压(V)	-100(电子枪二次电子)	0	$-(5 \sim 60)$
离子种类	无	Ar^+,O_2^+	Ar^+,O_2^+,M^+,MO_x^+
离子流密度($\mu A/cm^2$)	无	$20 \sim 100$	$\geqslant 500$
离子能量(eV)	0.1	$50 \sim 600$	$5 \sim 10(Ar^+,O_2^+)$ $5 \sim 50(M^+,MO_x^+)$
膜层结构区(见图 5-10)	1	2	3
聚集密度	$0.8 \sim 0.95$	$\leqslant 1$	1
内应力	张应力	可变	压应力
$n(\lambda=550nm$ 的 TiO_2 膜)	$2.15 \sim 2.30$	$2.30 \sim 2.40$	$\geqslant 2.45$

电场辅助对 ZnS/Na_3AlF_6 滤光片的稳定性也有重要的贡献。采用 3400V,50HZ 或 $-2400V$ 的 AC,DC 电场(图 5-77),可使滤光片吸潮后的光谱漂移减小到可以忽略的程度,而且膜层牢固度显著增加。

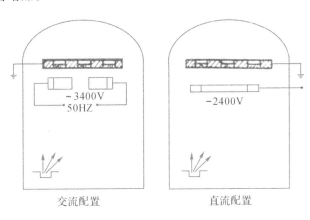

交流配置   直流配置

图 5-77　电场辅助的配置

电场辅助对 ZnS 和 Na_3AlF_6 的影响特别明显。其主要机理是:这两种材料的蒸发状态非常特殊。ZnS 在蒸发时会分解成 Zn 和 S,然后在基板表面重新复合成 ZnS;而 Na_3AlF_6 蒸发时易分解成 NaF 和 AlF_3,并在基板上再生成 Na_3AlF_6。这种蒸发形式使蒸发粒子在行进过程中带有一定的电荷,因而在强电场作用下可产生一定的加速作用,以增加淀积粒子的动能。

习　　题

5-1　SiO_2 薄膜从真空室到完全吸潮后,折射率从 1.45 上升至 1.46,试求其聚集密度为多少?

5-2　Ta_2O_5 薄膜从真空室到完全吸潮后,在波长 560nm 附近的极值透射峰移动了 20nm。设其大块材料(即柱体)的折射率为 2.4,试求聚集密度。

5-3　制备 $\lambda_0/4$ 的 TiO_2 单层膜的膜厚控制波长 $\lambda_0 = 600nm$,已知 TiO_2 材料的折射率 $n = 2.3$,膜层聚集密度为 $P = 0.9$,该膜层充分吸潮后的波长漂移量为多少?

5-4　在 K9 玻璃上某单层膜的实测透射率曲线如下页图所示,由此曲线反演该膜在波长 450nm 的折射率为 2.4,消光系数为 0.001,试求波长 450nm 处的吸收率。

5-5　设 TiO_2 和 SiO_2 的复折射率分别为 $N_H = 2.2 - i2 \times 10^{-4}$ 和 $N_L = 1.45 - i1 \times 10^{-5}$,试计算以下两种反射镜的理论吸收率 A:(1) G | $(HL)^{10}$ | A;(2) G | $(HL)^{10}H$ | A。

5-6　上题中的 TiO_2 和 SiO_2 镀成窄带滤光片 G | $(HL)^4 2H(LH)^4$ | A 和 G | $(HL)^4 H2LH(LH)^4$ | A,试求其吸收率。

5-7　请估算 ZnS/Na_3AlF_6 组成的窄带滤光片:G | $(HL)^3H\ 4L\ H(LH)^3$ | A 和 G |

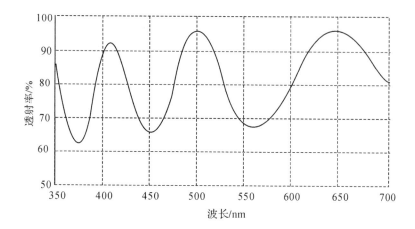

$(HL)^3 4H (LH)^3 \mid A$ 吸潮后波长大约漂移多少?(设 $n_H = 2.3$, $n_L = 1.35$, $n_G = 1.52$, $\lambda_0 = 630\text{nm}$, $P_H = 1.0$, $P_L = 0.8$)。

5-8 设基板表面粗糙度为 4nm,且镀膜过程中粗糙度相关传递,高、低折射率分别为 2.3 和 1.38。求下列膜系在 630nm 波长的表面散射:
$$G \mid (HL)^6 H \mid A; G \mid (HL)^4 2H(LH)^3 \mid A。$$

5-9 若测得 K9 玻璃上的 $\dfrac{\lambda_0}{2}\text{ZrO}_2$ 单层膜($\lambda_0 = 600\text{nm}$)在 λ_0 处的透射率为 93%,已知未镀膜 K9 玻璃在 λ_0 时透射率约为 92%。若忽略膜层的光学损耗,试求其基板侧和空气侧的折射率比 n/n'($n_g = 1.51$)。

5-10 用于强激光系统的反射膜 $G \mid (HL)^{11} H \mid A$,H 为 Ta_2O_5,L 为 SiO_2,哪层膜或表面损伤概率最高?

5-11 设膜系 $G \mid (HL)^5 H \mid A$,H 为 ZnS(应力为 -20000N/cm^2);L 为 MgF_2(应力为 40000N/cm^2),求最终的积累应力。

5-12 离子辅助淀积 SiO_2 膜时,设离子源在基板表面产生 $20\mu\text{A/cm}^2$ 的离子流密度,若要求 j_I / j_A 达到 0.15,则 SiO_2 淀积速率大约应取多少?

参考文献

［1］ 恽正中,刘履华,莫以豪,郭汉强. 半导体及薄膜物理. 北京:国防工业出版社,1981.

［2］ H. A. Macleod. Thin-Film Optical Filters. Bristol and Philadelphia:Institute of Physics Publishing,2001.

［3］ 李正中. 薄膜光学与镀膜技术(第二版). 北京:艺轩图书出版社,2001.

［4］ L. Eckertova. Physics of Thin Films (2nd edition). Prague:Plenum and SNTL,1986.

［5］ H. K. Pulker. Coating on Glass. Elsevier,1984.

［6］ H. A. Macleod,浙江大学光学薄膜研究中心,杭州科汀光学技术有限公司译. 光学薄膜 —— 从设计到制造,2003.

［7］ H. A. Macleod. 光学薄膜的微观结构论文集. 北京:光学学会薄膜光学委员会,1983.

［8］ 顾培夫. 薄膜技术. 杭州:浙江大学出版社,1990.

［9］ I. J. Hodgkinson and Q. H. Wu. Birefringent Thin Films and Polarizing Elements. Singapore:World Scientific,1998.

［10］ D. Smith. Thin-Film Deposition. MaGraw-Hill,Inc. ,1995.

［11］ J. E. Mahan. Physical Vapor Deposition of Thin Film. John Wiley and Sons Inc. ,2000.

［12］ P. J. Martin and R. P. Netterfield, Ion-Assisted Dielectric and Optical Coatings, in Handbook of Ion Beam Processing. New York:Noyes, 1989.

［13］ Bach-Krause(eds). Thin Film on Glass. Berlin,Heidelberg:Springes-Verlag,1997.

第三篇

光学薄膜检测技术

要制备高性能的光学薄膜器件,薄膜的光学特性测试是十分重要,也是十分基础的技术。随着光学薄膜制备技术的发展,复杂结构薄膜器件的制备成为可能。目前光学薄膜行业有一句流行的名言:只要能测得出来的特性,就一定能制备的出来。由此可见光学薄膜检测技术在薄膜器件制备工作中的重要性。

光学薄膜检测技术主要涉及:薄膜器件的光学特性、薄膜光学参数以及薄膜非光学特性的检测技术三个方面。薄膜器件光学特性主要是指薄膜器件的光谱反射、透射以及器件的光学损耗(吸收损耗与散射损耗)特性,这些特性的检测技术差异很大,检测的原理也不尽相同。由于实际工艺制备的薄膜器件在材料组分上具有化学计量的偏差,在结构上不再是均一、致密的,而是存在微结构与各种缺陷,介质膜层的折射率不再完全透明,存在微弱吸收,同时薄膜折射率存在空间上的不均匀性与各向异性,薄膜不再具有无限大、光滑的界面;而且更为重要的是在实际制备过程中,薄膜制备工艺参数十分敏感地影响着所制备膜层的折射率,因此薄膜光学参数的确定(或测定)技术十分重要。人们总是希望从前面的薄膜器件的光学特性中直接获得薄膜的光学参数,可以想象由于光学特性检测技术的不同,薄膜光学参数的测定方法也不完全一样。另外,光学薄膜器件是一个在实际环境中应用的光学元件,除了器件的光学特性要达到特定的要求之外,薄膜还有许多其他重要的非光学的特性影响薄膜器件的使用,如膜层的附着能、附着力,薄膜的应力以及薄膜的耐环境条件实验能力等,因此,我们必须对所有影响薄膜器件使用的各种参数或特性进行精确的测定。由于光学薄膜器件的应用场合极为广泛,器件的光学特性以及器件的几何结构形状各异,所以薄膜器件的检测技术也必须适应器件特点,各不相同,十分多样。特别是20世纪90年代以来随着薄膜技术的高速发展,离子辅助、离子束溅射、磁控溅射、凝胶溶胶等薄膜制备技术被广泛应用于光学薄膜的制备中,出现了很多极限特性的薄膜器件应用场合,极大地促进了薄膜器件性能快速提升,这势必要求新的特性参数、更高精度的检测技术不断发展,不断涌现。因此薄膜的检测技术总是伴随着薄膜器件制备技术与应用技术的发展而发展,不断更新,不断进步。

本篇将就常见光学薄膜器件的检测技术以及基本的检测方法做一个较为全面的介绍,以便读者能够从中掌握薄膜检测的基本知识,同时也为进一步提高薄膜特性检测技术奠定一些基础。本篇将分四个章节的内容分别叙述光学薄膜光谱透、反射特性检测技术,光学薄膜的光学损耗检测技术,光学薄膜的光学参数的测定技术以及非光学特性的检测技术。

第6章　薄膜透射率和反射率测量

透射率与反射率是光学薄膜器件最基本的光学特性,因此薄膜器件透射率与反射率的测试是光学薄膜的基本测试技术。薄膜的透射率与反射率主要采用光谱测试分析仪进行测试。作为光谱仪的一种,用于光学薄膜测试的光谱仪可以按照测试波段的不同分成紫外—可见分光光度计、红外分光光度计以及红外傅立叶光谱仪等。前两者采用光谱分光原理的分析测试系统,后者则基于干涉原理的光谱分析系统。由于薄膜器件几何结构与形状的不同,虽然都是透射率与反射率的测量,但是对于不同几何形状的样品,或不同的精度,或不同的偏振要求,就可能需要不同的测试方法与技术。这些都要求我们必须对薄膜的透射、反射的基本测试方法与测试技术有较好的理解。

6.1　光谱分析测试系统的基本原理

分光光度计是测量薄膜透射率常用的光谱测试分析仪器,特别是单色仪型分光光度计。按其测量波段范围分类,常见的有紫外—可见光分光光度计、红外分光光度计。也可以从测试原理的不同,将光谱检测仪分成单色仪分光光度计与干涉型光谱测试系统两大类。

6.1.1　单色仪型分光光度计的基本原理

单色仪型的分光光度计的主要组成部分如图 6-1 所示。光源发出要检测波段的光束,经过照明系统的光束整形后会聚于单色仪的入射狭缝,经单色仪分光后由出射狭缝出射单色光,经过样品池后,为光电传感器接收,转化为电子信号后进入计算机处理。分光光度计的单色仪可以放在样品池之前,也可以放在样品池之后。

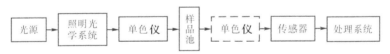

图 6-1　分光光度计的基本原理框图

分光光度计各部分的组成与作用如下:光源提供测量波段中所要求的各种波长的光束。为了得到准确的测试数据,光源的强度应保持不变,所以都使用稳压电源供电。一般情况下,在可见光波段,光源采用钨丝灯或卤钨灯,在紫外光区采用氖灯或氩灯,在红外光区则采用卤钨灯和硅碳棒灯。

单色仪由色散元件、狭缝机构以及色散元件的扫描驱动几个部分组成。常用的色散元件是棱镜和光栅。早期的产品多用棱镜,目前主要采用光栅作为色散元件。光栅的优点是色散大,分辨率大,并且光谱均匀排布。新型的凹面光栅还使光路系统得以简化并且能量损失减小。单色仪利用狭缝将色散元件产生的空间分布不同波长的光分离开,狭缝具有一定的宽度,使得从单色器出来的单色光总是包含很窄波长范围的光带。狭缝的照明是否均匀对测量的准确性影响极大。随着薄膜器件性能的提高,特别是超窄带薄膜滤光片的应用日益广泛,因此分光光度系统中还往往采用双单色系统,以增加系统的波长分辨率并压制高级像差的噪声。这在目前高端分光光度仪系统中是十分常见的配置。

光电传感系统由光电探测器和处理电路组成。在紫外—可见光区域,光电接收器采用光电三极管、光电倍增管或阵列光电传感器(增强型 CCD 线阵或面阵),在红外光区域用硫化铅光敏电阻、红外半导体传感器或热电偶等。近年来随着传感器技术的发展,分光光度仪中开始使用阵列光电传感器。在使用阵列传感器传感时,将单色仪的出射狭缝去掉,在它的位置上安装阵列传感器。

目前常用的单色仪型的分光光度计有单光路系统与双光路分光光度计两类:

1. 单光路分光光度计

图 6-2 是单光路分光光度计的系统框图。从光源发出的光束由光学系统形成细的样品测试光束,经光强调制器,进入样品池,透射样品后,经单色仪分光,由光电探测器检测光谱光电信号。该系统进行样品测试时,首先不放样品,让光电探测器测出 100% 透射的基本光谱信号,然后将样品放入,再测试整个光谱的光电信号,两者之比,就可获得样品的光谱透射率。由于是单光路系统,样品透射率的测试需要进行两次测试,一次先测 100% 透射光谱,另一次再测样品透射光谱,因此测试速度较慢,而且对光源的稳定性,以及系统的稳定性要求极高。因为光源的微小波动以及单色仪扫描过程中任何的不重复,都会造成测试精度的下降。在实际仪器中,光源的稳定度往往高于光谱测试精度一个量级以上,可保证最后的光谱透射精度。在光源的稳定性有保证的前提下,很多单光路系统也采用开机进行 100% 透射校验,以后测试不再进行 100% 透射的检测的方法,提高了样品的测试速度。

图 6-2　单光路分光光度计的基本构成

图 6-3 为任意入射角度的光学薄膜偏振反射、透射光谱特性测试系统的基本组成。该系统依然采用单光路分光光度计系统。应用晶体偏振棱镜,形成偏振的宽光谱光源照明测试系统,同时采用光电探测器与积分球相结合的方式组成光电传感系统。该系统与样品台的转动机构相结合,构成一个入射角可变的多角度透射与反射测试系统。

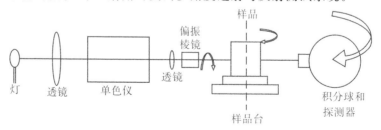

图 6-3　偏振特性分光光度计光学系统示意图

2. 双光路扫描式分光光度计

在这种系统中,光源发出的光被分成两束,一束光束经过放置样品的样品池,另一束光束为参考光束,经过与样品池一样参比池,两束光束在分别经过样品池与参比池之后再由光束选择调制器将两束光束分别射入光电传感器,这样光电传感器就可以交替探测到经过样品的探测光束的光强与参考光束的光强度,然后将两个光束光强信号进行相除,就可以得到样品的透射率。这样的分光系统可以降低光源稳定性对光谱测试精度的影响,同样也可以具有较快的测试速度。

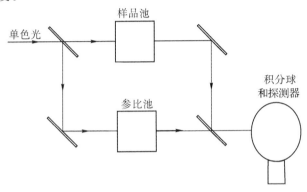

图 6-4   双光路分光光度计的光学结构原理框图

双光路分光光度计在进行样品测试之前,也要进行光谱 100% 线的校正过程,以克服光学系统、单色仪以及光电传感器对不同光谱光电特性的响应不同而造成的光谱信号随波长变化对测试结果的影响。

表 6-1 中列出了常见的适合于测量光学薄膜透射率的双光路分光光度计的主要技术参数。

表 6-1   目前国际上主要分光光度计的性能参数

性能 ╲ 仪器	Lambda 900 PE 公司	Cary 5000	岛津 UV 365	Hitachi 4100
光谱范围	175～3300nm	175～3000nm	190～2500 nm	185～3300nm
光谱分辨率	0.08nm	0.1nm	0.1 nm	0.1nm
透射精度(可见区)	0.00008	0.0003	0.001	0.0003
反射测试	可以	可以		可以
偏振测试	可以	可以		可以

6.1.2   基于干涉型的光谱分析系统

红外光谱仪主要是指在光谱 $2.5\sim25\mu m$ 区域进行光谱测试分析的仪器。在红外区域,人们往往采用波数来表示光波的波长(波数是波长的倒数,单位 cm^{-1})。色散型红外光谱仪器的主要不足是扫描速度慢,探测器灵敏度低,分辨率低。因此目前几乎所有的红外光谱仪都是傅立叶变换型的。红外傅立叶变换光谱仪(IR-FT)是基于干涉原理的光谱分析系统,主要应用于红外光谱区域,是红外波段的主要光谱分析仪器。

红外傅立叶变换光谱仪的基本原理是:应用麦克尔逊干涉仪对不同波长的光信号进行

频率调制,在频率域内记录干涉强度随光程差改变的完全干涉图信号,并对此干涉图进行傅立叶逆变换,得到被测光的光谱。图 6-5 为该类型仪器的工作原理示意图。

光源发出的光被分束器分为两束,一束经反射到达动镜,另一束经透射到达定镜。两束光分别经定镜和动镜反射再回到分束器。动镜以一恒定速度 v 作直线运动,因而经分束器分束后的两束光,由于动镜的运动,形成随时间变化的光程差 d,经分束器会合后形成干涉,干涉光通过样品池,然后被检测,得到随动镜运动而变化的干涉图谱。傅立叶变换红外光谱仪的检测器有 TGS(含重氢的氨基乙酸硫酸盐)、制冷碲镉汞(MCT)等。

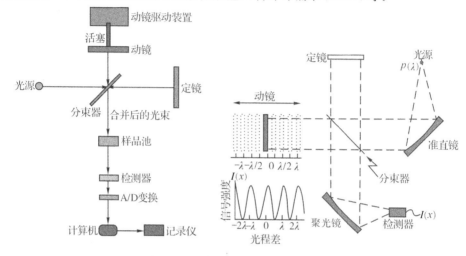

图 6-5　红外傅立叶光谱系统原理图

干涉图是光谱 $B(\nu)$ 的傅立叶变换[1],

$$I(\delta)=\int_0^\infty B(\nu)\big[1+\cos(2\pi\nu\delta)\big]\mathrm{d}\nu=\int_0^\infty B(\nu)\mathrm{d}\nu+\int_0^\infty B(\nu)\cos(2\pi\nu\delta)\mathrm{d}\nu \qquad (6-1)$$

式中:δ 为光程差,ν 为波数。

当两干涉臂的程差为零时,即 $\delta=0$ 时,有:

$$I(0)=2\int_0^\infty B(\nu)\mathrm{d}\nu$$

所以(6-1)式可以写成:

$$E(\delta)\equiv I(\delta)-0.5I(0)=\int_0^\infty B(\nu)\cos(2\pi\nu\delta)\mathrm{d}\nu \qquad (6-2)$$

对其进行傅立叶逆变换,就能将其恢复成光谱图

$$B(\nu)=\int_0^\infty E(\delta)\cos(2\pi\nu\delta)\mathrm{d}\delta \qquad (6-3)$$

与通常的分光型光谱仪相比,红外傅立叶变换光谱仪具有以下特点:

(1)探测的信号增大,大大提高了谱图的信噪比。

(2)所用的光学元件少,无狭缝和光栅分光器,因此到达检测器的辐射强度大,信噪比大。

(3)波长(数)精度高($\pm0.01\mathrm{cm}^{-1}$),重现性好,分辨率高。

(4)扫描速度快。傅立叶变换仪器动镜一次运动完成一次扫描所需时间仅为一至数秒,可同时测定所有的波数区间。而色散型仪器在任一瞬间只观测一个很窄的频率范围,一次完整的扫描需数分钟。

应用各种光谱仪,我们可以完成各种各样薄膜样品的光谱测试,可以测试薄膜样品的光谱透射率、光谱反射率以及光谱吸收率,但由于大部分光学薄膜器件为基于干涉效应的多层

介质薄膜器件,因此器件的光谱吸收较小,分光光度计由于精度的限制,一般主要用于光学薄膜样品的光谱透射、反射测试。即便如此,分光光度计是光学薄膜行业最基本的测试工具,是不可缺少的测试设备。

6.2　薄膜光谱透射率的测试

利用分光光度计测量薄膜元件的透射率操作十分简单,一般只要把待测元件插入样品室的测量光路中即可。

在实际测量过程中,不同的光谱仪有不同的测试步骤。一般光谱仪在开机后,都有一个初始化的过程,等到初始化完成之后,就可以进行样品测试参数的设定,放置样品,进行测试。一般而言,为了获得较高的测试精度,都要开机一段时间,等待光谱仪稳定后,再测试。

虽然目前的商用光谱仪具有很好的性能,但是如果测试操作不当,仍有可能获得错误的光谱测试结果。下面我们就影响测量准确性的主要因素进行一些分析。

1. 测量样品口径的影响

在测量中应保证仪器的测量光束全部穿过样品。通常光谱仪的测量光束横截面积在 $1cm^2$ 左右,例如岛津 UV-VIS 的测试光束光斑形状为 $12 \times 4mm^2$ 的矩形。当样品的直径小于 $\varnothing 10mm$ 时,上述条件往往难以保证,这就会造成测量误差。一种解决方法是在样品室的测量光路和参考光路中同时添加孔径较小的光阑。这样既使光束口径减小,保证了测量光束全部穿过被测样品,又保持了两个光路的平衡。另一种方法则不改动参考光路,仅在测量光路中加小孔径光阑;测量时,先不用样品测得小孔径光阑下透射率值,并以之为 100% 时的透射率示值,然后把样品加入,测量得到样品的相对透射率值。把两次测量值相除,就可以得到正确的透射率值。

2. 测试样品厚度的影响

许多分光光度计都把测试光束和参考光束会聚于样品室的中间。这样,当光路中插入了一块较厚的样品时,光束在接收器光敏面上的会聚状况会发生变化,引起误差,特别是基板的折射率较高或是采取倾斜入射时影响更大(见图 6-6)。克服这一误差的方法是用一块折射率和厚度与测试样品相同的空白基板作为参考样品插入参考光束,以保持两个光束的一致。对于较厚的样品,为了获得高的光谱测试精度,最好使用带有积分球系统的光电传感单元,以克服厚样品带来的测试光斑的变化或移动。

测试倾斜入射的样品的透射率时,一定要注意两点:一是薄膜倾斜入射引起的偏振效应,这在后面偏振效应中会有论述。二是倾斜入射引起的测试光束的平移效应,因此,为了获得较高的测试精度,也必须采用大口径的积分球探测系统。

3. 测试样品楔角的影响

楔形的测试样品使光束最终不能在光轴上成像而是造成一个离轴光斑,落在光电传感器光敏面的另一位置或它的外面。如果样品的楔角小于 $2'$,该项影响则可以忽略不计。但是在光学加工时采用自由公差时,楔角可达 $10'$,这就会造成明显的误差。如果把测量光束的截面减小,即压缩了光束的发散角,那么该项误差可望缩小。

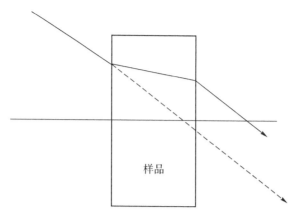

图 6-6　样品厚度的影响

同样,在一般的分光光度计中很难测准透镜的光谱透射率,因为透镜的会聚作用以及透镜放置时的位置不准确引起的偏心,都会造成测试光束偏离光电传感器,进而出现测试误差。对于透镜这类样品的测试最好在 Lambda900,Cary 5000 等这些有大样品池的分光光度计中,搭置测试系统,利用大口径的积分球系统,以获得精确的光谱测试结果。

4. 测试样品后表面的影响

采用分光光度计测量样品透射率时,不可避免地要带来后表面的影响。在这种情况下,我们可以根据空白基板的双面透射率,从样品的双面透射率数值中求出前表面的透射率数值。

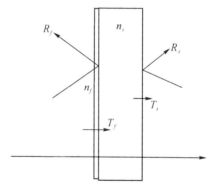

图 6-7　基板后表面的影响

样品前后表面之间的透射和反射可以按非相干表面的方法处理,即光线是按强度而不是按振幅相叠加。我们使用图 6-7 的符号来推导下面的公式。

样品的总透射率是各次透射光叠加的结果

$$T = T_f T_s + T_f R_s R_f T_s + T_f (R_s R_f)^2 T_s + \cdots = \frac{T_f T_s}{1 - R_s R_f} \tag{6-4}$$

上式中 T_s 是基板—空气界面的透射率。

如果我们对同一空白基板,测得其透射率为 T_0,显然 T_0 的值为

$$T_0 = T_s^2 / (1 - R_s^2) \tag{6-5}$$

在忽略基板与薄膜吸收的前提下,由于 $R_s = 1 - T_s$,于是我们得到

$$T_s = 2T_0/(1+T_0)$$

把上式代入前式,并考虑到 $R_f = 1 - T_f$,得到

$$T_f = \frac{2T_0}{\dfrac{2T_0}{T} - (1 - T_0)} = \frac{2T_0}{\dfrac{2T_0}{T} - 1 + T_0} \tag{6-6}$$

在测量透明薄膜透射率时,可以先测出空白基板的透射率 T_0,再用(6-6)式就可以求出薄膜的透射率 T_f。而薄膜的反射率 R_f 则可用下式计算

$$R_f = \frac{2T_0/T - 1 - T_0}{2T_0/T - 1 + T_0} \tag{6-7}$$

在利用透射率求解薄膜光学常数时,(6-7)式是很有用的。

5. 光线的偏振效应

由于光线在分光光度计中经过了多次反射,测量光束一般都带有偏振特性。高档的分光光度计为了克服偏振效应,采用了去偏或圆偏光检测的测量光束,但一些中、低档的分光光度计测量光束往往是部分偏振光。当测量斜入射下薄膜样品的透射率时,必须充分注意光线的偏振特性。最常见的例子是测量胶合立方 $45°$ 分光镜。下面我们就来分析光线的偏振带来的影响,并由此测量出薄膜的偏振特性。

假设测量光束的强度为 I,其中水平偏振分量(s 分量)和垂直偏振分量(p 分量)的强度分别为 I_x 和 I_y,显然 $I = I_x + I_y$,但是 $I_x \neq I_y$。

测量样品为 $45°$ 入射角下使用的立方分光镜,其对于 p-分量和 s-分量的透射率分别为 T_p 和 T_s。当此分光镜按图 6-8 的(a)位置放进测量光路中,I_x 对膜层来说是 s-偏振光,I_y 则是 p-偏振光,其透射光束的光强 I' 为

$$I' = I_x T_s + I_y T_p$$

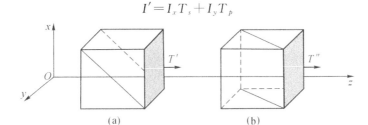

图 6-8 偏振棱镜的测试方法

透射率 T' 为

$$T' = I'/I = (I_x \cdot T_s + I_y \cdot T_p)/I$$

当分光镜按图 6-8 的(b)位置放置时,其透射率 T'' 为

$$T'' = (I_x T_p + I_y T_s)/I$$

上两式相加,得

$$T' + T'' = \left(\frac{I_x + I_y}{I}\right)(T_p + T_s) = T_p + T_s \tag{6-8}$$

通常我们所指的透射率是对自然光而言,所以

$$T = \frac{1}{2}(T_p + T_s) = \frac{1}{2}(T' + T'') \tag{6-9}$$

由上式可知,分光棱镜的透射率 T 应为图 6-8 的所示两种情况下所得的透射率的平均值。

若要进一步求得 T_p 和 T_s 各自的值,则必须进行第三次测量。取两只特性一样的棱镜(例如在同一罩中镀成,并安排在相邻的位置上),按图 6-8 所示放置方位互成 $90°$。设第三次测量的透射率为 T_0,可得

$$T_0 + (I_x T_p T_s + I_y T_p T_s)/I = T_p T_s \tag{6-10}$$

把上式和(6-9)式联立,就得到

$$\left. \begin{array}{l} T_p T_s = T_0 \\ T_p + T_s = T' + T'' \end{array} \right\} \tag{6-11}$$

解上述方程组,得到 T_p 和 T_s 的解为

$$T_{p \text{或} s} = \frac{T' + T'' \pm \sqrt{(T' + T'')^2 - 4T_0}}{2} \tag{6-12}$$

从棱镜分光镜的原理可知,p-分量透射率应大于 s-分量透射率,故 T_p 应取正号而 T_s 取负号。

测试带有偏振特性的器件时,样品的放置方式十分重要,即分光光度计的偏振面一般是指定的,如平行于水平面。但是如果样品的入射面不是垂直或平行水平面,就会造成样品偏振面的设定与光谱仪偏振面之间有一定的夹角,这个夹角将产生一定的偏振误差,特别是在测试高性能的偏振分束棱镜的偏振比的时候,这种现象十分严重。

6. 仪器的光谱分辨率

分光光度计的分辨率常高于 10nm。在测定带宽小于 30nm 的窄带滤光片或是截止特性很陡的截止滤光片时,必须充分考虑分辨率的影响。在这种情况下,由于测量光束包含的光谱区间不够窄,仪器所显示的数值实际上是待测元件在该段光谱区间内的平均透射率。这种窄带滤光片的峰值透过率会明显下降,带宽会加宽,截止滤光片的截止特性将变平坦。图 6-9 就是一个例子。该滤光片用分辨率为 1nm 的分光光度计测得带宽为 6nm 的峰值透过率为 95%。而当分辨率设定为 10nm 时测得的带宽为 8nm 的峰值透射率为 68%。两者结果相差甚远。所以用光谱分光光度计测试薄膜器件时一定要注意分光光度计光谱分辨率的影响。

7. 空气中某些成分的吸收带影响

在近红外区域,二氧化碳的吸收带常常会干扰测试结果,其特征是光谱曲线呈显示吸收光谱所特有的尖锐的透射起伏。当测试房间通风不佳时,室内二氧化碳的浓度可以随室内人员的增多而提高,从而使该项误差增大。在紫外区域,当波长 $\lambda < 200$nm 时,通常要充入氮气,以减小水蒸气吸收的影响。

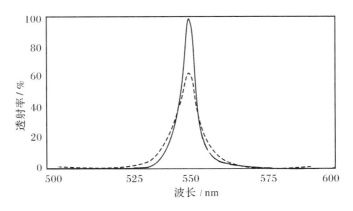

图 6-9　光谱分辨率对测试结果的影响

6.3　薄膜反射率的测量

薄膜反射率的测量不如透射率那样方便和普及。由于实际透明介质薄膜的反射率和透射率之和近似为 100%，反射率便可以从透射率中采用 $R \approx 1 - T$ 的方法近似推算得到，这在许多精度要求不高的场合下能满足需要。但是在薄膜材料吸收带附近的波段测量时，或是研究其透明波段中存在着少量吸收时，则应有单独的反射率数据。对于吸收膜系或是对损耗敏感的激光高反射镜等，由于 $R + T \neq 1$，反射率的测量便必不可缺少。

反射率的测量比透射率要复杂和困难。其主要原因是：

(1)不容易找到在很宽波段范围中具有 100% 反射率性能的长期稳定的参考样品。

(2)在反射率测量中，由于反射光路的变化灵敏，有样品和无样品时，光斑在光电探测器光敏面上的位置往往会变动，这导致明显增加误差。

(3)各种薄膜元件对反射率测量的范围和精度都有不同的要求。例如减反射膜，希望测得低反射率的精度不低于 0.1%，而激光高反射镜要求在反射率高于 99% 的范围内，能够有优于 0.01% 的测量精度。

我们将从反射率测试的基本方法等几个方面加以介绍。

6.3.1　单次反射法测试薄膜的反射率

单次反射法是最基本的反射率测量方法。目前日本 OLYMPUS 公司的 USPM-RU 反射率测试仪就是一种使用十分普遍的薄膜样品表面反射率测试系统。

USPM-RU 型反射率测试系统，采用共焦显微镜的基本原理，实现对较薄基板样品表面光学薄膜反射率的光谱测试(见图 6-10)。该系统在测试中，采用标准的 BK7 玻璃(相当于我国的 K9 玻璃)作为标准样品。利用该标准样品的单个表面反射率作为比对参数，实现对待测薄膜样品的反射率测试。其公式为：

$$R = \frac{I}{I_0} R_0 \tag{6-13}$$

其中：I_0 为 BK7 的反射信号，R_0 为 BK7 的理论反射率，I 为样品的反射信号。

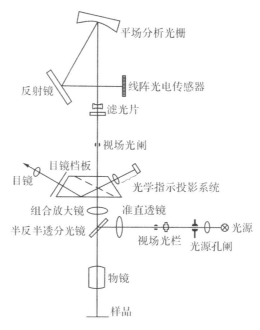

图 6-10　OLYMPUS 薄膜反射率显微测试系统结构图

由于系统中采用了共焦显微系统，样品上的光斑较小，所以只有在焦点附近很小区域的反射光能够进入测试系统，并被系统的光电传感部件接收。因此该反射率测试仪的最大特点是，可以测试各种凸与凹样品薄膜表面的反射，而且样品后表面的影响很小。这对于透镜表面的减反射薄膜的反射特性检测十分有利。

该仪器可以十分方便得测试到 380～780nm 内的光谱反射率，波长分辨率为 1nm，光谱精度为 1%。同时由于系统中采用了线阵传感器来探测光谱信号，所以系统无需做光栅的机械光谱扫描，所以测试速度快。该仪器适合于大批量减反射膜等常规薄膜的反射率测量。

如果待测样品的反射率很高，接近 100% 反射，为了获得高的精度，最好采用反射率高的样品作为参比样品，这样才能有较高的精度；或者采用其他测试方法，以便精确测定样品的反射率。例如后面将要论述的腔衰荡方法，实际上就是一种测试极高反射率薄膜器件的方法。

理想的参比样品应具有长期稳定的反射率值，不易与空气中的成分起反应，并在宽阔的光谱区间内有平直的反射率特性。同时考虑到误差传递关系，其反射率值应尽量接近待测样品的反射率，最好略高于待测样品的反射率。

在测量增透膜时，由于反射率较小，K9 玻璃和石英玻璃是常用的参比样品材料。它们的性能稳定，在很宽的波段范围内（K9：360～2500nm）具有平直的光谱响应。对于大光斑的反射参比样品一般制成楔形，以消除后表面的反射影响。经验表明，用 K9 玻璃加工参比样品时，加工精度（一级或三级）对反射率的影响不大。

在测量较高反射率时，常用的参比样品是涂有 SiO 保护层的铝镜，它从可见光到近红外光区都具有较平坦的反射率，其值 > 85%。而缺点是反射率值长期稳定性不够。采用 ZrO_2 和 SiO_2 镀制宽带高反射镜是新一代的参比样品，其反射率高达 99.8% 以上，膜层牢固,反射率稳定。其不足之处是高反射带的带宽有限,常在 300nm 左右。

由于 K9 玻璃和石英玻璃是测量增透膜时的理想参比样品,所以增透膜的低反射率测量均采取单光路的相对测量方案。早期的低反射率测试仪就采用此种测量方案(见图 6-11)。该仪器与前面 OLYMPUS 系统相比,样品后表面对反射率的测量有一定影响。

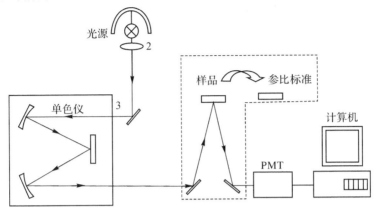

图 6-11 单次反射测试系统

该系统中从白炽灯光源发出的光,经聚光镜 2 聚焦于入射狭缝 3 上,经光栅分光,从出射狭缝射出的单色光,经反光镜转折后投射到样品表面,形成 2mm² 的光点,再经过样品反射,反射镜转折后投射到光电倍增管上。参考样品和待测样品都在测量室内,通过比对测试样品的反射率。

前面两种反射率测试系统中,OLYMPUS 系统应该认为是主光线是正入射,但有一小锥角光束的照明系统,而后者则完全是一个小角度(小于 13°)的斜入射系统。

为了得到真正零度入射角下的反射率,必须采用专门设计的光路。图 6-12 是采用转镜的垂直反射率计的光路,如图 1-12 所示。测量样品反射率时,光线 I_i 经过转镜 B 反射垂直入射到样品上,被样品反射后第二次穿过镜 B 而达到光电倍增管。设样品的反射率为 R,转镜 B 的反射率和透射率分别为 R_{B1} 和 T_B,那么到达光电倍增管的光强 I_1 为

$$I_1 = I R_{B1} R T_B \tag{6-14}$$

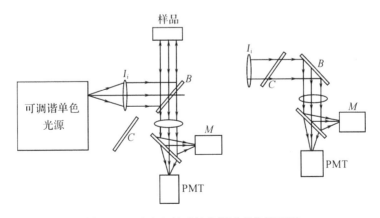

图 6-12 垂直入射反射率测试系统原理图

测量 100% 光强时,转镜 B 旋转 90°,光线直接从 B 上反射至倍增管,为了补偿与上次测

量的光程差别,在 B 前插入材料和方位与 B 一样的补偿镜 C,这样达到倍增管的光强 I_0 为

$$I_0 = IR_{B2}T_C \qquad (6-15)$$

其中,R_{B2} 为在镜 B 在第二位置上的反射率,T_C 为补偿镜的透射率。

如果在两次测量中保证 $R_{B1}=R_{B2}$,$T_B=T_C$,那么样品的反射率 R 为

$$R=\frac{I_1}{I_0} \qquad (6-16)$$

在该系统中,由于光线在转镜 B 上以 $45°$ 入射,为了满足 $R_{B1}=R_{B2}$,故对镜 B 的定位有较高的要求(小于 $1'$)。此外,瞄准装置 M 有助于消除光电倍增管表面灵敏度不均匀的影响。实际测量的反射率精度可达 0.1%。

6.3.2　V-W 光路测量薄膜反射率

单次反射测量的主要缺点是采用参考样品时,参考样品会影响测量精度。利用两次反射测量则可以消除其影响,可进行反射率的绝对测量。其基本的方法是 V-W 方法,也称为 Strong 方法。[2]

测量时需要一块反射率较高的(不必知道具体数值)参比反射镜 R_f。为了降低定位精度的要求,最好选用球面反射镜。

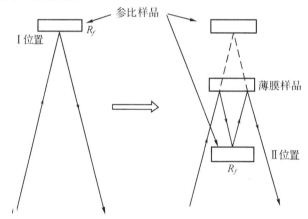

图 6-13　V-W 型光路测量反射率

在第一次测量中,参比反射镜 R_f 在位置 I,光线仅受到该镜的反射。如果入射光强为 I_0,光电器件接收到的光强 I_1 为

$$I_1 = R_f I_0$$

在第二次测量中,将待测样品加入,R_f 在转至位置 II,位置 II 时样品表面与位置 I 成轴对称。光线在样品表面反射两次,在辅助反射镜上反射一次,然后沿与第一次相同的光路投射到光电器件上。该时接收到的光强 I_2 为

$$I_2 = R_f R^2 I_0$$

其中 R 为样品的反射率。

从上两式我们可以求出 R 的值

$$R=\sqrt{I_2/I_1} \qquad (6-17)$$

反射率的相对测量误差 $|\Delta R/R|$ 为

$$\left|\frac{\Delta R}{R}\right| = \frac{1}{2}\left|\frac{\Delta I_1}{I_1}\right| + \frac{1}{2}\left|\frac{\Delta I_2}{I_2}\right|$$

显然,在样品上反射两次比反射一次精度可提高一倍。

从(6-17)式可知,反射率 R 与参比反射镜的反射率 R_f 无关,为绝对反射率。本方法适合于测量高反射膜,得到的反射率的精度可以高于光度测量的精度。由于在样品上反射两次,本方法不适合于测量低反射率,特别是减反射膜。另外,本方法要求样品有一定的面积,以保证光线可以在样品表面有两次反射。反射率 R 是这两个反射光斑处的样品反射率的几何平均值。

V-W 型光路在许多反射仪中得到运用。捷克 F. Petru 报道的反射仪采用 V-W 型光路并配合旋转扇形挡板,使测量光束和参考光束快速交替地进入接收器[3]。其优点是有利于减小光电探测器因光照疲劳引起的灵敏度变化,而且放大器和光源漂移的影响也能明显减小。

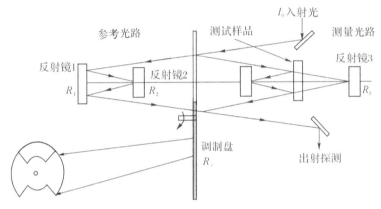

图 6-14　转镜式 V-W 反射率测试系统原理框图

仪器所有的扇形挡板的形状特殊。其中有一个象限为镜面,它的对角象限为空格,另外两个象限为不透明,起挡光作用。仪器接收器得到的输出为一系列矩形脉冲。测量信号和参考信号具有不同的幅度,交替出现在脉冲序列中(见图 6-14)。当测试样品 R 未放入时,通过旋转扇形挡板 R_f,测得测量光路光强 $I_1 = I_0 R_f^2 R_3$ 和参考光路光强 $I_2 = I_0 R_1^2 R_2$,我们得到

$$A = \frac{I_1}{I_2} = \frac{R_r^2 R_3}{R_1^2 R_2}$$

放入测试样品 R 后,同样测出测量光路和参考光路的光强分别为 $I_1' = I_0 R_r^2 R^2$ 和 $I_2' = I_0 R_2^2 R_2$,我们又得到

$$B = \frac{I_1'}{I_2'} = \frac{R_r^2 R_3 R^2}{R_1^2 R_2}$$

其中 R_1,R_2,R_3,R_r 为各镜反射率,R 为样品反射率,I_0 是入射光强。

从上两式中可得反射率 R 为

$$R = \sqrt{\frac{B}{A}} \tag{6-18}$$

V-W 型光路也可以做成附件,加入到分光光度计的样品室中[2],这样从两次测量中能测出样品的绝对反射率。

多次反射的方案也能用于分光光度计中反射率测量中。Mahlein 测量装置的设计如图

6-25 所示[3]。

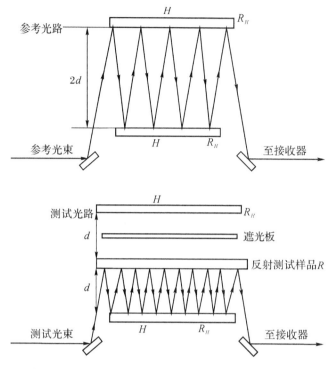

图 6-15　分光光度计多次反射测试装置

把 V-W 光路扩展到多次反射形式,样品未加入时,参考光路和测量光路均呈"V"型光路,光线由两辅助反射镜反射 K 次后投射到光电接收器。此时两光路保持平衡。样品加入后,参考光路不变,测量光路变为"W"型,光线经过样品 R 的 $K+1$ 次反射和一块辅助反射镜的 K 次反射后,再投射到光电接收器。设两光路的入射光强均为 I_0,参考光路的光强 I_1 和测量光路的光强 I_2 分别为

$$I_1 = I_0 R_f^K, \quad I_2 = I_0 R_f^K R^{K+1}$$

其中 R_f 为辅助反射镜的反射率。于是样品的反射率可由光电显示系统显示出来,其值为

$$R = (I_2/I_1)^{\frac{1}{K+1}} \tag{6-19}$$

对于高反射率的测量,反射次数越多,测量精度越高(假定光度计测量精度不变)。当反射次数高达几十次时,常常利用折叠式离轴共振腔来构成多次反射的光路系统[3]。

6.4　利用激光谐振腔测量激光高反射镜的反射率与损耗

激光高反射镜一般只要求测量其工作波长下的反射率特性,为此可以借助于激光谐振腔来检测反射镜的反射性能。

激光谐振腔一般由两块反射率不同的反射镜组成。其中输出激光的那块称为输出镜,反射率要合适;另一块称为全反射镜,反射率要求尽可能高。在输出镜的反射率适当的情况

下,全反射镜的反射率改变 0.10%,激光管的输出功率可以变化 10%。因此选定一块反射率合适的镜片作为输出镜,将待测镜片当作全反射镜构成谐振腔,测量其输出光束的强度,可以对不同的反射镜的反射率进行相对比较。由于待测反射镜反射率的微小差异被转化成变化较明显的激光输出光束光强的变化,所以测量比较容易获得高精度。实用的测量装置如图 6-16 所示。

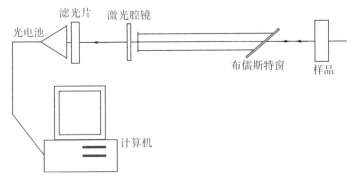

图 6-16　激光反射镜反射率相对测量系统原理图

激光管选用半内腔形式,输出镜固定在管上,选用反射率稍低的凹面反射镜(镀 11 层膜的镜片)。输出激光照射硅光电池,光电探测以测出激光束的光强。为了减小杂散光,硅光电池前应加入红色滤光片。待测镜片安置在三维可调整的激光反射镜调整架上后,每块样品都用微调机构调整至输出光强最大值。为了避免每次都要调整反射镜方位的麻烦,也可在激光管一端加接一段长玻璃管,其管口的平面预先调整至与凹面镜平行,测量时样品反射镜就可直接贴紧在管口上。为了标定测试结果,可以利用已知绝对反射率的镜片对仪器进行定标。上述装置非常适合作为 632.8nm 高反射膜的专用反射率检测仪器。

由于装置比较简单,下列误差因素应仔细考虑:一,布氏窗片是否始终保持清洁。二,由于激光输出功率难以稳定,光电流会有一定的起伏。三,同一块激光反射镜上各点的反射率不均匀,也会使光电流不完全一致。

1977 年 Sanders 提出一种别致的利用激光谐振腔挑选 45°入射角的激光高反射镜装置。[4]

一个 2mm 厚的旋转窗片(楔角小于 10″,转台读数精度为 1′)插入在外腔式激光谐振腔中。窗片平面的起始位置对于谐振腔轴线成布儒斯特角,这时窗片在谐振腔中引起的反射损耗为零,并不影响激光的激发。当窗片向两侧转动时,由于光线在窗片上的反射损耗增加,转至一定角度,激光就会熄灭。我们把对应于激光熄灭的左右两个位置之间所包括的角度称为"跨张角"φ。根据菲涅尔定律,我们容易计算出窗片的反射率和入射角之间的关系,从而进一步得出损耗与跨张角的关系(6-20)(见图 6-17)。

$$R = \frac{\tan^2(\theta_0 - \theta_1)}{\tan^2(\theta_0 + \theta_1)}$$

$$R = \frac{\tan^2\left[\varphi - \arcsin\left(\dfrac{\sin\varphi}{n_g}\right)\right]}{\tan^2\left[\varphi + \arcsin\left(\dfrac{\sin\varphi}{n_g}\right)\right]} \tag{6-20}$$

在测量时,先不放入样品,测出激光谐振腔原有的跨张角 φ_0(常常大于 20°)。然后把反

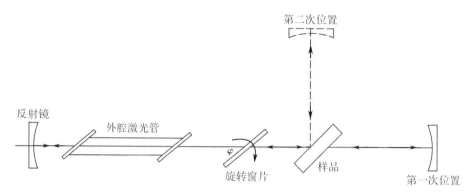

图 6-17　利用激光腔测试激光反射镜性能的系统原理图

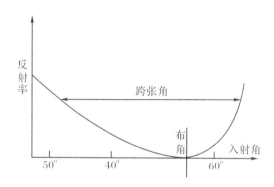

图 6-18　窗片跨张角与样品反射率的关系

射镜样品(必须是平面)插入谐振腔。反射镜 1 移至图 6-17 中的位置 2,保持谐振腔长度严格不变,再测出跨张角 φ_1($\varphi_0 < \varphi_1$)。最后根据图 6-18 的曲线求出 φ_0 和 φ_1 所对应的损耗之差,便是待测反射镜的总损耗。该项总损耗包括了透射、吸收和散射损耗,样品的反射率即等于 100% 减去该项损耗。该方法灵敏度极高,跨张角的实际测量重复性达到 $\pm 3'$。按图 6-18 的斜率(0.17%/度)推算,反射率的重复精度为 ± 0.1‰。但是该装置的测量准确性还受到下列因素的影响,不可忽略。一,测量过程中谐振腔增益和损耗的稳定性。二,旋转窗片时,光束会发生横向位移,使光斑有可能落在待测反射镜的其他反射率不同的部位从而造成误差。

6.5　总　结

　　光谱透射、反射特性是光学薄膜器件最基本的光学特性,因此光谱仪也是薄膜器件检测中最常用到的检测设备。测准、用好光谱仪,是建立在对光谱仪的工作原理有很好把握的基础上的。从上述分析可知,在进行光谱测试分析时,我们一定要仔细考虑样品的形状、大小、光谱特性等对测试结果的影响,用好分光光度计。

习　题

6-1 简要说明色散型分光光度计与干涉型光谱仪的相同与差异之处。

6-2 要测试一个基板为 K9 玻璃的减反射薄膜器件,薄膜器件的在 420~650nm 的光谱反射率小于 0.5%,如果用精度为 1% 与 0.5% 的透射式分光光度计来测试这样的样品,试分析反射率测试的相对误差。

6-3 用光谱分辨率为 0.5nm 的光谱仪测试一个带宽为 1nm 的窄带滤光片,会得到什么样的结果? 为了精确撤出后该窄带滤光片,分光光度计的光谱分辨率至少应该是多少?

6-4 试分析多次反射测试系统中,反射率测试精度的提高与反射次数的关系。

参考文献

[1] 王文桂. 干涉光谱仪. 北京:航出版社,1988.

[2] O. Arnon and P. W. Baumeister. Versatile high-precision multiple-pass reflectometer (E). Appl. Opt., 1978,(17): 2913.

[3] 唐晋发,顾培夫. 薄膜光学与技术. 北京:机械工业出版社,1989.

[4] V. Sanders. High-precision reflectivity measurement technique for low-loss laser mirrors. Applied Optics,1977,(16):19-20.

第7章 薄膜的吸收和散射测量

薄膜损耗主要涉及薄膜的吸收损耗与散射损耗两种。薄膜器件的吸收来源于薄膜材料的折射率消光系数以及薄膜界面的污染,有时还与衬底基板的特性相关。根据能量守恒原理,对于薄膜器件而言,有:$R+T+L=0$,其中,L 为损耗,$L=S+A$ 是吸收与散射损耗的总和。因此对于损耗较大的薄膜器件,我们可以通过测试样品的反射率与透射率的方法,间接地测试出薄膜的损耗。但对于微弱损耗的薄膜(薄膜的损耗$<10^{-3}$)而言,就必须考虑更为灵敏的方法来分别研究测试薄膜器件的吸收与散射损耗。

当薄膜用于高能激光系统时,微量的吸收就会导致薄膜的破坏。薄膜吸收光能后,温度会升高,因此测量热效应是研究薄膜吸收的基本方法。

薄膜的散射损耗是光学薄膜另外一种主要的光学损耗。散射损耗可以大致分为界面的粗糙度所致与薄膜体内的折射率颗粒状不均匀性所致。散射损耗的后果是反射与透射能量减低,同时带来杂散光,影响整个光学系统的性能。

本章将重点介绍几种常见的吸收损耗与散射损耗的检测方法。如激光量热计法、光声光谱和光热偏转光谱等,这些方法大都是在 20 世纪 70 年代和 80 年代后期发展起来的用于薄膜吸收损耗的检测技术,并在 90 年代得到充分的发展,成为当今光学薄膜吸收损耗的主要测试技术。

在散射损耗方面,我们将重点论述总积分散射损耗测试技术和散射光空间分布测试技术。这两种散射损耗测试技术对基于微粗糙薄膜的表面散射均能够给出很好的结果。

同时我们还将介绍两种将散射与吸收损耗共同考虑的高精度的光学薄膜损耗测试技术,谐振腔衰荡方法(Cavity ring-down)以及薄膜导波传播衰减法。这两种方法均为高灵敏度光学薄膜损耗的测试方法,并已成为当前高品质薄膜损耗的主要检测方法,特别是在激光腔镜薄膜特性的检测方面有重要应用。

7.1 激光量热计基本原理

激光量热计是测量薄膜微弱吸收的主要方法之一。其基本原理是让一束激光照射到待测样品上,待测样品因吸收热量而升高温度,测量有关的热效应参数,进而推算出样品吸收率的数值。对于常见的透明薄膜,其吸收率很小,所以样品受到瓦级激光的光照后,温度的升高不超过1℃。在这种情况下,为了提高测量灵敏度,必须尽量减少各种形式的热损失。根据对热损失处理的不同方案,激光量热计可以分为速率型量热计和绝热型量热计两种类型。

在绝热型量热计中,热损失被当作误差因素考虑,计算公式中没有与热损失有关的量,为减少误差,应尽量减少它的影响。在速率型量热计中,热损失是一项实验因素,测量冷却过程中的时间常数,且用它来计算吸收系数,减少热损失,有利于增加样品上的温升,提高测量灵敏度。

7.1.1　速率型量热计

D. A. Pinnow[1] 于 1970 年提出了一种速率型量热计，其装置如图 7-1 所示。

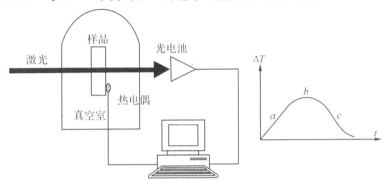

图 7-1　速率型量热法测试薄膜样品的原理框图

在测量中选用一定厚度的样品，其温度变化曲线可以分三部分：a 段，样品受到光照后，吸热大于损耗，温度不断上升。b 段，假定环境温度严格保持不变，样品温度越高，散热越快，当样品吸收的热量等于发散到环境的热量时，样品的温度达到动态平衡状态。这时有以下关系

$$\alpha L P = h T_0 \tag{7-1}$$

α 是样品的吸收系数 $\left(\alpha = \dfrac{4\pi}{\lambda}k\right)$，$L$ 是样品的厚度，P 为入射功率，T_0 是样品的温度升高，h 是比例系数，与散热快慢有关。

为了求出系数 h，进一步考察图 7-1 的 c 段，在这段时间里激光关闭，样品的温度 T 按牛顿自然冷却定律下降

$$-\frac{\mathrm{d}Q}{\mathrm{d}t} = hT, \quad \mathrm{d}Q = cm\mathrm{d}T \tag{7-2}$$

其中 Q 是样品的热量，c 是比热，m 是质量，t 为时间。

从上式可以得到

$$-\frac{\mathrm{d}T}{T} = \frac{h}{cm}\mathrm{d}t, \quad T = T_0 \mathrm{e}^{-\frac{h}{cm}t} \tag{7-3}$$

此公式可测出该温度下降过程的时间常数 τ，即温度下降到原来温度 T_0 的 0.368 所经历的时间。由于

$$\tau = \frac{cm}{h}$$

把 τ 代回式(7-1)，我们就得到样品吸收系数 α 的计算公式

$$\alpha = \frac{cmT_0}{LP\tau} \tag{7-4}$$

对于速率型量热计，其温升值是在吸收等于损耗的动态平衡状态下测得的。热损耗越小，温度升高越大，可以测量的吸收值越小，灵敏度就越高。主要的误差因素是环境温度的波动。环境温度的波动越小，下降曲线就越精确，误差越小。因此实验装置的热损耗应尽

量减小,而样品外面的绝热套应该具有很高的温度稳定性(小于 $0.01℃$)。

热损耗包括对流、辐射、传导。对流可以用高真空来防止(气压小于 $7×10^{-5}$ Pa)。传导包括残余气体、引线以及样品支架的传导。残余气体的热传导在 $7×10^{-5}$ 时可忽略不计,引线以及支架的热传导则可选用高热阻材料来降低。辐射则主要靠绝热套来降低。

R. Atkinson 设计了一种高灵敏度、高精度的速率型量热计[2]。薄膜样品由一个万向节架固定,其热损耗为 $4.5×10^{-4}$ W/℃。绝热套中通以循环流动的冰水混合物,其温度保持在 $0°±0.01℃$。整个绝热套安置在 $7×10^{-5}$ Pa 的高真空钟罩中,这时总的热损耗为 $6×10^{-4}$ W/℃,可见主要是支架的损耗。测量薄膜时,如果薄膜的吸收系数为 A,那么与式(7-4)相仿,有

$$A = \frac{cmT_0}{P\tau} \tag{7-5}$$

R. Atkinson 利用可调谐染料激光器作光源,入射光功率为 170mW,通过调谐改变染料激光器的输出波长,可以测出样品的光谱吸收率,测量吸收率的灵敏度为 $3×10^{-4}$(相当于消光系数 $1×10^{-5}$),精度为 6%。

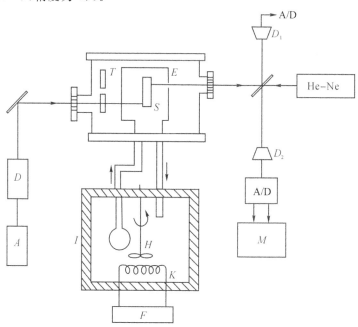

图 7-2   R. Atkinson 量热计的原理示意图

图 7-2 为 Atkinson 的量热计系统图。图中的 He-Ne 为氦氖激光器;D1,D2 为检测器,S 为样品,E 为绝热套,I 为冰水池,H 是搅拌器,K、F 是冰箱,A 为氩离子激光器,D 为燃料激光器,T 是功率计;A/D 是模数变换部分;M 为微处理器。该系统成为 20 世纪 80 年代最主要的光学薄膜微弱吸收损耗测试系统。

7.1.2   绝热型量热计

绝热型量热计的原理很简单,假定实验装置的热损耗可以忽略不计。当激光照射样品一段时间后,样品吸收的热量全部用于升高温度,显然,温升 ΔT 与吸收率 A,入射功率 P 之

间有以下关系

$$PAt = cm\Delta t \tag{7-6}$$

t 为加热时间，c,m 是样品的比热和质量。

从上式得到

$$A = \frac{cm\Delta T}{Pt} \tag{7-7}$$

为了避免测量 c 和 m 的麻烦，可以采用加热定标的方法。R. A. Hoffman[3] 在 1974 年提出了一种加热定标的量热计。若样品吸收光能量后温度升高 ΔT 度，而关闭激光后，用绕在样品上的电阻丝加热，使样品也升高同样温度，那么样品吸收的热量即等于电阻丝消耗的电功，其值可通过 I^2R 方便地计算得到。

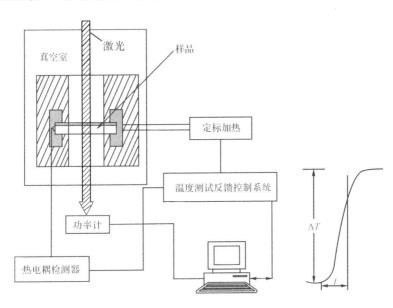

图 7-3　绝热系统的原理图

在绝热型量热计中，热损耗是主要的误差因素。为了减少热损耗，把样品放在金属圆柱形绝热套中。绝热套也放在 7×10^{-5} Pa 的高真空中。

在绝热套上绕有加热用的细电阻丝。在样品环和绝热套上都装有热敏电阻以检测温度。样品温度升高时，其温度与绝热套温度之间的误差信号由微伏放大器放大后，经过 PID 放大器的校正，控制可控硅电压调整器改变绝热套的加热功率，以保持绝热套温度与样品温度同步变化（$\Delta t < 0.01$℃）。

7.1.3　激光量热计中的测温技术

在激光量热计中，由于样品吸收的热量很小，一般均使用较小体积的样品，以增加温度的变化幅度。由于各种温度计都有一定的热容量，在测量温度时就要消耗一部分热量。如何既能准确地测量温度，又对被测系统没有干扰，是量热计测量的一项关键技术。常用的测温方式有以下几种：

（1）热敏电阻。它是利用半导体材料的热效应制成，灵敏度达 0.01℃，精度为 1%，但是一致性差。感温的方式一般只能采用接触方式,因此接触得好与差,对测量结果影响很大。热敏电阻在使用中一般都接成电桥电路,温度升高时,电阻值的改变导致电桥输出电压的改变,可用电位差计进行精密测量。

(2)铂标准电阻。其优点是灵敏度高,可到 0.0001K,精度可达 ±0.01K。其体积较大为 ∅5×50,热容量也较大,不适合测量薄膜的小吸收系数,但是广泛应用于其他待测样品较大的量热计中。

(3)薄膜电阻。把金等一类金属薄膜直接镀在待测样品的四周,就构成测量用的薄膜电阻。其厚度约几百埃,电阻为几欧姆。其显著优点是它与样品密切接触,能确切反映样品的温度。

(4)热电偶。常用的热电偶材料,如铜、康铜、镍铬,均可以用于激光量热计中。它们的体积很小,工作稳定,一致性很好。主要缺点是灵敏度较低。前者为 $32\mu V/℃$,后者为 $100\mu V/℃$。如果要测量 0.01℃ 的温差,就必须配用噪声低于微伏级的前置放大器。当用于测量绝热套温度时,由于绝热套的热容量较大,所以可以将数个热电偶串联使用,使灵敏度成倍提高。

(5)激光干涉测温。用热电偶和热敏电阻测温时,一般均在样品边上采样。但是样品上的温度分布往往不均匀。为了克服这种误差,R. Atkinson[2] 在测量中使用激光测温方案(见图 7-2)。无膜的基板,由于前后表面的反射率低,可以看作带宽很大的干涉滤光片。当基板温度升高时,玻璃厚度因热膨胀而厚度增加,导致干涉滤光片的峰值移动。当测温用的小功率激光束入射到该无膜基板时,反射光强将随基板温度的升高而改变。计算表明,当温度变化 0.1℃ 时,光强约变化 1%。在实际使用时,样品上应留出部分不镀膜区域以供测量用。小功率测温激光束照射在无膜部分,大功率加热激光束照射在有膜部分,两者应尽量接近,相距 1mm 左右。

7.1.4 区分表面吸收和体内吸收

欲区分表面(薄膜)吸收和体内吸收,最简单的方法是测量有膜基板和无膜基板的吸收值,两者的差值便是薄膜的吸收。这样的简单处理在薄膜和基板的吸收相近的情况下,会导致较大的误差。

H. B. Rosenstock[4] 提出利用长杆状样品来区分表面和体内的吸收。在绝热式量热计中,样品温度升高与加热时间有关,公式(7-6)可以改写为

$$cm\frac{\mathrm{d}T}{\mathrm{d}t}=PA \qquad (7\text{-}8)$$

因此我们能从样品温升的斜率 $\frac{\mathrm{d}T}{\mathrm{d}t}$ 中求得样品的吸收系数。

样品的温升速率与传热方式密切相关。根据热传导理论,在一级近似下,令传热物体的热传导系数为 α,传热的维数为 D。设在 $t=0$ 时刻开始传热,那么在离开热源距离为 r 处的部位,达到它的最大温升速率的时间 t(特征时间)为

$$t=\frac{r^2}{2\alpha D} \qquad (7\text{-}9)$$

经严格推导得到样品受激光照射后,样品的温度升高 T_t-T_s 可用下列公式表示:

$$T_t - T_s = \frac{P}{mc}\begin{cases} \beta Lt & \text{（短时间内）} \\ \beta Lt + 2S\left[t - \frac{2S}{\beta L + 2S}\frac{\left(\frac{L}{2}\right)^2}{6\alpha}\right] & \text{（长时间内）} \end{cases} \tag{7-10}$$

其中 β,L 为样品的吸收系数和长度（厚度），S 为端面（薄膜）的吸收。上式表示在短期内，主要是体内吸收，以后则是体内与表面吸收之和。

P. A. Temple[7] 利用一个楔形薄膜样品进行测量（见图 7-4）。在分析实验数据时，把总的吸收分成四部分：薄膜吸收、基板的吸收以及薄膜内外表面的分别吸收。

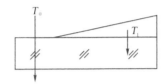

图 7-4　薄膜吸收与基板吸收的区分

总的吸收为

$$A = \int_0^L P(x)\alpha(x)\,\mathrm{d}x = P_{af}a_{af}d + P_{fs}a_{fs} + \left(\frac{T_1}{T_0}\right)\times A_0 \tag{7-11}$$

其中 a_{af}，a_{fs} 为薄膜—空气和薄膜—基板界面的吸收系数，P_{af}，P_{fs} 分别对应界面上的电场强度。A_0 则是对应 T_0 时的基板吸收。

第一步是测量薄膜的平均吸收系数 α_f。为了保持界面上电场强度不变，在楔形样品上选择几个厚度为 $\lambda/2$ 的整数倍的区域，测出这些区域的吸收值。

把方程（7-11）对 d 求导，就得到

$$\frac{\partial A}{\partial d} = \overline{P}_f\alpha_f \tag{7-12}$$

$\overline{P}_f$ 为薄膜中的平均功率。因此，从这几个区域的吸收值随厚度增加的斜率中即可求得 α_f。

其次求解薄膜两界面上的吸收系数。对于厚度为 $\lambda/2$ 和 $\lambda/4$ 的薄膜，各部位电场功率密度不同。

测出厚度为 $\lambda/2$ 和 $\lambda/4$ 处的薄膜吸收值 $A_{\lambda/2}$ 和 $A_{\lambda/4}$，于是有

$$\left.\begin{array}{l} a_{af}P_{af} + a_{fs}P_{fs} = A_{\lambda/2} - \overline{P}_f\alpha_f\frac{\lambda}{2} - \left(\frac{T_1}{T_0}\right)A_0 \\[2mm] a_{af}P'_{af} + a_{fs}P'_{fs} = A_{\lambda/4} - \overline{P}'_f\alpha_f\frac{\lambda}{4} - \left(\frac{T'_1}{T'_0}\right)A_0 \end{array}\right\} \tag{7-13}$$

解上述方程就可以得到 a_{af} 和 a_{fs}。

7.2　光声、光热偏转法测量薄膜吸收

7.2.1　光声光谱法

光声技术最早可以追溯到 1880 年贝尔发现的光声效应。当时，贝尔注意到一束强度被

调制的光照射在固体上后会产生声音,而将固体置于密闭池中时,声音又得到增强。由于光声效应很弱,只是待激光技术和检测微弱信号锁相技术出现后,才能成为一种实用的检测技术。

光声法检测薄膜吸收的原理如下:光源发出的光束经调制后入射到密闭池中的样品上,薄膜样品吸收的辐射能将以热能的形式释放出来,其中一部分传递给池中气体而转化为气体的热膨胀,另一部分则直接转化为膜层内部的热膨胀,两者最终都导致了密闭池内气压的增加。由于光强是周期性调制的,因此密闭池中的气压也以同样的频率变化,由此就形成声压信号。用微音器检测出这个信号,并通过检测系统加以放大和滤波,就得到与膜层吸收成正比的光声信号。

若入射单色光波长可变,则可测到随波长而变的光声信号图谱,这就是光声光谱。若入射光是聚焦而成的细束光并按样品的 x-y 轴扫描方式移动,则能记录到光声信号随样品位置的变化,这就是光声成像技术。

在图 7-5 中,光源采用 40mW 的 He-Ne 激光,调制频率为 120Hz,锁相放大器可以探测到 nV 级的极小信号。

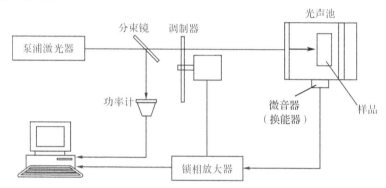

图 7-5　光声光谱方法测试薄膜的吸收

光声池的理论分析,可以从气体(固体)和样品中的声波运动方程和热扩散方程入手。McDonald 和 Wetsel[7]把样品层的热膨胀效应考虑在流体动力学方程中,导出了固体光声效应的一般化理论。但是这些理论很难表达为一个简洁的解析式。从测量薄膜吸收的角度出发,我们可以认为接收器得到的光信号 V_s 正比于薄膜的吸收

$$V_s = I_0 AK \cdot PAS \tag{7-14}$$

其中 I_0 是入射光强,K 是与仪器有关的常数,而 PAS 是光声压力振幅系数。光声光谱信号与样品的光学性质(如吸收系数)和热学性质(如比热)以及密度等多种因素有关。因此光声方法易于进行相对测量,进行绝对测量时必须先定标[6]。当采用碳黑等大吸收的样品作为定标样品时,由于碳黑和测量薄膜的 PAS 系数有差别,故会造成较大误差(40%~70%)。

7.2.2　光热偏转光谱法

光热偏转光谱(Photothermal Deflection Spectroscopy 简称 PDS)是 Claude Boccara 和 Daniele Fournier 在 1979 提出的[8],并于 1980 年用它来检测薄膜的吸收[9]。他采用 100mW 的激励光源,达到的最高检测吸收灵敏度为 2×10^{-7},该灵敏度要高于光声光谱方法。

光热偏转技术的基本原理如下:当样品吸收激励光后温度会升高,因热传导而在样品以

及周围介质中形成温度场。折射率是温度的函数,由此就产生了折射率梯度场。当另一束探测光束穿过该区域时,光线因受到折射率梯度场的影响而发生偏转,该偏转可以用位置传感器探测出来。从偏转值中即可以推算样品的吸收系数。

当温度梯度场存在时,介质中的折射率的分布 $n(\boldsymbol{r},t)$ 可以如下表示

$$n(\boldsymbol{r},t)=\frac{\partial n}{\partial T}\times T(\boldsymbol{r},t) \qquad (7\text{-}15)$$

其中 $\frac{\partial n}{\partial T}$ 是折射率的温度系数,$T(\boldsymbol{r},t)$ 是温度场分布,$\boldsymbol{r}$ 表示不同的几何位置,而 t 是时间。

当一束光线通过非均匀介质时,光线的偏转 $\frac{\mathrm{d}r_0}{\mathrm{d}s}$($s$ 是其路径,r_0 是光束距它原始方向的垂直位移)决定于与光线路径垂直方向的折射率梯度 $\mathrm{grad}\ n(\boldsymbol{r},t)$[10]:($n_0$ 为介质折射率)

$$\frac{\mathrm{d}(n_0\mathrm{d}r_0/\mathrm{d}s)}{\mathrm{d}s}=\mathrm{grad}\ n(\boldsymbol{r},t) \qquad (7\text{-}16)$$

从上式可以得到光热偏转信号 PS 为:

$$PS\equiv\varphi=\frac{\mathrm{d}r_0}{\mathrm{d}s}=\frac{1}{n_0}\frac{\partial n}{\partial T}\int\mathrm{grad}\ T(\boldsymbol{r},t)\mathrm{d}s \qquad (7\text{-}17)$$

其中 s 是光线所经过的路径,φ 是偏转角。上式是光热偏转测量中的基本关系。

由此可以知道,偏转角主要决定于以下因素:折射率温度系数 $\frac{\partial n}{\partial T}$。液体的 $\frac{\partial n}{\partial T}$ 最大,为 $10^{-4}/℃$ 数量级,固体为 $10^{-5}/℃$,而气体仅为 $10^{-6}/℃$。由于液体对薄膜会有渗透作用,故测量薄膜吸收时只能选用固体或气体作耦合介质。

当强度调制的泵浦激光聚焦照射在样品表面时,样品的吸收产生温度升高,表面产生微小形变。热扩散的结果,使得样品表面的上方形成温度梯度,并因而产生空气折射率梯度分布,同时样品内部也有热扩散,因此样品内部有热波与温度的梯度分布,即所谓的表面深度内具有折射率梯度分布。这些温度与折射率的梯度分布也具有与泵浦光相同的调制频率。因此当一束探测光穿越样品表面,或斜入射样品都将被相应媒介折射率的梯度分布所偏转。如图 7-6 所示。应用四象限光电传感器检测出探测光束的偏转量,就可以反推出相应媒介的折射率梯度以及温度梯度,亦即样品吸收的大小。偏转量越多,吸收越大。

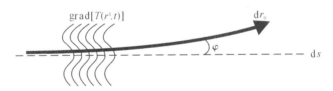

图 7-6　折射率梯度引起的光束偏转

为了提高灵敏度,检测光束与泵浦光束被调整相交于薄膜样品表面,并保持适当的夹角 γ。理论分析指出[11],在测试薄膜样品时,γ 在接近 0°(共线光热偏转测量法)或 90°(横向光热偏转测量法)时能得到较大的偏转角 φ。横向光热偏转测量法($r=90°$)对应于光束偏转效应的样品上表面处气体的热分布所致的折射率沿表面法线方向的梯度分布,即所谓的大气"幻影效应"(mirage effect),如图 7-7 所示。当采用近似共线光热偏转测量法,即 $\gamma\leqslant 90°$,这时入射的探测光束,一部分被样品表面反射,一部分透射出样品(如果样品是透明

的）。因此这时的光热偏转技术又可以分成：一种是探测反射光束的反射式光热偏转技术，另一种是透射式的准共线光热偏转技术。应该指出的是与前面横向光热偏转技术不同，反射与透射两种技术都既包含了大气折射率梯度的作用，同时反射式还包含了样品表面微变形的作用；透射式中还包含了薄膜微变形以及基板的折射率由于温度梯度而形成的折射率梯度的影响，因此分析起来更为复杂。反射式与透射式系统的结构原理如图7-9所示。

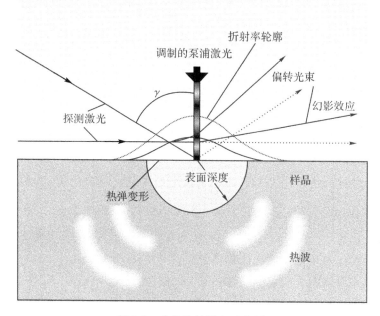

图 7-7　光热偏转原理示意图

所以一般对于大吸收的样品（不透明）可以采用横向光热偏转法，对于小吸收的样品，一般反射式光热偏转法的灵敏度较高，透射法也能获得很好的效果。

光热偏转信号是采用锁相放大器进行信号提取的，因此是泵浦光调制频率的函数，频率越高，光热偏转的幅值越小，但是信噪比好。一般调制频率应取30Hz以上，以保证有一定的信噪比。如果样品吸收较小，信号弱，则必须加大泵浦激光的强度。

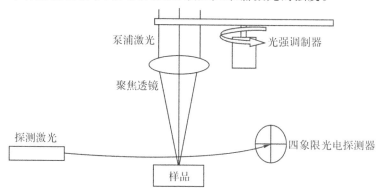

图 7-8　光热偏转法（泵浦光与探测光相互垂直场合）

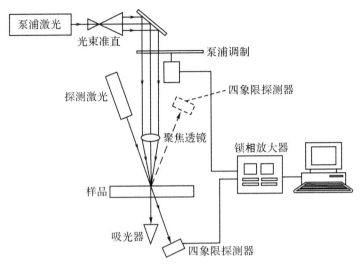

图 7-9　光热偏转方法(泵浦光与探测光束任意角度设置)

一种实际的光热偏转装置如图 7-8 所示。泵浦光源为 25mW 的 He-Ne 激光器,经过斩波器调制后聚焦于样品表面。采用调制光束的优点是可以使用锁相放大器检测微小的光热偏转角(对应 10^{-6} 量级吸收时有 $10^{-8} \sim 10^{-9}$ 弧度)。由于探测光束本身的漂移限制了所能探测到的最小吸收,所以采用石英外壳的小功率 He-Ne 激光,以尽量减少此项误差。两光束的交角为 55°(基板内为 36°),探测器为四象限硅光电池。注意光电探测器可以设置在样品的透射光路上,探测透射光的光热偏转信号,也可以放置在反射光路上探测反射光束的光热偏转信号。整个装置用屏蔽罩与外界隔绝,以尽量减少气流波动时对光束偏转造成的误差。法国马赛菲涅耳研究所的工作最具有代表性,他们建立了高精度多光谱的光热偏转测试系统,并成功应用于光学薄膜的损失检测。[10]

横向光热偏转法(Mirage Effect)(见图 7-8),其光热偏转信号的大小随探测光束离开样品表面的距离增大而迅速减小。同时信号与泵浦光的光强、泵浦光聚焦的大小有关。光热偏转信号与泵浦光的光强成正比,也与样品的吸收成正比。泵浦光聚焦越小信号越大。所以样品位置是否设置在泵浦光的焦点上是十分重要的测试调节环节。

共线的光热偏转法,光热偏转信号与探测光和泵浦光之间的相互位置有很大的关系。图 7-10 给出了共线光热偏转法的一般光热偏转信号与探测光和泵浦光之间相对位移的变化关系。可以看出光热偏转信号随着探测光靠近泵浦光的中心而增大,达到极大值之后迅速减小,当探测光位于泵浦光的高斯光束中心时光热信号为零,然后又迅速增大到另一个极大值,最后随着探测光逐步离开泵浦光的而逐步减小。因此在测试光热偏转信号时,十分重要的注意事项是调整探测光束与泵浦光束的位置,使光热偏转信号达到极大,然后应该在保持探测与泵浦光束的相对位置不变时进行测量。

由于温度梯度场 grad $T(r,t)$ 难以知道,上述装置适合用在相对测量。若要知道样品的真实吸收,则必须进行定标。

光热偏转法在定标时,一般制备一块与测试样品具有相同基底的大吸收的样品(如碳膜),用高精度分光光度计测出 R 和 T,用 $A = 1 - R - T$ 公式计算其吸收值 A_s,然后测定其光热偏转信号 PSs 作为对比,最后应用公式:

$$A_f = \frac{PS_f}{PS_s} A_s \tag{7-18}$$

其中 PS_f 与 A_f 为薄膜样品的光热信号与吸收值。

但是这样的定标方法仍有一定的误差。主要误差表现在：碳膜的热扩散系数与介质薄膜有很大的差异，这将导致透射型的光热偏转法的定标误差。因此现在的定标往往采用与介质薄膜材料接近但吸收较大（10^{-2}）的氧化物薄膜作为定标样品。

光热偏转技术测定一般单层膜时，精度为 $10\%\sim20\%$，在测定热导率较大的单层膜（MgO）误差要超过 40%。在测量多层介质膜时误差更大[11]。其主要原因是偏转信号的大小不仅与耦合介质的性质有关，还与多层膜的层数和材料有关，故难以进行准确的定标。而测量一般单层膜时，由于膜层较小，偏转幅度主要决定于耦合介质，薄膜可以近似视为单纯的热源而无其他影响。

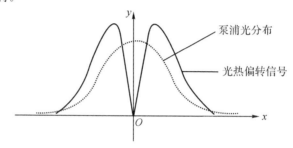

图 7-10　光热偏转信号与探测光和泵浦光之间相对位置的关系

另外，光热偏转法可以进一步拓广用于测试或评估薄膜的吸收损耗与基板的吸收损耗。其基本原理为：薄膜的吸收大小与入射的光束单位体积的能量有关。我们可以调节泵浦激光聚焦位置来选定吸收的主要探测位置。因此在测试系统中，假设固定探测激光与泵浦激光的空间位置，而将样品沿泵浦激光光束方向扫描移动，我们探测的光热信号就是随泵浦光聚焦点位置的变化吸收，如图 7-11 所示，这样就可以对薄膜样品沿厚度方向的吸收变化做一个全面的分析。

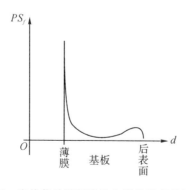

图 7-11　光热信号随泵浦光在样品深度的扫描变化

同样对于厚的基底样品，我们也可以用同样的厚度方向扫描方法来区分表面吸收与体内吸收。

如果采用波长可调谐的激光器作为泵浦激光源，我们就可以测试样品的光热偏转光谱，亦即测试薄膜样品的光谱吸收大小。

另外光热偏转法也发展出脉冲泵浦激光的光热偏转方法，这种方法可望测试出薄膜样品的更多吸收所产生的热扩散特性。光热偏转法中，如果保持泵浦光与探测激光光束的相对位置，而将测试样品进行精密的二维移动，就可以获得样品吸收的二维平面分布。而每一个吸收测试点的大小由泵浦激光的聚焦点大小决定。因此应用在精密设计的光学系统中，我们可望获得具有一定空间分辨率的样品显微吸收图。

光热偏转法还有一个重要的好处在于，对于光谱吸收的测试只要改变泵浦光源就可以实现，探测系统包括探测激光器是不要改变的，因此如果采用可调谐激光器就可以十分方便地测试出样品在对应光谱波段的吸收状态。

7.3　薄膜散射的标量理论和总积分散射测量

薄膜元件中的散射损耗一般是很小的（<1%）。但是在一些膜系中，散射损耗的大小对薄膜的质量起举足轻重的作用。例如在 He-Ne 激光器高反射镜中，总的损耗为 0.7%～0.3%，其中吸收损耗约为 0.02%～0.05%，而散射损耗约为 0.25%[12]。可见要提高激光高反射镜的反射率，就必须降低薄膜的散射损耗。另外，在大功率激光系统中，光线经历了一系列的放大，如果光学元件有少量背散射光产生，就会破坏光泵的功能而引起危险。

光学薄膜的散射可以分为体内散射和界面散射（或表面散射）。

体内散射起因于薄膜内部折射率的不均匀性。由于蒸发薄膜都具有柱状结构，其孔隙和柱体的折射率差异很大，因而产生散射。体内散射对入射光线的影响与体内吸收相仿，它使薄膜中的光强度随着薄膜厚度的增加而按指数规律衰减。它们两者对于透射光或反射光的影响难以区别。故我们在用光度法或椭偏法推算得到的薄膜消光系数，实际上包含了吸收和散射两项损耗，其值应大于用激光量热计测量得到的消光系数，因为后者仅反映了吸收的大小。

引起光学薄膜表面散射的有两类主要表面缺陷。一类是表面的气泡、裂缝、划痕、针孔、麻点、微尘和蒸发时喷溅的微小粒子。它们的线度一般均远大于可见光波长。原则上说，这种相对比较大的缺陷引起的散射，可以用 Mie 理论来处理。Mie 理论可以计算分立的、非相关粒子的散射。它假定粒子具有简单的几何形状，诸如球形或椭球形。这些粒子具有有限的尺寸和一定的介电常数。但是在实际计算中，由于散射粒子的形状、分布和介电常数无法知道，故难以得到定量的结果。由于这些粒子或缺陷的线度比较大，故它们的散射在紫外和可见区影响不大，而对红外波段影响较大。

另一类缺陷就是薄膜表面的微观粗糙度[12]。由表面粗糙度引起的表面不平整的线度远小于一个波长，并服从统计规律。对于高精度光学表面上制备的光学薄膜器件，除了一些喷点引起的薄膜散射，一般薄膜的散射均属于表面或多层膜界面的微粗糙现象造成的。目前处理这些微粗糙度引起的光散射的理论主要有标量理论和矢量理论两种。

在标量理论中，主要研究薄膜在 4π 立体角之内的散射光总和——总积分散射（TIS），与薄膜表面微观量——均方根粗糙度 σ 之间的关系。标量理论产生于 20 世纪 60 年代，理论值与实验结果得到较好的符合。但是由于忽略了散射光线的方向和偏振等因素，只考察总积分散射这一项物理量,就不易从 TIS 中得到较多的关于表面微观物理量的信息。

矢量理论则是 20 世纪 70 年代提出的新理论。它弥补了标量理论的不足,在分析计算中考虑了散射光的方位和偏振特性。利用矢量理论能计算出薄膜表面散射光在空间各方向的强度分布图。因此矢量散射理论是与角度微分散射测试系统相联系的,它能够较好地体现表面各种空间频率的微粗糙度的大小与状态,能够体现出更多的表面结构特征。

为了较好地论述微粗糙度表面的光散射理论,我们首先将表面的微粗糙度看成是一种随机分布的表面函数。

设该函数以 $z(x,y)$ 来表示,则我们可以对表面的微粗糙轮廓函数进行傅氏变化,获得表面微粗糙度的频谱,然后取傅氏频谱振幅的平方,即获得表面微粗糙度的功率谱密度函数

$$S(f_x,f_y)=\lim_{L_x,L_y\to\infty}\left(\frac{2}{L_xL_y}\left|\iint Z(x,y)\exp[-i2\pi(f_xx+f_yy)]\mathrm{d}x\mathrm{d}y\right|^2\right) \tag{7-19}$$

对于各向同性的微粗糙表面,上式可以用一维的方式来表达。这样,一维微粗糙表面的粗糙度功率谱密度(PSD)函数可以表示为

$$S(f)=S(f_x)=\frac{[A(f_x)]^2}{\Delta f_x} \tag{7-20}$$

其中 $A(f_x)$ 为表面微粗糙度的频率 f_x 的傅立叶变换频谱的振幅。

从功率谱密度 PSD 可以获得两个常用的统计参数,用来表示光学薄膜表面粗糙度的主要特征:

(1)均方根粗糙度 σ。由于微观表面高度的随机起伏服从高斯分布(或正态分布),所以该随机函数的均方差 σ 就表示了薄膜表面在垂直方向上偏离平均高度的不规则程度。σ 越大,则表面的起伏越大,σ 越小,则表面越光滑。$\sigma=0$,表示理想的光滑平面。σ 的值直接影响到散射的大小。

$$\sigma^2=\int_0^\infty S(f_x)\mathrm{d}f_x \tag{7-21}$$

(2)相关长度 l。它表示了微观表面的高度在随机起伏中,不规则的峰值的平均间距。l 越大,表示表面不规则峰越疏,l 越小,表示起伏峰越密。相关长度 l 对散射光的分布有很大影响。l 较大时,散射光集中于镜向反射或透射光线附近,l 较小时,散射光则分布于较大的立体角内。

$$l=\frac{1}{4\sigma^4}\int_0^\infty S^2(f_x)\mathrm{d}f_x \tag{7-22}$$

对于许多抛光表面,密度功率谱 PSD 函数可以用一个 K 相关模型来表示,并由一些表面参数的拟合得到特定的函数表达式。K 相关模型可以表示为:

$$S(f)=\frac{a}{[1+(bf)^2]^{c/2}} \tag{7-23}$$

其中:a,b,c 为拟合待定系数。特殊的高斯函数就经常用来表示其中的一种典型分布。

图 7-12 表示了均方根粗糙度 σ 和相关长度 l 不同的三种表面。

测量基板或薄膜表面方根粗糙度的主要方法是利用轮廓仪测量,其能达到的最高分辨率为 1nm。一般光学车间中大批量加工的玻璃基板的均方根粗糙度为 2～10nm,而实验室里经仔细加工的表面,其 σ 值可以小至 0.5～1nm。

对于单个表面,如果其表面特征可以用统计参数均方根粗糙度 σ 和相关长度 l 来表示,

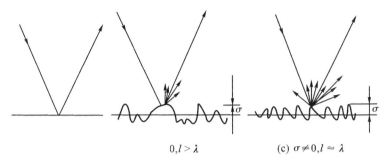

$$0, l > \lambda \qquad\qquad (c)\ \sigma \ne 0, l \approx \lambda$$

图 7-12　微粗糙表面的轮廓与统计特性的关系

那么当光线垂直入射到表面上时,标量理论从克希霍夫衍射积分出发,可推导得到的前半球的反射光 S_R 为[14]:

$$S_R = R_0 \left\{ 1 - \left[\exp\left(\frac{4\pi\sigma n_0}{\lambda} \right)^2 \right] \right\} \left\{ 1 - \exp\left[-2 \left(\frac{\pi l}{\lambda} \right)^2 \right] \right\} \tag{7-24}$$

其中 R_0 是该表面为理想光学表面而没有散射时的反射率:

$$R_0 = \left[\frac{n_f - n_0}{n_f + n_0} \right]^2$$

类似地,透射散射光 S_T 为:

$$S_T = T_0 \left\{ 1 - \exp\left[-\left(\frac{2\pi\sigma}{\lambda}(n_f - n_0) \right)^2 \right] \right\} \left\{ 1 - \exp\left[-2 \left(\frac{\pi l}{\lambda} \right)^2 \right] \right\} \tag{7-25}$$

其中 T_0 为理想光滑表面的透射率:

$$T_0 = \frac{4 n_0 n_f}{(n_f + n_0)^2}$$

对于光学薄膜 $\dfrac{\sigma}{\lambda} \ll 1$,而 $\dfrac{l}{\lambda} \gg 1$;即均方根粗糙度远小于波长,而相关长度大于波长。于是方程(7-24)和(7-25)可以简化为

$$S_R = R_0 \left(\frac{4\pi\sigma n_0}{\lambda} \right)^2 \tag{7-26}$$

$$S_T = T_0 \left[\frac{2\pi\sigma}{\lambda}(n_f - n_0) \right]^2 \tag{7-27}$$

总积分散射 TIS 为

$$TIS = S_R + S_T \tag{7-28}$$

上述两个公式是标量理论的主要结论,是由 Beckmann 首先提出来的[15]。从式中可知,散射与均方根粗糙度 σ 的三维平方成正比,而与波长的平方成反比,与相关长度 l 无关。

根据方程(7-26),我们可以计算反射散射 S_R 与均方根粗糙度 σ 的关系,见表 7-1。)

表 7-1　均方根粗糙度 σ 与反射散射 S_R 关系　($\lambda = 632.8\mu m$)

σ/nm	0.5	1.0	2.0	4.0
S_R/%	0.009	0.04	0.15	0.63

从中可以看出,如果要镀制反射率高达 99.9% 的激光反射镜,基板的均方根粗糙度应不大于 10nm。

图 7-13 给出了银膜表面微粗糙度总积分散射损耗与入射光波长之间关系的理论与实验结果比较。

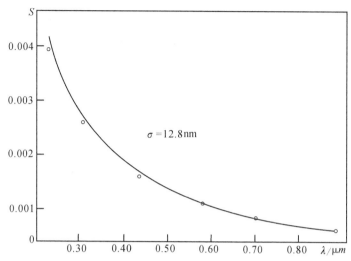

图 7-13　银薄膜表面微粗糙度积分散射与波长的关系

多层薄膜的散射计算比单一面的要复杂得多。根据各膜层的折射率以及各层界面之间粗糙度的相互关系,可以有三种不同的计算模型[13]:

(1)非相关的表面粗糙度模型。该模型认为光学多层薄膜中的光散射起源于膜层各界面的微观粗糙度。而多层膜每个界面的微观粗糙度是独立地随机可变的。

(2)附加表面粗糙度模型。该模型认为多层薄膜的光散射起源于两个因素。一方面每个界面要重复前一已镀薄膜界面的表面起伏,另一方面,每层薄膜的厚度本身也有随机起伏。实际薄膜的散射是两种因素的综合。该模型的特殊情况是每层膜的厚度变化为零时,基板的表面轮廓通过膜堆的传递而复制在每一个界面上。该模型也称为"部分相关模型"。

(3)非相关体内不均匀模型。该模型认为散射起因于每层膜的折射率变化。这些变化在各层膜之间被假定为非相关的。它们使各层膜的光学参数发生变化,而不改变表面轮廓,即膜系中各界面是完全光滑的。

图 7-14 是两种典型薄膜系统的散射随波长的分布关系[13,15,16]。由于散射与薄膜内驻波场的强度成正比,故散射随波长分布与薄膜的驻波强度沿波长的分布一致。例如高反射膜中最大驻波的强度,当波长改变时,在反射带的两侧就有两个峰。而高反射膜的散射极大值在反射带的两侧。又如 F-P 干涉滤光片的最大驻波在中心波长处具有最大值,那么 F-P 干涉滤光片的最大散射也处于中心波长处。类似地,减反膜的散射分布比较平坦处也与其膜内的电场分布一致。

在相同的均方根粗糙度条件下,非相关模型的散射最小,部分相关模型最大[17]。这时因为部分相关模型外表面的粗糙度既受已镀膜层粗糙度的影响,也受本层厚度不均匀的影响,故一定大于非相关模型。

测量总积分散射的基本方法是采用积分球进行相对测量。其装置的示意图如图 7-15 所

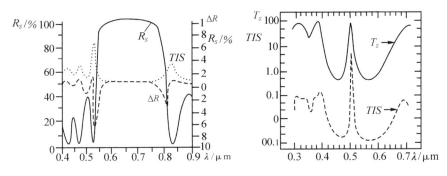

图 7-14 多层膜积分散射与膜系反射、透射之间的关系

示。样品一般置于积分球中心,He-Ne 激光从直径很小的入射光孔进入积分球,照射在样品上,样品的反射光从反射光孔中穿出,被角状衰减器吸收。透射光也从透射光孔中射出,也被角状衰减器吸收。积分球的一侧装有光电倍增管,光电信号经过放大器放大后用数字电压表读数。为了调节光强大小,光路中有可插入和退出的衰减片。测量时先用散射率为 η 的标准散射板予以校正。由于该时光强较大,故宜插入衰减片。设该时电压表的读数为 I_0。然后取退出衰减片,再对样品进行测量,设再得到的电压表读数为 I_A,那么样品的散射率 S_R 为

$$S_R = \frac{\eta I_A}{K I_0} \tag{7-24}$$

其中 K 是衰减片的衰减系数。

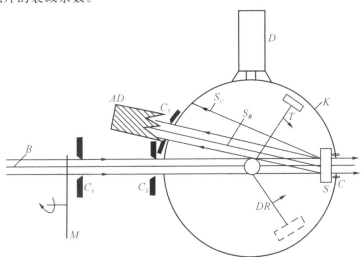

图 7-15 积分散射的测试系统

B—激光束;M—光调制器;C_1,C_2,C_3—狭缝;S—待测样品;K—积分球;AD—黑体;D—光电倍增管;T—标准片;DR—转臂;S_D—散射光;S_R—镜向反射光

由于散射信号 I_A 较小,在测量中应尽量减小系统噪声。系统噪声包括积分球内空气尘埃的散射、积分球外的杂散光以及光电倍增管的光电流噪声。

样品的位置也可以移至入射光孔处(图 7-15 中的 B 处),这样测量得到的主要是透射散射。当样品置于出射光孔处(c 处),测量得到的主要是反射散射。

标准散射样品的表面喷涂有 MgO 或 $BaSO_4$,其散射值可由计量部门用漫反射率标定。

但是其表面散射率会随时间而变化,在测量中应给予注意。

薄膜的散射与基板的表面粗糙度密切有关,而各块基板的均方根粗糙度 σ 不同,新、旧基板之间的 σ 相差更大。在考察不同蒸发工艺因素对散射的影响时,比较好的办法是在同一基板的两部分镀以不同条件下生成的薄膜,然后对比散射大小,以减小基板粗糙度不一致造成的误差[16]。

散射测量中的另一个原理性的误差是由反射(透射)光孔的大小引起的。从原则上讲,大小合适的光孔应使散射光留于积分球内而镜向反射光全部射出球外。事实上,光线照射到粗糙表面上,反射光的光强以镜向反射方向为中心。随着镜向反射方向角度的增加,形成一个指向性很强的分布。对于这样一个光强分布,我们很难规定一条镜向光线与散射光线之间的严格界线,而恰恰是在镜向光线的领域内,散射光具有较大的值。因此,开孔过大,会漏掉镜向光线领域内的散射光;开孔过小则把镜向发射光线留在积分球内。

除了积分球外,还可以用其他两次曲面反射镜构成测量总积分散射的系统。

Bennet 等采用椭球面的测量装置(图 7-16),样品置于球面的一个焦点上,而接收器置于另一个椭球面焦点上。样品的前表面的散射光经过椭球面的反射,都集中于接收器上[14]。这种装置测量的主要是前半球 2π 立体内的总积分散射,在测量高反射镜的散射时有很好的效果。

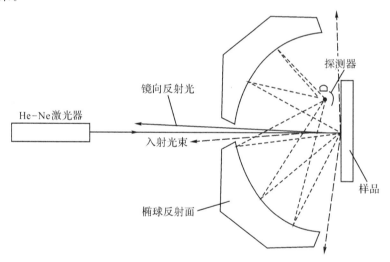

图 7-16　椭球面积分散射检测系统

7.4　散射光的矢量理论和角分布测量

在上一节我们讨论了总积分散射的计算和测量。可以看出不同的表面虽然均方根粗糙度相同,但是其表面微粗糙度的相关长度可以很不一样,这造成散射光的散射效果也有很大的不同。在有些场合下,往往还需要研究在不同方向下的散射光。例如在激光陀螺系统中,光线以 30°或 45°的角度入射到薄膜上,如果沿入射光束光线方向上有背散射光,那就会破坏陀螺的工作。另外,在反射式 H 冕仪中,由于太阳光很亮而日冕相对比较弱,因此强光在几度甚至几分之一度之内的散射光,就会完全掩盖所要观察的目标现象。

与总积分散射类似,对于尘埃或孤立粒子引起的散射角分布,也可以用 Mie 理论处理。对于表面微观不规则性引起的散射角分布,则可以用标量或矢量理论处理,但是无法得出一个简单的表达式。其原因是散射的角分布不仅依赖于均方根粗糙度 σ,还强烈依赖于表面起伏的横向间隔和表面的光学性质和入射光的偏振态。我们通常用自相关函数(一维)或自协方差函数(适用于二维)来表示横向间隔性质。其主要参数是相关长度,它是表面粗糙度的相关性下降到 $1/e$ 时的横向距离。

标量理论只能处理在镜向反射光线领域内的角分布。矢量理论一般用来研究散射角分布[18]。矢量理论在 20 世纪 80 年代建立,经过很多人的努力,矢量散射理论在高光洁度基板表面的散射以及多层光学薄膜中的散射研究中有了很大的发展,并逐步完善。应该说经过多年的努力,在单界面的散射分布方面,理论与实验获得了很好的一致性;但在光学多层薄膜的散射方面,由于薄膜各个界面的粗糙度关系非常复杂,理论和实验还只得到部分符合。

矢量散射理论是将各向同性的随机分布粗糙表面看作是许多光栅常数和位相、周期均不同的正弦光栅的两维叠加,故散射光的角分布可以从单个正弦光栅的衍射特性出发进行研究[19]。另一种方法则是采用"虚设真空层"的概念。

对于单一界面,在两种介质之间引入一个非常薄的真空层,先算出没有散射时,在该真空层的中心位置处的正向传播电场和反向传播电场。

其次,用克希霍夫衍射积分来处理因存在界面粗糙度而在真空层中产生的正向衍射波和反向衍射波。这两种衍射波在真空层与两侧介质的边界上会产生多次反射。

最后,把这些多次反射累加起来,得到所考虑边界上总的衍射波。这些衍射波的振幅与入射光波振幅之比就是该界面的散射系数。整个计算最后得到的是微分散射系数(DSC),即散射到某一单位立体角内的光能量与入射光能量之比。

利用微扰方法处理散射角分布时,在粗糙度较小的条件下,把表面视为理想平面再叠加上一个小的扰动。由于 $\sigma \ll \lambda$,略去 σ/λ 的高次项作用而仅考虑一级近似的散射场,得到微分散射系数为[20]

$$\frac{1}{I_0}\frac{dI}{d\Omega} = \frac{16\pi^2}{\lambda^4}\cos\theta_0\cos^2\theta_s Q_{p_i p_s}(\theta_0, \theta_s, \varphi_s, N)S(K_S - K_0) \tag{7-26}$$

式中符号如图 7-17 所示。θ_0 是入射角,θ_s 是散射角,$N = (n - ik)$,K_S、K_0 是散射光和入射光的波矢量。$Q_{p_i p_s}(\theta_0, \theta_s, \varphi_s, N)$ 是与入射角、散射角以及偏转状态等有关的几何因子,其中 p_i 与 p_s 分别表示入射光的偏振状态与散射光的偏振状态。最主要的 p 入射、p 散射与 s 入射。s 散射有两种情况,其表达式为

$$\left.\begin{array}{l} Q_{pp} = \left|\dfrac{\sqrt{N^2 - \sin^2\theta_0} \cdot \sqrt{N^2 - \sin^2\theta_s} \cdot \cos\varphi_s - N^2\sin\theta_0 \cdot \sin\theta_s}{[N^2\cos\theta_0 + \sqrt{N^2 - \sin^2\theta_0}] \cdot [N^2\cos\theta_s + \sqrt{N^2 - \sin^2\theta_s}]}\right|^2 (N^2 - 1)^2 \\[4mm] Q_{ss} = \left|\dfrac{\cos\varphi_s}{[\cos\theta_0 + \sqrt{N^2 - \sin^2\theta_0}] \cdot [\cos\theta_s + \sqrt{N^2 - \sin^2\theta_s}]}\right|^2 (N^2 - 1)^2 \end{array}\right\} \tag{7-27}$$

表面的微观不规则性包含在 $S(K_S - K_0)$ 中,称为表面微粗糙度的功率谱密度函数。它是表面粗糙度的自协方差函数的傅立叶变换。对于一维微粗糙表面,$S(K_S - K_0)$ 可以表示为 $S\left(\dfrac{\sin\theta_s\sin\varphi_s - \sin\theta_0}{\lambda}\right)$。而对于二维微粗糙表面,可以具体地表示为 $S(f_x, f_y) =$

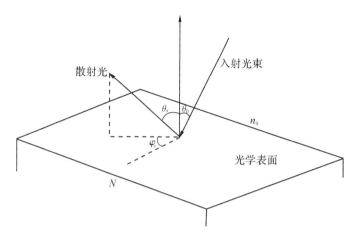

图 7-17　矢量散射理论的散射光空间关系图

$$S\left(\frac{\sin\theta_s\cos\varphi_s-\sin\theta_0}{\lambda},\frac{\sin\theta_s\sin\varphi_s}{\lambda}\right)。$$

在垂直入射条件下,考察入射面的散射光时,$Q\approx\left(\dfrac{N-1}{N+1}\right)^2$,几乎就是表面的光学反射率。

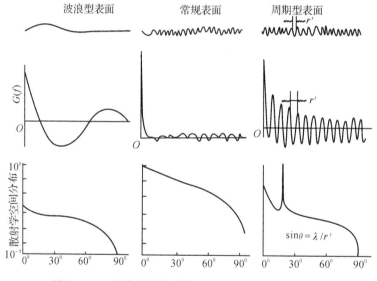

图 7-18　三种典型微粗糙表面的散射光空间分布特性

从图 7-18 中可以看到,波浪型表面与光滑表面接近,故散射较小,而周期性表面的散射在某一方向最大,与按衍射公式计算的值一致。大多数光学表面属于第二种,它们的散射分布在较大的一个角度范围之内。

矢量理论在一些场合已与实验符合得很好,例如当 p 分量入射时处理多层膜堆的散射和部分金属膜的散射。但在另一些场合则尚未一致,例如在图 7-19 中,对 p 分量的散射分布,实验(圆点)与理论(实线)符合很好。但是对 s 分量的散射分布,在大角度下实验值(方格)与理论(虚线)还有明显的偏离[19]。这里面主要问题在于多层薄膜界面微粗糙度在不同空间频率的复形状况是不一样的,因此薄膜多层膜的界面的微粗糙度之间相关性是影响矢量理论与实际测试之间偏差的主要因素。

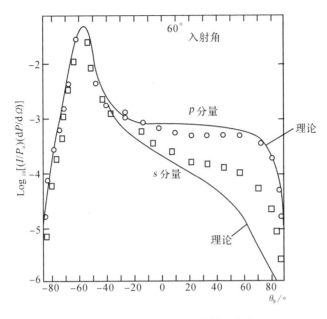

图 7-19　银膜反射镜的散射光分布

　　虽然散射角分布的理论十分复杂,但是测量散射角分布的装置原理却直观而简单,然而要能检测出极小的散射量,则必须精心设计和制作。在这类测量装置中,通常以样品为中心,光电探测器可以围绕样品在入射平面内作接近 $180°$ 或 $360°$ 的转动。性能较好的仪器还可以在以样品为中心的整个球面上转动,以测得非入射平面内的散射光。样品一般能转动和平动,以测量斜入射下的散射特性和扫描样品上各点的散射系数。在测量中,因散射信号很小,通常采用锁相放大器。此外,由于测量数据很多,所以常常采用计算机进行自动采样和分析数据。图 7-20 即是一种测量散射角分布的仪器[21]。

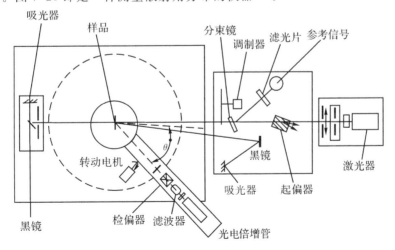

图 7-20　散射光角分布测试系统

　　散射光空间分布的测试是一种十分有力的工具,可用来分析多层薄膜在生长过程中是如何复制与变异其表面微粗糙度的,如果我们仅仅测试入射平面内的散射光空间分布,我们就可以得到表面的一维微粗糙度。这时对应的微分散射公式为

$$\frac{1}{I_0}\left(\frac{\mathrm{d}I}{\mathrm{d}\theta_s}\right)\mathrm{d}\theta_s = \frac{16\pi^2}{\lambda^3}\cos\theta_0\cos^2\theta_s Q_{p_i p_s}(\theta_0,\theta_s,N)S(f_x)\mathrm{d}\theta_s \tag{7-28}$$

我们一旦测得散射光的空间分布,就可以从上式得到各相应微粗糙空间频率的功率谱密度函数

$$S(f_x) = \frac{\lambda^3}{8\pi^2 I_0 \cos\theta_0 g\cos^2\theta_s g Q_{p_i p_s}(\theta_0,\theta_s,N)}\left(\frac{\mathrm{d}I}{\mathrm{d}\theta_s}\right)_s \tag{7-29}$$

为此,可以得到微粗糙表面的微粗糙度为:[22]

$$\sigma = \left[\int_{f_{\min}}^{f_{\max}} S(f_x)\,\mathrm{d}f_x\right]^{\frac{1}{2}} \tag{7-30}$$

其中 $f_{\min} = \sin\theta_{s\to\theta_0} - \sin\theta_0$,$f_{\max} = \sin\theta_{s\to90°} + \sin\theta_0$。这个式子的含义为:最小频率为最靠近镜向反射光的散射角,最大频率为最远离镜向反射光,是最靠近 90° 的散射角。由此可见,用散射光角分布的方法来测试表面微粗糙度是有一定空间频率的限制的。产生限制的原因就是所测试的散射角是有一定限度的。为了减小最小可测频率,测试探头就要尽可能地靠近镜向反射光。

此外,粗糙度功率谱密度还从另外一个方面提供给人们一种分析薄膜微结构与薄膜生长关系的方法。我们可以比较表面不同空间频率的大小,同时可以利用多层薄膜中每一个界面粗糙度功率谱密度的变化,以反映薄膜微结构的变化。因此矢量散射理论以及散射光空间分布的检测,不仅可以获得薄膜样品的散射损耗,而且对人们进一步认识薄膜的微结构与薄膜的生长都是十分有意义的。

7.5 谐振腔衰荡薄膜损耗检测法

在前面薄膜光谱透射、反射特性的检测技术中已经提到,可以利用多次反射方法提高反射率测试的精度。因此就有很自然的想法,充分利用谐振腔的无数次反射的方式,应该大大提高高品质薄膜器件的微弱损耗的测试精度与灵敏度。为此,Keefe 在 1988 年提出了谐振腔衰荡法(Cavity Ring-Down),通过测试微弱吸收谱以实现气体组分与含量的测试[23]。随后 D. Romanini 和 K. K. Lehmann 等发展了这种测试技术[24][25],并使之成为光学薄膜微弱损耗以及高反射率的主要测试手段之一,现已成为高性能激光腔镜制备中的必需设备。

激光谐振腔的衰荡方法可以十分精确地测试反射镜的极高的反射率或反射镜的很小的损耗。其基本原理如图 7-21 所示。

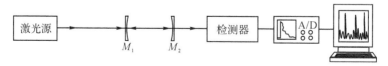

图 7-21 激光谐振腔衰荡法原理示意图

当一脉冲激光耦合入一个由 M_1 与 M_2 反射腔镜构成的谐振腔中，调节腔镜位置，形成谐振。M_1,M_2 均为高反射镜，每一个振荡到达 M_2 的镜子时仅有很小的外耦合输出（从 M_2 的右侧输出，数量级为百万分之几），外耦合输出信号由一个高速的光电传感器探测，而外耦合输出的光强下降速率是由腔的总损耗所决定的。

假设初始脉冲激光的光强为 I_{in}，腔镜 M_1,M_2 的反射率相等，均为 R，透射率为 T，腔镜的损耗为 L，腔内空间的吸收系数为 α，腔长为 l，则：

第 1 次光束振荡后光强的输出为：

$$I_0 = I_{in}T^2\exp(-\alpha l) \tag{7-31}$$

随后的每一次振荡强度减弱因子为：

$$R^2\exp(-2\alpha l) \tag{7-32}$$

n 次振荡之后的光强为：

$$I_n = [R^2\exp(-2\alpha l)]^2 I_0 = [R\exp(-\alpha l)]^{2n} I_0 \tag{7-33}$$

由于对于反射镜具有能量守恒要求，因此：$T+R+L=1$，则对于高品质介质高反射腔镜损耗 $L\approx$ 透射率 T，均小于 0.01%，则有：

$$I_n = I_0\exp[2n(\ln R - \alpha l)] = I_0\exp[-2n(T+L+\alpha l)] \tag{7-34}$$

由于光束变化很快，光电传感器探测到得是脉冲随时间的变化量，所以我们可以将光束走的来回次数 n 转化为时间变量 t，因此有 $t=2nl/c$，则

$$I(t) = I_0\exp\left(-\frac{t}{\tau_d}\right) \tag{7-35}$$

这里我们引入空腔衰减时间常数 τ_d，

$$\tau_d = \frac{l}{c(T+L)} = \frac{l}{c(1-R)}$$

表示是 I_0/e 时的时间值。

所以由光电探测器测得脉冲光强，拟合出衰减时间常数，并依据上式可以求出腔镜的损耗或反射率，即

腔镜损耗 L：

$$L = \frac{l}{2\tau_d c} \tag{7-36}$$

腔镜反射率 R：

$$R = 1 - \frac{l}{\tau_d c} \tag{7-37}$$

因此用衰荡方法，我们将薄膜损耗的测算转换为时间常数的测量，利用谐振的多次反射可大大提高测试精度。应用该方法可以十分方便地测试到 10^{-6} 级的损耗。

也可以采用连续激光来构建谐振腔衰荡法设备。这时需要一个可控的光开关，并具有压电调制功能的腔镜。首先光开关处于开启状态，由压电陶瓷驱动腔镜构成谐振，然后开关高速地切断，探测谐振腔的输出，进而测出衰减时间常数。此装置如图 7-22 所示。

谐振腔衰荡法特别适合低损耗高反射镜的性能测试，是测试大功率激光、激光陀螺反射镜的必备测试设备。

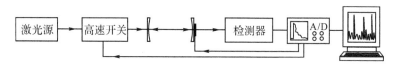

图 7-22　连续式谐振腔衰荡测试系统原理框图

7.6　薄膜导波传播衰减系数法

谐振腔衰荡法虽然有很好的精度与灵敏度,但该方法主要适用于高反射镜的测试。如何能够高灵敏地测试高品质单层薄膜的微弱损耗,还是需要有其他的测试方法。利用薄膜导波的传播衰减可以十分精确地测试出单层薄膜的总损耗,包括散射与吸收损耗。

我们知道,如果我们能够将光波导入到单层薄膜中,使光在薄膜中形成导模横向传播,就能够极大地增加光波与薄膜的作用距离,也就可以大大提高测试方法的灵敏度,如图 7-23 所示。

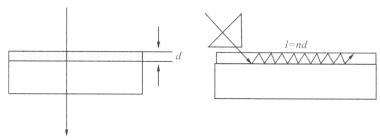

图 7-23　光束透射薄膜样品与光束在薄膜中形成导波的比较

当薄膜没有损耗时,导波在薄膜内一旦传播就可以无限地传播下去。但是由于薄膜中存在各种缺陷,如表面的微粗糙度、薄膜体内的折射率不均匀性、薄膜折射率的吸收、基底折射率的吸收等等,都将影响导波在薄膜中的传播衰减。

考虑实际的光学薄膜,我们可以假设它是由两个微粗糙的界面($f_c(z)$ 与 $f_s(z)$)构成,而且薄膜的折射率也是沿 z 方向随机波动,薄膜同时具有微弱吸收损耗,有微小的折射率消光系数 k_f。假设两个微粗糙界面的粗糙度与导波光的波长以及薄膜的厚度相比均远小于 1,折射率的随机波动量 $\Delta n_f(z)$ 也远小于薄膜的平均折射率,这些缺陷均为相对微小的随机缺陷,且具有统计特性如下:

$$
\left.
\begin{aligned}
\langle f_c(z_1) f_c(z_2) \rangle &= \sigma_c \exp\left(-\frac{|z_1 - z_2|}{l_c}\right) \\
\langle f_s(z_1) f_s(z_2) \rangle &= \sigma_s \exp\left(-\frac{|z_1 - z_2|}{l_s}\right) \\
\langle \Delta n_f(z_1) \Delta n_f(z_2) \rangle &= \sigma_n \exp\left(-\frac{|z_1 - z_2|}{l_n}\right)
\end{aligned}
\right\}
\qquad (7\text{-}42)
$$

其中〈 〉符号表示缺陷沿 z 方向的系综平均,σ_c,σ_s,σ_n 分别表示相应界面的均方根粗糙度与折射率波动的均方根值。l_c,l_c,l_c 分别为相应缺陷的相关长度。

当待测薄膜的导模对于导波光在薄膜结构中传播时,导波的一部分光能被薄膜吸收转化为热能,另部分光能将因缺陷的扰动而以散射光的形式形成损耗,减弱了沿导模传播方向的导波光的光强,如图 7-24 所示。

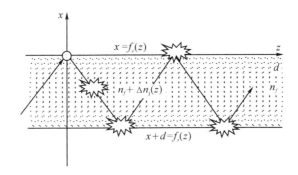

图 7-24　薄膜波导结构示意图

我们一般采用 $I = I_0 e^{-\alpha z}$ 来表示导波光光强沿传播方向 z 的强度变化,其中 α 就是该导波光的传播衰减系数。很明显,传播衰减系数 α 一定包含了薄膜中的吸收损耗以及薄膜中各种缺陷所造成的散射损耗,即

$$\alpha = \alpha_A + \alpha_V + \alpha_S \tag{7-38}$$

α_A 为吸收所致的传播衰减,α_V 为体折射率变化所致的传播衰减,α_S 为界面微粗糙所致的散射传播衰减。因此我们可以通过对传播衰减系数的测试与分析,获得薄膜十分细致的损耗信息[26]。

我们分析薄膜的吸收损耗对传播衰减系数的作用与影响。为了使光束能够在薄膜中形成导波,我们必须根据导波光学的理论设计基底与薄膜,使得样品薄膜与基底能够形成波导条件。设薄膜的折射率为 n_f,厚度为 d,基底的折射率为 n_s,空气的折射率为 1。则导模导波的传播常数为:$\zeta_{zm} = \beta_m - i\beta'_m$。该薄膜形成波导的条件为

$$\sqrt{k_0^2 n_f^2 + \zeta_{zm}^2}\, d - \arctan\left[\eta_{cf}\frac{\zeta_{cm}}{\zeta_{fm}}\right] - \arctan\left[\eta_{sf}\frac{\zeta_{sm}}{\zeta_{fm}}\right] = m\pi \tag{7-39}$$

对于 TM 模式:$\zeta_{zm} = \beta_m - i\beta'_m$,$\zeta_{cm} = \sqrt{\zeta_{zm}^2 - k_0^2 n_c^2}$,$\zeta_{sm} = \sqrt{\zeta_{zm}^2 - k_0^2 n_c^2}$,$k_0 = 2\pi/\lambda_0$,$\eta_{jf} = n_j^2/(n_f - ik_f)^2$。对于 TE 模式有:$\eta_{jf} = 1$,$j = c$,而 s,m 为导模的阶数。

为此,我们可以根据薄膜的结构参数,用数值方法求解此复方程,获得可以在该薄膜中传播的各导模的导波光的复传播常数 ζ_{zm}。这些导模的复传播常数中的虚部正对应导模的传播衰减系数 α_A。所以吸收损耗产生的导波传播衰减系数为:

$$\alpha_A = 2\beta'_m \tag{7-40}$$

进一步分析导波在薄膜中的传播情况可以看出,薄膜可以形成波导的条件是折射率要高于基底的折射率,同时要有一定的厚度。厚度越厚,就可以容纳越多的导模。导模的传播系数与偏振态有关,TM 模式与 TE 模式的导模传播角度不同,随着模数的增加,传播角度 θ_m 减小,导波与薄膜的作用距离增大,导波的传播衰减系数 β'_m 就越大。

薄膜的微粗糙界面以及薄膜折射率的随机波动都将对在薄膜中传播的导波产生散射损

耗。对于图 7-26 所示的薄膜器件,我们可以在一级近似情况下,将薄膜的有效介电常数表示为:

$$\varepsilon(x,z)=\varepsilon^0(x)+\varepsilon^1(x,z)$$

$$\varepsilon^2(x,z)=\varepsilon_0 f_c(z)\{n_f^2\delta(x-0)-n_s^2\delta(x-0)\}+\varepsilon_0 f_s(z)\{n_s^2\delta(x-0)-n_f^2\delta(x-0)+2\varepsilon_0\Delta n_f(z)H(0-x)H(x-d)\}$$

$$\varepsilon^0(x)=\varepsilon^0\{n_c^2 H(x-0)+n_s^2 H(d-x)+n_f^2 H(0-x)H(x+d)\}$$

其中:$H(x)$ 为 Heavisid 函数,$\delta(x)$ 为 Dirac 函数。

这样薄膜的缺陷就可以用等效介电常数 $\varepsilon^1(x,z)$(附加源)来表示,正是这些附加源的存在产生了导波传播的散射损耗。根据导波光学理论:薄膜波导存在三种模式的场:空气模、基底模以及导模,前两者为辐射模(对应于缺陷薄膜场合,即为散射场),这三种模式的场构成一个完整的正交基。所有波导中可能的场均可以用该正交基的线性组合来表示:

$$\left.\begin{array}{l}E(x,z)=\sum_{m=0}^{L} c_m(z)E_m(x,z)+\int g_r(z,\beta)E_r(x,z,\beta)\mathrm{d}\beta\\[2mm]H(x,z)=\sum_{m=0}^{L} b_m(z)H_m(x,z)+\int v_r(z,\beta)H_r(x,z,\beta)\mathrm{d}\beta\end{array}\right\} \tag{7-41}$$

其中:E_m 与 H_m 为导模,E_r 与 H_r 为散射场,C_m,b_m 以及 g_r,v_r 均为相应模式场的待定系数。这些待定系数可以应用波导中正交基的各模式之间的相互正交特性来获得,进而可以推得散射损耗造成的传播衰减 α_d 为:[26]

$$\alpha_d=\frac{\Delta I_d}{LI}=\frac{1}{L}\int_{-n_s k_0}^{n_s k_0}\langle|g_r^+(L,\beta)|^2\rangle\frac{|\beta|}{p}\mathrm{d}\beta \tag{7-42}$$

式中:$p=\sqrt{n_s^2 k_0^2-\beta^2}$,公式中的积分限$(-n_s k_0,n_s k_0)$包含了两种辐射场。对于 TM 模,应取 $v_r^+(L,\beta)$代替上式中的 $g_r(L,\beta)$。α_d 中包含了总的散射损耗,其中一部分是界面的微粗糙散射损耗,另一部分是薄膜体内的折射率波动的散射损耗。

可以看出:

(1)导模传播衰减系数对薄膜缺陷非常灵敏,10^{-5} 的折射率消光系数以及 2nm 的均方根粗糙度都已经十分显著地反映在传播衰减系数(10dB 左右)上。

(2)高阶导模的传播衰减系数高,传播衰减系数随模数的减低而迅速减低。在零阶导模的传播衰减系数中吸收是主要因素,而在高阶导模的传播衰减系数中散射损耗起的作用更大。

如果我们画出不同阶数的导模传播衰减系数随导模传播角的变化图,可以发现:在表面散射与体散射占优的场合,传播衰减随传播角的变化甚为激烈;而在吸收损耗占优的情况下,则较为平缓。所以我们只要测出不同导模的传播衰减系数,就可以通过导模传播衰减系数与传播角的关系,采用外推方法,外推到 90°传播角,即可获得薄膜的吸收损耗的大小。

有了薄膜折射率消光系数,就可计算出各个导模的吸收引起的传播衰减,根据测得的各导模的总传播衰减,两者相减就可以获得散射损耗引起的传播衰减。因此,我们可以应用这个特性来实现薄膜吸收损耗与散射损耗的区分。

薄膜的导模传播衰减的检测方法可以采用导波成像分析法。如图 7-25 所示。

用棱镜耦合技术,将所要检测的激光耦合入薄膜形成导波,用 CCD 成像器件拍摄导波在薄膜中的传播图像,进而通过图像处理,可以获得导波在薄膜中的传播长度,以及导波光束的光强变化,应用导波光强的指数关系($I=I_0 e^{-\alpha z}$)进行拟合,就可以获得该导波的传播衰

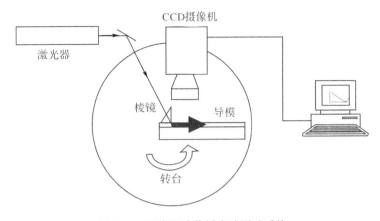

图 7-25　导模导波传播衰减测试系统

减系数 α、该束激光与棱镜的夹角或偏转态,就可以测出其他导波的传播衰减系数。

7.7　总　结

在薄膜微吸收损耗的测试中,激光量热法是基本的方法。该方法与薄膜的散射的关系不大,因此可以说是直接测试薄膜的吸收损耗,但是必须有一种绝热的系统,相对而言系统较为复杂。与激光量热计相比,光热偏转法是一种既灵敏又方便的方法。它能够选用较小功率的激光作光源($<100\mathrm{mW}$),也可达到很高的探测灵敏度($10^{-5}\sim10^{-7}$量级),而且可以较好地区分薄膜与基底的吸收损耗的不同与影响。在散射损耗中,总积分散射是用来描述薄膜样品界面均方根粗糙度所引起的总体散射能量的大小,由它可以直接获得薄膜微粗糙度的均方根值;而散射光的角分布则是描述薄膜不同空间频率的微粗糙度对散射的影响,因此可以获得一定频带范围的薄膜微粗糙度的功率谱函数,可以获得更多的薄膜微粗糙的信息。谐振腔衰荡法是用于测试高品质激光反射镜的理想方法,它可以高灵敏地测试出激光反射镜的反射率或损耗。薄膜导波传播衰减系数法则是高灵敏的单层或多层薄膜吸收、散射损耗的综合测试方法,它可以高灵敏地测试出具有一定厚度的薄膜的吸收与散射损耗。所以在薄膜的损耗测试技术中,先要分析所要测试薄膜样品的特点,然后选择适当的方法加以测试,这样才能获得正确的结果。

习　题

7-1　薄膜吸收除了与膜层折射率消光系数有关之外，还与薄膜的膜系结构相关。设膜系中高低折射率薄膜的折射率分别为：$n_H=2.3-\mathrm{i}3\times10^{-4}$，$n_L=1.38-\mathrm{i}8\times10^{-5}$，试求反射镜 G|(HL)^{7}H|air 与 G|(HL)^7|air 的吸收的大小。

7-2　对于共路光热偏转测试系统，探测光束与泵浦光束在什么相互位置关系时，可以获得最大的光热偏转信号？

7-3　试分析微分散射光的空间分布与积分散射之间的关系。

7-4　对于一个单微粗糙界面，如果测得入射平面内，0°入射角光束的散射光角度分布中，在角度45°方向存在一个散射光的峰值。设入射光的波长为632.8nm。试分析该微粗糙表面存在什么样空间频率的周期微粗糙度？

7-5　用衰荡法测试一薄膜样品的吸收损耗时，若衰荡腔的长度为300mm，测得衰荡时间为0.1ms，则该薄膜器件的吸收损耗有多大？

7-6　导波传播衰减方法测试薄膜综合损耗(散射与吸收损耗的综合)时，如何从不同模式测试到得传播衰减系数，分析膜层大致的吸收与散射损耗的大小。

参考文献

［1］　Pinnow D. A. and Rich T. C.. Development of a calorimetric method for making precision optical absorption measurements. Appl. Opt.，1973，(12)984.

［2］　Atkinson R.. Development of a wavelength scanning laser calorimeter. Appl. Opt.，1985，(24)：464.

［3］　Hoffman R. A.. Apparatus for the measurement of optical absorptivity in laser mirrors. Appl. Opt.，1974,(13)：1405.

［4］　H. B. Rosenstock, M. Hass, D. A. Gregory, and J. A. Harrington. Analysis of laser calorimetric data. Appl. Opt.，1977,(16)：2837.

［5］　Temple P. A.. Thin film Absorption measurements using laser calorimetry. in ed. by Palik E. D.. Hanzdbook of optical constants of solids Chap. 7. Academic N. Y.

［6］　龚健. 光声法测量光学薄膜小吸收系数及其绝对定标的研究［浙大硕士论文］. 杭州：浙江大学，1985.

［7］　McDonald FA, Wetsel GC.. Generalized theory of the photoacoustic effect ［J］. Appl. Phys.，1978,(49.4)：2313-2322.

［8］ Claude Boccara，Daniele Fournier. Thermo-optical spectroscopy：Detection by the "mirage effect". Appl. Phys. Lett.，1979，(36)：130.

［9］ Boccara A. C.，Fournier D.，W. Jackson，and N. M. Amer. Sensitive photo-thermal deflection technique for measuring absorption in optically thin media.，1980，Opt. Lett.，(5)：377.

［10］ Comandre M.. Characterization of absorption by photothermal deflection. In ed. By Flory F. R.. Thin films for optical system，Chap. 12. Marcel Dekker Inc..

［11］ 邵庆. 用光热偏转法研究光学薄膜的弱吸收特性［浙大硕士论文］. 杭州：浙江大学，1992.

［12］ Guenther KH，Gruber HL，Pulker HK.. Morphology and light scattering of dielectric multilayer systems. Thin solid films，1976.(34)：343.

［13］ Ebert J.，Pannhorst H.，Kuester H. and Welling H.. Scatter losses of broad-band interference coatings. Appl. Opt.，1979，(18)：818.

［14］ Bennett H. E.. Scattering characteristics of optical materials. Opt. Eng.，1978，(17)：480-488.

［15］ Eastman J. M.. Surface Scattering in Optical Interference Coatings［Ph. D.］. Thesis of Univ. Rochester，1974.

［16］ Carniglia CK.. Scalar scattering theory for multi-layer optical coatings. Opt. Eng.，1979，(18：2)：104-115

［17］ 刘化文. 光学薄膜的散射［浙大硕士论文］. 杭州：浙江大学，1981.

［18］ Church EL.，Jenkinson HA. and Zavada JM.. Measurement of the finish of diamond-turned metal Surfaces By differential light scattering. Opt. Eng.，1977，(16)：360.

［19］ Elson J. M.. Light scattering from semi-infinite media for non-normal inci-dence. Phys. Rev.，1975，(B12)：2541.

［20］ Stover J. C.. Surface roughness measurements of curved surfaces by light scat-ter. OPT. ENG.，1982，(21：66)：987-990.

［21］ Roche P. and Pelletier E.. Characterizations of optical surfaces by measure-ment of scattering distribution. Appl. Opt.，1984，(23)：3561.

［22］ Duparre A. and Kassam S.. Relation between light scattering and microstruc-ture of optical thin films," Appl. Opt.，1993，(32)：5475.

［23］ Anthony O'Keefe and D. A. G. Deacon. Cavity ring-down optical spectrometer for absorption measurements using pulsed laser sources. Review of Scientific Instruments，1988，(59)：2544.

［24］ Romanini D. and Lehmann K. K.. Ring-down cavity absorption spectroscopy of the very weak HCN overtone bands with six，seven and eight stretching quanta. J. Chem. Phys.，1993，(99：9)：6287.

［25］ Berden G.，Meijer G. and Ubachs W.. Spectroscopic application using ring-down cavites，Experimental methods. in the Physical sciences. Academic Press，2002,(40:2):47-82.

[26] 刘旭等. 从薄膜波导传播衰减的角度研究光学薄膜的损耗：(i)理论分析. 光学学报,1992,(12)：4.

第8章　薄膜光学常数的测量

折射率和厚度是光学薄膜的两个非常重要的光学常数,本章将阐述光学薄膜折射率和厚度测量的各种方法,介绍这些测量方法的基本原理以及测量装置,并且对这些方法的优缺点作重点比较。

在设计和计算光学薄膜元件的特性时,常常把块状材料的各向常数作为薄膜的光学常数,而且将薄膜简化成具有均匀折射率 n、消光系数 k 和厚度为 d 的薄层。但是薄膜的光学常数是随着薄膜的制备工艺的不同而不同,因此要制备性能稳定的薄膜器件,要提高薄膜器件生产制备的成品率,就必须精确地检测出各种各样制备工艺下的薄膜器件的光学常数。薄膜的折射率主要可能出现的特性有:折射率随厚度的变化,即折射率的不均匀性;折射率的各向异性;折射率的微弱吸收(很小的消光系数),以及消光系数的不均匀性与各向异性。其中最主要与最常用的是折射率与消光系数,因此薄膜光学常数的测试是一个十分重要的内容。

测定薄膜光学常数的常用方法是光度法、椭圆偏振法、布儒斯特角法、利用波导原理的棱镜耦合器法以及表面等离子激元法等。

光度法是指根据薄膜的透射率和反射率来计算薄膜的光学常数。分光光度计是测量薄膜特性最常用的仪器之一,利用它可以测量薄膜的光谱透射率曲线 $T(\lambda)$。如果加上测量反射率的附件,那么还能得到光谱反射率曲线 $R(\lambda)$。由于分光光度计使用方便,测量准确,几乎每个人都使用,故利用光谱透射率反射率曲线来计算薄膜的光学常数是薄膜工作者最常用的一种方法。为此,我们将在本章内首先介绍利用光度法测量透明薄膜、弱吸收薄膜和吸收膜的光学常数的方法。其次讨论布儒斯特角法和利用波导原理的棱镜耦合器法。前者主要用于薄膜折射率的测试,后者则是对较厚光学薄膜的光学常数的测试,而且特别是对薄膜折射率的各向异性具有很高的灵敏度。椭圆偏振法是薄膜光学参数测试的非常灵敏的方法,特别是在非透明的薄膜光学常数的测试方面。这些都将在本章做较全面的论述与详细讨论。

8.1　从透射、反射光谱确定薄膜的光学常数

在实际的光学多层薄膜中,透射光谱是绝大多部分样品都必须测试的,故我们先讨论从透射光谱确定透明薄膜的折射率与厚度。

8.1.1　透明薄膜的光学常数确定

我们暂对薄膜的性质作三项假定:一,薄膜具有均匀的折射率,即不考虑它的折射率非均匀性。二,不考虑薄膜的色散影响,即薄膜在各个波长下具有相同的折射率。三,薄膜在各波长的消光系数均为零,所以反射率和透射率之和为 100%,即有 $R+T=1$。

符合上述三项假定的理想透明薄膜是不存在的,但是在相当多的情况下,实际薄膜可以

近似符合以上条件,因此本节的计算方法可得到广泛应用。

对于理想的光学薄膜,在其光学厚度为 $\lambda/2$ 的整数倍处,透射率和反射率等于空白基板的值。而在薄膜的光学厚度为 $\lambda/4$ 的奇数倍处,反射率正好是极值。如果薄膜折射率 n_f 小于基板折射率 n_s,反射率将是极小值,反之如果 $n_f > n_s$,则是反射率极大值。根据薄膜光学理论,我们知道极值反射率为[1]

$$R = \left(\frac{n_0 - n_f^2/n_s}{n_0 + n_f^2/n_s} \right)^2 \tag{8-1}$$

上式中 n_0 是空气折射率。

从上式中解出 n_f 就得到

$$n_f = \left[\frac{(1+\sqrt{R})n_s n_0}{1-\sqrt{R}} \right]^{\frac{1}{2}} \tag{8-2}$$

我们从样品的光谱透射率曲线上求出对应于 $\lambda/4$ 的奇数倍波长处的极值透过率 T,然后用 $1-T=R$ 换算至极值反射率。在修正基板后表面反射的影响后,代入上式,就可求得薄膜的折射率。

例如薄膜的厚度较厚,那么从两个相邻的极值波长中可以进一步求得薄膜的几何厚度。设 λ_1 和 λ_2 是两个相邻的极值波长($\lambda_1 > \lambda_2$),我们有

$$nd = (2m+1)\lambda_1/4 = [2(m+1)+1]\lambda_2/4$$

从上式可以得到

$$d = \lambda_1\lambda_2/2n(\lambda_1-\lambda_2) \tag{8-3}$$

考虑到在较短的波段中有几个干涉极大、极小值。目前国际薄膜界趋于选择 5 至 7 个 $\lambda/4$ 膜厚作为用光度法测量光学常数时的薄膜样品的标准厚度。

折射率的精度取决于反射率的精度。根据方程(8-2),容易计算 Δn 和 ΔR 的关系。常见的分光光度计的测量精度在 $0.3\% \sim 1\%$ 之间,对应的折射率误差为 $0.01 \sim 0.09$。这样的测量精度能大致满足设计和计算需要。

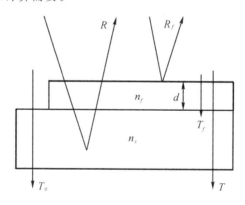

图 8-1　薄膜样品的反射、透射关系

考虑玻璃基板后表面的影响(参考图 8-1)。厚度为几毫米的玻璃基板在分光光度计中测量时,后表面的影响可以按照非相干表面的关系处理,即前后表面之间的光强是以强度相加而不是矢量相加。把空白基板(双面)的透射率 T_0 和有膜样品(双面)的透射率 T 代入下面的公式中

$$R_f = \frac{\dfrac{2T_0}{T} - 1 - T_0}{\dfrac{2T_0}{T} - 1 + T_0} \tag{8-4}$$

即可求得有膜的前表面的单向反射率 R_f，再把 R_f 代入公式(8-2)，就求得薄膜的折射率。

除了上述公式以外，还可以利用下列公式从单面透射率极值 T_m(即薄膜透射率 T_f 对应于 $\lambda/4$ 奇数倍的极值)中直接求解折射率：

$$n_f = \left[n_0 n_s \left(\frac{2}{T_m} - 1 + \sqrt{\left(\frac{2}{T_m} - 1 \right)^2 - 1} \right) \right]^{\frac{1}{2}} \tag{8-5}$$

我们进而考虑薄膜材料的色散对反射率或透射率曲线的影响。理论分析表明：当薄膜有色散时，在光学厚度为 $\lambda/4$ 奇数倍的波长处不再是极值；但是光学厚度为 $\lambda/2$ 的倍数的波长处仍是极值，而与没有色散时关系一样。我们可以证明如下。

设入射介质的折射率为 1，基板折射率为 n_s，薄膜折射率为 n_f，则透明薄膜的透射率 T 为

$$T = \frac{4}{n_s + 2 + \dfrac{1}{n_s} + \dfrac{1}{2n_s} \left(n_f^2 - 1 - n_s^2 + \dfrac{n_s^2}{n_f^2} \right) \left[1 - \cos\left(\dfrac{4\pi n_f d}{\lambda} \right) \right]}$$

为分析方便，把上式缩写为

$$T = \frac{4}{F(n_s) + G(n_f, n_s) \left[1 - \cos\left(\dfrac{4\pi n_f d}{\lambda} \right) \right]}$$

由于 T 和 $4/T$ 的极值一致，故 T 的极值可以根据 $4/T$ 的极值得到

$$\frac{4}{T} = F(n_s) + G(n_f, n_s) \left[1 - \cos\left(\frac{4\pi n_f d}{\lambda} \right) \right]$$

将 $4/T$ 对 d/λ 求偏微分

$$\frac{\partial \left(\dfrac{4}{T} \right)}{\partial \left(\dfrac{d}{\lambda} \right)} = G'(n_f, n_s) \left[1 - \cos\left(\frac{4\pi n_f d}{\lambda} \right) \right] + 4\pi G(n_f, n_s) \left(n_f + \frac{dn_f}{d(d/\lambda)} \cdot \frac{d}{\lambda} \right) \sin\frac{4\pi n_f d}{\lambda}$$

$$\tag{8-6}$$

当 $n_f d = K\lambda/4 (K$ 为 $1,3,5\cdots)$时，$\cos\left(\dfrac{4\pi n_f d}{\lambda} \right)$ 和 $\sin\dfrac{4\pi n_f d}{\lambda}$ 的值为 -1 和 0，于是方程 (8-6)的值不为 0。当 $n_f d = K\lambda/g2 (K$ 为 $1,3,5\cdots)$时，$\cos\left(\dfrac{4\pi n_f d}{\lambda} \right)$ 和 $\sin\dfrac{4\pi n_f d}{\lambda}$ 的值为 1 和 0，方程(8-6)的值为 0。这就表明，在有色散情况下，光学厚度为 $\lambda/4$ 奇数倍处不再是极值，而光学厚度在 $\lambda/4$ 偶数倍时仍是极值。

一般薄膜材料的折射率均有些色散。色散的存在使得光谱透射率或反射率曲线上相邻两个干涉峰的极值不一样大。由于短波段折射率高，所以短波段的反射率峰值要大于长波段的峰值。在薄膜材料的吸收带外，薄膜的色散均较小。在实际测量计算中，我们可以用不同的峰值反射率代入方程(8-4)和(8-2)，以求得各波长下的折射率值，它们之间的差值就反映了薄膜材料色散的大小。

人们很早以前就注意到，不同薄膜材料的折射率与波长关系是可以用一定的色散关系

来表示的,常用的色散关系有如下几种[1]:

1. Cauchy 方程

这个方程由 Cauchy 提出,折射率和消光系数可以展开为波长的无穷级数。它适用于透明材料,如 SiO_2,Al_2O_3 Si_3N_4,BK7,玻璃等,其折射率的实部与消光系数均可以表示为

$$n(\lambda) = A_n + \frac{B_n}{\lambda^2} + \frac{C_c}{\lambda^4} + \cdots \tag{8-7}$$

$$k(\lambda) = A_k + \frac{B_k}{\lambda^2} + \frac{C_k}{\lambda^4} + \cdots \tag{8-8}$$

其中 A_n,B_n,C_n,A_k,B_k,C_k 是 6 个拟合的参量。通常情况下,在考虑波段不是太宽时,展开式可以取前面两项,第三项可以不用。

2. Sellmeier 关系

这个关系首先由 Sellmeier 推导出来。它适用于透明材料和红外半导体材料。Sellmeier 方程是 Cauchy 方程的综合,原始的 Sellmeier 方程仅仅用于完全透明材料($k=0$),但是,它有时也能用于吸收区域:

$$n(\lambda) = \left(A_n + \frac{B_n \lambda^2}{\lambda^2 - C_n^2} \right)^{1/2} \tag{8-9}$$

$$k(\lambda) = 0 \text{ 或 } k(\lambda) = \left[n(\lambda) \left(B_1 \lambda + \frac{B_2}{\lambda} + \frac{B_3}{\lambda} \right) \right]^{-1} \tag{8-10}$$

其中 A_n,B_n,C_n,B_1,B_2 和 B_3 是拟合参量。

3. Lorentz 经典共振模型

该经典模型的公式如下:

$$n^2 - k^2 = 1 + \frac{A\lambda^2}{\lambda^2 - \lambda_0^2 + g\lambda^2/(\lambda^2 - \lambda_0^2)} \tag{8-11}$$

$$2nk = \frac{A\sqrt{g}\lambda^3}{(\lambda^2 - \lambda_0^2)^2 + g\lambda^2} \tag{8-12}$$

其中 λ_0 是共振的中心波长,A 是振荡强度,g 是阻尼因子。第一个方程组中,右边的式子代表无限能量(零波长)的介电函数。在大多数情况下,用拟合参数 ε_∞ 来代替会更加符合实际情况,它代表了远小于测量波长的介电函数。由上面的方程很容易解出 n 和 k,但是准确描写仍会产生非常难以处理的表达式。该色散关系主要应用于吸收带附近的折射率色散。

4. Forouhi-Bloomer 色散关系[8]

这是一种新的描述材料复折射率的色散模型,主要用于模拟半导体和电介质的复折射率。复折射率中的消光系数与折射率的关系如下[9]:

$$k(E) = \sum_{i=1}^{q} \frac{A_i (E - E_g)^2}{E^2 - B_i E + C_i} \tag{8-13}$$

$$n(E) = n(\infty) + \sum_{i=1}^{q} \frac{B_{oi} E + C_{oi}}{E^2 - B_i E + C_i} \tag{8-14}$$

其中:

$$B_{oi} = \frac{A_i}{Q_i} \left(-\frac{B_i^2}{2} + E_g B_i - E_g^2 + C_i \right) \tag{8-15}$$

$$C_{oi} = \frac{A_i}{Q_i} \left[(E_g^2 + C_i) \frac{B_i}{2} - 2E_g C_i \right] \tag{8-16}$$

$$Q_i = \frac{1}{2}(4C_i - B_i^2)^{1/2} \tag{8-17}$$

并不是所有的参量在上述方程中都是独立的,其中只有 $n(\infty)$,A_i,B_i,C_i 和 E_g 是独立的拟合参量。这些方程需要一些薄膜分析工具来补充,例如反射率的测量。

Forouhi-Bloomer 方程一般只用于模拟材料的间带光谱区域的色散,但是,它们也能被用于次能带隙区域以及常规的透明区域,且能处理一些带有弱吸收的薄膜的折射率色散。

5. Drude 模型

该模型主要是针对金属薄膜与金属材料。电介质函数由自由载流子决定,当 ω_p 为等离子体频率($\omega_p^2 = 4\pi n e^2/m$)和 v 为电子散射频率时,Drude 介电方程为:

$$\varepsilon(\omega) = 1 - \frac{\omega_p^2}{\omega(\omega + iv)} \tag{8-18}$$

通常,上面色散方程的参量至少需要三次方的拟合才能确定,然后与实验的透射光谱以及与从 (n,k) 和吸收薄膜投射率的一般方程算得的光谱作比较。在大多数情况下,应该直接包括膜厚作为一个拟合参数。

Forouhi-Bloomer 方程、Sellmeier 和 Lorentz 共振色散方程能够延伸用于多层共振;对于部分材料,Drude 模型必须与具体的共振类型联系起来。

对于不少材料,所有的色散方程在一个相当大的光谱区都能得到很好的结果。实验测得的透射率光谱和色散方程计算所得的光谱进行优化拟合是这些方程适用的前提。实际上,所有的色散方程都是随着波长变化的函数,在很大的波长范围内得到一个良好的拟合结果是很困难的,这是因为 n 和 k(包括薄膜厚度 d)严格决定了透射率光谱的形式,膜厚和折射率(光学厚度)决定了干涉波纹的间隔。

同样,薄膜光学常数的确定方法也可以应用到薄膜的制备过程中。在具有光学监控设备的光学薄膜制备系统中,薄膜的光学监控信号就对应制备薄膜的 $R(\lambda)$ 和 $T(\lambda)$ 因干涉而呈周期性的起伏变化。在薄膜镀制过程中,随厚度增加,$R(d)$ 和 $T(d)$ 也呈周期性变化。我们可以根据这些极大或极小值,应用前面的公式确定正在镀制的该层薄膜的折射率以及折射率随厚度的变化。

8.1.2　弱吸收薄膜光学常数的确定

前面,我们假定薄膜是无吸收的。事实上,常见的透明薄膜在接近短波吸收带时,消光系数会增大。另外薄膜在蒸镀过程中由于参数控制不当,也会产生较大的吸收。因此在介质薄膜的光学常数测量中,在许多情况下必须把它视作弱吸收薄膜(消光系数 $k \ll 1$)的模型来考虑才切合实际情况。

为了直观地了解消光系数 k 对 R 和 T 的影响,我们分析消光系数 $k = 10^{-3}$,10^{-2} 和 0.1 时,反射率 R 和透射率 T 的各级极值以及 R 和 T 随波数的变化,见图 8-2。可以清楚地看到:

(1)消光系数对透射率的影响要大于对反射率的影响。

(2)对于较薄的薄膜,当 k 小于 10^{-2} 时对透射率、反射率的影响不是十分显著,但大于 10^{-2} 之后的影响十分显著。

(3)吸收的影响在半波长的位置最为明显。

人们发展了许多方法来确定带有微弱吸收薄膜的光学常数确定方法。本节中将重点介

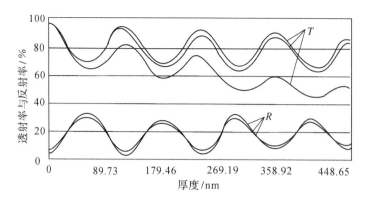

图 8-2　消光系数对薄膜透射率与反射率的影响

绍两种最为常用的方法：Hall 方法[2]与透射率轮廓法。

1. Hall 方法

J. F. Hall 提出分析微弱吸收薄膜的确定方法：从 $T_{\lambda/2}$ 处计算薄膜的消光系数，从 $T_{\lambda/4}$ 处计算薄膜的折射率。由于单层吸收薄膜的透射率与反射率公式为：

$$T_f = \frac{(n_f^2 + k^2)n_s}{[(1+n_f)^2 + k^2][(n_f+n_s)^2 + k^2]} \times \frac{16\alpha}{1 - 2r_1 r_2 \alpha \cos\left(\frac{4\pi n_f d}{\lambda} + \delta_1 + \delta_2\right) + r_1^2 r_2^2 \alpha^2}$$

$$R_f = \frac{r_1^2 - 2r_1 r_2 \alpha \cos\left(\frac{4\pi n_f d}{\lambda} + \delta_1 + \delta_2\right) + r_2^2 \alpha^2}{1 - 2r_1 r_2 \alpha \cos\left(\frac{4\pi n_f d}{\lambda} + \delta_1 + \delta_2\right) + r_1^2 r_2^2 \alpha^2}$$

式中：α 为吸收率，且 $\alpha = \exp(-4\pi k d/\lambda)$。

另外

$$r_1^2 = \frac{(n_f - n_0)^2 + k^2}{(n_f + n_0)^2 + k^2}, \quad r_2^2 = \frac{(n_f - n_s)^2 + k^2}{(n_f + n_s)^2 + k^2}$$

$$\delta_1 = \arctan\frac{2n_0 k}{n_f^2 - n_0^2 + k^2}, \quad \delta_2 = \arctan\frac{2n_s k}{n_f^2 - n_s^2 + k^2}$$

入射介质为空气（折射率为 1），r_1，r_2 为空气与薄膜和薄膜与基板界面的菲涅尔反射系数，δ_1，δ_2 为薄膜微弱吸收对反射与透射的位相的影响。（注意这里的 T 与 R 均没有考虑样品基板后表面的影响，实际上是前一节的 T_f。）

如果忽略了薄膜的微弱吸收对反射与透射相位的影响，则此处我们有简化公式：

$$T_{f\lambda/2} = \frac{(n_f^2 + k^2)n_s}{[(1+n_f)^2 + k^2][(n_f+n_s)^2 + k^2]} \times \frac{16\alpha}{(1 - r_1 r_2 \alpha)^2}$$

$$R_{f\lambda/2} = \frac{(r_1 - r_2 \alpha)^2}{(1 - r_1 r_2 \alpha)^2}$$

在 $\lambda/4$ 处我们有公式：

$$T_{f\lambda/4} = \frac{(n_f^2 + k^2)n_s}{[(1+n_f)^2 + k^2][(n_f+n_s)^2 + k^2]} \times \frac{16\alpha}{(1 + r_1 r_2 \alpha)^2}$$

$$R_{f\lambda/4} = \frac{(r_1 + r_2 \alpha)^2}{(1 + r_1 r_2 \alpha)^2}$$

因此我们可以分别测试薄膜样品的反射与透射光谱，并依据各极值点的反射率与透射率的大小,应用上面的公式,联立方程分别求出 $\lambda/2$ 处的消光系数与 $\lambda/4$ 处的折射率值。

2. 透射率轮廓法

此方法利用 $\lambda/2$、$\lambda/4$ 处透射率的值来计算微弱吸收薄膜的折射率与消光系数,因此有较强的实用性。

$$T_f = \frac{(16n_0 n_s \alpha)(n_f^2 + k^2)}{A + B\alpha^2 + 2\alpha[C\cos(4\pi n_f d/\lambda) + D\sin(4\pi n_f d/\lambda)]}$$

其中:

$$A = [(n_f + n_0)^2 + k^2][(n_f + n_s)^2 + k^2]$$
$$B = [(n_f - n_0)^2 + k^2][(n_f - n_s)^2 + k^2]$$
$$C = -(n_f^2 - n_0^2 + k^2)(n_f^2 - n_s^2 + k^2) + 4k^2 n_0 n_s$$
$$D = 2kn_s(n_f^2 - n_s^2 + k^2) + 2kn_0(n_f^2 - n_s^2 + k^2)\lambda/2 \text{ 和 } \lambda/4 \text{ 的}$$
$$\alpha = \exp\left(-\frac{4\pi k d}{\lambda}\right)$$

我们将所有透射率极大值点与透射率极小值点分别连起来作出两条包络线,形成 $T_{\max}$ 与 $T_{\min}$ 两条包络线围成的包络区域[3]。这样,我们就可以获得每个波长点上的 $T_{\lambda/2}$ 与 $T_{\lambda/4}$ 值,进而计算出每一个波长点的 n_f 与 k,见图 8-3 所示。

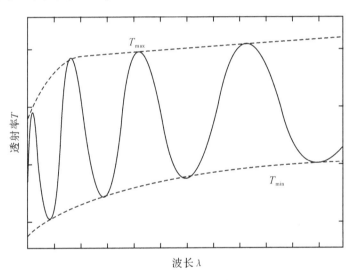

图 8-3　包络线法的示意图

当薄膜没有吸收时:$k=0$。此时有:

当 $n_f > n_s$ 时,$T_{\max} = T_{\lambda/2} = T_s = \dfrac{2n_s}{n_s^2 + 1}$,且:$T_{\lambda/4} = T_{\min} = \dfrac{4n_f n_s^2}{n_f^4 + n_f^2(n_s^2 + 1) + n_s^2}$。

当 $n_f > n_s$ 时,$T_{\min} = T_{\lambda/2} = T_s = \dfrac{2n_s}{n_s^2 + 1}$,且 $T_{\lambda/4} = T_{\max} = \dfrac{4n_f n_s^2}{n_f^4 + n_f^2(n_s^2 + 1) + n_s^2}$。

当 $k \neq 0$ 时,我们有:

$$T_{F\max} = \frac{17n_0 n_s n_f^2 a}{(C_1 + C_2 a)^2} \tag{8-19}$$

$$T_{F\min} = \frac{16n_0 n_s n_f^2 a}{(C_1 - C_2 a)^2} \tag{8-20}$$

其中，$C_1=(n_0+n_f)(n_f+n_s)$，$C_2=(n_0-n_f)(n_f-n_s)$。

考虑到基片后表面反射的影响，式(8-19)和(8-20)变为[4]

$$\frac{1}{T_{max}}-\frac{R_s}{T_s}\left[1+\frac{\chi}{16n_0n_sn_f^2a}\right]=\frac{(C_1+C_2a)^2}{16n_0n_sn_f^2a} \tag{8-21}$$

$$\frac{1}{T_{min}}-\frac{R_s}{T_s}\left[1+\frac{\chi}{16n_0n_sn_f^2a}\right]=\frac{(C_1-C_2a)^2}{16n_0n_sn_f^2a} \tag{8-22}$$

$$\chi=4n_sn_f(n_0+n_f)^2-4n_sn(n_f-n_0)^2a^2-16n_0n_sn_f^2a$$

式中，T_{max}和T_{min}分别是实测的透射率最大值和最小值。由式(8-21)和(8-22)两式可求得膜层的折射率

$$n_f=\left[N+(N^2-n_0^2n_s^2)^{\frac{1}{2}}\right]^{\frac{1}{2}}$$

式中：$N=\dfrac{n_0^2+n_s^2}{2}+2n_0n_s\left(\dfrac{1}{T_{min}}-\dfrac{1}{T_{max}}\right)$。

根据极值点处的折射率和波长可求得膜层厚度为

$$d=\frac{m\lambda_1\lambda_2}{2[n(\lambda_1)\lambda_2-n(\lambda_2)\lambda_1]}$$

式中：m为两个极值点之间干涉级次之差值。把膜层的折射率n代入式(8-21)和(8-22)，可求得

$$a=\frac{-B\pm(B^2+4AC)^{\frac{1}{2}}}{2A}$$

式中：$A=4n_sn_f(n_f-n_0)^2R_s/T_s-[(n_f-n_0)(n_s-n_f)]^2$；

$B=8n_0n_sn_f^2(1/T_{max}+1/T_{min})$；

$C=4n_sn_f(n_f+n_0)^2R_s/T_s+[(n_f+n_0)(n_s+n_f)]^2$。

如果同时测出反射率光谱曲线，那么可以求出膜层的非均匀性(薄膜折射率随厚度的变化)[5][6]。对于非均匀薄膜，其特性可近似地用下列导纳特征矩阵表示

$$\begin{bmatrix}(n_i/n_1)^{\frac{1}{2}}\cos\delta & i\sin\delta/(n_in_1)^{\frac{1}{2}}\\ i(n_1n_i)^{\frac{1}{2}}\sin\delta & (n_1/n_i)^{\frac{1}{2}}\cos\delta\end{bmatrix}$$

式中：n_i为靠近基片侧膜层的折射率，n_1为空气侧的折射率，而

$$\delta=\frac{2\pi}{\lambda}(n-ik)d=a-ib$$

令

$$x=n_0n_s/(n_1n_i)^{\frac{1}{2}}+(n_1n_i)^{\frac{1}{2}}$$
$$y=n_0n_s/(n_1n_i)^{\frac{1}{2}}-(n_1n_i)^{\frac{1}{2}}$$
$$p=n_0(n_i/n_1)^{\frac{1}{2}}+n_s(n_1/n_i)^{\frac{1}{2}}$$
$$q=n_0(n_i/n_1)^{\frac{1}{2}}-n_s(n_1/n_i)^{\frac{1}{2}}$$

它们与极值反射率和透射率的关系为：

$$\left.\begin{aligned}(x+bp)^2&=4n_0n_s/T_{Fmin}\\(p+bx)^2&=4n_0n_s/T_{Fmax}\\(y+bq)^2&=4n_0n_s(R_{Fmax}/T_{Fmin})\\(q+by)^2&=4n_0n_s(R_{Fmin}/T_{Fmax})\end{aligned}\right\} \tag{8-23}$$

而 b 与极值反射率和透射率又有如下关系：

$$b = \frac{(1-T_{Fmin}-R_{Fmax})/T_{Fmin}+(1-T_{Fmax}-R_{Fmin})/T_{Fmax}}{2(n_s/n_i)+n_i/(n_s+b')} \qquad (8-24)$$

表征非均匀性的折射率 n_1 和 n_i 为

$$n_1 = n_0 \left[\frac{(x-y)(p-q)}{(x+y)(p+q)} \right]^{\frac{1}{2}} \qquad (8-25)$$

$$n_i = n_s \left[\frac{(x-y)(p+q)}{(x+y)(p-q)} \right]^{\frac{1}{2}}$$

这样，即可把由实测的透射率光谱曲线确定的 b 值作为求解膜层非均匀性的初始解 b'，通过式(8-23)至(8-25)多次迭代，最终得到膜层的平均折射率 $n_f = 0.5(n_1+n_i)$，表征非均匀性的折射率 n_1 和 n_i，消光系数 k 和几何厚度 d。

3. 从透射率或反射率曲线求多波长数值的反演法

该方法的运用是基于现代计算机技术的发展，使得大规模的反演运算成为可能。我们可以应用计算机，用数值计算的方法，拟合测试获得的薄膜光谱透射率曲线，反演得出薄膜的光学常数[11]。

借助 Firouchi-Bloomer 色散模型[9]，利用改进的单纯形方法拟合薄膜的透过率光谱曲线，从而获得薄膜厚度、折射率和消光系数。该方法只需简单地测量透过率曲线，可以测试各种薄膜的光学常数，特别适合于较薄的、在可见区具有很大吸收的半导体薄膜。

由测到的透过率曲线，确定薄膜光学常数和厚度是一个反演工程，由已知薄膜系统的响应来确定系统的参数。首先选定一组初始的 $n(\infty)$，E_g，A_i，B_i，C_i 的值，由式(8-13)，(8-14)可以得到薄膜的初始迭代 n,k，代入薄膜传播矩阵后，就可以计算各个波长处的透过率 $T(\lambda_j)_{calc}$，最小化理论计算值与分光光度计测到的透过率之差，就能获得薄膜的光学常数和厚度，因此目标函数取为[10]：

$$\text{Metric} = \sum_{\lambda_j} \left(\frac{T(\lambda_i)_{exp}-T(\lambda_i,d,E_g,n(\infty),A_1,B_1,C_1,\cdots)_{calc}}{\sigma(\lambda_i)} \right) + \varphi \qquad (8-26)$$

其中 $T(\lambda_j)_{exp}$ 是分光光度计测到的透过率；$T(\lambda_i,d,E_g,n(\infty),A_1,B_1,C_1,\cdots)_{calc}$ 是理论计算得到的数值；$\sigma(\lambda_i)$ 是分光光度计的测量误差值，一般取为 1%。最小化目标函数 Matric，就是优化色散模型中的各个参数，F-B 模型中 $n(\infty)$，E_g，A_i，B_i，C_i 等参数。(8-26)式中 φ 定义为：

$$\varphi = \begin{cases} 0 & \text{有物理意义，} \\ M & \text{没有物理意义。} \end{cases} \qquad (8-27)$$

对于没有物理意义的参数 $\varphi=M$，M 是一个极大的数，一般为定值，是一个惩罚函数，使优化过程中自动远离那些没有物理意义的值，这样就把一个约束优化问题变成一个无约束优化问题。

单纯形方法是光学薄膜优化中运用较多的方法，它受初始结构的影响小，并且不需要计算导数，因此特别适用于这种表达式较复杂而且变量较多的情况。F-B 色散模型中的参数都有一个范围，如 $n(\infty)=(1\sim5)$ 等，而薄膜的物理厚度范围为 $10\sim3000\text{nm}$，因此在确定薄膜光学常数的优化过程中，作为变量的物理厚度和色散模型中各个参数之间数值有很大的差别，应对它们作一些修正，进行归一化处理：

$$v'_x = (v_x-v^1_x)\frac{d^2_x-d^1_x}{v^2_x-v^1_x}+d^1_x \qquad (8-28)$$

式中：v_x 表示色散模型的参数变量，d_x 表示薄膜的厚度变量，这样在 $[v_x^1, v_x^2]$ 中均匀分布的色散变量就转化成 $[d_x^1, d_x^2]$ 中均匀分布的变量，给单纯形提供了一个良好的搜索空间。

应用该方法可以十分方便地从单个透射光谱的测试求出薄膜的 $n(\lambda)$ 与 $k(\lambda)$。

也可用科西色散关系，通过确认三个参数的方法，从薄膜的反射率曲线，直接获得折射率的色散值[12][13]。但是反射谱对薄膜样品的吸收不灵敏，所以反射谱反演，只能得到薄膜折射率的实部。

8.2 其他薄膜的光学常数测试方法

从光谱透射率与反射率确定光学薄膜的光学常数，上一节所述的方法主要用于具有一定厚度薄膜样品的测试分析。如果样品的薄膜厚度很薄，甚至一个透射率或反射率的极值点也没出现，或仅仅出现一个极值点时，前面的方法很难使用，因此需要有其他方法来确定这种较薄的薄膜的光学常数。较薄的薄膜或金属膜光学常数的确定方法主要有：表面等离子激元法、阿贝折射率测试法以及椭圆偏转测试法。

8.2.1 表面等离子激元法

表面等离子激元（或表面等离子波，简称 SPW）是一种存在于两个界面之间的表面波，它在垂直于界面的方向上迅速衰减，而在平行于界面的方向以一定的速度传播。表面等离子激元对表面或界面的状态（或微小变化）十分敏感，是一种十分灵敏的光学探测方法。我们可以借用表面等离子激元来进行薄膜光学参数的测定。在光学薄膜中，可以用表面等离子激元来测定金属薄膜的光学常数或金属薄膜表面的介质薄膜的光学常数，也可以用来研究薄膜表面受各种环境因素影响产生的变化[14]。

我们采用 Kretschmann 结构来激发表面等离子体共振，基本结构如图 8-4 所示。厚度为 d 的金属层位于高折射率的棱镜和低折射率出射介质中间。P 偏转的光束从棱镜入射，并在镀有薄膜的底边上反射后，从棱镜的另外一侧出射。调节入射光的入射角，我们可以测试到反射光强随入射角的变化，这就可以得到在入射角大于棱镜全反射角到 $90°$ 入射角的角区域内，存在一个角度，这个角度的反射率急剧下降，入射光全部或部分被耦合入表面等离子激元波。因此，我们就可以根据测得的对应于该测试薄膜产生等离子激元的角度，来反推薄膜的光学常数。

产生表面等离子波的条件为，三层结构的介电常数的色散关系满足以下条件：

$$k_{sp} = \frac{\omega}{c} \mathrm{Re}\left(\sqrt{\frac{\varepsilon_j \varepsilon_m}{\varepsilon_j + \varepsilon_m}}\right), \quad j = 1 \text{ 或 } 3 \tag{8-29}$$

式中：ε_j 表示相邻介质的介电常数，ε_m 为金属的介电常数，k_{sp} 是波矢的切向分量，ω 是入射光的频率，Re 表示取复数的实部。

入射光的色散关系为：

$$k_x = \sqrt{\varepsilon_1} \frac{2\pi}{\lambda} \sin\theta_0 \tag{8-30}$$

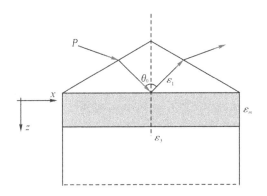

图 8-4　激发 SPW 的 Kretschmann 装置

式中：k_x 是入射光在 x 方向上的波矢分量，λ 是入射光波长，θ_0 是入射角。

当两者的色散关系满足：$k_x = k_{sp}$ 时，产生等离子体共振。图 8-5 给出了 p 光的反射率曲线。

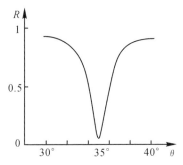

图 8-5　色散关系

如：对于波长 $\lambda = 632.8$ nm，当棱镜 $\varepsilon_1 = 3.19$，金属银膜层厚度 $d = 50$ nm，介电常数 $\varepsilon_m = -18 + 0.5i$，$\varepsilon_3 = 1$。$p$ 偏振光入射角为 35.2° 时，产生表面等离子体共振，反射光能量急降，形成一个反射极小峰。

测试 ATR-SPW 的实验装置如图 8-6 所示。

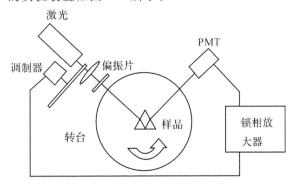

图 8-6　表面等离子激元法测试系统示意图

表面等离子激元法是一种非常灵敏的超薄薄膜或金属薄膜光学常数的检测方法，它可以高灵敏地检测出很薄的(几个纳米级)薄膜的光学折射率与厚度,但是它对薄膜的微弱吸收并不敏感。因此,它适用于对一些超薄薄膜的光学常数的检测。

具体方法是,对金属薄膜测试时,将金属薄膜制备在棱镜的底边,然后放在上述的实验系统中测试出反射率的 SPW 峰,然后在 SPW 峰的对称角度处,取三个点的反射率值,应用反射率的计算机反演技术,就可以方便地确定金属薄膜的 $n-\mathrm{i}k$ 与厚度 d。

如果要测试薄的介质薄膜,可以在确定好薄膜光学常数的金属薄膜的基础上,再在金属薄膜表面再镀制要测试的介质膜,则可以发现原来金属膜的 SPW 峰发生了移动,这个移动对金属膜上制备的介质表面是十分敏感的,因此可以十分灵敏地检测出很薄的介质薄膜的光学常数。我们可以在新的 SPW 峰对称的角度位置上取三个点,用四个界面的 SPW 方程,并将前面已经获得的金属薄膜的光学常数代入,就可以获得金属薄膜表面上加镀的介质薄膜的光学常数 n,k,d。

8.2.2　阿贝法检测薄膜的折射率

阿贝法[15](又称布儒斯特角法)是基于光波在界面上的布儒斯特效应而建立的薄膜光学常数测试方法。其基本原理为,当一束平行光以某一角度入射时,空白基板表面与镀模表面对 p 偏振光的反射率是相同的。这个特殊的入射角叫做膜层的布儒斯特角(θ_{iB})。当 P 偏振光以 θ_{iB} 从 n_0 媒介入射到 n_1 媒介时(折射角为 θ_1),空气/膜层界面消失,振幅反射系数为零,即

$$r_p = \left(\frac{n_0}{\cos\theta_{iB}} - \frac{n_1}{\cos\theta_1} \right) \Big/ \left(\frac{n_0}{\cos\theta_{iB}} + \frac{n_1}{\cos\theta_1} \right) = 0 \tag{8-31}$$

于是

$$\frac{n_0}{\cos\theta_{iB}} - \frac{n_1}{\cos\theta_1} = 0 \tag{8-32}$$

由斯涅耳定律得

$$n_0 \sin\theta_{iB} = n_1 \sin\theta_1 \tag{8-33}$$

由(8-32)和(8-33)式,当 $n_0 = 1$ 时有

$$n_1 = \tan\theta_{iB} \tag{8-34}$$

这时:膜层与基板界面的 p 偏振光的反射为:

$$r_{2p} = \frac{\tan(\theta_{1B} - \theta_1)}{\tan(\theta_{1B} + \theta_1)} = \frac{\tan(90° - \theta_{iB} - \theta_1)}{\tan(90° - \theta_{iB} + \theta_1)} = \frac{\tan(\theta_{iB} - \theta_1)}{\tan(\theta_{iB} + \theta_1)}$$

完全等于空气/基板界面的反射率,因此膜区与无膜区的反射率相等。

这就是阿贝法测量折射率的依据(见图 8-7)。因此只要测试出当 p 偏振光在薄膜表面的反射率消失时的角度,就可以计算出薄膜的折射率。显然该方法仅适合于测试薄膜的折射率,而无法获得薄膜的厚度。

基于阿贝法的检测系统基本上由以下结构组成:

首先样品必须制备成一半镀膜一半不镀膜的形式,然后在检测系统中,用测试不同入射角的基本表面反射与薄膜表面反射率比较的方法,确定反射率相等时的入射角度,进而获得薄膜的折射率。

如图 8-8 所示,光束经分束板分成两束光,经过偏振片,起偏为 p 偏振光,分别照射在薄膜与基板表面上,反射的光束经反射镜反射进入积分球,并由光电倍增管接收。光束调制

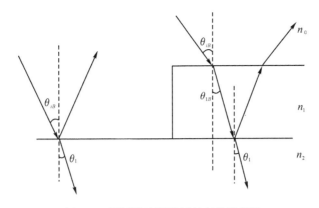

图 8-7　用阿贝法测量折射率的原理图

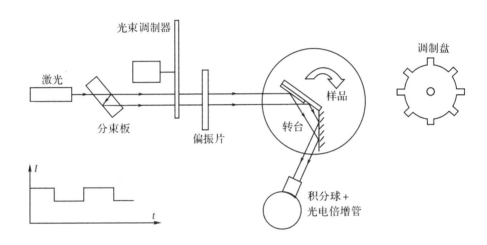

图 8-8　阿贝法测试仪原理图

器使得照到薄膜样品与基板的光束分别为光电探测器所探测,这样转动转台,就可以改变光束的入射角。由于反射镜与样品之间构成二面角,可以减小由于转动转台造成积分球位置的转动,仅有少量的移动就可以测得光束的反射率。当光电探测器的输出为一个方波信号时,说明入射角尚未等于布儒斯特角,但薄膜与基板两者反射率相等时,即光电探测器的输出为一直流分量时,对应的角度就为薄膜的布儒斯特角。

　　由于阿贝法将薄膜折射率的测量转变为对角度的测试,因此具有获得较高测试精度的可能性。其测试精度主要取决于布儒斯特角位置的判定。

8.2.3　椭圆偏振法

　　椭圆偏振测量(椭偏术)是研究两媒质界面或薄膜中发生的现象及其特性的一种光学方法,其原理是利用偏振光束在界面或薄膜上的反射或透射时出现的偏振变换[16]。椭圆偏振测量的应用范围很广,如半导体、光学掩膜、圆晶、金属、介电薄膜、玻璃(或镀膜)、激光反射镜、大面积光学膜、有机薄膜等,也可用于介电、非晶半导体、聚合物薄膜、薄膜生长过程的实时监测等测量。结合计算机后,具有可手动改变入射角度、实时测量、快速获取数据等优点。

它是一种高灵敏度的薄膜光学常数的检测方法,对金属薄膜、介质薄膜都适用,而且由于灵敏度高,所以也是超薄光学薄膜的基本测试手段。

椭偏法除了可以测试薄膜的基本光学常数之外,还可以用来测量薄膜的偏振特性、色散特性和各向异性,特别是研究薄膜生长的初始阶段,淀积晶粒生长到能用电子显微镜观察以前的阶段,并用来计算吸附分子层的厚度、密度等。

1. 原理

在一玻璃基板(衬底)上镀各向同性的单层介质膜后,光线的反射和折射在一般情况下会同时存在的。通常,设介质层为 n_1, n_2, n_3, φ_1 为入射角,那么在1,2介质交界面和2,3介质交界面会产生反射光和折射光的多光束干涉,如图8-9所示。

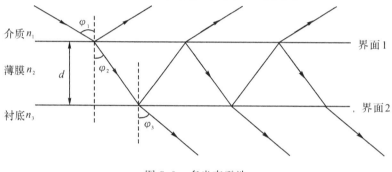

图 8-9　多光束干涉

这里我们用 2δ 表示相邻两分波的相位差,其中 $\delta = 2\pi d n_2 \cos\varphi_2 / \lambda$,用 r_{1p}, r_{1s} 表示光线的 p 分量、s 分量在界面1,2间的反射系数,用 r_{2p}, r_{2s} 表示光线的 p 分量、s 分量在界面2,3间的反射系数。由多光束干涉的复振幅计算可知

$$E_{rp} = \frac{r_{1p} + r_{2p} \mathrm{e}^{-\mathrm{i}2\delta}}{1 + r_{1p} r_{2p} \mathrm{e}^{-\mathrm{i}2\delta}} E_{ip} \tag{8-35}$$

$$E_{rs} = \frac{r_{1s} + r_{2s} \mathrm{e}^{-\mathrm{i}2\delta}}{1 + r_{1s} r_{2s} \mathrm{e}^{-\mathrm{i}2\delta}} E_{is} \tag{8-36}$$

其中:E_{ip} 和 E_{is} 分别代表入射光波电矢量的 p 分量和 s 分量,E_{rp} 和 E_{rs} 分别代表反射光波电矢量的 p 分量和 s 分量。现将上述 E_{ip}, E_{is}, E_{rp}, E_{rs} 四个量写成一个比量,即

$$\rho = \frac{r_p}{r_s} = \frac{E_{rp}/E_{ip}}{E_{rs}/E_{is}} = \frac{r_{1p} + r_{2p} \mathrm{e}^{-\mathrm{i}2\delta}}{1 + r_{1p} r_{2p} \mathrm{e}^{-\mathrm{i}2\delta}} \cdot \frac{1 + r_{1s} r_{2s} \mathrm{e}^{-\mathrm{i}2\delta}}{r_{1s} + r_{2s} \mathrm{e}^{-\mathrm{i}2\delta}} = \tan\psi \mathrm{e}^{\mathrm{i}\Delta} \tag{8-37}$$

我们定义 ρ 为反射系数比,它应为一个复数,可用 $\tan\psi$ 和 Δ 表示它的模和幅角。上述公式的过程量转换可由菲涅耳公式和折射公式给出

$$\left.\begin{array}{l}
r_{1p} = (n_2 \cos\varphi_1 - n_1 \cos\varphi_2)/(n_2 \cos\varphi_1 + n_1 \cos\varphi_2) \\
r_{2p} = (n_3 \cos\varphi_2 - n_2 \cos\varphi_3)/(n_3 \cos\varphi_2 + n_2 \cos\varphi_3) \\
r_{1s} = (n_1 \cos\varphi_1 - n_2 \cos\varphi_2)/(n_1 \cos\varphi_1 + n_2 \cos\varphi_2) \\
r_{2s} = (n_2 \cos\varphi_2 - n_3 \cos\varphi_3)/(n_2 \cos\varphi_2 + n_3 \cos\varphi_3) \\
2\delta = 4\pi d n_2 \cos\varphi_2 / \lambda \\
n_1 \sin\varphi_1 = n_2 \sin\varphi_2 = n_3 \sin\varphi_3
\end{array}\right\} \tag{8-38}$$

式中:ρ 是变量 n_1, n_2, n_3, d, λ, φ_1 的函数(φ_2, φ_3 可用 φ_1 表示),即 $\psi = \arctan\left|\dfrac{r_p}{r_s}\right|$,$\Delta$ 为 p 光

反射位相与 s 光反射位相之差,称 ψ 和 Δ 为椭偏参数。上述复数方程表示两个等式方程:

$$[\tan\psi e^{i\Delta}] \text{的实数部分} = \left[\frac{r_{1p}+r_{2p}e^{-i2\varphi}}{1+r_{1p}r_{2p}e^{-i2\delta}} \cdot \frac{r_{1s}+r_{2s}e^{-i2\varphi}}{1+r_{1s}r_{2s}e^{-i2\delta}}\right] \text{的实数部分}$$

$$[\tan\psi e^{i\Delta}] \text{的虚数部分} = \left[\frac{r_{1p}+r_{2p}e^{-i2\varphi}}{1+r_{1p}r_{2p}e^{-i2\delta}} \cdot \frac{r_{1s}+r_{2s}e^{-i2\varphi}}{1+r_{1s}r_{2s}e^{-i2\delta}}\right] \text{的虚数部分}$$

若能从实验测出 ψ 和 Δ 的话,原则上可以解出 n_2 和 d ($n_1,n_3,\lambda,\varphi 1$ 为已知),根据公式(8-35)至(8-38),推导出 ψ 和 Δ 与 $r_{1p},r_{1s},r_{2p},r_{2s}$ 和 δ 的关系:

$$\tan\psi = \left[\frac{r_{1p}^2+r_{2p}^2+2r_{1p}r_{2p}\cos2\delta}{1+r_{1p}^2r_{2p}^2+r_{1p}r_{2p}\cos2\delta} \cdot \frac{1+r_{1s}^2r_{2s}^2+2r_{1s}r_{2s}\cos2\delta}{r_{1s}^2+r_{2s}^2+2r_{1s}r_{2s}\cos2\delta}\right]^{\frac{1}{2}} \tag{8-39}$$

$$\Delta = \arctan\frac{-r_{2p}(1-r_{1p}^2)\sin2\delta}{r_{1p}(1+r_{2p}^2)+r_{2p}(1+r_{1p}^2)\cos2\delta} - \arctan\frac{-r_{2s}(1-r_{1s}^2)\sin2\delta}{r_{1s}(1+r_{2s}^2)+r_{2s}(1+r_{1s}^2)\cos2\delta}$$

$$\tag{8-40}$$

由上式经计算机运算,可制作数表或计算程序。这就是椭偏仪测量薄膜的基本原理。

2. 椭圆偏振仪

椭圆偏振仪从测量原理可分为两大类[17]:一类称消光型,如图 8-10(a)所示,即以寻求输出最小光强位置为主要操作步骤的椭圆偏振仪;另一类是光度型,如图 8-10(b)所示,以测量、分析输出光强变化为目的的椭圆偏振仪。

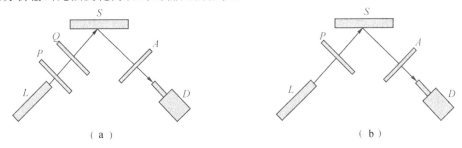

（ a ） 　　　　　　　　　　　　　（ b ）

图 8-10　椭圆偏振测量仪

L—光源　P—起偏器　A—检测器　S—薄膜样品　Q—1/4 波片　D—探测器

目前椭偏仪的发展非常快,特别是宽波段的光谱椭偏系统已经成为大型的表面或薄膜的精密光学检测设备。

椭偏法具有很高的测量灵敏度和精度。ψ 和 Δ 的重复性精度已分别达到 $\pm 0.01°$ 和 $\pm 0.02°$,厚度和折射率的重复性精度可分别达到 0.01nm 和 10^{-4},且入射角可在 $30°-90°$ 内连续调节,以适应不同样品;测量时间达到 ms 量级,已用于薄膜生长过程的厚度和折射率监控。但是,由于影响测量准确度因素很多,如入射角、系统的调整状态、光学元件质量、环境噪声、样品表面状态、实际待测薄膜与数学模型的差异等,都会影响测量的准确度。特别是当薄膜折射率与基底折射率相接近(如玻璃基底,SiO_2 表面薄膜),薄膜厚度较小和薄膜厚度及折射率范围位于 $(n_f,d)-(\psi,\Delta)$ 函数斜率较大区域时,用椭偏仪同时测得薄膜的厚度和折射率与实际情况有较大的偏差。因此,即使对于同一种样品,不同厚度和不同折射率范围、不同的入射角和波长都存在不同的测量精确度。

椭圆偏振法存在一个膜厚周期 d_0（如 $70°$ 入射角,SiO_2 膜,则 $d_0=284$nm）,在一个膜厚周期内,椭偏法测量膜厚有确定值。若待测膜厚超过一个周期,膜厚有多个不确定值。透明介质薄膜的椭偏参数与薄膜折射率与厚度之间的关系如图 8-11 所示,可以看出厚度超过一定值之后的多解现象。

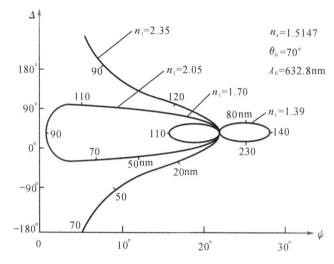

图 8-11　透明薄膜折射率、厚度与椭偏参数的关系

虽然可采用多入射角或多波长法确定周期数,但实现起来比较困难。实际上可采用其他方法,如干涉法、光度法或台阶仪等配合完成周期数的确定。

因此,椭偏法适合于透明的或弱吸收的各向同性的厚度小于一个周期的薄膜,也可用于多层膜的测量。

3. 椭偏参数的反演

对于单层薄膜,反射椭偏参数可以表述为

$$\tan\psi=\left[\frac{r_{1p}^2+r_{2p}^2+2r_{1p}r_{2p}\cos2\delta}{1+r_{1p}^2r_{2p}^2+2r_{1p}r_{2p}\cos2\delta}\cdot\frac{1+r_{1s}^2r_2s+2r_{1s}r_{2s}\cos2\delta}{r_{1s}^2+r_{2s}^2+2r_{1s}r_{2s}\cos2\delta}\right]^{\frac{1}{2}}$$

$$\Delta=\arctan\frac{-r_{2p}(1-r_{1p}^2)\sin2\delta}{r_{1p}(1+r_{2p}^2)+r_{2p}(1+r_{1p}^2)\cos2\delta}-\arctan\frac{-r_{2s}(1-r_{1s}^2)\sin2\delta}{r_{1s}(1+r_{2s}^2)+r_{2s}(1+r_{1s}^2)\cos2\delta}$$

可以改写成:

$$\rho=\tan\psi g e^{i\Delta}=\frac{r_{1p}}{r_{1s}}=\frac{r_{1p}+r_{2p}e^{-2i\delta}}{1+r_{1p}r_{2p}e^{-2i\delta}}g\frac{1+r_{1s}r_{2s}e^{-2i\delta}}{r_{1s}+r_{2s}e^{-2i\delta}}$$

令 $e^{-2i\delta}=Bx$,则上式为

$$\rho=\frac{A+Bx+Cx^2}{D+Ex+Fx^2}$$

同时可以写成

$$(C-F\rho)x^2+(B-E\rho)x+(A-D\rho)=0$$

所以它是 x 的二次方程,一般有两个复数解。由于 $x=e^{-2i\delta}=e^{-i\frac{4\pi n_2 d\cos\varphi_2}{\lambda}}$,即薄膜的位相厚度,我们可以得到

$$d=\frac{\lambda}{4\pi}\frac{i\ln x}{(n_2^2-n_1^2\sin^2\varphi_1)^{1/2}}=d_R+id_I$$

由于 x 为复数解,$\ln x$ 也是复数,所以上式 d 的解一般为复数。考虑到薄膜的实际厚度是实数,所以我们就可以取 d_I 为零时作为解的判据。

建立以下函数为评价函数：

$$d_1 = \mathrm{Re}\left[\frac{\lambda}{4\pi}\frac{\ln x}{(n_2^2 - n_1^2 \sin^2\varphi_1)^{1/2}}\right] = 0$$

在 n_2 的预定范围内，寻找满足上式(或使 d_1 绝对值最小)的薄膜折射率 n_2，然后将其代入上式求出薄膜的几何厚度 d。

另一种方法是利用 $x = \mathrm{e}^{-2\mathrm{i}\delta} = \mathrm{e}^{-\mathrm{i}\frac{4\pi n_2 d\cos\varphi_2}{\lambda}}$，则 $|x| = 1$，所以有 $\ln|x| = 0$，因此实际找 n_2 的解就是找适当的 n_2，使 $\ln|x| = 0$。利用 $\ln|x|$ 作为评价函数的优点是在许多情况下，函数 $\frac{\partial\ln|x|}{\partial n_2}$ 接近线性函数，故可以用牛顿迭代法，较快地求出薄膜的折射率。我们可以构建迭代函数[6]

$$n_{2,m+1} = n_{2,m} - \frac{\ln|x(n_{2,m})|}{\left[\dfrac{\ln|x(n_{2,m-1})| - \ln|x(n_{2,m})|}{n_{2,m-1} - n_{2,m}}\right]}$$

其中：$\ln|x(n_{2,m})|$，$\ln|x(n_{2,m-1})|$ 分别为第 m 与第 $m-1$ 次迭代的 $\ln|x|$ 的值。这样的数值计算过程速度较快，特别是针对已知薄膜的折射率在一定的范围内时，速度很快。

应该指出的是，由于椭偏法将薄膜光学特性的检测转变为偏振光角度量的检测，因此具有很高的灵敏性。灵敏性高是好事，但同时影响因素就很多。比如，薄膜的折射率非均匀性对椭偏法的测试结果就有很大的影响。

另外测试 s 偏振光与 p 偏振光必然使椭偏法与薄膜的折射率各向异性相联系，前面的处理都是将薄膜认为是各向同性、均匀折射率的膜层。当薄膜的折射率为各向异性与折射率为非均匀性时得不到很好的测试结果。当然，人们也经常用椭偏法来研究薄膜的折射率各向异性。

椭偏法也是测试吸收基底光学常数的很好的方法。当金属基底或厚的金属薄膜(不透过光，即膜层底部的反射远远小于膜层表面的反射光强，至 <1/50 时，如对金属银薄膜可见区 60nm 就可以视为厚膜，铝薄膜 30nm 就可以视为厚膜)，我们可以用椭偏法直接测试这样的薄膜或基本的光学常数。

对于金属厚膜，其待定光学常数为 $n - \mathrm{i}k$，只有两个参量要定(n 与 k)，我们可以推出椭偏参数与这两个待定参量之间的关系为[7]

$$(n - \mathrm{i}k)^2 = n_0^2\sin^2\theta_0\left[1 + \tan^2\theta_0\,\frac{\cos^2 2\psi - \sin^2 2\psi\sin\Delta - \mathrm{i}\sin 4\psi\sin\Delta}{(1 + \sin 2\psi\cos\Delta)^2}\right]$$

其中：n_0 为入射媒介的折射率，θ_0 为入射媒介中的入射角。从该关系可以得到实部相等与虚部相等两个等式，联立可以解出金属膜的折射率：

$$\begin{cases} n^2 - k^2 = n_0^2\sin^2\theta_0\left[1 + \tan^2\theta_0\,\dfrac{\cos^2 2\psi - \sin^2 2\psi\sin\Delta}{(1 + \sin 2\psi\cos\Delta)^2}\right] \\[2mm] 2nk = \dfrac{n_0^2\sin^2\theta_0\tan^2\theta_0\sin 4\psi\sin\Delta}{(1 + \sin 2\psi\cos\Delta)^2} \end{cases}$$

如果金属膜较薄，需要同时测试金属膜的复折射率与厚度，这时一组椭偏参数已经不能满足求解的要求，因此可以透过改变入射角再测一组椭偏参数，或利用光谱椭偏参数系统增加方程的数目，进而求解出金属膜的光学常数。这些做法常见目前主要的光谱椭偏仪的厂家。

8.3 薄膜波导法

在光学薄膜的应用中,光波被反射或透射穿过薄膜器件,同时光束在光谱强度、偏振或位相上被器件所调制;当光波在薄膜波导中传播时,光波是在薄膜内部传播。传播方式的不同,光波与薄膜媒介的作用方式也不一样,因此,我们将利用薄膜波导原理来进行薄膜光学常数测试的方法称为薄膜波导法。

最简单的薄膜波导就是一个三层结构的波导系统(如图 8-12 所示),上层的折射率为 n_0,中间层为高折射率薄膜,厚度为 d,折射率为 n_f,下层为基板,折射率为 n_s。当光波以与薄膜的法线成 θ_m 的角传播,在薄膜中稳定传播的条件是:满足导波的色散方程(即形成导模)[18]

$$\frac{4\pi}{\lambda}n_f d\cos\theta_m - 2\varphi_{fs} - 2\varphi_{f0} = 2m\pi$$

其中:m 为该导波的模式数,为大于等于 0 的整数。$2\varphi_{fs}$ 与 $2\varphi_{f0}$ 为光波在薄膜/基板界面以及薄膜/空气界面发生全反射时的反射位相,它们可以表示为

$$\varphi_{f0} = \arctan\left[\frac{N_m^2 - n_0^2}{n_f^2 - N_m^2}\right]^{1/2} \text{ 且 } \varphi_{fs} = \arctan\left[\frac{N_m^2 - n_s^2}{n_f^2 - N_m^2}\right]^{1/2}, \text{对于 TE 波}(s \text{ 偏振});$$

$$\varphi_{f0} = \arctan\left[\left(\frac{n_f}{n_0}\right)^2\left(\frac{N_m^2 - n_0^2}{n_f^2 - N_m^2}\right)^{1/2}\right] \text{ 且 } \varphi_{fs} = \arctan\left[\left(\frac{n_f}{n_s}\right)^2\left(\frac{N_m^2 - n_s^2}{n_f^2 - N_m^2}\right)^{1/2}\right], \text{对于 TM 波}(p$$
偏振);

$N_m = n_f\sin\theta_m$,通常称为导波的有效折射率。

而 $\beta_m = \frac{2\pi}{\lambda}n_f\sin\theta_m$,则称为导波的传播常数,即沿 z 方向的波矢,如图 8-11 所示。

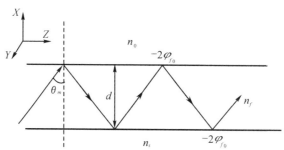

图 8-12　薄膜波导结构示意图

分析表明:薄膜越厚,其所能容纳的导模数目越多。大模式数的导模对应的 θ_m 角较小。两种偏振模式的导模传播常数是不同的,也就是说,同样模数的两种偏振导模的传播常数是不同的,即 θ_m 角不同。薄膜波导存在最小厚度,当薄膜小于该厚度时,薄膜之中不可能存在导模。最小的导模传播角 θ_m 也一定大于薄膜与空气或薄膜与基板的全反射角的最大者。

由于薄膜导波的传播角 θ_m 总是大于薄膜到空气或薄膜到基板的全反射角,因此必须采用棱镜耦合效应,才有可能将外部的光波耦合入薄膜波导形成薄膜中的导模。

棱镜耦合法[19]是通过在薄膜样品表面放置一块耦合棱镜,由于光学隧道效应,发生全反射时,满足耦合条件的入射光将导入被测薄膜,检测和分析不同入射角的出射光,将会得到一个反射率曲线,通过测量反射率曲线的下降峰的位置,可以确定波导膜的耦合角度,从而可根据波导模式的色散本征方程求得薄膜厚度和折射率。棱镜的折射率要大于被测薄膜的折射率,同时要求薄膜的折射率要大于基底材料的折射率,这样在棱镜下面空气、被测薄膜和基底将构成一个三层波导结构(如图8-13所示)。设棱镜为等腰三角棱镜,其折射率为n_p,底边角度为A_p,入射棱镜对应m级导模的入射角为φ_m,与之相对应的在棱镜中对应m级导模的耦合角为θ_m',我们可以推得

$$\beta_m = k_0 n_p \sin\theta_m' = k(n_0 \sin\varphi_m \cos A_p + \sin A_p \sqrt{n_p^2 - n_0^2 \sin^2\varphi_m}) \quad (8\text{-}41)$$

式中:A_p为等腰三角棱镜的底角(已知),n_0为棱镜和被测薄膜之间空气空隙的折射率。因此通过测量耦合模的入射角度φ_m,就可以得到关于该导模的传播常数,并通过薄膜导波的色散方程,求解出薄膜的厚度和折射率。

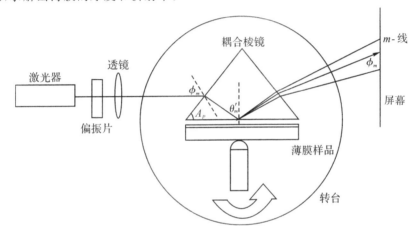

图 8-13　棱镜耦合系统的测量图

如图8-13所示的薄膜导波测试原理示意图中,激光发出的光束经偏振后由透镜会聚在耦合棱镜的底边上,全反射的光斑就会出现的屏幕上。调节转台,当角度φ_m满足导波条件时,满足传播角φ_m条件的入射光被耦合入薄膜形成导波,因此棱镜的反射光斑中在对应这些角度的位置出现黑线,因此此方法又称m黑线法。注意测试中,模数越小,导模的传播角越接近90°,即传播角越大,所以可以从最大传播角开始数黑线,得到不同模数的导波传播角,进而获得各导波的传播常数。

对于单层光学薄膜,折射率与厚度两个待求值,因此如果测得了两个或者两个以上的耦合角度时,就可以获得两个导波方程,可以同时求出薄膜的厚度和折射率;相反,如果只测得了一个耦合角度,在薄膜厚度或者折射率已知(比如通过其他方法测出)的情况下面,就可以得到薄膜的折射率或者厚度。

薄膜导波法的另外一个优点是,该法可十分方便地获得不同偏振导模传播常数。因此,如果某一薄膜样品,我们可以获得TE,TM各两个模式,则我们可以分别用TE的两个模式求出s偏振对应的折射率与厚度,然后用TM的两个模式求出对应于p偏振的折射率与厚度,比较可以发现两者往往不相等。这样,我们可以将两个厚度取平均,然后分别代入TE

与 TM 模式方程,分别求出对应 s 偏振光与 p 偏振光的薄膜折射率,就可以获得薄膜的折射率各向异性。

另外如果薄膜较厚,含有较多的导模时,我们可以用多个导模来计算分析薄膜折射率沿厚度方向的非均匀性。

棱镜耦合法的测量精度与转盘的转角分辨率、所用棱镜折射率、薄膜的厚度和折射率范围及基底的性质等因素有关,折射率和厚度测量精度分别可达到 $\pm 10^{-3}$ 和 $5nm \pm 5\%$,精度还会高些。

棱镜耦合法不但可以测量块状样品和单层膜样品,而且可以测量双层膜和双折射膜的厚度和折射率。在有机材料、聚合物和光学波导器件等领域中有广泛应用。

相比其他测量方法,棱镜耦合法具有几个非常重要的优点:(1)只需要测量角度一个量,就可以非常方便地测出而且具有很高的精度;(2)如果薄膜足够厚,在同一偏振光入射的情况下面,有两个以上的模式的时候,这样折射率和厚度就可以有两个以上的相互独立的方程解出,这样很大程度地提高了测量的精度;(3)棱镜耦合法测量是一种非损害性测量。测量的薄膜厚度没有周期性(相对于椭偏仪来说),是真实厚度。

当然棱镜耦合法测量薄膜也存在着一些缺点,具体如下:(1)薄膜必须有足够的厚度承载两个或者两个以上的传导模式,如果只有一个传导模式的话,那么只能测折射率或者厚度中的一个,前提是另外一个量已知;(2)要测量薄膜在某一光波长下面的折射率,那么必须有这一波长的单色激光源;(3)测量的时候必须要求薄膜和棱镜有很好的接触,因而不能用于遥控测量;(4)测量耦合角度需要一定的技巧和经验;(5)如果薄膜损耗比较大,使得测量反射率曲线的下降峰增宽,这样对传导模式的识别就带来了困难,一般来说 $80dB/cm$ 的损耗是可以接受的,对于大多数的薄膜来说是不存在这个问题。

棱镜耦合法测量波导薄膜折射率和厚度的时候,要求下面波导薄膜的折射率要大于衬底的折射率,这样下面才能形成一个三层波导结构。对于薄膜折射率小于基板的场合,人们提出了测量这类薄膜的泄漏波导方法。

由于薄膜的折射率小于衬底,光波在薄膜—空气界面上仍然发生全反射,而在薄膜—衬底界面上不发生全反射,因而不必利用全反射下的光学隧道效应激发泄漏波导,而只要让光线斜入射到薄膜表面即可。这时将有一部分光能从薄膜进入衬底,然而只要泄漏入衬底的光能不多,薄膜有足够的厚度,那么在薄膜中仍可以形成稳定的波导。由于能量泄漏,这种波导模式的振幅随距离衰减很大,它的传播距离远小于真实波导。当我们利用泄漏波导原理测量薄膜折射率时,主要是考虑泄漏波导能否被激发,实际上可以不考虑波导模式传播的远近。

对于稳定的泄漏波导模式,要符合振幅干涉相加条件,其色散方程与真实波导类似,具体见下面的推导。不同的是,在导模色散方程中,薄膜对基板的反射相位发生了变化,由于不再满足全反射条件,因此,其反射位相为 $2\varphi_{fs} = -\pi$。所以只要对色散方程做适当的修改,就可以沿用前面的 m 黑线方法来测量。测出两个模式以上的有效折射率,采取文献[19]的方法分析,就可以得到被测薄膜的折射率和厚度。

实验装置可以采取与棱镜耦合仪相类似的装置,在被测波导上面加一等腰棱镜(要求棱镜的折射率要大于被测薄膜的折射率),棱镜安置在测角仪平台上,光从棱镜的一侧入射,在棱镜的另外一侧用光电探测器来探测不同角度的出射光。如要激发泄漏波导,则入射角度必须满足下面的条件：

$$k_0 n_p \sin\theta_m = \beta_m \tag{8-42}$$

式中：k_0 为真空中的波数，n_p 为棱镜的折射率，β_m 为泄漏波导中 m 阶模式的传播常数。

8.4 光学薄膜厚度的测试

薄膜的厚度测试既可以根据前面所述的各种测试方法通过数值反演的算法来得到，也可以用其他的方法直接测试薄膜的厚度。直接测试薄膜厚度主要方法有：干涉法与表面轮廓测试法等。

8.4.1 干涉法测量薄膜厚度

干涉法是利用相干光干涉形成等厚干涉条纹的原理来确定薄膜厚度和折射率的。根据光干涉条纹方程，对于不透明膜，有

$$d = \left(q + \frac{c}{e}\right)\frac{\lambda}{2} \tag{8-43}$$

对于透明膜，有

$$d = \left(q + \frac{c}{e}\right)\frac{\lambda}{2(n_f - 1)} \tag{8-44}$$

上两式中：q 为条纹错位条纹数，c 为条纹错位量，e 为条纹间隔。因此，若测得 q，c，e 就可求出薄膜厚度 d 或折射率 n_f。

干涉法主要分双光束干涉和多光束干涉，后者又有多光束等厚干涉和等色序干涉。双光束干涉仪主要由迈克尔逊干涉仪和显微系统组成，其干涉条纹按正弦规律变化，测量精度不高，仅为 $\lambda/10$ 至 $\lambda/20$，一般的干涉显微镜光路如图 8-14 所示。

为了提高条纹错位量的判读精度，多光束干涉仪采用了一个 F-P 干涉器装置与显微系统结合，形成多光束等厚干涉条纹，其测量精度达到 $\lambda/100$ 至 $\lambda/1000$。多光束干涉仪分为反射式和透射式两种结构，如图 8-15(a)和(b)所示。等色序干涉仪也有类似的两种结构形式。

干涉法不但可以测量透明薄膜、弱吸收薄膜和非透明薄膜，而且适用于双折射薄膜。一般来说，不能同时确定薄膜的厚度和折射率，只能用其他方法测得其中一个量时，可用干涉法求另一个量。另外，确定干涉条纹的错位条纹数 q 比较困难，对低反射率的薄膜所形成的干涉条纹，对比度低，会带来测量误差，而且薄膜要有台阶，测量过程调节复杂，容易磨损薄膜表面等，这些都对测量带来不便。

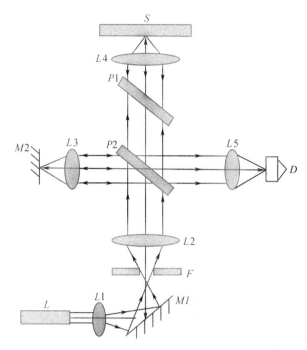

图 8-14 双光束干涉仪

L—光源 L1—聚光镜 L2—准直镜 L3—参考物镜 L4—样品物镜 L5—目镜 P1—补偿板

P2—分光板 F—针孔 S—薄膜样品 M1—反射镜 M2—标准反射镜 D—探测器

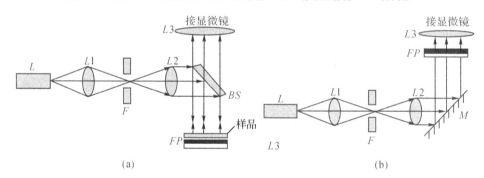

图 8-15 多光束干涉仪

L—光源 L1—扩束镜 L2—准直境 L3—显微物镜 BS—分束板

FP—FP干涉及薄膜样品 M—反射镜 F—针孔

8.4.2 轮廓法测试薄膜厚度

轮廓法就是应用一个微小的机械探针接触待测薄膜表面测试薄膜厚度的方法,又称为探针扫描法(Stylus Profilemetry)。由于探针很细小,仅为几个微米,因此探针在薄膜表面扫描移动时可以随着表面凹凸而上下移动。

为此在薄膜样品制样的时候就必须制备出薄膜厚度的台阶以便测试用。如果没有膜层的台阶,用轮廓仪法是很难测出薄膜的厚度,因为没有比较物的高度。

另外轮廓法的探针的大小也是影响薄膜厚度测试精度的主要因素,探针有一定的直径大小,测试时对薄膜表面的微粗糙度具有一定的积分平滑效应,从数学上说就是低通滤波。所以对高频率薄膜的微粗糙以及制样中薄膜台阶不理想的样品,均不能得到好的测试结果。

8.5　总　结

本章介绍的各种测量薄膜厚度和折射率的方法都存在一定的测量精度、测量范围和局限性,且具有一定的互补性。棱镜耦合导波法、椭偏法以及 SPW 等方法在测量厚度方面具有相近的很高的测量灵敏度与精度。光度法是最常用的薄膜光学常数检测方法,对于一定厚度以上(3~4 个 1/4 波长厚度)的薄膜可以获得较高的精度。对于测量厚度很薄的薄膜,建议采用 SPW 方法与椭偏法;对于厚度很厚的薄膜可以采用棱镜耦合导波法,这样不仅可以获得薄膜的折射率与薄膜厚度,而且还能获得薄膜的折射率不均匀性的空间分布。棱镜耦合法和椭圆偏振法在测量薄膜折射率方面都比较准确,同时还能研究薄膜折射率的各向异性,因此对具有晶体结构或一定取向性的薄膜而言,是一种十分重要的测试分析技术。另外棱镜耦合导波法对薄膜的吸收并不敏感,而折射率的微弱吸收对光度法和椭偏法却影响比较大。因此我们应该按照不同的应用要求选择不同的检测技术,以获得可靠的测试数据。

习　题

8-1　在 K9 玻璃基片上镀 TiO_2 单层膜,用分光光度计测出 $\lambda=580nm$ 处的极小透射率为 68%,同时测出 K9 玻璃基片的透射率为 92%,试求该膜层在 580nm 处的折射率。

8-2　测得石英基片上 ZnSe 膜在 $\lambda=560nm$ 处的极大透射率为 90%,已知薄膜折射率为 2.6,试求这极值波长上的消光系数 k 和吸收系数 α。

8-3　用分光光度计测出某实际薄膜的极值透射率如表。试用现有程序计算各波长上该薄膜的折射率、消光系数以及膜层厚度,并作出折射率、消光系数随波长变化的曲线。设基片折射率为 1.46。

λ/nm	T
420	91.5%
477	78.3%
554	92.3%
661	80.0%

8-4　用分光光度计测出某实际金属薄膜正入射时的透射率和反射率如表所示。试作出该金属膜的消光系数随波长而变化的曲线。设膜层厚度为 32nm。

λ/nm	R	T
400	54.7%	4.6%
500	55.1%	5.7%
600	56.1%	6.2%
700	56.6%	6.6%

8-5 试述布儒斯特角测量折射率的原理。若测得 $i_B = 58.5°$，求该薄膜的折射率是多少？

8-6 如果单层薄膜样品测得的光谱透射率曲线中在 405 nm 与 630 nm 波长处为光谱透射率极值，如果极值为基板的透射率值，且为极大值，则求膜层光学厚度。若极值为基板透射率，且为极小值，求膜层光学厚度。

8-7 用波导法观测 TE 模 0、1 和 2 级的有效折射率分别为 1.625259，1.613519，和 1.593590，试求该薄膜的折射率和厚度。

8-8 试述椭圆偏振法测量薄膜光学常数的原理，并以 PSQA 和 PQSA 型椭圆偏振仪为例说明之。

参考文献

［1］ 顾培夫. 薄膜技术. 杭州:浙江大学出版社,1990.

［2］ Hall J. F.. Optical properties of zinc sulfide and cadmium sulfide in the ultra-violet,[J]. Opt. Soc. Am., 1956,(46): 1013.

［3］ Manifacier J.C., Gasiot J., Fillard J. P.. A simple method for the determination of the optical constants n, k and the thickness of a weakly absorbing thin film[J]. Phys. E., 1976,(9): 1002-1004.

［4］ Swanepoel R.. Determination of the Thicknes and Optical Constant of Amorphous Silicon[J]. Phy. E.: Sci. Inst.,1983,(16):1214-1222.

［5］ Borgogno J. P. et al.. Refractive index and inhomogeneity of thin films. Applied Optics, 1984, (23), 3567-3570.

［6］ Bovard B., Milligen F. J., et. al.. Optical constants derivation for an inhomogeneous thin film from in situ transmission measurements. Appl. Opt., 1985, (24):1803-1827.

［7］ Leveque G. and Renard-Villachon Y.. Determination of optical constants of thin films from reflectance spectra. Applied Optics, 1990,(29):3207-3212.

［8］ Forouhi A R,Bloomer I.. Simultaneous determination of thickness and optical constants of thin films. SPIE., 1995,(2439):126.

［9］ Forouhi A. R., Bloomer I.. Optical Dispersion Relations for Amorphous Semiconductors and Amorphous Dielectrics. Physical Review B, 1986, (34:

10):7018.

[10] 沈伟东，刘旭等. 用透过率测试曲线确定半导体薄膜的光学常数和厚度. 半导体学报，2005，(26：2)：335-340.

[11] Poelman D. ，Frederic P. S. ："Methods for the determination of the optical constants of thin films from single transmission measurements: a critical review". Appl. Phys. V36，1850-1857，2003.

[12] Nenkov M. ，Pencheva T.. Calculation of thin-film optical constants by transmittance -spectra fitting[J]. Ope. Soc. Am. A，1998，(15：7/July).

[13] Tikhonravov A. ，Trubetskov M. ，Amotchkina T. ，Kokarev M.. Key role of the coating total optical thickness in solving design problems. in Proc. of SPIE，Advances in Optical Thin Films，2003，(5250).

[14] Chen W. P. and Chen J. M.. Use of surface plasma waves for determination of the thickness and optical constants of thin metallic films[J]. Opt. Soc. Am. ，1981，(71)：189.

[15] F. Abeles. Methods for determining optical parameters of thin films. in ed by Wolf E.. Progress in Optics. North Holland，1963，251-288.

[16] Azzam R. A.. Ellipsometry & Polarized Light. North Holland，1977.

[17] Flory，F. R.. Thin Films For Optical Systems. New York：Marcel Dekker，Inc. ，1995；Rivory J.. Ellipsometric measurements. Thin Films for Optical System. in ed. by Flory F. R. Marcel Dekker Inc. 1995.

[18] Ulrich R. and Torge K.. Measurements of thin film parameter with a prism coupler. Appl. Optics，1973，(12)：2901-2908.

[19] Flory F. R.. Guided wave technique for characterization of optical coatings. in ed by Flory F. R.. Thin films for optical system. Marcel Dekker Inc. ，1995.

第9章 薄膜非光学特性的检测技术

前面我们已经论述了薄膜光学特性的检测技术,包括薄膜光谱透射、反射特性,薄膜的光吸收特性以及由薄膜界面微粗糙度产生的光散射损耗特性,并论述了薄膜光学参数的检测与确定方法。作为薄膜器件,除了上述提及的光学特性之外,还有很多非光学类的特性要求,这些特性是保证薄膜器件正常应用的必不可少的条件,如薄膜的应力、薄膜与基板的附着力以及薄膜的组分与微结构等。本章我们主要论述薄膜的这些非光学特性的检测技术。

9.1 薄膜的力学特性检测技术

薄膜的力学特性主要包括薄膜的附着力、硬度与应力三个部分。它们之间相互关联,检测技术上有时也是相互关联的。薄膜的机械强度、耐磨、抗腐蚀等特性都与附着力有密切关系,因此附着力的测试十分重要。薄膜的应力是薄膜器件能够容纳多少层薄膜的一个重要的因素,同时也是器件变形大小的关键因素。

9.1.1 薄膜的附着力与硬度的检测

薄膜的附着力是膜层与基板或膜层与膜层之间的键合力或键合强度,其单位是单位面积上的力或能。附着力通常在 0.05～10eV。根据附着力产生的原因可以分为物理吸附与化学吸附两类[1]。

物理吸附能的作用范围通常在 0.05～0.5eV(相当于 0.03～0.25Gpa),它是依靠范德瓦尔斯力(即两种材料的中性的原子、分子之间的引力是中性分子间的距离非常近时产生的剩余电磁相互作用)、静电力(由于薄膜与基板材料功函数的不同产生的电荷积累所致)等。其中范德瓦耳斯力是近程作用力,而静电力相对而言是一种长程作用力,即便在薄膜和基板之间产生微小位移也不会有很大变化。

而化学吸附能则较强在 0.5～10eV,其作用力在 10^6 Ncm^{-2} 以上。主要是当基板与薄膜原子之间发生位移或交换时,产生很强的化学吸附键合力。化学键可以是共价键、离子键或金属键。

薄膜的硬度来自薄膜原子的相互作用。硬度与抗磨损、润滑等性质直接相关。薄膜的硬度是薄膜抗变形、磨损和断裂的量度,常用的计量单位为 N/mm^2 和 kg/mm^2。根据测试方法的不同,常用努氏硬度(或克氏)、维氏硬度以及布氏硬度来表示。硬度的测试一般采用特定规格的材料与形状的压头,加负载压迫薄膜表面,根据薄膜表面的压坑大小可以求得相应的薄膜硬度[2]。

目前,薄膜的附着力和硬度的测试方法主要有压痕法、拉张法以及剥离法等[3]。

1. 压痕法

如图 9-1 所示,一个支杆固定一个带有微型金属硬球的压头,压头上设有砝码盘,压头下方是薄膜样品台,支杆的另一端是一个平衡块。样品台由下部的电机带动做慢速旋转。当一个垂直于表面的负载 W 通过微型硬球压在平的薄膜样品的表面时,薄膜表面就会出现挤压以及弯曲变形。如果负载不大,这种变形为弹性形变;随着负载的增加,就可能产生塑性形变,即会出现可见的划痕。记录开始出现划痕的负载与样品转动的圈数,我们就可以计算出薄膜的硬度与附着力。

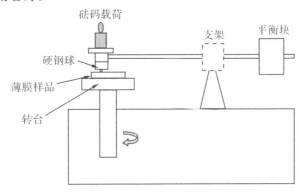

图 9-1　薄膜附着力测试系统示意图

分析可知,开始出现塑性形变的负载为

$$W_e = \frac{13.1}{g} P_1^3 r^3 \left(\frac{1}{E_1} - \frac{1}{E_2} \right)^2 \qquad (9-1)$$

其中:P_1 称为压痕的平均压强($P_1 = 0.4P$);P 为基板的压痕硬度,对于玻璃有 $P = 4 \times 10^5\,\mathrm{N/cm^2}$;$r$ 是小球半径;$g = 9.8\,\mathrm{m/s^2}$;E_1,E_2 分别为硬球对于基板的弹性模量,对于钢球和玻璃基板分别为 $20 \times 10^6\,\mathrm{N/cm^2}$ 和 $7 \times 10^6\,\mathrm{N/cm^2}$。进一步分析表明:当在硬球的压力作用下,薄膜发生了塑性变形,薄膜表面变形情况如图 9-2 所示。钢球的垂直负载为 W,P 为垂直于压痕边缘的力,可以视为基板的压痕硬度;F_C 是表面的切向力(即附着力)。由图中的几何关系可知[4]:

$$F_C = P\tan\theta = \frac{aP}{\sqrt{r^2 - a^2}} \qquad (9-2)$$

式中:a 为硬球与表面的接触半径,$a = \sqrt{\dfrac{Wg}{P\pi}}$。因此我们可以测试压痕的半宽度 a,并以此计算得薄膜的附着力 F_C。

同样,应用附着力与单面表面的剪切力 f 关系

$$F_C = 2f\pi a^3 \qquad (9-3)$$

以及单面表面的剪切力 f 与薄膜原子与基板附着能的关系

$$\mathcal{E} = 0.5 fxx_1x_2 \qquad (9-4)$$

其中:x,x_1,x_2 为毗邻原子之间的距离,其值约 0.3nm。因此只要测试得到 a,我们就可以获得附着力与附着能。

2. 拉张法

拉张法,顾名思义就是采用直接拉薄膜的方法来测试薄膜的附着力。其测试装置如图

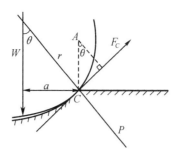

图 9-2　压痕痕迹处的力分析

9-3 所示。该方法用很硬的黏结剂(即杨氏模量大,如环氧树脂)黏合,拉力必须垂直薄膜表面,测试使膜层脱落所加的力 f 的值。

当薄膜的杨氏模量比基板大很多时,附着力有

$$F_C = \frac{f}{\pi R^2} = \left(\frac{8E_s r}{(1-v^2)\pi R} \right)^{1/2} \tag{9-5}$$

当薄膜的杨氏模量比基板小很多时,附着力有:

$$F_C = \left(\frac{2E_f r}{d} \right)^{1/2} \tag{9-6}$$

上两式中:E_s 与 E_f 分别为基板与薄膜的杨氏模量,v 为基板的泊松比,d 为薄膜的厚度,r 是薄膜与基板之间的界面能,R 为样品变形部分的曲率半径。

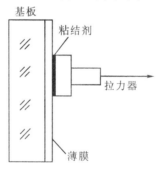

图 9-3　拉张法示意图

而当薄膜的杨氏模量与基板可以比拟的场合,则分析更为复杂。

3. 剥离法

剥离法是测试薄膜附着力的常见方法,就是将胶带粘贴在薄膜表面,然后剥离胶带。记录当薄膜被剥离时,胶带剥离的次数,这能够定性地判断附着力的大小[4]。剥离法分析见图 9-4。

进一步分析,可以设被剥离的薄膜的长度与宽度分别为 a 和 b,则拉力 f 所做的功为

$$U = -abr + fa(1-\sin\theta) + \frac{f^2 a}{2bdE_f} \tag{9-7}$$

式中:第一项表示基板表面能的增加,第二项是位能增量,第三项是弹性能,其他参数的意义如前所述。因为薄膜的剥离是静态的,故有

$$\frac{\mathrm{d}U}{\mathrm{d}a} = 0$$

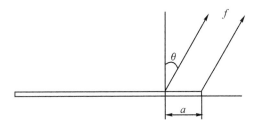

图 9-4　剥离法示意图

对于金属膜等 E_f 很大的薄膜,第三项可以忽略,当垂直剥离时,θ 为 $90°$,这样薄膜的附着力大致与界面能相当,即 $F_c \approx r$。

附着力的测试方法还有其他一些方法,如:摩擦法、喷砂法以及划试铅笔或橡皮法等。

9.1.2　薄膜的应力检测

薄膜的应力主要产生于薄膜的制备过程中。根据薄膜材料的不同,有的膜层具有压应力特性,有的膜层具有张应力特性。习惯上将薄膜的张应力取正号,压应力取负号。薄膜器件的应力状态还与衬底基板的热膨胀系数与初始的应力状态有关。几乎所有的薄膜都存在应力,应力的存在对于薄膜的牢固度而言构成了巨大的威胁,同时严重限制着薄膜层数的增加。

薄膜应力的存在使得薄膜器件产生表面形变,在张应力的作用下,薄膜本身具有收缩趋势,如果薄膜的张应力超过薄膜的弹性限度,膜层就会破裂,破裂使膜层离开基板而翘起。相反,在压应力的作用下,使薄膜向基板内侧卷曲。

薄膜应力是由表面张力 S_s、热应力 S_T 以及内应力 S_I 三部分构成。表面张力主要有薄膜膜层上表面的张力 δ_1,基板与膜层界面的张力 δ_2 等。总的表面张力可以简化为张力的平均[2]:

$$S_s = (\delta_1 + \delta_2)/d \qquad (9\text{-}8)$$

热应力主要是由于膜层与基板之间的热膨胀系数不同而引起的,它可以表示为:

$$S_T = (\alpha_f - \alpha_s)E_f \Delta T \qquad (9\text{-}9)$$

式中:$\Delta T = T_s - T_m$。α_f 与 α_s 分别为薄膜和基板的热膨胀系数,E_f 是薄膜的杨氏模量。T_s 与 T_m 分别为沉积时与测量时基板的温度。所以可以根据 S_T 的正负号确定热应力是压应力还是张应力。

内应力又称本征应力,它主要取决于薄膜的微观结构和缺陷等因素,晶粒间界和薄膜晶格与基板晶格的失配等造成的相互作用是主要的。Hoffman 等提出模型认为,内应力与晶核生长、合并过程中产生的晶粒间的弹性应力相关,其平均值为:

$$S_I = [E_f/(1 - \upsilon_f)]\Delta/D \qquad (9\text{-}10)$$

其中:υ_f 为薄膜的泊松比,Δ 为薄膜晶界的收缩,D 为平均晶粒尺寸。

薄膜应力的测试主要有悬臂法、衍射法、光干涉法等[2]。

1. 悬臂法

采用一片很薄的长条状玻璃基板(如 0.1mm 厚度的玻璃),一端固定,另一端可以自由弯曲,形成悬臂。玻璃上制备薄膜时,薄膜的应力使玻璃基板产生弯曲变形,测出自由端的位移 Δl,就可以得到应力:

$$S = \frac{E_s \cdot d_s \cdot \Delta l}{3 d_f L_s^2 (1 - \upsilon_s)} \qquad (9\text{-}11)$$

式中，d_f 为薄膜的厚度，L_s 为玻璃的长度。自由端位移 Δl 的测试可以采用光学方法也可以采用电容法等。悬臂法的基板原理如图 9-5 所示。

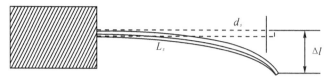

图 9-5　悬臂法的基板原理

值得注意的是，该方法往往在真空室内直接测试。在薄膜沉积过程中，导致基板自由端变形的除了薄膜的应力之外，入射原子的动量也会影响薄膜基板的变形。因此，最好在薄膜沉积结束，经过一段时间之后再来测自由端的位移，这样才能较为准确一些。

2. 衍射法

在应力作用下，薄膜产生变形，导致薄膜的晶格发生畸变，从而使晶格常数发生变化，因此测试晶格畸变可以计算出薄膜的应力。我们可以用小角衍射的 X 射线衍射仪测试样品的晶格常数 a，设薄膜晶体未发生畸变时块状材料的原子晶格常数为 a_0，则薄膜的应力为：

$$S = \frac{E_f}{2 \upsilon_f} \frac{a_0 - a}{a_0} \qquad (9\text{-}12)$$

式中，E_f 与 υ_f 为薄膜的杨氏模量与泊松比。由于衍射法不能测定膜内无定形区及微晶区的内应力，因此测试结果小于悬臂法的测试结果。

3. 光干涉法

干涉法是采用干涉技术来精密测试[4]。薄玻璃在制备了薄膜之后，由于应力作用而产生了变形。一般采用两种干涉系统方法，如图 9-6 所示。一种是传统的麦克尔逊干涉系统，即将薄玻璃基板作为干涉仪的一个臂的镜子，薄膜应力作用使镜子变形，因此可以记录干涉条纹的变化与位移，根据条纹的位移可以计算出变形量 Δl，并以此计算出薄膜的应力：

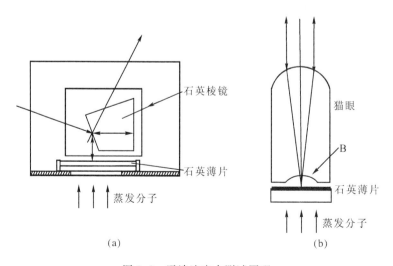

(a)　　　　　　　　　　　　(b)

图 9-6　干涉法应力测试原理

$$S = \frac{E_s \cdot d_s \cdot \Delta l}{3 d_f L_s^2 (1 - \upsilon_s)} \tag{9-13}$$

另外一种是采用所谓的"猫眼"干涉仪系统。在薄基板(厚度为 0.15mm)后面设置"猫眼"透镜,使入射的平行光会聚在猫眼镜头的后表面。后表面上制备有分光膜,一部分反射一部分透射,透射的光就进入薄玻璃基板,被薄玻璃的镀膜面上的薄膜反射回猫眼,恢复为平行光与前面猫眼的后表面的反射光干涉,形成条纹。所以该系统为共路干涉系统,可以克服镀膜机的震动对干涉系统的影响,能够测得可靠的应力变形。

9.2 薄膜器件的环境试验

由于薄膜制备工艺决定了光学薄膜一般都具有柱状的微结构,这样的微结构薄膜中一定存在一定的空隙,并造成薄膜器件光学特性以及机械特性的不稳定,因此在有一定使用要求的场合,必须对薄膜器件作各种各样的环境试验与测试。

恒温恒湿试验:它是最常规的环境试验。一般是在相对湿度 95%、温度 55℃ 的环境下存放 6 小时到 24 小时,或在 40℃ 下存放 10 天。或在室温到 80℃ 的环境温度做多次的循环试验,然后检测薄膜样品在试验前后膜层机械与光学特性的变化。例如在 DWDM 超窄带滤光片中,就是检测其中心透射峰的移动量与峰值的变化量。

液体侵蚀:一般是将薄膜样品在室温中浸泡入每升含 45 克盐的溶液中,或根据用户要求在稀酸或稀碱溶液中浸泡 6 小时到 24 小时,试验后测试光学特性,且与试验前的比较。

温度试验测试:薄膜的热膨胀系数一般比基板的热膨胀系数要大一个量级,加上膜层本身的内应力在高温时膜层与膜层之间可能形成错位,因此薄膜在高温下使用时必须经过烘烤试验。如灯具的冷光镜,由于在卤素灯或高压气体放电灯前或附近的冷光镜,环境工作温度十分高,而且温度上升的速度较快,因此往往必须做高温的烘烤试验,如 500℃ 的烘烤试验,看看是否有膜层龟裂,反射率是否下降,特别是灯的短波长光辐射对薄膜膜层的刻蚀作用不可忽视。再者对于在 DWDM 应用中的这些超窄带的滤光片,我们还必须考虑薄膜折射率的温度系数、热膨胀系数引起的厚度变化等等因素,因为在 DWDM 中,对滤光片的波长要求十分严格,一般要求 −50～70℃ 内波长的漂移量小于 0.003nm/℃,甚至小于 0.001nm/℃,所以对于这一类光学薄膜器件过热化的温度试验是十分必需的。

耐冷以及辐射等特殊的环境测试:对于某些特殊应用的薄膜器件,还要根据使用的实际要求来做各种环境实验。如在太空中应用的光学薄膜器件,环境温度的变化就非常大,因此温度实验的温度变化范围就很大,可以从 −40℃ 一直到 80℃,另外还要做其他很多抗宇宙辐射如高能电子(α 粒子、β 粒子的轰击)的测试。

9.3　薄膜的微结构与化学成分检测

9.3.1　薄膜的微结构检测

以物理气相方法制备的薄膜都具有一定的微结构,具有这样结构的薄膜器件,其光学特性往往是不稳定的,因此,人们一直追求与块状材料一样具有致密薄膜结构的薄膜制备技术。因此分析测试薄膜的微结构也是一项重要的工作。

薄膜的微结构都在几个纳米这样的量级,因此往往采用电子显微镜技术来进行测量分析。主要有两类电子显微镜用于薄膜微结构的测试:一类是扫描电子显微镜(SEM);另一类为透射式电子显微镜(TEM)。

扫描电镜的制样比较简单,是最常用的薄膜微结构的检测技术。一般是在薄膜表面或薄膜的截面喷镀金膜,然后观测薄膜的表面形态或断面的薄膜微结构。扫描电镜一般可以将图像放大 10 万倍以上,因此可以十分清晰地看见纳米级大小的微结构。

透射电镜一般必须制备复型样品,或者制备无衬底楔形薄膜样品,这样电子束才可能穿过薄膜样品进行成像。透射电镜不仅可以对更微小的结构进行成像,而且可以测试出微小区域的薄膜微结构的晶体状态,可以十分方便地获得薄膜的结晶特性,如是非晶态、多晶态还是单晶态,以及如果是晶体的,可以测试出薄膜晶体的晶格常数。透射电镜可以看到薄膜接近 1/10 纳米级的微结构。

另外一种可以测试薄膜微结构宏观特性的测试技术,就是测试薄膜的聚集密度 P。薄膜的聚集密度在薄膜制备技术中已经提到,它是表征薄膜致密程度的一个重要的参数,影响薄膜器件光学特性的稳定性以及薄膜的应力。薄膜的聚集密度主要是由于薄膜生长过程中的微结构所致的,因此测试薄膜的聚集密度可以从宏观的角度说明薄膜的密集程度以及微结构的完善性。

设薄膜的折射率为 n_f,其内空隙的折射率为 n_0,薄膜块转化材料的折射率为 n_B,则聚集密度 P 为[5]:

$$P = \frac{n_f - n_0}{n_B - n_0} \qquad (9-14)$$

由于很多薄膜存在折射率不均匀性(如 ZnS 愈长愈密,ZrO$_2$ 愈长愈松),且不同材料的薄膜中空隙也不相同,因此在实验中发现,无法用上述简单的式子来描述实际薄膜的聚集密度。Harris 由薄膜生长模式,提出的下述公式较适合多数薄膜:

$$n_f^2 = \frac{(1-P)n_0^4 + (1+P)n_0^2 n_B^2}{(1+P)n_0^2 + (1-P)n_B^2} \qquad (9-15)$$

所以我们只要知道块状材料的折射率,并测试出薄膜的折射率,就可以计算出薄膜的聚集密度。

有两种简单的方法可测试薄膜的聚集密度。

1. 石英晶体监控法

聚集密度可以简单地利用石英晶体监控器在真空中记录镀膜单层薄膜的频率变化值

Δf。镀膜之后,记录振荡频率在真空室充气前后的漂移 $\Delta f'$,而且假设漂移都是因为吸收水分所致,由于水的比重为 1,则薄膜的聚集密度为:

$$P = \frac{\Delta f}{\Delta f + \Delta f' \rho_B} \tag{9-16}$$

其中:ρ_B 为薄膜块状材料的密度。

2. 真空光谱测试法

我们可以测试镀膜完成后薄膜的透射光谱曲线或反射光谱,来计算薄膜的厚度 d 与折射率。然后充湿气,让薄膜充分吸附水分后,再测试薄膜的透射或反射光谱。由于吸收了水分,薄膜的折射率变大,所以薄膜的光学厚度变大,光谱曲线移动,测试出光谱移动的量 $\Delta\lambda'$,则:

$$P = 1 - \frac{(n_f' - n_f^0)d}{0.33d} = 1 - \frac{\Delta\lambda}{\lambda}\frac{n_f^0}{0.33} \tag{9-17}$$

其中:$\frac{\Delta\lambda}{\lambda} = \frac{n_f' - n_f^0}{n_f^0}$,$n_f^0$ 为镀制好时薄膜的折射率(未吸附水分),n_f' 为吸附水分后的薄膜折射率,λ 为对应于吸水前膜厚为 $\lambda/4$ 奇数倍的膜层之极值反射率的波长。

9.3.2　薄膜的化学组分测试

理想的薄膜,其组分为准确的化学计量比(Stoichiometry),这样的薄膜其光学与机械特性就会与块状材料的相接近。但是薄膜的制备过程是一个十分复杂的物理化学过程,因此薄膜的化学计量比与块状材料的化学计量比往往不一样,因此需要对材料的化学组分做检测分析[6][7]。

红外光谱是测试薄膜分子状态的最简单的分析方法。用红外光谱仪测试薄膜样品组分的整个红外透射谱,我们可以根据分子振动吸收光谱来分析薄膜的组分。如 $2.97\mu m$ 为水分子吸收带,$4.41\mu m$ 为 Si-H 的吸收带,$9.6\mu m$ 以及 $11.3\mu m$ 为 Si_2O_3 的特征吸收带,$10.2\mu m$ 为 SiO 的吸收峰,而 $14.35\mu m$ 与 $12.5\mu m$ 为 SiO_2 的吸收峰等。因此可以根据这些特征波段的透射光谱的值分析薄膜中各种组分的含量。

更为准确地,应该进一步采用其他各种光子(X 射线)、电子以及离子的轰击薄膜后发射的光谱能级与强度,来判断薄膜中的组分与含量。较常用的有:

XPS(X-ray Photoelectronic Specytometry)X 射线、光电子能谱;

ESCA(Electron Spectrometry for Chemical Analysis)化学分析电子能谱;

RBS(Rutherford Back Scattering Spectrometry)卢瑟福背散射谱;

AES(Angler Electron Spectrometry)俄歇电子能谱;

Raman Spectrometry 拉曼光谱。

如 XPS 是用 X 射线轰击薄膜,看其氧 IS 谱线的能级,若在 531 eV 有尖峰,则说明含 Ta_2O_5,在 535 eV 有尖峰,则说明含 SiO_2。通常这些仪器都有成分与能谱的对照图,它们能够较为精确地分析出各种元素的不同价态的含量,这样就可以为我们制备薄膜提供有力的帮助[6]。

如 AES,它的激发过程示于图 9-7。样品原子内部壳层的电子通常可用 $1\sim10keV$ 能量的电子轰击样品而被释放。假如电子束在能级 K 上离化了原子,得到激发,则留下的空穴便由次能级(L_1)的电子跃进补充。如果跃迁能量($E_K - E_L$)传递给其他电子(如 L_3),则它将作为俄歇电子而获释。可见,俄歇电子是作为无辐射的俄歇跃迁的产物而放射出来的。

这种三电子过程是由三个能级（KL_1L_2）说明的。根据能量守恒,俄歇电子的能量 $E_{KL_1L_2}$ 为

$$E_{KL_1L_2}=E_K^0-E_{L_1}^*-E_{L_2}^*-\varphi_A$$

式中,E_K^0 为中性原子 K 能级的能量;$E_{L_1}^*$ 和 $E_{L_2}^*$ 为原子一次电离后相应能级的能量,φ_A 近似为常数,它是能量分析器与样品功函数之差。显然,$E_{KL_1L_2}$ 仅与三个能级的能量相关,与一次束能量无关。不同材料跃迁的俄歇电子具有不同的能量,因而俄歇电子能谱通过原子内层能级为"窗口",从而可以鉴别原子的类别。

图 9-8 是俄歇电子能谱仪的实验装置。由扫描电子枪发射的电子束照射在样品表面上,从样品表面激发的俄歇电子经筒镜式电子能量分析器作能量分析后,再由电子倍增器放大和经锁相放大后进行微商检测,给出俄歇电子产额 $N(E)$ 对能量 E 的微商 $\frac{\mathrm{d}N(E)}{\mathrm{d}E}$,它与俄歇电子能量 E 的图谱即为俄歇电子能谱。

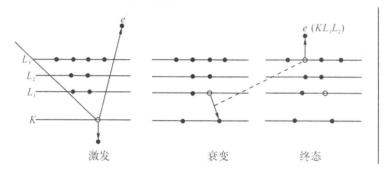

图 9-7　俄歇电子激发—放射过程

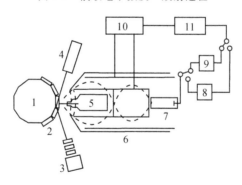

图 9-8　俄歇电子能谱仪的原理示意图

1—样品架　2—样品　3—溅射离子枪　4—X 光源　5—扫描电子枪　6—电子能量分析器 CMA　7—电子倍增器　8—脉冲计数测试　9—模拟测试　10—分析控制器　11—X-Y 记录仪

图 9-9 表示一个宽带减反射膜的 AES 深度轮廓。由图可知,这个宽带减反射膜的材料次序为 $MgF_2/ZrO_2/MgF_2/ZrO_2$。

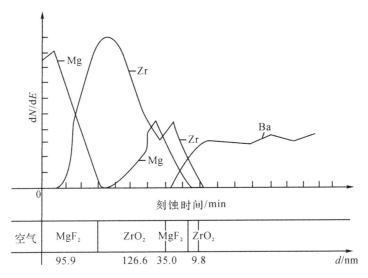

图 9-9　宽带减反射薄膜的深度组分轮廓

9.4　总　　结

光学薄膜作为光学元件的一种被广泛应用于各种光电系统中,因此除了常见光学特性的要求之外,还有大量非光学特性的要求,本章仅仅是做了一些粗浅的归纳与论述。还有很多其他的非光学特性的要求,比如,表面缺陷的要求,特殊安装时对器件的要求等等。这些都必须根据具体应用的情况设计相应的测试系统加以检测。总之,光学薄膜特性的检测技术是多学科综合技术的结合。

习　　题

9-1　测试光学薄膜附着力的基本方法有哪些? 最常用的粘贴胶带提拉法属于何种方法? 测试时应该注意什么问题?

9-2　用压痕法测试单层薄膜样品,测得在 1kg 载荷压力下薄膜出现划痕。已知施压钢球的半径为 $r=3mm$,$g=0.98cm/s^2$,基板的压痕硬度为 $P=4×10^5 N/cm^2$,试求薄膜的表面剪切力与附着力,并估算附着能。

9-3　薄膜应力检测中,如果采用悬臂法测试。悬臂玻璃的厚度为 0.1mm,长度为 40mm;当制备的薄膜厚度为 0.2mm 时,测得玻璃自由端的位移为 $0.2\mu m$;基板的弹性模量为 $7.50×10^3 kg/cm^2$,泊松比为 0.2065,则薄膜的应力多大?

参考文献

［1］ Pulker H. K.. Mechanical properties of optical thin films. in ed by Flory F. R.. Book of Thin Films for Optical Systems. Marcel Dekker Inc. ,1995.

［2］ 李正中. 薄膜光学与镀膜技术. 北京:艺轩图书出版社,2001.

［3］ 唐晋发,顾培夫. 光学薄膜与技术. 北京:机械工业出版社,1986.

［4］ 顾培夫. 薄膜技术. 杭州:浙江大学出版社,1990.

［5］ Hairs. M，Macleod H. A. Ogura S.. Thin Solid Film, 1979,(57)：173.

［6］ Bartella. J，et. al.. Multiple analysis of an unknown optical multilayer coating. Applied Optics，1985，(24，Aug. 15)：2625-2646.

［7］ Gunther K. H.. Nonoptical Characterization of optical coating. Applied Optics，1981，(20)：3487-3502.

附　录

附录 A　复数与复数运算

A.1　复数的概念

人类在进化的蒙昧时期,就具有了一种"识数"的才能,心理学家称这种才能为"数觉"。在人类文明的发展过程中,逐渐产生了数的记录方法,其中最重要和最美妙的记数法是十进位制记数法,也就是目前我们广泛使用的计数方法。由这一计数法而产生的数系就是自然数系。在自然数系后面,又出现了有理数系和实数系。有理数系提出了分数和负数的概念,而实数系则把数这个序列变成了一个连续的序列。

复数的概念起源于人们对数学逻辑的推理。随着数学的发展,数字的概念已经越来越离开其最原始的含义,而变成了一个逻辑符号。在实数系中,人们已经习惯了这样一个数学逻辑,即:对于一个数 x,有

$$x^2 \geqslant 0 \tag{A-1}$$

那么是否存在这样一个数,使得

$$x^2 < 0 \tag{A-2}$$

答案是肯定的。数学家高斯给出了这样一个假设,即如果

$$x^2 = -1 \tag{A-3}$$

则

$$x = \sqrt{-1} \tag{A-4}$$

他把 $\sqrt{-1}$ 定义为 i,i 就被称为虚数。而把虚数和实数的组合 Z

$$Z = x + y\mathrm{i} \quad (x,y \text{ 为任意实数}) \tag{A-5}$$

称之为复数。

实数和虚数是两个相互分离的数系,也就是说,在上面的复数公式中,y 永远不会加到 x 上去,因此 x,y 又被称为复数的实部与虚部。对所有的实数和虚数,他们构成两根直线,直线中的每一个点分别代表一个实数或虚数。而复数则是由这两根直线作为坐标轴而构成的平面,任意一个复数表示为在这个平面上的一个点。因此这个平面又称为复平面(如图 A-1 所示),其中的实数和虚数构成的坐标轴称为实轴和虚轴。

复数的四则运算满足以下的运算规则:假设 $Z_1 = x_1 + y_1\mathrm{i}, Z_2 = x_2 + y_2\mathrm{i}$,则

$$Z_1 + Z_2 = (x_1 + x_2) + (y_1 + y_2)\mathrm{i} \tag{A-6}$$

$$Z_1 - Z_2 = (x_1 - x_2) + (y_1 - y_2)\mathrm{i} \tag{A-7}$$

$$Z_1 \cdot Z_2 = (x_1 x_2 - y_1 y_2) + (x_1 y_2 + x_2 y_1)\mathrm{i} \tag{A-8}$$

$$\frac{Z_1}{Z_2} = \frac{(x_1 x_2 + y_1 y_2) + (x_2 y_1 - x_1 y_2)\mathrm{i}}{x_2^2 + y_2^2} \tag{A-9}$$

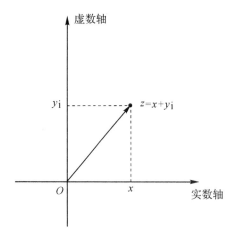

图 A-1　复平面

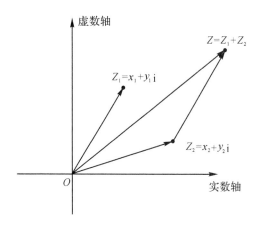

图 A-2　复数的相加

有时候,我们把坐标原点到复数点之间的连线看成是一个向量,即它是一个既有大小又有方向的量,称为复数向量。复数向量的大小称为复数的模,记为:

$$|Z| = \sqrt{x^2 + y^2} \tag{A-10}$$

当 Z 的模为 1 时,此时的复数向量又称为单位向量。

作为一个向量,复数的加减可以按照向量加减时常用的图示法来表示,例如图 A-2 中所画为复数 Z_1 和 Z_2 的相加。

复数的另一个概念为复数的共轭,它是指和原复数向量大小相等,但虚部方向相反的复数,用公式可以表示为

$$Z^* = (x + yi)^* = x - yi \tag{A-11}$$

一个复数和它的共轭相乘就为这个复数的模的平方,因此我们经常可以采用这个方法来求取一个复数的模:

$$|Z| = \sqrt{Z \cdot Z^*} = \sqrt{x^2 + y^2} \tag{A-12}$$

两个复数的相等指的是两个复数的实部和虚部分别相等。

在数学上可以证明,复数的运算符合实数运算的法则,如交换律、结合律等。在复数域中,所有的数学运算都是完备的,即复数的所有数学运算的结果仍将是复数。

A.2 复数的三角函数及指数表示方法

在前面的复平面表述中,我们采用了直角坐标的表示方法。如果我们采用极坐标表示方法,即把一个复数表示成复数的模的大小和复数向量与极轴的夹角的组合,如图 A-3 所示。那么一个复数又可以表示为另外一种形式:

$$Z = A(\cos\theta + i\sin\theta) \tag{A-13}$$

其中 A 为复数 Z 的模,θ 为复数向量和极轴的夹角,又称为辐角。为了区别 i 和三角函数中的字母,我们可以把 i 写在三角函数的前面。

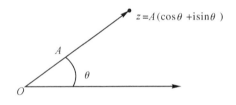

图 A-3　复数的三角函数表示

假如我们得到一个复数为 $x + yi$,则可以求出它的模和辐角

$$A = \sqrt{x^2 + y^2} \tag{A-14}$$

$$\theta = \arctan\frac{y}{x} + 2m\pi \quad (m \text{ 为整数}) \tag{A-15}$$

用三角函数来表示复数时,可以发现复数相乘和相除时的一些奇异特性,设两个单位复数向量为 Z_1,Z_2,根据公式(A-8)(A-9)可知:

$$Z_1 \cdot Z_2 = (\cos\theta_1 + i\sin\theta_1) \cdot (\cos\theta_2 + i\sin\theta_2) = \cos(\theta_1 + \theta_2) + i\sin(\theta_1 + \theta_2) \tag{A-16}$$

$$Z_1 / Z_2 = (\cos\theta_1 + i\sin\theta_1)/(\cos\theta_2 + i\sin\theta_2) = \cos(\theta_1 - \theta_2) + i\sin(\theta_1 - \theta_2) \tag{A-17}$$

在复数的三角表示方式中,引入了一个非常重要的表达方式,这就是复数的 e 的指数表达式。根据高等数学中有关函数级数展开的概念,对任意一个函数 $F(x)$,其麦克劳林展开式为:

$$f(x) = f(0) + f'(0)x + \frac{f''(0)}{2!}x^2 + \cdots + \frac{f^{(n)}(0)}{n!}x^n + \cdots, \quad -\infty < x < \infty \tag{A-18}$$

我们把复数 Z 写成麦克劳林展开式:

$$Z = \cos\theta + i\sin\theta$$

$$= 1 + \frac{-1}{2!}\theta^2 + \cdots + \frac{(-1)^k}{(2k)!}\theta^k + \cdots + i\theta + \frac{(-1)i}{3!}\theta^3 + \cdots + \frac{(-1)^k i}{(2k+1)!}\theta^{2k+1} + \cdots$$

$$= 1 + i\theta + \frac{i^2}{2!}\theta^2 + \frac{i^3}{3!}\theta^3 + \cdots + \frac{i^k}{k!}\theta^k + \cdots$$

$$= e^{i\theta} \tag{A-19}$$

因此,对于任意一个复数 Z,我们又可以把它表示为

$$Z = Ae^{i\theta} \tag{A-20}$$

其中 A 为复数的模,θ 为复数的辐角。因此,复数的运算遵从指数运算规则,即

$$Z_1 \cdot Z_2 = A_1 A_2 e^{i(\theta_1 + \theta_2)} \tag{A-21}$$

$$\frac{Z_1}{Z_2} = \frac{A_1}{A_2} e^{i(\theta_1 - \theta_2)} \tag{A-22}$$

复数的指数表达式对复数运算及复数在物理中的应用提供了极大的方便,大大简化了复数的运算。对于一些复杂的复数运算,运用指数形式可以非常方便地求取。例如求取 cosi 的值:

$$\cos i = \frac{1}{2}[(\cos i + i\sin i) + (\cos i - i\sin i)] = \frac{1}{2}(e^{i \cdot i} + e^{-i \cdot i}) = \frac{e + e^{-1}}{2} \tag{A-23}$$

A.3 复数在物理中的运用

根据复数的性质,复数可以看作是一个向量。在物理学中,许多的物理量都是向量,因此在物理学中经常用复数来进行物理运算。

一个最简单的例子就是圆周运动。在前面的叙述中我们可以看到,一个复数在复平面中的位置可以看成是和原点距离为 A,和 X 轴夹角为 θ 的点。那么对于模为 A 的所有复数的集合,在复平面中所表现出来的就是一个圆周,如图 A-4 所示。因此我们可以把这个点运用于物理中圆周运动的计算。对于一个作匀速圆周运动的质点,如果它的运动速率为 v(角速度为 ω),圆周半径为 A,当时间 $t=0$ 时,$\theta=0$,见图 A-5,则当 t 时质点所处的角度为

$$\theta = \frac{v}{A}t = \omega t \tag{A-24}$$

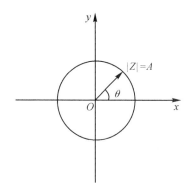

图 A-4 模为一个常数的复数的集合

此时我们可以把质点的位置表示成复数在复平面中的位置

$$Z(t) = Ae^{i\theta} = Ae^{i\frac{v}{A}t} = Ae^{i\omega t} \tag{A-25}$$

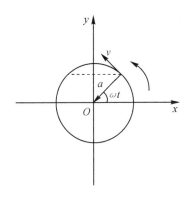

图 A-5　匀速圆周运动

对于质点在 t 时刻的运动速度和加速度,我们可以用 x 和 y 方向的两个分量来表示。按照普通物理中有关矢量投影的规则,则可求出(参照图 A-5):

$$v_x = -v\sin\omega t, \quad v_y = v\cos\omega t \tag{A-26}$$

加速度

$$a_x = -\omega^2 A\cos\omega t, \quad a_y = -\omega^2 A\sin\omega t \tag{A-27}$$

下面我们看一下用复数来进行运算的情况。我们直接对 $Z(t)$ 求导数,来求出 Z 点的运动速度

$$Z'(t) = i\omega A e^{i\omega t} = -A\omega\sin\omega t + iA\omega\cos\omega t = -v\sin\omega t + iv\cos\omega t \tag{A-28}$$

加速度

$$Z''(t) = -\omega^2 A e^{i\omega t} = -\omega^2 A\cos\omega t - i\omega^2 A\sin\omega t \tag{A-29}$$

而对 Z 点的速率,用复数求解方法可以得到

$$|Z'(t)| = |i\omega A e^{i\omega t}| = \omega A = v \tag{A-30}$$

通过这些计算我们可以知道,由复数运算得到的结论和我们通过普通物理矢量投影计算得到的结论是相同的,因此我们可以把公式(A-25)表示为一个圆周运动。对于其他的物理运算,我们也可以采用类似的复数表示方法。

在研究振动时,一个简谐振动的质点的振动方程可以写为如下形式:

$$x(t) = A\cos(\omega t) \tag{A-31}$$

根据前面对圆周运动的分析可以看到,$x(t)$ 其实就是在复平面做圆周运动的复数 Z 在 x 轴上的投影,即式(A-25)的实部。因此为了计算简便,我们可以把振动表示为在复平面内的一个圆周运动,即

$$x(t) = A e^{i\omega t} \tag{A-32}$$

而它实际的振动量为 $x(t)$ 的实部。

在光学计算中,也大量用到了复数的表示方式。比如电磁波的波函数、吸收介质的折射率等,都采用了复数的表示方法。通过复数运算,可以大大简化运算过程,明确表达其物理参量的物理意义,因此复数及其复函数的运算已经发展成为物理学应用中一门非常有用的学科。

附录 B 矩阵及矩阵运算

B.1 矩阵的定义

$m \times n$ 个数值有序地排成 m 行 n 列的矩形的数表

$$A = \begin{bmatrix} a_{11} & a_{12} & \cdots & a_{1n} \\ a_{21} & a_{22} & \cdots & a_{2n} \\ \vdots & \vdots & & \vdots \\ a_{m1} & a_{m2} & \cdots & a_{mn} \end{bmatrix} \tag{B-1}$$

称为 $m \times n$ 矩阵,简称矩阵,其中 a_{ij} 叫做矩阵的元素。矩阵 A 有时也简化为 $A_{m \times n}$,或

$$A = (a_{ij})_{m \times n} \tag{B-2}$$

当 $m = n$ 时,矩阵 A 称为 n 阶方阵。

当 $n = 1$ 时,矩阵 A 称为列矩阵,即

$$A = \begin{bmatrix} a_{11} \\ a_{21} \\ \vdots \\ a_{m1} \end{bmatrix} \tag{B-3}$$

当 $m = 1$ 时,矩阵 A 称为行矩阵,即

$$A = (a_{11} \quad a_{12} \quad \cdots \quad a_{1n}) \tag{B-4}$$

如果矩阵元素 $a_{ij} = 0 \, (i \neq j)$,此矩阵称为对角线方阵,即矩阵 A 具有如下之形式

$$A = \begin{bmatrix} a_{11} & 0 & \cdots & 0 \\ 0 & a_{22} & \cdots & 0 \\ \vdots & \vdots & & \vdots \\ 0 & 0 & \cdots & a_{nn} \end{bmatrix} \tag{B-5}$$

如果对角方阵中 $a_{ii} = 1(i = 1, 2, \cdots, n)$,则矩阵 A 称为单位矩阵,记为 I,即

$$I = \begin{bmatrix} 1 & 0 & \cdots & 0 \\ 0 & 1 & \cdots & 0 \\ \vdots & \vdots & & \vdots \\ 0 & 0 & \cdots & 1 \end{bmatrix} \tag{B-6}$$

把矩阵的行列互换得到矩阵 A',则 A' 称为 A 的转置矩阵,例如:

$$A = \begin{bmatrix} a_{11} & a_{12} & a_{13} \\ a_{21} & a_{22} & a_{23} \end{bmatrix}, \quad A' = \begin{bmatrix} a_{11} & a_{21} \\ a_{12} & a_{22} \\ a_{13} & a_{23} \end{bmatrix} \tag{B-7}$$

B. 2　矩阵运算

B. 2. 1　矩阵相加

设矩阵 A, B 均为 $m \times n$ 矩阵：

$$A = \begin{bmatrix} a_{11} & a_{12} & \cdots & a_{1n} \\ a_{21} & a_{22} & \cdots & a_{2n} \\ \vdots & \vdots & & \vdots \\ a_{m1} & a_{m2} & \cdots & a_{mn} \end{bmatrix}, \quad B = \begin{bmatrix} b_{11} & b_{12} & \cdots & b_{1n} \\ b_{21} & b_{22} & \cdots & b_{2n} \\ \vdots & \vdots & & \vdots \\ b_{m1} & b_{m2} & \cdots & b_{mn} \end{bmatrix}$$

则矩阵

$$C = \begin{bmatrix} a_{11} \pm b_{11} & a_{12} \pm b_{12} & \cdots & a_{1n} \pm b_{1n} \\ a_{21} \pm b_{21} & a_{22} \pm b_{22} & \cdots & a_{2n} \pm b_{2n} \\ \vdots & \vdots & & \vdots \\ a_{m1} \pm b_{m1} & a_{m2} \pm b_{m2} & \cdots & a_{mn} \pm b_{mn} \end{bmatrix} \tag{B-8}$$

称为 A 与 B 之和（差），记作 $A \pm B$。

例：

$$\begin{bmatrix} 1 & 2 & 3 \\ 3 & 2 & 1 \end{bmatrix} + \begin{bmatrix} 1 & 2 & 3 \\ 4 & 5 & 6 \end{bmatrix} = \begin{bmatrix} 1+1 & 2+2 & 3+3 \\ 3+4 & 2+5 & 1+6 \end{bmatrix} = \begin{bmatrix} 2 & 4 & 6 \\ 7 & 7 & 7 \end{bmatrix}$$

矩阵加法满足以下的运算法则：

（1）交换律　$A + B = B + A$

（2）结合律　$(A + B) + C = A + (B + C)$

B. 2. 2　矩阵的数乘

将矩阵 A 的每一个元素乘上一个数 k 后得到的矩阵，称为数 k 与矩阵 A 的数乘，记作 kA。

例：

$$2 \begin{bmatrix} 1 & 2 & 3 \\ 3 & 2 & 1 \end{bmatrix} = \begin{bmatrix} 2 & 4 & 6 \\ 6 & 4 & 2 \end{bmatrix}$$

常数和矩阵相乘满足以下的计算规则

（1）结合律　$\alpha(\beta A) = (\alpha\beta) A$

（2）分配律　$\alpha(A + B) = \alpha A + \alpha B$
$\quad\quad\quad\quad (\alpha + \beta) A = \alpha A + \beta A$

（3）幺元存在　$1A = A$

B. 2. 3　矩阵相乘

设矩阵 A 为 $m \times n$ 矩阵，矩阵 B 为 $n \times s$ 矩阵，则 A 与 B 的乘积 C 为 $m \times s$ 矩阵，即

$$C = \begin{bmatrix} c_{11} & c_{12} & \cdots & c_{1s} \\ c_{12} & c_{22} & \cdots & c_{2s} \\ \vdots & \vdots & & \vdots \\ c_{m1} & c_{m2} & \cdots & c_{ms} \end{bmatrix} \tag{B-9}$$

其中

$$c_{ij} = \sum_{k=1}^{n} a_{ik} b_{kj}, \quad i = 1, 2, \cdots, m; j = 1, 2, \cdots, s \tag{B-10}$$

记作 $C = A \times B$ 或 $C = AB$。

例：

$$\begin{bmatrix} 1 & 2 \\ 3 & 4 \\ 1 & 1 \end{bmatrix} \begin{bmatrix} 1 & -1 \\ -2 & 3 \end{bmatrix} = \begin{bmatrix} 1 \times 1 + 2 \times (-2) & 1 \times (-1) + 2 \times 3 \\ 3 \times 1 + 4 \times (-2) & 3 \times (-1) + 4 \times 3 \\ 1 \times 1 + 1 \times (-2) & 1 \times (-1) + 1 \times 3 \end{bmatrix} = \begin{bmatrix} -3 & 5 \\ -5 & 9 \\ -1 & 2 \end{bmatrix}$$

矩阵的乘法满足以下的运算法则：

(1) 左分配律　　　　$A(B + C) = AB + AC$

(2) 右分配律　　　　$(A + B)C = AC + BC$

(3) 数乘结合率　　　$k(AB) = (kA)B = A(kB)$

(4) 结合律　　　　　$(AB)C = A(BC)$

B.2.4　逆矩阵

对于一个方阵 A，如果有一个方阵 B，它们满足

$$AB = BA = I \tag{B-11}$$

则 B 称为 A 的逆矩阵，记作 A^{-1}。

例：

$$A = \begin{bmatrix} 1 & 2 \\ 0 & 1 \end{bmatrix}, \quad B = \begin{bmatrix} 1 & -2 \\ 0 & 1 \end{bmatrix}$$

则

$$AB = \begin{bmatrix} 1 & 2 \\ 0 & 1 \end{bmatrix} \begin{bmatrix} 1 & -2 \\ 0 & 1 \end{bmatrix} = \begin{bmatrix} 1 & 0 \\ 0 & 1 \end{bmatrix}$$

$$BA = \begin{bmatrix} 1 & -2 \\ 0 & 1 \end{bmatrix} \begin{bmatrix} 1 & 2 \\ 0 & 1 \end{bmatrix} = \begin{bmatrix} 1 & 0 \\ 0 & 1 \end{bmatrix}$$

因此 B 为 A 的逆矩阵。

B.2.5　矩阵与线性方程

对于一个线性方程组

$$\begin{cases} a_{11}x_1 + a_{12}x_2 + \cdots + a_{1n}x_n = b_1 \\ a_{21}x_1 + a_{22}x_2 + \cdots + a_{2n}x_n = b_2 \\ \quad\quad\quad\quad\vdots \\ a_{m1}x_1 + a_{m2}x_2 + \cdots + a_{mn}x_n = b_m \end{cases} \tag{B-12}$$

根据矩阵的运算法则，我们可以把上面的方程组写成矩阵的形式，即

$$\begin{bmatrix} a_{11} & a_{12} & \cdots & a_{1n} \\ a_{21} & a_{22} & \cdots & a_{2n} \\ \vdots & \vdots & & \vdots \\ a_{m1} & a_{m2} & \cdots & a_{mn} \end{bmatrix} \begin{bmatrix} x_1 \\ x_2 \\ \vdots \\ x_n \end{bmatrix} = \begin{bmatrix} b_1 \\ b_2 \\ \vdots \\ b_n \end{bmatrix} \tag{B-13}$$

可简写为

$$\boldsymbol{AX} = \boldsymbol{b} \tag{B-14}$$

在这里,我们把列矩阵 $\boldsymbol{X}$ 和 $\boldsymbol{b}$ 称为 n 维向量,$\boldsymbol{A}$ 称为系数矩阵。在物理等领域中,向量是一个既有方向又有大小的量,而矩阵中的 n 维向量可以把它看成是在 n 维空间中的一个点,该点和坐标原点的连线就构成了一个 n 维向量,而矩阵中的每一个元素就是在 n 维坐标系中该点在各个坐标上的坐标值。比如现实的三维空间中的一点,我们可以用 (x, y, z) 三个坐标轴方向的坐标来表示这点的位置,因此该点的位置向量就可以用 (x, y, z) 的列矩阵来表示。在前面我们曾提到,对于一个二维的向量可以采用复数来表示,但对于一个大于二维的向量来说,需要用矩阵的方式来表示。当然在这里,矩阵的每一个元素还可以是复数。

在物理等领域中,很多数学计算采用矩阵计算的方式进行。矩阵计算有利于计算的简便以及公式的规范化,特别是对于现在大量采用计算机辅助计算的情况下,矩阵计算有利于把计算过程转化为计算机的算法语言,因此被广泛采用。

附录 C　光的电磁理论基础

人们对光的本性的认识起始于 17 世纪。通过对光的一些物理现象的分析,逐渐产生了两种关于光本性的学说,这就是牛顿的粒子说和惠更斯的波动说。牛顿认为光是一种粒子,光的反射就像小球从地面反弹一样,遵守反射定律。光的折射是由于粒子在不同介质中的速度不一样而产生的现象。而惠更斯认为光和机械振动一样,是一种弹性波。在空间中充满了一种我们肉眼看不见的弹性物质用来传输光波。它也可以解释折射和反射现象。到了 19 世纪,杨氏干涉和菲尼尔衍射等光学现象的发现,为光的波动学说打下了基础。到 19 世纪中期,麦克斯韦从电磁场的基本定律出发,推导出了表征电磁波的麦克斯韦方程式,预言电磁波的存在,并认为光波就是电磁波。19 世纪后期,赫兹在实验中产生了电磁波,并进行了电磁波反射、折射、衍射和干涉实验,从而证明了麦克斯韦有关电磁波理论的正确性,也奠定了光的电磁波理论的基础。

C.1　振动与波

在讨论光的波动性之前,我们首先来了解一下振动和波的特性。在物理学中把一个物理量在某个恒定值附近作往复变化的过程通称为振动。例如机械振动,它是质点围绕振动中心做周期性的往复运动。机械振动最简单的例子就是钟摆和弹簧。对于一个如图 C-1 所示的弹簧振子,假设振子的质量为 M,弹簧的倔强系数为 k,O 点为弹簧自然伸展时的位置,即振动中心,根据牛顿定律中力与加速度之间的关系,可以得到振子的运动方程为

$$-kx = M\frac{\mathrm{d}^2 x}{\mathrm{d}t^2} \tag{C-1}$$

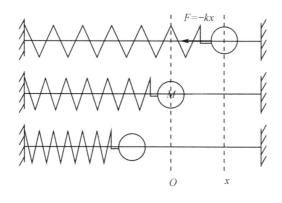

图 C-1　弹簧振子的振动

其中 x 为振子的位移。此方程在实数下的一个特解为

$$x(t) = A\cos\left(\sqrt{\frac{k}{M}}t + \varphi_0\right) \tag{C-2}$$

其中 A 和 φ_0 为一个常数。可以看到振子 M 作来回的运动,其运动位置符合余弦函数。在这里把公式(C-2)称为振子的振动方程。凡是振动质点的位移是时间 t 的余弦函数的振动,都称为简谐振动。

振子离开振动中心的最大位移量 A,称为振子的振幅。对于不同的振动,其振幅的含义也不尽相同。有时不一定是一个位移量,可能是一个角度,如钟摆;也可以是其他的物理量,如电磁场中的电场强度等。

在公式(C-2)中,我们令

$$\omega = \sqrt{\frac{k}{M}} \tag{C-3}$$

则上式可写为

$$x(t) = A\cos(\omega t + \varphi_0) \tag{C-4}$$

其 x 量随时间 t 变化曲线如图 C-2 所示。可以看到,当 t 从 0 变化到 $2\pi/\omega$ 时,$x(t)$ 正好变化了一个周期。因此我们定义

$$T = \frac{2\pi}{\omega} \tag{C-5}$$

称为振动周期。而

$$\nu = \frac{1}{T} = \frac{\omega}{2\pi} \tag{C-6}$$

称为振动频率,单位是赫兹(Hz)。在这里 ω 是以弧度为计量单位,表示在一个振动周期中,ω 的变化量为 2π,因此 ω 称为振动的圆频率。

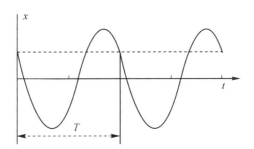

图 C-2 位移量 x 随 t 的变化关系

为了便于理解,我们把振动方程看作一个匀速圆周运动在 x 轴方向的投影,这个圆被称为参考圆,如图 C-3 所示。图中我们可以把振子 M 的运动看作是作匀速圆周运动的质点 P 在 x 坐标轴上的投影,此时 ω 即为 P 点运动的角速度,ωt 为 P 点在时间 t 内转过的角度,而 φ_0 为 $t=0$ 时 P 点的角度。我们把 $\omega t + \varphi_0$ 称为振动的位相,而 φ_0 称为振动的初始位相。

在物理计算中,我们经常用复数来进行物理量的运算。从上面的分析知道,对于一个简谐振动,可以把它等效成一个做匀速圆周运动的质点在 x 轴方向上的投影,因此我们可以把振子的运动方程写成圆在复数中的表示形式,即

$$x(t) = A e^{i(\omega t + \varphi_0)} \tag{C-7}$$

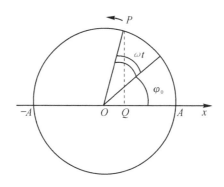

图 C-3　参考圆

而振子的实际位移为 x 轴上的投影,即为 $x(t)$ 的实部。

实际上对于方程(C-1),其在复数域内的解即为公式(C-7)。因此脱离开振子运动方程的实际位移的物理含义,仅从数学上来说,式(C-7)即为振子在复数域内的运动方程。在后面的讨论中,我们就用这种复数形式来表示这一简谐振动。

波是振动在空间中的传播过程。例如将石块投入湖中,湖面会产生一圈圈的波浪。当绳子一端固定,而另一端用手不断上下挥动时,振动也会沿着绳子往另一端传播。这种振动在介质中的传播过程就是波。机械波的传递是由于物质的相互作用力而形成的。一种媒质我们可以把它看成是一系列质点的集合,相邻质点之间存在着很强的作用力。因此当一个质点离开原始位置时,相邻质点会受此点的作用,产生使它往相同方向运动的力,使之跟随前一质点离开原始位置。但是由于相邻质点的运动是受前一质点的运动所产生的力而运动,所以它们的运动时间是有先后的次序关系。

如果把机械振动传递过程中的质点的运动位置按时间来给出,则可以得到如图 C-4 所示的分布图。图中每一条曲线分别代表在不同时刻各个质点的运动位置。这些运动位置所构成的包络线就称为波形。由图可以知道,在波的传播过程中,质点只是围绕各自的平衡位置附近振动,并没有沿着波的传播方向流动。因此波的传播只是运动能量的传播,而不是物质的传播。

当波在媒质中传播时,由于振动是由波源发出依次由近至远地传播到各点,因此各点振动频率相同,而相位有差异。沿波的传播方向看去,远离的点起振晚,振动位相落后。但由于振动源的振动具有周期性,使每一个质点的运动均具有周期性。因此沿着波的传播方向每隔一定长度的两点振动状态总是相同的。这两个最靠近的振动状态相同的点之间的距离称为一个波长,用 λ 表示,如图 C-4 中所示。相隔一个波长的两个振动点的位相差为 2π。在波的传播方向上,距离相隔为 d 的两点间的振动位相差为

$$\Delta\varphi=\frac{2\pi}{\lambda}d \tag{C-8}$$

由于波传播中质点的振动总是重演相邻点的振动状态,因而产生波形有向前移动的感觉。波形的传播速度称为波速,用符号 v 表示。波速、波长和振动周期之间有关系式

$$v=\frac{\lambda}{T},\text{或 } v=\lambda\nu \tag{C-9}$$

当波从波源往外传播时,在某一时刻波动传递到的所有最远点所构成的线或者面称为波

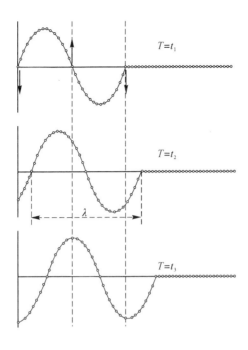

图 C-4　波的传播

前。比如当在水面上扔下一块石头后，可以观察到水波的波前是一个圆。如果声音从某一点发出，声波的波前就是一个球面，因为声音在空间是往各个方向传播的。在波前上各点的振动位相是相同的。由于波在空间中的传播，在不同时刻波前具有不同的空间位置，这些不同位置的波前统称为波面。因此波面是波在传播过程中所有具有相同位相的点所构成的面。

　　一般把波面为球面的波称为球面波，波面为平面的波称为平面波，如图 C-5 所示。比如从某一点发出的声波，或从某一点发出的光，都为球面波。当波源处于无穷远时，我们可以把此时的波看成是平面波。

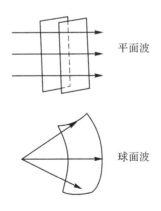

图 C-5　平面波和球面波

　　如何从数学上来表示波？在这里我们用波函数的概念。波在传播过程中，空间某个位置的振动量的变化情况，可以用一个函数 $A(t, r)$ 进行表示，其中 t 为某个时刻，r 为空间的某个位置，A 则表示这个物理量的大小和方向。因此物理量 A 是一个矢量，它有方向性。

这个函数就称为波函数。在一维的简谐振动波中，由于振动方向确定，我们可以采用标量的表示形式。设波动源的振动方程为

$$y(0) = A\cos\omega t \tag{C-10}$$

其中 $y(0)$ 为 O 点处的位移或电磁场强度。由于波是从 O 点传到 B 点，因此 B 点的振动形式和 O 点相同，也是一个余弦函数。但由于 B 点的相位落后于 O 点，设 B 点离 O 点的距离为 x，则波从 O 点传到 B 点所需要的时间为

$$t' = \frac{x}{v} \tag{C-11}$$

当经过 t' 时间后，B 点的振动方程将和 O 点 $t=0$ 时的振动方程相同，因此 B 点的振动方程可以写为

$$y(x) = A\cos\omega\left(t - \frac{x}{v}\right) \tag{C-12}$$

由于

$$\omega = 2\pi\nu = 2\pi/T \tag{C-13}$$

所以公式(C-12)也可表示为

$$y(x) = A\cos 2\pi\left(\frac{t}{T} - \frac{x}{\lambda}\right) \tag{C-14}$$

这一函数就称为简谐波的波函数。其中 T 为振动周期，λ 为波长，A 为振幅。

对于电磁波，可以把沿 x 方向传播的平面电磁波波函数写为

$$\left.\begin{array}{l} E = E_0\cos 2\pi\left(\dfrac{t}{T} - \dfrac{x}{\lambda}\right) \\[2mm] H = H_0\cos 2\pi\left(\dfrac{t}{T} - \dfrac{x}{\lambda}\right) \end{array}\right\} \tag{C-15}$$

其中：E 为电磁波的电场强度，H 为磁场强度。如果把波函数写为复数的形式，则可表示为

$$\begin{array}{l} E = E_0\, e^{i\omega\left(t - \frac{x}{v}\right)} \\[2mm] H = H_0\, e^{i\omega\left(t - \frac{x}{v}\right)} \end{array} \tag{C-16}$$

C.2 电磁波

电磁波是指在空间传播的作周期性变化的电场和磁场。

我们知道电场是带电粒子所特有的物理特性。把一个带电量为 Q_1 的带电体移到带电量为 Q_2 的带电体附近，带电体 Q_1 会受到力的作用。这是因为带电体 Q_2 周围充满电场，电荷 Q_1 受到了电场的作用力。电荷 Q_1 在 Q_2 附近不同位置所受到的力的大小和方向是不同的，表明 Q_2 附近的电场大小和方向不同。我们把表示电场强弱和方向的物理量称为电场强度，用 **E** 表示。同样，如果用小磁针放在一个带电流的导电线圈附近，也可以探测到不同的力的大小和方向，表明线圈周围具有不同的磁场大小和方向。在这里把表示磁场强弱和方向的物理量称为磁场强度，用 **H** 表示。

在电磁学实验中，我们可以观察到这样一个实验现象，当在一个导电的线圈内插入一个

磁铁,则会在线圈上产生电流。这就是发电的基本原理。同样的原理,在通有电流的线圈周围,也会产生磁场。因此不难想象,在一个交变的磁场周围会产生交变的电场,而一个交变的电场周围又会产生一交变的磁场,这种过程如图 C-6 所示。由此不断的重复导致了电磁场从空间的一端传到了另一端。这些交变的电磁场也就成为我们所说的电磁波。

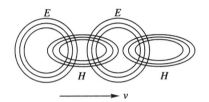

C-6　电磁波产生传播的示意图

由于电磁波是无法用肉眼观察到的,我们用类似机械波的表示方法来描述电磁波。从电磁实验中可以观察到,电场产生的磁场和磁场产生的电场是不会处于同一平面的,它们相互垂直。因此我们可以把电磁波用图 C-7 来表示。其中 E, H 分别表示电场强度和磁场强度,图中 k 表示电磁波的传播方向(它与 z 轴重合)。

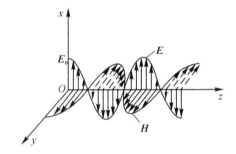

C-7　电磁波的波形图

由于电磁波具有波动的基本特性,因此机械波的波长、频率、振幅、波速等概念都可以应用于电磁波。在真空中我们定义波的传播矢量,即波矢 k,其大小为

$$k = \frac{2\pi}{\lambda} \qquad (C\text{-}17)$$

其方向为波的传播方向。根据公式(C-16),我们可以将平面电磁波波函数写为如下形式

$$E = E_0 \cos(\omega t - k \cdot r)$$
$$H = H_0 \cos(\omega t - k \cdot r)$$

把波函数写为复数的形式,可表示为

$$\left. \begin{array}{l} E = E_0 \, e^{i(\omega t - k \cdot r)} \\ H = H_0 \, e^{i(\omega t - k \cdot r)} \end{array} \right\} \qquad (C\text{-}18)$$

在现实生活中大家经常接触到的无线电波及光波都是电磁波。和机械波相比,电磁波具有以下特有的性质:

1. 电磁波可以在真空中传播。不同电磁波在真空中的传播速率相同,用 c 表示:

$$c = 2.998 \times 10^8 \, \text{m/s} \approx 3 \times 10^8 \, \text{m/s}$$

在介质中,光波的传播速率小于 c,如果介质的折射率为 n,则介质中光速 v 为

$$v = \frac{c}{n} \tag{C-19}$$

2. 在电磁波中,电场 E 和磁场 H 相互垂直。而它们又分别和电磁波的传播方向 k 垂直。在波的传播中,一般把振动方向和传播方向在同一方向的波称为纵波,把振动方向和传播方向垂直的称为横波。很明显电磁波为横波。

3. 波的传播是能量的传播。对光波来说,光在折射率为 n 的透明介质中传播时,单位时间内通过单位面积的能量与折射率 n 及电场强度的振幅 E_0 平方成正比,即

$$I \propto n E_0^2 \tag{C-20}$$

其中 I 称为光强。

电磁波的范围很广,如无线电波、微波、光波、X 射线、γ 射线等均为电磁波。它们的差别只是频率(或波长)不同。将电磁波按其频率高低顺序排列,构成电磁波谱,如图 C-8 所示。由图可以看出,光波只在整个电磁波谱中占很小的位置。若将光波按照其波长的长短或频率高低排列,构成光谱。在这些光谱中,人眼能够看见的光称为可见光,其波长范围从 380nm 到 760nm。而波长小于 380nm 的光波称为紫外线,波长大于 760nm 的称为红外线。在可见光中,波长从 380nm 到 760nm 的光表现为不同的颜色,依次为紫、蓝、青、绿、黄、橙、红(见表 C-1)。由于光波在介质中传输速率不同,同一波长光在不同介质中的波长也会不同。在没有特别指定的情况下,一般光的波长均是指光在真空中的波长。

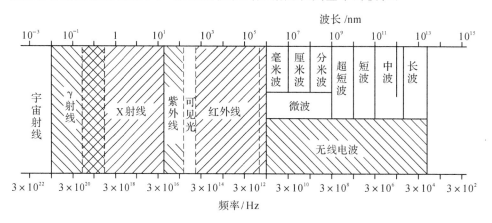

图 C-8　电磁波波谱图

光波长在不同波段下常采用不同的计量单位。在红外光波段中常采用微米(μm)作为波长单位,在可见光和紫外光中常用纳米(nm),它们的换算关系如下:

1 米(m) = 10^6 微米(μm) = 10^9 纳米(nm)

表 C-1 光波的波长范围

红外线（1mm～0.76μm）	远红外（1mm～20μm）
	中红外（20μm～1.5μm）
	近红外（1.5μm～0.76μm）
可见光（760nm～380nm）	红（760nm～650nm）
	橙（650nm～590nm）
	黄（590nm～570nm）
	绿（570nm～490nm）
	青（490nm～460nm）
	蓝（460nm～430nm）
	紫（430nm～380nm）
紫外线（400nm～10nm）	近紫外（380nm～300nm）
	中紫外（300nm～200nm）
	真空紫外（200nm～10nm）

C.3 麦克斯韦方程

在前面的叙述中,我们从最简单的机械波直观地来说明电磁波的概念,并给出了电磁波的波函数。这些分析都是从表象上进行的,并未触及电磁波的本质特性。麦克斯韦从电磁学的基本理论,得到了电磁波的波动方程,从而从理论上证明了电磁波的存在,并进一步阐明了电磁波的本质。

在静电场和静磁场中有四个著名的定律:

1. 电场中的高斯定律:通过任意封闭曲面 S 的电感通量等于曲面内所包含的自由电荷的和。用数学公式表示为:

$$\oint_S \boldsymbol{D} \cdot \mathrm{d}s = \int_V \rho \mathrm{d}v \tag{C-21}$$

上式中 $\boldsymbol{D}$ 为电位移矢量,ρ 为电荷密度。

2. 磁场通量定律:通过任意封闭曲面的磁感通量为零,表示磁力线为一个闭合的曲线。用公式表示为:

$$\oint_S \boldsymbol{B} \cdot \mathrm{d}s = 0 \tag{C-22}$$

3. 安培环路定律:沿任一闭合回路移动一电荷所做的功为零,表示空间任意两点电位差与路径无关。用公式表示为:

$$\oint \boldsymbol{E} \cdot \mathrm{d}l = 0 \tag{C-23}$$

4. 磁场的安培环路定律:沿任一闭合路径的磁场强度的积分等于所包围的传导电流的和。用数学公式表示为:

$$\oint \boldsymbol{H} \cdot \mathrm{d}l = \int_S \boldsymbol{j} \cdot \mathrm{d}s \tag{C-24}$$

其中 $\boldsymbol{j}$ 为电流密度。

对于变化的电场和磁场,我们在电磁实验中发现,当一个闭合线圈内的磁场发生变化时,线圈内会产生感应电流。其中的原因是变化的磁场会在其周围产生感应电动势。沿任意一条封闭路径的感应电动势 ε 等于该路径所包围面积的磁通量 Φ 的变化率,这一定律称为法拉第电磁感应定律。用公式表示为

$$\varepsilon = \oint \boldsymbol{E} \cdot \mathrm{d}l = -\frac{\mathrm{d}\Phi}{\mathrm{d}t} \tag{C-25}$$

由于磁通量

$$\Phi = \int_s \boldsymbol{B} \cdot \mathrm{d}s \tag{C-26}$$

代入(C-25)则可以得到在变化的电磁场下的电场公式

$$\oint \boldsymbol{E} \cdot \mathrm{d}l = -\int_s \frac{\partial \boldsymbol{B}}{\partial t} \mathrm{d}s \tag{C-27}$$

变化的电场是如何产生磁场的? 我们可以来看一个充放电的平板电容器。当我们在两个平板电极之间作一个截面,此时由于截面内没有传导的电流,根据公式(C-24),磁场沿回路积分为零。但实际的测量结果却表明此处的磁场和有传导电流时的情况并没有什么差别。为此麦克斯韦引入了位移电流的概念。在两个平板电极之间的截面内,有

$$\int_s \boldsymbol{D} \cdot \mathrm{d}s = q \tag{C-28}$$

其中 q 为电极所携带的电荷。公式(C-28)两边对时间求导,则可以得到

$$\int_s \frac{\partial \boldsymbol{D}}{\partial t} \cdot \mathrm{d}s = \frac{\mathrm{d}q}{\mathrm{d}t} = I \tag{C-29}$$

因此就把 $\int_s \frac{\partial \boldsymbol{D}}{\partial t} \cdot \mathrm{d}s$ 称为位移电流,它的大小和传导电流是一样的。因此可以把原安培环路定律修改成

$$\oint \boldsymbol{H} \cdot \mathrm{d}l = \int_s \boldsymbol{j} \cdot \mathrm{d}s + \int_s \frac{\partial \boldsymbol{D}}{\partial t} \cdot \mathrm{d}s \tag{C-30}$$

上式揭示了这样一个事实,即当空间中没有传导电流而只有交变的电场时,也可以在电场周围产生磁场。通过上面的分析以及结合原静电场和静磁场的公式,可以归纳得到四个基本公式,即在变化的电磁场中的麦克斯韦积分方程组:

$$\oint_s \boldsymbol{D} \cdot \mathrm{d}s = \int_v \rho \mathrm{d}v \tag{C-31}$$

$$\oint_s \boldsymbol{B} \cdot \mathrm{d}s = 0 \tag{C-32}$$

$$\oint \boldsymbol{E} \cdot \mathrm{d}l = -\int_s \frac{\partial \boldsymbol{B}}{\partial t} \mathrm{d}s \tag{C-33}$$

$$\oint \boldsymbol{H} \cdot \mathrm{d}l = \int_s \left(\boldsymbol{j} + \frac{\partial \boldsymbol{D}}{\partial t} \right) \cdot \mathrm{d}s \tag{C-34}$$

在数学上我们可以证明:

$$\oint_s \boldsymbol{D} \cdot \mathrm{d}s = \int_v \nabla \cdot \boldsymbol{D} \mathrm{d}v \tag{C-35}$$

$$\oint_s \boldsymbol{B} \cdot \mathrm{d}s = \int_v \nabla \cdot \boldsymbol{B} \mathrm{d}v \tag{C-36}$$

$$\oint \boldsymbol{E} \cdot \mathrm{d}l = \int_s (\nabla \times \boldsymbol{E}) \cdot \mathrm{d}s \tag{C-37}$$

$$\oint \boldsymbol{H} \cdot \mathrm{d}l = \int_s (\nabla \times \boldsymbol{H}) \cdot \mathrm{d}s \tag{C-38}$$

把式(C-35)至(C-38)代入式(C-31)至(C-34),则可以得到

$$\int_v \nabla \cdot \boldsymbol{D} \mathrm{d}v = \int_v \rho \mathrm{d}v \tag{C-39}$$

$$\int_v \nabla \cdot \boldsymbol{B} \mathrm{d}v = 0 \tag{C-40}$$

$$\int_s (\nabla \times \boldsymbol{E}) \cdot \mathrm{d}s = -\int_s \frac{\partial \boldsymbol{B}}{\partial t} \mathrm{d}s \tag{C-41}$$

$$\int_s (\nabla \times \boldsymbol{H}) \cdot \mathrm{d}s = \int_s \left(\boldsymbol{j} + \frac{\partial \boldsymbol{D}}{\partial t} \right) \mathrm{d}s \tag{C-42}$$

在上述的公式中,如果我们令积分的体积 V 和面积 S 趋向于无穷小,则可以把上面的积分公式变为微分形式

$$\nabla \cdot \boldsymbol{D} = \rho \tag{C-43}$$

$$\nabla \cdot \boldsymbol{B} = 0 \tag{C-44}$$

$$\nabla \times \boldsymbol{E} = -\frac{\partial \boldsymbol{B}}{\partial t} \tag{C-45}$$

$$\nabla \times \boldsymbol{H} = \boldsymbol{j} + \frac{\partial \boldsymbol{D}}{\partial t} \tag{C-46}$$

这就是微分形式的麦克斯韦方程组。对于所有的电磁波,它的电场强度 $\boldsymbol{E}$ 和磁场 $\boldsymbol{B}$ 必须满足麦克斯韦方程。由麦克斯韦方程我们也可以得出电磁场的波动特性,并可以求出电磁波的波函数。

C.4　平面电磁波

现在,我们通过麦克斯韦方程讨论电磁波的特性。在麦克斯韦方程中,$\boldsymbol{D}$ 和 $\boldsymbol{E}$,$\boldsymbol{B}$ 和 $\boldsymbol{H}$ 应满足如下方程

$$\boldsymbol{D} = \varepsilon \boldsymbol{E} \tag{C-47}$$

$$\boldsymbol{B} = \mu \boldsymbol{H} \tag{C-48}$$

在导电物体中,电流密度还必须满足欧姆定律,即

$$\boldsymbol{j} = \sigma \boldsymbol{E} \tag{C-49}$$

其中 ε 为介质的介电常数,μ 为介质的磁导率,σ 为电导率。把它们代入公式(C-43)至(C-46),可以得到

$$\nabla \cdot \boldsymbol{E} = 0 \tag{C-50}$$

$$\nabla \cdot \boldsymbol{H} = 0 \tag{C-51}$$

$$\nabla \times \boldsymbol{E} = -\mu \frac{\partial \boldsymbol{H}}{\partial t} \tag{C-52}$$

$$\nabla \times \boldsymbol{H} = \varepsilon \frac{\partial \boldsymbol{E}}{\partial t} + \sigma \boldsymbol{E} \tag{C-53}$$

对公式(C-52)及(C-53)两边取旋度,即

$$\nabla \times (\nabla \times \boldsymbol{E}) = -\mu \frac{\partial}{\partial t} \nabla \times \boldsymbol{H} \tag{C-54}$$

$$\nabla \times (\nabla \times \boldsymbol{H}) = \varepsilon \frac{\partial}{\partial t} \nabla \times \boldsymbol{E} + \sigma \nabla \times \boldsymbol{E} \tag{C-55}$$

在数学上我们可以证明

$$\nabla \times (\nabla \times \boldsymbol{E}) = \nabla (\nabla \cdot \boldsymbol{E}) - \nabla^2 \boldsymbol{E} \tag{C-56}$$

$$\nabla \times (\nabla \times \boldsymbol{H}) = \nabla (\nabla \cdot \boldsymbol{H}) - \nabla^2 \boldsymbol{H} \tag{C-57}$$

把上式以及公式(C-52)和(C-53)代入公式(C-54)和(C-55),则可以得到只包含 $\boldsymbol{E}$ 和 $\boldsymbol{H}$

的微分方程

$$\nabla^2 \boldsymbol{E} - \varepsilon\mu \frac{\partial^2 \boldsymbol{E}}{\partial t^2} - \mu\sigma \frac{\partial \boldsymbol{E}}{\partial t} = 0 \tag{C-58}$$

$$\nabla^2 \boldsymbol{H} - \varepsilon\mu \frac{\partial^2 \boldsymbol{H}}{\partial t^2} = 0 \tag{C-59}$$

我们先讨论电磁波在非导电均匀介质中的变化情况。在介质中,由于没有自由电荷和传导电流,因此 $\rho=0, \boldsymbol{j}=0$。令

$$v = \frac{1}{\sqrt{\varepsilon\mu}} \tag{C-60}$$

则上述方程变为

$$\nabla^2 \boldsymbol{E} - \frac{1}{v^2} \frac{\partial^2 \boldsymbol{E}}{\partial t^2} = 0 \tag{C-61}$$

$$\nabla^2 \boldsymbol{H} - \frac{1}{v^2} \frac{\partial^2 \boldsymbol{H}}{\partial t^2} = 0 \tag{C-62}$$

这两个方程就称为电磁场在均匀介质中的波动方程,表明电磁场将以波的形式在空间传播。式中 v 为电磁波的传播速率。由(C-60)可得电磁波在真空中的传播速率为

$$c = \frac{1}{\sqrt{\varepsilon_0 \mu_0}} = 2.998 \times 10^8 \, \text{m/s} \tag{C-63}$$

把电磁波在真空中的波速和介质中的波速之比定义为介质的折射率 n,即

$$n = \frac{c}{v} = \frac{\sqrt{\varepsilon\mu}}{\sqrt{\varepsilon_0 \mu_0}} = \sqrt{\varepsilon_r \mu_r} \tag{C-64}$$

其中 ε_r, μ_r 分别为介质的相对介电常数和相对磁导率。

对于一个沿 z 方向传播的平面电磁波,$\boldsymbol{E}$ 和 $\boldsymbol{H}$ 在 x-y 平面内处处相等,其函数仅为 z 和 t 的函数。因此我们可以把波动方程简化为

$$\frac{\partial^2 \boldsymbol{E}}{\partial^2 z} - \frac{1}{v^2} \frac{\partial^2 \boldsymbol{E}}{\partial t^2} = 0 \tag{C-65}$$

$$\frac{\partial^2 \boldsymbol{H}}{\partial^2 z} - \frac{1}{v^2} \frac{\partial^2 \boldsymbol{H}}{\partial t^2} = 0 \tag{C-66}$$

如果电磁波为单一频率的单色波,我们可以得到 $\boldsymbol{E}$ 和 $\boldsymbol{H}$ 的解为

$$\boldsymbol{E}(t, z) = \boldsymbol{E}_0 e^{i\left[\omega\left(t - \frac{z}{v}\right) + \delta_0\right]} \tag{C-67}$$

$$\boldsymbol{H}(t, z) = \boldsymbol{H}_0 e^{i\left[\omega\left(t - \frac{z}{v}\right) + \delta_0\right]} \tag{C-68}$$

其中 ω 为电磁波的圆频率,δ_0 为初始位相。由 $\boldsymbol{E}$ 和 $\boldsymbol{H}$ 的函数形式表明,单色平面波为一个作简谐振动的谐振波。

对于在空间任意一个方向传播的单色平面波,不难得到它的波函数为

$$\boldsymbol{E}(t, z) = \boldsymbol{E}_0 e^{i(\omega t - \boldsymbol{k} \cdot \boldsymbol{r} + \delta_0)} \tag{C-69}$$

$$\boldsymbol{H}(t, z) = \boldsymbol{H}_0 e^{i(\omega t - \boldsymbol{k} \cdot \boldsymbol{r} + \delta_0)} \tag{C-70}$$

其中 $\boldsymbol{r}$ 为空间的位置矢量。$\boldsymbol{k}$ 称为波矢,它的方向为平面波的传播方向。如果介质的折射率为 n,则它的值为

$$k = \frac{2\pi n}{\lambda} \tag{C-71}$$

在这里我们把 $1/\lambda$ 称为波数,它表示电磁波的空间频率。

由此,我们从电磁场的最基本的性质出发,得到了电磁波的基本特性,即电磁波是一种电场和磁场作周期变化的振动。和机械波相比,电磁波并不是物体的弹性变化,它不需要媒介参与,而是电场和磁场自身相互激发而产生的电磁场的传递。

在上述的讨论中,如果介质是一个导电体,我们把公式(C-67)代入(C-58),则可得到

$$\frac{c^2}{v^2} = \varepsilon\mu - \mathrm{i}\,\frac{4\pi\sigma\mu}{\omega} \tag{C-72}$$

令 $N = c/v$,则上式变为

$$N^2 = \varepsilon\mu - \mathrm{i}\,\frac{4\pi\sigma\mu}{\omega} \tag{C-73}$$

可以看出,此时的 N 为一个复数,称为复折射率。我们令

$$N = n - \mathrm{i}k \tag{C-74}$$

则 n,k 应满足方程

$$\left.\begin{array}{r} n^2 - k^2 = \varepsilon \\ 2nk = \dfrac{4\pi\sigma}{\omega} \end{array}\right\} \tag{C-75}$$

由于在非磁性介质中,μ 接近于 1,因此上式中我们略去了磁导率 μ。

根据公式(C-67),又 $\omega = 2\pi\nu$,$v = c/N$,$c = \lambda\nu$,则此时电磁波的波函数可表示为

$$\boldsymbol{E}(t,z) = \boldsymbol{E}_0\,\mathrm{e}^{\mathrm{i}\left(\omega t - \frac{2\pi Nz}{\lambda}\right)} = \boldsymbol{E}_0\,\mathrm{e}^{-\frac{2\pi kz}{\lambda}}\,\mathrm{e}^{\mathrm{i}\left(\omega t - \frac{2\pi nz}{\lambda}\right)} \tag{C-76}$$

上式表明在导电介质中,电磁波在传播时其振幅随着传播距离作指数衰减。其中 k 可以作为介质吸收电磁波能量的度量,称为消光系数。当传播距离为 $\lambda/2\pi k$ 时,波的振幅衰减 $1/\mathrm{e}$。振幅减少的原因是电场和磁场导致了介质中电荷的运动,形成电流。电流产生热量从而消耗了电磁波的能量。

C.5 平面电磁波性质

C.5.1 电磁波的横波特性

波动分为标量波和矢量波。我们把周期变化的物理量为标量的波动称为标量波，把物理量为矢量的称为矢量波。比如对于声波来说，假如采用空气的密度作为变化的物理量，那么声波就是一个标量波。如果采用空气分子的振动位移来作为变化的物理量，则波动为矢量波。但是由于声波为纵波，其振动方向为声波的传播方向，是确定的，因此为了简单起见，也可以把声波当作标量波来处理。对于横波来说，一般都采用矢量波的处理方法。

电磁波的 E 和 H 究竟是处于哪个方向呢？对于一个在空间传播的单色平面波，我们把公式(C-69)代入麦克斯韦方程式(C-50)，可以得到

$$\nabla \cdot E = i k_0 \cdot E = 0 \tag{C-77}$$

其中 k_0 为 k 的单位矢量。因此，电场 E 和光的传播方向 k_0 垂直。同样道理可以得到，磁场 H 也和 k_0 垂直，这表明电磁波是横波。

把公式(C-69)代入公式(C-52)，则可以得到

$$\sqrt{\mu} H = \sqrt{\varepsilon} (k_0 \times E) \tag{C-78}$$

由此可见 E 和 H 相互垂直，并和 k_0 之间构成右手正交系统。上面这个公式也表明了，E 和 H 是同位相的，E 最大的时候，H 也为最大。因此我们可以把光波用图 C-9 的方式形象地描述出来。

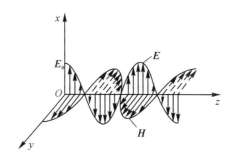

图 C-9 平面电磁波的电场和磁场

如果只考虑它们的标量大小，上式就变为

$$\sqrt{\mu} H = \sqrt{\varepsilon} E \tag{C-79}$$

即

$$\frac{H}{E} = \sqrt{\frac{\varepsilon}{\mu}} \tag{C-80}$$

在非磁性介质中，μ 接近于 1，因此可以定义光学导纳 Y

$$Y = \frac{H}{E} = \sqrt{\varepsilon} = N \cdot Y_0 \tag{C-81}$$

其中 Y_0 为自由空间的导纳,其值为 $1/377$ 西门子(S),N 为介质的折射率。如果我们用自由空间的导纳作为介质的导纳单位,则介质的导纳就可以用介质的折射率表示。

C.5.2 坡印亭矢量

电磁波在传播过程中,单位时间内通过垂直于传播方向的单位面积内的电磁能量,称为坡印亭矢量,用 S 表示,其方向和 k 相同。在单位体积内,电磁场的能量大小可写为

$$w = \frac{1}{2}\varepsilon E^2 + \frac{1}{2}\mu H^2 \tag{C-82}$$

则单位时间内流过的能量为

$$S = wv = \frac{v}{2}(\varepsilon E^2 + \mu H^2) = v\varepsilon E^2 = \boldsymbol{E} \cdot \boldsymbol{H} \tag{C-83}$$

其中 v 为波速。由于 $\boldsymbol{E}, \boldsymbol{H}, \boldsymbol{k}$ 相互垂直,并构成右手正交系统,因此可以写为

$$\boldsymbol{S} = \boldsymbol{E} \times \boldsymbol{H} \tag{C-84}$$

在电磁波中,由于 $\boldsymbol{E}$ 和 $\boldsymbol{H}$ 是随时间变化的,所以 $\boldsymbol{S}$ 也是一个随时间变化的量。在实际的测量中,由于 $\boldsymbol{S}$ 的变化速度太快,因此我们测到的并不是 $\boldsymbol{S}$,而是光强 I。I 是 $\boldsymbol{S}$ 的时间平均值。

设沿着 z 轴传播的平面波,其电场振动方向在 x 方向,则电场 E 随时间的变化为

$$E = E_0 \cos(-\omega t + kz + \delta_0) \tag{C-85}$$

磁场强度 H 为

$$H = \sqrt{\frac{\varepsilon}{\mu}}E = \sqrt{\frac{\varepsilon}{\mu}}E_0 \cos(-\omega t + kz + \delta_0) \tag{C-86}$$

因此坡印亭矢量 S 的值为

$$S = \sqrt{\frac{\varepsilon}{\mu}}E_0^2 \cos^2(-\omega t + kz + \delta_0) \tag{C-87}$$

由此可得光强

$$I = \frac{1}{T}\int_0^T \sqrt{\frac{\varepsilon}{\mu}}E_0^2 \cos^2(-\omega t + kz + \delta_0)\,\mathrm{d}t = \frac{1}{2}\sqrt{\frac{\varepsilon}{\mu}}E_0^2 \tag{C-88}$$

上式中 T 为光波的振动周期,即 $T = 2\pi/\omega$。由上式可知,光强的大小和电场的振幅的平方成正比。根据导纳公式,我们还可以把上式写为

$$I = \frac{1}{2}YE_0^2 \tag{C-89}$$

上式表明,光强和介质的光学导纳成正比。

C.6 电磁波在介质表面的反射和折射

C.6.1 边界条件

设两种不同介质的界面两边的电场和磁场分别为 $\boldsymbol{E}_1, \boldsymbol{H}_1$ 和 $\boldsymbol{E}_2, \boldsymbol{H}_2$,我们在界面附近作一个封闭的矩形,把界面包含在其中,其中矩形的长为 l,高为 d,如图 C-10 所示。根据麦克

斯韦积分方程(C-33),可以得到

$$(E_{t1}-E_{t2})l+(E_{n1}-E_{n2})d=-\frac{\partial \boldsymbol{B}}{\partial t}ld \tag{C-90}$$

其中 E_{t1}, E_{t2} 分别为电场在界面的切向分量。当 d 趋向于无穷小时,则有

$$E_{t1}=E_{t2} \tag{C-91}$$

上式表明,在界面处,介质 1 和介质 2 的电场强度的切向分量连续。

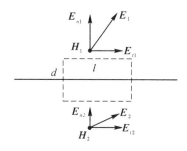

图 C-10   电磁场的边界条件

根据麦克斯韦的积分方程(C-34),我们同样可以得到

$$H_{t1}=H_{t2} \tag{C-92}$$

即磁场强度在界面处的切向分量连续。

根据麦克斯韦的其他两个积分方程,还可以证明在界面处,磁感应强度 $\boldsymbol{B}$ 和电感应强度 $\boldsymbol{D}$ 的法向分量连续。

C.6.2   反射和折射定律

当光波从一种介质入射到另一种介质时,会发生反射和折射现象。设入射光是频率为 ω 的单色平面波,入射角为 θ_i,如图 C-11 所示,则入射光以及通过界面的反射光、折射光的电场波函数可以表示为

$$E_i=A\mathrm{e}^{-\mathrm{i}(\omega_i t-k_i\cdot r)}=A\mathrm{e}^{-\mathrm{i}[\omega_i t-(k_{ix}x+k_{iy}y+k_{iz}z)]} \tag{C-93}$$

$$E_r=B\mathrm{e}^{-\mathrm{i}(\omega_r t-k_r\cdot r)}=B\mathrm{e}^{-\mathrm{i}[\omega_r t-(k_{rx}x+k_{ry}y+k_{rz}z)]} \tag{C-94}$$

$$E_t=C\mathrm{e}^{-\mathrm{i}(\omega_t t-k_t\cdot r)}=C\mathrm{e}^{-\mathrm{i}[\omega_t t-(k_{tx}x+k_{ty}y+k_{tz}z)]} \tag{C-95}$$

其中 ω_r, ω_t 分别为反射光和折射光的频率,(k_{ix},k_{iy},k_{iz}), (k_{rx},k_{ry},k_{rz}), (k_{tx},k_{ty},k_{tz}) 分别为入射、反射和折射光波的波矢 $\boldsymbol{k}_i$, $\boldsymbol{k}_r$, $\boldsymbol{k}_t$ 在 x-y-z 坐标系中的三个分量。根据界面处电场的切线方向连续的边界条件,则电场必须满足

$$n\times[A\mathrm{e}^{-\mathrm{i}(\omega_i t-k_i\cdot r)}+B\mathrm{e}^{-\mathrm{i}(\omega_r t-k_r\cdot r)}]=n\times C\mathrm{e}^{-\mathrm{i}(\omega_t t-k_t\cdot r)} \tag{C-96}$$

其中 $\boldsymbol{n}$ 为界面的法向矢量。由于上式对于任何的 t 与 $\boldsymbol{r}$ 都成立,因此必须满足

$$\omega_i=\omega_r=\omega_r \tag{C-97}$$

$$k_i\cdot r=k_r\cdot r=k_t\cdot r \tag{C-98}$$

由公式(C-97)表明,光从一个介质入射到另一介质时,其反射光、折射光的频率保持不变。

另外公式(C-98)对于任何 $\boldsymbol{r}$ 都成立,因此必须满足

$$k_{ix}=k_{rx}=k_{tx} \tag{C-99}$$

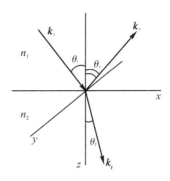

图 C-11　平面波的反射和折射

$$k_{iy} = k_{ry} = k_{ty} \tag{C-100}$$

在如图所示的坐标系中,可以得到

$$k_{iy} = 0$$

$$k_{ix} = k\sin\theta_i = \frac{2\pi n_1}{\lambda}\sin\theta_i \tag{C-101}$$

$$k_{rx} = k\sin\theta_r = \frac{2\pi n_1}{\lambda}\sin\theta_r \tag{C-102}$$

$$k_{tx} = k\sin\theta_t = \frac{2\pi n_2}{\lambda}\sin\theta_t \tag{C-103}$$

则根据公式(C-100)可以得到 $k_{ry} = 0$, $k_{ty} = 0$。这表明反射光和折射光仍然处在入射平面内。

由公式(C-99),我们可以得到

$$\theta_i = \theta_r \tag{C-104}$$

$$n_1\sin\theta_i = n_2\sin\theta_t \tag{C-105}$$

公式 C-104 表明光从介质表面反射时,入射角等于反射角,这就是反射定律。而公式(C-105)给出的折射角和入射角的关系式,就称为折射定律。

C.6.3　菲涅耳公式

我们进一步求出光波在界面上的反射波和透射波的振幅。光的入射方向以及其电场、磁场的方向如图 C-12 和图 C-13 所示。在这里,电场和磁场被分解成两个方向相互正交的分量。我们把电场 $\boldsymbol{E}$ 垂直于入射面的光波称为 s 分量,或横电波(见图 C-12);而把电场 $\boldsymbol{E}$ 在入射面内的光波称为 p 分量,或横磁波(见图 C-13)。

对于 s 分量,由图 C-12 得到电场和磁场的边界条件为

$$E_{is} + E_{rs} = E_{ts} \tag{C-106}$$

$$-H_{is}\cos\theta_0 + H_{rs}\cos\theta_0 = -H_{ts}\cos\theta_1 \tag{C-107}$$

在非磁性各向同性介质中有

$$H = \frac{1}{\mu_0}B = \frac{n}{\mu_0 c}E \tag{C-108}$$

因此得到

$$-n_0 E_{is}\cos\theta_0 + n_0 E_{rs}\cos\theta_0 = -n_1 E_{ts}\cos\theta_1 \tag{C-109}$$

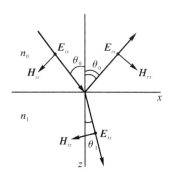

图 C-12　s 分量的电磁场

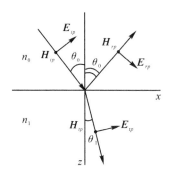

图 C-13　p 分量的电磁场

由公式(C-109)和(C-106)可以解出 s 分量的反射和透射系数

$$r_s = \frac{E_{rs}}{E_{is}} = \frac{n_0 \cos\theta_0 - n_1 \cos\theta_1}{n_0 \cos\theta_0 + n_1 \cos\theta_1} \tag{C-110}$$

$$t_s = \frac{E_{ts}}{E_{is}} = \frac{2n_0 \cos\theta_0}{n_0 \cos\theta_0 + n_1 \cos\theta_1} \tag{C-111}$$

对于 p 分量，$\boldsymbol{H}$ 垂直于入射面，与界面平行。因此 $\boldsymbol{H}$ 就是其切向分量。根据图 C-13，其电场和磁场的边界条件可以写为

$$E_{ip} \cos\theta_0 + E_{rp} \cos\theta_0 = E_{tp} \cos\theta_1 \tag{C-112}$$

$$H_{ip} - H_{rp} = H_{tp} \tag{C-113}$$

用同样的方法，我们可以解出 p 分量的反射和透射系数为

$$r_p = \frac{E_{rp}}{E_{ip}} = \frac{-n_1 \cos\theta_0 + n_0 \cos\theta_1}{n_1 \cos\theta_0 + n_0 \cos\theta_1} \tag{C-114}$$

$$t_p = \frac{E_{tp}}{E_{ip}} = \frac{2n_0 \cos\theta_0}{n_1 \cos\theta_0 + n_0 \cos\theta_1} \tag{C-115}$$

公式(C-110)，(C-111)，(C-114)，(C-115)被称为菲涅耳公式。界面的反射率 R 为

$$R = r \cdot r^* = |r|^2 \tag{C-116}$$

由于透射光束和入射光束的截面积不同，所以在透射率的表达式中需要乘以二者面积之比的系数 $\cos\theta_0 / \cos\theta_1$，所以透射率可以表示为

$$T = \frac{n_1 \cos\theta_1}{n_0 \cos\theta_0} |t|^2 \tag{C-117}$$

当光波为垂直入射时，$\theta_i=0$，此时 s 分量和 p 分量是相同的，有

$$r=\frac{n_0-n_1}{n_0+n_1} \tag{C-118}$$

$$t=\frac{2n_0}{n_0+n_1} \tag{C-119}$$

$$R=\left(\frac{n_0-n_1}{n_0+n_1}\right)^2 \tag{C-120}$$

$$T=\frac{4n_0n_1}{(n_0+n_1)^2} \tag{C-121}$$

根据折射定律，菲涅耳公式也可以写成不含折射率的形式：

$$r_s=-\frac{\sin(\theta_0-\theta_1)}{\sin(\theta_0+\theta_1)} \tag{C-122}$$

$$r_p=-\frac{\tan(\theta_0-\theta_1)}{\tan(\theta_0+\theta_1)} \tag{C-123}$$

$$t_s=\frac{2\cos\theta_0\sin\theta_1}{\sin(\theta_0+\theta_1)} \tag{C-124}$$

$$t_p=\frac{2\cos\theta_0\sin\theta_1}{\sin(\theta_0+\theta_1)\cos(\theta_0-\theta_1)} \tag{C-125}$$

C.6.4　第二介质为吸收介质时的界面反射

当第二介质为吸收介质时，此时的折射率将是一个复数，记为 $N_1=n_1-ik_1$，此时的菲涅耳系数也是一个复数。根据折射定律

$$n_0\sin\theta_0=(n_1-ik_1)\sin\theta_1 \tag{C-126}$$

得

$$\sin\theta_1=\frac{n_0\sin\theta_0}{n_1-ik_1} \tag{C-127}$$

可见 θ_1 是一个复数。除 $\theta_0=\theta_1=0$ 的情况下，θ_1 不再代表折射角。仅在这种情况下，菲尼尔反射系数可以简单地表示为

$$r_s=r_p=\frac{n_0-n_1+ik_1}{n_0+n_1-ik_1} \tag{C-128}$$

反射率则为

$$R_s=R_p=\frac{(n_0-n_1)^2+k_1^2}{(n_0+n_1)^2+k_1^2} \tag{C-129}$$

当倾斜入射时，情况比较复杂，此时的菲涅耳系数为

$$r_s=|r_s|e^{i\varphi_s}=\frac{n_0\cos\theta_0-N_1\cos\theta_1}{n_0\cos\theta_0+N_1\cos\theta_1} \tag{C-130}$$

$$r_p=|r_p|e^{i\varphi_p}=\frac{n_0\cos\theta_1-N_1\cos\theta_0}{n_0\cos\theta_1+N_1\cos\theta_0} \tag{C-131}$$

式中

$$N_1\cos\theta_1=(n_1^2-k_1^2-n_0^2\sin^2\theta_0-2in_1k_1)^{1/2} \tag{C-132}$$

它是一个复数，必须在第四象限，如令

$$N_1\cos\theta_1=u_1-iv_1 \tag{C-133}$$

则必有 $u_1 > 0, v_1 < 0$。可以容易地得到证明,在介质中传播的波可以写成如下的形式

$$E_1 = E_{01} \exp \left\{ i \left[\omega t - \frac{2\pi N_1}{\lambda} (x\sin\theta_1 + z\cos\theta_1) \right] \right\}$$

$$= E_{01} \exp \left(\frac{2\pi}{\lambda} z v_1 \right) \exp \left\{ i \left[\omega t - \frac{2\pi}{\lambda} (x N_1 \sin\theta_1 + z u_1) \right] \right\} \tag{C-134}$$

上式表明,当 $v_1 < 0$ 时,电场强度沿 z 方向衰减。同时由于 $n_1 > 0, k_1 > 0$,所以 $(n_1^2 - k_1^2 - n_0^2 \sin^2\theta_0 - 2in_1k_1)$ 必须在第三或第四象限,而它的平方根在第二或第四象限。因为 $v_1 < 0$,则必有 $u_1 > 0$。

于是菲涅耳反射系数可以改写成如下形式

$$r_s = \frac{n_0 \cos\theta_0 - (u_1 + iv_1)}{n_0 \cos\theta_0 + (u_1 + iv_1)} \tag{C-135}$$

$$r_p = \frac{n_0 (u_1 + iv_1) - [(u_1 + iv_1)^2 + n_0^2 \sin^2\theta_0] \cos\theta_0}{n_0 (u_1 + iv_1) + [(u_1 + iv_1)^2 + n_0^2 \sin^2\theta_0] \cos\theta_0} \tag{C-136}$$

对于吸收介质,菲涅耳的透射系数没有实际的意义,因为光的衰减取决于它在介质中的行进路程。

图 C-14 表示两种不同金属的 R_s 和 R_p 随入射角的变化情况。这两种金属在波长 $\lambda = 546$nm 处的光学常数取:Ag($n = 0.055, k = 3.32$),Cu($n = 0.76, k = 2.46$)。可以看到 R_s 是 θ 的递增函数,R_p 随着 θ 的增加先下降,然后增加。但没有一个角度可以使 R_p 为零,只存在一个角度 θ_0,此时的 R_p 相对最小。这个角度称为准布儒斯特角。一般来说这个角度比较大,在可见区与红外区,θ_0 大于 $65°$。而 R_p 极小值的大小大都是 k/n 的函数,并随着 k/n 的增加而增加。

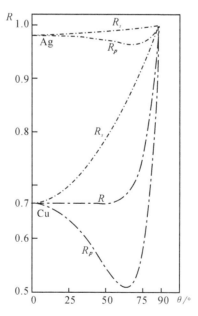

图C-14　金属 R_s, R_p 随入射角的变化

图 C-15 表示反射系数的位相随入射角的变化情况。图中显示,不管入射角如何变化,反射光的位相不再是 0 或 π,而是它们中间的某一个角度。同时 s 分量和 p 分量之间有一

个不为 0 的位相差。因此当入射线偏振光存在 s 分量和 p 分量时,其反射光将变为椭圆偏振光。对椭圆偏振光的测量,反过来可以确定吸收介质的光学常数。从图中还可以看到,在 R_p 为极小值附近,s 分量和 p 分量的位相差接近 $90°$。

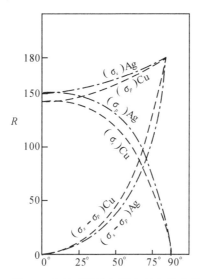

图C-15   反射系数位相随入射角的变化

此外我们知道,光由透明介质进入吸收介质时,折射角变成复数,它标志着折射光的等相面和等幅面不再重合,也意味着折射光对入射光有一个位相变化。在吸收介质的消光系数较大或波长较长时,光将沿着近于垂直界面的方向传播。但当消光系数不是很大,或波长较短时,光将偏离垂直方向,偏离的大小与入射角有关。这时吸收介质的有效光学常数也随着入射角的变化而变化。

C.6.5   全反射

当光从光密介质传播到光疏介质时,即当 $n_0 > n_1$ 时,存在着一个临界角 θ_C,满足

$$\frac{n_0}{n_1}\sin\theta_C = \sin\theta_1 = 1 \tag{C-137}$$

此时透射光的折射角为 90 度。当入射光 $\theta_0 > \theta_C$ 时,光将不再透射到第二介质中,形成全反射。因此 θ_C 称为全反射临界角。

当 $\theta_0 > \theta_C$ 时,按照折射定律仍有

$$\sin\theta_1 = \frac{n_0}{n_1}\sin\theta_0 \tag{C-138}$$

即

$$\cos\theta_1 = \sqrt{1-\sin^2\theta_1} = \pm i\sqrt{\left(\frac{n_0}{n_1}\right)^2\sin^2\theta_1 - 1} \tag{C-139}$$

根据全反射的情况,光在第二介质的电场应趋向于零,因此上式应该取负号。由于 $n_1\cos\theta_1$ 为一个复数,我们应用在吸收介质中得到的菲涅耳公式,令 $u_1 = 0$,$v_1 = n_1\cos\theta_1$,则有

$$r_s = \frac{n_0\cos\theta_0 - iv_1}{n_0\cos\theta_0 + iv_1} = |r_s|e^{i\varphi_s} \tag{C-140}$$

$$r_p = \frac{\mathrm{i}n_0 v_1 - n_1^2 \cos\theta_0}{\mathrm{i}n_0 v_1 + n_1^2 \cos\theta_0} = |r_p| \mathrm{e}^{\mathrm{i}\varphi_p} \tag{C-141}$$

从公式(C-140)和(C-141)可以发现,公式中如果分子的辐角为 α,则分母的辐角为 $-\alpha$,因此反射系数的辐角应为 2α。所以可以得到

$$\tan\frac{\varphi_s}{2} = \frac{-v_1}{n_0 \cos\theta_0} = \frac{\sqrt{\sin^2\theta_0 - \left(\dfrac{n_0}{n_1}\right)^2}}{\cos\theta_0} \tag{C-142}$$

$$\tan\frac{\varphi_p}{2} = \frac{-n_0 v_1}{n_1^2 \cos\theta_0} = \frac{\sqrt{\sin^2\theta_0 - \left(\dfrac{n_1}{n_0}\right)^2}}{\left(\dfrac{n_1}{n_0}\right)\cos\theta_0} \tag{C-143}$$

由此可见,s 分量和 p 分量的位相变化是不相同的,其相对位相差 $\Delta = \varphi_s - \varphi_p$ 可以表示为

$$\tan\frac{\Delta}{2} = \frac{\tan\dfrac{\varphi_s}{2} - \tan\dfrac{\varphi_p}{2}}{1 + \tan\dfrac{\varphi_s}{2}\tan\dfrac{\varphi_p}{2}} = \frac{-\cos\theta_0 \sqrt{\sin^2\theta_0 - \left(\dfrac{n_1}{n_0}\right)^2}}{\sin^2\theta_0} \tag{C-144}$$

由此可以得到,当线偏光经全反射后通常也将变成椭圆偏振光。

附录 D　光的干涉

D.1　波的叠加原理

在附录 C 的讨论中,我们得到了电磁波在均匀介质中的波动方程,即

$$\nabla^2 A - \frac{1}{v^2}\frac{\partial^2 A}{\partial t^2} = 0 \tag{D-1}$$

对于任意一个电磁波,它的波函数均满足上述方程。我们可以看到,对于方程(D-1),它有这样的特性,即如果 A_1 和 A_2 均为该方程的解,那么可以证明 $C_1 A_1 + C_2 A_2$ 也必是该方程的解。这一结果表明,电磁波是可以叠加的。因此我们可以得到,对于电磁波,它应该满足波的叠加原理,即:当两个波在某一时刻和某一地点相遇时,这时在此位置的电场或磁场强度应该是两个波的各自电场或磁场的和。对于矢量波来说,这个和应该是矢量和。波的叠加原理不光适合于电磁波,其实对所有的波都适用。因此对于一个广义上的波来说,我们把波的叠加称为扰动的叠加。所谓扰动可以是电场、磁场或机械位移等。

当两个光波在空间相遇时,如果满足一定条件,会在空间形成明暗变化的光强空间分布,这一现象就称为光的干涉。我们以两个频率为 ω 的单向传播的单色平面波为例,来看一下光波的叠加情况。如图 D-1 所示为两个谐振波的合成图。其中 E_1 和 E_2 的位相差为 $\pi/2$,合成的波形为 E,图中可以看到,E 的大小是 E_1 和 E_2 在这一时刻振动量的叠加。因此如果 E_1 和 E_2 的位相差发生变化,合成波形的振幅会有较大的变化。可以预计,当位相差为 0 时,E 的振幅最大,而位相差为 π 时,E 的振幅最小。因此对于空间上的各个点,如果它们的位相差各不相同,就会导致它们各点的光振幅不同,形成干涉图像。

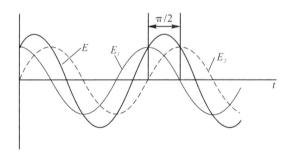

图 D-1　两个谐振波的合成

对于两个不同频率的光波,是否会产生干涉?答案是否定的。设光波 1 和光波 2 分别是频率为 ω_1 和 ω_2 的两个简谐振动,在空间某一点它们的波函数为

$$E_1 = Ae^{i(\omega_1 t + \delta_1)} \tag{D-2}$$

$$E_2 = Be^{i(\omega_2 t + \delta_2)} \tag{D-3}$$

则叠加以后的光波为

$$E = E_1 + E_2 = Ae^{i(\omega_1 t + \delta_1)} + Be^{i(\omega_2 t + \delta_2)} \tag{D-4}$$

此处的光强为

$$I = E^2 = (Ae^{i(\omega_1 t + \delta_1)} + Be^{i(\omega_2 t + \delta_2)})(Ae^{i(\omega_1 t + \delta_1)} + Be^{i(\omega_2 t + \delta_2)})^*$$
$$= A^2 + B^2 + 2AB\cos[(\omega_2 - \omega_1)t + \delta_2 - \delta_1] \tag{D-5}$$

由公式可知,不管位相差 $\delta_2 - \delta_1$ 的值为多少。光强中的余弦项对时间的平均值均为 0,因此对于不同时间频率的两光波的叠加结果只是简单的光强叠加,而不会产生干涉。

当两光波的频率相同时,(D-5)变为

$$I = E^2 = A^2 + B^2 + 2AB\cos(\delta_2 - \delta_1) \tag{D-6}$$

此时,光强的大小直接取决于 $\delta_2 - \delta_1$ 的值。当 $\Delta\varphi = \delta_2 - \delta_1 = 2m\pi$ 时,I 有最大值;而当 $\Delta\varphi = \delta_2 - \delta_1 = (2m+1)\pi$ 时,I 有最小值。在这里把 $\Delta\varphi$ 称为两束光的位相差,而把 $2AB\cos(\delta_2 - \delta_1)$ 称为干涉项。由于在不同空间位置其位相差不同,从而造成不同空间位置的光强不同,形成干涉图样。

对于一个逆向传播的平面波,假如它们的振幅相等,则两个波的波函数可表示为

$$E_1 = Ae^{i(kz - \omega t + \delta_1)} \tag{D-7}$$

$$E_2 = Ae^{i(-kz - \omega t + \delta_2)} \tag{D-8}$$

则合成波为

$$E = E_1 + E_2 = 2A\cos\left(kz - \frac{\delta_2 - \delta_1}{2}\right)e^{-i\left(\omega t - \frac{\delta_2 + \delta_1}{2}\right)} \tag{D-9}$$

由上式可以看到,合成波的振幅并不是常数,而是一个和传播的位置 z 有关的值,假如

$$kz - \frac{\delta_2 - \delta_1}{2} = m\pi \quad (m \text{ 为整数}) \tag{D-10}$$

则合成波振幅为 $2A$,此值为最大。而当

$$kz - \frac{\delta_2 - \delta_1}{2} = \left(m + \frac{1}{2}\right)\pi \quad (m \text{ 为整数}) \tag{D-11}$$

时,合成波振幅为零。由此可以看出,在合成波中传播方向上的某些空间位置,其振幅始终为最大,而某些位置始终为 0。再看(D-9)式中的指数项,它和 z 无关,即位相是一个和 z 无关的值,表明波在空间上表现为"静止不动"的,我们把这种波称为驻波。而把位相随 z 变化的波称为行波。把驻波中振幅最大位置称为波腹,把振幅为零的地方称为波节。两个相邻波幅或相邻波节之间的距离为 1/2 波长。图 D-2(a)给出了相向传播的两列波合成后波形;(b)为不同时刻波形的变化情况。其中 E_1 和 E_2 为两个相向传播的行波,E 为合成的驻波。

再来看一下不同振动方向的波在波叠加时的情况。从式(D-6)我们知道相同振动方向的波在位相差为 0 时,I 最大,而位相差为 π 时,I 最小。在不同振动方向合成时,波的叠加需要遵守矢量合成守则。图 D-3 为两个位相差分别为 0 和 π,振动方向正交的简谐波的合成图。图中当位相差为 0 时,E_1 和 E_2 同时达到最大值,此时合成的矢量为原点与矩形右上角的连线,见图。当位相差为 π 时,E_1 和 E_2 同时达到最大,但方向相反,合成的 E 为原点与左上角的连线。由图看出,它们的合成波形只是振动方向发生了改变,而合成波的强度却

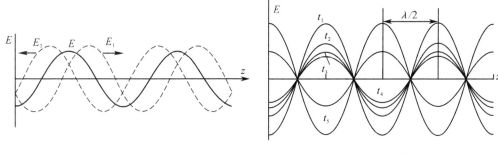

(a) 二个相向传播的波的合成　　　　　(b) 不同时刻合成波的波形

图 D-2　驻波的波形图

保持不变,和位相差无关。因此振动方向正交的波叠加是不会产生干涉图像的。

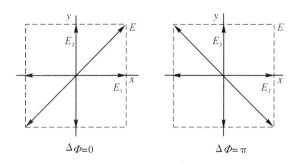

图 D-3　两个振动方向正交的波的合成

综上所述,两束光的干涉必须满足三个条件:

(1)两束光的频率必须相等。

(2)两束光的电场振动方向必须一致。而两个正交方向的电场在叠加时无法实现光强增大或减小的效果,无法观察到干涉图像。

(3)两束光必须有稳定的位相差。由于干涉光强的大小和光的位相差有直接的关系。当位相差随时间发生变化时,干涉产生的光强也随时间发生变化,对时间求平均以后,干涉图像将被掩盖掉。在干涉中为了得到稳定的位相差,一般两束光取之于同一光源。

虽然光在空间相遇时会产生干涉,但光在空间传播还是要满足独立传播原理的。所谓波的独立传播原理就是:在空间传播的两列光波,当它们传播到同一空间区域时,一列波的传播完全不受另一列波的影响。这一原理和波的叠加原理并不矛盾。当干涉时,空间中的某点分别受到两个光波扰动的影响,因此产生的总的扰动是两个扰动的叠加。当两列光波离开公共区域后,扰动又恢复到单一波的扰动,因此波在传播过程中始终保持了波的原有状态。

当然,光的独立传播原理在介质中只有在扰动较小的情况下才成立。当扰动较大时,电磁场和介质之间产生相互作用,从而使介质自身产生新的电磁场,使介质变成了非线性介质,此时的波叠加原理和独立传播原理就不成立了。

D.2 杨氏干涉

光干涉现象的发现起源于杨氏干涉。为了深入了解光的干涉,首先要了解一下杨氏干涉。杨氏干涉又称为分波面干涉,它的光学系统图如图 D-4 所示。图中 S_0 为一点光源。从光源发出的光经过一定距离的传播,到达离光源为 a 的两个通光小孔上。光通过两个小孔后,同时到达与小孔距离为 d 的屏。在屏上可以观察到两束光的干涉情况。为了简单起见,我们只分析在图中所画平面的光强分布情况。在这里两个小孔之间的距离 l 远小于小孔和屏之间的距离 d。

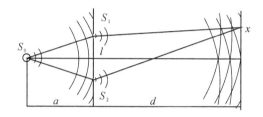

图 D-4　杨氏干涉光路图

为了计算屏上离中心距离为 x 的点的光强大小,需要首先求出它们的位相差。由图可以看到,由于点光源 S_0 放置在两个小孔的中心线上,因此从 S_0 到达两个小孔的距离相等,即位相差相等,这表明 S_1 和 S_2 是同一波面中的两点。因此杨氏干涉是分波面干涉。这也保证了从 S_1 和 S_2 发出的两个波的初始位相相同。因此屏上某一点的位相差就取决于此点离两个小孔的距离之差。

我们把光走过的路程乘以折射率称为光程。两列波在折射率为 n 的介质中,由于传输距离不同而造成的位相差应为

$$\delta = 2\pi \frac{d_1 - d_2}{\lambda/n} = 2\pi \frac{nd_1 - nd_2}{\lambda} = 2\pi \frac{\Delta}{\lambda} \tag{D-12}$$

其中 Δ 为光程差。由此可见,光在介质中传播时,其位相差和光程差成正比。

在杨氏干涉中 x 点的光程差为

$$\Delta = n\left[\sqrt{\left(x + \frac{l}{2}\right)^2 + d^2} - \sqrt{\left(x - \frac{l}{2}\right)^2 + d^2}\right] \approx \frac{nl}{d}x \tag{D-13}$$

因此其位相差为

$$\Delta\varphi \approx 2\pi \frac{nl}{d\lambda}x \tag{D-14}$$

由公式(D-6)可得 x 点的光强为

$$I = 2I_0\left[1 + \cos\left(\frac{2\pi nl}{d\lambda}x\right)\right] = 4I_0\cos^2\left(\frac{\pi nl}{d\lambda}x\right) \tag{D-15}$$

由公式可以看到,在屏上的光强随着 x 值的不同而出现周期性的变化。因此,在屏上可以看到了如图 D-5 所示的亮暗干涉条纹。其中条纹间距和小孔之间的间距成反比,l 越

小，条纹间距越大。

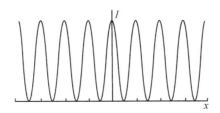

图 D-5　单色光的干涉条纹

引入干涉级次 m 的概念，图中光强最大的称为亮条纹，其满足条件

$$\frac{2\pi nl}{d\lambda}x = 2m\pi \quad （m \text{ 为整数}） \tag{D-16}$$

暗条纹满足

$$\frac{2\pi nl}{d\lambda}x = (2m+1)\pi \tag{D-17}$$

第 m 级亮条纹的位置为

$$x = \frac{\lambda d}{nl}m \tag{D-18}$$

因此杨氏干涉的条纹间距 e 为

$$e = \frac{\lambda d}{nl} \tag{D-19}$$

则公式（D-15）又可以写为

$$I = 4I_0\cos^2\left(\pi\frac{x}{e}\right) = 4I_0\cos^2(m'\pi) \tag{D-20}$$

其中 $m' = x/e$ 称为该点的干涉级次。

如果 S_0 不是一个单色光源，则每一个波长都会在屏上形成一个干涉条纹，由于不同波长亮条纹的位置 x 不同，导致不同波长的干涉条纹间亮暗错位，其亮暗对比在离开中心位置后逐渐变差，其光强的变化情况见图 D-6。图中线条较细的为不同波长的干涉条纹，线条较粗的为不同波长干涉条纹叠加以后的光强。

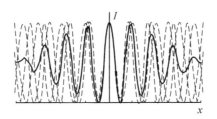

图 D-6　多色光的干涉条纹

D.3　平板的表面干涉

如图 D-7 所示的平行平板,当一束平行光入射到其前表面时,会产生反射。而透射光通过后表面反射后,又会产生第二束反射光。这两束反射光在平板的上表面会发生干涉。由于两束光是通过对电磁场的振幅分解得到的,因此表面干涉又称为分振幅干涉。

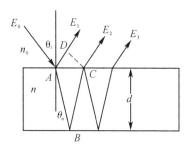

图 D-7　平行平板的反射光干涉

一般玻璃平板的表面反射较低。对于折射率 $n=1.52$ 左右的玻璃表面,其反射率在 4.2% 左右,因此在玻璃的表面反射中,从前表面反射的 E_1 和后表面反射的 E_2 有相近的光强。而经表面多次反射后的光强,如图中的 E_3,其反射光强度只有 E_2 的千分之一左右,因此在这里我们只考虑 E_1 和 E_2 的干涉。

由图 D-7 看到,E_1 与 E_2 的干涉,取决于它们之间的位相差。取和出射光方向垂直的相邻两点作为位相的比较点,如图中的 D,C 两点。此时两点的光程差应该为线 ABC 和 DC 之间的差,设空气的折射率为 n_0,入射角和折射角分别为 θ_i 和 θ_n,玻璃的厚度为 d,根据光的折射定律,有

$$\sin\theta_n=\frac{n_0}{n}\sin\theta_i \tag{D-21}$$

线段 ABC 及 AD 的长度为

$$\overline{ABC}=\frac{2d}{\cos\theta_n} \tag{D-22}$$

$$\overline{AD}=2d\tan\theta_n\sin\theta_i=\frac{2dn}{n_0\cos\theta_n}\sin^2\theta_n \tag{D-23}$$

因此光程差为

$$\Delta=n\cdot\overline{ABC}-n_0\cdot\overline{AD}=2nd\cos\theta_n \tag{D-23}$$

由此产生的位相差为

$$\delta=2\pi\frac{\Delta}{\lambda}=\frac{4\pi nd}{\lambda}\cos\theta_n \tag{D-24}$$

此时反射光的光强为

$$I=E_1^2+E_2^2+2E_1E_2\cos\left(\frac{4\pi nd}{\lambda}\cos\theta_n\right) \tag{D-25}$$

假如光垂直界面入射，即 $\theta_n = 0$，则在上式中，当

$$\frac{4\pi nd}{\lambda} = 2m\pi \quad (m \text{ 为整数})$$

时，即

$$nd = 2m \cdot \frac{\lambda}{4} \tag{D-26}$$

时，反射光有最大值，而当

$$\frac{4\pi nd}{\lambda} = (2m+1)\pi \quad (m \text{ 为整数}) \tag{D-27}$$

即

$$nd = (2m+1) \cdot \frac{\lambda}{4} \tag{D-28}$$

时，反射光有最小值。因此平板的光程决定了反射光干涉的极大值和极小值。当玻璃板厚度不均匀时，则会在表面的不同厚度位置产生亮暗相间的干涉条纹。相邻条纹间距之间的玻璃厚度差为 $\lambda/(2n)$。通过这一计算也表明，当玻璃表面镀制光程为 $\lambda/4$ 厚度的光学薄膜时，可以通过薄膜上下表面反射光的干涉，使得反射光为干涉极小或极大，从而通过这一原理抑制或增强玻璃表面的反射。

如果玻璃界面的反射率较高，此时内表面多次反射后出射的光强和一次反射的光强在强度上将相差不大，因此需要考虑所有的反射光在玻璃表面的干涉。这种干涉称为多光束干涉，如图 D-8。

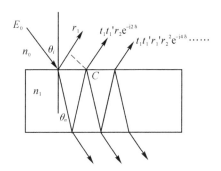

图 D-8 平板表面的多光束干涉

设图中光由折射率 n_0 向 n_1 传播时，其反射率和透射系数分别为 r_1 和 t_1。光由 n_1 向 n_0 传播时的反射系数和透射系数分别为 r_1' 和 t_1'。同理可以设后表面的反射系数和透射系数分别为 r_2, t_2, r_2', t_2'。如果介质 n_0, n_1 均没有吸收，此时两个界面的 r, t, r', t' 应满足史托克定律

$$r = -r' \tag{D-29}$$
$$r^2 + tt' = 1 \tag{D-30}$$

设入射光的振幅 E_0 为 1，光在玻璃内往复一次所构成的位相差为 2δ，则反射光振幅分别为

$$\left.\begin{array}{l} E_1 = r_1 \\ E_2 = t_1 t_1' r_2 e^{-i2\delta} \\ E_3 = t_1 t_1' r_2^2 e^{-i4\delta} \end{array}\right\} \tag{D-31}$$

······

则反射光的合振幅为

$$E = \sum_{m=1}^{\infty} E_m = r_1 + t_1 t_1' e^{-i2\delta} \sum_{m=1}^{\infty} (r_1' r_2)^{m-1} e^{-i2(m-1)\delta}$$

$$= r_1 + t_1 t_1' r_2 e^{-i2\delta} \frac{1}{1 - r_2' r_2 e^{-i2\delta}}$$

$$= \frac{r_1 + r_2 e^{-i2\delta}}{1 + r_1 r_2 e^{-i2\delta}} \tag{D-32}$$

上式中,反射光位相为

$$\tan\varphi = \frac{-r_2(1-r_1^2)\sin2\delta}{r_1(1+r_2^2) + r_2(1+r_1^2)\cos2\delta} \tag{D-33}$$

反射光光强,即反射率为

$$R = E \cdot E^* = \frac{r_1^2 + r_2^2 + 2r_1 r_2 \cos2\delta}{1 + r_1^2 r_2^2 + 2r_1 r_2 \cos2\delta} = \frac{R_1 + R_2 + 2\sqrt{R_1 R_2}\cos2\delta}{1 + R_1 R_2 + 2\sqrt{R_1 R_2}\cos2\delta} \tag{D-34}$$

其中 R_1, R_2 分别为平板上下表面的反射率。则其透射率为

$$T = 1 - R = \frac{(1-r_1^2)(1-r_2^2)}{1 + r_1^2 r_2^2 + 2r_1 r_2 \cos2\delta}$$

$$= \frac{(1-R_1)(1-R_2)}{(1-\sqrt{R_1 R_2})^2} \cdot \frac{1}{1 + \frac{4\sqrt{R_1 R_2}}{(1-\sqrt{R_1 R_2})^2}\sin^2\delta} \tag{D-35}$$

如果前后表面的反射率相同,即 $R_1 = R_2 = R$,则上式变为

$$T = \frac{(1-R)^2}{(1-R)^2 + 4R\sin^2\delta} \tag{D-36}$$

从上式中可以看到,当 $\delta = m\pi$ 时(m 为整数),则无论表面反射率 R 有多大,它的透过率也能达到 1。图 D-9 为不同界面反射率下光强透过率随位相差 δ 的变化曲线。由图可以看到,对于不同的表面反射率,其干涉后平板透过率均有一个透射峰,其透过率为 1。

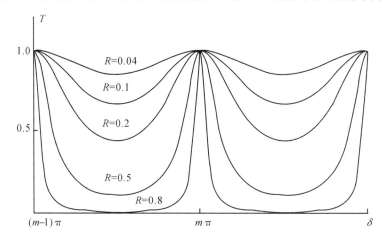

图 D-9　多光束干涉的光强透过率

D.4 光的空间相干性和时间相干性

在前面的讨论中,我们均把光源作为一个理想的光源,比如它的单色性,认为光波只包含一种频率。但在实际系统中,光源的单色性并不是理想的。即使是单色光源,也存在一定的波长带宽,只不过波长带宽比较窄而已。在讨论杨氏干涉的时候我们也发现,当光源包含不同的频率时,不同频率之间的干涉条纹只是光强的叠加,从而使得条纹的亮、暗强度之比下降。一般我们把干涉以后的条纹的亮暗对比度

$$V = \frac{I_{max} - I_{min}}{I_{max} + I_{min}} \tag{D-37}$$

作为判断光相干性的依据。对不同相干性的光源可以得到不同对比度的干涉条纹,如图 D-10 所示。我们把对比度为 1 的称为完全相干,对比度在 0 和 1 之间的称为部分相干,把对比度为 0 的称为完全非相干。

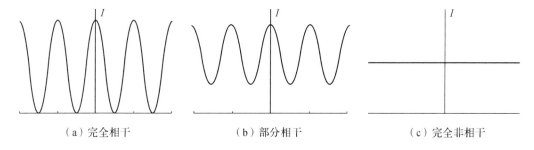

（a）完全相干　　　　　　　（b）部分相干　　　　　　　（c）完全非相干

图 D-10　不同相干性产生的干涉条纹

光的空间相干性是指在光源为非点光源的情况下,光源的尺寸对相干性的影响。对于一个面光源,我们可以将它看成是由无数个点光源聚集而成。因此讨论空间相干性时,可以先看一下两个点光源在杨氏干涉中对干涉条纹的影响。干涉装置如图 D-11 所示。其中 S_1, S_2 为两个独立的点光源,它们相互之间没有稳定的位相关系,因此是非相干的。对于每一个点光源,它都会在屏上产生一个干涉条纹。两个光源在屏上产生的干涉条纹的光强分布为各点光源在屏上干涉条纹的强度之和。在杨氏干涉中,当点光源的位置偏离中心轴的位置时,在屏上其干涉条纹会发生移动,可以证明,当点光源偏离中心距离为 Δh 时,屏上的条纹偏移量 Δx 为

$$\Delta x = -\frac{d}{a}\Delta h \tag{D-38}$$

因此对于两个间隔为 Δh 的点光源,其在屏上的干涉条纹应该为相对位置位移 Δx 的两个点光源产生的干涉条纹的光强叠加。

设两组干涉条纹在屏上某一点的干涉级次之差为 $p = m' - m''$,其中 m' 和 m'' 分别为两个点光源产生的干涉条纹的干涉级次。则

$$p = \frac{\Delta x}{e} \tag{D-39}$$

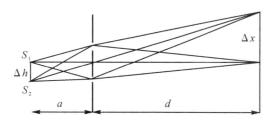

图 D-11

其中 e 为条纹间距。由公式(D-20)可得,此时的光强为

$$I=4I_0\cos^2 m'\pi+4I_0\cos^2(m'-p)\pi=4I_0[1+\cos2(m'-p/2)\pi\cos p\pi] \quad \text{(D-40)}$$

由公式可以看出,公式中的干涉项为两个余弦函数的乘积,因此其调制度小于1。这是由于条纹发生平移,使得两个亮条纹和暗条纹无法对齐,降低了条纹的对比度。

对于一个连续的面光源,其在屏上的光强分布应为光源上每点在屏上的光强的积分。设光源的尺度为 b,则总光强为

$$I=\int_0^b i_0\cos^2[(m-p)\pi]\mathrm{d}\xi$$

$$=\int_0^b i_0\cos^2\left(m-\frac{d}{ea}\xi\right)\pi\mathrm{d}\xi$$

$$=\frac{1}{2}I_0\left[1+\frac{\sin p_0\pi}{p_0\pi}\cos2\left(m-\frac{p_0}{2}\right)\pi\right] \quad \text{(D-41)}$$

其中

$$p_0=\frac{db}{ea} \quad \text{(D-42)}$$

为光源最边缘点产生条纹的级次。式(D-41)中当 $\cos2(m-p_0/2)\pi=\pm1$ 时,光强有最大和最小值,可以得到此时条纹的对比度为

$$V=\left|\frac{\sin p_0\pi}{p_0\pi}\right| \quad \text{(D-43)}$$

从上面公式可以看到,当 $p_0=1$ 时,$V=0$,条纹消失,因此由(D-42)得到能够产生干涉条纹的光源最大宽度为

$$b_0=\frac{ea}{d} \quad \text{(D-44)}$$

这一光源宽度又称为光源极限宽度。根据条纹间距公式(D-19),可以把上式写为

$$b_0=\frac{\lambda a}{nl}=\frac{\lambda}{nw_0} \quad \text{(D-45)}$$

其中 $w_0=l/a$ 为光源对两个小孔的张角。上式也可以写为

$$w_0=\frac{\lambda}{nb_0} \quad \text{(D-46)}$$

公式(D-46)给出了这样一个含义,即当光源的宽度确定以后,可以找出一个以光源中心为顶点,角度为 w_0 的空间,只有在这个 w_0 的空间内光才是相干的,此原理见图 D-12。这一相干空间,就称为光源的空间相干性。

光源的时间相干性主要是由光源的发光特性所决定的。从物体的发光机理来看,原子的发光过程是不连续的。每一个原子每发一次光只能持续一定的时间 τ。这一时间乘以光

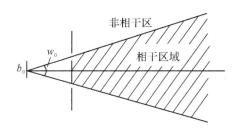

图 D-12　空间相干区域

速,称为波列长度(如图 D-13)。对于原子在不同时间发出的波列 1 和波列 2,它们之间没有确定的位相关系,因此两个波列之间是不能相干的。因此在我们前面所有讨论的干涉现象中,一个先决条件就是两束干涉光的光程差必须小于光的波列长度,否则就无法产生干涉。在前面所讨论的平板表面干涉中,如果光在玻璃界面中来回反射所构成的光程差超过一个波列的长度,那么此时两束反射光将分别来自两个波列,因此不能相干。

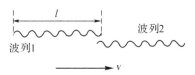

图 D-13　波列与波列长度

波列长度可表示为

$$l = c\tau \tag{D-47}$$

它又称为相干长度。在光干涉中,两束光的光程差不能超过相干长度。

光的发射时间 τ 和光的单色性有关。从原子能级与跃迁发光的理论来讲,光的发射时间 τ 就是原子的激发态寿命。对于由激发态跃迁产生的光,其频谱宽度为

$$\Delta\nu = \frac{1}{\tau} \tag{D-48}$$

公式表明光发射时间和光的单色性有关。也就是说,在单色光中,由于原子激发态寿命的存在,使得单色光并非真正的单色,而存在着其他的频率成分。把公式(D-48)代入(D-47),我们可以得到相干长度

$$l = \frac{c}{\Delta\nu} = \frac{\lambda^2}{\Delta\lambda} \tag{D-49}$$

因此,相干长度和灯源的单色性有直接的关系。对于不同的光源,由于光源的单色性不同,其相干长度也各不相同。比如水银灯的绿光 $\lambda = 546.1\mathrm{nm}$,其 $\Delta\lambda = 0.01\mathrm{nm}$,因此它的相干长度约为 3cm。而对激光而言,由于其单色性较好,所以相干长度较长。比如单模稳频的气体激光器,其频谱宽度为 $\Delta\nu$ 可以做到 $10^6 \sim 10^3 \mathrm{Hz}$,因此其相干长度可达几百米到几百千米。而对于普通的白光光源,其相干长度仅在微米量级。

在光学薄膜中,一般单层光学薄膜的厚度在 100nm 左右,因此对目前现有的光源,其厚度均小于相干长度,所以光学干涉理论适用于光学薄膜。而在其他一些特殊场合,就需要考虑光的相干性问题。比如在前面讨论的平板表面的干涉,当平板厚度在毫米量级时,对于普

通的可见光光源,其前后表面的光是不会干涉的,因此其反射光和透射光只是符合光强的叠加原理。但如果该平板是放置在激光中,则此时的前后表面应满足振幅叠加原理,即产生干涉。平板前后表面的光学薄膜设计也是如此。对于普通的光源,平板前表面和后表面的光学薄膜可以单独设计,因为前后表面的光互不干涉。但如果该器件应用于激光中,那么前表面薄膜、平行平板以及后表面薄膜均为表面干涉的组成部分,所以应该看成是一个薄膜体系,放在一起考虑。这一点是非常重要的。为了避免相干长度太长而导致光学元件各表面之间产生干涉,从而影响原光学薄膜的特性,可以使各表面之间相互不平行,即形成一个角度,使不同表面的反射光无法在空间相遇,从而避免各表面之间的干涉。

附录 E 光的偏振

E.1 自然光和偏振光

根据附录 C 中所讨论的结果可以知道,光波是一种横波,并且是一种矢量波。光波的电场振动方向和光传播方向垂直。如果我们建立一个三维的坐标系,把沿光的传播方向作为 z 轴,因此在 x-y 平面内,我们可以把任一电矢量分解成 x 和 y 方向的两个分量,如图 E-1 所示。

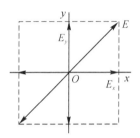

图 E-1 偏振光的分解

用数学公式可以表示为

$$E_x(z,t) = E_{0x}\cos[(kz - \omega t) + \varphi_{0x}] \tag{E-1}$$

$$E_y(z,t) = E_{0y}\cos[(kz - \omega t) + \varphi_{0y}] \tag{E-2}$$

把公式中 $(kz - \omega t)$ 消去后,可以得到矢量端点的运动轨迹方程

$$\frac{E_x^2}{E_{0x}^2} + \frac{E_y^2}{E_{0y}^2} - 2\frac{E_x E_y}{E_{0x} E_{0y}}\cos\Delta\varphi = \sin^2\Delta\varphi \tag{E-3}$$

其中 $\Delta\varphi = \varphi_{0y} - \varphi_{0x}$ 为两个振动分量的初始位相差。由公式(E-3),我们可以画出光波中电矢量的运动轨迹图。可以看到这一运动轨迹是有规律性的,我们把光的电矢量方向变化具有一定规律性的光波称为偏振光。

公式(E-3)中,假如 $\Delta\varphi$ 为 $m\pi$(m 为整数),则(E-3)变为

$$E_x = \pm\frac{E_{0x}}{E_{0y}}E_y \tag{E-4}$$

此时在电矢量端点为一条直线,如图 E-2(a)所示。这种偏振光称为线偏振光。因此,任一线偏振光可以分解为两个具有相同振动位相且方向正交的线偏振光。

在线偏振光中,我们把偏振光的振动方向和光传播方向所构成的面称为振动面,和振动方向垂直并包含传播方向的面称为偏振面,如图 E-3(a)所示。线偏振光的表示方法如图 E-3(b)所示,其中用箭头表示和纸面平行的电场振动方向,用点表示和纸面垂直的振动方

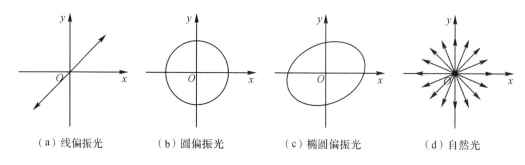

（a）线偏振光　　　（b）圆偏振光　　　（c）椭圆偏振光　　　（d）自然光

图 E-2　偏振光和自然光

向。当偏振光入射到一个玻璃界面时，为了处理问题方便，我们把其中振动方向垂直于入射面的偏振分量称为 s-分量（或 s 光），而把振动方向平行于入射面的偏振分量称为 p-分量（或 p 光）。

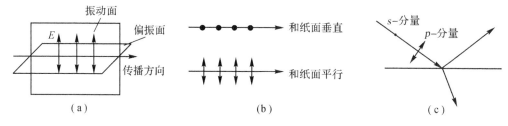

　　　　（a）　　　　　　　　　　　（b）　　　　　　　　　　　（c）

E-3　线偏振光的表示

公式（E-3）中，当 $\Delta\varphi$ 为 $(m+1/2)\pi$ 且 $E_{0x}=E_{0y}=E_0$ 时，则变为

$$E_x^2 + E_y^2 = E_0^2 \qquad\qquad (\text{E-5})$$

此时表示的电矢量端点的运动轨迹为一个圆，如图 E-2（b）所示。这种线偏振光称为圆偏振光。圆偏振光可以分解为两个正交的、振幅相同但位相差为 $\pm\pi/2$ 的线偏振光。其中位相差的正负表示了圆偏振光的旋转方向。迎着光传播方向，如果矢量端点顺时针转动，则称为右旋圆偏振光。逆时针转动的，称为左旋圆偏振光。

　　在一般的条件下，公式（E-3）中，如果 $\Delta\varphi\neq m\pi$ 或 $E_{0x}\neq E_{0y}$，则此时方程所画出来的运动轨迹为一个椭圆，如图 E-2（c）所示。这种偏振光称为椭圆偏振光。

　　在自然界中，任何一个发光体都是由许多发光粒子构成的，每一个发光粒子所发的光其位相、偏振方向各不相同，因此导致了在一定的时间间隔内，光的偏振方向在任意一个方向的概率都相等，并且它们相互之间没有稳定的位相关系。这会导致任何两个偏振方向的光都是不相干的，因此它们之间无法进行偏振合成。这种光称为自然光。它的偏振光分布如图 E-2（d）所示。在自然光中，只有在某一偏振方向上的电矢量分解得到的两个分量之间才具有稳定的位相关系，才能进行偏振合成。

E.2　偏振光与 Jones 矩阵

　　为了简单地描述一个偏振光，可以用一个包含 x,y 两个偏振分量的列矩阵来表示一个

偏振态,这个列矩阵就叫做Jones向量

$$\boldsymbol{E}=\begin{pmatrix} E_x \\ E_y \end{pmatrix}=\begin{pmatrix} E_{0x}\mathrm{e}^{\mathrm{i}\varphi_{0x}} \\ E_{0y}\mathrm{e}^{\mathrm{i}\varphi_{0y}} \end{pmatrix}=\mathrm{e}^{\mathrm{i}\varphi_{0x}}\begin{pmatrix} E_{0x} \\ E_{0y}\mathrm{e}^{\mathrm{i}\delta} \end{pmatrix} \tag{E-6}$$

式中 $\delta=\varphi_{0y}-\varphi_{0x}$,为 x 方向和 y 方向偏振分量的位相差。在上式,矩阵外面的指数项表示光的总体位相,对光的偏振没有任何影响,因此也可以直接把偏振光的Jones向量写为

$$\boldsymbol{E}=\begin{pmatrix} E_{0x} \\ E_{0y}\mathrm{e}^{\mathrm{i}\delta} \end{pmatrix} \tag{E-7}$$

光在各向同性的介质中传播时,其偏振光的偏振态不会产生变化。但当光通过一个各向异性的介质时,光的偏振态就会发生变化。所谓各向异性介质就是指介质在不同的偏振方向上有不同的折射率。常见的各向异性材料如单轴光学晶体,其折射率满足方程

$$\frac{x^2}{n_0^2}+\frac{y^2+z^2}{n_e^2}=1 \tag{E-8}$$

这个方程又称为单轴晶体的折射率椭球方程。其中偏振方向沿 x 轴方向的为寻常光(或 o 光),沿 y 轴方向的为非寻常光(或 e 光)。n_0,n_e 分别表示了这两个方向的折射率。这里我们又把 y 轴称为晶体的光轴。由于偏振光两个偏振分量在通过晶体时折射率不同,因此它们各自通过的光程也不相同,由此造成 x 和 y 方向的光程差。用公式表示为

$$\Delta=(n_e-n_0)d=\Delta nd \tag{E-9}$$

其中 Δn 为 o 光和 e 光的折射率差。因此 y 方向的偏振光比 x 方向的偏振光将增加一个额外的位相差,即

$$\delta=2\pi\frac{\Delta nd}{\lambda} \tag{E-10}$$

对于一个线偏振光,其 x,y 方向的分量为 E_x,E_y,通过晶体后,设其分量为 E_x',E_y',见图E-4,则

$$\begin{aligned} E_x' &= E_x \\ E_y' &= E_y\mathrm{e}^{\mathrm{i}\delta} \end{aligned} \tag{E-11}$$

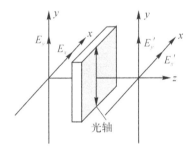

图 E-4　偏振分量通过单轴晶体

因此我们可以把上式写为矩阵形式,即

$$\begin{bmatrix} E_x' \\ E_y' \end{bmatrix}=\begin{bmatrix} 1 & 0 \\ 0 & \mathrm{e}^{\mathrm{i}\delta} \end{bmatrix}\begin{bmatrix} E_x \\ E_y \end{bmatrix} \tag{E-12}$$

其中 $\begin{bmatrix} 1 & 0 \\ 0 & e^{i\delta} \end{bmatrix}$ 矩阵称为 Jones 矩阵,记为 $\boldsymbol{J}$。则上式可写为

$$\boldsymbol{E'} = \boldsymbol{J} \cdot \boldsymbol{E} \tag{E-13}$$

如果偏振光通过一系列的光学晶体,则出射偏振光为

$$\boldsymbol{E'} = \boldsymbol{J}_n \boldsymbol{J}_{n-1} \cdots \boldsymbol{J}_1 \cdot \boldsymbol{E} \tag{E-14}$$

其中 $\boldsymbol{J}_1, \boldsymbol{J}_2 \cdots$ 分别为各个晶体的 Jones 矩阵。

对于一个光轴为任意方向的晶体,设光轴和 y 轴的夹角为 α,见图 E-5,可定义一个新的坐标系 $x'y'$,其 y' 沿光轴的方向,因此在 $x'y'$ 坐标系中上面得到的 Jones 矩阵仍适用。引入旋转矩阵 R,把 xy 坐标系转换为 $x'y'$ 坐标系,即

$$\begin{bmatrix} E_{x'} \\ E_{y'} \end{bmatrix} = R(\alpha) \begin{bmatrix} E_x \\ E_y \end{bmatrix} \tag{E-15}$$

则

$$R(\alpha) = \begin{bmatrix} \cos\alpha & \sin\alpha \\ -\sin\alpha & \cos\alpha \end{bmatrix} \tag{E-16}$$

因此,通过晶体后的电矢量为

$$\boldsymbol{E'} = \boldsymbol{R}(-\alpha) \cdot \boldsymbol{J} \cdot \boldsymbol{R}(\alpha) \cdot \boldsymbol{E} \tag{E-17}$$

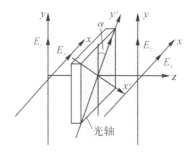

图 E-5　偏振光经过光轴任意方向的晶体

例:假如入射光为 x 方向的线偏光,其 Jones 向量为 $(1,0)$。晶体的光轴和 x 轴的夹角为 $45°$,晶体的光程差为 $\lambda/4$,则出射光的偏振态将如何变化? 由公式(E-10)可知,$\delta = \pi/2$。因此出射光

$$\begin{bmatrix} E_x' \\ E_y' \end{bmatrix} = \begin{bmatrix} \dfrac{\sqrt{2}}{2} & -\dfrac{\sqrt{2}}{2} \\ \dfrac{\sqrt{2}}{2} & \dfrac{\sqrt{2}}{2} \end{bmatrix} \begin{bmatrix} 1 & 0 \\ 0 & -1 \end{bmatrix} \begin{bmatrix} \dfrac{\sqrt{2}}{2} & \dfrac{\sqrt{2}}{2} \\ -\dfrac{\sqrt{2}}{2} & \dfrac{\sqrt{2}}{2} \end{bmatrix} \begin{bmatrix} 1 \\ 0 \end{bmatrix} = \dfrac{\sqrt{2}}{2} e^{i\frac{\pi}{4}} \begin{bmatrix} 1 \\ e^{-i\frac{\pi}{2}} \end{bmatrix} \tag{E-18}$$

上式中出射的两个分量中 y 分量和 x 分量的位相差为 $\pi/2$,表明该偏振光为圆偏振光。因此一个线偏振光,通过一个光轴方向为 $45°$ 的光程差为 $\lambda/4$ 的晶体后,其线偏光转化为圆偏光。这个光程差为 $\lambda/4$ 的晶体又称为 1/4 波片。

同样道理,对于一个光轴在 $45°$ 方向的 1/2 波片,其位相差为 π,此时的出射光为

$$\begin{bmatrix} E'_x \\ E'_y \end{bmatrix} = \begin{bmatrix} \dfrac{\sqrt{2}}{2} & -\dfrac{\sqrt{2}}{2} \\ \dfrac{\sqrt{2}}{2} & \dfrac{\sqrt{2}}{2} \end{bmatrix} \begin{bmatrix} 1 & 0 \\ 0 & -1 \end{bmatrix} \begin{bmatrix} \dfrac{\sqrt{2}}{2} & \dfrac{\sqrt{2}}{2} \\ -\dfrac{\sqrt{2}}{2} & \dfrac{\sqrt{2}}{2} \end{bmatrix} \begin{bmatrix} 1 \\ 0 \end{bmatrix} = \begin{bmatrix} 0 \\ 1 \end{bmatrix} \tag{E-19}$$

上式表明,当 x 方向线偏振通过 $1/2$ 波片后,出射仍为线偏光,但其偏振方向旋转了 $90°$,变为了 y 方向。

在光学薄膜中,光学薄膜的反射系数是一个复数,表明光经过表面反射后会额外引入一个位相。而对平行于入射面方向的偏振分量和垂直入射面的偏振分量,其引入的位相不一样导致了两个分量经过表面反射后产生位相差,从而改变入射偏振光的偏振态。这一现象和偏振光通过一个晶体所产生的现象类似。设薄膜平行入射面和垂直入射面的反射率分别为 R_1 和 R_2,两偏振方向的位相差为 δ,则薄膜反射的 Jones 矩阵可写为

$$J = \begin{bmatrix} \sqrt{R_1} & 0 \\ 0 & \sqrt{R_2}\,\mathrm{e}^{\mathrm{i}\delta} \end{bmatrix} \tag{E-20}$$

这样,薄膜反射造成偏振态的变化也可以用 Jones 矩阵的理论进行计算了。

E.3 偏振光的获得

偏振光的获得,主要是指线偏振光的获得。要把一个非偏振光转化为线偏振光,需要一种线偏振器。根据前面讨论的有关偏振光的分解原理,任意一个线偏振光都可以分解为两个振动方向正交的偏振分量。因此对于自然光,也可以分解成两个正交的但没有稳定位相关系的偏振分量。而线偏振器的目的,就是要吸收其中一个偏振分量或改变其中一个偏振分量的传播方向,使得单个偏振分量的光能够传输到我们所需要的光路中来。

第一种线偏振器称为"人造偏振片"。它是采用拉伸硫酸碘奎宁薄膜的方法实现的。拉伸后的薄膜,因其分子排列趋向于某一个方向,使得这些分子对某个方向振动的电场有较大的吸收率,从而使另一个偏振分量能够透过该薄膜,变为线偏振光。该偏振薄膜可以实现较大的口径,且成本较低,经常应用于光学系统中。

偏振片在吸收某一个偏振分量时,并不能保证百分之百地吸收,这导致在出射的偏振光内仍含有少量的另一偏振分量的光,成为部分偏振光。从理论上讲,人为产生的偏振光都为部分偏振光,只是残留的偏振分量的大小不同。假设线偏振器的偏振面在 y 方向,它的透过率为 T_y,而垂直偏振面方向的透过率为 T_x。理想的偏振片 T_x 趋向于 0。定义线偏振器的偏振度为

$$P = \frac{T_y - T_x}{T_y + T_x} \tag{E-21}$$

由偏振度 P,可以确定由偏振器产生的偏振光其偏振分量的纯度。对于理想的线偏振器,其偏振度 $P=1$。

在判断偏振光纯度的时候,还经常用到另一个参数,称为消光比。消光比 ρ 定义为

$$\rho = \frac{T_x}{T_y} \tag{E-22}$$

第二种线偏振器为光学晶体。经常用到的如尼科耳(Nicol)棱镜、格兰(Glan)棱镜和渥拉斯顿(Wollaston)棱镜等。它们的结构图如图 E-6 所示。其中尼科耳棱镜,见图 E-6(a),是由两块直角三角形的晶体粘接而成。其中晶体的光轴在图示的平面内,并与入射端的棱镜界面夹角 48°。当入射光进入棱镜后,由于水平偏振与垂直偏振的折射率不同,导致入射偏振光的 o 光和 e 光分离。在棱镜粘接的界面上,假如粘接剂的折射率大于棱镜的 n_e 而小于 n_o,并且 o 光与粘接面的夹角满足全反射的条件,则此时 e 光将透过晶体,而 o 光被全反射,由此实现了两个偏振分量的分离。

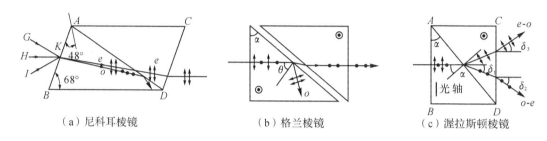

（a）尼科耳棱镜　　　　　（b）格兰棱镜　　　　　（c）渥拉斯顿棱镜

图 E-6　由光学晶体制作的偏振器

格兰棱镜的工作原理和尼科耳棱镜类似,所不同的是棱镜的入射端表面和光垂直。棱镜中光轴和纸面垂直,当二个棱镜之间的粘接剂的折射率满足

$$n_e < \frac{n_g}{\sin\theta} < n_0 \tag{E-23}$$

时,则 o 光将满足全发射条件而被反射,而 e 光透射,因此通过格兰棱镜后的光就只剩下一个偏振方向的光。

和上面两种棱镜不同,渥拉斯顿棱镜没有利用全反射。棱镜也是采用直角三角形结构,使入射光和棱镜表面垂直。其中入射端的三角棱镜的光轴在所示平面内且和入射端面平行,而出射端的三角棱镜的光轴垂直于纸面。因此当光从第一块棱镜进入第二块时,o 光是从光疏介质进入光密介质,因此根据折射定律,其折射方向朝上。而 e 光则是从光密介质进入到光疏介质,因此其折射的方向朝下。因此使通过棱镜后的 o 光和 e 光产生一个传播方向上的角度差异,从而可以取出其中的一个偏振分量进行应用。

用晶体制作的线偏振器件偏振度较高,但口径较小,成本较高。在线偏振器件中还有一种偏振器件,它是利用不同介质折射率之间的界面反射,来实现对偏振光的分离。这种方法也可以做成棱镜的形式,从而实现两偏振分量的分离。

在附录 C 中关于玻璃界面的反射可以知道,在折射率为 n_1 和 n_2 的两个介质分界面上,以入射角为 θ_1 的方向入射,则 s 光和 p 光的振幅反射系数为

$$r_s = \frac{n_1\cos\theta_1 - n_2\cos\theta_2}{n_1\cos\theta_1 + n_2\cos\theta_2} \tag{E-24}$$

$$r_p = \frac{n_1\cos\theta_2 - n_2\cos\theta_1}{n_1\cos\theta_2 + n_2\cos\theta_1} \tag{E-25}$$

由此我们可以确定两个偏振分量的反射率 R_s,R_p 随 θ_1 变化的曲线,见图 E-7。由图可以看

到,当 $\theta_1 = 0$ 时,s 光和 p 光的反射率相等。而随着 θ_1 的增大,s 光的反射率逐渐增大,而 p 光的反射率先逐渐减小,然后逐渐增大。可以看到,当满足

$$n_1\cos\theta_2 = n_2\cos\theta_1 \tag{E-26}$$

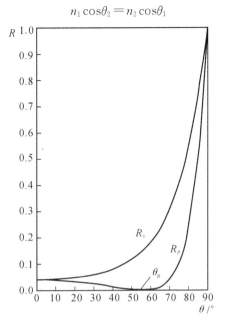

E-7 界面处 s 光和 p 光的反射

时,$r_p = 0$,因此此时的反射光中只有 s 分量,为线偏光。由折射率公式

$$n_1\sin\theta_1 = n_2\sin\theta_2 \tag{E-27}$$

可以解出

$$\theta_1 = \tan(n_2/n_1) \tag{E-28}$$

式中的 θ 角称为布儒斯特角,或偏振角,记作 θ_B。

利用布儒斯特角只反射 s 偏振分量的特点,可以制作偏振分束器件。一种方法是利用多块平行平板玻璃相互平行地叠放,实现偏振。其原理图如图 E-8(a)所示。其中光从空气入射到玻璃基板时满足布儒斯特角。在光入射到每层玻璃基板时,都有部分 s 光被反射,最终经过多层玻璃的反射,透射光中 s 光的成分越来越少,使得最终出射的光为 p 偏振光。这种偏振器称为折射式起偏器。

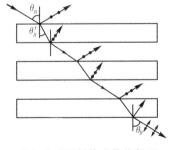

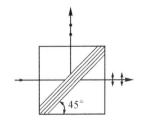

（a）玻璃平板构成的偏振器　　　　　　（b）薄膜偏振分束镜

图 E-8　折射式起偏器

489

如果把玻璃和空气间隙用高低折射率的光学薄膜来代替，可以达到同样的偏振效果。其结构图如图 E-7(b) 所示。其中器件由两个 45° 的直角玻璃棱镜粘接而成，在粘接面上制备了多层的高低折射率交替的介质薄膜。在这种多层介质薄膜构成的偏振分束器件中，光通过玻璃入射到界面的入射角为 45°。通过选择合适的玻璃材料折射率和光学薄膜的高低折射率，可以使光的入射满足布儒斯特角。此外控制薄膜的厚度，使各层薄膜间的 s 反射光为干涉极大，可以使器件达到较高的偏振度，从而实现 s 和 p 分量的分离。

E.4　偏振光的检验

偏振光的检验主要涉及线偏振光的检验和椭圆偏振光的检验。在检验时由于我们并不知道入射光的偏振状态，因此首先需要判断入射光是自然光还是偏振光，并确定偏振光是线偏振光还是椭圆偏振光。

光的偏振态的确定需要用到线偏振器和 1/4 波片等。在这里把用于检验的线偏振器称为检偏器。根据马吕斯定律，线偏振光入射到检偏器后，其透射光强与偏振光振动方向和检偏器的偏振方向的夹角有关。如图 E-9 所示的电矢量和线偏振器中，A 表示偏振器的偏振轴方向，p 表示入射偏振光的振动方向，其夹角为 θ。在图中我们把 p 分解为 A 方向分量和与 A 垂直的 B 方向分量。则

$$E_A = E_0 \cos\theta \tag{E-29}$$

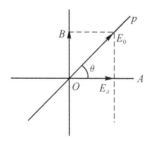

图E-9　线偏光通过线偏振器

而 B 分量被检偏器吸收，因此透射的光强为

$$I_A = I_0 \cos^2\theta \tag{E-30}$$

根据马吕斯定律可以得到，当入射光为线偏振光时，通过旋转检偏器的偏振方向 θ，总可以找到某一个方向，使得透射的光强为 0。和这个方向垂直的方向就是入射光的偏振方向。这是检验是否线偏振光的方法，也是检验其他偏振光的基础。

对于自然光、椭圆偏振光或部分偏振光，无论检偏器如何旋转，都不能找到光强为 0 的状态。在这里，如果旋转检偏器光强不发生变化，则入射光为自然光或圆偏振光。如果旋转偏振器时光强变化但不为 0，则入射光为椭圆偏振光或部分偏振光。

为了区分椭圆偏振光（包括圆偏振光）和自然光及部分偏振光，需要在检偏过程中引入

1/4 波片。对于自然光或部分偏振光,其和椭圆偏振光的最大区别在于它的两个偏振分量之间无稳定位相关系,因此不能进行偏振合成。而在椭圆偏振光中,两个正交的偏振分量具有稳定的位相关系,通过加入波片,改变两个正交分量之间位相关系,使之合成为一个线偏光,就可以确定椭圆偏振光的参数。

检验时,我们首先确定椭圆偏振光的长轴方向。如图 E-10 所示的一个椭圆偏振光,其长轴方向和坐标轴 x 方向有一个夹角。如果我们设立一个新的坐标系 $x'y'$,其 x' 轴的方向为椭圆的长轴方向,则在 $x'y'$ 坐标系内,椭圆偏振光的 Jones 向量可以写为

$$E = \begin{bmatrix} a \\ be^{\pm i\frac{\pi}{2}} \end{bmatrix} \tag{E-31}$$

其中指数中的正负号分别表示右旋偏振光和左旋偏振光。在椭圆偏振光中加入一检偏器,就可以检测椭圆长轴的方向。设检偏器 A 的偏振轴和 x' 的夹角为 α,则椭圆偏振光的两个分量在 A 上投影之和为

$$E_A = a\cos\alpha + be^{\pm i\frac{\pi}{2}}\sin\alpha \tag{E-32}$$

则其光强为

$$I = a^2\cos^2\alpha + b^2\sin^2\alpha = (a^2 - b^2)\cos^2\alpha + b^2 \tag{E-33}$$

因此如果 $a \neq b$,上式当 $\alpha = 0$ 时,光强为最大值,此时测得的检偏器的偏振方向和 x 轴的夹角 β 就是所要测量的椭圆长轴方向。

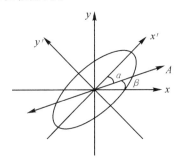

图 E-10　在 $x'y'$ 坐标系下的椭圆偏振光

知道椭圆的长轴方向以后,我们可以在检偏器前面加一个 1/4 波片,并保证 1/4 波片的光轴方向和椭圆长轴方向相同。则当光通过 1/4 波片后,其电矢量变为

$$E' = \begin{bmatrix} e^{i\frac{\pi}{2}} & 0 \\ 0 & 1 \end{bmatrix} \begin{bmatrix} a \\ be^{\pm i\frac{\pi}{2}} \end{bmatrix} = \begin{bmatrix} a \\ \pm b \end{bmatrix} e^{i\frac{\pi}{2}} \tag{E-34}$$

上式表明,通过 1/4 波片以后,椭圆偏振光被转换为线偏振光。其线偏振光的大小和方向见图 E-11 所示。图中 R 表示 1/4 波片的光轴,由公式(E-34)得到线偏振光 E' 为以 $2a, 2b$ 为长短轴的矩形框的顶点和原点的连线。其和 x' 的夹角为

$$\theta = \pm\arctan\left(\frac{b}{a}\right) \tag{E-35}$$

其中正号表明线偏光 E' 的方向在 $x'y'$ 坐标系中的第一、三象限,此时入射的椭偏光为右旋偏振光。而负号表示通过波片后的线偏振光在第二、四象限,此时入射的偏振光为左旋偏振光。对于 E' 的方向确认可以采用前面所述的线偏振光的检验方法。

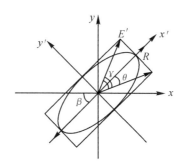

图 E-11　椭圆偏振光转换为线偏光

通过上面的分析,可以把测量的过程概括为如下几个步骤:

(1)首先通过线偏振器测量椭圆的长轴与 x 轴的夹角 β。

(2)放入 1/4 波片使光轴和 x 夹角为 β。

(3)放入线偏振器并旋转,使其消光,测得此时的线偏振光的偏振方向和 x 的夹角 γ,并由此计算出椭圆的长短轴之比

$$\frac{b}{a}=\tan(\gamma-\beta) \tag{E-36}$$

可得到在 $x'y'$ 坐标系下的椭偏光电场

$$\boldsymbol{E}'=\begin{bmatrix}1\\ \mathrm{i}\tan(\gamma-\beta)\end{bmatrix} \tag{E-37}$$

(4)通过坐标旋转,得到椭圆偏振光在 xy 坐标下的电场 Jones 向量为

$$\boldsymbol{E}=\begin{bmatrix}\cos\beta & -\sin\beta\\ \sin\beta & \cos\beta\end{bmatrix}\begin{bmatrix}1\\ \mathrm{i}\tan(\gamma-\beta)\end{bmatrix}=\begin{bmatrix}\cos\beta-\mathrm{i}\sin\beta\,\tan(\gamma-\beta)\\ \sin\beta+\mathrm{i}\cos\beta\,\tan(\gamma-\beta)\end{bmatrix} \tag{E-38}$$

在上述的测量过程中,假如我们放入 1/4 波片后,旋转线偏振器发现通过 1/4 波片后出射光的最大和最小光强仍保持原有的值,则可以判断进入的偏振光为部分偏振光。

对于一个圆偏光,由于在第一步的测量过程中无法找到光强的最大和最小位置,因此可以直接在光路里插入 1/4 波片,并保持光轴在 x 方向上,此时通过 1/4 波片后的出射光为

$$\boldsymbol{E}'=\begin{bmatrix}\mathrm{e}^{\mathrm{i}\frac{\pi}{2}} & 0\\ 0 & 1\end{bmatrix}\begin{bmatrix}1\\ \mathrm{e}^{\pm\mathrm{i}\frac{\pi}{2}}\end{bmatrix}=\begin{bmatrix}1\\ \pm 1\end{bmatrix}\mathrm{e}^{\mathrm{i}\frac{\pi}{2}} \tag{E-39}$$

这表明出射光为和 x 轴交角为 $\pm 45°$ 的直线。其中正负分别表示右旋光和左旋光。因此通过旋转线偏振器可以找到光强为 0 的点。其实由于圆的对称性,1/4 波片的光轴可以放置在任何一个位置,都可以使它转换为线偏振光,从而通过旋转检偏器消光。如果在放入 1/4 波片后,转动检偏器发现从检偏器出射的各个方向的光强仍是相同的,则可以判断入射的光必定为自然光。

偏振光的检测在光学薄膜中是非常重要的。由于光学薄膜在反射时,s 和 p 两个方向的反射位相不同,由此会导致入射的线偏光经过薄膜反射后变为椭圆偏振光。因此通过对椭圆偏振光的测量和分析,可以从中反演出光学薄膜的反射位相特性,从而进一步得到有关光学薄膜的内部特性参数。